U0170922

"十二五"普通高等教育本科国家级规划教材

工程力学

（第二版）

王永岩　李剑光　秦　楠　主编

科学出版社
北　京

内 容 简 介

本书按教育部高等学校工科基础课程教学指导委员会编制的“高等学校力学基础课程教学基本要求”，结合全国各高校工程力学课程实际执行教学大纲编写而成。编写中收集了全国各高校多年来工程力学教学改革的共识，适当提高了理论讲述起点，加强了基本概念、基本理论和基本方法的讲述。针对工程力学课程中的抽象概念和插图制作了300多个演示动画，围绕课程中部分知识点和难点制作了微课讲解视频，方便读者理解和记忆。各章后均设有本章小结，还选编了有关“工程力学试题库”中部分优秀试题作为本书的习题和思考题，习题附有答案，方便学生自学、归纳、总结和复习。

本书可作为普通高等学校工科相关专业中、少学时工程力学课程的教材，也可供相关工程技术人员参考。

图书在版编目(CIP)数据

工程力学/王永岩，李剑光，秦楠主编. —2版. —北京：科学出版社，2022.8

“十二五”普通高等教育本科国家级规划教材

ISBN 978-7-03-072902-6

Ⅰ.①工… Ⅱ.①王… ②李… ③秦… Ⅲ.工程力学-高等学校-教材 Ⅳ.①TB12

中国版本图书馆CIP数据核字(2022)第151173号

责任编辑：邓 静 毛 莹／责任校对：邹慧卿

责任印制：霍 兵／封面设计：迷底书装

科学出版社出版

北京东黄城根北街16号

邮政编码：100717

http://www.sciencep.com

石家庄继文印刷有限公司印刷

科学出版社发行 各地新华书店经销

*

2010年1月第 一 版 开本：787×1092 1/16

2022年8月第 二 版 印张：23

2023年12月第二十次印刷 字数：550 000

定价：69.80元

(如有印装质量问题，我社负责调换)

本书编委会

主　任：王永岩

委　员（按姓名汉语拼音排序）：

李剑光　刘文秀　秦　楠

苏传奇　孙双双　史　啸

王艳春　袁向丽　朱惠华

作 者 简 介

王永岩 男，1956 年 12 月生，博士、教授、博士生导师，首届国家级教学名师，首批国家高层次特支计划（万人计划）领军人才。主要研究方向：计算力学结构仿真及预测，岩石力学与矿压控制，机械振动及控制，材料固流转化理论。主讲“理论力学”（国家精品课程）等 20 余门课程，已培养 100 多名博士、硕士，主编出版机械力学大类 18 门课程的教材、英汉双语电子教程等共 52 部，1200 余万字。在国内外核心刊物上发表论文 230 多篇。主持国家自然科学基金和教育部教改项目等 40 余项，发明专利 150 余项。有 23 项教学成果在全国 200 多所高等院校和国外 40 多所大学使用，受到好评。主持的项目获国家教学成果二等奖 1 项，省级教学成果特等奖 1 项，省级教学成果一等奖 7 项，省级教学成果二等奖 3 项，省科技进步二等奖 2 项，市科技进步一等奖 2 项，国家行业二、三等奖 4 项，省级一流教材 2 项。先后被评为省突出贡献专家、省科技工作者、省优秀教师、省“五一”奖章和市十大杰出青年、市青年科技先锋、市专业技术拔尖人才和市特等劳模等荣誉称号，获国务院政府特殊津贴，2003 年被评为首届“国家级教学名师”，2014 年被评为首批国家高层次特支计划（万人计划）领军人才，2021 年在首届全国教材建设奖评选中被评为“全国教材建设先进个人”。

第二版前言

《工程力学》于 2014 年入选“十二五”普通高等教育本科国家级规划教材，后被评为 2020 年山东省普通高等教育一流教材。《工程力学》教材另外配套出版有两种电子教程，分别是《工程力学电子教程》和《英汉双语工程力学电子教程》，共同构成《工程力学》立体化教材。在十多年的教学实践中，《工程力学》教材在本科教学中起到了重要作用，并受到了使用单位广大师生的好评，同时也收获了宝贵的意见，在此深表感谢。

随着教育教学技术的发展和智能手机、电脑终端的普及，传统的学习模式发生了很大的变化，单纯的纸质教材已不能满足师生日益增长的知识获取需要，师生、读者希望便捷地学习知识，通过相关动画和视频等资源来理解知识。传统的教材将被新形态教材取代，传统的课堂教学也被线上、线下、混合式教学冲击，特别是能满足随时随地移动学习、课程与教材资源有机融合、纸质版教材及其配套的电子资源深度融合的新形态教材倍受师生和读者们的喜爱。

因此，本次再版以新形态教材为建设目标，结合使用院校的宝贵意见，对原有教材部分内容进行了修订和更新，适当引入了学科新知识、新技术和新成果。针对工程力学课程中的抽象概念和插图制作了 300 多个演示动画，围绕工程力学课程中的知识点和难点制作了微课讲解视频，方便读者理解和记忆。本次再版过程中，动画脚本的研制和微课视频的制作设计尽可能以工程实例方式引入，再抽象出力学概念和力学模型，加深读者理解的同时，真正实现工程力学课程的立体化教学、形象化教学。所有新增的教学资源均以二维码形式与教材对应内容链接，读者可借助智能手机终端等实现“随时、随地、随身”的移动学习。

本次再版工作全部由王永岩带领的国家级教学团队完成，王永岩、李剑光、秦楠担任主编，分别负责不同模块的分工、协作。其中，本教学团队在动画和微视频制作分工为：秦楠负责第 1、2、3、4、24 章，李剑光负责第 5、22 章，史啸负责第 6、15、16 章，王永岩负责第 7、8 章，苏传奇负责第 9、10、17、18 章，王艳春负责第 11、12、19、20 章，朱惠华负责第 13、14、21、23 章和附录 A。对第一版内容的勘误和修订由李剑光负责。

限于编者水平有限，再版依然难免有不足之处，恳请广大读者批评指正。

编　者

2021 年 12 月

第一版前言

本书按照高等学校工科工程力学课程教学基本要求和全国各高校工程力学课程实际执行教学大纲来编写。

在本书编写过程中，编者结合多年来"工程力学"课程的教学实践，本着突出重点、简化理论推导、注重实用、易讲易学的原则，力图做到用有限的学时使学生掌握最基本的经典内容，用以解决简单的实际工程问题。本书具有以下几个特点：

(1) 适当提高了理论讲述的起点，对于学生在物理等前期课程中已学过的内容，有些不再编入书中，有些则考虑到本课程的系统性和便于学生学习和复习，精简地编入了本书。在讲述中，采用了由浅入深，由简单到复杂，由质点到质点系，由轴向拉压变形再到扭转、弯曲变形的循序渐进的次序，便于学生理解和掌握。

(2) 加强了基本概念、基本理论和基本方法的讲述，对于平面任意力系、点的合成运动、刚体平面运动、动能定理、动静法、轴向拉压的强度计算、扭转的强度和刚度计算、弯曲的内力图和弯曲的强度计算以及二向应力状态的分析等主要内容进行了重点讲述。在例题中，着重讲述分析问题的思路和解决问题的方法和步骤。对于一些重点章节，本书还配置了"一题多解"等有助于开发学生思维能力的例题。

(3) 本书的习题和思考题选编了"理论力学试题库"、"材料力学试题库"中部分优秀、新颖、适中的试题。各章后均有本章小结，以方便学生归纳、总结和复习，习题附有参考答案。

全书的内容涵盖了静力学、运动学、动力学和材料力学。共分为两部分四篇，第一部分为理论力学，包括三篇，分别为静力学、运动学和动力学；第二部分为材料力学。全书共 24 章。

参加本书编写的人员有：刘文秀(绪论，第 9、22、23 章)、王永岩(第 1～8、10～14 章)、孙双双(第 15、19～21 章，附录 A、B)、朱惠华(第 16、17 章)、袁向丽(第 18、24 章)。本书由王永岩任主编，孙双双任副主编。

在本书编写过程中参阅了各兄弟院校的优秀教材，在此致以衷心的感谢。

由于编者水平有限，书中难免有疏漏之处，衷心希望读者批评指正。

本书配有"工程力学电子教程"(教师多媒体电子教案)光盘一张(王永岩等制作)，该光盘由科学出版社出版，欢迎广大师生选用。

编　者

2009 年 11 月

目　录

第2篇 运 动 学

第3篇 动 力 学

绪　论

1. 工程力学的研究内容

工程力学涉及众多的力学学科，所包含的内容极其广泛，本书只包含静力学、运动学、动力学以及材料力学部分。

静力学是工程力学以及其他工科力学课程的基础，其主要研究物体在力系作用下的平衡规律，包括物体的受力分析、力系的等效替换(或者简化)以及建立各种力系的平衡条件。

运动学研究物体运动的几何性质，包括运动轨迹、运动方程、速度和加速度等，而不追究物体为什么会有这样的运动特性。运动学是学习动力学的基础，同时也为分析机构的运动提供必要的基础。

动力学研究物体的机械运动与作用力之间的关系，建立物体机械运动的普遍规律。

材料力学研究构件在外力的作用下，内部会产生什么样的力，这些力是怎样分布的，会导致构件有怎样的变形，以及这些变形对构件的正常工作会产生什么样的影响。

工程实际中，结构的元件、机器的零部件，统称为构件。如建筑物的梁和柱、机床的轴等。构件在工作时，载荷过大会使其丧失正常的工作能力，这种现象称为失效或破坏。为使构件在载荷作用下能正常工作而不破坏，也不发生过大的变形和不丧失稳定，要求构件满足三方面的要求:强度要求、刚度要求、稳定性要求。

强度要求就是指在外载作用下，构件应有足够的抵抗破坏和过大塑性变形的能力。例如，冲床曲轴不可折断、储气罐不应爆破、钻床的立柱不应折弯等。

刚度要求就是指在外载作用下，构件应有足够的抵抗弹性变形的能力。例如，齿轮轴若变形过大，将造成齿轮和轴承的不均匀磨损引起噪声；机床主轴变形过大，将影响加工精度。

稳定性要求就是指在外载作用下，构件应有足够的保持原有平衡状态的能力，如内燃机的挺杆、千斤顶的螺杆、翻斗货车的液压机构中的顶杆等，应始终维持原有的直线平衡状态，保证不被压弯。

2. 工程力学的研究对象

实际工程中，构件在外载作用下，几何形状和尺寸都会发生改变，这种变化称为变形。发生形状和尺寸改变的构件就称为变形体。但在实际处理工程问题时，是否考虑构件的变形需根据具体情况而定。在静力学、运动学和动力学中，构件在外载作用下产生的变形都比较小，几乎不影响构件的受力与运动，因而可以忽略掉这种变形。因此，在静力学、运动学和动力学中，可以将变形体简化为刚体。所谓刚体，就是指在外载作用下，其内部任意两点之间的距离始终保持不变的物体，是一个理想化的模型。在本书第1～3篇中所指的物体都是刚体。而材料力学是研究作用在物体上的力与变形规律。这时，即使变形很小，也不能忽略，因而材料力学的研究对象是变形体。但是在研究变形问题过程中，当涉及平衡问题时，大部分情况下仍可用刚体模型。

3. 工程力学的研究方法

工程力学的研究方法主要有两种:理论方法和实验方法。

理论方法包括：

(1)人们通过观察生活和生产实践中的各种现象，进行多次的科学实验，经过分析、综合和归纳，总结出力学的基本规律。例如，远在古代，人们为了提水制造了辘轳；为了搬运重物，使用了杠杆、斜面和滑轮等。制造和使用这些生活和生产工具，使人类对于机械运动有了初步的认识，并积累了大量的经验，经过分析、综合和归纳，逐渐形成了如“力”和“力矩”的基本概念，以及“二力平衡”、“杠杆原理”、“力的平行四边形法则”和“万有引力定律”等力学的基本规律。

(2)“实践没有止境，理论创新也没有止境。”在对事物观察和实验的基础上，经过抽象化建立力学模型，形成概念，在基本规律的基础上，经过逻辑推理和数学演绎，建立理论体系。如静力学中，忽略物体的微小变形，把物体简化为刚体；在材料力学中，轴向拉压杆件受轴向力的平面假设，以及扭转轴受扭矩时的平面假设等。这种抽象化、理想化的方法，既简化了所研究的问题，同时也更深刻地反映了事物的本质。需要注意的是，任何抽象化的模型都是相对的，当条件发生变化时，必须考虑影响事物的新的因素，建立新的模型。例如，在研究物体受外力作用而平衡时，可以忽略物体形状的改变，采用刚体模型；但要分析物体内部的受力状态或解决一些复杂物体系的平衡问题时，必须考虑物体的变形，采用变形体模型。

(3)将理论用于实践，在认识世界、改造世界中不断得到验证和发展。

实验方法就是以实验手段对各种力学问题进行分析研究，得到第一性的认识并总结出规律(定理、定律、公式、理论)，建立以力学模型为表征的理论，并为解决工程问题作出贡献。例如，在静力学中，通过实验可测得两种材料的摩擦系数，在动力学中通过实验可以测得刚体的转动惯量等；材料力学中，材料的力学性能可以通过实验测定。另外，经过简化得出的结论是否可信，也要由实验来验证。还有一些尚无理论结果的问题需借助实验方法来解决。所以理论研究和实验方法同是工程力学解决问题的方法。

4. 工程力学与工程实际的关系

力学是最早形成的自然科学之一。17 世纪牛顿奠定了经典力学的基础，之后力学得到快速发展。到 19 世纪末，力学已发展到很高的水平。

20 世纪，由于力学的参与，很多学科及工程技术得以快速发展，包括土木工程、机械工程、海洋工程、航空航天技术等。

进入 21 世纪以来，诸多重大工程及高新技术无不与力学密切相关，如长江三峡工程、杭州跨海大桥、载人航天工程、动车组提速、中国空间站组建等。党的二十大报告提到，最近十年，我国“基础研究和原始创新不断加强，一些关键核心技术实现突破，战略性新兴产业发展壮大”，其中也离不开力学。总之，力学在诸多工程技术的发展中起着重要甚至是关键的作用，对人类文明的进步起到了极大的推动作用。

第1篇 静力学

静力学是研究物体在力系作用下平衡规律的科学。

静力学是其他工科力学的基础，力系的简化理论和物体受力分析的方法是研究动力学及其他后继课程的重要基础。在静力学中，主要研究以下两个问题。

1. 力系的简化

在工程实际中，通常一个物体总是受到许多力的作用。将作用于物体上的这群力称为**力系**。力系的简化就是将作用于物体上的较复杂的力系，用一个简单的且与其等效的力系来代替。力系简化的目的是要将一个较复杂的力系，转化成与其等效的较简单的力系。

2. 力系的平衡条件及其应用

力系的平衡条件就是物体在平衡状态时，作用于物体上的力系所应满足的条件。利用力系的平衡条件，可通过某些已知力和结构的几何尺寸，求出未知力的大小和作用方位。

静力学在工程技术中有广泛的应用，例如在结构设计时，常常要对各构件进行受力分析，并利用平衡条件确定其受力，以便作为构件强度和刚度设计的依据。

第 1 章 静力学基本公理和物体的受力分析

本章将阐述静力学基本概念和几个公理，这些概念和公理是静力学的基础，最后介绍物体的受力分析和受力图。

1.1 静力学基本概念

静力学主要研究物体平衡时各作用力之间的关系。

1. 力的概念

力是物体间的相互机械作用，这种作用使物体的运动状态发生变化(包括变形)。例如，人用力拉车可使车的速度增大；地球对月球的引力使月球不断改变运动方向而环绕地球运转；锻锤的冲击力使锻件变形等。

力对物体的效应表现为物体运动状态的改变和变形，力使物体运动状态发生变化的效应称为**力的外效应**，而力使物体产生变形效应称为**力的内效应**。理论力学主要研究力的外效应，而材料力学则研究力的内效应。

实践表明，力对物体的作用效应决定于以下三个要素：①**力的大小**；②**力的方向**；③**力的作用点**。当这三个要素中的任何一个改变时，力的作用效应也就不同了。

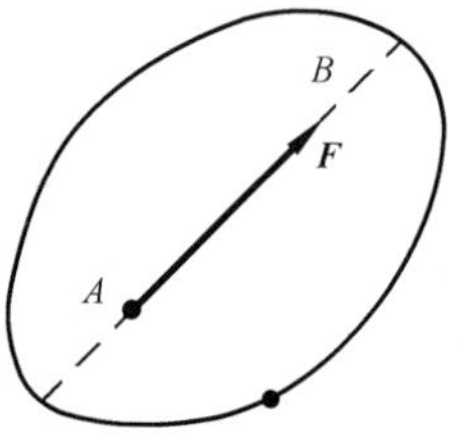

图 1-1

力是一个既有大小又有方向的量，称为**矢量**(或称**向量**)。在力学中，矢量可用一条具有方向的线段来表示，如图 1-1 所示，用线段的起点(或终点)表示力的作用点；用线段的方位和箭头指向表示力的方向，用线段的长度(按一定比例)表示力的大小。通过力的作用点沿力方向的直线，称为力的作用线。在本书中，力的矢量用黑斜体字母表示如 $\boldsymbol{F}$，而力的大小(该矢量的模)则用普通字母 F 表示。

力的国际单位(SI)是牛顿，或千牛顿，其代号为牛(N)或千牛(kN)，两者的换算关系为

$$1\text{kN} = 1000\text{N}$$

一个物体所受的力往往有好几个，同时作用在同一物体上的一群力称为**力系**，作用于物体上的力系如果可以用另一个适当的力系来代替而作用效应相同，那么这两个力系互称**等效力系**。

2. 刚体的概念

刚体就是在任何情况下都不发生变形的物体。显然，这是一个抽象化的模型。实际上并不存在这样的物体，任何物体受力后总是或多或少发生变形，但是，工程实际中的机械零件和结构件在正常工作情况下的变形一般很微小，这种微小的变形对于物体外效应研究影响甚微，可以略去不计，这样可使问题大为简化。这种撇开次要矛盾，抓住主要矛盾的做法是科

学的抽象方法。

静力学中所研究的物体只限于刚体，因此又称**刚体静力学**，它是研究**变形体力学**的基础。

3. 平衡的概念

平衡是指物体相对于周围物体(惯性参考系)保持其静止或做匀速直线运动的状态。显然，平衡是机械运动的特殊形式。在工程实际中，一般取固连于地球的参考系作为惯性参考系。这样，平衡就是指物体相对于地球静止或做匀速直线运动。要使物体保持平衡，作用于物体上的力系就要满足一定的条件，这些条件称为力系的平衡条件。这种力系称为**平衡力系**。

1.2　静力学基本公理

公理是人们经过长期观察和经验积累而得到的结论，它已经在大量实践中得到验证，无须证明而为大家公认。静力学公理是人们关于力基本性质的概括和总结，它们是静力学全部理论的基础。

公理 1(二力平衡公理)

作用于刚体上的两个力，使刚体处于平衡的必要和充分条件是：这两个力的大小相等，方向相反，并作用于同一直线上。如图 1-2 所示，即

$$\boldsymbol{F}_1 = -\boldsymbol{F}_2 \tag{1-1}$$

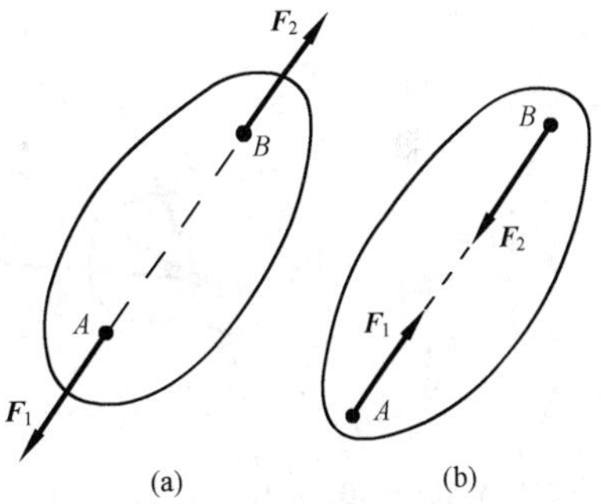

图 1-2

这个公理揭示了作用于物体上最简单力系平衡时所必须满足的条件。对于刚体来说，这个条件是既必要又充分的，但对于变形体，这个条件是不充分的。例如，软绳受两个等值反向的拉力作用可以平衡，而受两个等值反向的压力作用就不能平衡。

只受两个力作用并处于平衡的物体称为**二力体**，如果物体是个杆件，也称**二力杆**。

公理 2(加减平衡力系公理)

在作用于刚体上的任何一个力系中，加上或减去任意一个平衡力系，并不改变原力系对刚体的效应。

这个公理的正确性是显而易见的，因为平衡力系对于刚体的平衡或运动状态没有影响。这个公理是力系简化的理论依据。

推论(力的可传性原理)

作用于同一刚体上的力可沿其作用线移至同一刚体的任一点，而不改变它对刚体的作用效应。

证明：设力 $\boldsymbol{F}$ 作用于刚体上的 A 点，如图 1-3(a)所示。在其作用线上任取一点 B，并在 B 点加上一对平衡力 $\boldsymbol{F}_1$、$\boldsymbol{F}_2$，并使 $\boldsymbol{F}=-\boldsymbol{F}_1=\boldsymbol{F}_2$，如图 1-3(b)所示。由于力 $\boldsymbol{F}$ 和 $\boldsymbol{F}_1$ 也是一对平衡力系，故可减去，这样只剩下一个力 $\boldsymbol{F}_2$，如图 1-3(c)所示，于是，原来的这个力 $\boldsymbol{F}$ 与力系($\boldsymbol{F}$、$\boldsymbol{F}_1$、$\boldsymbol{F}_2$)以及力 $\boldsymbol{F}_2$ 相互等效，而力 $\boldsymbol{F}_2$ 就是原来的力 $\boldsymbol{F}$，只是作用点已移到了 B 点。

由此可见，对于刚体来说，力的作用点已不是决定力的作用效果的要素，它已被力作用线所代替。因此，**作用于刚体上的力的三要素是：力的大小、方向和作用线。**由此看出，对刚体而言，**力是滑动矢量。**

1-3

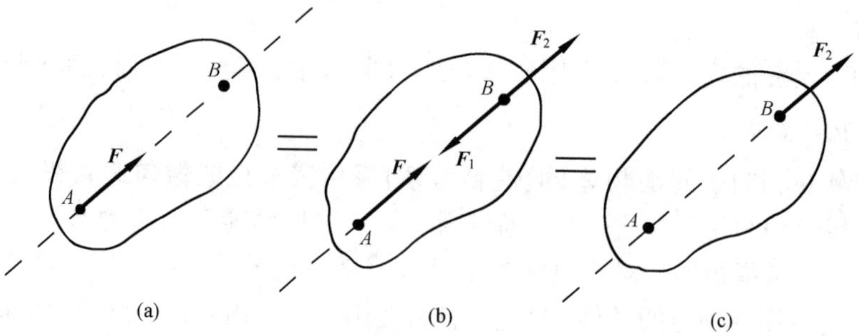

图 1-3

公理 3(力的平行四边形法则)

作用于物体上同一点的两个力可合成为一个合力，此合力也作用于该点，合力的大小和方向由以原两力矢为邻边所构成的平行四边形的对角线来表示。如图 1-4(a)所示，或者说，合力矢等于这两个力矢的几何和(或矢量和)，即

$$\boldsymbol{R}=\boldsymbol{F}_1+\boldsymbol{F}_2$$

1-4

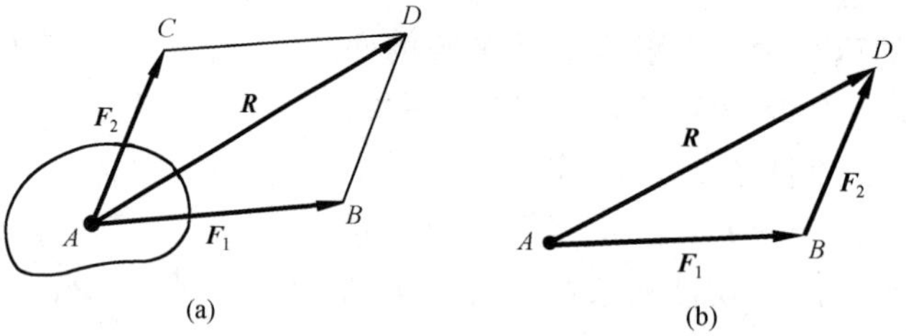

图 1-4

根据公理 3 求合力的几何方法称为**力的平行四边形法则**。由图 1-4(b)可见，在求合力 $\boldsymbol{R}$ 时，实际上不必作出整个平行四边形，只要以力矢 $\boldsymbol{F}_1$ 的末端 B 作为力矢 $\boldsymbol{F}_2$ 的始端而画出 $\boldsymbol{F}_2$，即两分力矢的首尾相连，则矢量$\overline{AD}$就代表合力矢 $\boldsymbol{R}$，这样画成的三角形 ABD 称为力三角形。这一求合力的几何方法称为**力三角形法则**。

推论(三力平衡必汇交定理)

刚体仅受三个力作用而平衡时，若其中任意两个力的作用线汇交于一点，则余下的另一个力的作用线也必相交于同一点，且这三个力的作用线在同一平面内。

1-5

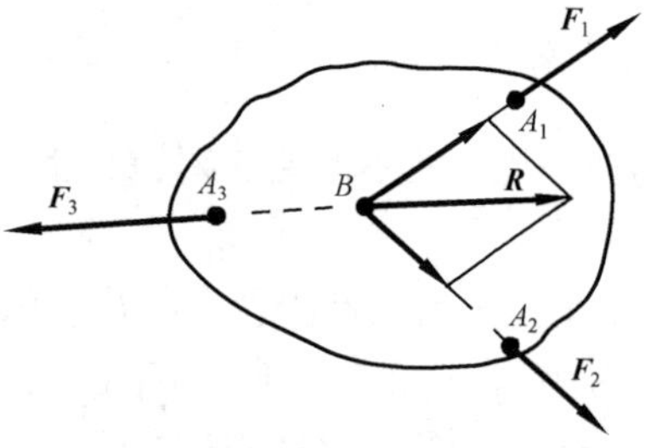

图 1-5

证明：设有互相平衡的三个力 $\boldsymbol{F}_1$、$\boldsymbol{F}_2$ 和 $\boldsymbol{F}_3$ 分别作用于刚体的 A_1、A_2 和 A_3 三点上(图 1-5)，已知力 $\boldsymbol{F}_1$ 和 $\boldsymbol{F}_2$ 的作用线交于 B 点。将力 $\boldsymbol{F}_1$ 和 $\boldsymbol{F}_2$ 移到交点 B，并用平行四边形公理求得其合力 $\boldsymbol{R}$。今以合力 $\boldsymbol{R}$ 代替力 $\boldsymbol{F}_1$ 和 $\boldsymbol{F}_2$ 的作用，根据已知条件，则合力 $\boldsymbol{R}$ 应与力 $\boldsymbol{F}_3$ 平衡，故知 $\boldsymbol{R}$ 必与 $\boldsymbol{F}_3$ 大小相等、方向相反且作用在同一直线上(公理 1)。因此，力 $\boldsymbol{F}_3$ 的作用线必与力 $\boldsymbol{R}$ 的作用线重合而且通过 B 点。并且这三个力在同一平面内。

公理 4(作用力与反作用力定律)

两物体间的相互作用力与反作用力总是同时存在，且大小相等、方向相反、沿着同一直线、分别作用在两个物体上。

公理 4 是牛顿第三定律，它概括了自然界中物体间相互作用力的关系，表明一切力总是成对出现的。已知作用力可得反作用力，它是分析物体受力时必须遵循的原则。

必须强调指出，虽然作用力与反作用力大小相等、方向相反，但分别作用在两个不同的物体上。因此绝不可认为这两个力相互平衡。这与公理 1 有本质区别，不能混同。

下面分析图 1-6 所示的吊灯装置。$\boldsymbol{G}$ 为灯所受的重力，$\boldsymbol{T}$ 为绳给灯的拉力。由于这两个力都作用在灯上，使灯保持静止，所以它们不是作用力与反作用力的关系，而是二力平衡。

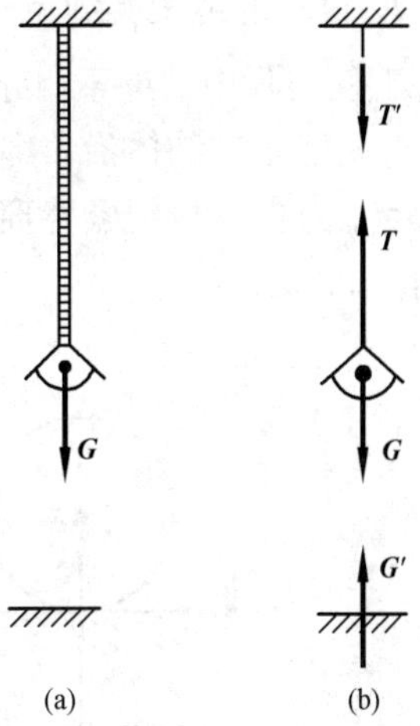

图 1-6

1-6

至于拉力 $\boldsymbol{T}$ 和重力 $\boldsymbol{G}$ 的反作用力在哪里，首先要分清哪个是受力物体，哪个是施力物体。力 $\boldsymbol{T}$ 是绳拉灯的力，则力 $\boldsymbol{T}$ 的反作用力是灯拉绳的力 $\boldsymbol{T}'$，该力作用于绳上，与力 $\boldsymbol{T}$ 等值、反向、共线。力 $\boldsymbol{G}$ 是地球吸引灯的力，所以力 $\boldsymbol{G}$ 的反作用力是灯吸引地球的力 $\boldsymbol{G}'$，该力作用于地球上，与力 $\boldsymbol{G}$ 等值、反向、共线。

公理 5(刚化公理)

若变形体在某个力系作用下处于平衡状态，则将此物体变成刚体(刚化)时其平衡不受影响。

公理 5 表明，对已知处于平衡状态的变形体，可以应用刚体静力学的平衡理论。然而，刚体平衡的充分与必要条件，对于变形体的平衡，只是必要条件而不是充分条件。

1.3　约束与约束反力

凡位移不受任何限制、可以在空间任意运动的物体称为**自由体**，如在空中飞行的飞机、火箭等。如果物体受到周围物体的阻碍、限制而不能做任意运动，则此物体称为**非自由体**或**被约束体**。在力学中，将这种事先对于物体的运动所加的限制条件称为**约束**。这种限制条件是由与被限制的物体相联系的其他物体造成的。例如，书放在光滑的桌面上，桌面就是书的约束，它阻碍书沿铅直方向向下运动。又如各种轴承对转轴的约束，吊车的钢索对于重物的约束等。既然约束阻碍着物体的运动，也就是约束能够起到改变物体运动状态的作用，所以约束对物体的作用，实际上就是力，这种力称为**约束反力**，简称**反力**。因此，**约束反力的方向必与该约束所能够阻碍的物体运动方向相反**。约束反力的作用点就是物体上与作为约束的物体相接触的点。约束反力的大小，一般都是未知的，在静力学中，约束反力与物体所受的其他已知力(主动力)组成平衡力系，因此可用力系的平衡条件求出约束反力。

下面介绍几种在工程实际中常遇到的简单的约束类型和确定约束反力的方法。

1. 具有光滑接触面的约束

所谓光滑即忽略摩擦。具有光滑接触面的约束特点是只能承受压力，不能承受拉力，只能限制物体沿两接触面在接触处的公法线趋向接触面的运动。因此，**光滑接触面对物体的约束反力，作用在接触点处，方向沿接触表面的公法线，并指向受力物体**。即约束反力为压力，常用字母 $\boldsymbol{N}$ 表示。如图 1-7 所示的固定面给球 O 的约束反力 $\boldsymbol{N}_A$，图 1-8 所示的直杆在接触处 A、B 两点的约束反力 $\boldsymbol{N}_A$ 和 $\boldsymbol{N}_B$。

2. 柔软的绳索类约束

工程实际中的绳索、链条和皮带等均属于绳索类约束，由于柔软的绳索类约束只能承受拉力，只能限制物体沿着绳索伸长的方向运动。所以**绳索类约束对物体的约束反力，作用在接触点，方向沿着绳索背离物体。**即柔软的绳索类的约束反力恒为拉力，通常用 $\boldsymbol{T}$ 或 $\boldsymbol{S}$ 表示，如图 1-9所示。

1-7

1-8

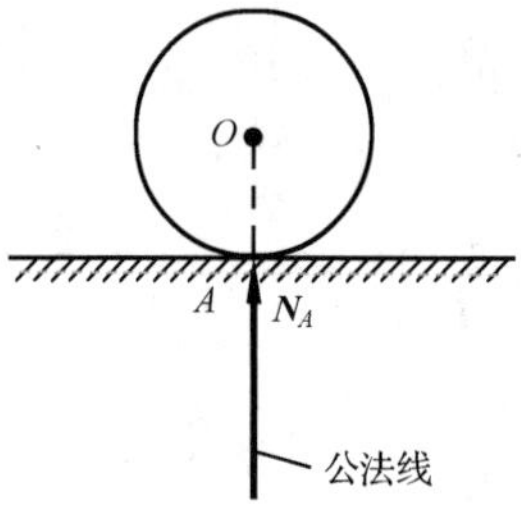

图 1-7

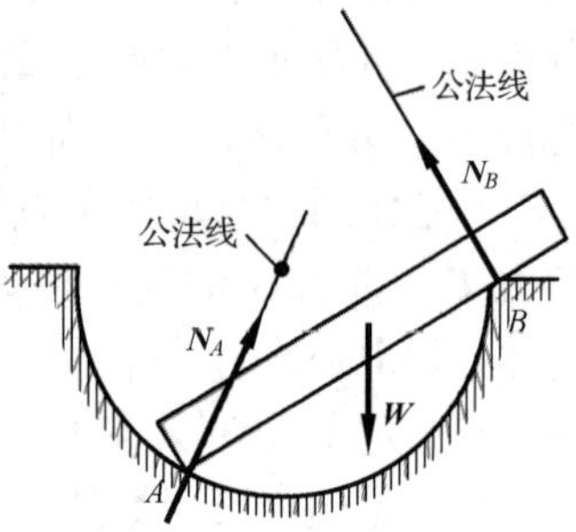

图 1-8

1-9a

1-9b

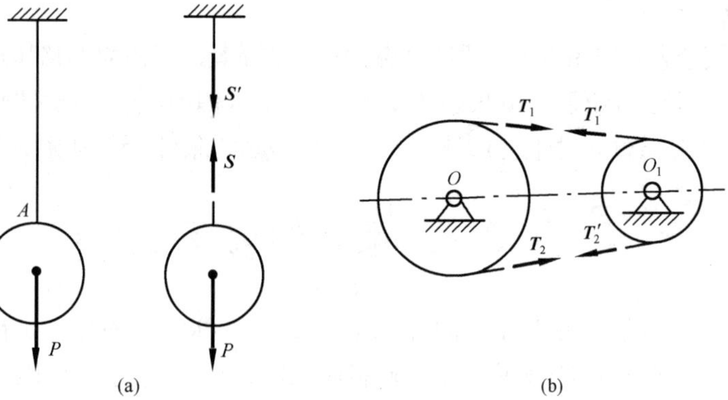

图 1-9

3. 光滑圆柱铰链约束

1)圆柱铰链

圆柱铰链(或简称**铰链**)是工程结构和机械中常用的连接部件，是由圆柱销钉插入两构件的圆柱孔构成，如图 1-10(a)所示。如果销钉和圆孔是光滑的，那么销钉只能阻碍两构件在垂直于销钉轴线的平面内的相对移动，而不能阻碍两构件绕销钉轴线的相对转动。图 1-10(c)是图 1-10(a)的简化图形。由于圆柱销钉与圆柱孔是光滑曲面接触，则约束反力 $\boldsymbol{R}$ 应是沿接触线上的一点到圆柱销钉中心的连线且垂直于轴线，如图 1-10(b)所示。因接触线的位置不能预先确定，故约束反力 $\boldsymbol{R}$ 的方向也不能预先确定。所以，圆柱铰链的约束反力作用在垂直于销钉轴线的平面内，通过圆孔中心，方向不定。为了计算方便，在受力分析

圆柱铰链约束

1-10

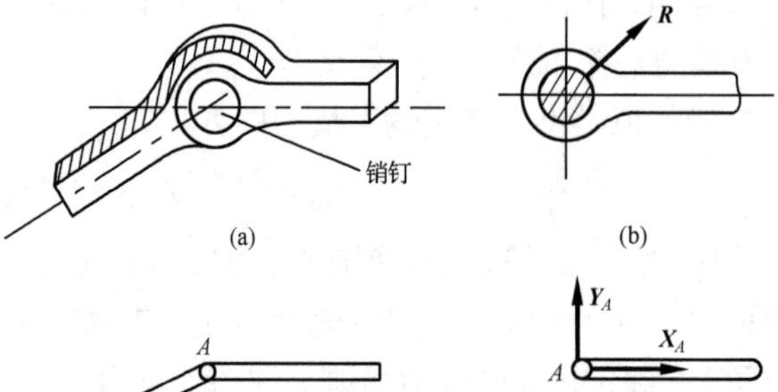

图 1-10

中，铰链的约束反力通常由沿坐标轴正方向且作用于圆孔中心的两个正交分力 $\boldsymbol{X}_A$、$\boldsymbol{Y}_A$（或记为 $\boldsymbol{R}_x$、$\boldsymbol{R}_y$）来表示，如图 1-10(d)所示。

2)固定铰支座

由圆柱铰链连接的两个构件中，如果其中一个构件被固定在基础或静止的机架上，则称为**固定铰支座**，简称**铰支座**。如图 1-11(a)所示，固定铰支座的销钉对构件的约束与圆柱铰链的销钉对构件的约束完全相同，图 1-11(b)为固定铰支座的简化符号，其约束反力也常用一对正交分力 $\boldsymbol{X}_A$ 和 $\boldsymbol{Y}_A$ 表示，见图 1-11(c)。

1-11

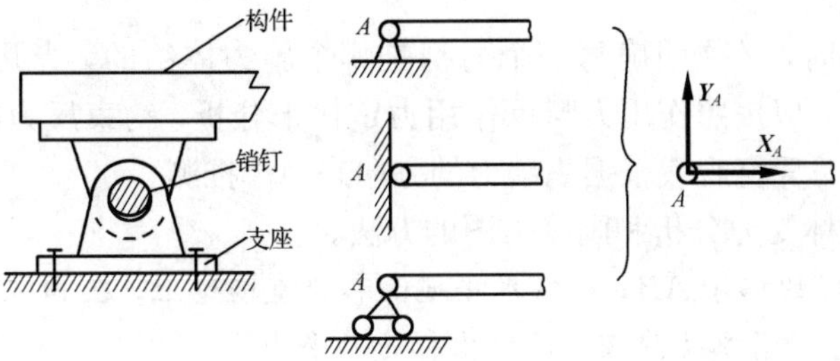

图 1-11

3)活动铰支座(辊轴支座)

用圆柱铰链连接两个构件，其中一个与支座连接，而支座下面安装几个辊轴(滚柱)，这就构成了**辊轴支座**，如图 1-12(a)所示，图 1-12(b)是辊轴支座的简化符号。由于这种支座只能阻止物体沿支承面法线方向移动，不能阻止物体沿支承面移动和绕销钉轴线的转动，故常称**活动铰支座**。所以，活动铰支座的约束反力垂直于支承面，通过圆孔中心，通常为压力。常用字母 $\boldsymbol{N}$ 或 $\boldsymbol{R}$ 表示，如图 1-12(c)所示。

1-12

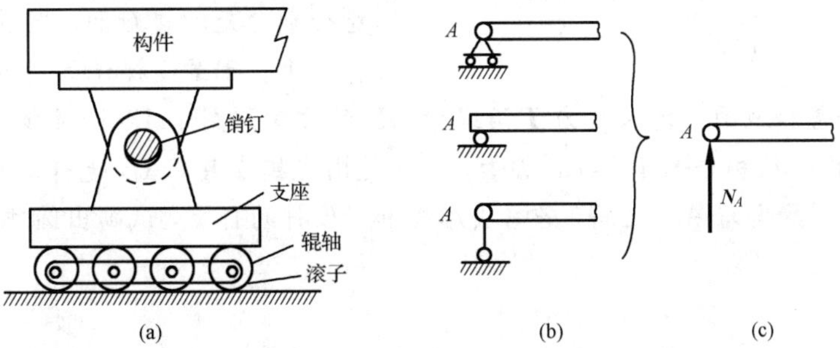

图 1-12

1.4　物体的受力分析和受力图

在求解力学问题时，首先要确定物体受了几个力，每个力的作用位置和力的作用方向，这个分析过程称为**物体的受力分析**。物体的受力可分为两类：一类是主动力，如物体的重力、风力、压力等；另一类是约束对物体的约束反力，为未知的被动力。为了清晰和便于计算，我们把需要研究物体(受力体)的约束全部解除，并把它从周围的物体(施力体)中分离出来，单独画出它的简图，这个步骤叫做取研究对象或取分离体。将作用于该分离体上的所有主动力和约束反力画在简图上，这种表示物体受力的简图称为**受力图**。恰当地选取研究对象，正确地画出受力图，是求解力学问题的关键步骤。下面给出画受力图的主要步骤：

（1）根据题意要求确定研究对象。研究对象可以是一个物体，几个物体的组合，或整个物体系统。

（2）取分离体。将已选定的研究对象的约束全部解除，并把它从周围的物体中分离出来，画出其简图。

（3）画上主动力。在分离体上画出研究对象所受的全部主动力，不能遗漏，也不能多画。

（4）认清约束类型，画出约束反力。在去掉约束的地方，必须严格地按被去掉约束类型及其特性画出约束反力，有时要根据二力平衡共线、三力平衡汇交等平衡条件确定某些约束反力的方向或作用线的方位。

在物体受力分析时，必须明确每一个力都是哪个施力体给的，当几个物体相互接触时，物体间相互作用的力，应按照作用力与反作用力定律来分析，约束反力的方向必须按约束类型的性质来画，不能单凭直观或根据主动力的方向来简单推测。

下面举例说明物体受力分析和画受力图的方法。

【例 1-1】 重为 $\boldsymbol{G}$ 的梯子 AB，搁在水平地面和铅直墙壁上，在 D 点用水平绳 DE 与墙相连，如图 1-13(a)所示。若略去摩擦，试画出梯子的受力图。

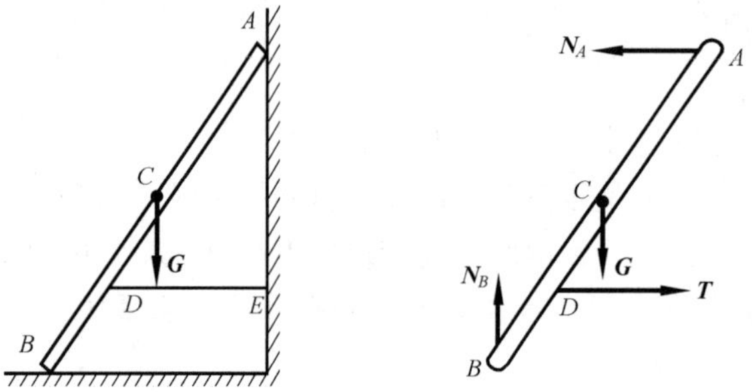

(a) (b)

图 1-13

1-13

解 （1）选梯子 AB 为研究对象。

（2）取分离体。将梯子 AB 从周围物体中分离出来，单独画出。

（3）画上主动力。梯子受到的主动力只有重力 $\boldsymbol{G}$，作用于重心 C 点，方向铅直向下。

（4）认清约束类型，画出约束反力。因为梯子在 A、B、D 三处分别解除了墙壁、地面、绳索这三处约束，而这三处的约束类型分别为光滑接触面、光滑接触面、柔软绳索约束。因此，梯子的约束反力 $\boldsymbol{N}_A$ 和 $\boldsymbol{N}_B$ 应分别垂直于墙壁和地面。约束反力 $\boldsymbol{T}$ 沿绳索 DE 的方向。图 1-13(b)为梯子的受力图。

【例 1-2】 已知结构如图 1-14(a)所示，A 点是固定铰支座，AB 是杆、BC 是绳，重为 $\boldsymbol{W}$ 的圆球 O 放在杆 AB 与墙 AC 之间，若略去摩擦和 AB 杆的自重，试画出圆球 O 和 AB 杆的受力图。

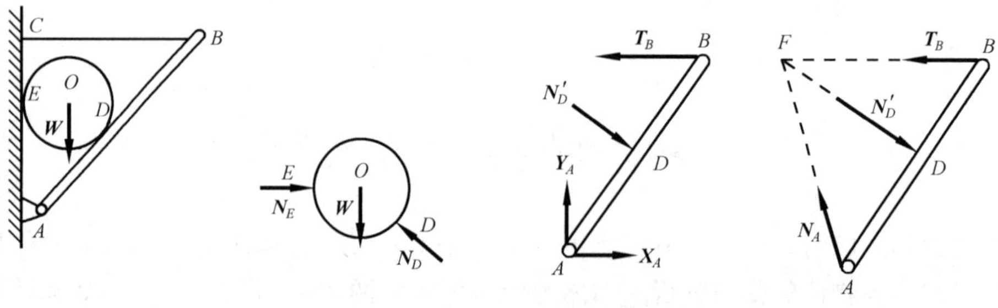

(a) (b) (c) (d)

图 1-14

1-14

解 （1）以圆球 O 为研究对象，画出分离体图，先画上主动力 $\boldsymbol{W}$，根据约束类型 D、E 处为光滑接触面约束，画上杆对球的约束反力 $\boldsymbol{N}_D$ 和墙对球的约束反力 $\boldsymbol{N}_E$，其受力图如图 1-14(b)所示。

(2) 以 AB 杆为研究对象，画出分离体图，A 处为固定铰支座约束，画上约束反力为一对正交分力 $\boldsymbol{X}_A$、$\boldsymbol{Y}_A$，B 处受绳索约束，画上拉力 $\boldsymbol{T}_B$，D 处为光滑面约束，画上法向反力 $\boldsymbol{N}'_D$，它与 $\boldsymbol{N}_D$ 是作用力与反作用力的关系，其受力图如图 1-14(c)所示。

杆 AB 的受力图还可以画成图 1-14(d)的形式。根据三力平衡必汇交的原理，力 $\boldsymbol{T}_B$ 和力 $\boldsymbol{N}'_D$相交于 F 点，则其余一个力 $\boldsymbol{N}_A$ 必然交于 F 点，从而确定约束反力 $\boldsymbol{N}_A$ 的方位必沿 A、F 两点连线方向，如图 1-14(d)所示。

【例 1-3】 如图 1-15(a)所示三铰架，A、B 均为固定铰支座，C 为圆柱铰链，BC 直角弯杆上作用有力 $\boldsymbol{P}_1$ 和 $\boldsymbol{P}_2$。力 $\boldsymbol{P}$ 作用在销钉 C 上。若不计 AC 杆、CB 杆的自重，试画出 AC 杆、CB 杆和销钉 C 的受力图。再画出销钉 C 带在 AC 杆上时，AC 杆的受力图。

解 (1) 研究 AC 杆，画出分离体图，因为 AC 为二力杆，故 A 点和 C 点的约束反力 $\boldsymbol{N}_A$、$\boldsymbol{N}_C$ 沿杆 AC 连线作用，为二力平衡。图 1-15(b)是 AC 杆的受力图。

(2) 研究销钉 C，画出分离体图，画上主动力 $\boldsymbol{P}$，再画上 AC 杆给的约束反力 $\boldsymbol{N}'_C$($\boldsymbol{N}_C$ 的反作用力)和 CB 杆给的约束反力 $\boldsymbol{X}_C$ 和 $\boldsymbol{Y}_C$，其受力图见图 1-15(b)所示。

(3) 研究 CB 杆，画出分离体图，画上主动力 $\boldsymbol{P}_1$ 和 $\boldsymbol{P}_2$，由于 C 是圆柱铰链，B 是固定铰支座，所以其约束反力均用一对正交分力 $\boldsymbol{X}'_C$、$\boldsymbol{Y}'_C$和 $\boldsymbol{X}_B$、$\boldsymbol{Y}_B$ 表示。值得注意的是这里的 $\boldsymbol{X}'_C$和 $\boldsymbol{Y}'_C$是 $\boldsymbol{X}_C$ 和 $\boldsymbol{Y}_C$ 的反作用力，其受力图如图 1-15(c)所示。

(4) 再将销子 C 和 AC 杆合为一个物体研究，画出分离体图，画上主动力 $\boldsymbol{P}$，固定支座 A 的约束反力 $\boldsymbol{N}_A$ 方向已定沿 AC 连线，由于销子 C 带在 AC 杆上，这时销钉 C 与 AC 杆的相互作用力 $\boldsymbol{N}_C$ 和 $\boldsymbol{N}'_C$成为内力不应画出，而 CB 杆给销钉的约束反力 $\boldsymbol{X}_C$、$\boldsymbol{Y}_C$ 必须画上，其受力图如图 1-15(d)所示。

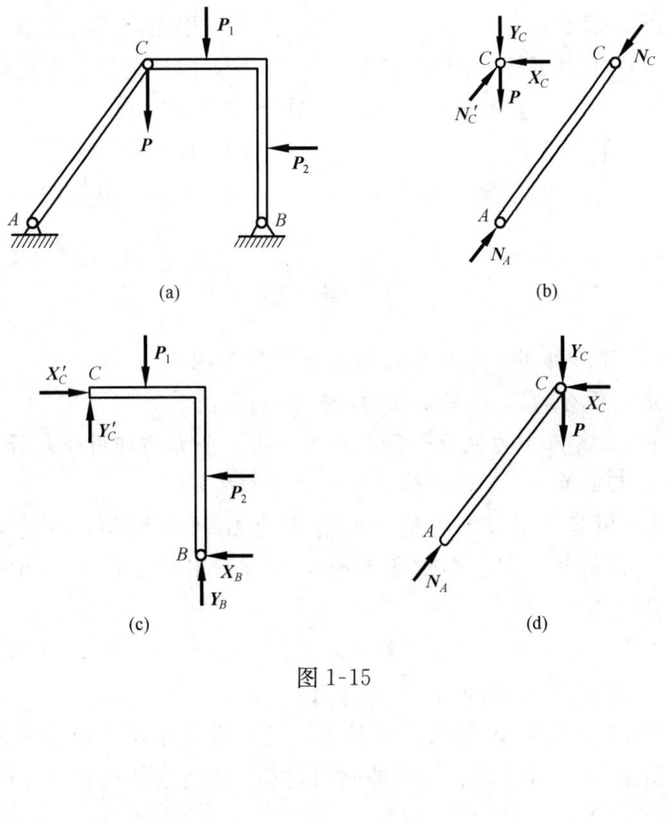

图 1-15

1-15

本章小结

1. 三个基本概念。

(1) 力是物体间相互的机械作用，力对物体的作用有两种效应：外效应和内效应。静力学只研究力的外效应。

(2) 刚体是不变形的物体，它是力学中物体的一种抽象化模型。

(3) 平衡是物体相对地面保持静止或匀速直线运动的状态。

2. 五个公理。

(1) 二力平衡公理。作用于刚体上二力平衡的充分和必要条件是：等值、反向、共线。

(2) 加减平衡力系公理。在作用于刚体上的力系中，加减任一平衡力系，并不改变原力系对刚体的作用。

(3) 力的平行四边形法则。作用于物体上同一点的两个力的合力仍作用在该点上，其合力的大小和方向以这两个力为邻边所作的平行四边形对角线来表示。

(4) 作用力与反作用力定律。两物体间相互作用力与反作用力总是：等值、反向、共线，且分别作用在两个物体上。

(5) 刚化公理。变形体的平衡并不因其刚化而影响。

3. 两个推论。

(1) 力的可传性原理。作用于刚体上的力，其作用点可以沿作用线在刚体内任意移动而不改变它对刚体的作用效应。

(2) 三力平衡必汇交定理。若刚体在三个力作用下处于平衡，当其中两个力交于一点时，第三个力必通过该点，且这三个力的作用线共面。

4. 约束与约束反力。

(1) 约束是限制物体运动的物体。

(2) 约束反力是约束对被约束物体的作用力。分析约束反力不能根据被约束物体的运动趋势，而是根据约束的性质来确定。

5. 受力图。

画物体的受力图是力学中重要一环，步骤如下：

(1) 根据问题的要求确定研究对象；

(2) 取分离体，即把研究对象从周围的物体中分离出来；

(3) 画上主动力；

(4) 根据约束类型，画出约束反力。

思 考 题

1.1 二力平衡条件同作用力与反作用力定律有何不同？

1.2 “合力一定大于分力”，这种说法对吗？举例说明。

1.3 作用在刚体上的三个力处于平衡状态时，这三个力的作用线是否在同一平面？若作用在刚体上的三个力汇交于一点，该刚体是否一定平衡？

1.4 一矿井升降罐笼重为 $\boldsymbol{P}$，罐笼中装有重为 $\boldsymbol{G}$ 的重物 M，罐笼处于平衡状态，如图 1-16所示。试分析牵引绳、罐笼和重物各受哪些力作用？其中哪些力是作用力与反作用力？哪些力组成平衡力系？

1.5 如图 1-17 所示的结构，当分析杆 AB 与 BC 的受力时，能否将作用于杆 AB 上 D 点的力 $\boldsymbol{P}$ 沿其作用线传到杆 BC 上的 E 点？为什么？

1.6 如有一根软绳只能承受 500kN 的拉力，现在用这根软绳捆紧一件 400kN 重物，然后用吊钩起吊，如图 1-18 所示，问 α 夹角为何值时会发生事故？

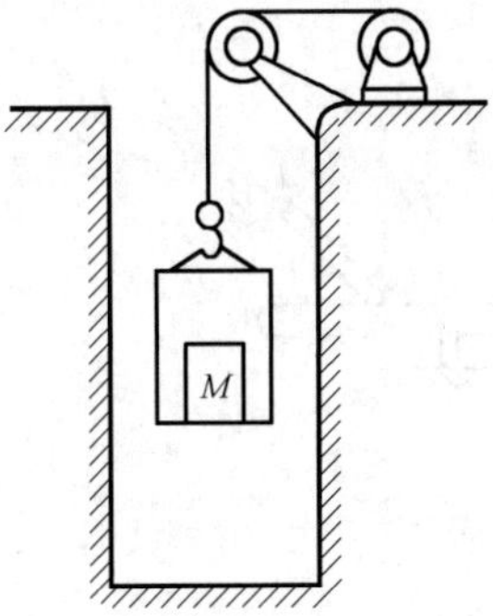

图 1-16

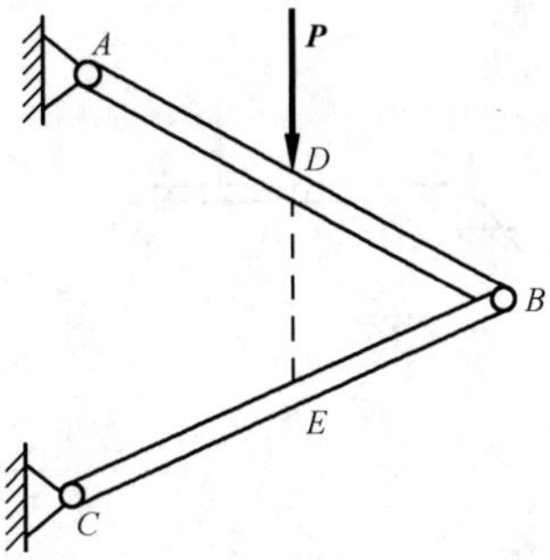

图 1-17

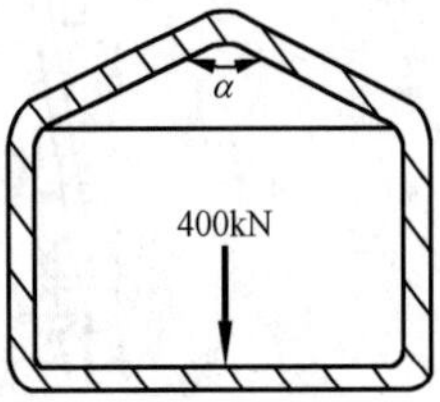

图 1-18

习 题

注意:下列习题中，假定接触面均为光滑，凡未标出自重的物体，自重不计。

1-1 试分别画出题 1-1 图中各物体的受力图。

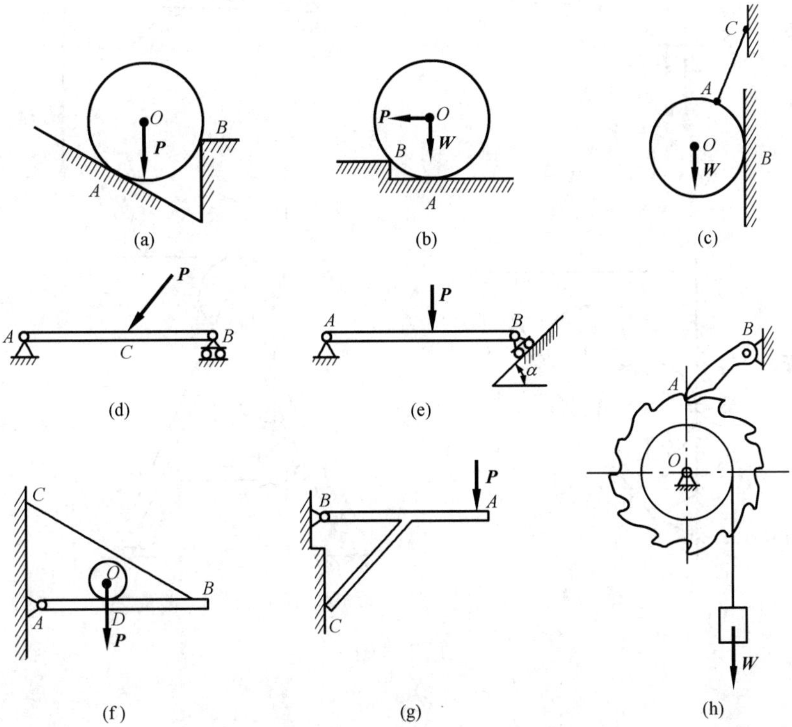

题 1-1 图

1-2 试分别画出题 1-2 图中各物系中每个物体的受力图。

1-3 试分别画出题 1-3 图中各物系中指定物体的受力图。

1-4 液压夹具如题 1-4 图所示，已知油缸中油压合力为 $\boldsymbol{P}$，沿活塞杆 AD 的轴线作用于活塞。机构通过活塞杆 AD、连杆 AB 使杠杆 BOC 压紧工件。设 A、B 均为圆柱形销钉连接，O 为铰链支座，C、E 为光滑接触面。不计各零件的自重，试分别画出活塞 AD、滚子 A、压板杠杆 BOC 和整体的受力图。

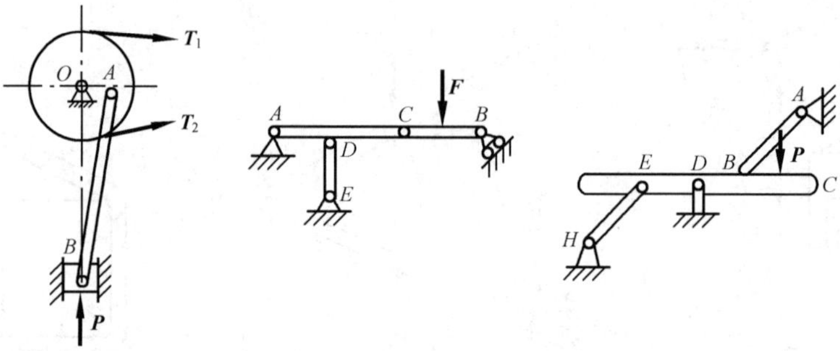

(a) (b) (c)

题 1-2 图

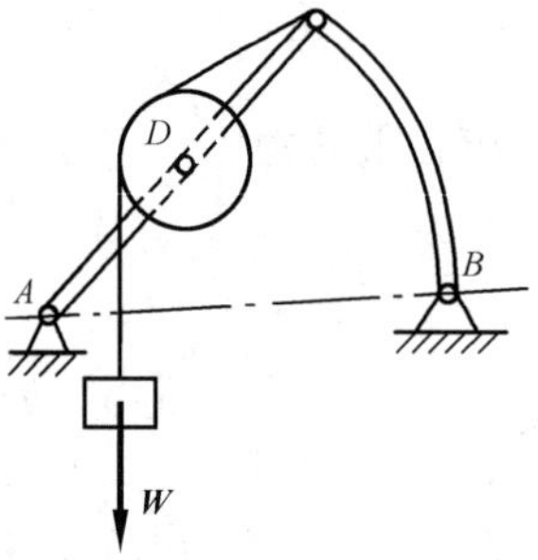

(a) 轮D、杆AC、杆BC

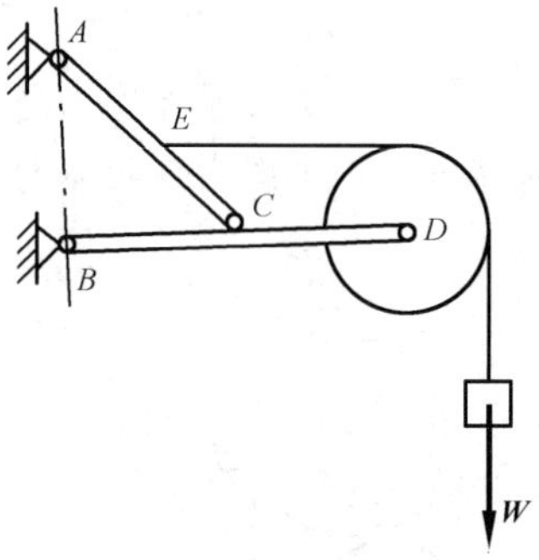

(b) 轮D、杆AC、杆BD

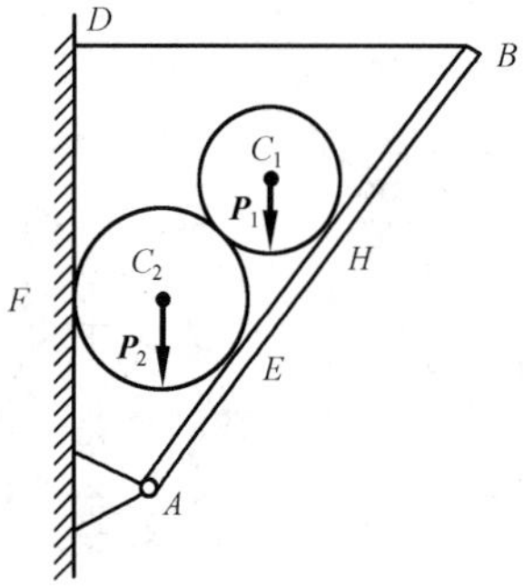

(c) 轮C_1、轮C_2、杆AB

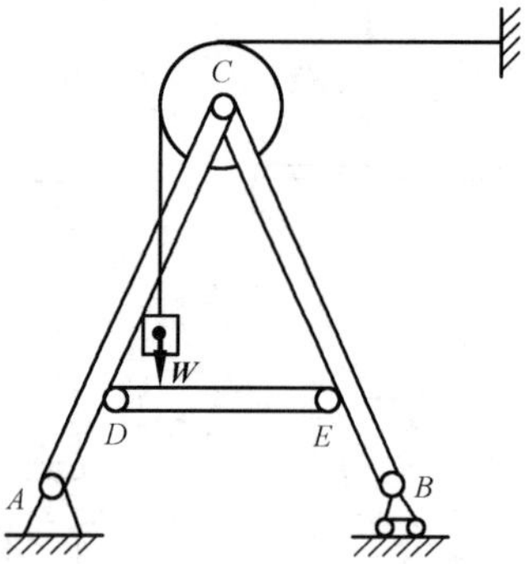

(d) 轮C、杆BC、杆DE、三角架ABC

题 1-3 图

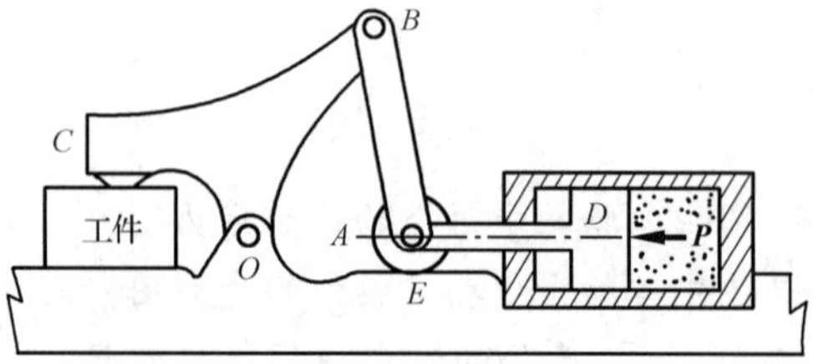

题 1-4 图

第 2 章

平面汇交力系与平面力偶理论

本章主要讲述平面汇交力系、平面力偶系的合成和平衡问题，并着重讨论力多边形法则、力偶的性质、平面汇交力系和平面力偶系的平衡条件、平衡方程以及它们的应用。本章是研究平面任意力系的基础。

2.1　平面汇交力系合成与平衡的几何法

平面汇交力系是指各力的作用线位于同一平面内且汇交于同一点的力系。

2.1.1　合成的几何法

设在刚体上作用有平面汇交力系 $\boldsymbol{F}_1$、$\boldsymbol{F}_2$、$\boldsymbol{F}_3$、$\boldsymbol{F}_4$，各力的作用线汇交于 A 点(图 2-1(a))。根据力的可传性原理，将力系中各力分别沿其作用线移到汇交点 A，则该力系转换为**平面共点力系**(图 2-1(b))。要求该力系的合力可连续应用力三角形法则将各力依次合成。即从任选一点 a 按一定比例尺作$\overrightarrow{ab}$表示力 $\boldsymbol{F}_1$，在其末端 b 作$\overrightarrow{bc}$表示力 $\boldsymbol{F}_2$，则虚线$\overrightarrow{ac}$是 F_1 与 F_2 的合力 $\boldsymbol{R}_1$，再作$\overrightarrow{cd}$表示力 $\boldsymbol{F}_3$，则虚线$\overrightarrow{ad}$是 $\boldsymbol{R}_1$ 与 $\boldsymbol{F}_3$ 的合力 R_2，最后作$\overrightarrow{de}$表示力 $\boldsymbol{F}_4$，则$\overrightarrow{ae}$就是 $\boldsymbol{R}_2$ 与 $\boldsymbol{F}_4$ 亦即力 $\boldsymbol{F}_1$、$\boldsymbol{F}_2$、$\boldsymbol{F}_3$ 和 $\boldsymbol{F}_4$ 的合力 $\boldsymbol{R}$，其大小及方向可由图 2-1(c)中量出。这就是此平面汇交力系的合力，即

$$\boldsymbol{R}=\boldsymbol{F}_1+\boldsymbol{F}_2+\boldsymbol{F}_3+\boldsymbol{F}_4$$

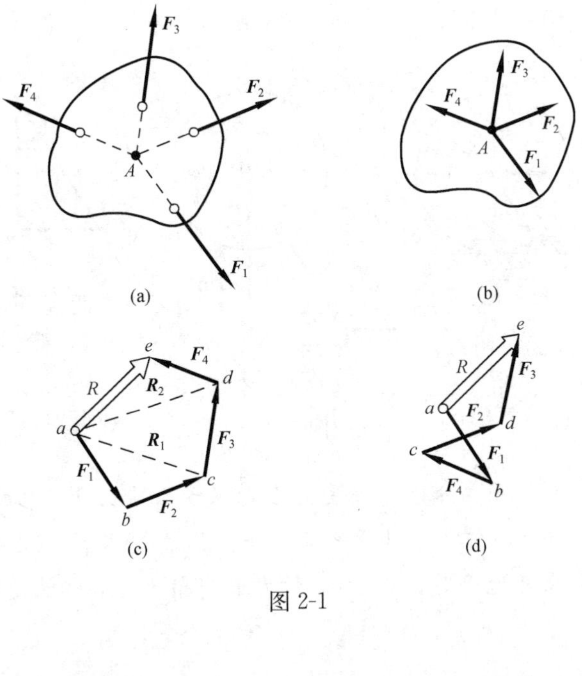

图 2-1

2-1

其作用线显然是通过汇交点 A。以上分析如果不按 $\boldsymbol{F}_1$、$\boldsymbol{F}_2$、$\boldsymbol{F}_3$、$\boldsymbol{F}_4$ 次序进行合成，而是依照任意次序(例如按 $\boldsymbol{F}_1$、$\boldsymbol{F}_4$、$\boldsymbol{F}_2$、$\boldsymbol{F}_3$ 次序)合成作图，那么所得到的力多边形的形状显然各不相同(图 2-1(d))，但是所得的合力 $\boldsymbol{R}$ 则完全相同。由此可知，合力 $\boldsymbol{R}$ 与各力的作图次序无关。

由图 2-1(c)可以看出，求合力 $\boldsymbol{R}$ 时可以不作出虚线 $\overrightarrow{ac}$ 和 $\overrightarrow{ad}$，而直接由任意点 a 开始把力系中各力矢首尾相接作折线 $abcde$，则线段 $\overrightarrow{ae}$ 即为合力矢 $\boldsymbol{R}$。由各分力矢折线和合力矢构成的多边形 $abcde$ 称为**力多边形**，合力矢是力多边形的封闭边。这种求合力矢的几何作图法称为**力多边形法则**。按力多边形法则求力系的合力的方法，称为**几何法**。它与矢量加法完全相同。

推广到平面汇交力系有 n 个力的情形，可得结论：**平面汇交力系合成的结果是一个合力，合力的作用线通过力系的汇交点，其大小和方向可由力多边形的封闭边来表示，即合力矢等于原力系中所有各力的矢量和。**

$$\boldsymbol{R} = \boldsymbol{F}_1 + \boldsymbol{F}_2 + \cdots + \boldsymbol{F}_n = \sum_{i=1}^{n} \boldsymbol{F}_i \tag{2-1a}$$

或简写为

$$\boldsymbol{R} = \sum \boldsymbol{F} \tag{2-1b}$$

2.1.2 平衡的几何条件

在平面汇交力系用力多边形法则合成时，若各力矢所构成的折线恰好封闭，即第一个力矢的起点与最末一个力矢的终点恰好重合而构成一个自行封闭的力多边形，则它表示力系的合力 R 等于零，于是该力系为一平衡力系。由此可知，**平面汇交力系平衡的必要与充分的几何条件是：力系中各力构成的力多边形自行封闭，或各力的矢量和等于零，**即

$$\boldsymbol{R} = 0 \quad \text{或} \quad \boldsymbol{F}_1 + \boldsymbol{F}_2 + \cdots + \boldsymbol{F}_n = \sum \boldsymbol{F} = 0 \tag{2-2}$$

由几何法求合成与平衡问题时，可选取适当的比例图解或应用几何关系数解。图解的精确度取决于作图的精确度。

【例 2-1】 如图 2-2(a)所示，压路机的碾子重 $P=20\text{kN}$，$r=60\text{cm}$。欲将此碾子拉过高 $h=8\text{cm}$ 的障碍物，在其中心 O 作用一水平拉力 $\boldsymbol{F}$，求此拉力的大小和碾子对障碍物的压力。

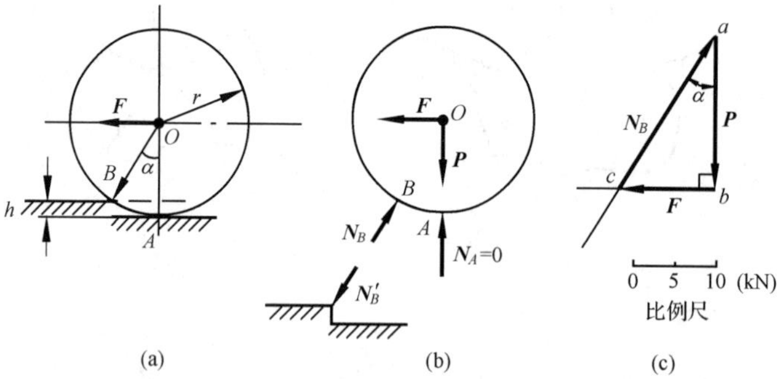

图 2-2

2-2

解 选碾子为研究对象并取分离体画受力图。碾子在重力 $\boldsymbol{P}$、地面支承力 $\boldsymbol{N}_A$、水平拉力 $\boldsymbol{F}$ 和障碍物的支反力 $\boldsymbol{N}_B$ 的作用下处于平衡，如图 2-2(b)所示。这些力汇交于 O 点是平面汇交力系。当碾子刚离开地面时，$\boldsymbol{N}_A=0$，拉力 $\boldsymbol{F}$ 有最大值，这就是碾子越过障碍物的力学条件。

(1) 由几何关系数解。

根据平面汇交力系平衡的几何条件，$\boldsymbol{P}$、$\boldsymbol{N}_B$ 和 $\boldsymbol{F}$ 三个力应组成一个封闭的力三角形，如图 2-2(c)所示。从图中可知，力三角形是一个直角三角形，应用三角公式求得

$$F = P\tan\alpha \tag{1}$$

$$N_B = P/\cos\alpha \tag{2}$$

由图 2-2(a)中的几何关系，求得

$$\tan\alpha = \frac{\sqrt{r^2-(r-h)^2}}{r-h} = 0.577$$

代入式(1)、式(2)中得

$$F = 11.5\text{kN}\quad,\quad N_B = 23.1\text{kN}$$

由作用力和反作用力关系可知，碾子对障碍物的压力 N'_B 也等于 23.1kN。

(2) 图解法。

选取比例尺如图 2-2(c)所示，先画已知力 $\boldsymbol{P}=\overrightarrow{ab}$，过 a、b 两点分别作直线平行于 $\boldsymbol{N}_B$、$\boldsymbol{F}$，这两条直线相交于 c 点，于是得到力三角形 abc(图 2-2(c))，$\boldsymbol{N}_B$、$\boldsymbol{F}$ 的指向应符合首尾相接的规则。于是可量得

$$F = 11.5\text{kN}\quad,\quad N_B = 23.1\text{kN}$$

通过例 2-1，可总结几何法解题的主要步骤如下：

(1) 选取研究对象，并画出分离体简图。

(2) 画受力图。先画出主动力，再根据约束类型画出约束反力，若有的约束反力的作用线不能根据约束类型直接确定(如铰链)，而物体又只受三个力作用时，可根据三力平衡必汇交的原理来确定该力的作用线。

(3) 作力多边形或力三角形。选择适当的比例尺，作出该力系的封闭力多边形或封闭力三角形。必须注意，作图时总是从已知力开始。根据首尾相接的矢序规则和封闭特点，就可以确定未知力的指向。

(4) 求出未知量。用比例尺和量角器在图上量出未知量，或者用三角公式计算出来。

2.2　平面汇交力系合成与平衡的解析法

上节介绍的求解平面汇交力系问题的几何法虽然比较简单，但要求作图细心准确，否则误差较大。在工程中用得较多的还是解析法。这种方法是以力在坐标轴上的投影作为基础来进行计算的，为此先介绍力在坐标轴上的投影。

2.2.1　力在坐标轴上的投影

设力 $\boldsymbol{F}$ 作用于物体的 $\boldsymbol{A}$ 点(图 2-3(a))。在力 $\boldsymbol{F}$ 作用线所在的平面内任取直角坐标系 Oxy，从力 $\boldsymbol{F}$ 的两端 A 和 B 分别向 x 轴作垂线，得到垂足 a 和 b，线段$\overline{ab}$是力 $\boldsymbol{F}$ 在 x 轴上的投影，用 X 表示。力在轴上的投影是个代数量，并规定其投影的指向与轴的正向相同时为正值，反之为负值，同样，从 A 点和 B 点分别向 y 轴作垂线，求得力 $\boldsymbol{F}$ 在 y 轴上的投影 Y，即线段$\overline{a'b'}$。显然

$$\left.\begin{aligned} X &= F\cos\alpha \\ Y &= F\cos\beta \end{aligned}\right\} \tag{2-3}$$

式中，α、β 分别是力 $\boldsymbol{F}$ 与 x、y 轴的夹角。如果把力 $\boldsymbol{F}$ 沿 x、y 轴分解，得到两个正交分力 $\boldsymbol{F}_x$、$\boldsymbol{F}_y$（图 2-3(b)）。显而易见，投影 X 的绝对值等于分力 $\boldsymbol{F}_x$ 的大小，投影 X 的正负号指明力 $\boldsymbol{F}_x$ 是沿 x 轴的正向还是负向。可见利用力在轴上的投影，可以同时表明力沿直角坐标轴分解时分力的大小和方向。

2-3

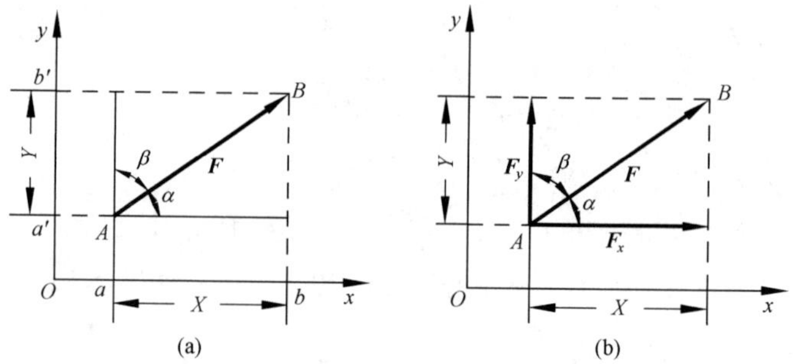

图 2-3

2.2.2 合力投影定理

设已知作用于物体的汇交力系是 $\boldsymbol{F}_1$、$\boldsymbol{F}_2$、$\boldsymbol{F}_3$、$\boldsymbol{F}_4$，作力多边形 $OABCD$，则矢量 $\overrightarrow{OD}$ 即表示此力系的合力 $\boldsymbol{R}$。将所有的力都投影在 x 轴及 y 轴上，则 Oa、ab、bc、cd、Oa'、$a'b'$、$b'c'$、$c'd'$ 分别表示各力 $\boldsymbol{F}_1$、$\boldsymbol{F}_2$、$\boldsymbol{F}_3$、$\boldsymbol{F}_4$ 在 x 轴及 y 轴上的投影。由图 2-4 可以看出，合力 $\boldsymbol{R}$ 在 x 轴上的投影为

$$Od = Oa + ab + bc + cd$$

合力 $\boldsymbol{R}$ 在 y 轴上的投影为

$$Od' = Oa' + a'b' + b'c' - c'd'$$

即

$$R_x = X_1 + X_2 + X_3 + X_4$$

$$R_y = Y_1 + Y_2 + Y_3 + Y_4$$

将上述合力投影与各分力投影的关系式推广到 n 个力组成的平面汇交力系中，可得到

$$\left.\begin{aligned} R_x &= X_1 + X_2 + \cdots + X_n = \sum X \\ R_y &= Y_1 + Y_2 + \cdots + Y_n = \sum Y \end{aligned}\right\} \tag{2-4}$$

即合力在任一轴上的投影等于各分力在同一轴上投影的代数和。这就是**合力投影定理。**

2-4

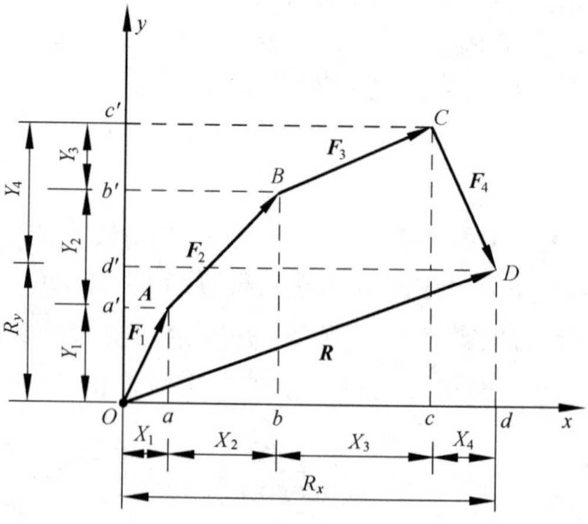

图 2-4

2.2.3　平面汇交力系合成与平衡的解析法

根据合力投影定理，可计算出合力 $\boldsymbol{R}$ 的投影 R_x 和 R_y，所以合力的大小为

$$R=\sqrt{R_x^2+R_y^2}=\sqrt{(\sum X)^2+(\sum Y)^2} \tag{2-5}$$

合力 $\boldsymbol{R}$ 与 x 轴正向间的夹角为

$$\theta=\arctan\frac{R_y}{R_x}=\arctan\frac{\sum Y}{\sum X} \tag{2-6}$$

从前面可知，平面汇交力系平衡的必要与充分条件是该力系的合力 $\boldsymbol{R}$ 等于零。由式(2-5)，则有

$$R=\sqrt{(\sum X)^2+(\sum Y)^2}=0$$

欲使上式成立，必须同时满足

$$\sum X=0\quad,\quad \sum Y=0 \tag{2-7}$$

由此可知，**平面汇交力系解析法平衡的必要与充分条件是：力系中所有各力在两个坐标轴上投影的代数和分别等于零。**式(2-7)称为平面汇交力系的平衡方程。这是两个独立的方程，可以求解两个未知数。

【例 2-2】　图 2-5(a)所示圆柱体 A 重 $\boldsymbol{Q}$，在中心上系着两条绳 AB 和 AC，并分别经过滑轮 B 和 C，两端分别挂重为 $\boldsymbol{P}$ 和 $2\boldsymbol{P}$ 的重物，试求平衡时绳 AC 和水平线所构成的角 α 及 D 处的约束反力。

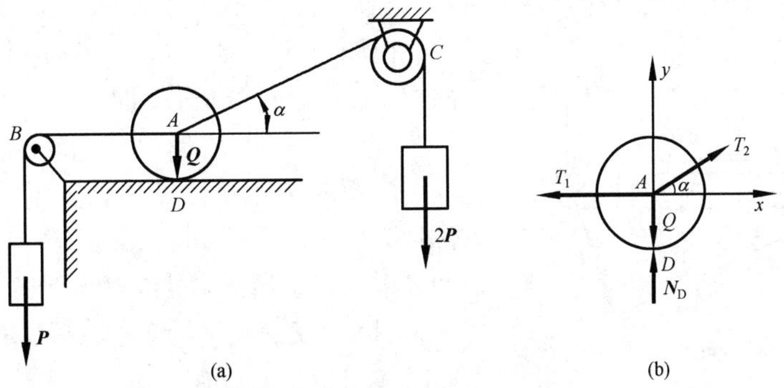

图 2-5

2-5

解　选圆柱为研究对象，取分离体画受力图，圆柱体在重力 $\boldsymbol{Q}$、两绳的拉力 $\boldsymbol{T}_1$、$\boldsymbol{T}_2$ 及地面支承反力 $\boldsymbol{N}_D$ 的作用下处于平衡。且这些力均汇交于一点 A，见图 2-5(b)。选坐标系如图 2-5(b)所示。

由

$$\sum X=0\quad,\quad T_2\cos\alpha-T_1=0$$

$$\sum Y=0\quad,\quad T_2\sin\alpha-Q+N_D=0$$

解得

$$\cos\alpha=\frac{T_1}{T_2}=\frac{P}{2P}=\frac{1}{2}\quad,\quad \alpha=60^\circ$$

$$N_D=Q-T_2\sin\alpha=Q-2P\sin60^\circ=Q-\sqrt{3}P$$

由例 2-2 可得出平面汇交力系解析法作题的主要步骤：

(1) 选取研究对象；

(2) 作受力图；

(3) 选取坐标系(投影轴)，列平衡方程；

(4) 解平衡方程，求出未知数。

用解析法求解时，如果求出某未知力为负值，就表示这个力的实际指向与受力图中所假设的方向相反。

2.3 力矩与力偶的概念及其性质

一般情况下，力对物体作用可以产生移动和转动两种效应。力的移动效应取决于力的大小和方向，力的转动效应取决于力矩的大小和转向，下面首先介绍力矩的概念和计算。

2.3.1 力对点的矩

观察用扳手拧紧螺钉时(图 2-6)，作用于扳手一端的力 $\boldsymbol{F}$ 使扳手绕 O 点转动的效应不仅与力 $\boldsymbol{F}$ 的大小有关，而且与 O 点到力 $\boldsymbol{F}$ 作用线的垂直距离 d 有关。因此，在力学上以 Fd 乘积作为度量力 F 使物体绕 O 点转动效应的物理量，这个量称为**力 $\boldsymbol{F}$ 对 O 点之矩**，简称**力矩**，以符号 $m_O(\boldsymbol{F})$表示，即

$$m_O(\boldsymbol{F}) = \pm Fd \tag{2-8}$$

其中 O 点称为**力矩中心**，简称**矩心**。O 点到力 $\boldsymbol{F}$ 作用线的垂直距离 d 称为**力臂**，通常规定:力使物体绕矩心做逆时针方向转动时为正，反之为负。所以在平面问题中，力对点之矩只取决于力矩的大小和转向，因此在平面内，力对点之矩是一个代数量。

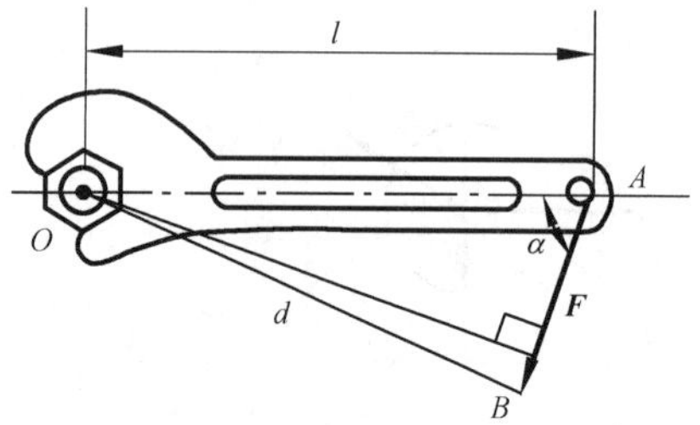

图 2-6

2-6

由图 2-6 可知，力矩大小亦可以用三角形 OAB 面积 $S_{\triangle OAB}$ 的两倍表示，即

$$m_O(\boldsymbol{F}) = \pm 2S_{\triangle OAB} \tag{2-9}$$

力矩的国际单位是牛顿·米或千牛顿·米，其代号为牛·米(N·m)，或千牛·米(kN·m)。

根据以上所述，可以得出下述力矩的性质：

(1) 力 $\boldsymbol{F}$ 对于 O 点之矩不仅取决于 $\boldsymbol{F}$ 的大小，同时还与矩心的位置有关。

(2) 力 $\boldsymbol{F}$ 对于任一点之矩，不因该力的作用点沿其作用线移动而改变(因为力及力臂的大小均未改变)。

(3) 力的大小等于零或力的作用线通过矩心时，力矩等于零。

(4) 互为平衡状态的两个力对同一点之矩的代数和等于零。

最后指出，力矩的概念前面虽然是由力对于物体上固定点的作用而引出的，实际上，作用于物体上的力可以对任意点取矩。

2.3.2 合力矩定理

定理:平面汇交力系的合力对于平面内任一点的矩等于所有各分力对于同一点的矩的代数和，即

$$m_O(\boldsymbol{R}) = \sum_{i=1}^{n} m_O(\boldsymbol{F}_i) \tag{2-10}$$

证明：设作用于 A 点的力 $\boldsymbol{F}_1$ 和 $\boldsymbol{F}_2$ 的合力为 $\boldsymbol{R}$(图 2-7)。任取 O 点为矩心，过 O 点作 x 轴垂直于 OA，并过点 B、C、D 分别作 x 轴的垂线，交 x 于 b、c、d 三点，则 Ob、Oc、Od 分别为力 $\boldsymbol{F}_1$、$\boldsymbol{F}_2$ 和 $\boldsymbol{R}$ 在 x 轴上的投影。由合力投影定理可知

$$Od = Ob + Oc$$

又因为力矩可用两倍三角形面积表示，即

$$m_O(\boldsymbol{F}_1) = 2S_{\triangle OAB} = OA \cdot Ob$$

$$m_O(\boldsymbol{F}_2) = 2S_{\triangle OAC} = OA \cdot Oc$$

$$m_O(\boldsymbol{R}) = 2S_{\triangle OAD} = OA \cdot Od$$

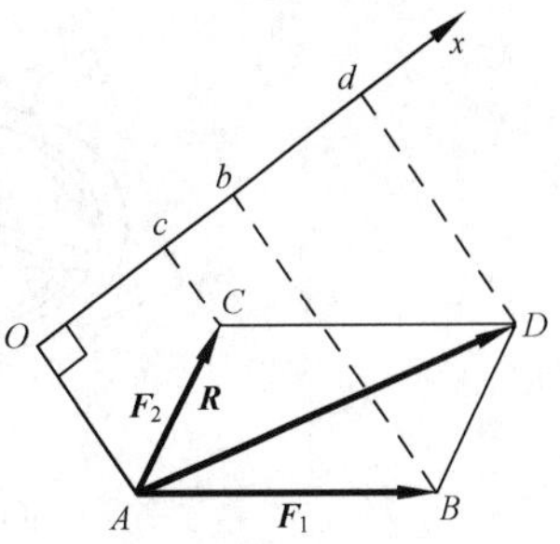

图 2-7

2-7

可见

$$m_O(\boldsymbol{R}) = m_O(\boldsymbol{F}_1) + m_O(\boldsymbol{F}_2)$$

用类似的方法可以证明上述结论对于具有 $\boldsymbol{F}_1$，$\boldsymbol{F}_2$，…，$\boldsymbol{F}_n$ 个力作用的平面汇交力系同样成立。

在计算力矩时，若力臂不易求出，常将力分解为两个易定力臂的分力(通常是正交分解)，然后应用合力矩定理计算力矩。

【例 2-3】 作用于齿轮上的啮合力 $P_n = 1000\text{N}$，节圆直径 $D = 160\text{mm}$，压力角 $\alpha = 20°$ (图 2-8(a))，求啮合力 $\boldsymbol{P}_n$ 对于轮心 O 之矩。

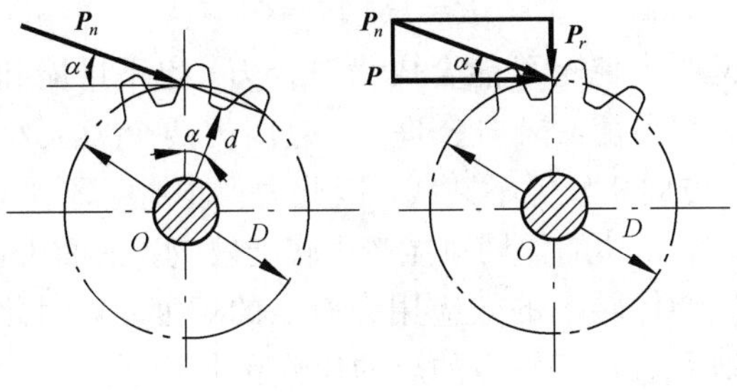

(a)　(b)

图 2-8

解　(1) 应用力矩计算公式求解。

由图 2-8(a)中几何关系可知力臂

$$d = \frac{D}{2}\cos\alpha$$

则 $$m_O(\boldsymbol{P}_n) = -P_n d = -1000 \times \frac{0.16}{2}\cos 20° = -75.2(\text{N}\cdot\text{m})$$

(2) 应用合力矩定理求解。

将啮合力 $\boldsymbol{P}_n$ 正交分解为圆周力 $\boldsymbol{P}$ 和径向力 $\boldsymbol{P}_r$(图 2-8(b))，则

2-8

$$P = P_n\cos\alpha\quad,\quad P_r = P_n\sin\alpha$$

根据合力矩定理，则

$$m_O(\boldsymbol{P}_n) = m_O(\boldsymbol{P}) + m_O(\boldsymbol{P}_r) = -(P_n\cos\alpha)\frac{D}{2} + 0$$

$$= -1000\cos 20° \times \frac{0.16}{2} = -75.2(\text{N}\cdot\text{m})$$

在工程中齿轮的圆周力和径向力，常常是分别给出的，因此第二种方法用得较为普遍。

2.3.3　平面力偶及其性质

在生产和生活中，常常看到物体同时受到大小相等、方向相反、作用线相互平行的两个力的作用。例如，汽车司机转动方向盘，钳工用丝锥钻孔等(图 2-9)，这样的两个力 $\boldsymbol{F}$、$\boldsymbol{F}'$ 由于不满足二力平衡条件，显然不会平衡。在力学上，**将大小相等、方向相反、作用线相互平行的两个力称为力偶**。以符号($\boldsymbol{F}$，$\boldsymbol{F}'$)表示，力偶中两力所在的平面称为**力偶作用面**，两力作用线间的垂直距离 d 称为**力偶臂**。

2-9

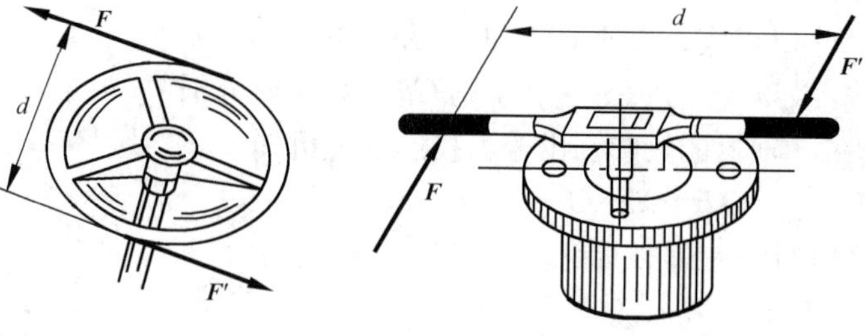

(a) (b)

图 2-9

力偶是两个具有特殊关系的力的组合，下面简述力偶的性质。

2-10

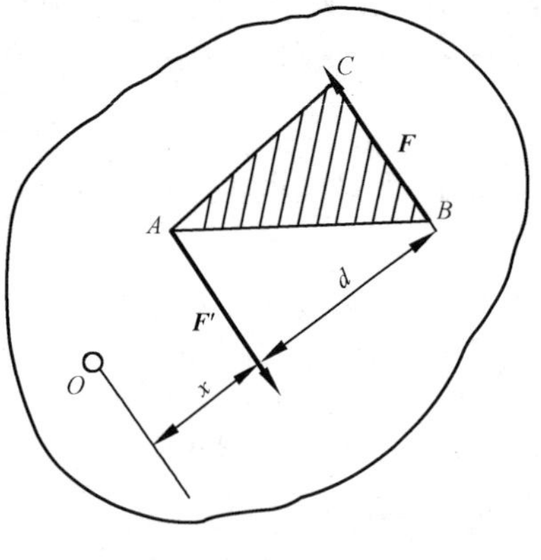

图 2-10

(1) **力偶既没有合力，本身又不平衡，是一个基本的力学量。对物体只产生转动效应，力偶矩恒等于 Fd。**

设有($\boldsymbol{F}$, $\boldsymbol{F}'$)一力偶作用于刚体上(图 2-10)，从物理学可知，它们可以合成为一个合力 $\boldsymbol{R}$，其大小为

$$R=F-F'=0$$

这说明力偶不可能合成为一合力，也不可能和一个力相平衡，根据公理 1，力偶的两个力大小相等，方向相反但不共线，因此力偶本身又不平衡，力偶对物体的作用只能产生转动效应。前面讲过，力使物体转动的效应用力对点的矩度量，因此力偶的转动效应自然可以用力偶中的两个力对其作用面内任一点的矩的代数和来度量。

设作用于刚体上的力偶($\boldsymbol{F}$, $\boldsymbol{F}'$)的力偶臂为 d(图 2-10)，则该力偶对作用面内任一点 O 的矩为

$$m_O(\boldsymbol{F},\boldsymbol{F}')=m_O(\boldsymbol{F})+m_O(\boldsymbol{F}')=F(x+d)-F'x=Fd$$

结果表明，力偶对作用面内任一点的矩恒等于力偶中一个力的大小和力偶臂的乘积。而与矩心的位置无关。乘积 Fd 加上适当的正负号称为**力偶矩**，以符号 $m(\boldsymbol{F},\boldsymbol{F}')$或 m 表示，即

$$m(\boldsymbol{F},\boldsymbol{F}')=m=\pm Fd \tag{2-11}$$

力偶矩的正负号规定和力矩相同，即力偶使物体逆时针转向为正，反之为负。力偶矩的单位是牛顿·米(N·m)或千牛顿·米(kN·m)。

由图 2-10 可见，力偶矩的大小同样可以用三角形面积表示，即

$$m=\pm 2\triangle ABC \tag{2-12}$$

平面力偶的力偶矩是代数量，它只与力偶中力的大小及力偶臂的长短有关。力越大，力偶臂越长，它对物体的转动效应越显著。

(2) **作用在同一平面内的两个力偶，只要它的力偶矩的大小相等、转向相同，则该两个力偶彼此等效，这就是平面力偶的等效定理。**

设物体的某一平面上作用一个力偶($\boldsymbol{F}$, $\boldsymbol{F}'$)，现沿力偶臂 AB 方向加一对平衡力 $\boldsymbol{Q}$、$\boldsymbol{Q}'$(由公理 2)，再将 $\boldsymbol{Q}$、$\boldsymbol{F}$ 与 $\boldsymbol{Q}'$、$\boldsymbol{F}'$分别加以合成，就得到新的力偶($\boldsymbol{R}$, $\boldsymbol{R}'$)，如图 2-11 所示。也可以根据力的可传性，把 $\boldsymbol{R}$、$\boldsymbol{R}'$都移到 A'、B'两点，($\boldsymbol{R}$, $\boldsymbol{R}'$)取代了原力偶($\boldsymbol{F}$, $\boldsymbol{F}'$)并与原力偶等

效。比较这两个等效力偶，不难得出，$\triangle ABC$ 和$\triangle ABD$ 是同底同高(因 $DC /\!/ AB$)，它们的面积必相等，同时这两个力偶的转向也相同。所以这两个力偶的力偶矩的代数值彼此相等，但是这两个力偶的力、力偶臂和它们在作用面内的位置都不一样，因此，只有力偶矩才是决定力偶对物体作用的独立因素。只要保证力偶矩的代数值不变，任何一个力偶总是可以用同平面内的另一个力偶代替，而不改变它对物体的作用效果。

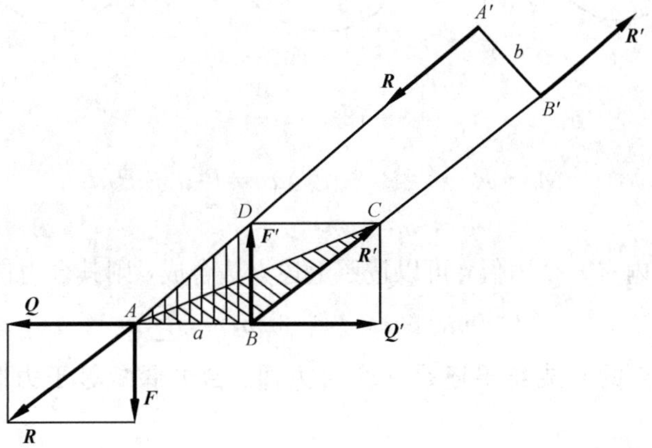

图 2-11

2-11

由上述力偶等效定理的推证，可以得出下列两个重要推论：

(1) **力偶可以在其作用面内任意移动，而不影响它对刚体的作用效应。**

(2) **只要保持力偶矩大小和转向不变，可以任意改变力偶中力的大小和相应力偶臂的长短，而不改变它对刚体的作用效应。**

上述推论表明，在研究同一平面内有关力偶问题时，只须考虑力偶矩的代数值，而不必研究其中力的大小和力偶臂的长短。

顺便指出，以上结论只适用于刚体，不适用于变形效应的研究。

2.4　平面力偶系的合成与平衡

作用在物体同一平面上的许多力偶称为**平面力偶系**。

设在同一平面内有两个力偶($\boldsymbol{F}_1$，$\boldsymbol{F}'_1$)和($\boldsymbol{F}_2$，$\boldsymbol{F}'_2$)，它们的力偶臂各为 d_1 和 d_2(图 2-12(a))，其力偶矩分别为 m_1 和 m_2，求其合成结果。

在力偶的作用平面内任取一线段 $AB=d$，在保持力偶矩不改变的条件下将各力偶的力偶臂都化为 d，于是可得到与原力偶系等效的两个力偶($\boldsymbol{P}_1$，$\boldsymbol{P}'_1$)和($\boldsymbol{P}_2$，$\boldsymbol{P}'_2$)。它们的力偶矩代数值为

$$m_1 = P_1 d \quad , \quad m_2 = -P_2 d$$

移转各力偶使它们的臂都与 AB 重合(图 2-12(b))，再将作用于 A、B 两点的各力分别合成得(图 2-12(c))

$$\boldsymbol{R} = \boldsymbol{P}_1 - \boldsymbol{P}_2 \quad , \quad \boldsymbol{R}' = \boldsymbol{P}'_1 - \boldsymbol{P}'_2$$

可见，力 $\boldsymbol{R}$ 与 $\boldsymbol{R}'$ 大小相等，方向相反，且不在同一直线上，它们构成一力偶($\boldsymbol{R}$，$\boldsymbol{R}'$)，这就是这两个已知力偶的合力偶，其合力偶矩为

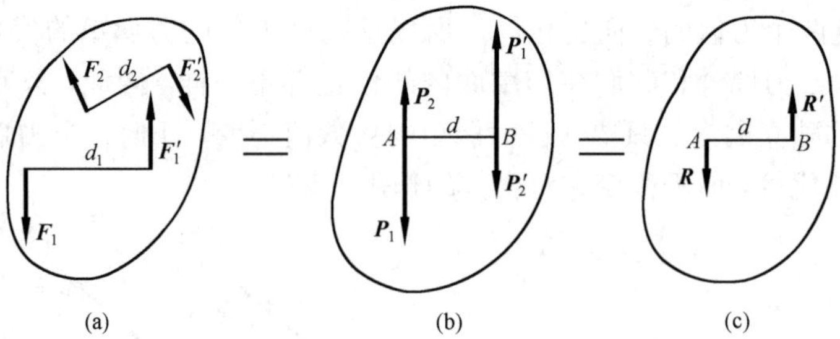

2-12

图 2-12

$$M = Rd = (P_1 - P_2)d = P_1 d - P_2 d$$
$$= m_1 + m_2$$

若作用在同平面内有 n 个力偶，可以按照上述方法合成，则其合力偶矩应为

$$M = m_1 + m_2 + \cdots + m_n = \sum m_i \tag{2-13}$$

由此可知，**平面力偶系的合成结果还是一个合力偶，合力偶矩等于力偶系中各力偶矩的代数和。**

既然平面力偶系的合成结果是一个合力偶，那么欲使力偶系平衡，合力偶矩必须等于零，即**平面力偶系平衡的必要与充分条件是：力偶系中各力偶矩的代数和等于零。**

$$\sum m_i = 0 \tag{2-14}$$

式(2-14)称为平面力偶系的平衡方程，应用该平衡方程可以求解一个未知数。

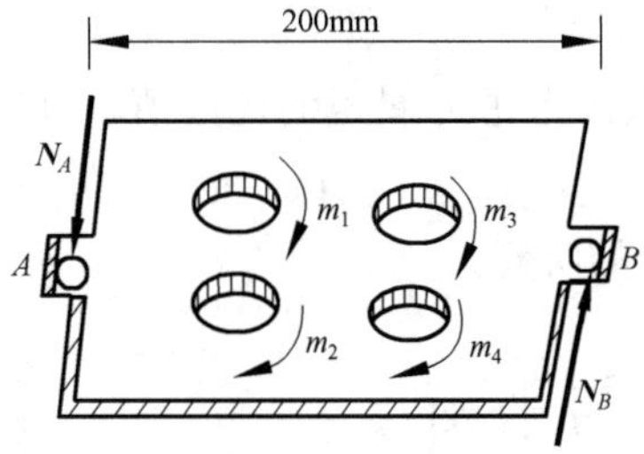

2-13

图 2-13

【例 2-4】 四轴钻床在水平放置的工件上同时钻四个直径相同的孔(图 2-13)，每个钻头的主切削力在水平面内组成一个力偶，各力偶矩的大小为 $m_1 = m_2 = m_3 = m_4 = 15\text{N}\cdot\text{m}$，转向如图 2-13 所示，求工件受到的总切削力偶矩和在 A、B 处固定工件的螺栓上所受的水平力。

解 作用于工件上的力偶有四个，各力偶矩的大小相等，转向相同，且在同一平面内，由平面力偶系的合成理论，其合力偶矩为

$$M = m_1 + m_2 + m_3 + m_4 = 4 \times (-15) = -60(\text{N}\cdot\text{m})$$

式中，负号表示合力偶的转向为顺时针方向转动。欲求作用在 A、B 处的水平力，应以工件为研究对象，受力分析如图 2-13 所示，由于工件在水平面内受四个力偶和两个螺栓的水平反力的作用下而平衡。因为力偶只能与力偶平衡，故两个螺栓的水平反力 $\boldsymbol{N}_A$ 和 $\boldsymbol{N}_B$ 必然组成一个力偶。由平面力偶系的平衡方程

$$\sum m_i = 0 \quad , \quad N_A \times 0.2 - m_1 - m_2 - m_3 - m_4 = 0$$

得

$$N_A = \frac{m_1 + m_2 + m_3 + m_4}{0.2}$$

所以

$$N_A = N_B = \frac{15 + 15 + 15 + 15}{0.2} = 300(\text{N})$$

本章小结

1. 平面汇交力系可以合成一个合力 $\boldsymbol{R}$，合力等于各分力的矢量和。即

$$\boldsymbol{R}=\sum \boldsymbol{F}_i$$

（1）在几何法中，力多边形的封闭边表示合力 $\boldsymbol{R}$ 的大小和方向。

（2）在解析法中，合力的大小和方向由下式确定：

$$R=\sqrt{(R_x)^2+(R_y)^2}=\sqrt{(\sum X)^2+(\sum Y)^2}$$

$$\tan\theta=\frac{R_y}{R_x}=\frac{\sum Y}{\sum X}$$

式中，θ 表示合力 $\boldsymbol{R}$ 与 x 轴间所夹的角。

2. 平面汇交力系平衡的必要与充分条件是合力 $\boldsymbol{R}$ 为零。

（1）在几何法中，平面汇交力系平衡的几何条件是力多边形自行封闭。

（2）在解析法中，平面汇交力系的平衡方程为

$$\sum X=0\quad ,\quad \sum Y=0$$

利用这两个平衡方程，可求出两个未知数。

3. 力矩是度量力对物体转动效应的物理量，按下式计算：

$$m_O(\boldsymbol{F})=\pm Fd$$

力臂 d 是矩心到力作用线的垂直距离。

4. 力偶是力学中的一个基本力学量。

（1）力偶是由一对等值反向，作用线不重合的平行力组成。它对物体只产生转动效应，力偶矩用下式计算：

$$m=\pm Fd$$

力偶臂 d 是两力作用线间的垂直距离。

（2）力偶在任何坐标轴上的投影等于零。力偶对任一点之矩为一常量并等于力偶矩。

（3）力偶无合力，力偶不能与一个力相平衡只能与另一个力偶相平衡，力偶的最主要性质是等效性，在保持力偶矩不变的条件下，可任意改变力和力偶臂的大小和长短，并可以在作用面内任意移转。

（4）平面力偶系的合成，即合力偶矩等于各分力偶矩的代数和。

$$M=\sum m_i$$

（5）平面力偶系的平衡方程为

$$\sum m_i=0$$

利用此方程可求解出一个未知数。

思 考 题

2.1　力 $\boldsymbol{F}$ 沿轴 Ox、Oy 的分力和力在两轴上的投影有何区别？试以图 2-14 分析说明。

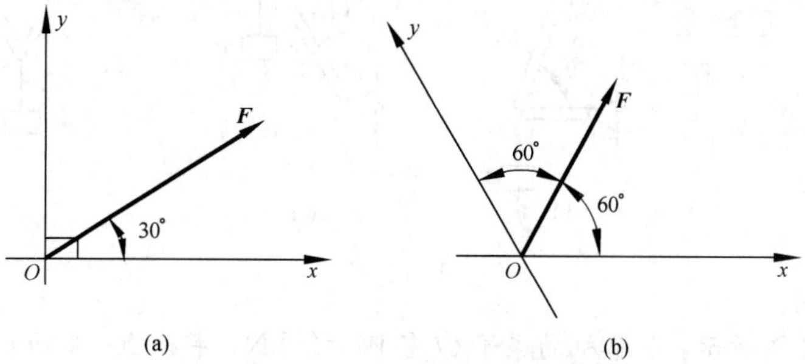

图 2-14

2.2 在图 2-15(a)、(b)、(c)、(d)、(e)、(f)六个力系中，哪些是平衡力系。

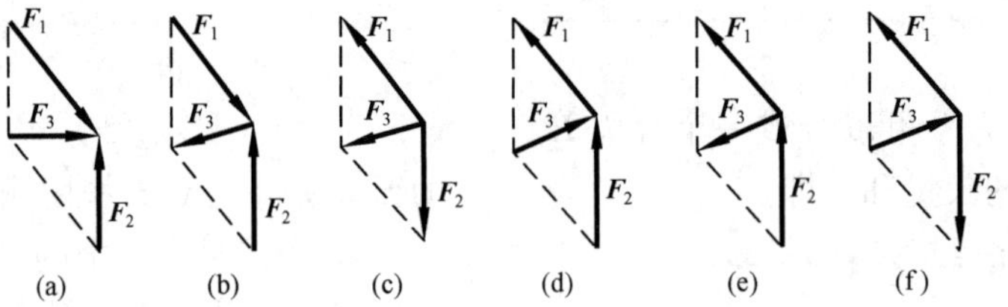

图 2-15

2.3 图 2-16(a)中物体受四个力 $\boldsymbol{F}_1$、$\boldsymbol{F}_2$、$\boldsymbol{F}_3$、$\boldsymbol{F}_4$ 的作用，其力多边形封闭且为一平行四边形，如图 2-16(b)所示，问该物体是否平衡，为什么？

2.4 如图 2-17 所示，刚性直杆 AB 长为 l，在 A 点作用一力 $\boldsymbol{F}$，略去杆自重，试问能否在 B 点作用一力而使刚性杆平衡？为什么？欲使杆平衡应如何加力？

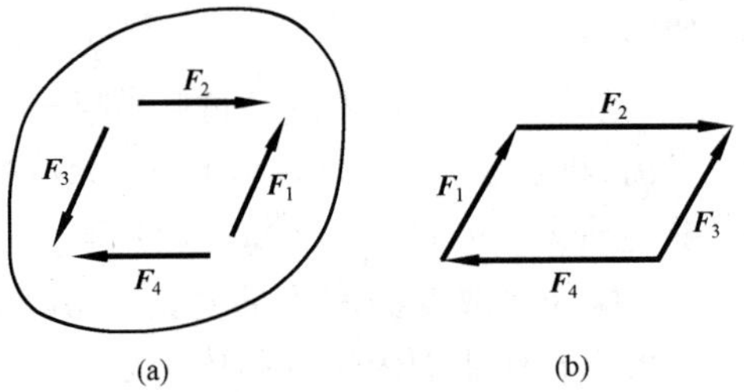

图 2-16

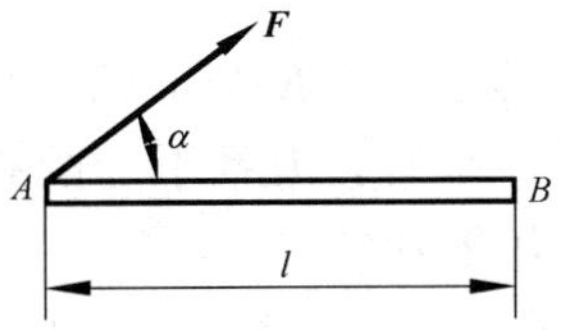

图 2-17

2.5 试比较力对点之矩和力偶矩有何异同？

2.6 在平面汇交力系的平衡方程 $\sum X=0$，$\sum Y=0$ 中，x 轴和 y 轴是否要求一定相互垂直，不垂直是否可以？如果可以，它的夹角是否应有什么限制？

习　　题

2-1 各支架均由杆 AB 与 AC 组成，A、B、C 均为铰链，在销钉 A 上悬挂重量为 W 的重物。试求题 2-1 图所示四种情况下，杆 AB 与杆 AC 所受的力。

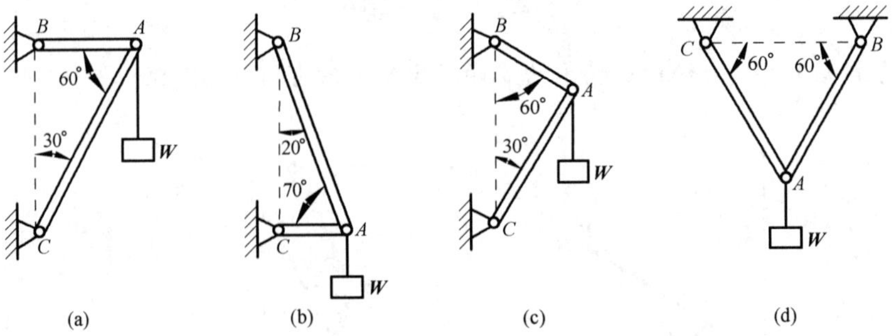

题 2-1 图

2-2 如题 2-2 图所示，压路机的碾子 O 重 $W=20\text{kN}$，半径 $R=40\text{cm}$。试求碾子越过厚度为 8cm 的石板时，所需最小的水平力 $\boldsymbol{P}_{\min}$。

2-3 题 2-3 图所示，电动机重 $W=5\text{kN}$，放在水平梁 AC 的中间，A 和 B 为固定铰链，C 为中间铰链。试求 A 点反力及杆 BC 所受的力。

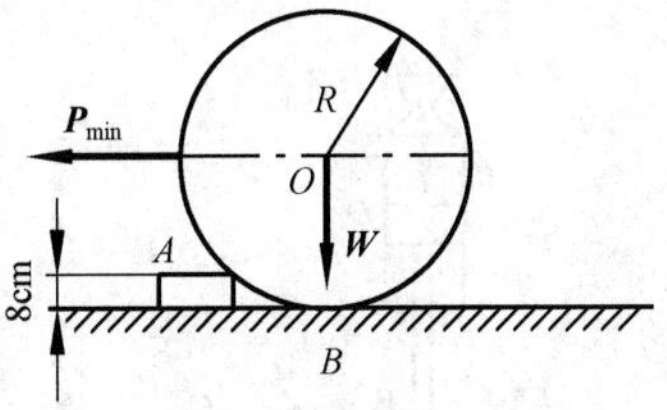

题 2-2 图

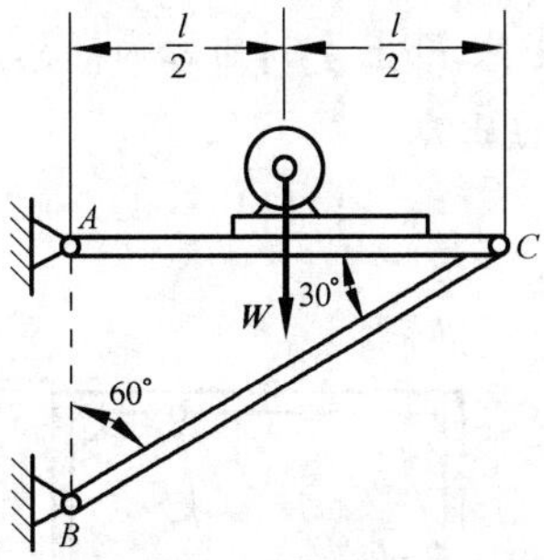

题 2-3 图

2-4 题 2-4 图所示，简支梁受集中荷载 $P=20\text{kN}$，求图示两种情况下支座 A、B 的约束反力。

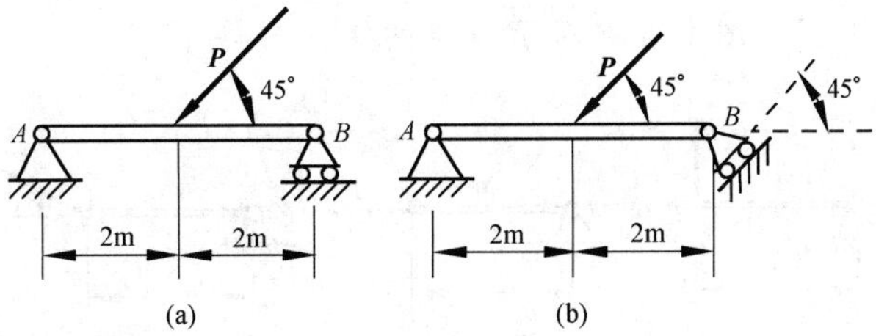

题 2-4 图

2-5 题 2-5 图所示起重机 BAC，吊起重物 $W=20\text{kN}$，B、C 两点均为铰链。试求杆 AB 和 AC 所受的力。

2-6 题 2-6 图所示，均质杆 AB 重为 P、长为 l，在 B 端用跨过定滑轮的绳索吊起，绳索的末端挂有重为 Q 的重物，设 A、C 两点在同一铅垂线上，且 $AC=AB$，求杆平衡时角 θ 的值。

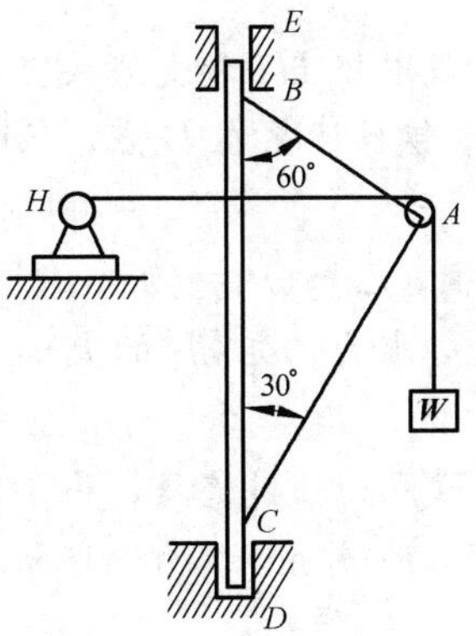

题 2-5 图

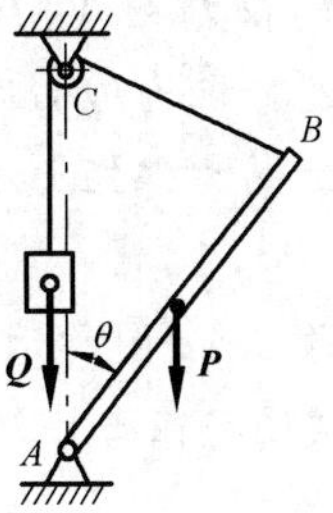

题 2-6 图

2-7 四根绳 AC、CB、CE、ED 连接如题 2-7 图所示，其中 BD 两端固定在支架上，A 端系在重物上，人在 E 点向下施力 $\boldsymbol{P}$，若 $P=400\text{N}$，$\alpha=4°$，求所能吊起的重量 G。

2-8 题 2-8 图所示压榨机杆 AB 和 BC 的长度相等，自重忽略不计，A、B、C 处均为铰链，已知活塞 D 上受到油缸内的总压力 $P=3000\text{N}$，$h=200\text{mm}$，$l=1500\text{mm}$。试求压块 C 加于工件上的压力。

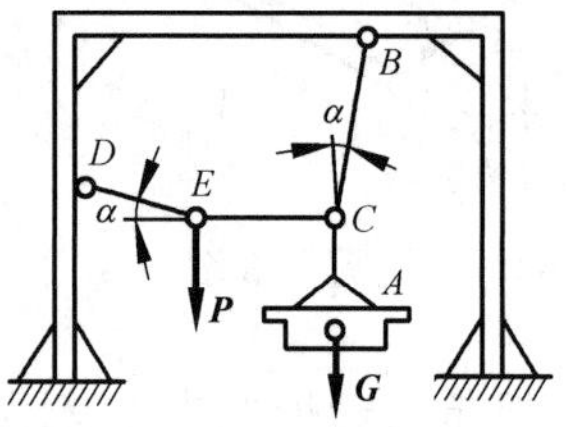

题 2-7 图

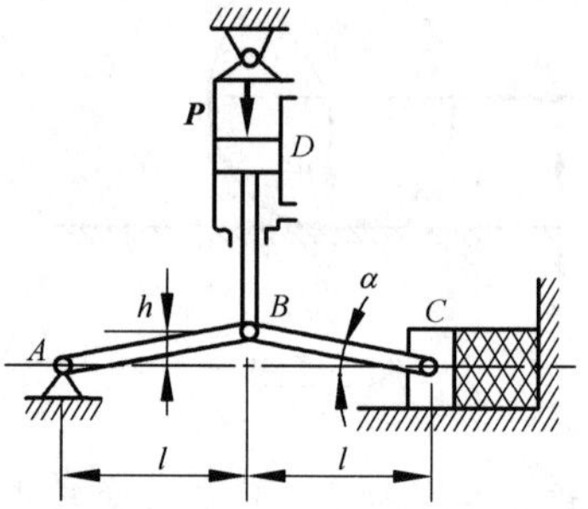

题 2-8 图

2-9 试计算题 2-9 图各图中力 $\boldsymbol{P}$ 对于 O 点的矩。

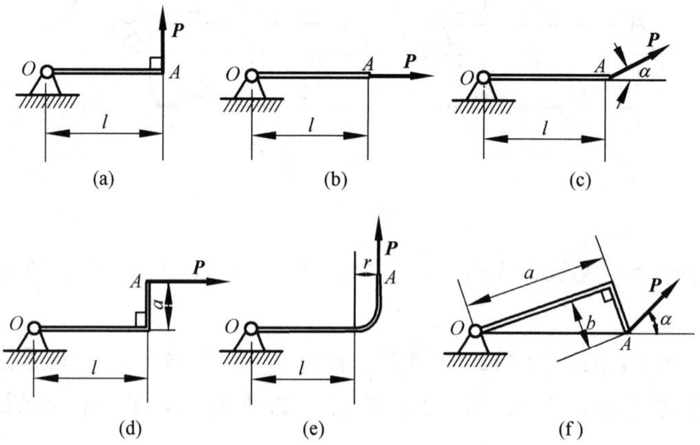

题 2-9 图

2-10 题 2-10 图所示为炼钢电炉的电极提升装置，设电极 HI 和支架共重 W，重心在 C 点。支架上 A、B 和 E 三个导轮可沿固定立柱 JK 滚动，钢丝绳系在 D 点，求电极等速直线上升时钢丝绳的拉力及 A、B、E 三处的约束反力。

2-11 四连杆机构 $OABO_1$ 在题 2-11 图所示位置平衡，已知 $OA=40\text{cm}$，$O_1B=60\text{cm}$，作用在曲柄 OA 上的力偶矩大小为 $m_1=1\text{N}\cdot\text{m}$，不计杆重，求力偶矩 m_2 的大小及连杆 AB 所受的力。

2-12 如题 2-12 图所示，T 字杆 AB 与直杆 CD 在 D 点由铰链连接，并在各杆的端点 A 和 C 分别由铰链固定在墙上。如 T 字杆的 B 端受一力偶($\boldsymbol{F}$, $\boldsymbol{F}'$)作用，其力偶矩 $m=1\text{kN}\cdot\text{m}$，求 A、C 铰链的反力。

2-13 如题 2-13 图所示斜梁 AB，A 端为固定铰支座，B 端为活动铰支座，在梁上作用两力偶，其力偶矩大小分别为 m_1 和 m_2($m_2>m_1$)，求 A、B 处的支座反力。

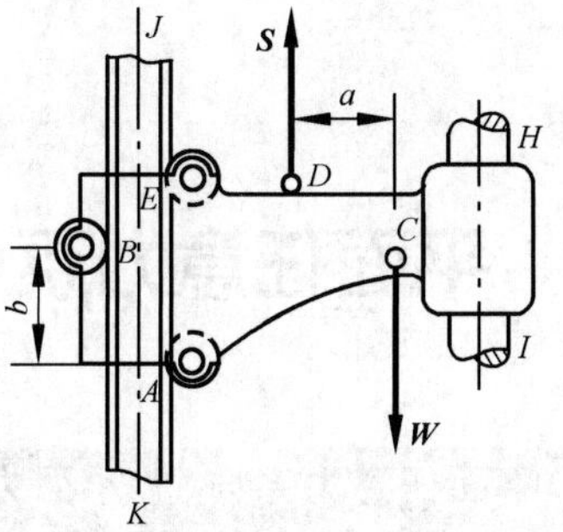

题 2-10 图

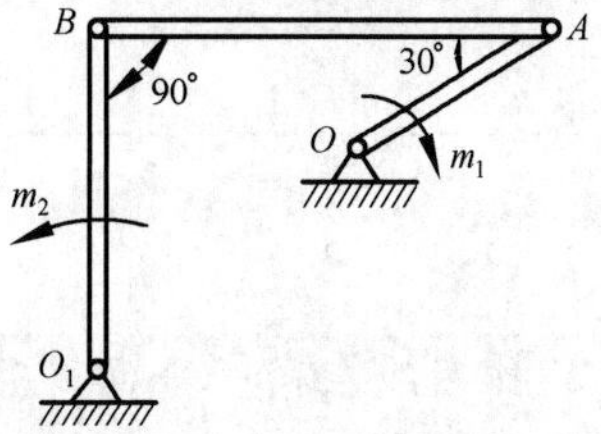

题 2-11 图

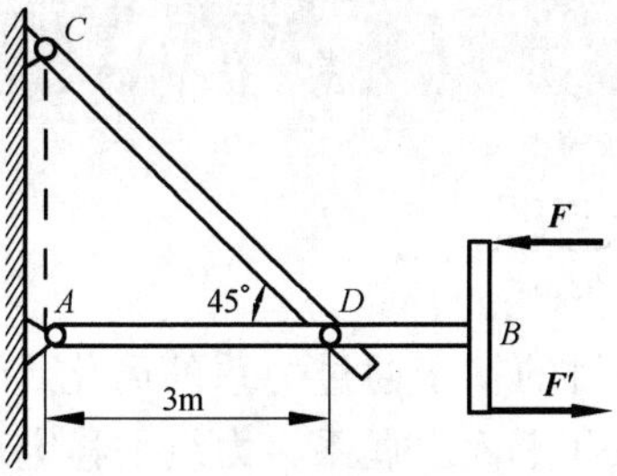

题 2-12 图

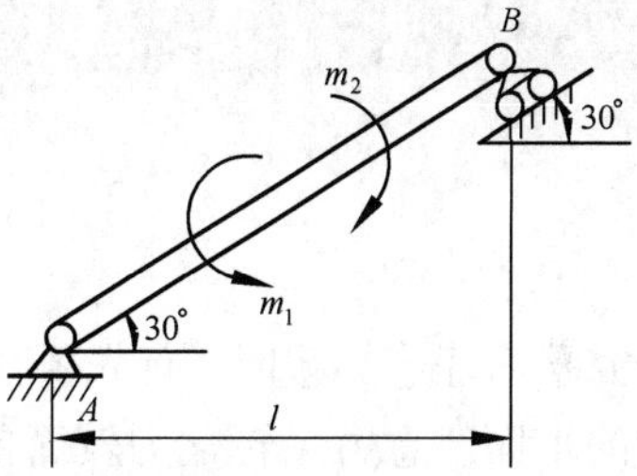

题 2-13 图

2-14　如题 2-14 图所示均质杆 AB 重 1500N，两端靠在光滑墙上，并用铅直绳悬吊，求 A、B 点的反力。

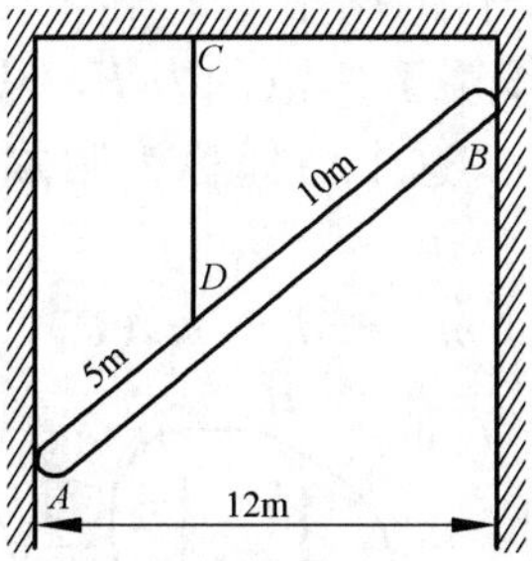

题 2-14 图

第3章 平面任意力系

各力的作用线在同一平面内且任意分布的力系称为**平面任意力系**(简称**平面力系**)。前面已经研究了平面汇交力系和平面力偶系的合成与平衡问题。本章将在此基础上，进一步研究平面任意力系的合成与平衡问题。由于平面任意力系是工程中极为常见的力系，且对它的研究方法具有普遍性，因此这一章不仅是静力学的重点，而且在整个工程力学中也占有重要地位。

3.1 力线平移定理

在研究平面任意力系时，首先要研究力系的简化，目的在于通过力系的简化，可以将一个较复杂的平面任意力系转化为较简单的平面汇交力系和平面力偶系。力线平移定理是平面任意力系向一点简化的依据。

定理:可以将作用在刚体上 A 点的力 $\boldsymbol{F}$ 平行移动到刚体上任意一点 B 处，但必须同时附加一个力偶，这个附加力偶的矩等于原来 A 点的 $\boldsymbol{F}$ 力对新作用点 B 的矩。

力线平移定理

证明: 设一力 $\boldsymbol{F}$ 作用于 A 点，如图 3-1(a)所示，欲将它平移至任一点 B，可在 B 点加上大小相等、方向相反且与 $\boldsymbol{F}$ 平行的两个力 $\boldsymbol{F}'$ 和 $\boldsymbol{F}''$，并使 $F'=F''=F$(图 3-1(b))，显然 $\boldsymbol{F}''$ 和 $\boldsymbol{F}$ 组成一力偶，于是原来作用于 A 点的力 $\boldsymbol{F}$，现在可以由作用于 B 点的力 $\boldsymbol{F}'$ 和一个力偶($\boldsymbol{F}$, $\boldsymbol{F}''$)来代替(图 3-1(c))，这个力偶称为**附加力偶**，其矩等于原作用于 A 点的力 $\boldsymbol{F}$ 对新作用点 B 的矩，即

$$m = Fd = m_B(\boldsymbol{F})$$

3-1

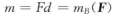

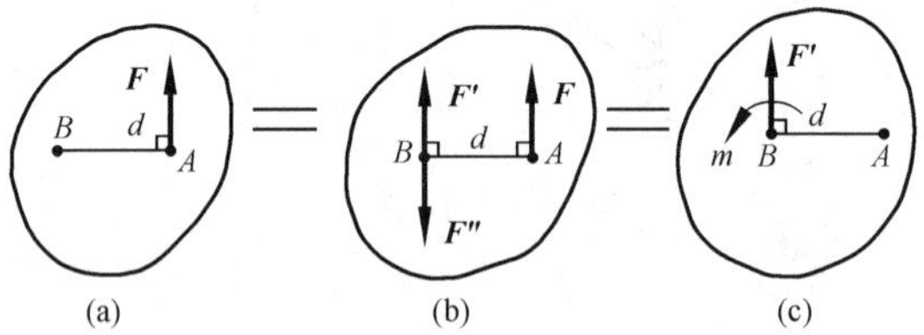

图 3-1

力线平移定理不仅是力系简化的依据，而且也是分析力对物体作用效应的重要方法，它揭示了力与力偶的关系，即一个力可分解为一个力和一个力偶。例如用丝锥攻丝时，要求用两手握扳手，而且用力相等，尽可能使扳手只受力偶的作用。若仅用一只手加力，如图 3-2(a)所示，虽然扳手也能转动，但却容易折断丝锥。这可由力线平移定理解释，因为作用于扳手 B 端的力 $\boldsymbol{F}$，与作用在点 C 的一个力 $\boldsymbol{F}'$ 和一个力偶矩 $m=Fd$(图 3-2(b))等效，这个力偶使丝锥转动，而这个力 $\boldsymbol{F}'$ 却是折断丝锥的主要原因。

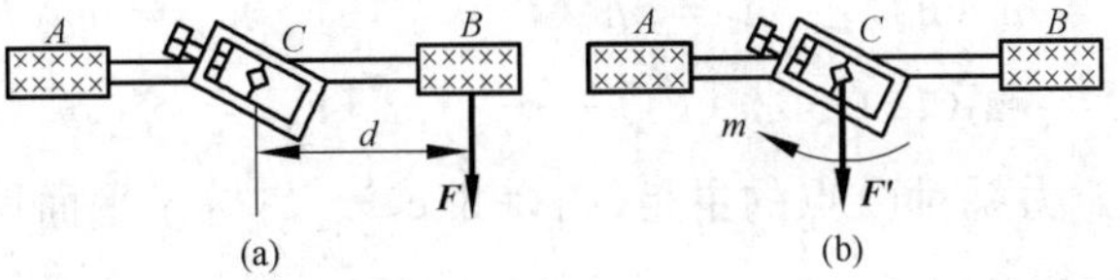

3-2

图 3-2

3.2　平面任意力系向已知点的简化与力系的主矢和主矩

设在刚体上作用有平面任意力系 $\boldsymbol{F}_1$，$\boldsymbol{F}_2$，…，$\boldsymbol{F}_n$(图 3-3(a))，为简化该力系，在力系所在平面内任选一点 O(称为**简化中心**)，根据力线平移定理，将各力平移到 O 点，于是得到作用于 O 点的平面汇交力系 $\boldsymbol{F}'_1$，$\boldsymbol{F}'_2$，…，$\boldsymbol{F}'_n$ 及附加力偶系 m_1，m_2，…，m_n(图 3-3(b))。

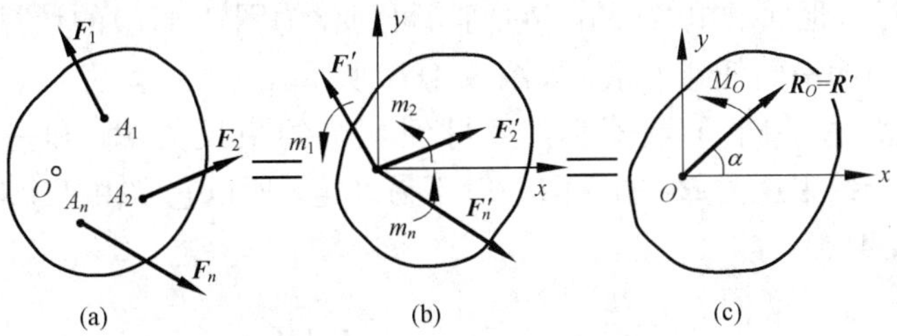

3-3

图 3-3

平面汇交力系 $\boldsymbol{F}'_1$，$\boldsymbol{F}'_2$，…，$\boldsymbol{F}'_n$ 可按力多边形法则合成为一个作用于 O 点的合力 $\boldsymbol{R}_O$，其值等于所有汇交力的矢量和，即

$$\boldsymbol{R}_O = \boldsymbol{F}'_1 + \boldsymbol{F}'_2 + \cdots + \boldsymbol{F}'_n = \sum \boldsymbol{F}'$$

而
$$\boldsymbol{F}'_1 = \boldsymbol{F}_1,\quad \boldsymbol{F}'_2 = \boldsymbol{F}_2,\quad \cdots,\quad \boldsymbol{F}'_n = \boldsymbol{F}_n$$

故
$$\boldsymbol{R}_O = \boldsymbol{F}_1 + \boldsymbol{F}_2 + \cdots + \boldsymbol{F}_n = \sum \boldsymbol{F} = \boldsymbol{R}' \tag{3-1}$$

式中，$\boldsymbol{R}' = \sum \boldsymbol{F}$ 称为平面任意力系的**主矢**，值得注意的是主矢 $\boldsymbol{R}'$ 是自由矢量，它只代表力系中各力矢的矢量和，其大小和方向均与平面汇交力系的合力 $\boldsymbol{R}_O$ 相同，但不涉及作用点。主矢 $\boldsymbol{R}'$ 还可以由解析法求得。通过 O 点作直角坐标轴 Oxy（图 3-3(c)），由合力投影定理

$$R'_x = X_1 + X_2 + \cdots + X_n = \sum X$$

$$R'_y = Y_1 + Y_2 + \cdots + Y_n = \sum Y$$

于是主矢 $\boldsymbol{R}'$ 的大小及与 x 轴正向的夹角为

$$\left.\begin{aligned} R' &= \sqrt{R'^2_x + R'^2_y} = \sqrt{(\sum X)^2 + (\sum Y)^2} \\ \tan\alpha &= \frac{R'_y}{R'_x} = \frac{\sum Y}{\sum X} \end{aligned}\right\} \tag{3-2}$$

平面附加力偶系 m_1，m_2，…，m_n 可以合成一个力偶，其力偶矩为各附加力偶矩的代数和，即

$$M_O = m_1 + m_2 + \cdots + m_n$$

而 $$m_1 = m_O(\boldsymbol{F}_1),\quad m_2 = m_O(\boldsymbol{F}_2),\quad \cdots,\quad m_n = m_O(\boldsymbol{F}_n)$$

故 $$M_O = m_O(\boldsymbol{F}_1) + m_O(\boldsymbol{F}_2) + \cdots + m_O(\boldsymbol{F}_n) = \sum m_O(\boldsymbol{F}_i) \tag{3-3}$$

式中，M_O 称为平面任意力系对 O 点的**主矩**(图 3-3(c))。它等于平面任意力系中原各力对简化中心 O 点的矩的代数和。

综上所述，**平面任意力系向作用面内任一点简化，可得一个力和一个力偶**(图 3-3(c))，**这个力矢等于该力系的主矢，并作用于简化中心。这个力偶矩等于该力系对于简化中心 O 点的主矩。**

应该注意，主矢 $\boldsymbol{R}'$ 只是原力系中各力的矢量和，故与简化中心的选择无关。而主矩 M_O 是原力系中各力对简化中心 O 点的矩的代数和。不同的简化中心，各力的力臂将有改变，所以主矩 M_O 与简化中心的选择有关。

下面利用力系向一点简化的方法，分析**固定端(插入端)约束**的约束反力。

所谓固定端约束，就是物体受约束的一端既不能向任何方向移动，也不能转动。例如卡在刀架上的车刀、插入地面的电线杆等，它们均可简化为图 3-4(a)的计算简图，这类约束的约束反力可视为分布的平面任意力系，如图 3-4(b)所示。

若将此平面任意力系向 A 点简化，可得到一个约束反力 $\boldsymbol{R}_A$ 和一个反力偶 M_A，如图 3-4(c)所示，由于约束反力 $\boldsymbol{R}_A$ 的方向一般不易确定，所以它常由两个相互垂直的分力 $\boldsymbol{X}_A$ 和 $\boldsymbol{Y}_A$ 表示，见图 3-4(d)。

3-4

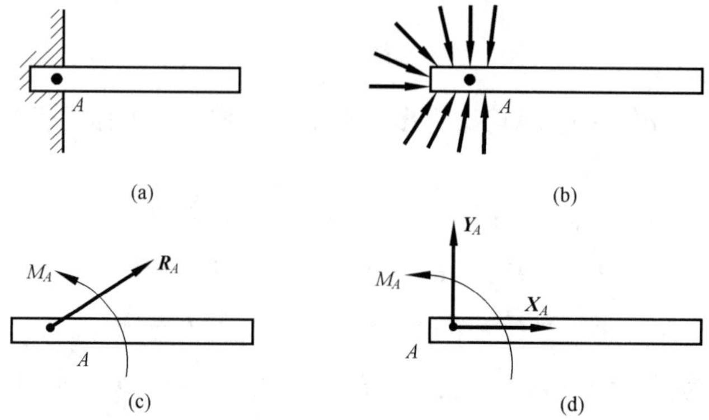

图 3-4

3.3 简化结果分析与合力矩定理

由节 3.2 可知，平面任意力系向一点简化，可得一个主矢 $\boldsymbol{R}'$ 和一个主矩 M_O，若 $\boldsymbol{R}'=0$，$M_O=0$，则该力系平衡，这将在下节专门讨论，现在先讨论其他几种情况。

1. 平面任意力系可简化为一个力偶($\boldsymbol{R}'=0$，$M_O\neq0$)

若 $\boldsymbol{R}'=0$，$M_O\neq0$，则该力系简化为一个力偶，其力偶矩等于原力系对于简化中心的矩，这种情况下，不论力系向哪一点简化都是矩相同的一个力偶。此时，力系的主矩与简化中心的位置无关。

2. 平面任意力系可简化为一个合力($\boldsymbol{R}'\neq0$，$M_O=0$；$\boldsymbol{R}'\neq0$，$M_O\neq0$)

若 $\boldsymbol{R}'\neq0$，$M_O=0$，则该力系可简化为一个合力 $\boldsymbol{R}$，作用于简化中心，这种情况下，简化后的主矢就是这个力系的合力。

若 $\boldsymbol{R}'\neq 0$，$M_O\neq 0$，此种情况下还可以继续简化为一个合力 $\boldsymbol{R}$（图 3-5）。只要将 M_O 以 $(\boldsymbol{R},\boldsymbol{R}'')$ 表示，且使 $\boldsymbol{R}=\boldsymbol{R}'=-\boldsymbol{R}''$，由于 $\boldsymbol{R}''$ 与 $\boldsymbol{R}'$ 等值、反向、共线，所以只剩下一个作用在 O' 点的合力 $\boldsymbol{R}$，合力 $\boldsymbol{R}$ 的大小和方向与原力系的主矢 $\boldsymbol{R}'$ 相同，合力的作用线与简化中心 O 的距离

$$d=\frac{M_O}{R}=\frac{M_O}{R'} \tag{3-4}$$

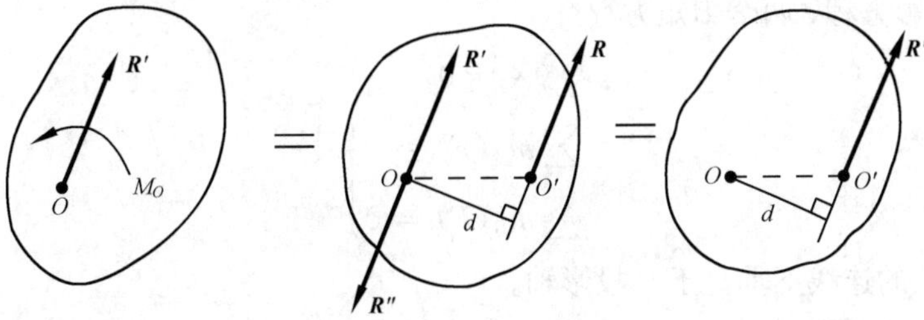

(a)　(b)　(c)

图 3-5

3-5

3. 合力矩定理

由式(3-3)和式(3-4)可知

$$m_O(\boldsymbol{R})=M_O=Rd$$

而

$$M_O=\sum m_O(\boldsymbol{F}_i)$$

得

$$m_O(\boldsymbol{R})=\sum m_O(\boldsymbol{F}_i) \tag{3-5}$$

这就是**合力矩定理，即平面任意力系的合力对作用面内任一点之矩等于力系中各力对于同一点之矩的代数和**。由于简化中心 O 是任选的，故上述定理适用于任一力矩中心。

3.4　平面任意力系的平衡条件与平衡方程

由 3.3 节讨论可知，若平面任意力系的主矢和主矩不同时为零时，则力系可简化为一个力或一个力偶，这时力系都不平衡，因此，欲使力系平衡，则该力系的主矢和主矩都必须同时为零。反之，若力系的主矢和主矩都分别为零则该力系必然是平衡力系。所以**平面任意力系平衡的必要与充分条件是：力系的主矢和力系对任一点的主矩都等于零**，即

$$\boldsymbol{R}'=0\quad,\quad M_O=0 \tag{3-6}$$

由于

$$R'=\sqrt{\left(\sum X\right)^2+\left(\sum Y\right)^2}=0$$

$$M_O=\sum m_O(\boldsymbol{F}_i)=0$$

所以

$$\left.\begin{aligned}&\sum X=0\\&\sum Y=0\\&\sum m_O(\boldsymbol{F}_i)=0\end{aligned}\right\} \tag{3-7}$$

即平面任意力系的平衡条件是：**力系中各力在两个任选的坐标轴上的投影的代数和分别等于零，以及各力对任一点的矩的代数和也等于零。**式(3-7)称为**平面任意力系的平衡方程。**它有两个投影式和一个取矩式，共有三个独立方程，只能求出三个未知数。

平面任意力系的平衡方程除了式(3-7)所表示的基本形式外，有时为了解题方便，还可以应用其他两种形式。

(1) 一个投影方程，两个力矩方程

$$\left.\begin{aligned}\sum X &= 0\\ \sum m_A(\boldsymbol{F}) &= 0\\ \sum m_B(\boldsymbol{F}) &= 0\end{aligned}\right\} \tag{3-8}$$

其中，A、B 两点的连线不垂直于 x 投影轴。

(2) 三个力矩方程

$$\left.\begin{aligned}\sum m_A(\boldsymbol{F}) &= 0\\ \sum m_B(\boldsymbol{F}) &= 0\\ \sum m_C(\boldsymbol{F}) &= 0\end{aligned}\right\} \tag{3-9}$$

其中，A、B、C 三点不共线。

必须指出，平面任意力系的平衡方程虽然有三种形式，但不论采用哪一种形式的平衡方程都只有三个独立的平衡方程，都只能求出三个未知数。

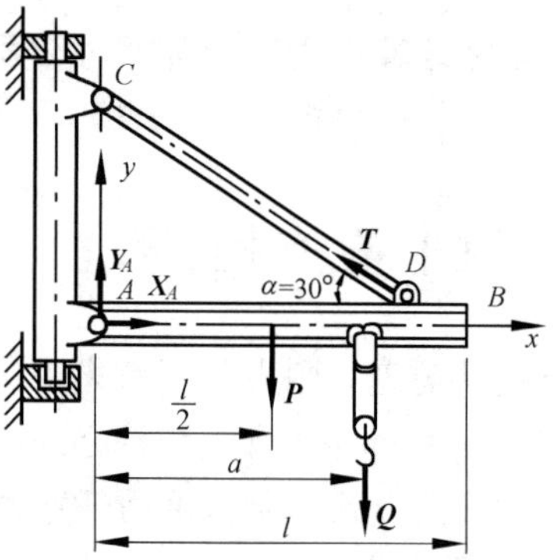

图 3-6

3-6

【例 3-1】 悬臂吊车如图 3-6 所示，水平梁 AB 长 $l=6\text{m}$，自重 $P=4\text{kN}$，拉杆 CD 倾斜角 $\alpha=30°$，自重不计，载荷重 $Q=10\text{kN}$。试求当 $a=4\text{m}$ 时，拉杆的拉力和铰链 A 的约束反力。

解 (1) 选取梁 AB 与重物一起为研究对象。

(2) 画受力图。在梁上除受已知力 $\boldsymbol{P}$ 和 $\boldsymbol{Q}$ 作用外，还受未知拉力 $\boldsymbol{T}$ 和铰链 A 的约束反力 $\boldsymbol{X}_A$ 和 $\boldsymbol{Y}_A$ 的作用。因 DC 为二力杆，故拉力 $\boldsymbol{T}$ 沿 DC 连线方向，这些力的作用线可近似地认为分布在同一平面内。

(3) 列平衡方程，选坐标轴如图 3-6 所示，应用平面任意力系的平衡方程可得

$$\sum X = 0 \quad , \quad X_A - T\cos 30° = 0 \tag{1}$$

$$\sum Y = 0 \quad , \quad Y_A + T\sin 30° - P - Q = 0 \tag{2}$$

$$\sum m_A(\boldsymbol{F}) = 0 \quad , \quad Tl\sin 30° - P\frac{l}{2} - Qa = 0 \tag{3}$$

(4) 解方程，求出未知数。由式(3)可解得

$$T = 17.33\text{kN}$$

将 T 值代入式(1)、式(2)可得

$$X_A = 15.01\text{kN} \quad , \quad Y_A = 5.33\text{kN}$$

算得 X_A、Y_A、T 均为正值，表示图 3-6 中假设的各力指向与实际指向相同。

应该指出，投影轴和矩心的选择是可以任意的，但是在实际求解平面任意力系的平衡问

题中，适当选择投影轴和取矩点，可以简化计算，一般情况下，投影轴应尽可能选取与力系中多数力的作用线相垂直或平行，取矩点应尽可能选在未知力的交点上。这样使所列的每一个平衡方程中只包含一个未知数，以减少和避免联立方程的复杂运算。

【例 3-2】 绞车通过钢丝绳牵引小车沿斜面轨道匀速上升(图 3-7(a))。已知小车重 $P=10\text{kN}$，绳与斜面平行，不计摩擦，$\alpha=30°$，$a=0.75\text{m}$，$b=0.3\text{m}$，求钢丝绳的拉力及轨道对于车轮的约束反力。

解 取小车为研究对象。作用于小车上的力有重力 $\boldsymbol{P}$，钢丝绳拉力 $\boldsymbol{T}$，轨道在 A、B 处的约束反力 $\boldsymbol{N}_A$ 及 $\boldsymbol{N}_B$。小车沿轨道做匀速直线运动，则作用于小车上的力必须满足平衡条件。选未知力 $\boldsymbol{T}$ 与 $\boldsymbol{N}_A$ 的交点 O 为矩心，坐标系 Oxy 如图 3-7(b)所示，列平衡方程

$$\sum X=0\quad,\quad -T+P\sin\alpha=0 \tag{1}$$

$$\sum Y=0\quad,\quad N_A+N_B-P\cos\alpha=0 \tag{2}$$

$$\sum m_O(\boldsymbol{F})=0\quad,\quad 2N_Ba-Pa\cos\alpha-Pb\sin\alpha=0 \tag{3}$$

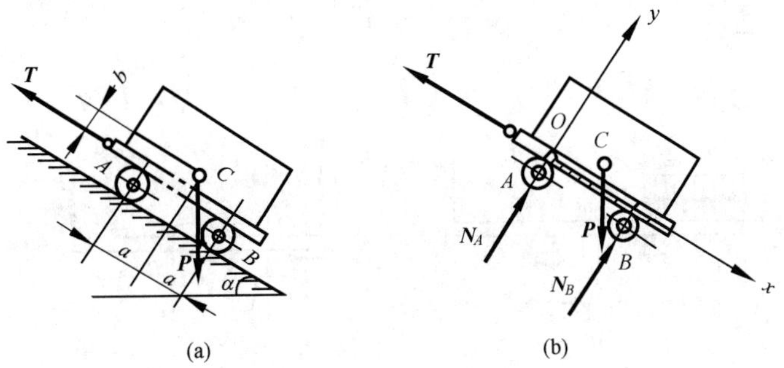

图 3-7

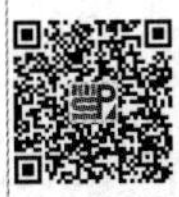

由式(1)及式(3)可得

$$T=P\sin\alpha=10\sin30°=5(\text{kN})$$

$$N_B=P\frac{a\cos\alpha+b\sin\alpha}{2a}=10\times\frac{0.75\cos30°+0.3\sin30°}{2\times0.75}=5.33(\text{kN})$$

将 N_B 之值代入式(2)得

$$N_A=P\cos\alpha-N_B=10\cos30°-5.33=3.33(\text{kN})$$

3.5　平面平行力系的平衡方程

各力的作用线在同一平面内且相互平行的力系称为**平面平行力系**。平面平行力系是平面任意力系的一种特殊情况，也应满足平面任意力系的平衡方程，如选择 y 轴与力系中各力线平行(图 3-8)，则各力在 x 轴上的投影恒等于零，即 $\sum X\equiv0$，因此平面平行力系的独立平衡方程只有两个，即

$$\left.\begin{aligned}\sum Y=0\\ \sum m_O(\boldsymbol{F})=0\end{aligned}\right\} \tag{3-10}$$

和平面任意力系一样，平面平行力系的平衡方程也可以表示为两个力矩式方程：

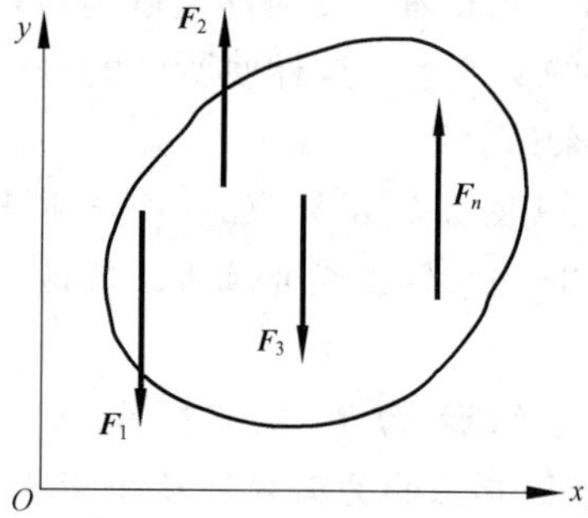

图 3-8

3-8

$$\left.\begin{aligned}\sum m_A(\boldsymbol{F}) = 0 \\ \sum m_B(\boldsymbol{F}) = 0\end{aligned}\right\} \tag{3-11}$$

其中 A、B 两点连线不能与各力线平行。

可见，应用平面平行力系的平衡方程只能求解两个未知数。

【例 3-3】 水平外伸梁如图 3-9(a)所示。若均布载荷 $q=20\text{kN/m}$，$P=20\text{kN}$，力偶矩 $m=16\text{kN}\cdot\text{m}$，$a=0.8\text{m}$，求 A、B 点的约束反力。

解 选梁为研究对象，画出受力图(图 3-9(b))。作用于梁上的力有 $\boldsymbol{P}$，均布载荷 $\boldsymbol{q}$ 的合力 $\boldsymbol{Q}$($Q=qa$，作用在分布载荷区段的中点)，以及矩为 m 的力偶和支座反力 $\boldsymbol{X}_A$、$\boldsymbol{Y}_A$、$\boldsymbol{Y}_B$，由于在 x 轴方向无外力作用，故由 $\sum X=0$，$X_A=0$，显然它们是一个平面平行力系。取坐标如图 3-9(b)所示，可知

$$\sum Y = 0 \quad , \quad -qa - P + Y_A + Y_B = 0 \tag{1}$$

$$\sum m_A(\boldsymbol{F}) = 0 \quad , \quad m + qa\,\frac{a}{2} - P\times 2a + Y_B\times a = 0 \tag{2}$$

3-9

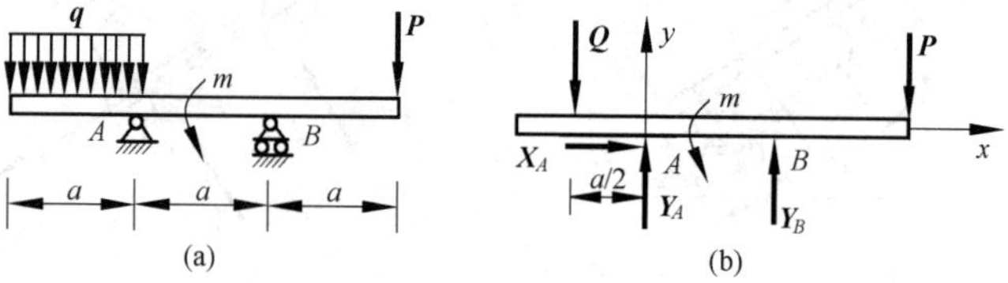

图 3-9

由式(2)得

$$\begin{aligned}Y_B &= -\frac{m}{a} - \frac{qa}{2} + 2P \\ &= -\frac{16}{0.8} - \frac{20}{2}\times 0.8 + 2\times 20 = 12(\text{kN})\end{aligned}$$

将 Y_B 值代入式(1)得

$$\begin{aligned}Y_A &= qa + P - Y_B \\ &= 20\times 0.8 + 20 - 12 = 24(\text{kN})\end{aligned}$$

【例 3-4】 塔式起重机如图 3-10 所示，机身重 $G=220\text{kN}$，作用线通过塔架的中心，已知最大起吊重量 $P=50\text{kN}$，起重悬臂长 12m，轨道 AB 的间距为 4m，平衡重 $\boldsymbol{Q}$ 到机身中心线的距离为 6m。试求：①能保证起重机不会翻倒时平衡重 $\boldsymbol{Q}$ 的大小；②当 $Q=30\text{kN}$ 而起重机满载时，轮子 A、B 对轨道的压力等于多少？

解 首先对起重机整体进行受力分析，在起重机起吊重物时，作用在它上面的力有机身自重 $\boldsymbol{G}$，平衡重 $\boldsymbol{Q}$，起吊重量 $\boldsymbol{P}$ 以及轨道对轮子 A、B 的反力 $\boldsymbol{N}_A$、$\boldsymbol{N}_B$，这些力显然是平面平行力系，如图 3-10 所示。

(1) 求起重机不会翻倒时平衡重 $\boldsymbol{Q}$ 的大小。

要保证起重机不会翻倒，就是要保证起重机在满载时不向载荷一边翻倒，空载时不向平衡重一边翻倒，这就要求作用在起重机上的各力在以上两种情况下都能满足平衡条件。

首先，满载时($P=50\text{kN}$)，起重机在临界平衡状态(将翻未翻)下，$N_A=0$，这时可求出平

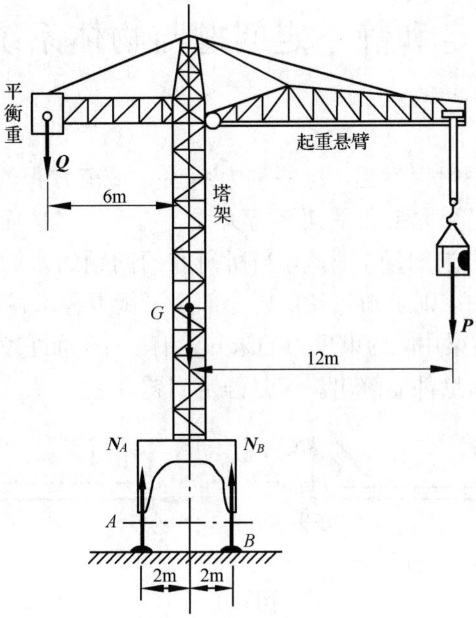

图 3-10

衡重的最小值 $Q_{\min}$，即由

$$\sum m_B = 0 \quad , \quad G\times 2+Q_{\min}(6+2)-P(12-2)=0$$

可求得

$$Q_{\min}=\frac{1}{8}(10P-2G)=7.5\text{kN}$$

空载时($P=0$)，起重机在临界平衡状态下，$N_B=0$，这时可求出平衡重的最大值 $Q_{\max}$。即由

$$\sum m_A = 0 \quad , \quad Q_{\max}(6-2)-G\times 2=0$$

可求得

$$Q_{\max}=\frac{2G}{4}=110\text{kN}$$

上面的 $Q_{\min}$ 和 $Q_{\max}$ 是在满载和空载两种极限平衡状态下求得的，起重机实际工作时当然不允许处于这种危险状态。因此要保证起重机不会翻倒，平衡重的大小 Q 应在这两者之间，即

$$7.5\text{kN}<Q<110\text{kN}$$

(2) 当 $Q=30\text{kN}$ 时，求满载时 A、B 两轨道的反力 $\boldsymbol{N}_A$、$\boldsymbol{N}_B$。

由 $$\sum m_A = 0 \quad , \quad Q(6-2)-2G+4N_B-P(12+2)=0$$

可得 $$N_B=\frac{1}{4}(2G+14P-4Q)=255\text{kN}$$

由 $$\sum Y = 0 \quad , \quad N_A+N_B-Q-G-P=0$$

可得 $$N_A=Q+G+P-N_B=45\text{kN}$$

3.6 静定和静不定问题与物体系统的平衡

1. 静定与静不定问题

从前面讨论的几种力系可以看出，每一种力系独立平衡方程的数目都是一定的，例如平面任意力系有三个，平面汇交力系和平面平行力系各有两个，平面力偶系只有一个。而每个独立平衡方程只能求解一个未知量，因此，当所研究的问题的未知量的数目小于或等于它所对应的独立平衡方程数目时，则未知量就可以全部由平衡方程求得。这类问题称为**静定问题**。例如图 3-11(a)所示的简支梁中，约束反力的未知量有三个，而它为平面任意力系，有三个独立平衡方程，故这三个未知量都能解出。这是静定问题。

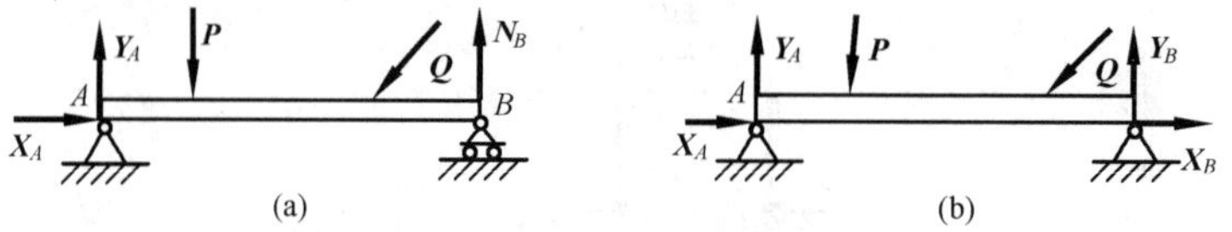

图 3-11

如果所研究的问题其未知量数目多于它所对应的独立平衡方程的数目时，仅用平衡方程就不能求出全部未知量。这类问题称为**静不定问题**或**超静定问题**。而静不定的次数等于未知量的总数目减去独立平衡方程的总数目，例如图 3-11(b)所示梁中，未知量有四个，而独立平衡方程只有三个，故它为一次静不定问题。

必须指出，静不定问题并不是不能求解，而是不能仅用静力学平衡方程求解，还要考虑作用力与物体变形的关系，再列出补充方程才能求解。静不定问题已超出了理论力学所研究的范围，它将在材料力学、结构力学等学科中去研究。

2. 物体系统的平衡

前面研究的是一个物体的平衡问题，但在工程实际中经常遇到物体系统的平衡问题。所谓**物体系统**(简称**物系**)**就是由若干个物体通过约束所组成的系统**。在研究物系的平衡问题时，不仅要研究外界物体对系统的作用，同时还要分析系统内部各物体之间的相互作用。外界物体作用于系统上的力称为**外力**，系统内部各物体之间的相互作用力称为**内力**。内力总是成对出现的，所以在研究整个物体系统的平衡问题时，可以不考虑内力，但当研究物系中某一物体或某一部分的平衡问题时，物系中其他物体对它们的作用力就成为了外力，必须考虑。

物体系统平衡的特点是组成该系统的每一个物体都平衡。因此对于每一个物体，在平面任意力系的作用下，可以列出三个独立平衡方程。若物系由 n 个物体组成，就可以列出 $3n$ 个独立平衡方程。若系统中的物体有受平面汇交力系或平面平行力系的作用时，则整个系统的独立平衡方程的总数目应相应地减少。

在求解物系平衡问题时，可以先分析整体，后分析局部或单个物体，写出相应的平衡方程求解，也可以拆开物系，先分析物系中的某部分或某个物体、后分析整体，列出相应的平衡方程求解。这要在具体问题中具体分析。总的原则是：使每一个平衡方程中的未知量尽可能地减少，最好一个方程中只含有一个未知量，以避免解联立方程。

下面举例说明物体系统平衡问题的解法。

【例 3-5】　图 3-12(a)为曲轴冲床简图，曲轴冲床由飞轮、连杆 AB 和冲头 B 组成。A、B 两处为铰链连接，且 $OA=R$，$AB=l$。若忽略摩擦和物体的自重，当 OA 在水平位置、冲压力为 $\boldsymbol{P}$ 时，求：①作用在飞轮上的力偶矩 M 的大小；②轴承 O 处的约束反力；③连杆 AB 受的力；④冲头给导轨的侧压力。

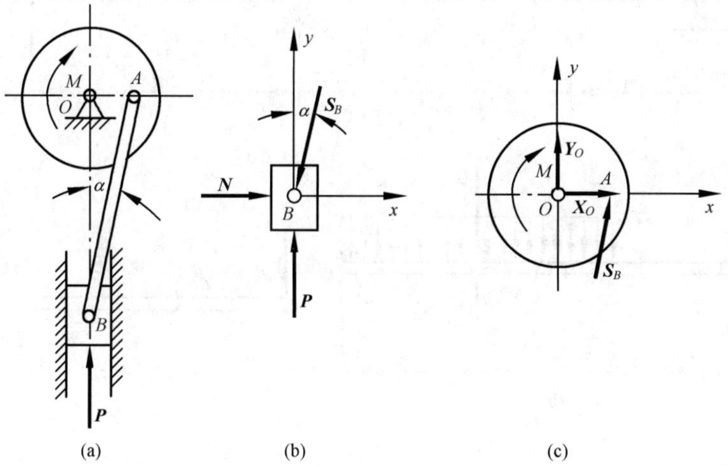

图 3-12

3-12

解　这个题目由于要求连杆 AB 的内力，必须将系统拆开，而作用在系统上的已知力只有冲压力 $\boldsymbol{P}$，所以先以冲头为研究对象，受力如图 3-12(b)所示，设连杆与铅直线的夹角为 α，选图示坐标系列平衡方程为

$$\sum X=0\quad,\quad N-S_B\sin\alpha=0$$

$$\sum Y=0\quad,\quad P-S_B\cos\alpha=0$$

解得

$$S_B=\frac{P}{\cos\alpha}=\frac{Pl}{\sqrt{l^2-R^2}}$$

$$N=P\tan\alpha=\frac{PR}{\sqrt{l^2-R^2}}$$

再取飞轮为研究对象，受力如图 3-12(c)所示，选坐标系如图，列平衡方程为

$$\sum m_O=0\quad,\quad S_B\cos\alpha R-M=0$$

$$\sum X=0\quad,\quad X_O+S_B\sin\alpha=0$$

$$\sum Y=0\quad,\quad Y_O+S_B\cos\alpha=0$$

解得

$$M=PR$$

$$X_O=-S_B\sin\alpha=-P\tan\alpha=-\frac{PR}{\sqrt{l^2-R^2}}$$

$$Y_O=-S_B\cos\alpha=-P$$

式中，负号表示力 $\boldsymbol{X}_O$、$\boldsymbol{Y}_O$ 的方向与图示假设的方向相反。

【例 3-6】 已知梁 AB 和 BC 在 B 点铰接，C 为固定端(图 3-13(a))。若 $m=20\text{kN}\cdot\text{m}$，$q=15\text{kN/m}$，试求 A、B、C 三点的约束反力。

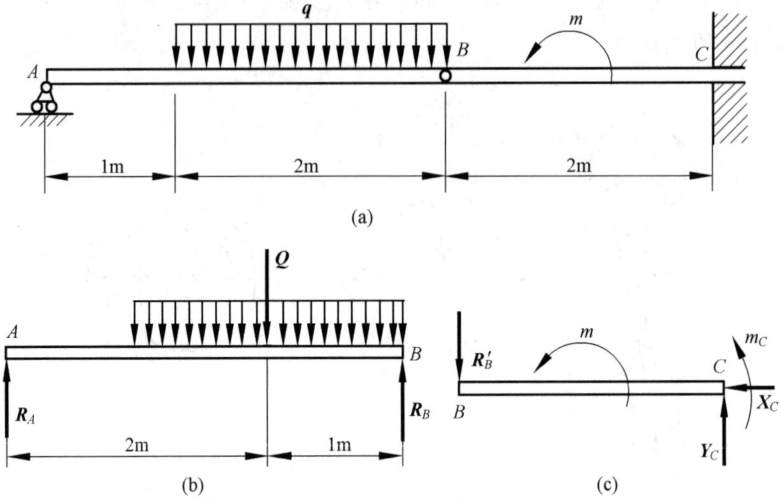

图 3-13

3-13

解 在这个问题里，若先以整个物系为研究对象，则未知量较多，不易求解。从已知条件来看，最好先考虑梁 AB 的平衡。画出梁 AB 的受力图(图 3-13(b))，列出平衡方程

$$\sum m_A(\boldsymbol{F})=0 \quad , \quad R_B\times 3-\boldsymbol{Q}\times 2=0$$

$$\sum m_B(\boldsymbol{F})=0 \quad , \quad -R_A\times 3+\boldsymbol{Q}\times 1=0$$

解得

$$R_B=2\boldsymbol{Q}/3=\frac{2\times 15\times 2}{3}=20(\text{kN})$$

$$R_A=\boldsymbol{Q}/3=\frac{15\times 2}{3}=10(\text{kN})$$

再画出梁 BC 的受力图，如图 3-13(c)所示。列出平衡方程

$$\sum m_C(\boldsymbol{F})=0 \quad , \quad R'_B\times 2+m+m_C=0$$

$$\sum m_B(\boldsymbol{F})=0 \quad , \quad Y_C\times 2+m+m_C=0$$

$$\sum X=0 \quad , \quad X_C=0$$

解得

$$m_C=-2R'_B-m=-2\times 20-20=-60(\text{kN}\cdot\text{m})$$

$$Y_C=(-m_C-m)/2=(60-20)/2=20(\text{kN})$$

【例 3-7】 图 3-14 所示杆件构架受力 $\boldsymbol{P}$ 的作用，D 端搁在光滑斜面上，A、B、C、D 均为铰接，已知，$P=100\text{N}$，$AC=1.6\text{m}$，$BC=0.9\text{m}$，$CD=EC=1.2\text{m}$，$AD=2\text{m}$，若 AB 杆水平，ED 杆铅垂，BD 杆垂直于斜面，求 BD 杆的内力和支座 A 的反力。

解 先取整体为研究对象，其上受有主动力 $\boldsymbol{P}$，约束反力 $\boldsymbol{Y}_A$、$\boldsymbol{X}_A$、$\boldsymbol{N}_D$(图 3-14(a))，设斜面与垂线方向的夹角为 α，选坐标轴如图 3-14(b)，列平衡方程

$$\sum m_B=0 \quad , \quad -Y_A\times AB-P\times EC=0$$

$$\sum X'=0 \quad , \quad X_A\sin\alpha-Y_A\cos\alpha+P\sin\alpha=0$$

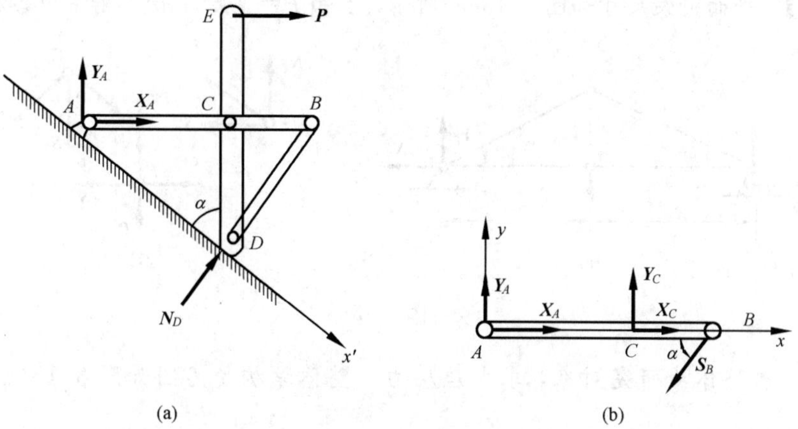

图 3-14

3-14

而
$$\sin\alpha=\frac{AC}{AD}=\frac{1.6}{2}=\frac{4}{5}\quad,\quad \cos\alpha=\frac{CD}{AD}=\frac{1.2}{2}=\frac{3}{5}$$

得
$$X_A=-136\text{N}\quad,\quad Y_A=-48\text{N}$$

再取 AB 杆为研究对象，受力 $\boldsymbol{Y_A}$、$\boldsymbol{X_A}$、$\boldsymbol{Y_C}$、$\boldsymbol{X_C}$ 及二力杆 BD 的拉力 $\boldsymbol{S}_B$ 如图 3-14(b)所示，选坐标系如图，列平衡方程

$$\sum m_C=0\quad,\quad -S_B\cdot\sin\alpha\cdot CB-Y_A\cdot AC=0$$

得
$$S_B=\frac{Y_A\cdot AC}{CB\cdot\sin\alpha}=\frac{(-48)\times 1.6}{0.9\times\frac{4}{5}}=106.7(\text{N})$$

3.7　平面简单桁架的内力计算

在工程实际中，桥梁、房架、井架、电视塔等常采用桁架结构。所谓**桁架，是由若干直杆件彼此在两端连接而组成的几何形状不变的结构**。各杆件都处于同一平面内的桁架称为**平面桁架**。各杆件的连接点称为**节点**。应用桁架的优点是，减轻结构的重量，节省材料，由于组成桁架的各杆件只受拉力或压力，所以充分发挥了材料的作用。

为简化桁架计算，常采用如下假设：

(1) 桁架中各杆件都是直杆。

(2) 杆件两端均为光滑铰链连接。

(3) 所有的载荷都作用在节点上。

(4) 各杆件自重不计，故每个杆件都可看成是二力杆。

在设计桁架时，需要知道桁架中各杆的受力(各杆的内力)。下面介绍桁架内力计算的两种基本方法:节点法和截面法。

3.7.1　节点法

当要求计算桁架中每个杆的内力时，用节点法。该方法是逐个地取各节点为研究对象，列平衡方程，求出各杆的内力。下面举例说明节点法的方法和步骤。

【例 3-8】 平面桁架尺寸如图 3-15(a)所示，已知 $P=10\text{kN}$，试求桁架中各杆的内力。

3-15

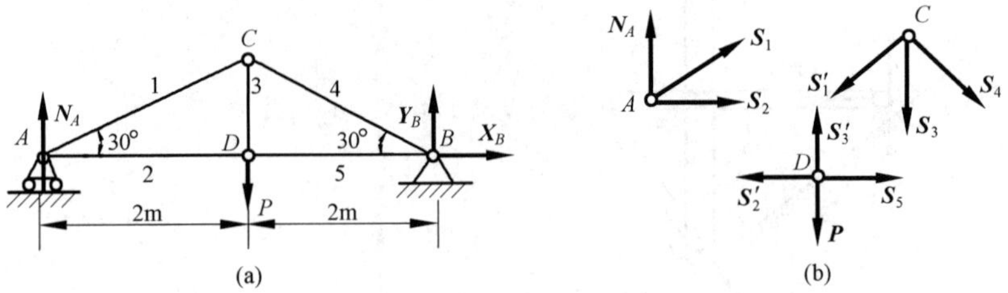

图 3-15

解 (1) 取整体为研究对象，求支座反力。整体结构受力图如图 3-15(a)所示。列平衡方程

$$\sum X=0 \quad , \quad X_B=0$$

$$\sum m_A(\boldsymbol{F})=0 \quad , \quad 4Y_B-2P=0$$

$$\sum m_B(\boldsymbol{F})=0 \quad , \quad 2P-4N_A=0$$

解得

$$X_B=0 \quad , \quad N_A=Y_B=5\text{kN}$$

(2) 依次取 A、C、D 各节点为研究对象，计算各杆的内力。画受力图时，可先假设各杆都受拉力，若计算结果为负，则表明杆件受压力。

先从 A 点开始，受力如图 3-15(b)所示。

由

$$\sum X=0 \quad , \quad S_2+S_1\cos30^\circ=0$$

$$\sum Y=0 \quad , \quad N_A+S_1\sin30^\circ=0$$

解得 $S_2=8.66\text{kN}$ ， $S_1=-10\text{kN}$(负号表明该杆受压)

再研究 C 点，受力如图 3-15(b)，列平衡方程

$$\sum X=0 \quad , \quad S_4\cos30^\circ-S_1'\cos30^\circ=0$$

$$\sum Y=0 \quad , \quad -S_3-S_1'\sin30^\circ-S_4\sin30^\circ=0$$

代入 $S_1'=S_1$ 后，解得

$$S_3=10\text{kN} \quad , \quad S_4=-10\text{kN}$$

再取 D 点研究，受力如图 3-15(b)，列平衡方程

$$\sum X=0 \quad , \quad S_5-S_2'=0$$

代入 $S_2'=S_2$ 后， 解得

$$S_5=7.66\text{kN}$$

节点 D 的另一个方程可用来校核计算结果。

由

$$\sum Y=0 \quad , \quad P-S_3'=0$$

解得

$$S_3'=10\text{kN}$$

恰与 S_3 相等，计算准确无误。

实际上，由于结构对称，载荷也对称，各对称杆的内力应相同，即 $S_1=S_4$，$S_2=S_5$，所以在求出 S_1、S_2 后，可直接得出 S_4、S_5。

3.7.2　截面法

当只要求计算桁架内某几个杆件的内力时，用截面法。该方法是假想选取一截面将桁架截为两部分，再任取其中一部分研究，计算所求杆件的内力。

【例 3-9】 求图 3-16(a)所示桁架中 1、2、3 杆件的内力。

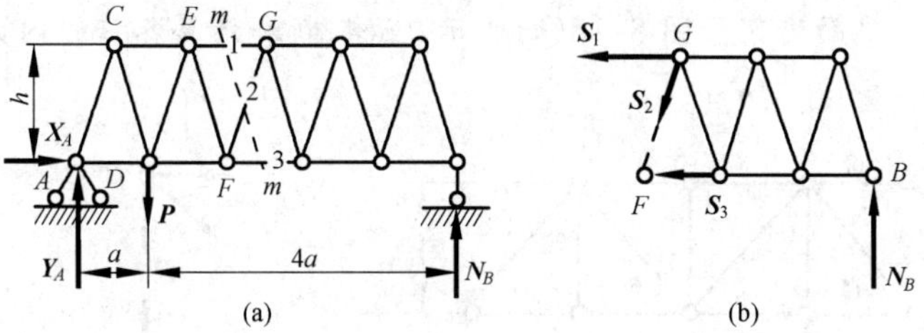

图 3-16

3-16

解　(1) 取整体为研究对象，求出支座反力。画整体受力图如图 3-16(a)所示，列平衡方程为

$$\sum m_A(\boldsymbol{F}) = 0 \quad , \quad N_B \cdot 5a - Pa = 0$$

解得

$$N_B = \frac{P}{5}$$

(2) 为求指定杆的内力，用截面 m-m 将桁架在指定杆处截开，取右半部分为研究对象，受力如图 3-16(b)所示，列平衡方程为

$$\sum m_F(\boldsymbol{F}) = 0 \quad , \quad S_1 h + N_B \cdot 3a = 0$$

$$\sum m_G(\boldsymbol{F}) = 0 \quad , \quad -S_3 h + N_B \cdot \frac{5}{2}a = 0$$

$$\sum Y = 0 \quad , \quad N_B - S_2 \frac{h}{\sqrt{(a/2)^2 + h^2}} = 0$$

解得

$$S_1 = -\frac{3a}{5h}P \quad , \quad S_2 = \frac{\sqrt{(a/2)^2 + h^2}}{5h}P \quad , \quad S_3 = \frac{a}{2h}P$$

计算结果 S_1 为负，S_2、S_3 为正，说明杆 1 受压，杆 2 和杆 3 受拉。

3.7.3　特殊杆件的内力判断

在应用节点法时，利用一些节点平衡的特殊情况可使计算大为简化。下列几种特殊情况可直接用来判断杆的内力。

(1) 两杆节点无载荷且两杆不在一条直线上时，则该两杆的内力都为零(零杆)，如图 3-17(a)所示。

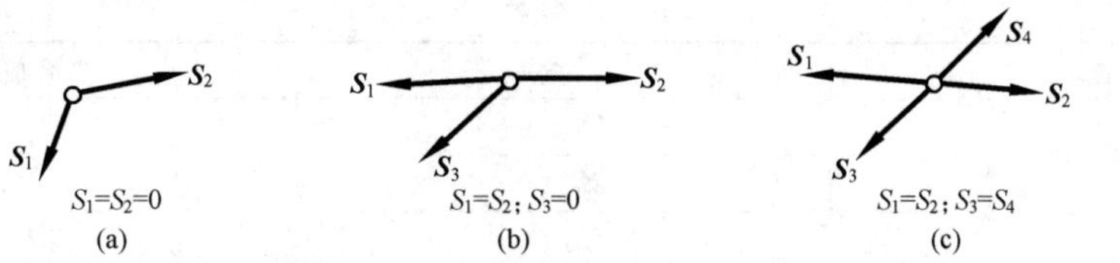

图 3-17

3-17

(2) 三杆节点无载荷时，且其中有两杆在一直线上(图 3-17(b))，则另一杆必为零杆，而在一直线上的两个杆内力相等且力性质相同(都为拉力或压力)。

(3) 四杆节点无载荷时，且其中两杆在一直线上(图 3-17(c))，则在同一直线上的两杆内力相等且力性质相同。

以上三种特殊情况，很容易用节点法的平衡方程来证明。

【例 3-10】 已知平面桁架如图 3-18(a)所示，试判断和计算各杆的内力。

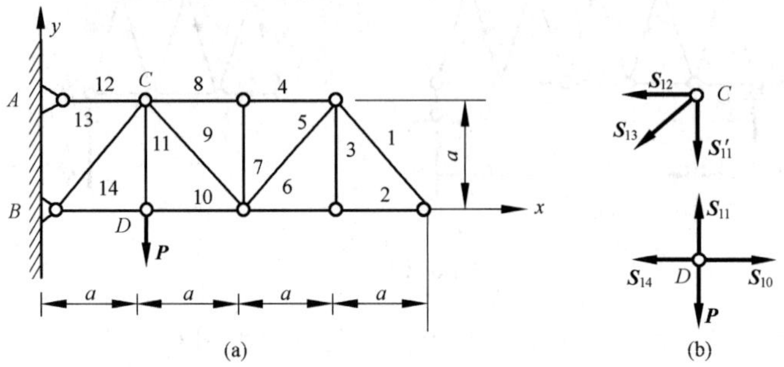

3-18

图 3-18

解 由特殊杆件内力判断法(1)可得：$S_1=S_2=S_3=S_4=S_5=S_6=S_7=S_8=S_9=S_{10}=0$，再分别研究节点 D 和节点 C 受力，如图 3-18(b)所示，对 D 点列平衡方程：

$$\sum X=0 \quad , \quad S_{10}-S_{14}=0$$

$$\sum Y=0 \quad , \quad S_{11}-P=0$$

解得

$$S_{14}=S_{10}=0 \quad , \quad S_{11}=P$$

对 C 点列平衡方程：

$$\sum X=0 \quad , \quad -S_{12}-S_{13}\cos 45^\circ=0$$

$$\sum Y=0 \quad , \quad -S'_{11}-S_{13}\sin 45^\circ=0$$

解得

$$S_{13}=-\sqrt{2}P \quad , \quad S_{12}=P$$

本章小结

1. 力线平移定理：平移一个力的同时必须附加一个力偶，附加力偶的矩等于原来的力对新作用点的矩。

力线平移定理是力系向一点简化的理论基础。

2. 平面任意力系向任意一点简化的结果见表 3-1。

表 3-1

主矢	主矩	合成结果
$\boldsymbol{R}'\neq 0$	$M_O\neq 0$	合　力
	$M_O=0$	
$\boldsymbol{R}'=0$	$M_O\neq 0$	力　偶
	$M_O=0$	平　衡

3. 平面力系的平衡条件与平衡方程。

(1) 平面任意力系平衡的必要和充分条件为

$$\boldsymbol{R}' = 0 \quad , \quad M_O = 0$$

(2) 平面任意力系平衡方程的三种形式见表 3-2。

表 3-2

形式	基本形式	二力矩形式	三力矩形式
平衡方程	$\sum X = 0$ $\sum Y = 0$ $\sum m_O(\boldsymbol{F}) = 0$	$\sum X = 0$ $\sum m_A(\boldsymbol{F}) = 0$ $\sum m_B(\boldsymbol{F}) = 0$	$\sum m_A(\boldsymbol{F}) = 0$ $\sum m_B(\boldsymbol{F}) = 0$ $\sum m_C(\boldsymbol{F}) = 0$
限制条件		AB 连线不垂直投影轴 x	A、B、C 三点不共线

4. 平面平行力系平衡方程的两种形式见表 3-3。

表 3-3

形式	基本形式	二力矩形式
平衡方程	$\sum Y = 0$ $\sum m_O(\boldsymbol{F}) = 0$	$\sum m_A(\boldsymbol{F}) = 0$ $\sum m_B(\boldsymbol{F}) = 0$
限制条件		AB 连线不平行于力线 F

5. 物系平衡的特点是物系中每个构件都平衡。

独立平衡方程数≥未知量的数目，此为静定问题。

独立平衡方程数<未知量的数目，此为静不定问题。

6. 求平面桁架内力有两种方法:节点法和截面法。

思 考 题

3.1 试用力的平移定理说明图 3-19(a)、(b)两图中力 $\boldsymbol{F}$ 与力偶($\boldsymbol{F}_1$、$\boldsymbol{F}_2$)对轮的作用有何不同？在轴承 A、B 处的约束反力有何不同？已知 $F_1 = F_2 = F/2$，轮的半径均为 r。

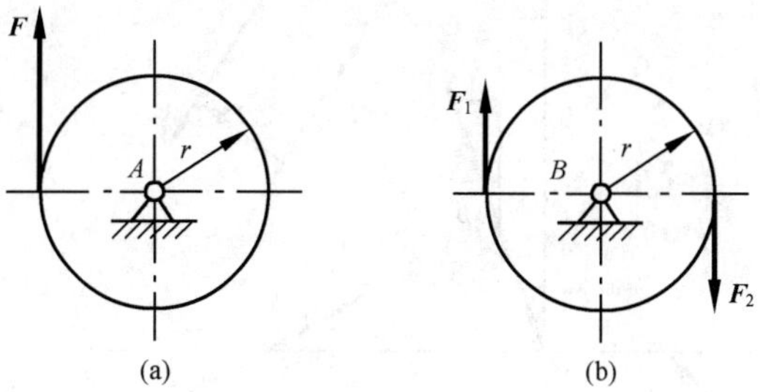

图 3-19

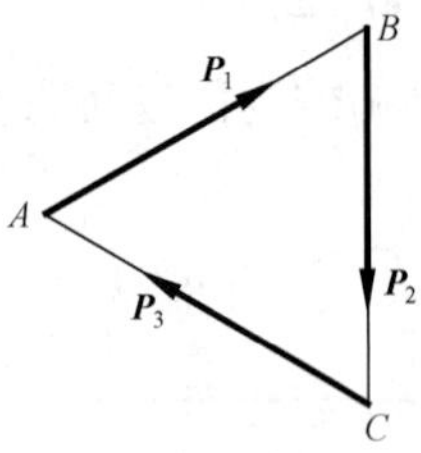

图 3-20

3.2 大小都等于 $\boldsymbol{P}$ 的三个力 $\boldsymbol{P}_1$、$\boldsymbol{P}_2$、$\boldsymbol{P}_3$ 沿等边三角形的边缘作用（图 3-20），三角形的各边长均为 a，试求此力系的简化结果。

3.3 若平面任意力系满足平衡方程 $\sum X=0$ 和 $\sum Y=0$，但不满足平衡方程 $\sum M_O=0$。试问该力系简化的结果应是什么？

3.4 已知平面任意力系向某点简化得到一合力，试问能否另选一适当简化中心，把力系简化为一力偶？反之，如已知平面任意力系向某一点简化得到一力偶，试问能否另选一适当简化中心，把力系简化为一合力？为什么？

3.5 当平面平行力系的平衡方程写成 $\sum m_A=0$，$\sum m_B=0$ 时，需要有什么限制条件？为什么？

3.6 图 3-21 中，各构件自重均不计，试判断哪些是静定问题，哪些是静不定问题。

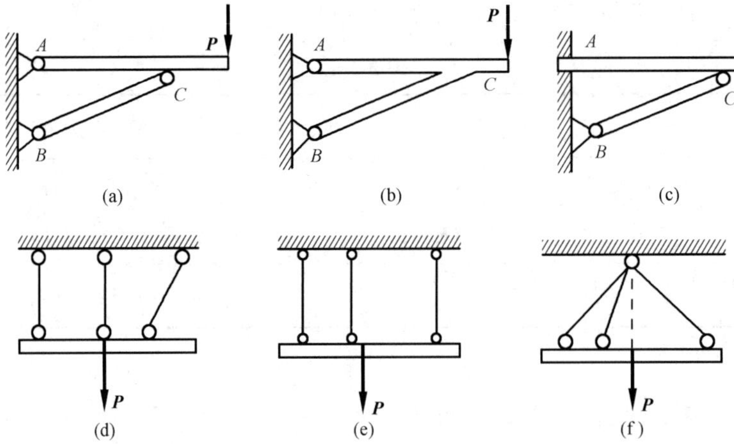

图 3-21

习　　题

3-1 已知题 3-1 图所示各力的大小分别为 $P_1=150\text{N}$，$P_2=200\text{N}$，$P_3=300\text{N}$，组成力偶的力 $F=F'=200\text{N}$，力偶臂为 8cm，方向如图所示。试求：① 各力向 O 点简化的结果；② 力系合力的大小及作用位置距 O 点的垂直距离 d。

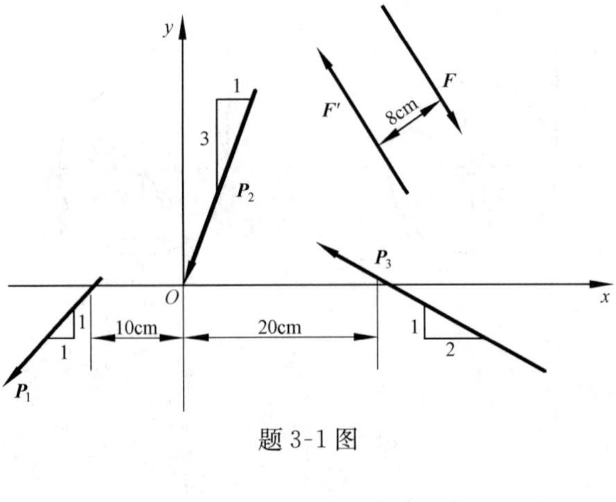

题 3-1 图

3-2 求题 3-2 图中各梁的支座反力，长度单位为 m。

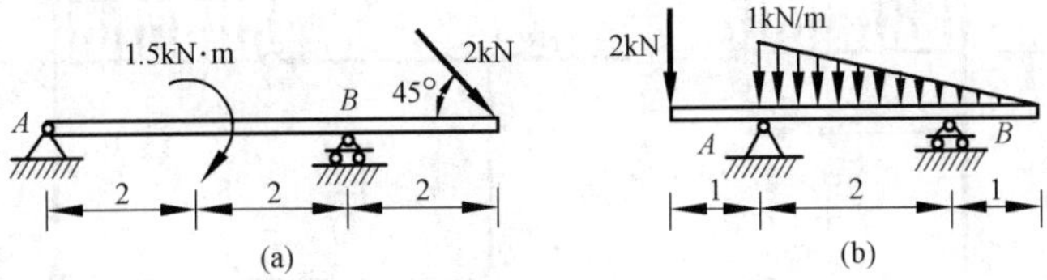

题 3-2 图

3-3 试求下列静定多跨梁的支座反力和中间铰处的反力，各梁的载荷和尺寸如题 3-3 图所示。长度单位为 m。

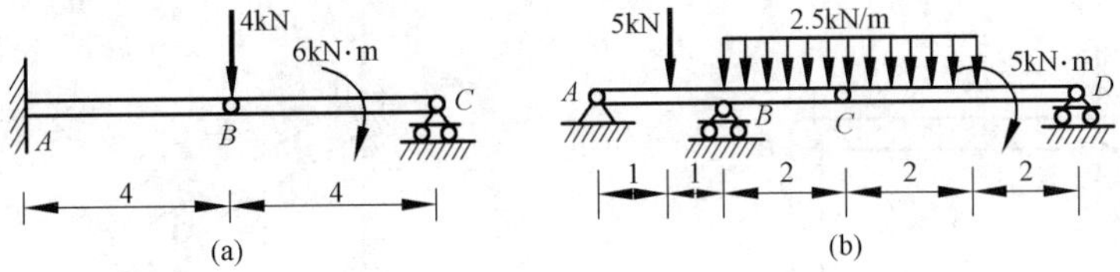

题 3-3 图

3-4 如题 3-4 图所示，相同的两个均质圆球半径为 r，重为 $\boldsymbol{P}$，放在半径为 R 的中空而两端开口的直圆筒内，求圆筒不致因球作用而倾倒的最小重量。

3-5 重为 $\boldsymbol{G}$ 的圆柱搁在倾斜的板 AB 与墙面之间，如题 3-5 图所示，若板与铅垂线的夹角是 30°，圆柱与板的接触点 D 是 AB 的中点，BC 绳在水平位置，各接触点均为光滑，不计板 AB 的重量。试求绳 BC 的拉力 $\boldsymbol{T}$ 和铰链 A 的约束反力。

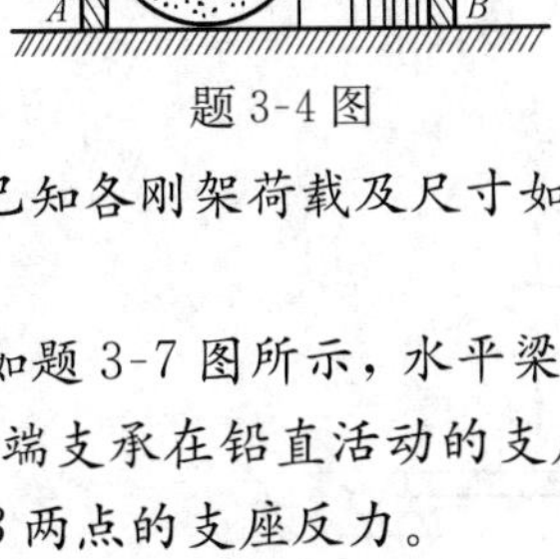

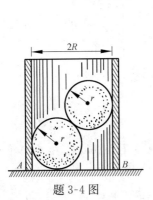

题 3-4 图

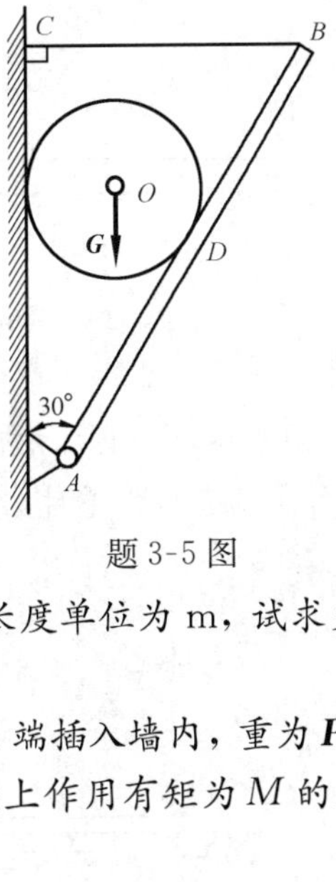

题 3-5 图

3-6 已知各刚架荷载及尺寸如题 3-6 图所示，长度单位为 m，试求支座反力和中间铰处的反力。

3-7 如题 3-7 图所示，水平梁 AB 重为 $\boldsymbol{P}$，其 A 端插入墙内，重为 $\boldsymbol{P}$ 的铅直梁 BC 和 AB 梁铰接，C 端支承在铅直活动的支座上，设在 BC 梁上作用有矩为 M 的力偶，且 $AB=BC=a$，求 A、B 两点的支座反力。

3-8 如题 3-8 图所示，水平梁 AB 重为 $\boldsymbol{P}$，长等于 $2a$，其 A 端插入墙内，B 端与重为 $\boldsymbol{Q}$ 的杆 BC 铰接，C 点靠在光滑的铅直墙上，$\angle ABC=\alpha$，试求 A、C 两点的反力。

3-9 如题 3-9 图所示，水平梁 AB 的 A 端固定在墙内，B 端与 BD 梁铰接，D 点搭在光滑的墙角上，BD 与水平线的夹角为 30°，已知 $P=100\text{N}$，$AB=BD=10\text{m}$，C 为 BD 的中点，AB 梁重不计，试求 A、B、C 三点的支反力。

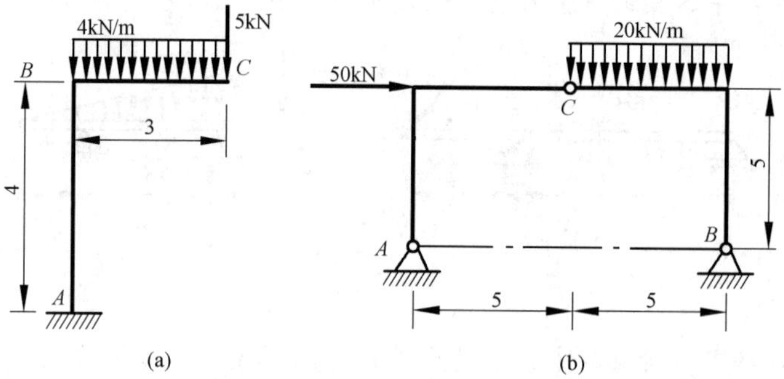

题 3-6 图

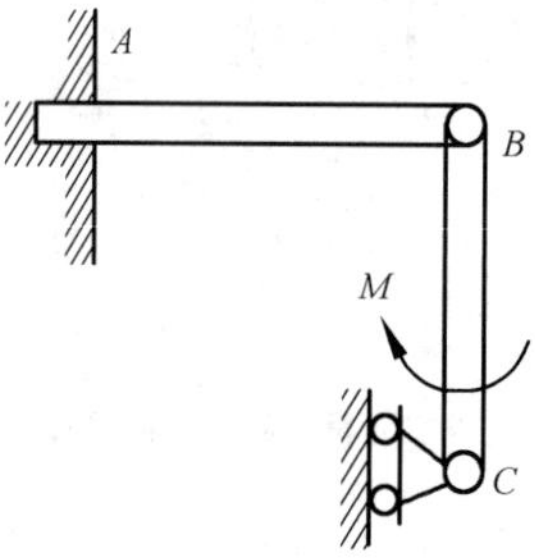

题 3-7 图

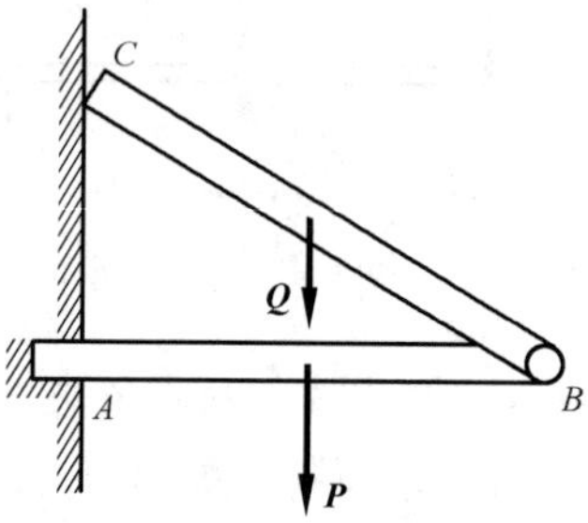

题 3-8 图

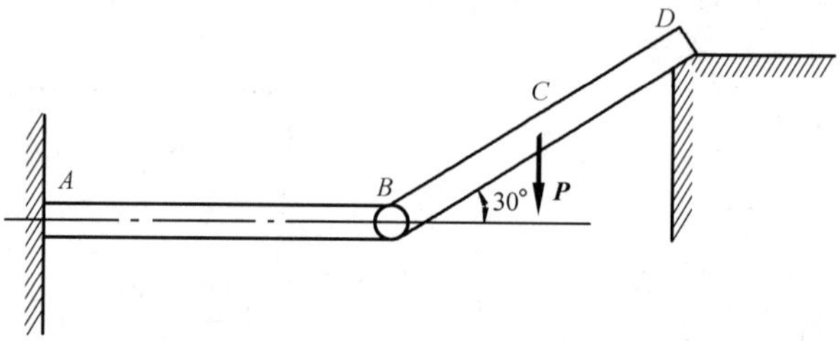

题 3-9 图

3-10 如题 3-10 图所示，起重机放在连续梁上，重物重 $P=10\text{kN}$，起重机重 $Q=50\text{kN}$，其重心位于铅垂线 CE 上，梁自重不计。求支座 A、B 和 D 的反力。

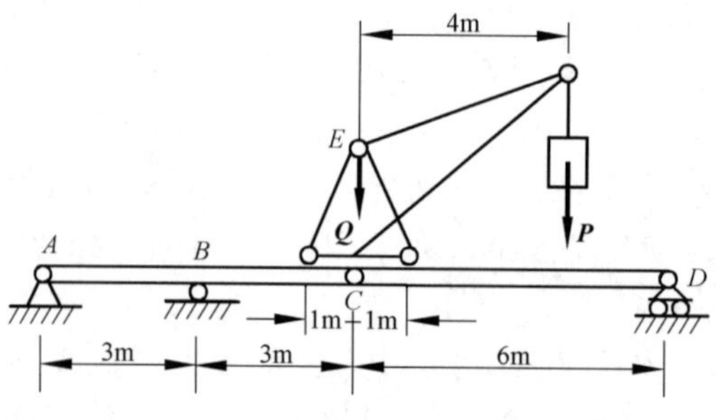

题 3-10 图

3-11 如题 3-11 图所示，机架上挂一重为 $\boldsymbol{P}$ 的物体，各构件尺寸如图，不计滑轮及各杆自重和摩擦，求 A、C 两支座的反力。

3-12 如题 3-12 图所示，井架由两个桁架组成，中间由铰链连接。两桁架的重心各在 C_1 和 C_2 点，它们的重量各为 $G_1=G_2=G$。在左边桁架上作用着水平的风压力 $\boldsymbol{P}$。尺寸 l、H、h 和 a 均为已知，求铰链 A、B、C 三点的约束反力。

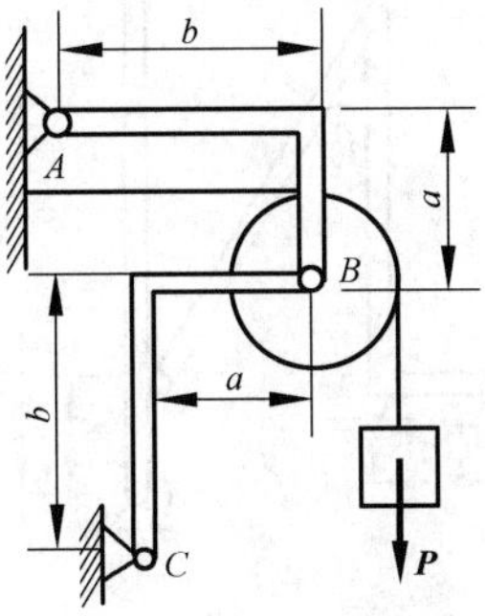

题 3-11 图

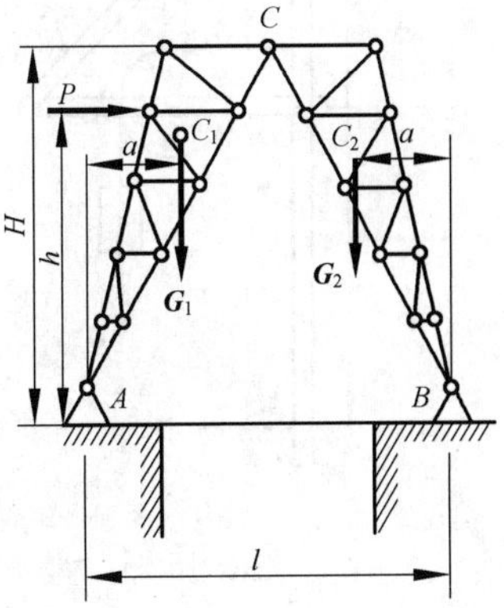

题 3-12 图

3-13 梯子的两部分 AB 和 AC 在 A 点铰接，又在 D、E 两点用水平绳连接，如题 3-13 图所示。梯子放在光滑的水平面上，其一边作用有铅直力 $\boldsymbol{P}$，尺寸如图所示。如不计梯重，求绳的拉力 S。

3-14 如题 3-14 图所示，两根长度均为 $2a$ 的梁 AB 和 BC 彼此用铰链 B 连接，梁 AB 的 A 端插入水平面内，梁 BC 的 B 端搁在水平活动支座上，两根梁的重均为 $\boldsymbol{P}$，与水平面的夹角均为 $60°$，设在 BC 梁的中点作用一个与它垂直的力 $\boldsymbol{Q}$。在梁 AB 中点水平拉一绳索 EF 并跨过定滑轮，在绳的另一端系有重为 $\boldsymbol{G}$ 的物体。若不计滑轮的摩擦，试求支座 A、C 及铰链 B 的反力。

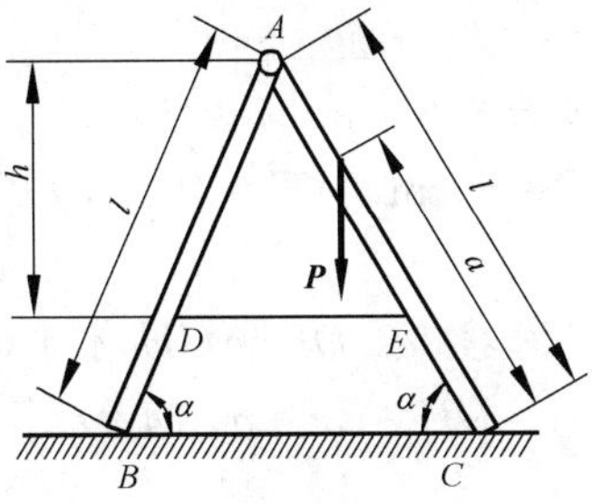

题 3-13 图

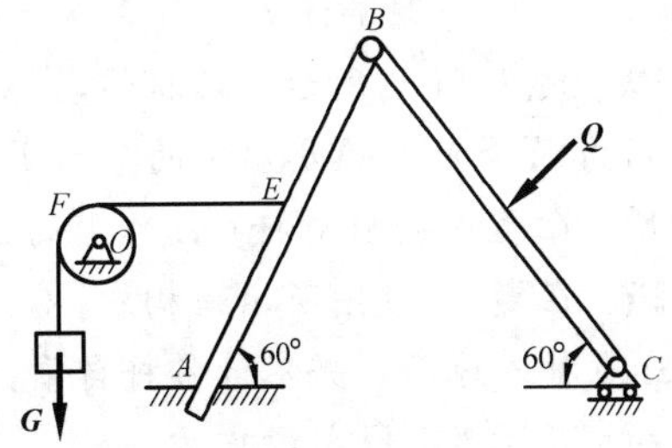

题 3-14 图

3-15 已知构架如题 3-15 图所示。不计各杆及滑轮的自重，试求铰链 D 和杆件 BC 的内力。已知滑轮半径 $r=0.1\text{m}$，$DE=0.5\text{m}$，$G=1\text{kN}$。

3-16 钢筋切断机构如题 3-16 图所示，如果在 M 点需要的切断力为 $\boldsymbol{Q}$ 时，试问在 B 点需加多大的水平力 $\boldsymbol{P}$？

3-17 题 3-17 图所示压缩机，加于手柄上的力 $P=200\text{N}$，其方向垂直于杠杆 OA，拉杆 BC 垂直于 OB 并等分 $\angle ECD$，且 $\angle CED=11°20'$，$OA=1\text{m}$，$OB=10\text{cm}$，求加于物体 M 上的压力。

3-18 在题 3-18 图所示结构中，杆 AB 与 CD 通过中间铰链 B 相连接，重为 $\boldsymbol{Q}$ 物体通过绳子绕过滑轮 D 水平地连接于杆 AB 上，各构件自重不计，尺寸如图，试求 A、B、C 三点的约束反力。

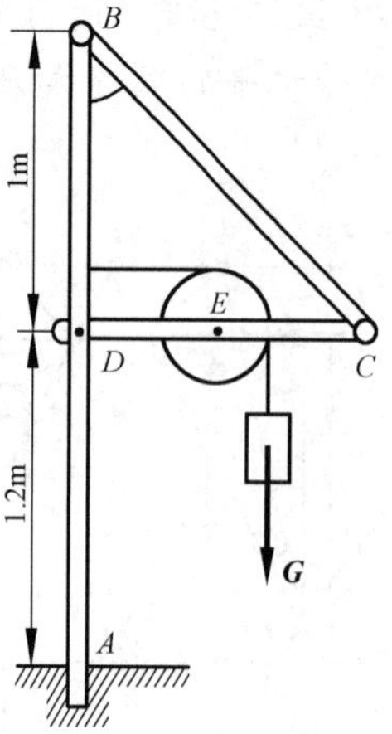

题 3-15 图

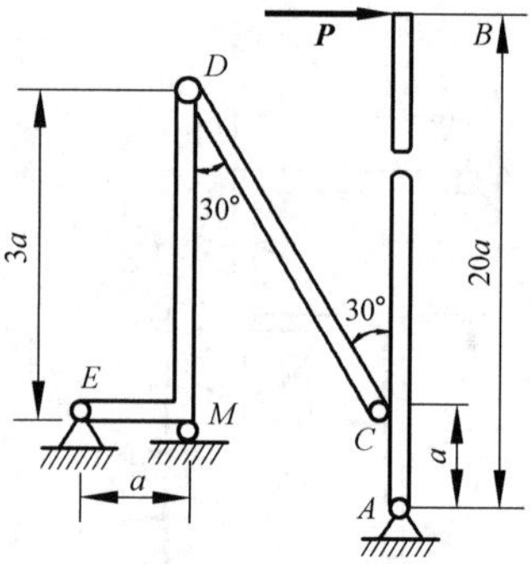

题 3-16 图

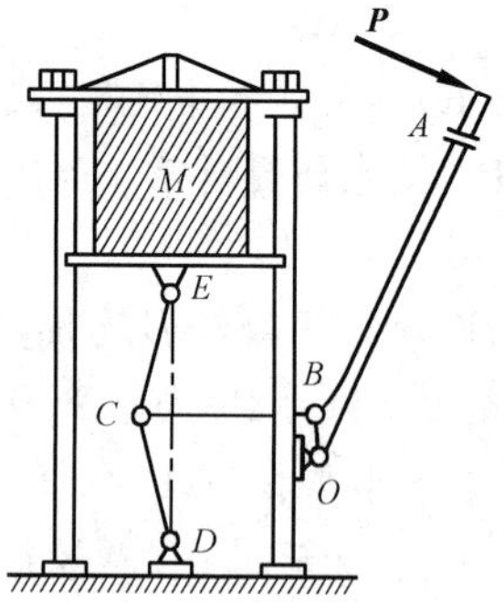

题 3-17 图

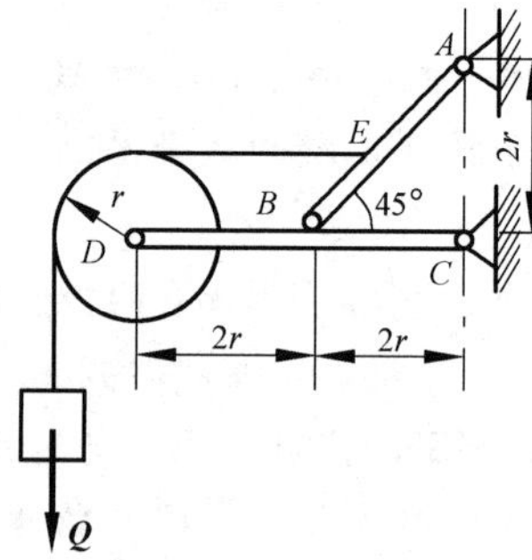

题 3-18 图

3-19 题 3-19 图所示破碎机传动机构，活动夹板 AB 长为 60cm，假设破碎时矿石对活动夹板作用力沿垂直于 AB 方向的分力 $P=1\text{kN}$，$BC=CD=60\text{cm}$，$AH=40\text{cm}$，$OE=10\text{cm}$。试求图所示位置时电机对杆 OE 作用的力偶矩 m。

3-20 在题 3-20 图所示结构中，C、D、E、F、G 均为铰接，且 DF 和 GH 水平，AB、FG 铅垂，A 点插入地面。若不计各杆自重，且 $BC=CE=EA=DE=EF=a$，$M=qa^2$，试求 A、E 处的约束反力及 CD 杆的内力。

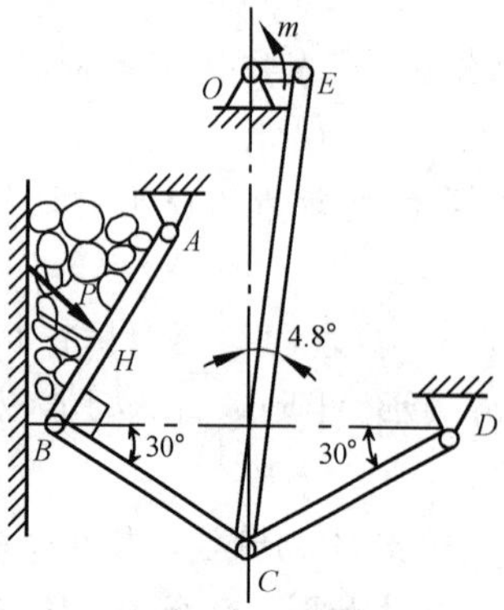

题 3-19 图

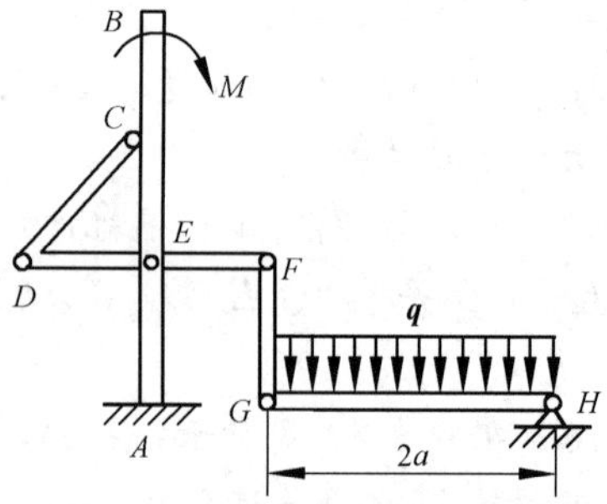

题 3-20 图

3-21 物体 P 重为 12kN，由三根杆件 AB、BC 和 CE 所组成的构架及滑轮 E 支持，如题 3-21图所示。已知 $AD=DB=2\text{m}$，$CD=DE=1.5\text{m}$，各杆和滑轮的自重不计。求支座 A 和 B 的反力及杆 BC 的内力。

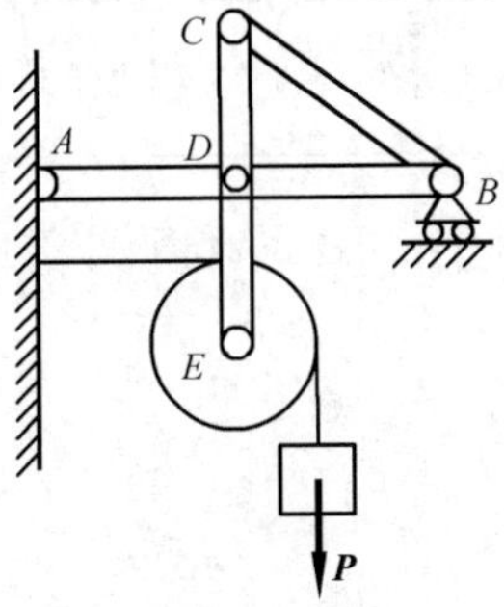

题 3-21 图

3-22 如题 3-22 图所示，D 为固定在铲臂 BC 上的齿轮，它与铲杆 KF 上的齿条相啮合，齿轮转动时，带动铲杆前后运动，铲斗的上下运动由钢丝绳带动，满载时铲斗重 $G_1=180\text{kN}$，铲杆KF 重 $G_2=85\text{kN}$，铲臂 BC 重 $G_3=180\text{kN}$，机身重 $G_4=895\text{kN}$，几何尺寸如图所示(单位为 mm)。为使电铲回转部分不至于绕 A 点翻倒，试求电铲配重的最小值 $W_{\min}$应为多少。

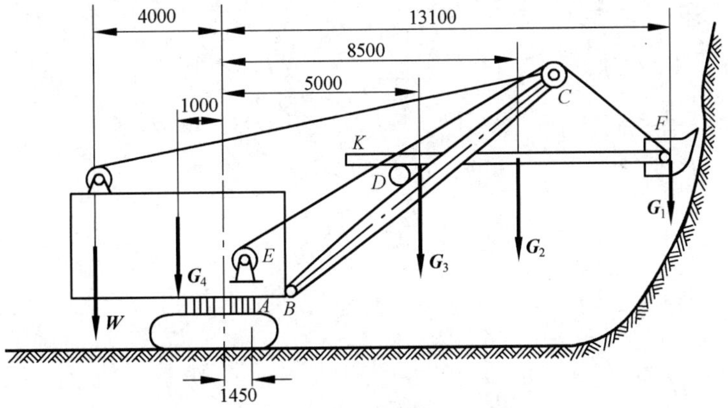

题 3-22 图

*****3-23** 用节点法计算题 3-23 图所示桁架各杆件的内力。已知：$P_1=40\text{kN}$，$P_2=10\text{kN}$。

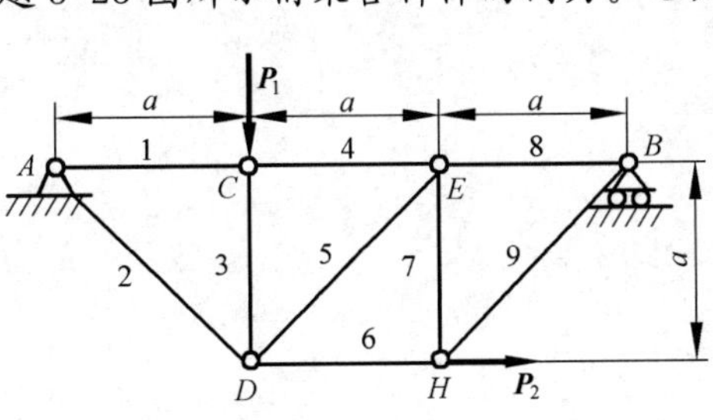

题 3-23 图

* **3-24** 求题 3-24 图所示桁架中指定杆的内力。

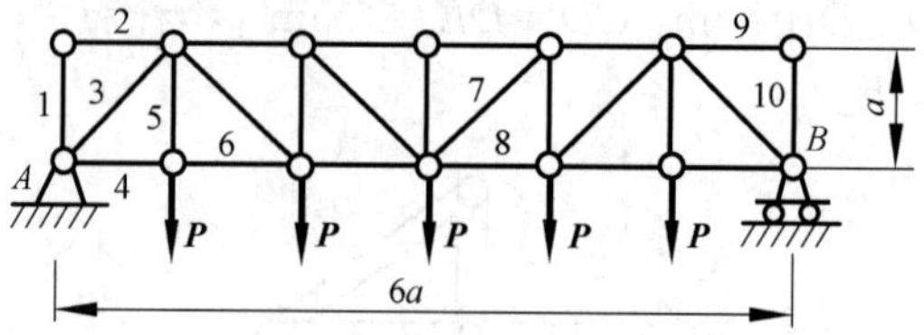

题 3-24 图

第 4 章　摩　擦

本章主要讲述摩擦的基本理论和考虑滑动摩擦时物体的平衡问题。

4.1　摩擦的分类

在前几章的研究中，将物体的接触面都看成为绝对光滑的，忽略了物体接触面间的摩擦。但在实际问题中，绝对光滑的表面是不存在的。只是在某些情况下摩擦的影响较小，或接触面比较光滑或有较好的润滑条件，忽略摩擦而不影响问题的本质，使问题大为简化而已。然而，在另外一些情况下，摩擦却是问题的主要因素，不能忽略。例如图 4-1 所示的梯子，如果不考虑墙与地面 A、B 两点的摩擦力 $\boldsymbol{F}_A$ 和 $\boldsymbol{F}_B$，该梯子就不可能平衡。又如车辆行驶、摩擦传动等，都是依靠摩擦来进行工作的，所以摩擦力必须予以考虑。

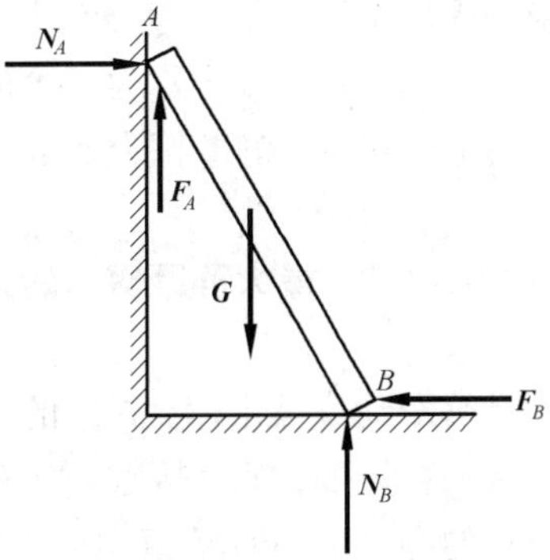

图 4-1

4-1

摩擦在生产和生活中，既有利又有害。摩擦可用于传动、制动、连接及卡紧物体等，这是它有利的一面，然而由于摩擦的存在，使机器发热，零件磨损，能量消耗，降低效率和使用寿命，这又是它有害的一面。因此，必须研究摩擦的规律，充分利用它有利的一面，克服或减少它有害的一面。

摩擦现象比较复杂，按相互接触物体的运动形式，可分为**滑动摩擦**和**滚动摩擦**。而按相互接触物体有无相对运动来看，又可分为**静摩擦**和**动摩擦**。本章将讨论滑动摩擦的一般规律、考虑滑动摩擦时的平衡问题及滚动摩擦的概念。

4.2　滑 动 摩 擦

相互接触的两个物体，当接触表面有相对滑动或有相对滑动趋势时，在接触面间彼此产生阻碍相对滑动的力，称为**滑动摩擦力**，简称**摩擦力**。由于摩擦力总是阻碍两物体相对滑动，因此它的方向总是与两物体的相对滑动或相对滑动的趋势方向相反。

4.2.1　静滑动摩擦力

为了研究滑动摩擦的规律，可做一简单实验。在水平面上放一重为 $\boldsymbol{P}$ 的物块 A 由绳系着，绳的另一端绕过滑轮，下挂砝码(图 4-2(a))。显然绳对物体的拉力 $\boldsymbol{Q}$ 的大小等于砝码的重量。当砝码重量较小时，即作用在物体上的 $\boldsymbol{Q}$ 力较小时，物块并没有向右滑动，这是因为接触面产生了阻碍物块滑动的摩擦力 $\boldsymbol{F}$，而使物块保持静止，这种摩擦力称为**静滑动摩擦力**(简称**静摩擦力**)。

静摩擦力的方向与两物体相对滑动趋势的方向相反，大小可根据平衡方程求得(图 4-2(b))。

$$\sum X = 0 \quad , \quad F = Q$$

4-2

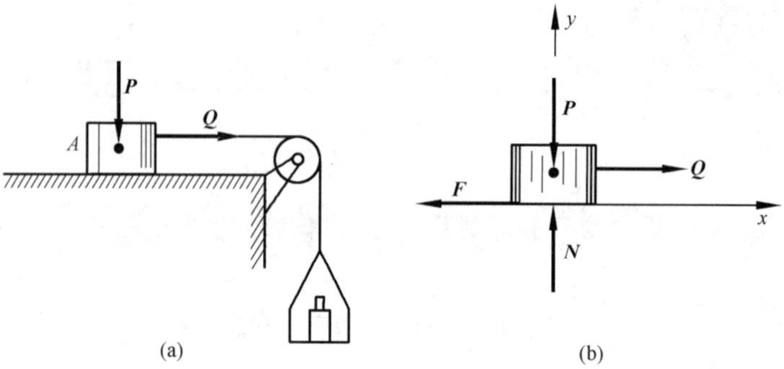

图 4-2

如果逐渐增加砝码重量，即增大 $\boldsymbol{Q}$ 力，在一定范围内物块仍能继续保持静止，这表明在此范围内摩擦力 $\boldsymbol{F}$ 随拉力 $\boldsymbol{Q}$ 的加大而增大。它是一个变化值，只要物块不动，它的大小应由平衡方程确定。当拉力 $\boldsymbol{Q}$ 继续加大到某一数值时，物块处于将动而未动的临界平衡状态。这时摩擦力达到最大值，称为**最大静滑动摩擦力**，简称**最大静摩擦力**，以 $\boldsymbol{F}_{max}$ 表示。

由上述可见，静摩擦力的大小随主动力的大小而改变，但介于零和最大值之间，即

$$0 \leqslant F \leqslant F_{max}$$

大量实验证明，**最大静摩擦力的大小与正压力(法向反力)$\boldsymbol{N}$ 的大小成正比，**即

$$F_{max} = f \cdot N \tag{4-1}$$

静滑动摩擦力

这就是**静滑动摩擦定律**，式中的比例常数 f 称为**静滑动摩擦系数**(简称**静摩擦系数**)。它的大小与接触物体的材料、接触面的粗糙程度、温度、湿度等有关，而与接触面积的大小无关。一般材料的静摩擦系数 f 值均可用实验测定。表 4-1 给出了常用材料的 f 值。

表 4-1　常用材料的摩擦系数

材料名称	摩擦系数			
	静摩擦系数(f)		动摩擦系数(f')	
	无润滑剂	有润滑剂	无润滑剂	有润滑剂
钢-钢	0.15	0.10～0.12	0.15	0.05～0.10
钢-铸铁	0.30		0.18	0.05～0.15
钢-青铜	0.15	0.10～0.15	0.15	0.10～0.15
铸铁-铸铁		0.18	0.15	0.07～0.12
铸铁-青铜			0.15～0.20	0.07～0.15
青铜-青铜		0.10	0.20	0.07～0.10
皮革-铸铁	0.30～0.50	0.15	0.60	0.15
橡皮-铸铁			0.80	0.50
木-木	0.40～0.60	0.10	0.20～0.50	0.07～0.15

4.2.2　动滑动摩擦力

继续上述实验，当 $\boldsymbol{Q}$ 增加到略大于 $\boldsymbol{F}_{max}$ 时，物块就要向右滑动，这时的滑动摩擦力是称为**动滑动摩擦力**(简称**动摩擦力**)，以 $\boldsymbol{F}'$ 表示。**它的方向与两物体间相对滑动的速度方向相反，**

它的大小与接触面间的正压力成正比，即

$$F' = f' \cdot N \tag{4-2}$$

这就是动滑动摩擦定律。式中 f' 称为**动滑动摩擦系数**(简称**动摩擦系数**)。它与接触物体的材料和表面情况有关，一般动摩擦系数要小于静摩擦系数，即 $f' < f$ (表 4-1)。

4.2.3　摩擦角

法向约束反力 $\boldsymbol{N}$ 和切向静摩擦力 $\boldsymbol{F}$ 的合力 $\boldsymbol{R}$ 称为**全约束反力**，它与支承面的法线间的夹角 φ 将随摩擦力 $\boldsymbol{F}$ 的增大而增大(图 4-3(a))，当物块处于临界平衡状态时，静摩擦力达到最大值 $\boldsymbol{F}_{\max}$，夹角 φ 也达到最大值 φ_m，如图 4-3(b)所示，此时的夹角 φ_m 称为**摩擦角**。由图 4-3(b)可知

$$\tan\varphi_m = \frac{F_{\max}}{N} = f \tag{4-3}$$

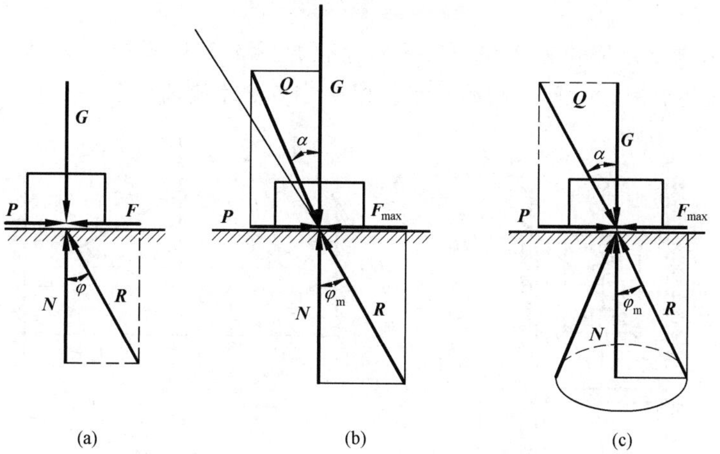

图 4-3

4-3

即摩擦角的正切值等于静摩擦系数。可见，摩擦角与摩擦系数一样都是表示材料摩擦性质的物理量。

摩擦锥

当物块的滑动趋向改变时，全约束力 $\boldsymbol{R}$ 的作用线的方位也随之改变，此时，全约束反力 $\boldsymbol{R}$ 的作用线将形成一个以接触点为顶点的锥面(图 4-3(c))，称为**摩擦锥**。

4.2.4　自锁

物体平衡时，静摩擦力 $\boldsymbol{F}$ 总是小于或等于最大静摩擦力 $\boldsymbol{F}_{\max}$，因此支承面全约束反力 $\boldsymbol{R}$ 与法线间的夹角 φ 也总是小于或等于摩擦角 φ_m，这说明物体处于平衡时，全反力 $\boldsymbol{R}$ 的作用线必在摩擦角内。

摩擦角和自锁

如果把作用于物体上的主动力 $\boldsymbol{G}$ 和 $\boldsymbol{P}$ 合成为一合力 $\boldsymbol{Q}$，当合力 $\boldsymbol{Q}$ 与接触面法线间的夹角 $\alpha \leqslant \varphi_m$ 时，不论该合力 $\boldsymbol{Q}$ 如何大，物体必保持平衡，这种现象称为**自锁**。因为在这种情况下，主动力 $\boldsymbol{Q}$ 与全约束反力 $\boldsymbol{R}$ 必满足二力平衡条件(图 4-3(b))。若 $\alpha > \varphi_m$ 时，无论这个力如何小，物体一定会滑动，因为在这种情况下，主动力的合力 $\boldsymbol{Q}$ 与全约束反力 $\boldsymbol{R}$ 不能满足二力平衡条件。

4-4

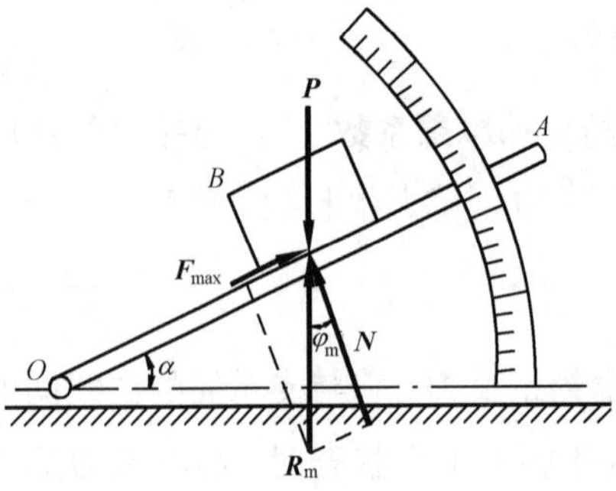

图 4-4

【例 4-1】 为了测定两种材料相互静摩擦系数，可将要测定的两个物体材料分别做成一个可绕 O 轴转动的平板 OA 和一个重为 $\boldsymbol{P}$ 的物块 B，如图 4-4 所示，试证明当物块刚开始下滑时斜面的倾角 α 的正切值 $\tan\alpha$ 就是该两种材料间的静摩擦系数 f。

解 选物块为研究对象，受力如图 4-4 所示，根据题意，物块 B 在重力 $\boldsymbol{P}$、法向反力 $\boldsymbol{N}$ 和最大静摩擦力 $\boldsymbol{F}_{max}$ 三力作用下处于临界平衡。将力 $\boldsymbol{N}$ 和最大摩擦力 $\boldsymbol{F}_{max}$ 合成最大全约束反力 $\boldsymbol{R}_m$，这样物块 B 在重力 $\boldsymbol{P}$ 和 $\boldsymbol{R}_m$ 二力作用下处于平衡。此时 $\boldsymbol{R}_m$ 与力 $\boldsymbol{N}$ 的夹角即为摩擦角 φ_m，由几何关系，量出此时平板 OA 的倾角 α 就等于摩擦角 φ_m。所以由式(4-3)可得

$$\tan\alpha = \tan\varphi_m = f$$

【例 4-2】 矿井升、降罐笼的安全装置可简化为图 4-5(b)所示的计算简图，已知侧壁与滑块间的摩擦系数 $f=0.5$，问机构的尺寸比例应为多少才能确保安全制动？

4-5

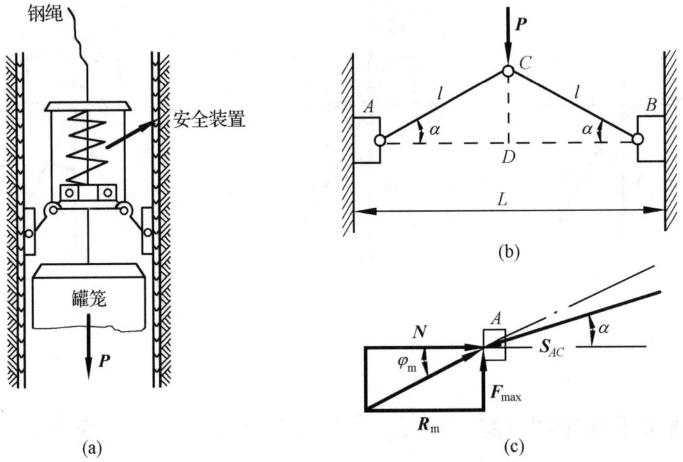

图 4-5

解 为确保安全制动，该装置在制动时，滑块 A、B 在连杆 AC、CB 所传递的压力作用下应能自锁。选 A 块为研究对象，受力如图 4-5(c)所示。由自锁条件

$$\alpha < \varphi_m$$

$$\tan\alpha = \frac{2}{L}\sqrt{l^2 - \left(\frac{L}{2}\right)^2} < \tan\varphi_m = f = 0.5$$

解得

$$\frac{l}{L} < 0.559$$

又因

$$AC > \frac{AB}{2}$$

所以

$$l > L/2 \text{ 或 } l/L > 0.5$$

因此，为确保机构安全，机构的尺寸比例应为

$$0.5 < \frac{l}{L} < 0.599$$

4.3 考虑滑动摩擦时的平衡问题

考虑摩擦时的平衡问题的解法与没有考虑摩擦时的平衡问题一样，解题方法步骤也基本相同，但摩擦平衡问题也有其特点，即在受力分析时应考虑摩擦力，摩擦力的方向与相对滑动的趋势方向相反。它的大小一般可由平衡条件确定，在一般情况下，只需对临界的平衡状态进行计算。这时可列出 $F_{max}=f\cdot N$ 作为补充方程。由于摩擦力 F 可以在 0 与 F_{max} 之间变化，因此平衡问题的解答往往是以不等式表示的一个范围，常称为**平衡范围**。下面举例分别加以说明。

【例 4-3】 图 4-6(a)所示物块重为 $\boldsymbol{P}$，放在倾角为 α 的斜面上，设接触面间的摩擦系数为 f(斜面倾角 α 大于接触面的摩擦角 φ_m)，若在物块上作用一水平力 $\boldsymbol{Q}$，试求使物块保持静止的 $\boldsymbol{Q}$ 值的范围。

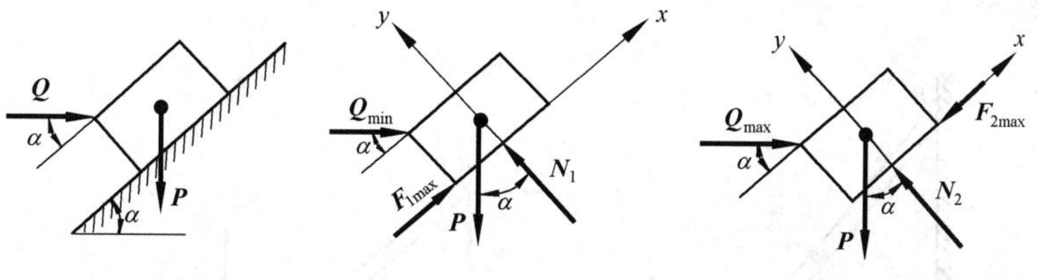

(a) (b) (c)

图 4-6

4-6

解 该问题有两种可能情况：①如果 $\boldsymbol{Q}$ 值太小，物块将向下滑动；②如果 $\boldsymbol{Q}$ 值过大，物块将向上滑动。

(1) 首先求出使物块不致下滑时的 $\boldsymbol{Q}_{min}$ 值，此时物块处于即将下滑的临界状态。摩擦力 $\boldsymbol{F}_1$ 沿斜面向上并达到最大值，物块受力及选取的坐标系如图 4-6(b)所示。根据平衡条件和静摩擦定律可得

$$\sum X=0 \quad , \quad Q_{min}\cos\alpha+F_{1max}-P\sin\alpha=0$$

$$\sum Y=0 \quad , \quad N_1-P\cos\alpha-Q_{min}\sin\alpha=0$$

$$F_{1max}=f\cdot N_1$$

联立三式解得

$$Q_{min}=\frac{\sin\alpha-f\cos\alpha}{\cos\alpha+f\sin\alpha}P$$

(2) 再求出使物块不致上滑时的 $\boldsymbol{Q}_{max}$ 值，此时物块处于即将上滑的临界状态。摩擦力 $\boldsymbol{F}_2$ 沿斜面向下并达到最大值，物块受力及选取的坐标系如图 4-6(c)所示，同样根据平衡条件和静摩擦定律可得

$$\sum X=0 \quad , \quad Q_{max}\cos\alpha-F_{2max}-P\sin\alpha=0$$

$$\sum Y=0 \quad , \quad N_2-P\cos\alpha-Q_{max}\sin\alpha=0$$

$$F_{2max}=f\cdot N_2$$

联立三式解得

$$Q_{\max} = \frac{\sin\alpha + f\cos\alpha}{\cos\alpha - f\sin\alpha}P$$

综上所述，由这两个结果可知，只有当力 $\boldsymbol{Q}$ 满足如下条件时，物体才能处于平衡。

$$\frac{\sin\alpha - f\cos\alpha}{\cos\alpha + f\sin\alpha}P \leqslant Q \leqslant \frac{\sin\alpha + f\cos\alpha}{\cos\alpha - f\sin\alpha}P$$

这就是所求的平衡范围。

若引用摩擦角的概念，即 $f=\tan\varphi_{\mathrm{m}}$，则上式可改写为

$$P\,\frac{\tan\alpha - f}{1 + f\tan\alpha} \leqslant Q \leqslant P\,\frac{\tan\alpha + f}{1 - f\tan\alpha}$$

即 $$P\tan(\alpha - \varphi_{\mathrm{m}}) \leqslant Q \leqslant P\tan(\alpha + \varphi_{\mathrm{m}})$$

【例 4-4】 梯子 AB 长为 l，重为 $\boldsymbol{P}$，A 端置于水平地面上，B 端靠在铅直墙上(图 4-7(a))。若梯子与墙和地面的静摩擦系数均为 $f=0.5$，试问梯子与水平线的倾角 α 多大时，梯子才能处于平衡?

4-7

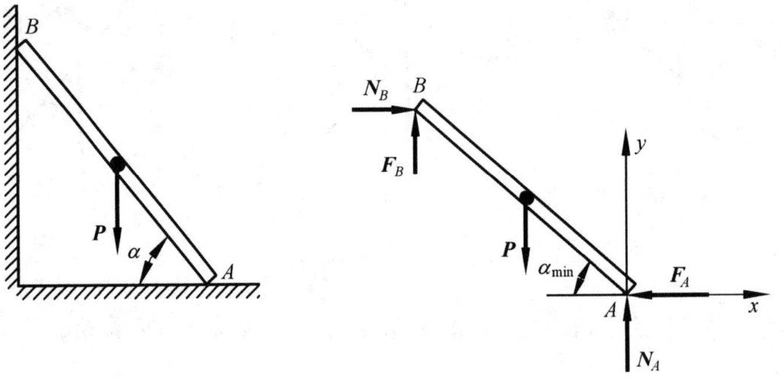

(a) (b)

图 4-7

解 选梯子 AB 为研究对象，它依靠 A、B 两处的摩擦力作用才能保持平衡。考虑在临界平衡状态，梯子有下滑趋势，A、B 两处的摩擦力都达到最大值。梯子受力如图 4-7(b)所示。若选取图示坐标，根据平衡条件和静摩擦定律可得

$$\sum X = 0 \quad , \quad N_B - F_A = 0 \tag{1}$$

$$\sum Y = 0 \quad , \quad N_A + F_B - P = 0 \tag{2}$$

$$\sum m_A = 0 \quad , \quad P\,\frac{l}{2}\cos\alpha_{\min} - F_B l\cos\alpha_{\min} - N_B l\sin\alpha_{\min} = 0 \tag{3}$$

$$F_A = f \cdot N_A \tag{4}$$

$$F_B = f \cdot N_B \tag{5}$$

将式(4)、式(5)分别代入式(1)、式(2)得

$$N_B = f \cdot N_A \quad , \quad N_A = P - f \cdot N_B$$

解得

$$N_A = \frac{P}{1+f^2} \quad , \quad N_B = \frac{f \cdot P}{1+f^2} \tag{6}$$

将式(6)代入式(2)得

$$F_B = P - \frac{P}{1+f^2} \tag{7}$$

将式(6)、式(7)代入式(3)，并消去 P 和 l 得

$$\cos\alpha_{\min} - f^2\cos\alpha_{\min} - 2f\sin\alpha_{\min} = 0$$

$$\tan\alpha_{\min} = \frac{1-f^2}{2f}$$

$$\alpha_{\min} = \arctan\frac{1-f^2}{2f} = \arctan\frac{1-(0.5)^2}{2\times0.5} = 36°87'$$

注意：α 不可能大于 90°，因此确保梯子平衡的倾角 α 应满足

$$36°87' \leqslant \alpha \leqslant 90°$$

讨论：不论梯子有多重，只要倾角 α 在此范围内，梯子就能处于平衡，这个条件也就是梯子自锁的条件。

【例 4-5】 摩擦制动器装置如图 4-8(a)所示，已知制动器摩擦块 C 与滑轮表面间的摩擦系数为 f，作用在滑轮上的力偶其力偶矩为 m，尺寸如图所示，求制止滑轮逆时针转动所需的最小力 $\boldsymbol{P}_{\min}$。

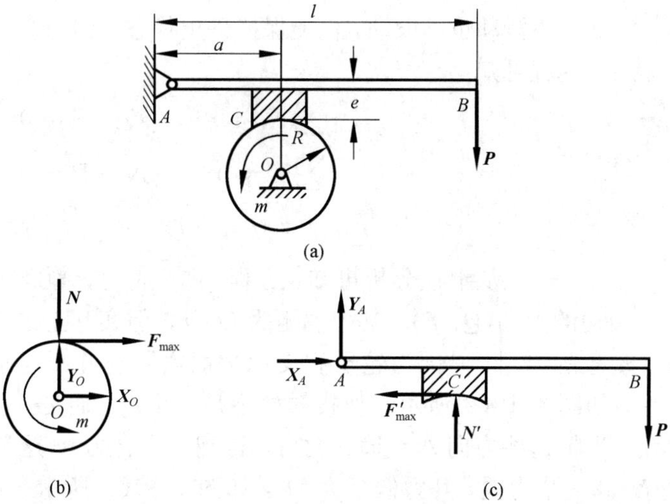

图 4-8

4-8

解 先以滑轮 O 为研究对象，考虑滑轮刚能停止转动时的临界平衡状态。力 $\boldsymbol{P}$ 的值最小，而制动块 C 与滑轮的摩擦力达到最大值。注意摩擦力的方向应与相对滑动趋势方向相反。画出它的受力图，如图 4-8(b)所示。根据平衡条件和摩擦定律可得

$$\sum m_O = 0 \quad , \quad m - F_{\max}R = 0$$

$$F_{\max} = f \cdot N$$

解得

$$F_{\max} = \frac{m}{R} \quad , \quad N = \frac{F_{\max}}{f} = \frac{m}{f \cdot R}$$

再以制动杆 AB 为研究对象，受力如图 4-8(c)所示，同样根据杆 AB 的平衡条件和摩擦定律可得

$$\sum m_A = 0 \quad , \quad N' \cdot a - F'_{\max} \cdot e - P_{\min} \cdot l = 0$$

$$F'_{\max} = f \cdot N'$$

解得

$$P_{\min}=\frac{N'(a-f\cdot e)}{l}$$

将 $N'=N=\dfrac{m}{f\cdot R}$ 代入上式得

$$P_{\min}=\frac{m(a-f\cdot e)}{fRl}$$

而力 $\boldsymbol{P}$ 的平衡范围应为

$$P\geqslant\frac{m(a-f\cdot e)}{fRl}$$

4.4 滚动摩擦的概念

由实践可知，使轮子滚动比使它滑动省力。为什么滚动比滑动省力呢？下面通过一简单的轮子在水平面上滚动时各种特性分析来说明这些问题。

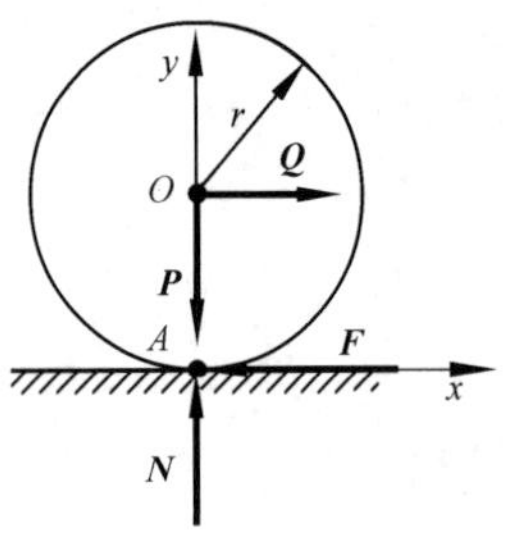

图 4-9

设重为 $\boldsymbol{P}$、半径为 r 的轮子放置在一固定的水平面上。如在轮子的中心点 O 加一水平力 $\boldsymbol{Q}$(图 4-9)，若 $\boldsymbol{Q}$ 力不大时，圆轮既不滑动也不滚动，仍能保持静止状态。但由受力分析和列平衡方程可知

$$\sum X=0\quad,\quad Q-F=0 \tag{1}$$

$$\sum Y=0\quad,\quad N-P=0 \tag{2}$$

$$\sum m_A=0\quad,\quad Q\cdot r=0(\text{不成立}) \tag{3}$$

从上述分析可知，方程(3)不成立。静摩擦力 $\boldsymbol{F}$ 与水平力 $\boldsymbol{Q}$ 组成了促使轮子发生滚动的力偶($\boldsymbol{Q}$, $\boldsymbol{F}$)，其力偶矩为 $Q\cdot r$。但实际上当力 $\boldsymbol{Q}$ 不大时，轮子是静止的。出现这种现象的原因，是因为轮子和支承平面实际上并不是刚体，它们在力的作用下都会发生变形，如图 4-10(a)所示。使接触处不是一个点，而是一段弧线，轮子在接触面上受分布力作用，当将这些力向 A 点简化时，可得到一个合力 $\boldsymbol{R}$(这个合力 $\boldsymbol{R}$ 可分解为摩擦力 $\boldsymbol{F}$ 和正压力 $\boldsymbol{N}$)和一个力偶，其力偶矩为 M_f，如图 4-10(b)所示。这个矩为 M_f 的力偶称为**滚动摩阻力偶**(简称**滚阻力偶**)，它与主动力偶($\boldsymbol{Q}$,$\boldsymbol{F}$)相平衡，方向与滚动的趋势方向相反。

4-10

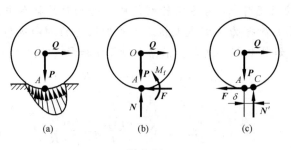

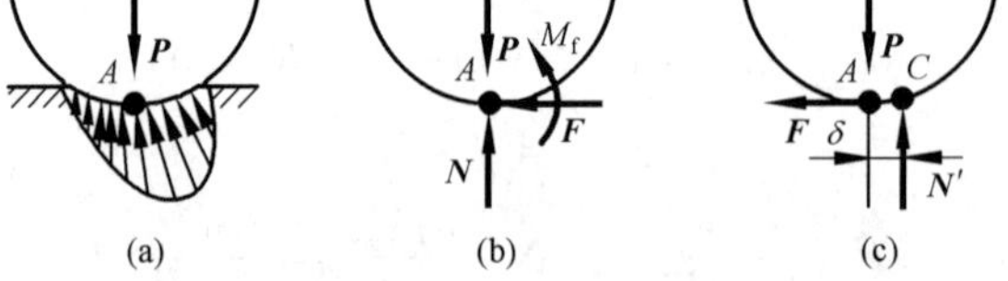

图 4-10

与静滑动摩擦力相似，滚阻力偶矩 M_f 也随着主动力偶矩的增加而增大，当 $Q\cdot r$ 增加到某个值时，轮子处于将滚未滚的临界平衡状态。此时，滚阻力偶矩达到最大值 $M_{\max}$，若 $Q\cdot r$ 再增大一点，轮子就会滚动。由此可知，滚阻力偶矩 M_f 的大小应介于零与最大值之

间，即

$$O \leqslant M_f \leqslant M_{\max} \tag{4-4}$$

由实验证明，**最大滚阻力偶** $M_{\max}$ **与支承面的正压力（法向反力）N 的大小成正比**，即

滚阻力偶

$$M_{\max} = \delta \cdot N \tag{4-5}$$

这就是滚动摩擦定律，其中 δ 称为**滚动摩擦系数**。它具有长度的量纲，并具有力偶臂的物理意义。

当将作用于 A 点的法向反力 $\boldsymbol{N}$ 和滚阻力偶矩 $M_{\max}$ 合成为作用于 C 点的力 $\boldsymbol{N}'$ 时。由图 4-10(c)容易得出

$$\delta = \frac{M_{\max}}{N}$$

应该指出，由于滚动摩擦系数很小（一般 $\delta \ll f$），工程中大多数情况下可忽略滚动摩擦。

本章小结

1. 静滑动摩擦力的方向与物体相对滑动趋势的方向相反；大小在零与最大值之间（$0 \leqslant F \leqslant F_{\max}$），具体值由物体平衡方程确定。只有当物体处于临界平衡状态时，摩擦力才达到最大值 $F_{\max} = f \cdot N$。

2. 关于摩擦的几个定律。

(1) 静滑动摩擦定律 $F_{\max} = f \cdot N$。

(2) 动滑动摩擦定律 $F' = f' \cdot N$。

(3) 滚动摩擦定律 $M_{\max} = \delta \cdot N$。

3. 摩擦角 φ_m 是指当静摩擦力达到最大值 $\boldsymbol{F}_{\max}$ 时，全反力 $\boldsymbol{R}$ 与接触面公法线间的夹角。它与静摩擦系数 f 的关系为

$$\tan\varphi_m = f$$

4. 自锁是指物体依靠接触面间的相互作用的摩擦力与正压力（全反力）自己把自己卡紧，无论外力多大都不会使物体滑动的现象。自锁的条件是主动力的合力作用线应在摩擦角之内。

5. 考虑摩擦时的物体平衡问题。

(1) 画受力图时要考虑摩擦力，且摩擦力的方向与物体相对滑动趋势方向相反。

(2) 常常在物体临界平衡状态下解题，这时除要列出物体的平衡方程外，还要列出摩擦定律 $F_{\max} = f \cdot N$ 这一补充方程。

(3) 因为摩擦力有一个变化范围，所以求得的答案通常也有一定的范围（平衡范围）。

思　考　题

4.1　已知物块 A、B，受力如图 4-11 所示，设各接触面均有摩擦，试画出力 $\boldsymbol{P}$ 最小维持平衡状态时的受力图，当力 $\boldsymbol{P}$ 增至最大维持平衡状态时，其受力图中各摩擦力的方向有何变化。

4.2　已知物块重 $P = 100\text{N}$，用 $Q = 500\text{N}$ 的力压在一铅直墙上（图 4-12），其摩擦系数 $f = 0.3$，问此时物块所受的摩擦力为多少？

4.3　重为 $\boldsymbol{W}$ 的物体放在倾角为 α 的斜面上（图 4-13）。已知摩擦系数为 f，且 $\tan\alpha < f$，问此物体能否下滑？如果增加物体的重量或在物体上另加一重为 $\boldsymbol{P}$ 的物块，问能否达到下滑的目的？为什么？

4.4　在图 4-14 中，重均为 $\boldsymbol{W}$ 的两物体放在同一水平面上，物体与水平面间的静摩擦系数均为 f，若施加相同的力 $\boldsymbol{P}$（力 $\boldsymbol{P}$ 均与水平线呈 α 角度）欲使物体滑动，试问是拉动省力，还是推动省力？为什么？

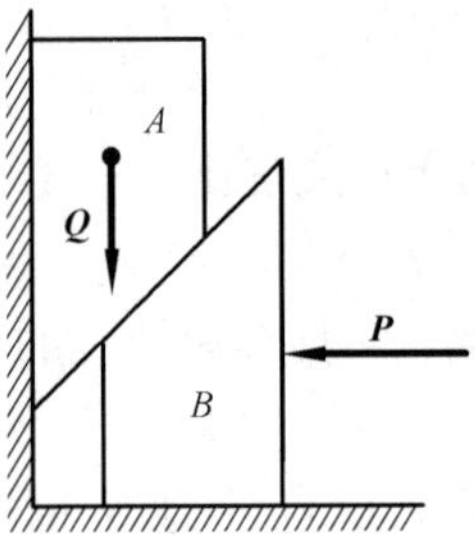

图 4-11

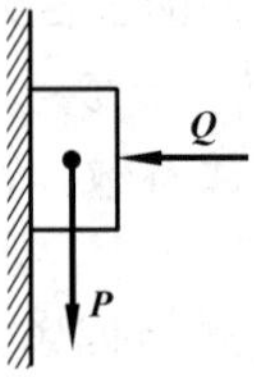

图 4-12

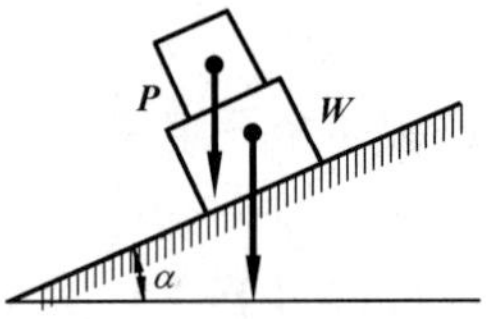

图 4-13

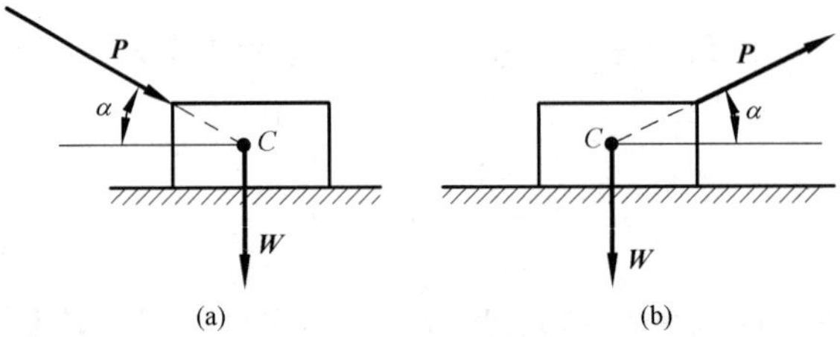

图 4-14

4.5 为什么在粗糙斜板上放置的重物，当重物不滑时，敲打斜板，重物就会下滑?

4.6 为什么轮子滚动要比使它滑动更省力?

习　　题

4-1 如题 4-1 图所示，两物块 A，B 重叠放在粗糙的水平面上，在上面的物块 A 的顶上作用一斜向的力 $\boldsymbol{P}$，已知 A 重 1000N，B 重 2000N，A 与 B 之间的摩擦系数 $f_1=0.5$，B 与地面 C 之间的摩擦系数 $f_2=0.2$，问当 $P=600$N 时，是物块 A 相对物块 B 运动，还是 A、B 物块一起相对地面 C 运动?

4-2 如题 4-2 图所示，已知重 $W=500$N 的物体，放置在粗糙的水平面上，问：①当拉力 $T=150$N，摩擦系数 $f=0.45$ 时，此时摩擦力为多少? 物体是否平衡? ②若摩擦系数 $f=0.577$，求拉动物体所需的拉力 $\boldsymbol{T}$ 至少应为多少?

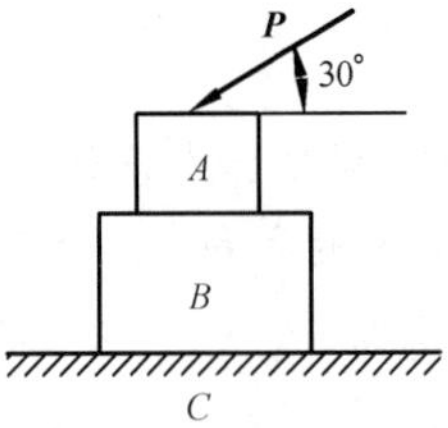

题 4-1 图

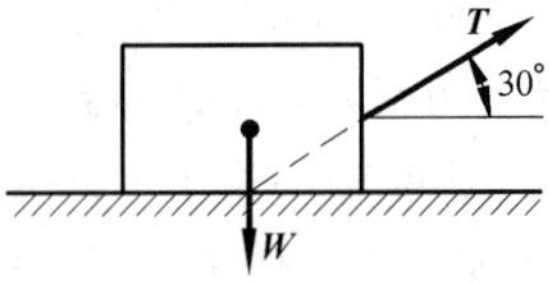

题 4-2 图

4-3 如题 4-3 图所示，将一重为 $P=10$N 的物块放在静、动摩擦系数分别为 $f=0.2$，$f'=0.1$ 的水平面上。试求当水平力 $Q=3$N 时，物块摩擦力的大小及判断物块是否运动?

4-4 提升装置如题 4-4 图所示，均质杆 AB 重 3N，与地面间的摩擦系数 $f=0.15$，当力 $\boldsymbol{P}$ 逐渐增加到使 AB 杆即将产生运动时，绳与水平线呈 60°角，问杆将滑动还是绕 A 点竖起?

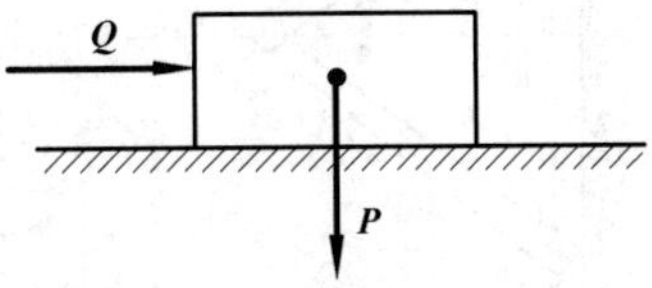

题 4-3 图

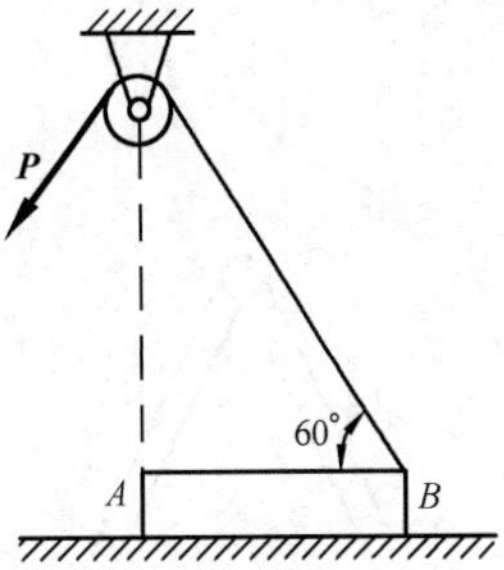

题 4-4 图

4-5 不计自重，长为 L 的 AB 杆，A 端放在水平面上，B 端放在倾角为 $\alpha=30°$ 的光滑斜面上，如题 4-5 图所示。若 A 端处的摩擦角为 30°，试求重为 $\boldsymbol{W}$ 的人在杆 AB 上的安全活动范围 x。

4-6 如题 4-6 图所示，重为 $\boldsymbol{W}$ 的轮子放在水平面上，并与垂直墙壁接触，已知各接触面的摩擦系数均为 f，求使轮子开始转动时所需的力偶矩 M。

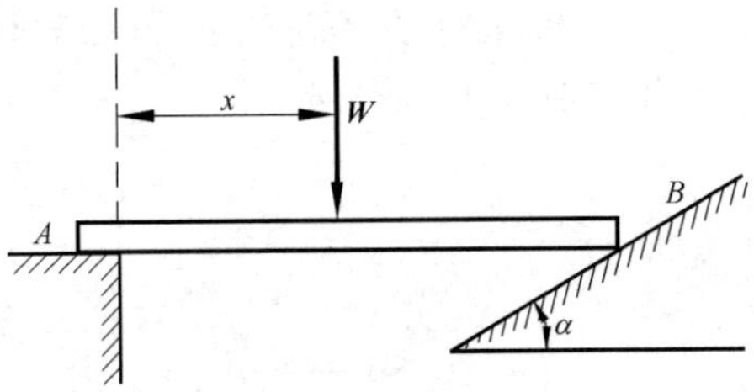

题 4-5 图

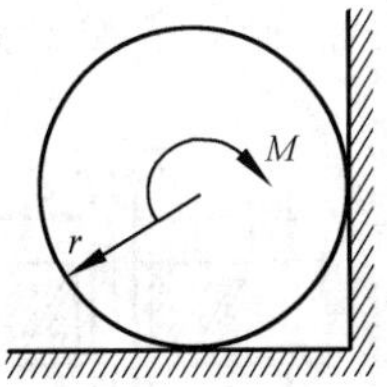

题 4-6 图

4-7 题 4-7 图所示混凝土提升吊筒装置，料斗连同混凝土总重量 25kN，料斗与轨道间的动摩擦系数为 0.3，求料斗匀速上升及匀速下降时绳子的拉力。

4-8 如题 4-8 图所示，砂面与皮带输送机的皮带之间的摩擦系数 $f=0.5$，试问输送带的最大仰角 α 应为多少？

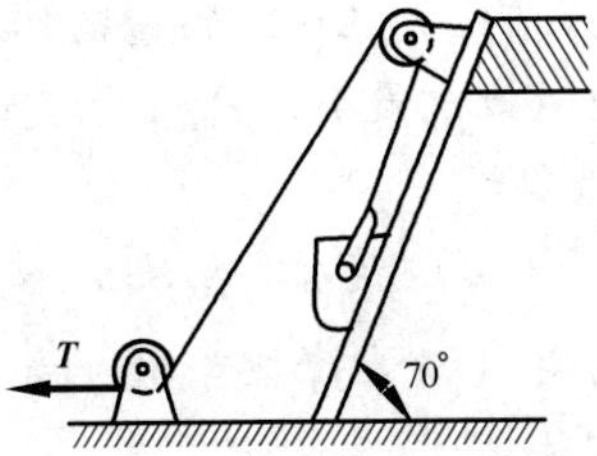

题 4-7 图

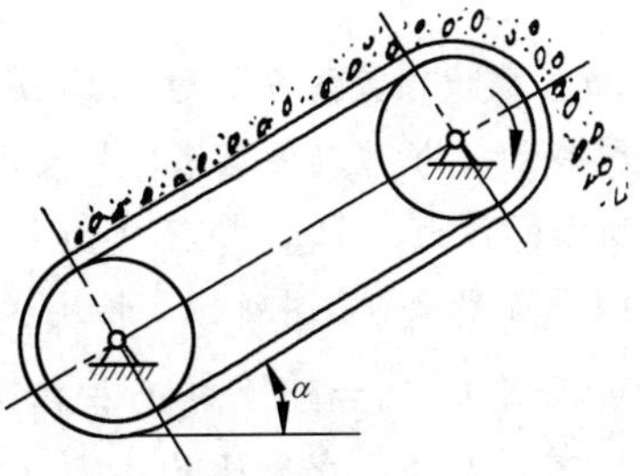

题 4-8 图

4-9 如题 4-9 图所示为一折梯放在水平面上，它的两脚 A、B 与地面的摩擦系数分别为 $f_A=0.2$，$f_B=0.6$，AC 边的中点放置重物 $Q=500\text{N}$，梯子重量不计。求：①折梯能否平衡；②若平衡，计算两脚与地面的摩擦力。

4-10 如题 4-10 图所示，均质杆 AB 和 BC 在 B 端铰接，A 端铰接在墙上，C 端则受墙阻挡，墙面与 C 端接触处的摩擦系数 $f=0.5$，试确定平衡时的最大角度 θ。已知两杆长相等，重量相同。

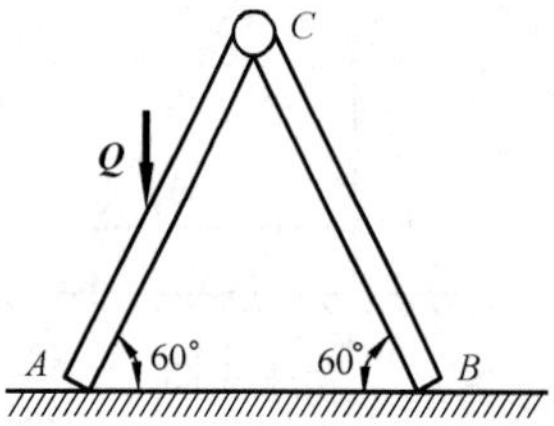

题 4-9 图

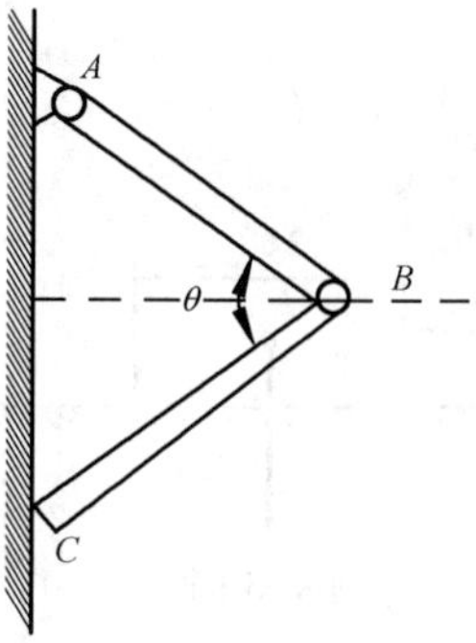

题 4-10 图

4-11 如题 4-11 图所示为一凸轮机构，已知推杆与滑道间的摩擦系数为 f，滑道宽度为 b。问 a 为多大时，推杆才不致被卡住？设凸轮与推杆接触处的摩擦忽略不计。

4-12 如题 4-12 图所示，均质矩形箱子重 $P=500\text{N}$，D 处作用一水平力 $Q=100\text{N}$，设箱子与水平面间的摩擦系数 $f=0.4$，$b=h=1\text{m}$。问：①箱子会否滑动？②箱子会否翻倒？③若平衡时，地面对箱子的法向反力的合力的作用位置应在何处？

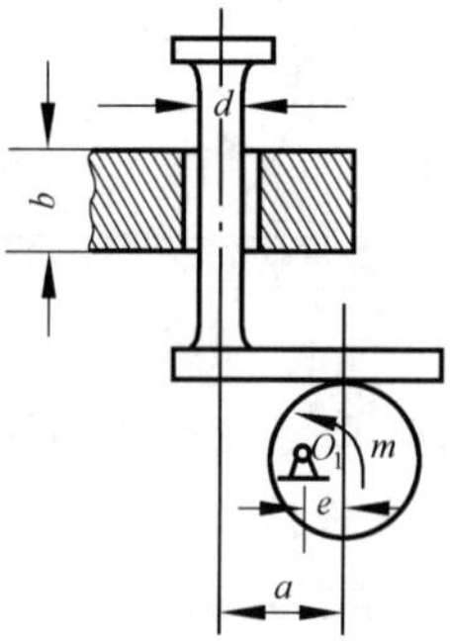

题 4-11 图

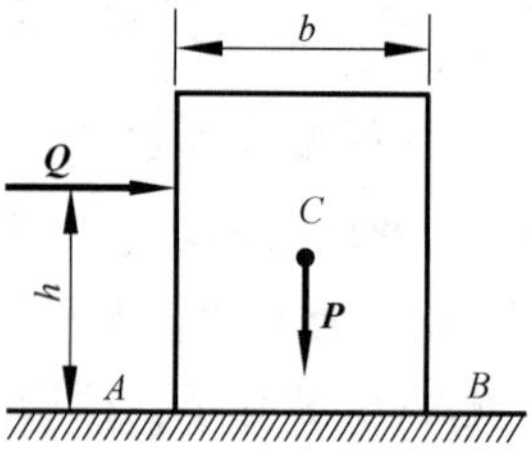

题 4-12 图

4-13 楔块顶重装置如题 4-13 图所示，楔尖 A 的顶角为 α，在 B 块上受重物 Q 的作用，A、B 块间的摩擦系数为 f(其他有滚珠处表示光滑)。求：①顶住楔块 A 所需最小力 $\boldsymbol{P}_{\min}$；②使重块 B 不致上滑所需的最大力 $\boldsymbol{P}_{\max}$；③不加力 $\boldsymbol{P}$ 能保证自锁的顶角 α 应为多大。

4-14 如题 4-14 图所示，物块 A 和 B 由铰链和无重水平杆 CD 连接，物块 B 重 2000N，与斜面的摩擦角 $\varphi_m=15°$，斜面与铅垂面间的夹角为 30°，物块 A 放在摩擦系数 $f=0.4$ 的水平面上。不计杆重，求欲使物块 B 不下滑，物块 A 的最小重量。

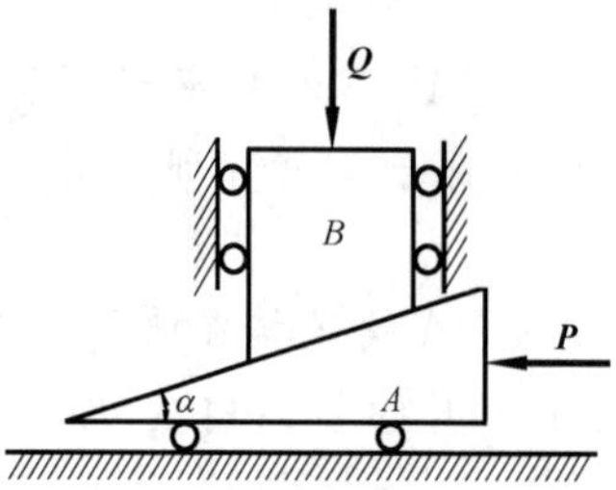

题 4-13 图

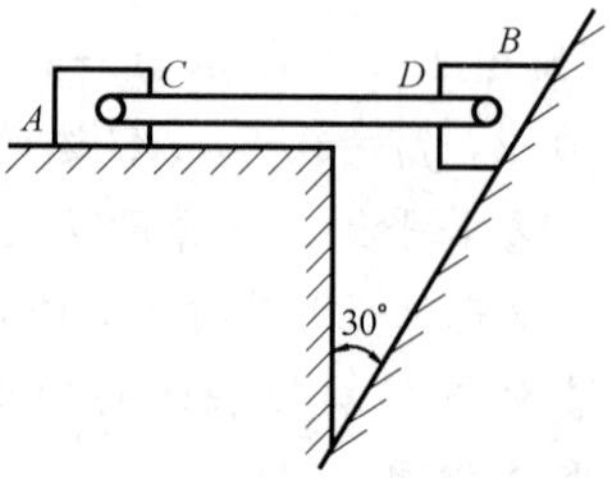

题 4-14 图

第5章 空间力系

本章主要研究力在空间坐标轴上的投影、力对轴的矩，以及空间力系的平衡条件和平衡方程，最后介绍重心的概念。

5.1　力在空间坐标轴上的投影

工程中常常遇到**各力的作用线不在同一平面内的力系**，如图 5-1 所示的各种力系，统称为**空间力系**。而当各力的作用线汇交于一点时，力系又称为**空间汇交力系**(图 5-1(a))；各力的作用线彼此平行的力系称为**空间平行力系**(图 5-1(b))；各力的作用线在空间任意分布的力系称为**空间任意力系**(图 5-1(c))，它们是最一般的力系。空间力系的研究方法与平面力系基本相同。

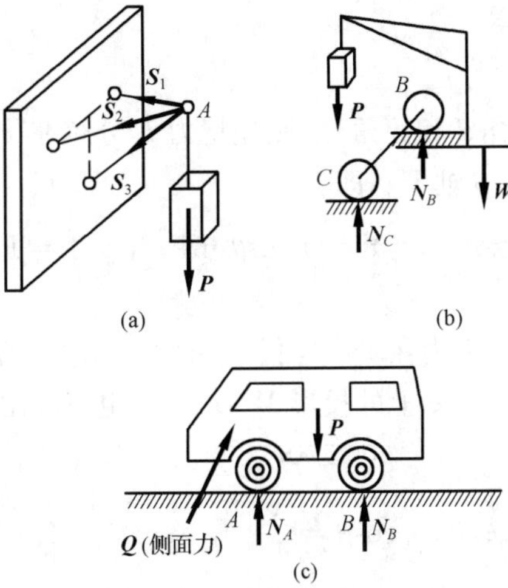

图 5-1

5-1

1. 力在空间的表示

设有一空间力 $\boldsymbol{F}$ 作用于物体的 O 点上，如何确定它的大小、方向和作用点？它的大小和作用点较容易确定，只要按一定的比例尺画出它的长度($F=|\boldsymbol{F}|$)，并指出它作用在物体上哪一点。关键在于如何确定它在空间的方向。为了确定此力方向，过 O 点作空间直角坐标系 $Oxyz$，如图 5-2 所示，若力 $\boldsymbol{F}$ 与坐标轴 x、y、z 间的方向角 α、β、γ 已知(图 5-2(a))，则力 $\boldsymbol{F}$ 在空间的方向就完全确定了。若力 $\boldsymbol{F}$ 与坐标轴间的方位角 φ 与仰角 θ 已知(图 5-2(b))，则力 $\boldsymbol{F}$ 的方向也完全确定了。

2. 力在空间坐标轴上的投影

力在空间直角坐标轴上的投影的计算有两种方法。

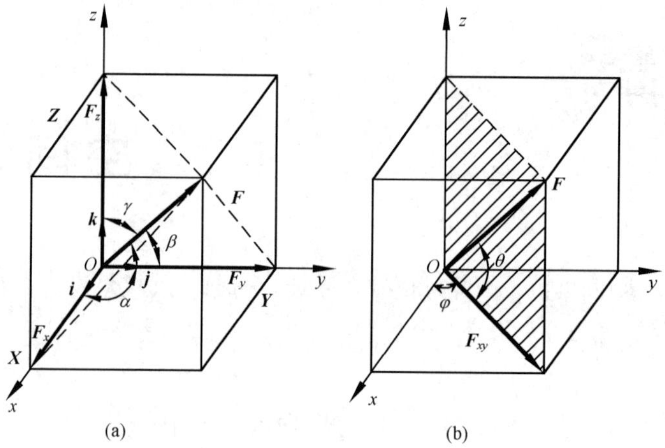

图 5-2

1) 一次投影法

若已知力 $\boldsymbol{F}$ 与坐标轴间的方向角 α、β、γ，则力 $\boldsymbol{F}$ 在 x、y、z 三个坐标轴上的投影为(图 5-2(a))

$$X = F\cos\alpha \quad , \quad Y = F\cos\beta \quad , \quad Z = F\cos\gamma \tag{5-1}$$

此为**一次投影法**，也叫直接投影法。

2) 二次投影法

若已知力 $\boldsymbol{F}$ 与坐标轴间的仰角 θ 和俯角 φ，则先将力 $\boldsymbol{F}$ 分解在 xy 平面和 z 轴上，然后将 xy 平面上的分力 $\boldsymbol{F}_{xy}$ 再投影到 x、y 轴上。即

$$X = F\cos\theta\cos\varphi \quad , \quad Y = F\cos\theta\sin\varphi \quad , \quad Z = F\sin\theta \tag{5-2}$$

此为**二次投影法。**

注意力在轴上的投影是代数量，而力在 xy 平面上的分力 $\boldsymbol{F}_{xy}$ 是矢量，因为它也有大小和方向。

反过来若已知力 $\boldsymbol{F}$ 在三轴 x、y、z 上的投影 X、Y、Z，也可求出力 $\boldsymbol{F}$ 的大小和方向，即

$$\left.\begin{aligned} F &= \sqrt{X^2 + Y^2 + Z^2} \\ \cos\alpha = \frac{X}{F} \quad , \quad \cos\beta &= \frac{Y}{F} \quad , \quad \cos\gamma = \frac{Z}{F} \end{aligned}\right\} \tag{5-3}$$

由直角坐标中矢量沿各坐标轴的分量与其在该轴上的投影的关系，则力 $\boldsymbol{F}$ 沿空间直角坐标轴分解表达式可表示为

$$\boldsymbol{F} = \boldsymbol{F}_x + \boldsymbol{F}_y + \boldsymbol{F}_z = X\boldsymbol{i} + Y\boldsymbol{j} + Z\boldsymbol{k} \tag{5-4}$$

式中，$\boldsymbol{i}$、$\boldsymbol{j}$、$\boldsymbol{k}$ 为沿 x、y、z 三个坐标轴正向的单位矢量。$\boldsymbol{F}_x = X\boldsymbol{i}$，$\boldsymbol{F}_y = Y\boldsymbol{j}$，$\boldsymbol{F}_z = Z\boldsymbol{k}$，它们是力 $\boldsymbol{F}$ 沿三个坐标轴方向的分量(分力)。

5.2 力对轴的矩、力对点的矩与合力矩定理

5.2.1 力对轴的矩的概念及计算

前面已阐述了平面内力对点的矩的概念(图 5-3(a)，$m_O(\boldsymbol{F}) = \pm F \cdot d$)。从图 5-3可以看到，平面内物体绕 O 点的转动，实际上就是空间物体绕通过 O 点且垂直于该平面的 z 轴转动

(图 5-3(b))。所以，平面内力对点的矩，实际上就是空间内的力对轴之矩。力 $\boldsymbol{F}$ 对 z 轴的矩以符号 $m_z(\boldsymbol{F})$表示。

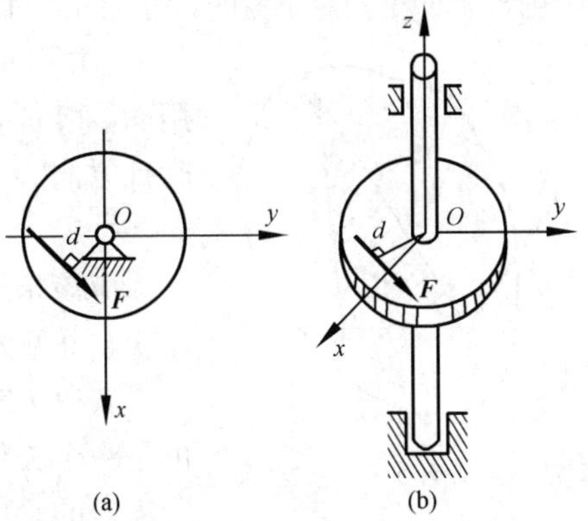

图 5-3

5-3

当力 $\boldsymbol{F}$ 不在垂直于转轴的平面内时，这是最一般的情况，下面研究这样的力对空间轴的矩应如何计算。设门上作用一力 $\boldsymbol{F}$ 不在垂直于转轴 z 的平面内(图 5-4(a))，将力 $\boldsymbol{F}$ 分解为平行于 z 轴的分量 $\boldsymbol{F}_z$ 和在垂直于 z 轴平面内的分量 $\boldsymbol{F}_{xy}$，实践证明，分量 $\boldsymbol{F}_z$ 不可能使门转动，因此分量 $\boldsymbol{F}_z$ 对 z 轴的矩为零。只有分量 $\boldsymbol{F}_{xy}$ 力可能使门绕 z 轴转动，分量 $\boldsymbol{F}_{xy}$ 对 z 轴的矩实际上就是在垂直于转轴 z 的 xy 平面内 $\boldsymbol{F}_{xy}$ 对 O 点(xy 平面与 z 轴的交点)的矩。设 O 点到力 $\boldsymbol{F}_{xy}$ 的作用线的距离为 h，则

$$m_z(\boldsymbol{F}) = m_z(\boldsymbol{F}_{xy}) = m_O(\boldsymbol{F}_{xy}) = \pm F_{xy}h \tag{5-5}$$

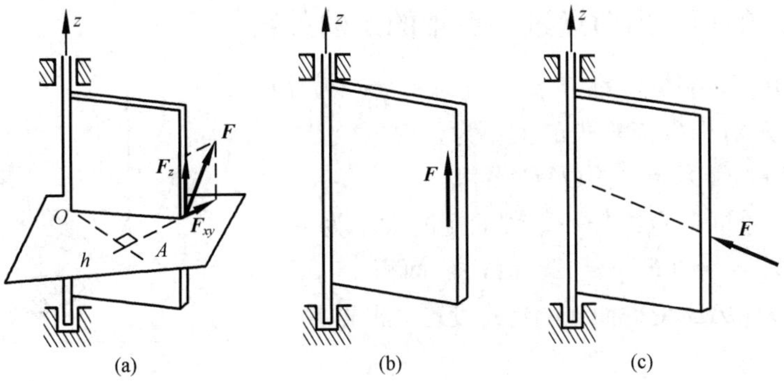

图 5-4

5-4

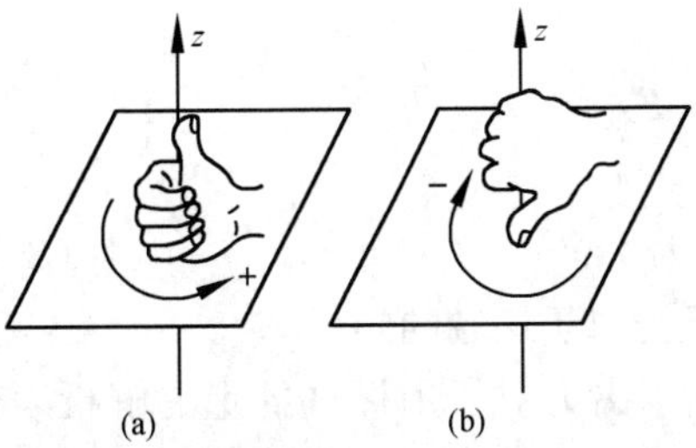

图 5-5

式中，正负号表示对轴的矩的转向，通常规定：**从 z 轴正向看去，逆时针方向转动的力矩为正，顺时针方向转动的力矩为负**。也可用右手法则来判定。**右手握住 z 轴，四指顺着力矩转动方向，如果大拇指指向 z 轴的正向则力矩为正，反之为负**，如图 5-5 所示。力对轴的矩是一个代数量，其单位与力对点的矩相同，牛顿·米(N·m)或牛顿·厘米(N·cm)等。

5-5

综上所述，可得如下结论：**力对轴的矩是力使刚体绕该轴转动效应的度量，是代数量，其大小等于在垂直于转轴的平面内的分量的大小和它与转轴间垂直距离的乘积，其正负号由右手法则确定**。显然，当力 $\boldsymbol{F}$ 平行于 z 轴时，或力 $\boldsymbol{F}$ 的作用线与 z 轴相交($h=0$)，即力 $\boldsymbol{F}$ 与 z 轴共面时，力 $\boldsymbol{F}$ 对该轴的矩均等于零(图 5-4(b)、(c))。

5.2.2　力对点的矩的概念及计算

前面讨论了空间力对轴的矩，那么空间力对点的矩又是如何表示的呢？在平面力系中，力对点的矩用代数量表示，而空间力对轴的矩也是用代数量表示，这是因为力与矩心所在的平面

(力矩作用面)是固定不变的，而空间力对点的矩情况就不同了。在空间力系中，力对点的矩是一个矢量，并用 $\boldsymbol{m}_O(\boldsymbol{F})$ 表示(图 5-6)。该矢量通过矩心 O，垂直于力矩作用面，指向按右手法则决定，即对着力矩矢看去，力矩的转向是逆时针方向为正，反之为负。矢量的长度表示力矩大小，即

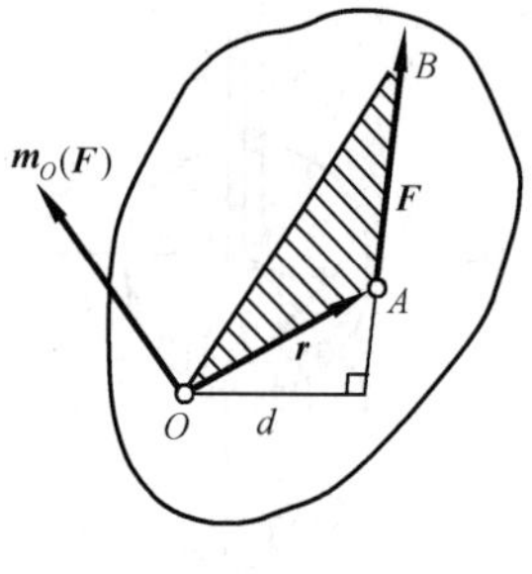

图 5-6

5-6

$$m_O(\boldsymbol{F}) = Fd = 2\triangle OAB \text{ 面积}$$

应该指出，当矩心的位置改变时，$\boldsymbol{m}_O(\boldsymbol{F})$ 的大小及方向也随之而变，可见**力矩矢量为一定位矢量**。

若以 $\boldsymbol{r}$ 表示矩心 O 至力 $\boldsymbol{F}$ 的作用点 A 的矢径，则矢量积 $\boldsymbol{r}\times\boldsymbol{F}$ 也是一个矢量，其大小等于△OAB 面积的两倍，方位垂直于 $\boldsymbol{r}$ 与 $\boldsymbol{F}$ 所决定的平面，指向也由右手法则确定。由此可见，矢积 $\boldsymbol{r}\times\boldsymbol{F}$ 与力矩矢 $\boldsymbol{m}_O(\boldsymbol{F})$ 两者大小相等、方向相同，于是得

$$\boldsymbol{m}_O(\boldsymbol{F}) = \boldsymbol{r}\times\boldsymbol{F} \tag{5-6}$$

即力对于任一点的矩等于矩心至力的作用点的矢径与该力的矢积。式(5-6)称为**力对点的矩的矢积表达式。**

力对点的矩与对轴的矩关系

5.2.3 力对点的矩与力对通过该点轴的矩的关系

设力 $\boldsymbol{F}$ 作用于刚体上的 A 点，任取一点 O，由图 5-7可见，力 $\boldsymbol{F}$ 对于 O 点矩矢的大小为

$$|\boldsymbol{m}_O(\boldsymbol{F})| = 2\triangle OAB \text{ 面积}$$

而力 $\boldsymbol{F}$ 对于通过 O 点的任一 z 轴的矩的大小为

$$|m_z(\boldsymbol{F})| = m_z(\boldsymbol{F}_{xy}) = 2\triangle OA'B' \text{ 面积}$$

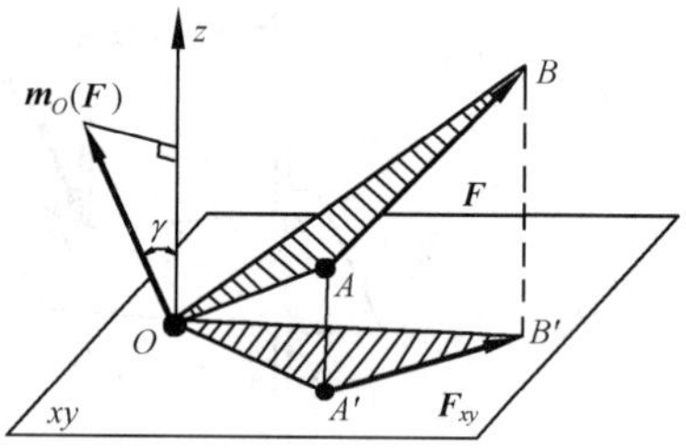

图 5-7

5-7

显然△OA′B′为△OAB 在平面 xy 上的投影，根据几何关系可知

$$\triangle OAB \text{ 面积}\cdot|\cos\gamma| = \triangle OA'B' \text{ 面积}$$

式中，γ 为两个三角形平面间的夹角，即矢量 $\boldsymbol{m}_O(\boldsymbol{F})$ 与 z 轴间的夹角。将上式的两边均乘以 2，则得

$$|\boldsymbol{m}_O(\boldsymbol{F})|\cdot|\cos\gamma| = m_z(\boldsymbol{F})$$

考虑到正负号的关系，可得

$$|\boldsymbol{m}_O(\boldsymbol{F})|\cos\gamma = m_z(\boldsymbol{F}) = [\boldsymbol{m}_O(\boldsymbol{F})]_z \tag{5-7}$$

即力对于任一点的矩矢在通过该点的任一轴上的投影等于力对于该轴的矩。

应用这个定理可以求出力对于坐标轴的矩的解析表达式。若以矩心 O 点为原点作坐标系 $Oxyz$(图 5-8)，力 $\boldsymbol{F}$ 及其作用点 A 的矢径 $\boldsymbol{r}$ 可表示为

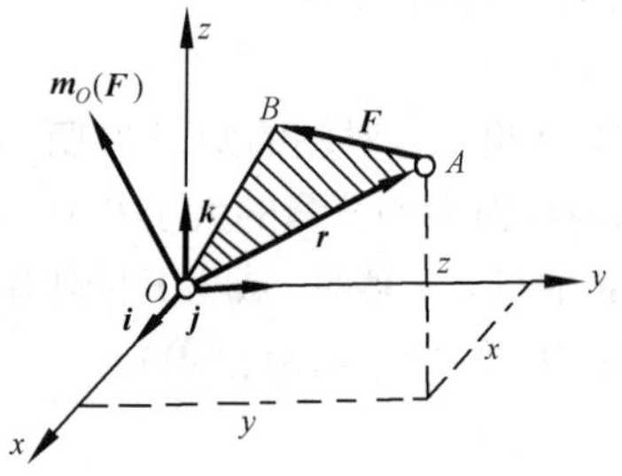

图 5-8

5-8

$$\boldsymbol{F} = X\boldsymbol{i} + Y\boldsymbol{j} + Z\boldsymbol{k}$$
$$\boldsymbol{r} = x\boldsymbol{i} + y\boldsymbol{j} + z\boldsymbol{k}$$

则力 $\boldsymbol{F}$ 对于 O 点矩矢为

$$\boldsymbol{m}_O(\boldsymbol{F}) = \boldsymbol{r}\times\boldsymbol{F} = \begin{vmatrix} \boldsymbol{i} & \boldsymbol{j} & \boldsymbol{k} \\ x & y & z \\ X & Y & Z \end{vmatrix}$$

$$= (yZ - zY)\boldsymbol{i} + (zX - xZ)\boldsymbol{j} + (xY - yX)\boldsymbol{k} \tag{5-8}$$

式中，$\boldsymbol{i}$、$\boldsymbol{j}$、$\boldsymbol{k}$ 的系数就是矩矢 $\boldsymbol{m}_O(\boldsymbol{F})$在各坐标轴上的投影，也就是力 $\boldsymbol{F}$ 对于各坐标轴的矩，即

$$\left.\begin{aligned} m_x(\boldsymbol{F}) &= yZ - zY \\ m_y(\boldsymbol{F}) &= zX - xZ \\ m_z(\boldsymbol{F}) &= xY - yX \end{aligned}\right\} \tag{5-9}$$

5.2.4 合力矩定理

与平面力系情况类似，在空间力系中也有合力矩定理，下面只讲述结论，不作证明，若以 $\boldsymbol{R}$ 表示空间力系的合力，则空间力系的合力矩定理为

$$m_z(\boldsymbol{R}) = m_z(\boldsymbol{F}_1) + m_z(\boldsymbol{F}_2) + \cdots + m_z(\boldsymbol{F}_n) = \sum m_z(\boldsymbol{F}_i) \tag{5-10}$$

即空间力系的合力对某一轴的矩等于力系中所有各分力对同一轴的矩的代数和。

在实际问题中，计算某力对轴的矩时，常常应用合力矩定理较为方便，即先将力按所取坐标轴方向分解为三个分力，然后再计算每一分力对这个轴的力矩，最后求出这些力矩的代数和，即可得出该力对轴的矩。

【例 5-1】 已知力 $P=2000$N，作用于曲柄的 C 点上(C 点在 Oxy 平面内)，尺寸如图 5-9 所示。试求该力对图示三个坐标轴的矩。

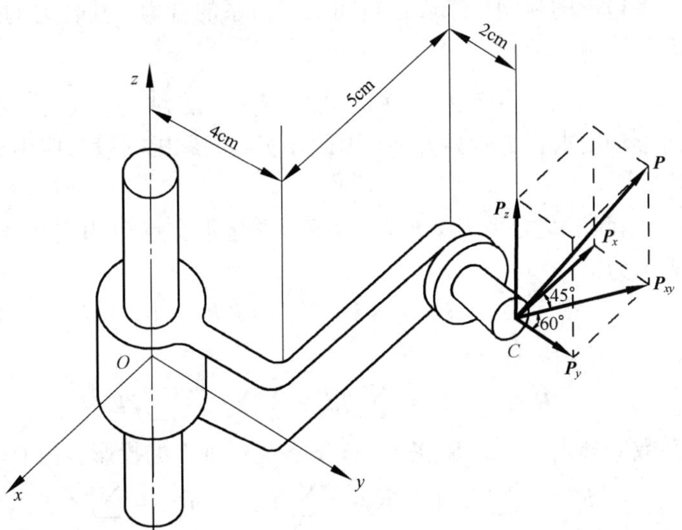

图 5-9

5-9

解 首先将力 $\boldsymbol{P}$ 向 x、y、z 三个坐标轴分解，通过二次投影法，可求得力 $\boldsymbol{P}$ 在 x、y、z 三个坐标轴的分力的大小为

$$P_x = P\cos45°\sin60° \quad , \quad P_y = P\cos45°\cos60° \quad , \quad P_z = P\sin45°$$

应用合力矩定理可得

$$\begin{aligned} m_x(\boldsymbol{P}) &= m_x(\boldsymbol{P}_x) + m_x(\boldsymbol{P}_y) + m_x(\boldsymbol{P}_z) \\ &= 0 + 0 + P_z(4+2) = 6P\sin45° \\ &= 6 \times 2000 \times \frac{\sqrt{2}}{2} = 8480(\text{N}\cdot\text{cm}) = 84.8(\text{N}\cdot\text{m}) \end{aligned}$$

$$
\begin{aligned}
m_y(\boldsymbol{P}) &= m_y(\boldsymbol{P}_x) + m_y(\boldsymbol{P}_y) + m_y(\boldsymbol{P}_z)\\
&= 0 + 0 + P_z \cdot 5\\
&= 5 \times 2000 \times \frac{\sqrt{2}}{2} = 7070(\mathrm{N \cdot cm}) = 70.7(\mathrm{N \cdot m})
\end{aligned}
$$

$$
\begin{aligned}
m_z(\boldsymbol{P}) &= m_z(\boldsymbol{P}_x) + m_z(\boldsymbol{P}_y) + m_z(\boldsymbol{P}_z)\\
&= P_x \cdot 6 - P_y \cdot 5 + 0\\
&= 6 \times P\cos 45^\circ \cdot \sin 60^\circ - 5 \times P\cos 45^\circ \cdot \cos 60^\circ\\
&= 6 \times 2000 \times \frac{\sqrt{2}}{2} \times \frac{\sqrt{3}}{2} - 5 \times 2000 \times \frac{\sqrt{2}}{2} \times \frac{1}{2}\\
&= 3820(\mathrm{N \cdot cm}) = 38.2(\mathrm{N \cdot m})
\end{aligned}
$$

5.3 空间汇交力系的合成与平衡

5.3.1 空间汇交力系的合成

空间汇交力系与平面汇交力系类同，其合成方法也有几何法和解析法。

1) 几何法

几何法也是应用力多边形法则。但所作出的力多边形不在同一平面内，而是空间的力多边形。可用空间力多边形的封闭边来表示空间汇交力系的合力，其合力的作用线通过力系的汇交点，用矢量式表示为

$$\boldsymbol{R} = \boldsymbol{F}_1 + \boldsymbol{F}_2 + \cdots + \boldsymbol{F}_n = \sum \boldsymbol{F} \tag{5-11}$$

由于用空间力多边形法则求合力较为复杂，因此在实际问题中一般都应用解析法。

2) 解析法

设图 5-10 为一空间汇交力系 $\boldsymbol{F}_1$，$\boldsymbol{F}_2$，…，$\boldsymbol{F}_n$，并选汇交点 O 为空间坐标系原点。将各力用分解表达式可表示为

$$\boldsymbol{F}_i = X_i\boldsymbol{i} + Y_i\boldsymbol{j} + Z_i\boldsymbol{k} \qquad (i = 1,\ 2,\ \cdots,\ n)$$

代入式(5-11)后得

$$\boldsymbol{R} = \sum \boldsymbol{F} = \sum X\boldsymbol{i} + \sum Y\boldsymbol{j} + \sum Z\boldsymbol{k}$$

式中，$\boldsymbol{i}$、$\boldsymbol{j}$、$\boldsymbol{k}$ 的系数应分别是合力 $\boldsymbol{R}$ 在 x、y、z 各坐标轴上的投影。故有

$$R_x = \sum X \quad ,\quad R_y = \sum Y \quad ,\quad R_z = \sum Z \tag{5-12}$$

这就是**空间力系的合力投影定理，即空间力系的合力在某一轴上的投影，等于力系中所有各力在同一轴上投影的代数和。**

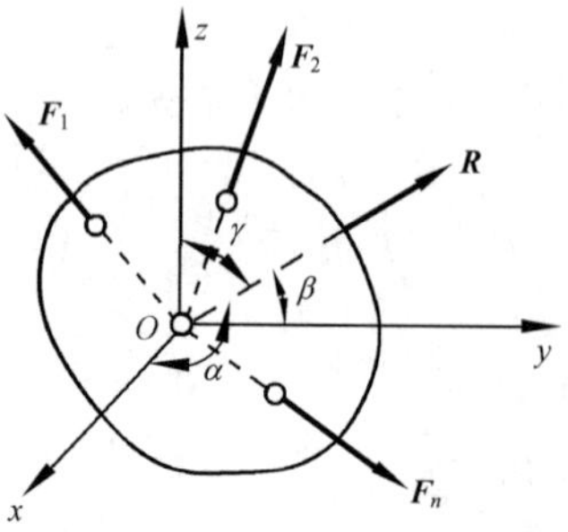

图 5-10

5-10

而合力 $\boldsymbol{R}$ 的大小为

$$
\begin{aligned}
R &= \sqrt{R_x^2 + R_y^2 + R_z^2}\\
&= \sqrt{(\sum X)^2 + (\sum Y)^2 + (\sum Z)^2}
\end{aligned} \tag{5-13}
$$

合力 $\boldsymbol{R}$ 的方向为

$$\cos\alpha = \frac{R_x}{R} \quad ,\quad \cos\beta = \frac{R_y}{R} \quad ,\quad \cos\gamma = \frac{R_z}{R} \tag{5-14}$$

式中，α、β、γ 分别为 $\boldsymbol{R}$ 与 x、y、z 轴正向间的夹角，合力 $\boldsymbol{R}$ 的作用线通过力系的汇交点 O。

5.3.2 空间汇交力系的平衡

由于空间汇交力系的合成结果为一合力，所以空间汇交力系平衡的必要与充分条件是：该力系的合力为零，即

$$\boldsymbol{R}=\sum \boldsymbol{F}=0$$

由此可知**空间汇交力系几何法平衡的必要与充分条件是：该力系的力多边形自行封闭。**

而空间汇交力系解析法平衡的必要与充分条件是：该力系中所有各力在三个坐标轴中每一个坐标轴上投影的代数和等于零，即

$$\left.\begin{aligned}\sum X=0\\ \sum Y=0\\ \sum Z=0\end{aligned}\right\} \tag{5-15}$$

式(5-15)称为**空间汇交力系的平衡方程。**空间汇交力系有三个独立平衡方程，应用它能求解三个未知数。特别指出，当空间汇交力系平衡时，它在任何平面上的投影力系(平面汇交力系)也平衡。事实上空间任意一种力系均有此特点，故均可把空间问题转化为平面问题来处理。此外式(5-15)中的投影轴可以任意选取，只要满足这三个投影轴不共面及它们中的任何两个投影轴不相互平行即可。

【例 5-2】 重为 $\boldsymbol{P}$ 的物体由杆 AB 和位于同一水平面的绳索 AC 与 AD 支承(图 5-11(a))。杆 AB 在 B 处由铰链与铅垂面连接。已知 $P=1000\text{N}$，$CE=ED=12\text{cm}$，$EA=24\text{cm}$，$\beta=45°$，不计杆重，求绳索的拉力和杆 AB 所受的力。

解 取节点 A 为研究对象，作用于 A 点的力有重力 $\boldsymbol{P}$、绳索的拉力 $\boldsymbol{T}_C$ 与 $\boldsymbol{T}_D$ 及杆的约束反力 $\boldsymbol{S}$(因不计杆重，故杆 AB 为二力杆，$\boldsymbol{S}$ 方向必沿杆 AB 的连线)。这些力组成一空间汇交力系。

选取坐标系 $Axyz$ 如图 5-11(b)所示，由

$$\sum Z=0\quad,\quad -S\cos\beta-P=0$$

解得

$$S=-\frac{P}{\cos\beta}=-\frac{1000}{\cos45°}=-1414(\text{N})$$

负号表示杆 AB 实际受压力。

为求 $\boldsymbol{T}_C$ 和 $\boldsymbol{T}_D$，将各力投影在 Axy 水平面内，得一平面汇交力系(图 5-11(c))，其中 $\boldsymbol{S}'$ 是力 $\boldsymbol{S}$ 的投影，其大小为 $S'=S\sin\beta$。对此投影力系列平衡方程

$$\sum X=0\quad,\quad T_C\sin\alpha-T_D\sin\alpha=0$$

$$\sum Y=0\quad,\quad -T_C\cos\alpha-T_D\cos\alpha-S'=0$$

而

$$\cos\alpha=\frac{EA}{DA}=\frac{24}{\sqrt{12^2+24^2}}=\frac{2}{\sqrt{5}}$$

解得

$$T_C=T_D=559\text{N}$$

5-11

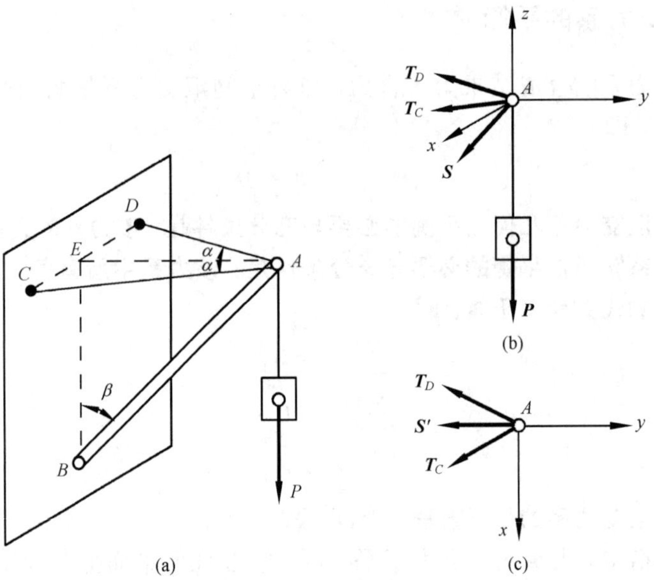

图 5-11

5.4 空间任意力系的平衡方程与空间约束

5.4.1 空间任意力系的平衡方程

推导空间任意力系平衡条件及平衡方程的方法与推导平面任意力系平衡条件和平衡方程的方法相同，都是采取力系向一点简化的方法。先在刚体内任选一点 O 为简化中心，根据力线平移定理，将各力平行移动到 O 点，这样就得到一个作用于 O 点的空间汇交力系和一个附加的空间力偶系。对于这个空间汇交力系的合成与平衡问题上节已有过介绍，而对这个空间力偶系的合成与平衡问题推导过程比较复杂(空间力对点的矩是矢量)，这里不作介绍。本节只用比较直观的方法介绍空间任意力系的平衡条件，从而得到空间任意力系的平衡方程。

设刚体上作用有空间任意力系 $\boldsymbol{F}_1$，$\boldsymbol{F}_2$，…，$\boldsymbol{F}_n$(图 5-12(a))，该力系既可能使刚体沿空间 x、y、z 三个轴方向移动，又可能使刚体绕空间 x、y、z 三个轴方向转动。若刚体在该空间任意力系作用下保持平衡，则要求刚体既不能沿空间 x、y、z 三个轴移动，也不能绕空间 x、y、z 三个轴转动(图 5-12(b))。由前面讲过的理论可知，若保证刚体沿 x、y、z 三个坐标轴方向都不移动，则**必须要求此空间任意力系各力在 x、y、z 三个坐标轴中，每个轴上投影的代数和为零**。这也就是上节讲过的空间汇交力系的平衡条件。同理若保证刚体不绕 x、y、z 三个空间坐标轴转动，**也必须要求该空间任意力系各力对 x、y、z 三个轴中每个轴的矩的代数和为零**。即

$$
\left.\begin{array}{ll}
\sum X = 0, & \sum m_x(\boldsymbol{F}) = 0 \\
\sum Y = 0, & \sum m_y(\boldsymbol{F}) = 0 \\
\sum Z = 0, & \sum m_z(\boldsymbol{F}) = 0
\end{array}\right\} \tag{5-16}
$$

这就是空间任意力系平衡的必要与充分条件。式(5-16)就是空间任意力系的平衡方程。它有六个独立的平衡方程，应用它可求解六个未知数。它是求解空间任意力系平衡问题的最基本方程。

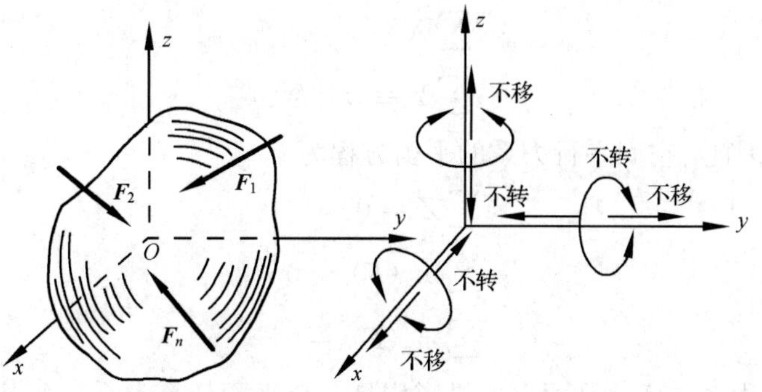

(a) (b)

图 5-12

5-12

上节讲到的空间汇交力系的平衡方程也可以很容易地由此空间任意力系的基本平衡方程导出。如图 5-13(a)所示，若选择空间汇交力系的汇交点为坐标系 $Oxyz$ 的原点，则由于各力与三个坐标轴 x、y、z 轴都相交，因此，不论此力系是否平衡，各力对三个坐标轴中每个轴的矩都恒为零，即

$$\sum m_x(\boldsymbol{F}) \equiv 0$$

$$\sum m_y(\boldsymbol{F}) \equiv 0$$

$$\sum m_z(\boldsymbol{F}) \equiv 0$$

所以，空间汇交力系的平衡方程为

$$\sum X = 0$$

$$\sum Y = 0$$

$$\sum Z = 0$$

与式(5-15)完全相同。

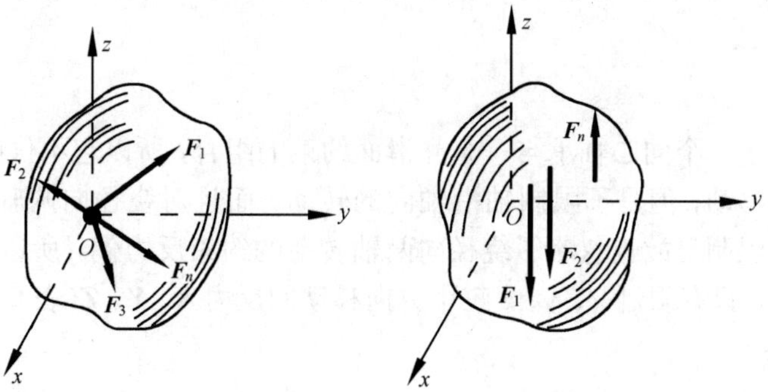

(a) (b)

图 5-13

5-13

而对于空间平行力系，假设力系中各力均与 z 轴平行(图 5-13(b))，则各力对 z 轴的矩必等于零，又由于平行于 z 轴的力在 x、y 轴上的投影必为零。所以有

$$\sum m_z(\boldsymbol{F}) \equiv 0$$

$$\sum X \equiv 0$$

$$\sum Y \equiv 0$$

三式成为恒等式，因此，空间平行力系的平衡方程为

$$\left.\begin{aligned}&\sum Z = 0\\&\sum m_x(\boldsymbol{F}) = 0\\&\sum m_y(\boldsymbol{F}) = 0\end{aligned}\right\} \tag{5-17}$$

由于空间任意力系在任一平面上的投影均是一个平面任意力系，而当原空间任意力系是平衡力系时，其投影的平面任意力系也必然是平衡力系。所以在求解空间问题时，可以直接应用式(5-16)，也可以将空间任意力系投影到三个坐标平面内，作为平面任意力系来处理。后一种方法比较容易掌握。当然还是应根据问题的具体情况，尽量方便地求解。空间力系的解题步骤与平面力系的解题步骤类同。

5.4.2 空间约束

下面介绍几种常见的空间约束类型及它们的约束反力。

1. 球形铰链

它是由固连于一物体上的圆球嵌入球窝形支座内而构成的。设两圆球接触均为光滑，所以球铰只能限制物体离开球心任意方向的移动，不能限制物体绕球心的转动。所以球铰的约束反力通过球心，但方向不定，通常由三个相互垂直的分力 $\boldsymbol{X}$、$\boldsymbol{Y}$、$\boldsymbol{Z}$ 表示(表 5-1)。

2. 向心轴承与蝶铰链

这种约束类型轴颈与轴承是两个光滑圆柱面接触，类似于圆柱铰链，它主要是限制轴沿径向(x 轴、z 轴方向)的移动，不限制轴沿轴向(y 轴方向)的移动和绕轴向的转动，而对轴绕径向 x 轴和 z 轴的微小转动，也基本不能限制，因此对绕径向 x、z 两轴的约束反力偶可忽略不计。所以向心轴承与蝶铰链的约束反力只有限制径向移动的 $\boldsymbol{X}$、$\boldsymbol{Z}$ 两个分力(表 5-1)。

3. 止推轴承

止推轴承相当于一个向心轴承与一个光滑面约束的组合，所以它不仅限制轴的径向移动，还限制轴沿轴向的移动；但是不限制轴沿轴向的转动，而且对绕径向两轴的转动，与向心轴承相同也几乎不能限制。故也忽略了绕径向两轴转动的约束反力偶，所以止推轴承的约束反力相当于空间球铰，只有限制 x、y、z 三个方向移动的反力 $\boldsymbol{X}$、$\boldsymbol{Y}$、$\boldsymbol{Z}$(表 5-1)。

4. 空间固定端

空间固定端约束

空间固定端约束与平面固定端约束性质相同，它不仅限制了物体沿空间任何轴的移动。也限制了物体绕空间任何轴的转动。即它的约束反力有限制 x、y、z 三个方向移动的反力 $\boldsymbol{X}$、$\boldsymbol{Y}$、$\boldsymbol{Z}$，还有限制绕 x、y、z 三个轴转动的反力偶 m_x、m_y、m_z(表 5-1)。

表 5-1　空间常见约束及其约束反力的表示

约束类型	简化符号	约束反力表示	约束类型	简化符号	约束反力表示
球形铰链 		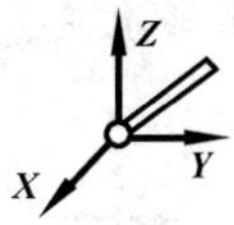	止推轴承 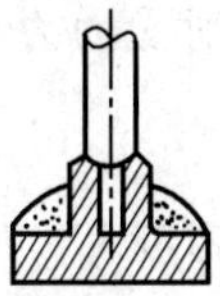	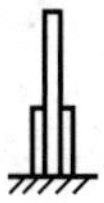	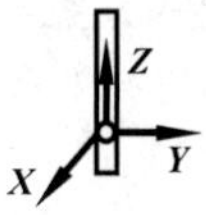
向心轴承与蝶铰链 		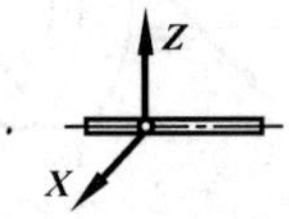	空间固定端 	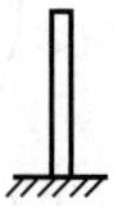	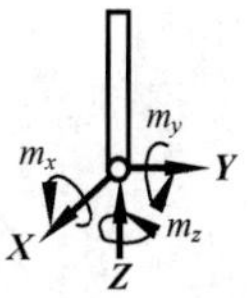

【例 5-3】　三轮起重机可简化为图 5-14 所示，车身重 $G=100\text{kN}$，重力通过 E 点(E 点为 A、B、C 三个轮组成等边三角形的中心)。已知 $a=5\text{m}$，$b=3\text{m}$，起吊物重 $P=20\text{kN}$，且重力通过 F 点，FHA 在一条直线上且垂直平分 BC。设轮 A、B、C 与地面为光滑接触，求地面对起重机三个轮的约束反力。

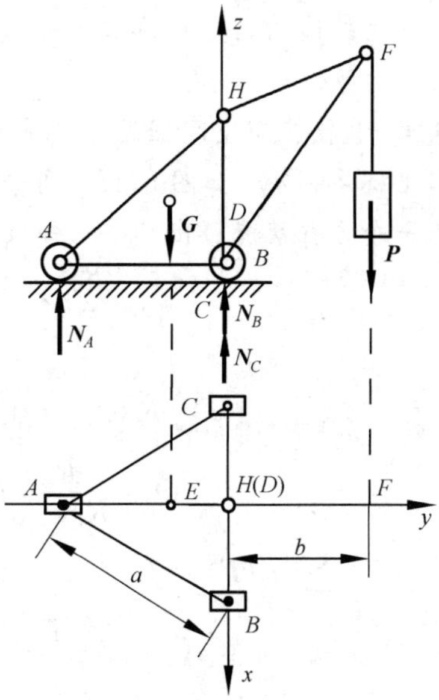

图 5-14

5-14

解　取起重机为研究对象，作用于起重机上的力有重力 $\boldsymbol{G}$ 与 $\boldsymbol{P}$，以及地面对三个轮的反力 $\boldsymbol{N}_A$、$\boldsymbol{N}_B$、$\boldsymbol{N}_C$，这五个力组成一个空间平行的平衡力系，选坐标系 $Hxyz$ 如图 5-14 所示，列空间平行力系的平衡方程：

$$\sum Z=0\quad,$$

$$N_A+N_B+N_C-G-P=0\qquad(1)$$

$$\sum m_x(\boldsymbol{F})=0\quad,$$

$$-N_A a\cdot\sin60^\circ+G\frac{a\cdot\sin60^\circ}{3}-P\cdot b=0\qquad(2)$$

$$\sum m_y(\boldsymbol{F})=0\quad,\quad N_C\cdot\frac{a}{2}-N_B\cdot\frac{a}{2}=0\qquad(3)$$

由式(2)得

$$N_A=\frac{G}{3}-\frac{P\cdot b}{a\cdot\sin60^\circ}=19.48\text{kN}$$

由式(3)得

$$N_C=N_B$$

最后代入式(1)得

$$N_B=N_C=50.26\text{kN}$$

【例 5-4】 车床主轴装在轴承 A 与 B 上(图 5-15)，其中 A 为向心推力轴承，B 为向心轴承。圆柱直齿齿轮 C 的节圆半径 $R_C=100\text{mm}$，在它的最下点与另一齿轮啮合，且受力为 $\boldsymbol{Q}$。在轴的右端固定一半径为 $R_D=50\text{mm}$ 的圆柱体工件，车刀给工件的切削力 $P_x=466\text{N}$，$P_y=352\text{N}$，$P_z=1400\text{N}$，试求齿轮 C 所受的力 $\boldsymbol{Q}$ 和两轴承 A、B 处的反力。

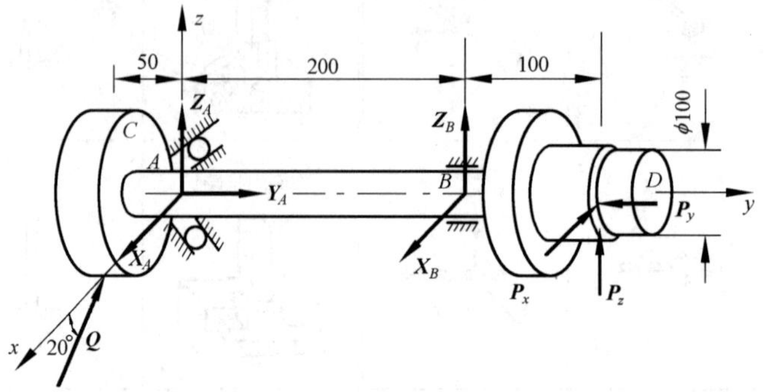

5-15&
5-16

图 5-15

解 选主轴连同齿轮 C 和工件一起为研究对象，受力如图 5-15 所示，共受九个力作用，是空间任意力系。

解法 1：直接应用空间任意力系平衡方程求解。

选取坐标系 $Axyz$ 如图 5-15，列平衡方程，最好先列出只含有一个未知数的平衡方程，使得每列一个方程就能解出一个未知数。

由 $$\sum Y=0\quad,\quad Y_A-P_y=0$$

解得 $$Y_A=P_y=352\text{N}$$

由 $$\sum m_y(\boldsymbol{F})=0\quad,\quad -R_DP_z+R_CQ\cos\alpha=0$$

解得 $$Q=\frac{R_D}{R_C\cos\alpha}P_z=\frac{50\times1400}{100\cos20^\circ}=745(\text{N})$$

由 $$\sum m_z(\boldsymbol{F})=0\quad,\quad -200X_B+300P_x-R_DP_y-50Q\cos\alpha=0$$

解得 $$X_B=\frac{300P_x-R_DP_y-50Q\cos20^\circ}{200}=436\text{N}$$

由 $$\sum X=0\quad,\quad X_A+X_B-P_x-Q\cos\alpha=0$$

解得 $$X_A=P_x+Q\cos20^\circ-X_B=730\text{N}$$

由 $$\sum m_x(\boldsymbol{F})=0\quad,\quad 200Z_B+300P_z-50Q\sin\alpha=0$$

解得 $$Z_B=\frac{50Q\sin20^\circ-300P_z}{200}=-2036\text{N}$$

由 $$\sum Z=0\quad,\quad Z_A+Z_B+P_z+Q\sin\alpha=0$$

解得 $$Z_A=-Z_B-P_z-Q\sin20^\circ=381\text{N}$$

解法 2:将空间力系投影到三个坐标平面内，转化为平面力系平衡问题来求解。

首先将图 5-15 的空间任意力系投影到 Axz 平面，见图 5-16(a)。由

$$\sum m_A(\boldsymbol{F})=0\quad,\quad 100Q\cos\alpha-P_z\times50=0$$

解得 $$Q=\frac{1400\times50}{100\cos20^\circ}=745(\text{N})$$

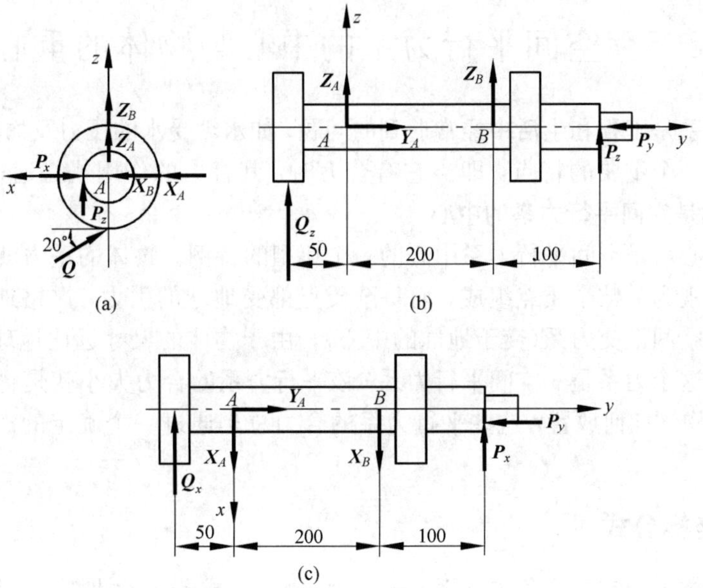

图 5-16

投影在 Ayz 平面，如图 5-16(b)所示。由

$$\sum m_A(\boldsymbol{F}) = 0 \quad , \quad -50Q_z + 200Z_B + 300P_z = 0$$

解得

$$Z_B = \frac{50 \times Q\sin 20° - 300P_z}{200} = -2036\text{N}$$

由

$$\sum Z = 0 \quad , \quad Q_z + Z_A + Z_B + P_z = 0$$

解得

$$Z_A = -Q\sin 20° - Z_B - P_z = 381\text{N}$$

由

$$\sum Y = 0 \quad , \quad Y_A - P_y = 0$$

解得

$$Y_A - P_y = 352\text{N}$$

投影在 Axy 平面，如图 5-16(c)所示。由

$$\sum m_A(\boldsymbol{F}) = 0 \quad , \quad -50Q_x - 200X_B + 300P_x - 50P_y = 0$$

解得

$$X_B = \frac{300P_x - 50Q\cos 20° - 50P_y}{200} = 436\text{N}$$

由

$$\sum X = 0 \quad , \quad -Q_x + X_A + X_B - P_x = 0$$

解得

$$X_A = Q\cos 20° + P_x - X_B = 730\text{N}$$

用该方法解题时，关键在于正确地将空间力系投影到三个坐标平面上，转化为三个平面力系来求解。空间任意力系有六个独立的平衡方程，可用来求解六个未知数。转化为三个平面任意力系后，尽管总共可列出九个平衡方程，但其中有三个方程是不独立的，独立方程仍只有六个，所以也只能求解六个未知数。

对比上述两种方法，可清楚地看出，平面力系中力对点的矩，就是空间力系中力对轴的矩。

5.5 空间平行力系的中心与物体的重心

空间平行力系是工程和生活中经常遇到的问题，如水坝受水的压力及物体所受的重力等。空间平行力系有一个重要的特点，即当它有合力时，其合力的作用线必通过一个确定点 C。这个确定点 C 就是**空间平行力系的中心**。

而物体的重心就是空间平行力系中心的一个典型的特例。物体的重力就是地球对它的引力。如果将物体视为无数个质点组成，而每个质点都受地球的引力，严格地讲，这些引力组成的力系是一个空间汇交力系(交于地球的中心)。由于物体的尺寸远比地球半径小得多，因此可近似地认为这个力系是一空间平行力系，该平行力系的合力大小就是物体的重力。通过实验可知，无论物体如何放置，这些平行力系的合力总是通过一个确定的点，这个点叫做物体的**重心**。

5.5.1 重心坐标公式

重心

取固连于物体上的空间直角坐标系 $Oxyz$，将物体分成若干微小部分，每个微小部分 M_i 的重力为 $\Delta \boldsymbol{P}_i$，物体所受的重力就是所有各 $\Delta \boldsymbol{P}_i$ 的合力 $\boldsymbol{P}$，其大小为整个物体的重量 $\boldsymbol{P}=\sum \Delta \boldsymbol{P}_i$。设物体的重心坐标为 x_C、y_C、z_C；微小部分 M_i 的坐标为 x_i、y_i、z_i(图 5-17)。根据合力矩定理，合力 $\boldsymbol{P}$ 对某轴取矩等于所有各分力 $\Delta \boldsymbol{P}_i$ 对同一轴取矩的代数和，先分别对 y 轴和 x 轴取矩得

$$P \cdot x_C = \sum \Delta P_i x_i \quad , \quad P \cdot y_C = \sum \Delta P_i y_i$$

所以

$$x_C = \frac{\sum \Delta P_i x_i}{P} \quad , \quad y_C = \frac{\sum \Delta P_i y_i}{P}$$

根据平行力系中心的位置与各平行力系的方向无关的性质，可将坐标系连同物体一起绕 x 轴转 90°，使 y 轴朝下，重力 $\boldsymbol{P}$ 和各力 $\Delta \boldsymbol{P}_i$ 都与 y 轴同向平行，如图 5-17 虚线所示。再应用合力矩定理对 x 轴取矩得

5-17

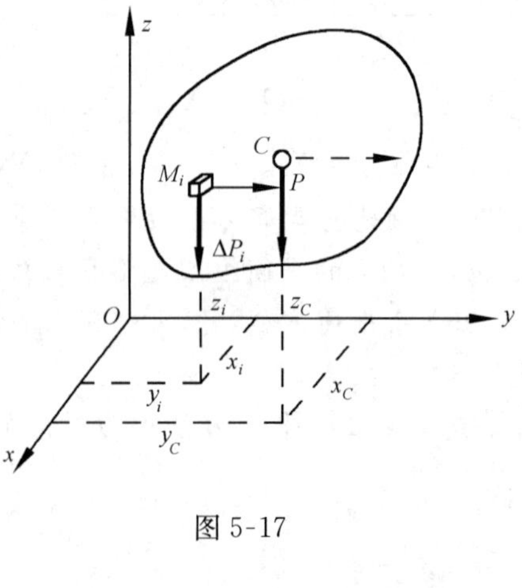

图 5-17

$$P \cdot z_C = \sum \Delta P_i z_i$$

可得

$$z_C = \frac{\sum \Delta P_i z_i}{P}$$

综合上面式子可得物体重心坐标的一般公式为

$$\left.\begin{aligned} x_C &= \frac{\sum \Delta P_i x_i}{P} \\ y_C &= \frac{\sum \Delta P_i y_i}{P} \\ z_C &= \frac{\sum \Delta P_i z_i}{P} \end{aligned}\right\} \tag{5-18}$$

若以 $\Delta P_i = \Delta m_i g$，$P = Mg$ 代入式(5-18)，消去 g 可得质心(质量中心)坐标公式为

$$\left.\begin{aligned} x_C &= \frac{\sum \Delta m_i x_i}{M} \\ y_C &= \frac{\sum \Delta m_i y_i}{M} \\ z_C &= \frac{\sum \Delta m_i z_i}{M} \end{aligned}\right\} \tag{5-19}$$

在均匀重力场中，质心和重心位置重合。

如果是均质物体，即单位体积的重量 γ 为常量时，求物体的重心问题可转化为纯几何问题，设微小部分 M_i 的体积为 ΔV_i，整个物体的体积为 $V = \sum \Delta V_i$，则有

$$\Delta P_i = \gamma \cdot \Delta V_i \quad , \quad P = \sum \Delta P_i = \gamma \cdot \sum \Delta V_i = \gamma \cdot V$$

代入式(5-18)并消去 γ 得

$$\left.\begin{aligned} x_C &= \frac{\sum \Delta V_i x_i}{V} \\ y_C &= \frac{\sum \Delta V_i y_i}{V} \\ z_C &= \frac{\sum \Delta V_i z_i}{V} \end{aligned}\right\} \tag{5-20}$$

可见均质物体的重心与物体的重量无关，只取决于物体的几何形状和尺寸。这时物体的重心就是物体几何形状的中心。

如物体是均质薄板或均质细杆，引用上述方法求得重心(或形心)坐标分别为

$$x_C = \frac{\sum \Delta A_i x_i}{A} \quad , \quad y_C = \frac{\sum \Delta A_i y_i}{A} \quad , \quad z_C = \frac{\sum \Delta A_i z_i}{A} \tag{5-21}$$

$$x_C = \frac{\sum \Delta l_i x_i}{l} \quad , \quad y_C = \frac{\sum \Delta l_i y_i}{l} \quad , \quad z_C = \frac{\sum \Delta l_i z_i}{l} \tag{5-22}$$

式中，A、l 分别为均质薄板的总面积和均质细杆的总长度，ΔA_i、Δl_i 分别为板的微小面积和杆的微小长度。

5.5.2 重心的求法

求重心的方法很多，这里只介绍工程中常用的两种方法。对于简单常见形体的重心，均可在有关手册中查到。表 5-2 只给出简单常见形体的重心，以供组合法求重心时使用。

1. 组合法

在工程中，物体通常是由一个或几个简单形体组合而成。若这些简单形体的重心已知，则整个物体的重心可用重心坐标公式求出。

【例 5-5】 已知组合体如图 5-18 所示，S_1 和 S_2 分别是长方形和半圆形均质薄板，求该组合体的重心。

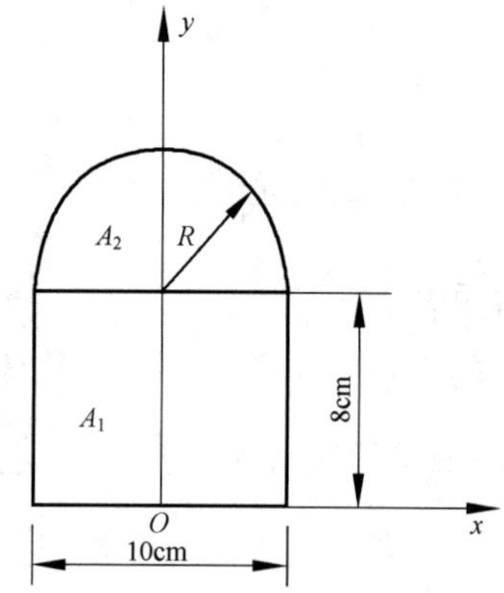

图 5-18

5-18

解 该组合体由两部分组成，长方形和半圆形，选坐标系如图 5-18 所示，由表 5-2 可查得各单个形体的重心和面积为

$$y_1 = 4\text{cm} \quad , \quad A_1 = 80\text{cm}^2$$

$$y_2 = \left(8 + \frac{4R}{3\pi}\right)\text{cm} \quad , \quad A_2 = \frac{1}{2}\pi R^2\,\text{cm}^2$$

因为 y 轴为对称轴，故组合体的重心必在 y 轴上，由重心坐标公式

$$y_C = \frac{\sum \Delta A_i y_i}{A} = \frac{A_1 y_1 + A_2 y_2}{A_1 + A_2} = \frac{80 \times 4 + \frac{\pi R^2}{2}\left(8 + \frac{4R}{3\pi}\right)}{80 + \frac{\pi R^2}{2}} = 9.4(\text{cm})$$

而 x_C 显然为零。

表 5-2 简单几何图形物体的面积及其重心

<table>
<tr><th></th><th>图形</th><th>面(或体)积</th><th>重心</th></tr>
<tr><td>三角形</td><td>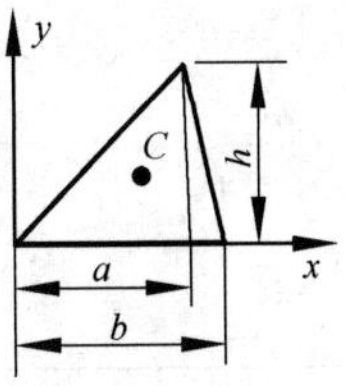
</td><td>$A=\frac{1}{2}bh$</td><td>$x_C=\frac{1}{3}(a+b)$
$y_C=\frac{1}{3}h$</td></tr>
<tr><td>梯形</td><td>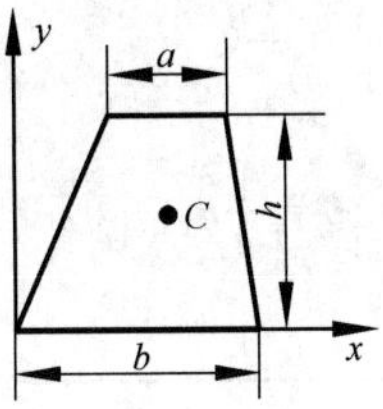
</td><td>$A=\frac{h}{2}(a+b)$</td><td>$y_C=\frac{1}{3}\frac{h(2a+b)}{a+b}$
(在上下底中点的连线上)</td></tr>
<tr><td>半圆</td><td>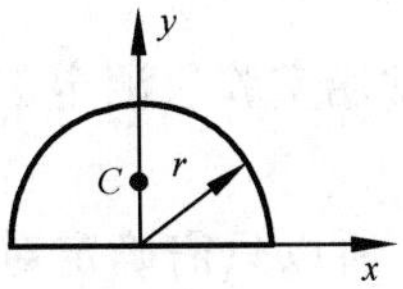
</td><td>$A=\frac{1}{2}\pi r^2$</td><td>$x_C=0$
$y_C=\frac{4r}{3\pi}$</td></tr>
<tr><td>扇形</td><td>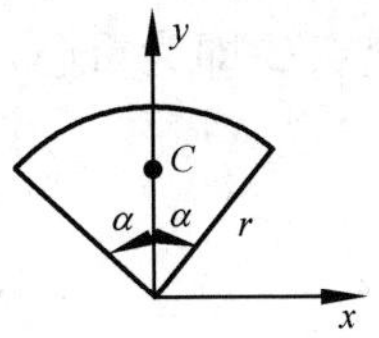
</td><td>$A=\alpha r^2$</td><td>$x_C=0$
$y_C=\frac{2}{3}r\frac{\sin\alpha}{\alpha}$</td></tr>
<tr><td>圆弧</td><td>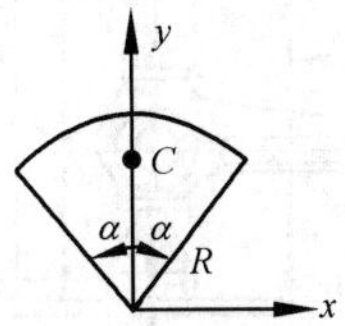
</td><td>弧长 $S=2\alpha R$</td><td>$x_C=0$
$y_C=R\frac{\sin\alpha}{\alpha}$</td></tr>
<tr><td>长方体</td><td>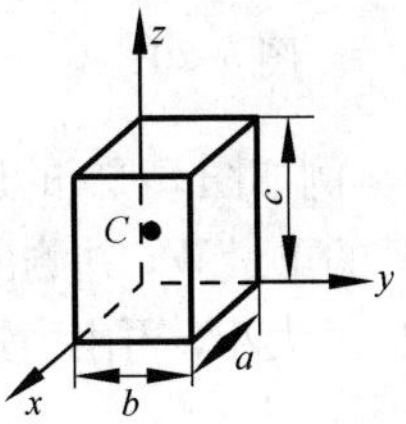
</td><td>$V=abc$</td><td>$x_C=\frac{1}{2}a$
$y_C=\frac{1}{2}b$
$z_C=\frac{1}{2}c$</td></tr>
</table>

续表

	图形	面(或体)积	重心
正圆锥体	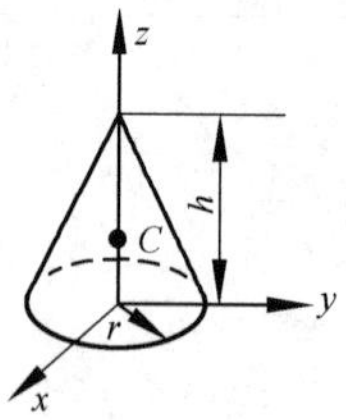	$V=\frac{1}{3}\pi r^2 h$	$x_C=0$ $y_C=0$ $z_C=\frac{1}{4}h$
正圆柱体	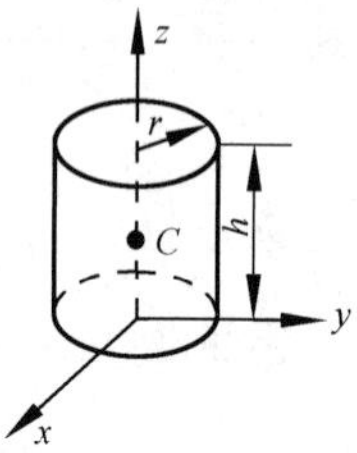	$V=\pi r^2 h$	$x_C=0$ $x_C=0$ $z_C=\frac{1}{2}h$

2. 实验法

对于形状更复杂不便用公式计算或不均质物体的重心问题，常用实验法测定。这种方法比较简便，且有足够的精度。

(1) 悬挂法。对于具有对称面的物体，其重心必在对称面内，所以只需确定对称平面的重心即可。可用一均质等厚的板按一定比例尺寸做成物体对称面的形状，先悬挂在任意一点 A，根据二力平衡条件，重心必在过悬挂点 A 的铅垂线上，标出此线 AB(图 5-19(a))。然后再将它悬挂在任意点 D，同理标出另一直线 DE，则 AB 与 DE 的交点 C 即为重心，如图 5-19(b)所示。有时再作第三次悬挂用来校验。

5-19

5-20

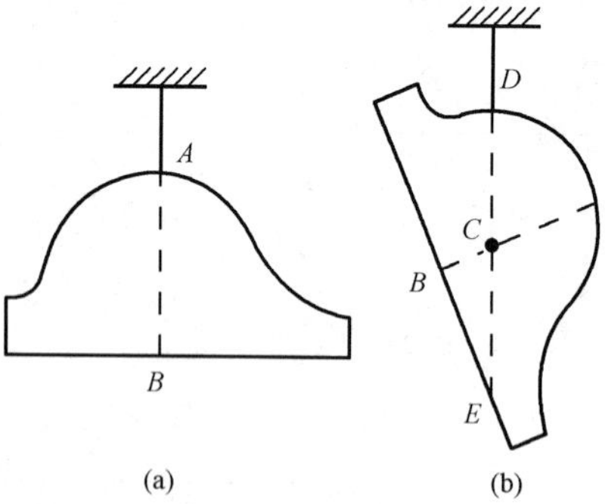

图 5-19

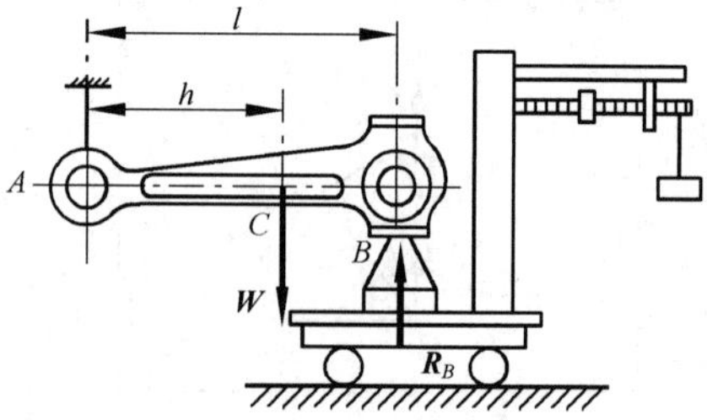

图 5-20

(2) 称重法。对于形状复杂或体积较大的物体常用称重法求重心。例如图 5-20 的连杆，因为它具有对称轴，所以只要确定重心在此轴上的位置 h 即可。先称得连杆的重量 W，并测出连杆长度 l，将连杆 A 端悬挂不动，B 端放在一秤上(图 5-20)，测得 B 端反力 $\boldsymbol{R}_B$ 的大小，再由力矩方程

$$\sum m_A(\boldsymbol{F}) = 0 \quad , \quad R_B l - Wh = 0$$

解得

$$h = \frac{R_B l}{W}$$

本章小结

1. 力在空间直角坐标轴上的投影有两种方法。

(1) 一次投影法。已知力 $\boldsymbol{F}$ 与 x、y、z 三个轴正向的夹角为 α、β、γ(图5-2(a))，则投影为

$$X = F\cos\alpha \quad , \quad Y = F\cos\beta \quad , \quad Z = F\cos\gamma$$

(2) 二次投影法。当已知力 $\boldsymbol{F}$ 的仰角 θ 和俯角 φ(图5-2(b))，则投影为

$$X = F\cos\theta\cos\varphi$$

$$Y = F\cos\theta\sin\varphi$$

$$Z = F\sin\theta$$

2. 力对轴的矩与合力矩定理。

空间力对轴的矩，就是平面内的力对点的矩，此时空间的投影轴，投影到平面上成为一个点。力矩的正负按右手法则确定，即从 z 轴正向看逆时针为正，反之为负。空间力对轴的合力矩定理为

$$m_z(\boldsymbol{R}) = \sum m_z(\boldsymbol{F}_i)$$

3. 空间汇交力系的平衡条件与平衡方程。

(1) 平衡条件：

$$\boldsymbol{R} = \sum \boldsymbol{F} = 0 \text{(力系的合力为零)}$$

(2) 平衡方程：

$$\sum X = 0, \quad \sum Y = 0, \quad \sum Z = 0$$

4. 空间任意力系的平衡方程。

$$\sum X = 0, \quad \sum Y = 0, \quad \sum Z = 0,$$

$$\sum m_x(\boldsymbol{F}) = 0, \quad \sum m_y(\boldsymbol{F}) = 0,$$

$$\sum m_z(\boldsymbol{F}) = 0$$

共计六个独立平衡方程，可用来求解六个未知数。在工程实际中，常常采用将空间力系投影到三个坐标平面内，从而转化为平面力系来求解。

5. 重心坐标及求重心的方法。

重心是物体重力合力的作用点。

重心坐标公式为

$$x_C = \frac{\sum \Delta P_i x_i}{P} \quad , \quad y_C = \frac{\sum \Delta P_i y_i}{P} \quad ,$$

$$z_C = \frac{\sum \Delta P_i z_i}{P}$$

在均匀重力场中，均质物体的重心、质心、形心三点重合。工程中常用的找重心方法有组合法和实验法。

思　考　题

5.1　如果力 $\boldsymbol{F}$ 在 x 轴上的投影和力 $\boldsymbol{F}$ 对 x 轴的矩是下列情况：①$X=0$, $M_x\neq0$；②$X\neq0$, $M_x=0$；③$X\neq0$, $M_x\neq0$；④$X=0$, $M_x=0$；试问每一种情况下力 $\boldsymbol{F}$ 的作用线与 x 轴的关系如何？

5.2　试分析各力的作用线都平行于 Oxy 平面的力系，它的独立平衡方程的数目为多少？并把它们写出来。

5.3　在什么条件下，物体的重心、质心和形心三点重合一起？

习　　题

5-1　如题5-1图所示，已知 $\boldsymbol{P}$、a，求力 $\boldsymbol{P}$ 对各坐标轴的力矩和在各坐标轴上的投影。

5-2　已知力 $\boldsymbol{P}$ 的大小和方向如题5-2图所示，求力 $\boldsymbol{P}$ 对 z 轴的矩(力 $\boldsymbol{P}$ 位于其过轮缘上作用点的切平面内，且与轮平面呈 $\alpha=60°$ 角)。

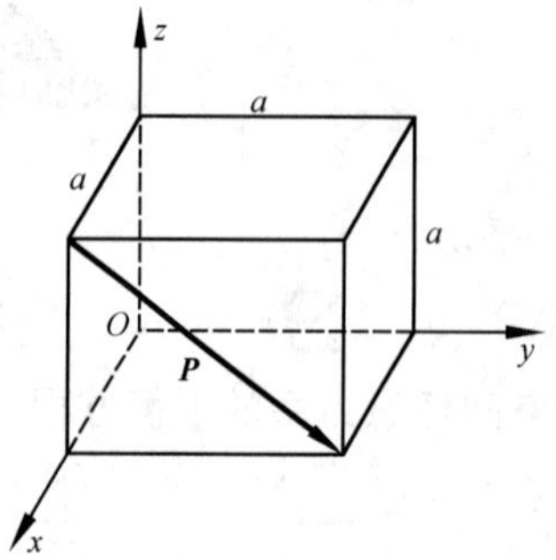

题 5-1 图

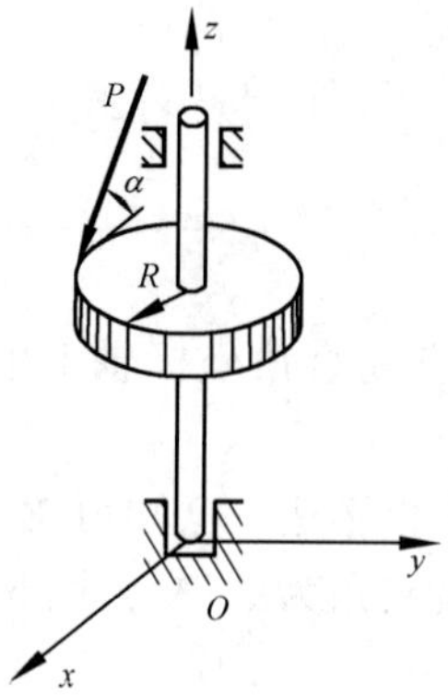

题 5-2 图

5-3 铅垂力 $P=500\text{N}$，作用于曲柄上如题 5-3 图所示，求该力对于各坐标轴之矩。

5-4 如题 5-4 图所示，已知 $\boldsymbol{P}$、α、β、R、L，求力 $\boldsymbol{P}$ 在 x 轴的投影和对 x 轴的力矩($\boldsymbol{P}$ 力在过轮缘上作用点的切平面内)。

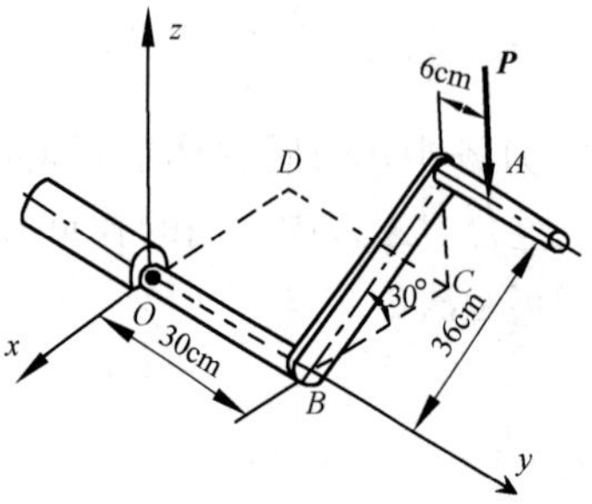

题 5-3 图

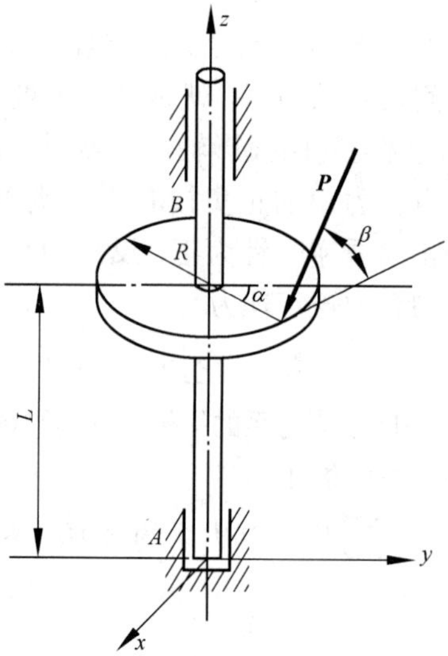

题 5-4 图

5-5 如题 5-5 图所示，墙角的吊挂由两端铰接的杆 OA、OB 和软绳 OC 构成，两杆分别垂直于墙面，由 OC 绳维持在水平面内，节点 O 处悬吊重物 $P=10\text{kN}$。已知 $OA=30\text{cm}$，$OB=40\text{cm}$，OC 绳与水平面夹角为 30°。若杆重不计，试求绳的拉力及两杆 OA、OB 所受的力。

5-6 如题 5-6 图所示，已知 AB 为杆，BC、BD 为绳，A 铰接在面上，且 AB 杆铅垂。在 B 点 y 轴负向作用一水平力 $T=1\text{kN}$，不计 AB 杆自重，求 A 处的约束反力及绳 BC 和 BD 的拉力。

5-7 如题 5-7 图所示，三脚架 $ABCD$ 和绞车 E 从矿井中吊起重 30kN 的重物，$\triangle ABC$ 为等边三角形，三脚架的三只脚及绳索 DE 均与水平面呈 60°角，不计架重，求当重物被匀速提升时各脚所受的反力。

5-8 如题5-8图所示，起重机装在三轮小车 ABC 上，机身重 $G=100\text{kN}$，重力作用线在平面 $LMNF$ 之内，至机身轴线 MN 的距离为 0.5m。已知 $AD=DB=1\text{m}$，$CD=1.5\text{m}$，$CM=1\text{m}$。求当载重 $P=30\text{kN}$，起重机的平面 LMN 平行于 AB 时，车轮对轨道的压力。

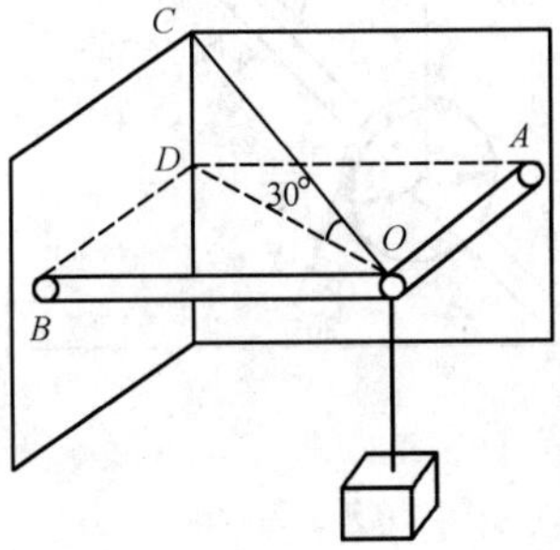

题5-5图

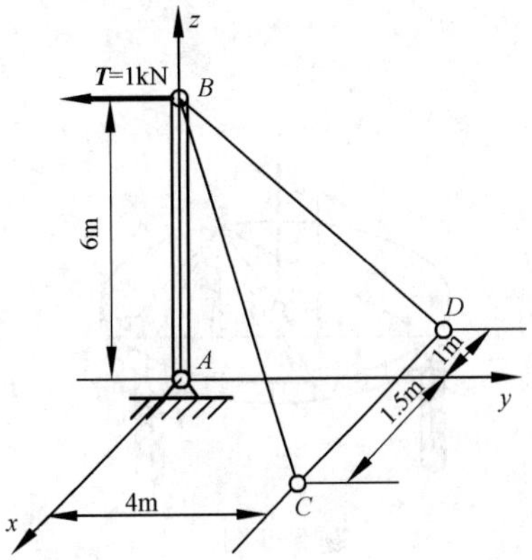

题5-6图

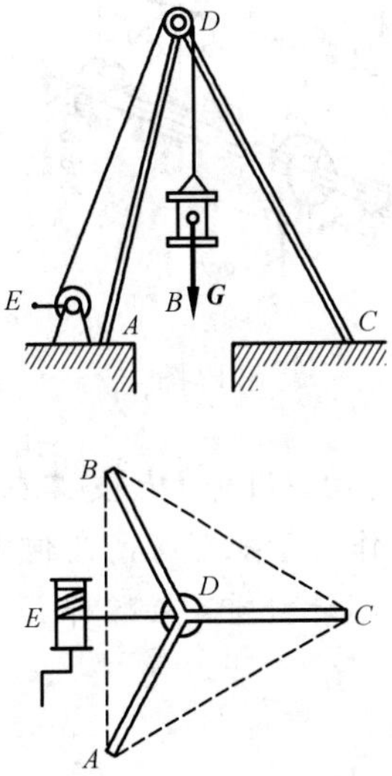

题5-7图

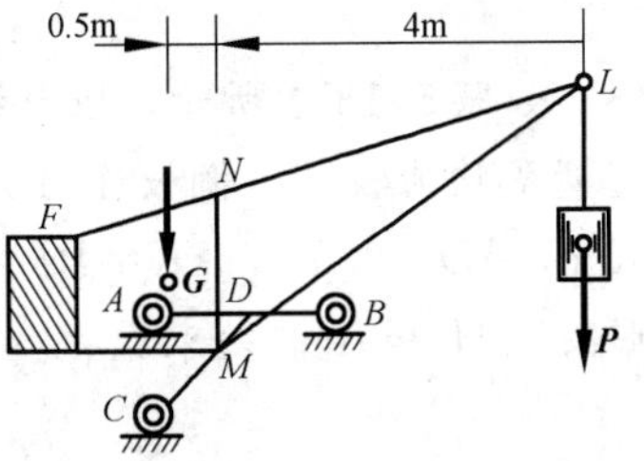

题5-8图

5-9 如题5-9图所示，三脚圆桌的半径 $r=50\text{cm}$，重为 $G=600\text{N}$，圆桌的三脚 A、B 和 C 形成一等边三角形。如在中线 CO 上距圆心为 a 的点 M 处作用一铅垂力 $P=1500\text{N}$，求使圆桌不致翻倒的最大距离 a。

5-10 传动轴如题5-10图所示，皮带轮直径 $D=400\text{mm}$，皮带拉力 $T_1=2000\text{N}$，$T_2=1000\text{N}$，皮带拉力与水平线夹角为 15°；圆柱直齿轮的节圆直径 $d=200\text{mm}$，齿轮压力 $\boldsymbol{N}$ 与铅垂线成 20°角。试求轴承反力和齿轮压力 $\boldsymbol{N}$。图中尺寸单位为 mm。

5-11 如题5-11图所示，水平轴上装有两个皮带轮 C 和 D，轮的半径 $r_1=20\text{cm}$，$r_2=25\text{cm}$，轮 C 的胶带是水平的，其拉力 $T_1=2t_1=5000\text{N}$，轮 D 的胶带与铅垂线成角 $\alpha=30°$，其拉力 $T_2=2t_2$；不计轮、轴的重量，求在平衡情况下拉力 $\boldsymbol{T}_2$ 和 $\boldsymbol{t}_2$ 的大小及轴承反力。

5-12 如题5-12图所示，水平轴上装有两个凸轮，凸轮上分别作用已知力 $P=800\text{N}$ 和未知力 $\boldsymbol{F}$，若轴平衡，求力 $\boldsymbol{F}$ 的大小和轴承的反力。

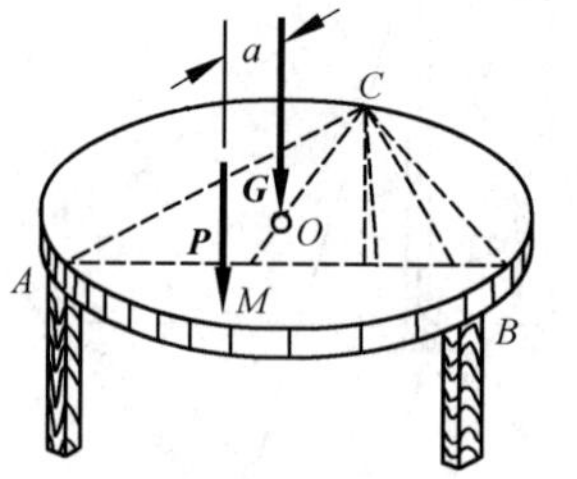

题 5-9 图

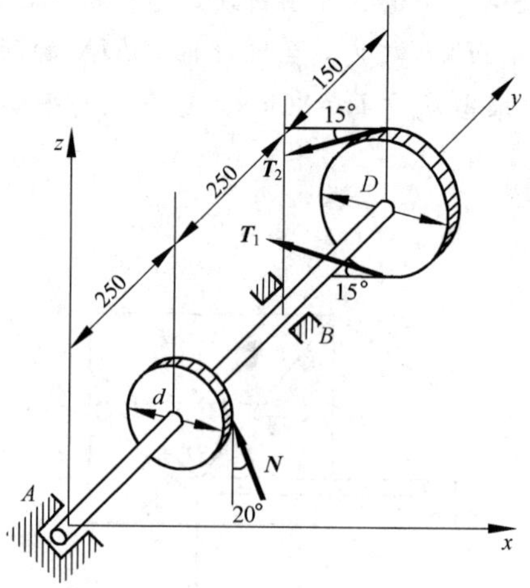

题 5-10 图

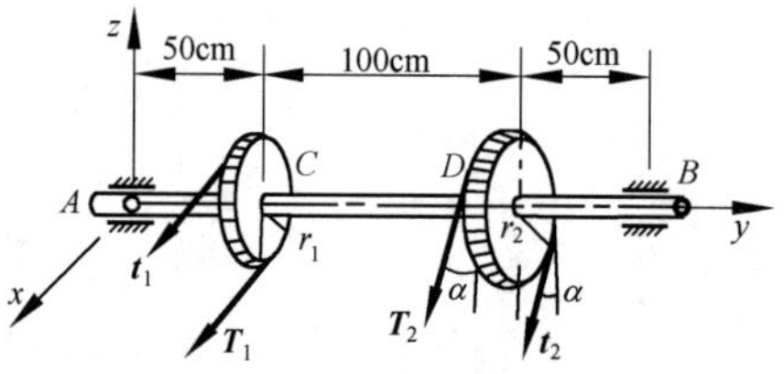

题 5-11 图

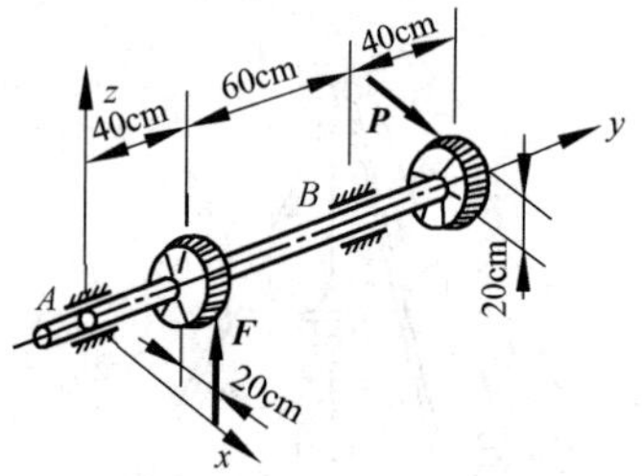

题 5-12 图

5-13 如题 5-13 图所示，矩形搁板 $ABCD$ 可绕轴 AB 转动，用杆 DE 支撑在水平位置，撑杆 DE 两端均为铰接。搁板连同其上重物共重 $G=800\text{N}$，作用于矩形板的几何中心。已知 $AB=1.5\text{m}$，$AD=0.6\text{m}$，$AK=BH=0.25\text{m}$，$DE=0.75\text{m}$，不计杆重，求撑杆 DE 所受的力 $\boldsymbol{S}$ 及蝶形铰链 H 和 K 的约束反力。

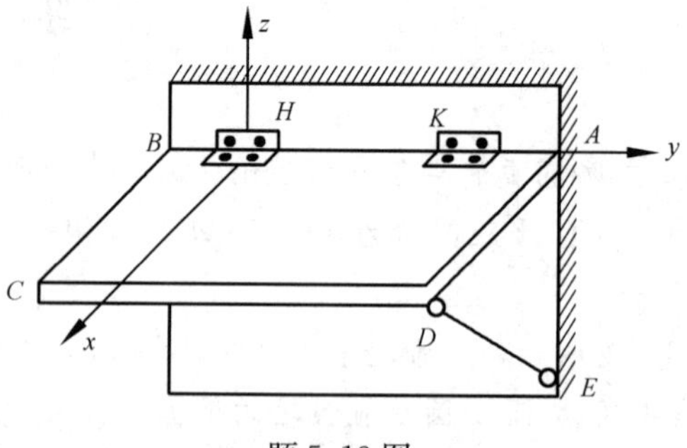

题 5-13 图

5-14 求题 5-14 图示截面形心的位置(单位为 mm)。

5-15 如题 5-15 图所示，为了测汽车的重心位置，可将汽车驶到地秤上，称得汽车总重为 $\boldsymbol{P}$，再将后轮驶到地秤上，称得后轮的压力 $\boldsymbol{N}$，即可求得重心的位置。今已知 $P=34.3\text{kN}$，$N=19.6\text{kN}$，前后两轮之间的距离 $l=3.1\text{m}$，试求重心 C 到后轴的距离 b。

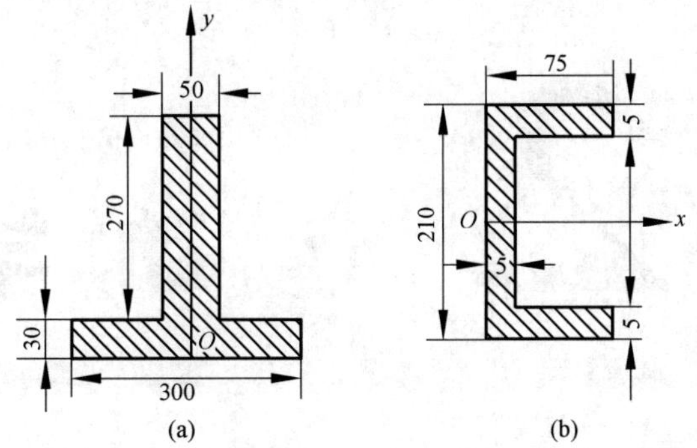

题 5-14 图

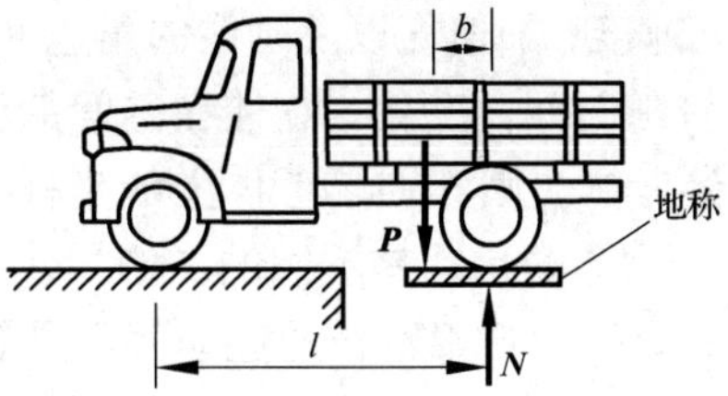

题 5-15 图

第2篇 运动学

运动学的任务是**研究物体运动时的几何性质，而不考虑引起物体运动的原因。**所谓几何性质是指点的位置、运动方程、速度、加速度以及刚体的角速度、角加速度等。

运动是指物体在空间的位置随时间而变化。物体在空间的位置必须相对于某给定的物体来确定，这个给定的物体称为**参考体**。固连在参考体上的坐标系称为**参考坐标系**，简称**参考系**。在不同的参考系上观察同一物体的运动是不同的。例如，骑自行车的人观察自行车轮子的运动是定轴转动，但站在地面上的人观察轮子的运动就不是定轴转动了。所以运动具有相对性。在许多工程实际问题中，通常取与地球固连的坐标系为**静坐标系**，简称**静系**，相对于地球运动的参考系称为**动参考系**，简称**动系**。

为了描述物体的运动，需要明确两个与时间有关的概念，即**瞬时**和**时间间隔**。所谓瞬时，是指某一事件发生的那一时刻，常用字母 t 表示。例如，晚上 7 点是中央电视台新闻联播节目开始时刻。所谓时间间隔是指先后两个瞬时间隔的时间。例如，第一节课时间是从 8 点开始，8 点 50 分结束，则时间间隔为 50 分钟。时间间隔的长短表示过程的久暂，通常规定某过程开始的初瞬时 t_0 用数值零表示($t_0=0$)，因此，瞬时 t 又表示由初瞬时至瞬时 t 所经历的时间间隔。时间间隔的单位常用秒(s)表示。

运动学的研究对象是真实物体的两种理想化的力学模型，即点和刚体。所谓**点，是指大小、质量不计，但在空间占有确定位置的几何点。**所谓**刚体是由无数个点组成的不变形的系统。**

学习运动学的目的有两个方面，一是为学习动力学和后续课程做好必要的准备，在动力学中除了对物体进行受力分析外，还要做运动分析以建立力与运动变化之间的关系。二是解决工程实际中的某些问题，例如，在传动系统、自动控制系统以及其他机构中，常需对其进行运动分析，以使它们在工作时能准确地达到设计要求而获得预期的效果。

本篇将研究点和刚体的运动。由于在刚体运动时要用到点的运动学中的一些概念，所以首先研究点的运动。

第 6 章

点的运动学

本章分别采用三种不同的方法(矢径法、直角坐标法、自然法)，研究点在空间运动时的几何性质。

6.1　点运动的矢径法

1. 运动方程与轨迹

设动点 M 在空间做曲线运动，任选一固定点 O 为参考点，则动点 M 在某一瞬时的位置可用相对于 O 点的矢径 $\boldsymbol{r}$ 来表示，如图 6-1 所示。当动点 M 运动时，矢径 $\boldsymbol{r}$ 的大小和方向一般都随时间 t 而变化，且是时间 t 的单值连续函数，即

$$\boldsymbol{r} = \boldsymbol{r}(t) \tag{6-1}$$

这个方程完全确定了任一瞬时动点在空间的位置，称为**以矢量表示的点的运动方程。**

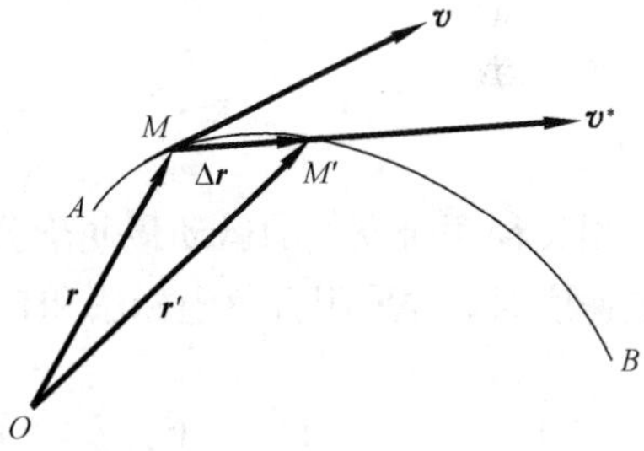

图 6-1

6-1

显然，当动点运动时，其矢径的端点在空间所描绘出的曲线就是动点 M 的运动轨迹。

2. 速度

设在瞬时 t，动点位于 M 点，其矢径为 $\boldsymbol{r}$，在 $t+\Delta t$ 瞬时，动点位于 M' 点，其矢径为 $\boldsymbol{r}'$，如图 6-1 所示。则在 Δt 时间间隔内，矢径的改变量 $\Delta\boldsymbol{r}=\boldsymbol{r}'-\boldsymbol{r}$，它表示动点 M 在 Δt 时间内的位移。显然点的位移是矢量。比值$\dfrac{\Delta\boldsymbol{r}}{\Delta t}$表示动点 M 在 Δt 时间内的平均速度，以$\boldsymbol{v}^*$表示，即

$$\boldsymbol{v}^* = \frac{\Delta\boldsymbol{r}}{\Delta t}$$

由于 Δt 是标量，所以$\boldsymbol{v}^*$的方向应与 $\Delta\boldsymbol{r}$ 同向。

当 $\Delta t\to 0$ 时，平均速度$\boldsymbol{v}^*$的极限值即为动点 M 在瞬时 t 的速度，以$\boldsymbol{v}$表示，即

$$\boldsymbol{v} = \lim_{\Delta t\to 0}\frac{\Delta\boldsymbol{r}}{\Delta t} = \frac{\mathrm{d}\boldsymbol{r}}{\mathrm{d}t} = \dot{\boldsymbol{r}} \tag{6-2}$$

即动点的速度等于其矢径 $\boldsymbol{r}$ 对时间的一阶导数，其方向就是 $\Delta t\to 0$ 时 $\Delta\boldsymbol{r}$ 的极限方向，即沿轨迹的切线方向。

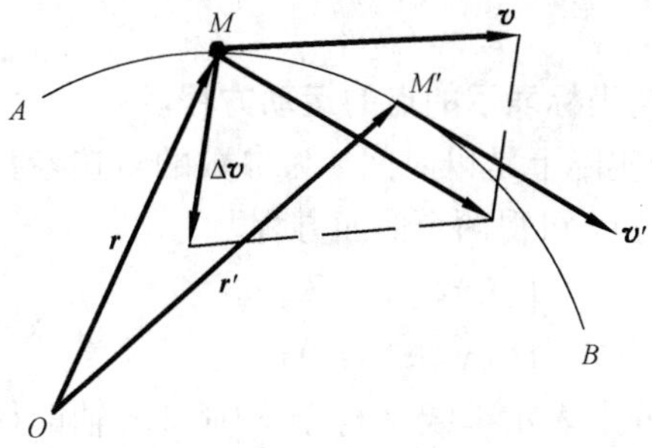

图 6-2

6-2

3. 加速度

在点做曲线运动时，速度的大小和方向一般都随时间而变化。设在某瞬时 t，动点 M 的速度为$\boldsymbol{v}$，经过 Δt 时间后，M 点的速度为$\boldsymbol{v}'$(图 6-2)。则动

点 M 的速度在 Δt 时间内的改变量为 $\Delta \boldsymbol{v}=\boldsymbol{v}'-\boldsymbol{v}$，$\Delta \boldsymbol{v}$ 与相应时间间隔 Δt 的比值，即为动点在 Δt 时间内的平均加速度，以 $\boldsymbol{a}^*$ 表示，即

$$\boldsymbol{a}^* = \frac{\Delta \boldsymbol{v}}{\Delta t}$$

当 $\Delta t \to 0$ 时，平均加速度的极限，则为动点在瞬时 t 的加速度，以 $\boldsymbol{a}$ 表示，即

$$\boldsymbol{a} = \lim_{\Delta t \to 0} \frac{\Delta \boldsymbol{v}}{\Delta t} = \frac{\mathrm{d}\boldsymbol{v}}{\mathrm{d}t} = \frac{\mathrm{d}^2 \boldsymbol{r}}{\mathrm{d}t^2} = \ddot{\boldsymbol{r}} \tag{6-3}$$

即**动点的加速度等于其速度对时间的一阶导数，或等于其矢径 $\boldsymbol{r}$ 对时间的二阶导数**，其方向沿速度矢端曲线的切线，如图 6-3 所示。

6-3

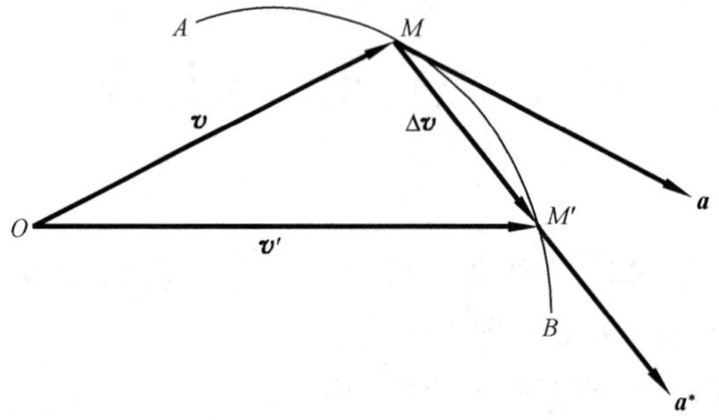

图 6-3

用矢径法研究点的运动最便于公式的推导，但在具体建立动点的运动方程并计算其速度和加速度时，常采用直角坐标法和自然法。

6.2 点运动的直角坐标法

1. 运动方程与轨迹

过固定点 O 建立一直角坐标系 $Oxyz$。设动点 M 在任一瞬时 t 的坐标为 x、y、z，其矢径为 $\boldsymbol{r}$，由图 6-4 可知

$$\boldsymbol{r} = x\boldsymbol{i} + y\boldsymbol{j} + z\boldsymbol{k} \tag{6-4}$$

式中，$\boldsymbol{i}$、$\boldsymbol{j}$、$\boldsymbol{k}$ 分别表示各相应坐标轴的单位矢量。

当动点 M 运动时，其坐标是随时间而变化的，可表示为时间 t 的单值连续函数，即

$$\left.\begin{aligned} x &= f_1(t) \\ y &= f_2(t) \\ z &= f_3(t) \end{aligned}\right\} \tag{6-5}$$

这就是**以直角坐标表示的点的运动方程。**

6-4

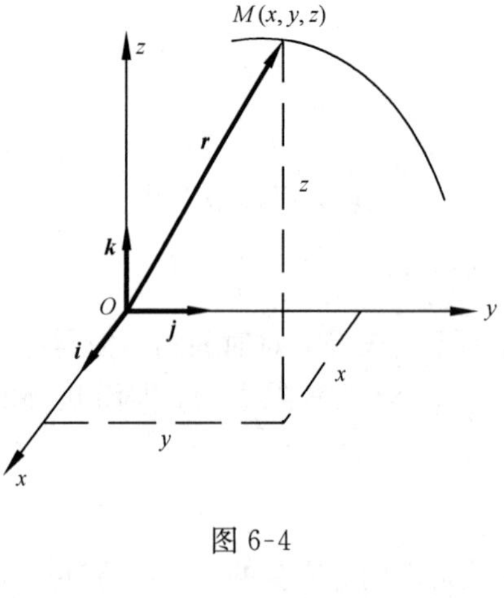

图 6-4

式(6-5)实际上是以时间 t 为参数的轨迹参数方程，消去时间 t，可得两个曲面方程

$$\left.\begin{aligned} F_1(x,\ y) &= 0 \\ F_2(y,\ z) &= 0 \end{aligned}\right\} \tag{6-6}$$

这两个方程分别表示母线平行于 z 轴和 x 轴的柱形曲面，它们的交线就是动点的运动轨迹。

2. 速度

将式(6-4)对时间 t 求一阶导数，得

$$\boldsymbol{v}=\frac{\mathrm{d}\boldsymbol{r}}{\mathrm{d}t}=\frac{\mathrm{d}x}{\mathrm{d}t}\boldsymbol{i}+\frac{\mathrm{d}y}{\mathrm{d}t}\boldsymbol{j}+\frac{\mathrm{d}z}{\mathrm{d}t}\boldsymbol{k} \tag{6-7}$$

于是，速度$\boldsymbol{v}$在直角坐标轴上的投影为

$$\left.\begin{aligned} v_x&=\frac{\mathrm{d}x}{\mathrm{d}t}=\dot{x}\\ v_y&=\frac{\mathrm{d}y}{\mathrm{d}t}=\dot{y}\\ v_z&=\frac{\mathrm{d}z}{\mathrm{d}t}=\dot{z}\end{aligned}\right\} \tag{6-8}$$

即动点的速度在直角坐标轴上的投影等于其相应坐标对时间的一阶导数。

式(6-8)完全确定了速度$\boldsymbol{v}$的大小和方向，其大小为

$$v=\sqrt{v_x^2+v_y^2+v_z^2}$$

其方向可由速度$\boldsymbol{v}$的方向余弦来确定

$$\cos(\boldsymbol{v},\ \boldsymbol{i})=\frac{v_x}{v}\quad,\quad \cos(\boldsymbol{v},\ \boldsymbol{j})=\frac{v_y}{v}\quad,\quad \cos(\boldsymbol{v},\ \boldsymbol{k})=\frac{v_z}{v}$$

速度$\boldsymbol{v}$的分量表达式为

$$\boldsymbol{v}=v_x\boldsymbol{i}+v_y\boldsymbol{j}+v_z\boldsymbol{k} \tag{6-9}$$

3. 加速度

将式(6-7)对时间求一阶导数得点的加速度

$$\begin{aligned}\boldsymbol{a}&=\frac{\mathrm{d}\boldsymbol{v}}{\mathrm{d}t}=\frac{\mathrm{d}^2x}{\mathrm{d}t^2}\boldsymbol{i}+\frac{\mathrm{d}^2y}{\mathrm{d}t^2}\boldsymbol{j}+\frac{\mathrm{d}^2z}{\mathrm{d}t^2}\boldsymbol{k}\\ &=\frac{\mathrm{d}v_x}{\mathrm{d}t}\boldsymbol{i}+\frac{\mathrm{d}v_y}{\mathrm{d}t}\boldsymbol{j}+\frac{\mathrm{d}v_z}{\mathrm{d}t}\boldsymbol{k}\end{aligned} \tag{6-10}$$

显然，加速度 $\boldsymbol{a}$ 在直角坐标轴上的投影为

$$\left.\begin{aligned} a_x&=\frac{\mathrm{d}v_x}{\mathrm{d}t}=\frac{\mathrm{d}^2x}{\mathrm{d}t^2}=\ddot{x}\\ a_y&=\frac{\mathrm{d}v_y}{\mathrm{d}t}=\frac{\mathrm{d}^2y}{\mathrm{d}t^2}=\ddot{y}\\ a_z&=\frac{\mathrm{d}v_z}{\mathrm{d}t}=\frac{\mathrm{d}^2z}{\mathrm{d}t^2}=\ddot{z}\end{aligned}\right\} \tag{6-11}$$

即动点的加速度在直角坐标轴上的投影，等于其相应的速度投影对时间的一阶导数，或等于相应坐标对时间的二阶导数。

式(6-11)完全确定了加速度的大小和方向。其大小为

$$a=\sqrt{a_x^2+a_y^2+a_z^2}$$

其方向可由加速度 $\boldsymbol{a}$ 的方向余弦来确定

$$\cos(\boldsymbol{a},\ \boldsymbol{i})=\frac{a_x}{a}\quad,\quad \cos(\boldsymbol{a},\ \boldsymbol{j})=\frac{a_y}{a}\quad,\quad \cos(\boldsymbol{a},\boldsymbol{k})=\frac{a_z}{a}$$

若动点的运动轨迹为平面曲线，可将 x、y 坐标轴选在轨迹平面内，则 $z\equiv0$，上述公式仍成立。

若动点的运动轨迹为直线，可将 x 轴选在轨迹上，这时运动方程为 $x=f(t)$，速度 $v=\frac{\mathrm{d}x}{\mathrm{d}t}=\dot{x}$。在直线运动中，速度 v 为代数量，当 $v>0$ 时，表示动点的坐标随时间的增加而增加，动点沿 x 轴正向运动。反之，动点沿 x 轴负向运动。速度代数量的正负号决定了动点沿 x 轴运动的方向。

在直线运动中，动点的加速度 $a=\frac{\mathrm{d}v}{\mathrm{d}t}=\frac{\mathrm{d}^2x}{\mathrm{d}t^2}=\ddot{x}$，也是代数量。当 $a>0$ 时，并不表示动点一定做加速运动，只有当速度 v 和加速度 a 为同号时，动点才做加速运动，速率随时间的增大而增大。反之，动点做减速运动。

点运动的直角坐标法可以求解两类运动学问题：一类是已知点的运动方程(或由题意可建立运动方程)，求点的速度和加速度，这类问题可以运用求导的方法求解；另一类问题是已知点的加速度或速度，求点的速度或运动方程，这类问题可以运用积分的方法求解，其积分常数可由运动的初始条件来确定。

6-5

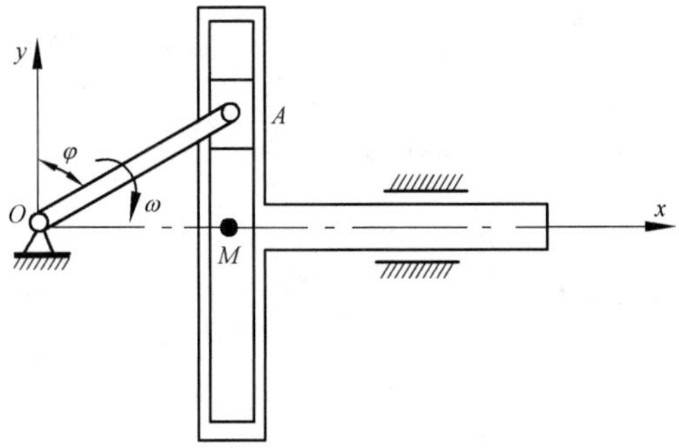

图 6-5

【例 6-1】 在图 6-5 所示的曲柄导杆机构中，曲柄 $OA=r$，以匀角速度 ω 转动，若曲柄的初始位置处在铅垂位置，试求导杆上 M 点的运动方程、速度和加速度方程。

解 导杆上 M 点做直线运动，选坐标如图 6-5 所示，在任一瞬时 t，M 点的运动方程为

$$x = r\sin\omega t$$

可见，M 点做简谐振动，M 点做往复运动的区间中点 O' 称为振动中心，r 是 M 点偏离振动中心的最远距离称为**振幅**，ωt 称为**位相角**，初相角为零，ω 称为振动的**圆频率**，表示 2π 秒钟内振动的次数，$f=\frac{\omega}{2\pi}$称为**频率**，表示每秒钟振动的次数，$T=\frac{1}{f}=\frac{2\pi}{\omega}$称为**周期**，表示振动一次所需的时间。

由 M 点的运动方程，可求得 M 点的速度和加速度方程分别为

$$v = \frac{\mathrm{d}x}{\mathrm{d}t} = r\omega\cos\omega t$$

$$a = \frac{\mathrm{d}^2x}{\mathrm{d}t^2} = -r\omega^2\sin\omega t = -\omega^2 x$$

可见，速度和加速度也是周期性变化的，变化的周期均是 T，加速度的大小与动点到振动中心的距离成正比，方向恒指向振动中心，这是简谐振动的一个基本特点。

【例 6-2】 汽车以速度$\boldsymbol{v}_0$沿直线道路行驶，车轮的半径为 R，轮子与地面无相对滑动，试求轮缘上任一点 M 的轨迹、速度和加速度。

解 设 M 点与地面接触时的位置为起始位置，并以此点为坐标原点建立坐标系 Oxy，如图 6-6 所示。在任一瞬时 t，M 点的坐标为

$$x = v_0 t - R\sin\varphi$$

$$y = R - R\cos\varphi$$

因轮子做纯滚动，所以 $\varphi=\frac{v_0 t}{R}$，将其代入上式得 M 点的运动方程为

$$x = v_0 t - R\sin\frac{v_0 t}{R}$$

$$y = R\left(1 - \cos\frac{v_0 t}{R}\right)$$

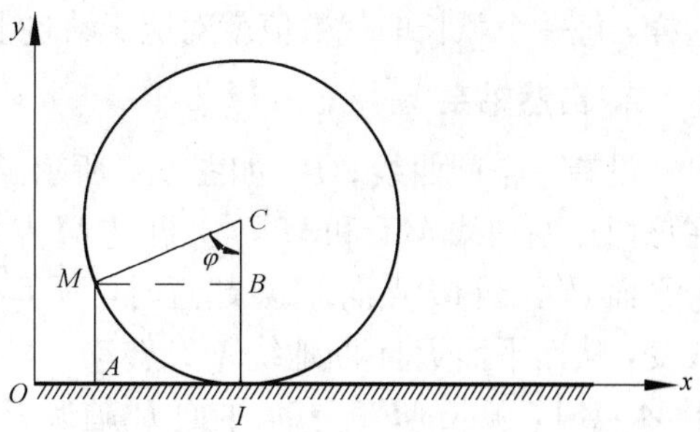

图 6-6

消去时间 t 后，得 M 点的轨迹方程为

$$x - \sqrt{y(2R-y)} = R\arccos\frac{R-y}{R}$$

即 M 点的轨迹是旋轮线(摆线)。

将运动方程对时间 t 求一阶导数，得 M 点的速度在直角坐标轴上的投影为

$$v_x = \dot{x} = v_0 - v_0\cos\frac{v_0}{R}t \quad , \quad v_y = \dot{y} = v_0\sin\frac{v_0}{R}t$$

将运动方程对时间 t 求二阶导数，得 M 点加速度在直角坐标轴上的投影为

$$a_x = \ddot{x} = \frac{v_0^2}{R}\sin\frac{v_0}{R}t$$

$$a_y = \ddot{y} = \frac{v_0^2}{R}\cos\frac{v_0}{R}t$$

当 M 点与地面接触时，$\varphi = \frac{v_0}{R}t = 0$ 或 $2n\pi$(n 为正整数)，此时 M 点的速度为

$$\dot{x} = \dot{y} = 0$$

M 点的加速度为

$$\ddot{x} = 0; \quad \ddot{y} = \frac{v_0^2}{R}(\text{沿 } y \text{ 轴的正方向})$$

当 M 点处于最高位置时，$\varphi = \frac{v_0}{R}t = \pi$ 或$(2n+1)\pi$，此时 M 点的速度和加速度在坐标轴上的投影分别为

$$v_x = 2v_0; \quad v_y = 0$$

$$a_x = 0; \quad a_y = -\frac{v_0^2}{R}(\text{沿 } y \text{ 轴的负向})$$

6.3　点运动的自然法

在某些工程实际问题中，动点的运动轨迹往往是已知的。例如，单摆的运动轨迹为一圆弧，行驶着的火车的运动轨迹为已知的轨道，转动刚体上任一点的运动轨迹为一个圆，等等。当动点的运动轨迹为已知时，可用自然法来研究点运动的几何性质。

1. 弧坐标

设有一空间曲线 AB，如图 6-7 所示。在曲线 AB 上任取一点 O 为参考点(坐标原点)，并规定曲线的正负方向，通常沿动点的运动方向规定为正方向，则曲线 AB 上任一点 M 在空间的位置可由其到原点 O 的弧长 s 来表示，沿轨迹的正方向量得的弧长为正，反之为负，

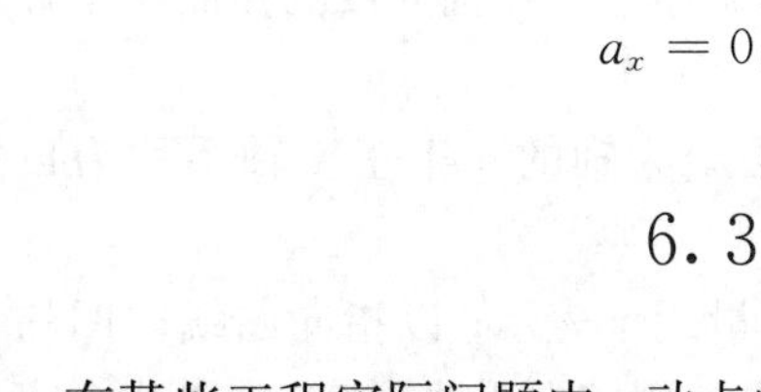

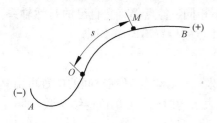

图 6-7

这样，每一个弧长的代数值就对应于轨迹上的一个确定的点，弧长 s 称为**弧坐标**。

2. 自然轴系

设有一空间曲线 AB，如图 6-8 所示。在该曲线上任取相邻两点 M 和 M'，并分别作曲线在该两点的切线 MT 和 $M'T'$。再过 M 点作直线 MT'' 平行于 $M'T'$，直线 MT'' 和 MT 构成一个平面 P'。当 M' 点向 M 点趋近时，$M'T'$ 的方位在不断地改变，相应地 MT'' 的方位也不断地改变，从而平面 P' 不断地绕 MT 转动，其在空间的方位也在不断地改变。当 M' 点无限趋近于 M 点时，弧长 $MM' \to 0$，平面 P' 趋近于一个极限位置 P，在这极限位置的平面 P 称为曲线在 M 点的**密切面**。

平面曲线上各点的密切面就是曲线所在的平面，空间曲线上各点的密切面则随各点的位置不同而不同。

6-8

6-9

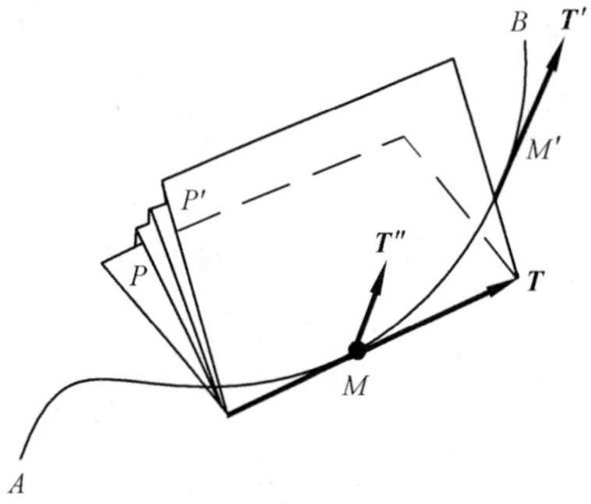

图 6-8

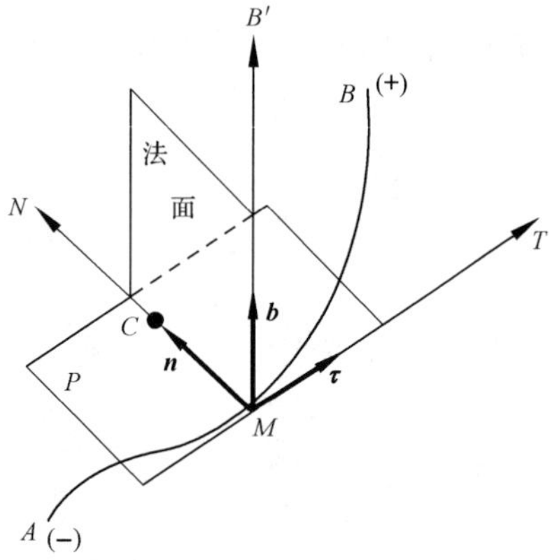

图 6-9

过 M 点并垂直于切线 MT 的平面称为曲线在 M 点的**法面**，如图 6-9 所示。所有通过 M 点并在该法面内的直线都是曲线在 M 点的法线。在密切面内的法线 MN 称为**主法线**，垂直于密切面的法线 MB' 称为**副法线**（或**次法线**），沿主法线向曲线凹的一侧取一点 C，并使 MC 等于曲线在 M 点的曲率半径 ρ，C 点称为曲线在 M 点的**曲率中心**。该圆周或圆弧曲率半径就是圆半径，圆心就是曲率中心。

以 M 点为原点，曲线在 M 点的切线，主法线与副法线为轴的一组正交轴系称为**自然轴系**。

以弧坐标增加的方向为切线的正方向，切线的单位矢量用 $\boldsymbol{\tau}$ 表示；以指向曲线内凹的一侧为主法线的正方向，其单位矢量用 $\boldsymbol{n}$ 表示；副法线的正方向则按右手法则确定，若以 $\boldsymbol{b}$ 表示副法线的单位矢量，则

$$\boldsymbol{b} = \boldsymbol{\tau} \times \boldsymbol{n}$$

必须指出，曲线上各点的切线、主法线和副法线都不相同，各点都有它自己的自然轴系。因此，沿各自然轴系的单位矢量 $\boldsymbol{\tau}$、$\boldsymbol{n}$、$\boldsymbol{b}$ 的方向都是随 M 点的位置不同而不同。

3. 运动方程

当 M 点的运动轨迹为已知时，可以轨迹曲线建立弧坐标，则动点 M 在空间的位置可由其弧坐标 s 唯一地确定，弧坐标 s 是随时间 t 而变化的，可表示为时间 t 的单值连续函数，即

$$s = s(t) \tag{6-12}$$

这就是**以弧坐标表示的点运动方程**，即自然形式的点的运动方程。

4. 速度

设由瞬时 t 到瞬时 $t+\Delta t$，动点的位置由 M 运动到 M'，如图 6-10 所示。在 Δt 时间内弧坐标的增量 $\Delta s=\widehat{MM'}$，而它的矢径的增量(位移)为 $\Delta \boldsymbol{r}=\overrightarrow{MM'}$。由矢径法知，在 t 瞬时，速度 $\boldsymbol{v}$ 的方向沿轨迹的切线并指向前进的方向，其大小为

$$v=\lim_{\Delta t\to 0}\left|\frac{\Delta r}{\Delta t}\right|=\lim_{\Delta t\to 0}\left|\frac{\overrightarrow{MM'}}{\Delta t}\right|$$

当 $\Delta t\to 0$ 时，$\overrightarrow{MM'}\to|\Delta s|$，于是有

$$v=\lim_{\Delta t\to 0}\frac{|\Delta s|}{\Delta t}=\left|\frac{\mathrm{d}s}{\mathrm{d}t}\right|$$

将 $\boldsymbol{v}$ 视为代数值，则有

$$v=\frac{\mathrm{d}s}{\mathrm{d}t}=\dot{s}$$

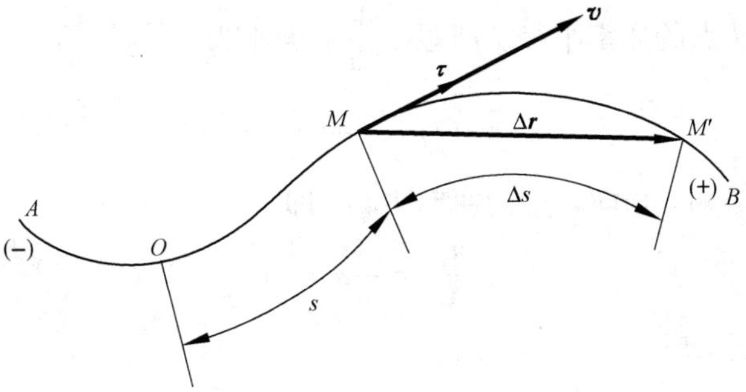

6-10

图 6-10

即速度的大小等于其弧坐标对时间的一阶导数。当 $v>0$ 时，表示弧坐标的代数值随时间增大而增大，动点沿弧坐标的正向运动，当 $v<0$ 时，则相反。

事实上，速度的代数值 v 就是速度 $\boldsymbol{v}$ 在切线上的投影。若以 $\boldsymbol{\tau}$ 表示切线的正方向的单位矢量，则

$$\boldsymbol{v}=v\boldsymbol{\tau}=\frac{\mathrm{d}s}{\mathrm{d}t}\boldsymbol{\tau} \tag{6-13}$$

5. 加速度

由矢径法可知，点的加速度等于其速度对时间的一阶导数，将式(6-13)对时间求一阶导数，即

$$\boldsymbol{a}=\frac{\mathrm{d}\boldsymbol{v}}{\mathrm{d}t}=\frac{\mathrm{d}}{\mathrm{d}t}(v\boldsymbol{\tau})=\frac{\mathrm{d}v}{\mathrm{d}t}\boldsymbol{\tau}+v\frac{\mathrm{d}\boldsymbol{\tau}}{\mathrm{d}t}$$

等式右边的第一项 $\frac{\mathrm{d}v}{\mathrm{d}t}\boldsymbol{\tau}=\frac{\mathrm{d}^2 s}{\mathrm{d}t^2}\boldsymbol{\tau}$，表示仅由速度大小的变化所引起的加速度，其方向沿轨迹的切线方向，指向与 $\boldsymbol{\tau}$ 相同或相反，称为**切向加速度**，以 $\boldsymbol{a}_\tau$ 表示，即

$$\boldsymbol{a}_\tau=\frac{\mathrm{d}v}{\mathrm{d}t}\boldsymbol{\tau}=\frac{\mathrm{d}^2 s}{\mathrm{d}t^2}\boldsymbol{\tau} \tag{6-14}$$

等式右边的第二项 $v\frac{\mathrm{d}\boldsymbol{\tau}}{\mathrm{d}t}$，表示仅由速度的方向的变化所产生的加速度，称为**法向加速度**。现说明如下：

$$\left|v\frac{\mathrm{d}\boldsymbol{\tau}}{\mathrm{d}t}\right| = |\boldsymbol{v}|\cdot\left|\lim_{\Delta t\to 0}\frac{\Delta\boldsymbol{\tau}}{\Delta t}\right| = |\boldsymbol{v}|\cdot\lim_{\substack{\Delta t\to 0\\ \Delta s\to 0}}\left|\frac{\Delta\boldsymbol{\tau}}{\Delta s}\cdot\frac{\Delta s}{\Delta t}\right|$$

$$= v^2\lim_{\Delta s\to 0}\left|\frac{\Delta\boldsymbol{\tau}}{\Delta s}\right|$$

由图 6-11 可知

$$|\Delta\boldsymbol{\tau}| = 2|\boldsymbol{\tau}|\sin\frac{\Delta\varphi}{2} = 2\sin\frac{\Delta\varphi}{2}$$

当 $\Delta t\to 0$ 时，$\Delta s\to 0$，$\Delta\varphi\to 0$，$\sin\frac{\Delta\varphi}{2}\approx\frac{\Delta\varphi}{2}$，则

$$\lim_{\Delta s\to 0}\left|\frac{\Delta\boldsymbol{\tau}}{\Delta s}\right| = \lim_{\Delta s\to 0}\frac{2\sin\frac{\Delta\varphi}{2}}{\Delta s} = \lim_{\substack{\Delta s\to 0\\ \Delta\varphi\to 0}}\frac{\sin\frac{\Delta\varphi}{2}}{\frac{\Delta\varphi}{2}}\cdot\frac{\Delta\varphi}{\Delta s} = \frac{\mathrm{d}\varphi}{\mathrm{d}s} = \frac{1}{\rho}$$

式中，ρ 表示曲线在 M 点的曲率半径。所以 $v\frac{\mathrm{d}\boldsymbol{\tau}}{\mathrm{d}t}$的大小为

$$\left|v\frac{\mathrm{d}\boldsymbol{\tau}}{\mathrm{d}t}\right| = \frac{v^2}{\rho}$$

其方向沿主法线 $\boldsymbol{n}$ 的方向，指向轨迹的曲率中心，即

$$v\frac{\mathrm{d}\boldsymbol{\tau}}{\mathrm{d}t} = \frac{v^2}{\rho}\boldsymbol{n} = \boldsymbol{a}_n \tag{6-15}$$

从而，点的加速度可表示成

$$\boldsymbol{a} = \boldsymbol{a}_\tau + \boldsymbol{a}_n = \frac{\mathrm{d}v}{\mathrm{d}t}\boldsymbol{\tau} + \frac{v^2}{\rho}\boldsymbol{n} \tag{6-16}$$

可见，点的加速度永远位于轨迹曲线的密切面内，点的加速度在副法线上的投影恒为零。全加速度的大小为

$$a = \sqrt{a_\tau^2 + a_n^2} \tag{6-17}$$

它与主法线的夹角为

$$\varphi = \arctan\frac{|a_\tau|}{a_n}$$

如图 6-12 所示。

当 $\boldsymbol{a}_\tau$ 与$\boldsymbol{v}$同方向时，点做加速度曲线运动；反之，做减速曲线运动。

6-11

6-12

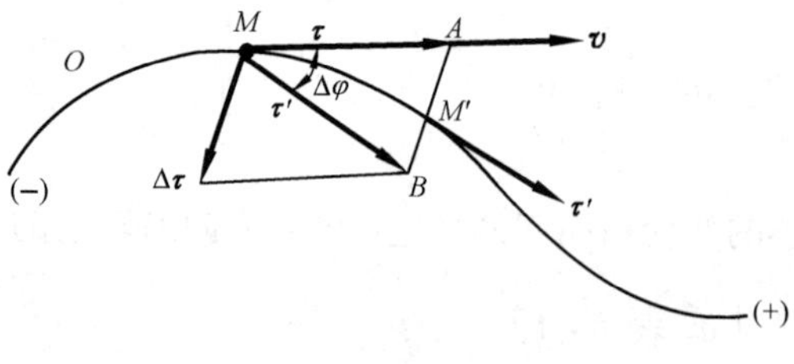

图 6-11

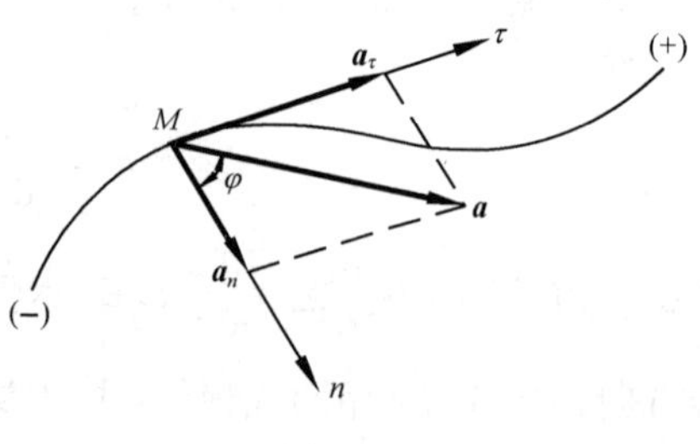

图 6-12

当 a_τ≡常量时，点做匀变速曲线运动。由$\frac{\mathrm{d}v}{\mathrm{d}t}=a_\tau=$常量，积分得

$$v = v_0 + a_\tau t \quad 或 \quad \frac{\mathrm{d}s}{\mathrm{d}t} = v_0 + a_\tau t$$

再积分一次，得

$$s = s_0 + v_0 t + \frac{1}{2}a_\tau t^2$$

式中，v_0 和 s_0 分别为 $t=0$ 时点的速度和位置坐标(弧坐标)。消去时间 t，可得

$$v^2 - v_0^2 = 2a_\tau(s - s_0)$$

【例 6-3】 在图 6-13 所示机构中，小环 M 同时套在半径为 R 的大圆环和摇杆 OA 上，OA 绕 O 轴按 $\varphi=\omega t$ 的规律转动，ω 为常量，$t=0$ 时，OA 处在水平位置。试分别用直角坐标法和自然法求小环 M 在任一瞬时的速度和加速度。

6-13

解 (1) 直角坐标法。取坐标 Oxy 如图，由几何关系得小环 M 的运动方程为

$$x = R + R\cos\alpha = R + R\cos 2\omega t$$
$$y = R\sin\alpha = R\sin 2\omega t$$

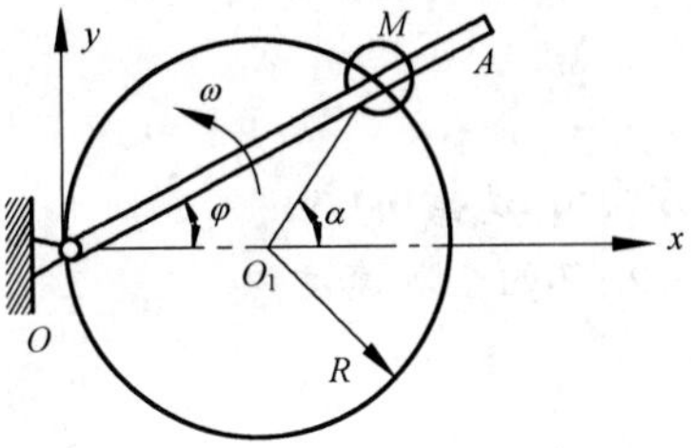

图 6-13

将上两式对时间求一阶导数，得小环 M 的速度在 x、y 轴上投影为

$$v_x = \frac{\mathrm{d}x}{\mathrm{d}t} = -2R\omega\sin 2\omega t$$

$$v_y = \frac{\mathrm{d}y}{\mathrm{d}t} = 2R\omega\cos 2\omega t$$

于是，速度的大小为

$$v = \sqrt{v_x^2 + v_y^2} = 2R\omega$$

方向为

$$\cos(\boldsymbol{v}, \boldsymbol{i}) = \frac{v_x}{v} = -\sin 2\omega t = \cos\left(\frac{\pi}{2} + 2\omega t\right)$$

$$\cos(\boldsymbol{v}, \boldsymbol{j}) = \frac{v_y}{v} = \cos 2\omega t$$

$\boldsymbol{v}$ 与 x 轴的夹角为 $\frac{\pi}{2}+2\omega t$，显然 $\boldsymbol{v}$ 与 MO_1 垂直，并指向转动方向。

将速度投影式对时间求一阶导数，得小环 M 的加速度在 x、y 轴上的投影

$$a_x = \frac{\mathrm{d}v_x}{\mathrm{d}t} = -4R\omega^2\cos 2\omega t$$

$$a_y = \frac{\mathrm{d}v_y}{\mathrm{d}t} = -4R\omega^2\sin 2\omega t$$

于是加速度的大小为

$$a = \sqrt{a_x^2 + a_y^2} = 4R\omega^2$$

加速度的方向

$$\cos(\boldsymbol{a}, \boldsymbol{i}) = \frac{a_x}{a} = -\cos 2\omega t = \cos(\pi + 2\omega t)$$

$$\cos(\boldsymbol{a}, \boldsymbol{j}) = \frac{a_y}{a} = -\sin 2\omega t$$

即 $\boldsymbol{a}$ 与 x 轴的夹角为 $\pi+2\omega t$，显然，它沿 MO_1 并指向 O_1 点。

(2) 自然法。由于小环 M 的运动轨迹已知，故可用自然法求解。取坐标如图，由几何关系得

$$s = R\alpha = R \cdot 2\varphi = 2R\omega t$$

将上式对时间 t 求一阶导数，得小环的速度为

$$v = \frac{ds}{dt} = 2R\omega$$

其方向沿 M 点的切向，指向弧坐标正向。

小环 M 的切向加速度为

$$a_\tau = \frac{d^2 s}{dt^2} = 0$$

小环 M 的法向加速度为

$$a_n = \frac{v^2}{R} = 4R\omega^2$$

其方向由 M 指向 O_1。

小环的全加速度为

$$a = \sqrt{a_\tau^2 + a_n^2} = 4R\omega^2$$

其方向与 $\boldsymbol{a}_n$ 相同。

此结果与直角坐标法相同。由于动点 M 的运动轨迹已知，所以用自然法求解比较方便。

【例 6-4】 列车沿曲线轨道做匀加速行驶。经 M_1、M_2 两点时速度的大小分别为 $v_1=5\text{m/s}$，$v_2=15\text{m/s}$，轨迹曲线在 M_1、M_2 两点处的曲率半径分别为 $R_1=600\text{m}$，$R_2=800\text{m}$，M_1、M_2 两点之间的轨道长度 $s=1000\text{m}$，如图 6-14 所示，试求列车在 M_1、M_2 两点时加速度以及 $M_1 \to M_2$ 所经过的时间 t。

6-14

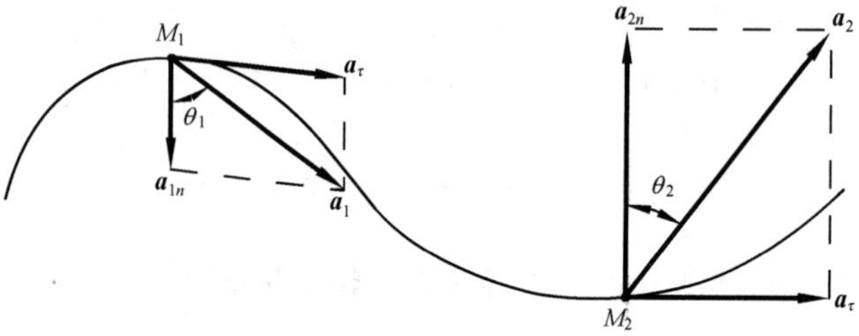

图 6-14

解 因为 $s=1000\text{m}$，由 $v_2^2 - v_1^2 = 2a_\tau s$ 求得切向加速度的大小为

$$a_\tau = \frac{v_2^2 - v_1^2}{2s} = \frac{15^2 - 5^2}{2 \times 1000} = 0.1(\text{m/s}^2)$$

列车在 M_1、M_2 两点时的法向加速度分别为

$$a_{1n} = \frac{v_1^2}{R_1} = \frac{5^2}{600} = 0.042(\text{m/s}^2)$$

$$a_{2n} = \frac{v_2^2}{R_2} = \frac{15^2}{800} = 0.282(\text{m/s}^2)$$

于是，列车在 M_1、M_2 两点时的全加速度分别为

$$a_1 = \sqrt{a_\tau^2 + a_{1n}^2} = 0.108\text{m/s}^2$$

$$a_2 = \sqrt{a_\tau^2 + a_{2n}^2} = 0.299\text{m/s}^2$$

其方向分别为

$$\theta_1 = \tan^{-1}\frac{a_\tau}{a_{1n}} = \tan^{-1}2.88 = 67°24'$$

$$\theta_2 = \tan^{-1}\frac{a_\tau}{a_{2n}} = \tan^{-1}0.355 = 19°30'$$

列车由 M_1 点到 M_2 点所经过的时间为

$$t = \frac{v_2 - v_1}{a_\tau} = \frac{15-5}{0.1} = 100(\text{s})$$

本章小结

1. 本章采用三种方法(矢径法、直角坐标法、自然法)研究点运动时的几何性质(点的位置、运动方程、运动轨迹、速度、加速度等)。

2. 三种方法的运动方程、速度及加速度见表 6-1。

3. 常见特殊运动的运动特征和主要公式见表 6-2。

表 6-1

	运动方程	速度	加速度
矢径法	$\boldsymbol{r}=\boldsymbol{r}(t)$	$\boldsymbol{v}=\dot{\boldsymbol{r}}$	$\boldsymbol{a}=\ddot{\boldsymbol{r}}$
直角坐标法	$x=f_1(t)$ $y=f_2(t)$ $z=f_3(t)$	$v_x=\dot{x}$ $v_y=\dot{y}$ $v_z=\dot{z}$	$a_x=\ddot{x}$ $a_y=\ddot{y}$ $a_z=\ddot{z}$
自然法	$s=f(t)$	$v=\dot{s}$	$a_\tau=\ddot{s}$ $a_n=\frac{\dot{s}^2}{\rho}$ $a=\sqrt{a_\tau^2+a_n^2}$ $\varphi=\tan^{-1}\frac{\lvert a_\tau\rvert}{a_n}$

表 6-2

特殊运动	特征	主要公式
匀速直线运动	$\boldsymbol{a}=0$	$\boldsymbol{v}=$常量，　$s=s_0+vt$
匀变速直线运动	$a_\tau=$常量 $a_n=0$	$v=v_0+a_\tau t$ $s=s_0+v_0t+\frac{1}{2}a_\tau t^2$ $v^2=v_0^2+2a_\tau(s-s_0)$
匀速曲线运动	$a_\tau=0$ $a_n=\frac{v^2}{\rho}$	$v=$常量 $s=s_0+vt$
匀变速曲线运动	$a_\tau=$常量 $a_n=\frac{v^2}{\rho}$	$v=v_0+a_\tau t$ $s=s_0+v_0t+\frac{1}{2}a_\tau t^2$ $v^2=v_0^2+2a_\tau(s-s_0)$

思 考 题

6.1 在图 6-15 中，点 M 做曲线运动。指出哪些运动是可能的，哪些是不可能的。若可能，请说明做何种运动；若不可能，为什么？

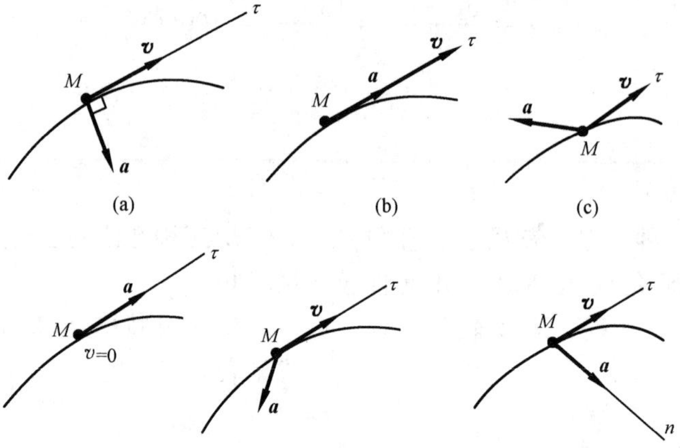

图 6-15

6.2 动点 M 做直线运动。某瞬时其速度 $v=10\text{m/s}$，代入公式 $a=\dfrac{\mathrm{d}v}{\mathrm{d}t}$，从而 $a=0$。由此得到结论：该瞬时的加速度为零。试问这样计算是否正确？并说明理由。

6.3 点的运动方程为 $s=a+bt$，其中 a、b 均为常数。试问是否可以判定该点的运动轨迹一定是直线？为什么？

6.4 试问在下列各种情况下($v\neq 0$)，动点各做何种运动？①$a_\tau\neq 0$，$a_n\neq 0$；②$a_\tau=0$，$a_n=0$；③$a_\tau\neq 0$，$a_n=0$(或 $a_n=0$，$a_\tau=$常数)；④$a_\tau=0$，$a_n\neq 0$(或 $a_\tau=0$，$a_n=$常数)。

6.5 点沿螺旋线自外向内运动(图 6-16)，其走过的弧长与时间的一次方成正比。试问该点的加速度是越来越大还是越来越小？该点是越跑越快还是越跑越慢？

6.6 当点做曲线运动时，点的加速度 $\boldsymbol{a}$ 是恒矢量，如图 6-17 所示。试问该点是否做匀变速运动？

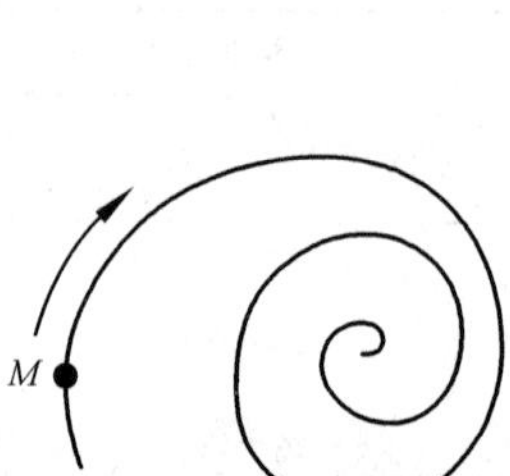

图 6-16

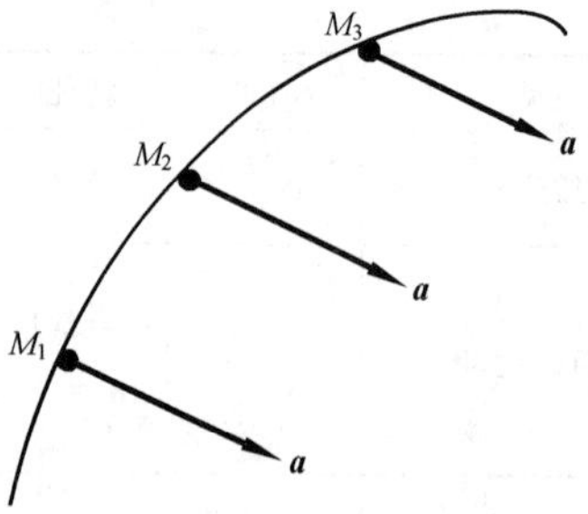

图 6-17

6.7 试说明$\dfrac{\mathrm{d}\boldsymbol{v}}{\mathrm{d}t}$与$\dfrac{\mathrm{d}v}{\mathrm{d}t}$的物理意义(分别就直线运动和曲线运动加以说明)。

习　题

6-1　点从静止开始做直线运动，其速度与时间成正比。运动开始后经过 2s，点走过的路程是 16cm，试求第 8s 与第 9s 时间间隔内点的平均速度和平均加速度。

6-2　已知点的运动方程为 $x=t-4t^3/3$，$y=3t-3t^2$，x、y 的单位均为 cm，时间 t 的单位为 s，试求 $t=1$s 时，点的速度和加速度的大小。

6-3　已知点的运动方程为 $x=a\cos^2 kt$，$y=a\sin^2 kt$，试求：①M 点的运动轨迹；②$t=\frac{\pi}{4k}$秒时，点 M 的速度及加速度。

6-4　如题 6-4 图所示，已知滑块 B 从 O 点开始沿水平向右做匀速直线运动，速度为 $\boldsymbol{v}$，由绕过直径很小的滑轮 A 的绳索吊起重物 M，绳子不可伸长，绳长为 l_0，点 O 与滑轮轴 A 位于同一铅垂线上，$OA=h$，试求重物 M 的运动方程以及 $t=1$s 时重物的速度和加速度。

6-5　动点 M 由 O 点沿题 6-5 图所示轨迹运动，OA 为一水平直线，$S_A=5\pi$cm，自 A 点以后，则为一以 O_1 为圆心，半径 $r=20$cm 的圆环，已知动点沿轨迹的运动方程为 $s=30\pi t-10\pi t^2$(cm)，试分析该点如何运动，并求：①$t=1$s 时，动点的位置、速度、切向加速度和法向加速度；②由 $t=0$ 到 $t=2$s 时间间隔内，该点所走过的路程以及 $t=2$s 时，点的速度、切向加速度和法向加速度。

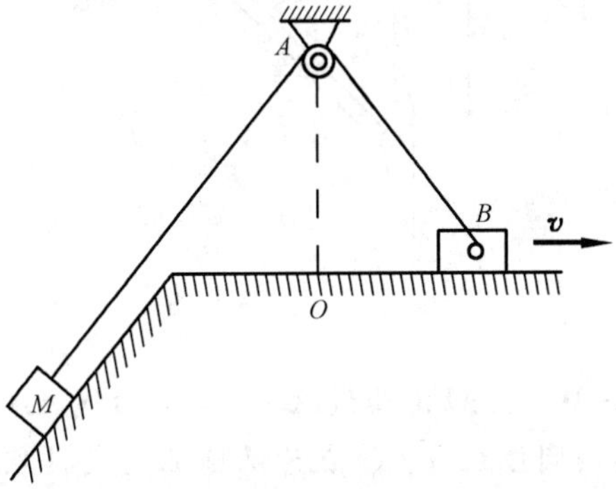

题 6-4 图

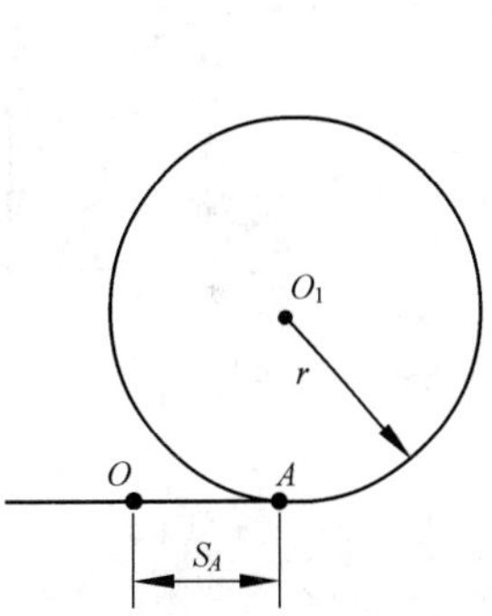

题 6-5 图

6-6　如题 6-6 图所示，摇杆机构的滑杆 AB 在某段时间内以等速 $\boldsymbol{u}$ 向上运动。试建立摇杆上 C 点的运动方程(分别用直角坐标法和自然法求解)，并求此点在 $\varphi=\frac{\pi}{4}$ 时速度的大小。设 $t=0$ 时，$\varphi=0$，摇杆长 $OC=b$。

6-7　如题 6-7 图所示，在半径 $R=0.5$m 的鼓轮上绕一绳子，绳子一端挂一重物，重物以 $s=0.6t^2$(t 以 s 计，s 以 m 计)的规律下降并带动鼓轮转动。求运动开始 1s 后，鼓轮边缘上最高处 M 点的加速度。

6-8　动点 M 沿题 6-8 图所示半径 $R=1$m 的圆周按 $v=20-kt$ 的规律运动，式中 v 以 m/s 计，t 以 s 计，k 为常数。设动点经 A、B 两点时的速度分别为 $v_A=10$m/s，$v_B=5$m/s。试求该点从 A 到 B 所需的时间 t 和在 B 点时的加速度。

6-9 如题6-9图所示，AB 杆按规律 $\varphi=\omega t$ 绕 A 轴转动，并带动套在水平杆 OC 上的小环 M 运动，设 $OA=h$，$t=0$ 时，$\varphi=0$，求：①小环 M 沿 OC 杆滑动的速度；②小环 M 相对于 AB 杆的速度。

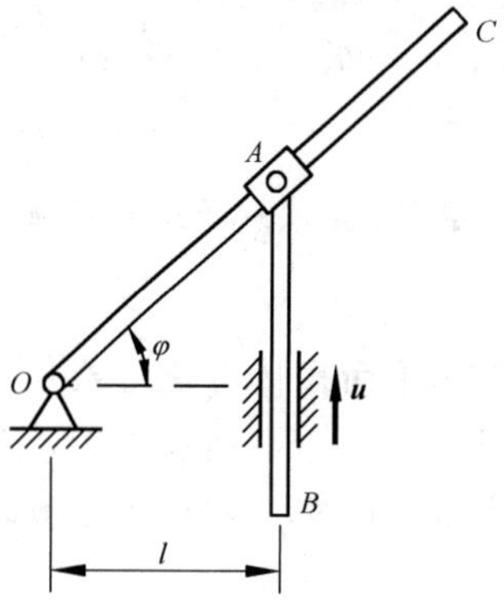

题6-6图

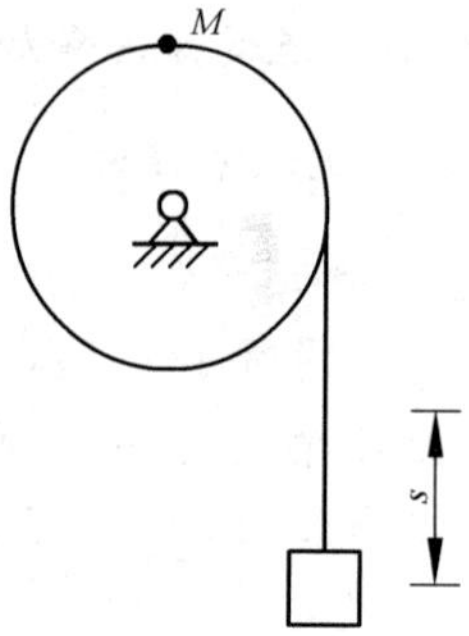

题6-7图

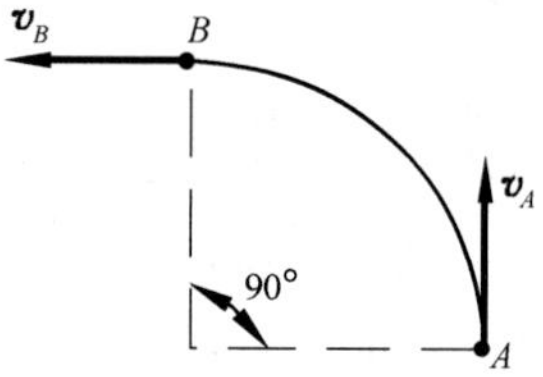

题6-8图

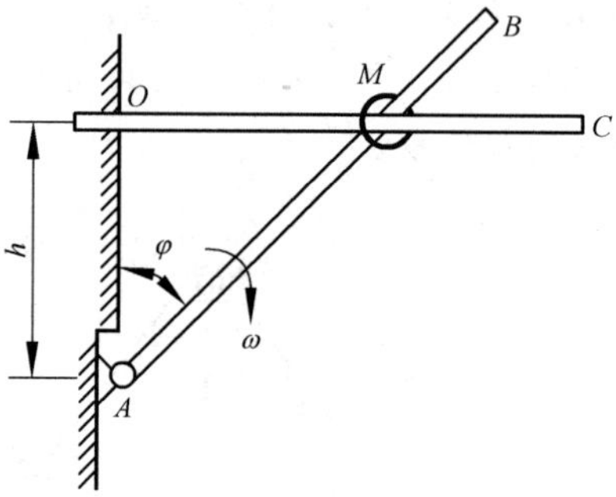

题6-9图

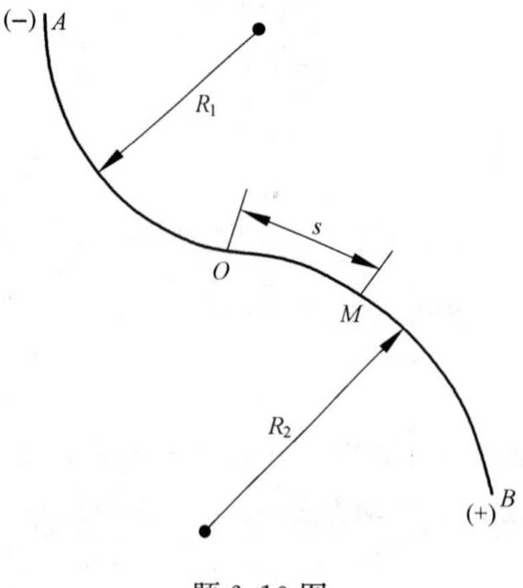

题6-10图

6-10 点 M 沿曲线 AB 运动，曲线 AB 由 AO 和 OB 两段圆弧组成。O 点为两圆弧的交接点，并取该点为弧坐标的原点，正、负方向如题6-10图所示。已知 $R_1=18\text{m}$，$R_2=24\text{m}$，点的运动方程为 $s=3+4t-t^2$（t 以 s 计，s 以 m 计），试求：①由 $t=0$ 到 $t=5\text{s}$，点所经过的路程；②$t=5\text{s}$ 时点的加速度。

6-11 飞轮边缘上一点 M，随飞轮以匀速 $v=10\text{m/s}$ 运动。刹车后，该点以 $a^\tau=0.1t\text{m/s}^2$ 做减速运动。该飞轮半径 $R=0.4\text{m}$，求点 M 在减速运动过程中的运动方程以及 $t=2\text{s}$ 时的速度、切向加速度和法向加速度。

第 7 章

刚体的基本运动

第 6 章研究了点的运动，但在许多工程实际问题中遇到的往往是物体的运动。例如，齿轮的转动、机车车轮及其车厢的运动、振动筛筛子的运动等，都是刚体的运动，不能抽象为点的运动，如图 7-1 所示。一般地讲，运动物体上各点的轨迹、速度、加速度等都不相同，但彼此间都存在着一定的联系。研究刚体的运动，既要研究描述整个刚体的几何性质，又要研究刚体上各点的几何性质。

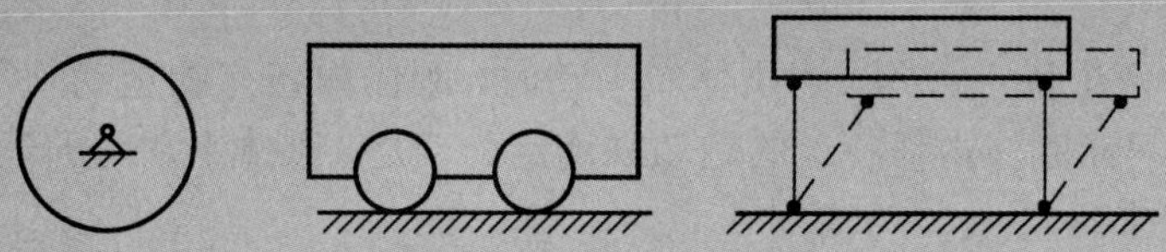

图 7-1

7-1

刚体运动的形式是多样的。本章研究刚体的两种基本运动，刚体平行移动和定轴转动。这两种基本运动，不仅在工程实际中有着广泛的意义，而且也是研究刚体较复杂运动的基础。

7.1　刚体的平行移动

在工程实际中，常遇到刚体做这样的运动，例如，振动筛筛子的运动、沿直线轨道行驶的列车车厢的运动等，这些运动都具有一个共同的特点，即**运动刚体上任一直线始终保持与它原来的位置平行**，具有这种特点的运动，称为**刚体的平行移动**，简称**平动**。

刚体做平动时，如果体内任一点的轨迹都是直线，称为**直线平动**；如果任一点的轨迹是曲线，则称为**曲线平动**。

由刚体平动的定义，可得到刚体平动时的两个重要特点：

(1) **刚体平动时，刚体上各点的轨迹形状完全相同，且互相平行。**

(2) **刚体平动时，在每一瞬时，刚体上各点的速度、加速度完全相等。**

设一刚体做平动，如图 7-2 所示。选体内任两点 A、B，以 $\boldsymbol{r}_A$ 和 $\boldsymbol{r}_B$ 分别表示 A、B 两点相对于 O 点的矢径，则

$$\boldsymbol{r}_A=\boldsymbol{r}_B+\boldsymbol{r}_{BA} \tag{7-1}$$

由于刚体内任意两点之间的距离保持不变，且刚体做平动，所以 $\boldsymbol{r}_{BA}$＝常矢量，因此，如果将 B 点的轨迹移动一距离 $\boldsymbol{r}_{BA}$，就与 A 点的轨迹完全重合。这就表示 A、B 两点的轨迹形状完全相同，且互相平行。

将式(7-1)对时间求一阶、二阶导数，并注意到 $\boldsymbol{r}_{BA}$＝常矢量，可得

$$\frac{\mathrm{d}\boldsymbol{r}_A}{\mathrm{d}t}=\frac{\mathrm{d}\boldsymbol{r}_B}{\mathrm{d}t}\ ,\quad \boldsymbol{v}_A=\boldsymbol{v}_B \tag{7-2}$$

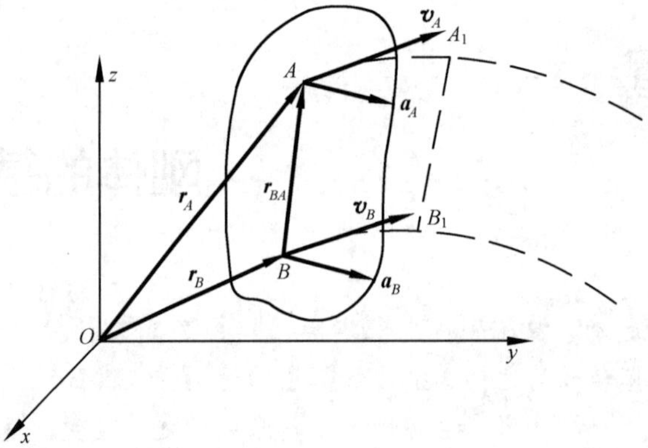

图 7-2

$$\frac{\mathrm{d}^2 \boldsymbol{r}_A}{\mathrm{d}t^2} = \frac{\mathrm{d}^2 \boldsymbol{r}_B}{\mathrm{d}t^2} \quad , \quad \boldsymbol{a}_A = \boldsymbol{a}_B \tag{7-3}$$

由刚体运动的两个特点可知，当刚体做平动时，刚体内各点的运动规律都相同。因此，整个刚体的运动，可用刚体内任一点的运动来确定。于是，刚体平动时的运动学问题可归纳为点的运动学问题来研究。

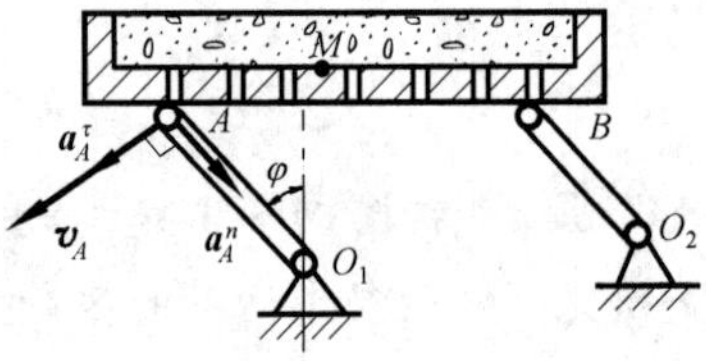

图 7-3

【例 7-1】 摇筛机构如图 7-3 所示，已知 $O_1A=O_2B=40\text{cm}$，$O_1O_2 \mathrel{\underline{\underline{/\!/}}} AB$，杆 O_1A 按 $\varphi=\frac{1}{2}\sin\frac{\pi}{4}t(\text{rad})$ 的规律摆动。求当 $t=2\text{s}$ 时，筛面中点 M 的速度和加速度。

解 由于 $O_1A=O_2B$，且 $O_1O_2 \mathrel{\underline{\underline{/\!/}}} AB$，所以 AB 筛子在运动中始终平行于 O_1O_2，故 AB 筛子做平动。

由于平动刚体上各点的速度和加速度都相等，故只需求出点 A(或点 B)的速度和加速度即可。

A 点的运动方程

$$s = O_1A \cdot \varphi = \frac{40}{2}\sin\frac{\pi}{4}t$$

A 点的速度为

$$v_A = v_M = \frac{\mathrm{d}s}{\mathrm{d}t} = 20 \cdot \frac{\pi}{4}\cos\frac{\pi}{4}t$$

当 $t=2\text{s}$ 时，$v_M=v_A=0$。

A 点的切向加速度为

$$a_A^\tau = a_M^\tau = \frac{\mathrm{d}v_A}{\mathrm{d}t} = -\frac{5\pi^2}{4}\sin\frac{\pi}{4}t$$

当 $t=2\text{s}$ 时，$a_M^\tau=a_A^\tau=-\frac{5\pi^2}{4}\text{cm/s}^2$。

A 点的法向加速度为

$$a_A^n = a_M^n = \frac{v_A^2}{O_1A} = 0$$

7.2 刚体的定轴转动

刚体运动时，如体内(或体外)有一条直线始终保持不动，这种运动称为**刚体的定轴转动**，简称**转动**。该固定不动的直线称为**转轴**。显然，刚体转动时，体内不在转动轴上的各点都在垂直于转动轴的平面内做圆周运动，它们的圆心全在转轴上。

现在来研究定轴转动刚体的运动规律。

设有一刚体 T 绕固定轴 Oz 转动，如图 7-4 所示。首先需确定刚体在任一瞬时的位置。为此，通过固定轴 Oz 作两平面 P 和 Q，平面 P 固结在刚体上，随同刚体一起转动，平面 Q 为固定平面(固结在参考体上)。由于刚体上各点相对于平面 P 的位置是一定的，因此，只要知道平面 P 的位置就确定了刚体上各点的位置。在任一瞬时，平面 P 的位置可由它与平面 Q 的夹角 φ 来确定，夹角 φ 称为位置角(**转角**)，以弧度(rad)表示，它是一个代数量，其正负号规定如下：从 z 轴的正向向负向看去，按逆时针转向 φ 取为正，反之为负。当刚体转动时，转角 φ 是时间 t 的单值连续函数，可表示为

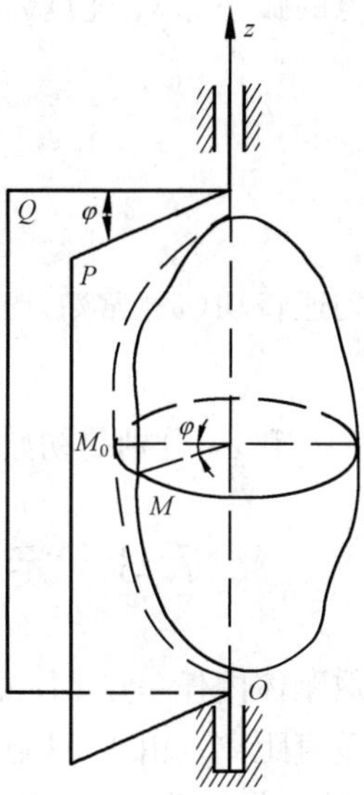

图 7-4

7-4

$$\varphi = \varphi(t) \tag{7-4}$$

这就是**刚体的转动方程**。

为了描述刚体转动的快慢程度，引入了角速度的概念，转角 φ 随时间 t 的变化率称为角速度。设在 Δt 时间间隔内，转角的改变量为 $\Delta\varphi$，则刚体在 Δt 时间内的平均角速度为

$$\omega^* = \frac{\Delta\varphi}{\Delta t}$$

当 $\Delta t \to 0$ 时，ω^* 的极限为刚体在瞬时 t 的角速度，以 ω 表示，则

$$\omega = \lim_{\Delta t \to 0} \frac{\Delta\varphi}{\Delta t} = \frac{\mathrm{d}\varphi}{\mathrm{d}t} = \dot{\varphi} \tag{7-5}$$

即**刚体的角速度等于转角对时间的一阶导数。**

角速度是代数量。当 $\omega > 0$ 时，转角 φ 随时间增加而增大；反之，转角 φ 随时间而减小。角速度的正负表示了刚体转动的转向。

角速度的单位是弧度/秒(rad/s)，工程上常用每分钟内的转数(r/min)表示，即用转速 n 表示转动的快慢。它们之间的关系为

$$\omega = \frac{2\pi n}{60} = \frac{n\pi}{30} \tag{7-6}$$

为了描述角速度的变化规律，引入了角加速度的概念。角速度对时间的变化率称为角加速度。设在 Δt 时间间隔内，角速度的改变量为 $\Delta\omega$，则刚体在这段时间内的平均角加速度为

$$\varepsilon^* = \frac{\Delta\omega}{\Delta t}$$

当 $\Delta t \to 0$ 时，ε^* 的极限即为刚体在 t 瞬时的角加速度，以 ε 表示，即

$$\varepsilon = \lim_{\Delta t \to 0} \frac{\Delta \omega}{\Delta t} = \frac{\mathrm{d}\omega}{\mathrm{d}t} = \frac{\mathrm{d}^2 \varphi}{\mathrm{d}t^2} = \ddot{\varphi} \tag{7-7}$$

即刚体的角加速度等于角速度对时间的一阶导数或等于转角对时间的二阶导数。

角加速度也是代数量。当 $\varepsilon > 0$ 时，表示角加速度的转向与转角的正向一致；当 $\varepsilon < 0$ 时，则相反。如果 ε 与 ω 同号，则角速度的绝对值随时间增大而增大，刚体做加速转动；反之，刚体做减速转动。

刚体的定轴转动与点的曲线运动完全相似，刚体的转角 φ、角速度 ω 及角加速度 ε 分别对应于点的弧坐标 s、速度 $\boldsymbol{v}$ 及切向加速度 $\boldsymbol{a}_\tau$，所以对于匀变速转动（ε＝常数）时，则有

$$\left.\begin{aligned} &\omega = \omega_0 + \varepsilon t \\ &\varphi = \varphi_0 + \omega_0 t + \frac{1}{2}\varepsilon t^2 \\ &\omega^2 - \omega_0^2 = 2\varepsilon(\varphi - \varphi_0) \end{aligned}\right\} \tag{7-8}$$

对于匀速转动（ω＝常数）时，则有

$$\varphi = \varphi_0 + \omega t \tag{7-9}$$

式中，φ_0 和 ω_0 分别是初始转角和初始角速度。

7.3　定轴转动刚体内各点的速度和加速度

取刚体内任一点 M，如前所述，M 点的运动轨迹为一圆，如图 7-5 所示。R 为 M 点到转轴的垂直距离。由于 M 点的运动轨迹已知，故可用自然法来确定 M 点的运动。取固定平面 Q 与圆的交点 O' 为弧坐标的原点，由图 7-5 可知，M 点的弧坐标 s 与转角 φ 的关系为

$$s = R\varphi \tag{7-10}$$

7-5

由第 6 章内容知，M 点的速度的大小为

$$v = \frac{\mathrm{d}s}{\mathrm{d}t} = R\frac{\mathrm{d}\varphi}{\mathrm{d}t} = R\omega \tag{7-11}$$

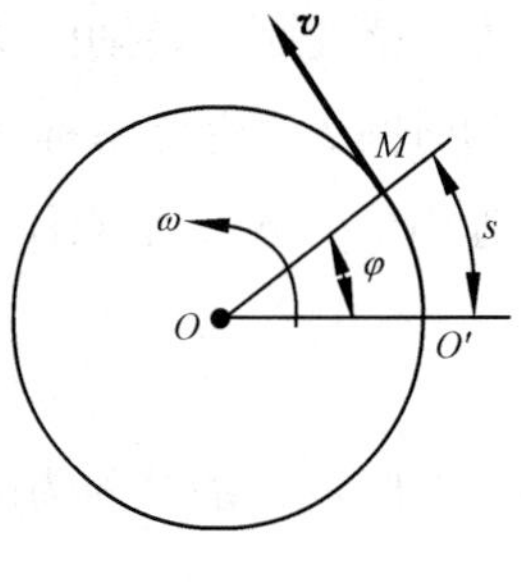

图 7-5

即刚体转动时，刚体上任一点的速度的大小等于该点到转轴的距离与刚体角速度的乘积，其方向沿该点圆周的切线，并指向转动的一方。

同一瞬时，刚体内各点的速度的大小与转动半径成正比，其分布规律如图 7-6(a)所示。

由于 M 点做圆周运动，所以 M 点的加速度在轨迹的切线和主法线上的投影分别为

$$a_\tau = \frac{\mathrm{d}v}{\mathrm{d}t} = R\frac{\mathrm{d}\omega}{\mathrm{d}t} = R\varepsilon \quad , \quad a_n = \frac{v^2}{\rho} = \frac{(R\omega)^2}{R} = R\omega^2 \tag{7-12}$$

$\boldsymbol{a}_\tau$ 垂直于 OM，指向与 ε 的转向一致。而当 ε 与 ω 转向相同时，刚体做加速转动，切向加速度 $\boldsymbol{a}_\tau$ 与速度 $\boldsymbol{v}$ 的指向相同（图 7-7(a)）；当 ε 与 ω 转向相反时，刚体做减速转动，则 $\boldsymbol{a}_\tau$ 与 $\boldsymbol{v}$ 的指向相反（图 7-7(b)）。$\boldsymbol{a}_n$ 的方向总是指向圆心 O，即指向转动轴。M 点的全加速度的大小及其与半径 OM 的夹角 α 为

$$\left.\begin{aligned} &a = \sqrt{a_\tau^2 + a_n^2} = \sqrt{(R\varepsilon)^2 + (R\omega^2)^2} = R\sqrt{\varepsilon^2 + \omega^4} \\ &\alpha = \arctan\frac{|a_\tau|}{a_n} = \arctan\frac{R|\varepsilon|}{R\omega^2} = \arctan\frac{|\varepsilon|}{\omega^2} \end{aligned}\right\} \tag{7-13}$$

由式(7-13)可知，在同一瞬时，转动刚体内各点的全加速度的大小与转动半径成正比，其方向与转动半径的夹角 α 相同，而与转动半径无关，如图 7-6(b)所示。

7-6

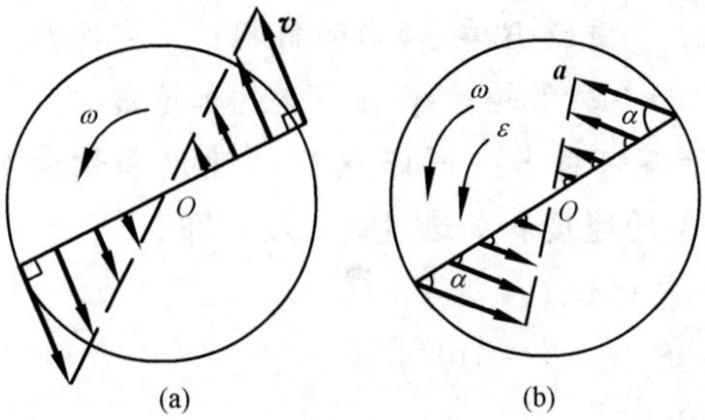

图 7-6

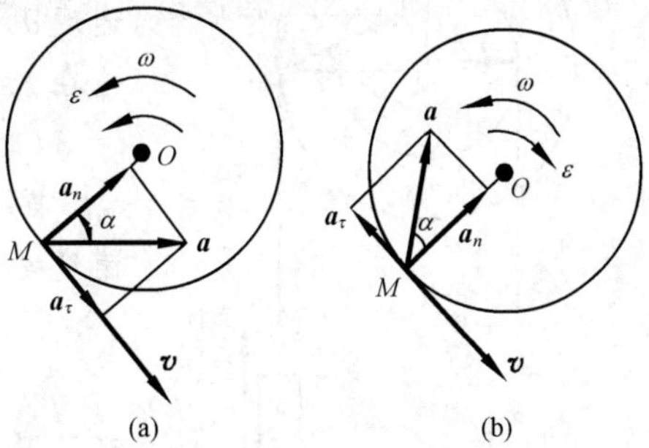

图 7-7

7-7

【例 7-2】 图 7-8 为卷筒提升重物装置示意图。已知卷筒半径 R=0.2m，其转动方程为 $\varphi=3t-t^2$(φ 以 rad 计，t 以 s 计)，试求 t=1s 时，卷筒边缘上任一点 M 及重物 A 的速度和加速度。

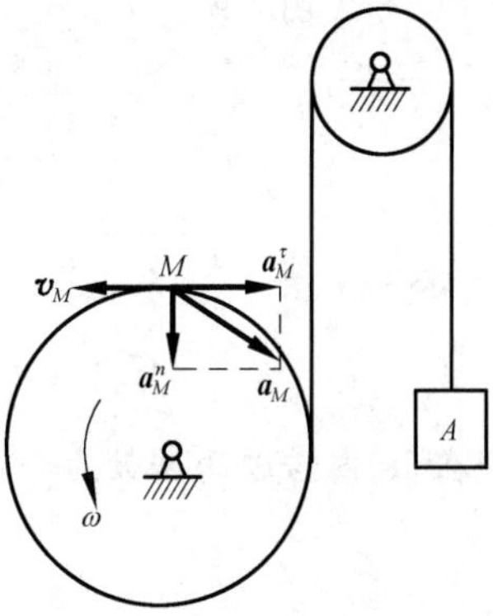

图 7-8

7-8

解　(1) 求卷筒转动角速度和角加速度。

由转动方程对时间分别求一阶、二阶导数，得

$$\omega=\frac{\mathrm{d}\varphi}{\mathrm{d}t}=3-2t$$

$$\varepsilon=\frac{\mathrm{d}^2\varphi}{\mathrm{d}t^2}=-2$$

将 t=1s 代入上式，得

$$\omega=3-2\times1=1(\mathrm{rad/s})$$

$$\varepsilon=-2\mathrm{rad/s^2}$$

这里 ε 和 ω 符号相反，可知卷筒做减速转动。

(2) 求卷筒上任一点 M 的速度和加速度。

$$v_M=R\omega=0.2\times1=0.2(\mathrm{m/s})$$

$$a_M^{\tau}=R\varepsilon=0.2\times(-2)=-0.4(\mathrm{m/s^2})$$

$$a_M^{n}=R\omega^2=0.2\times1^2=0.2(\mathrm{m/s^2})$$

它们的方向如图 7-8 所示。M 点的全加速度的大小以及与半径 OM 的夹角为

$$a_M=\sqrt{(a_M^{\tau})^2+(a_M^{n})^2}=\sqrt{(-0.4)^2+(0.2)^2}=0.48(\mathrm{m/s^2})$$

$$\alpha=\arctan\frac{|\varepsilon|}{\omega^2}=\arctan\frac{2}{1}=63°26'$$

(3) 求重物 A 的速度和加速度。

因为不计钢丝绳的伸长，且钢绳与卷筒间无相对滑动，所以重物 A 下降的距离与卷筒边缘上任一点 M 在同一时间内所走过的弧长应相等，故 A 点的速度为

$$v_A=v_M=0.2\mathrm{m/s}$$

A 点的加速度与 M 点的切向加速度相等，即

$$a_A=a_M^{\tau}=-0.4\mathrm{m/s^2}$$

$\boldsymbol{a}_A$ 的方向铅垂向上。由于 a_A 与 v_A 符号相反，所以重物 A 做减速运动。

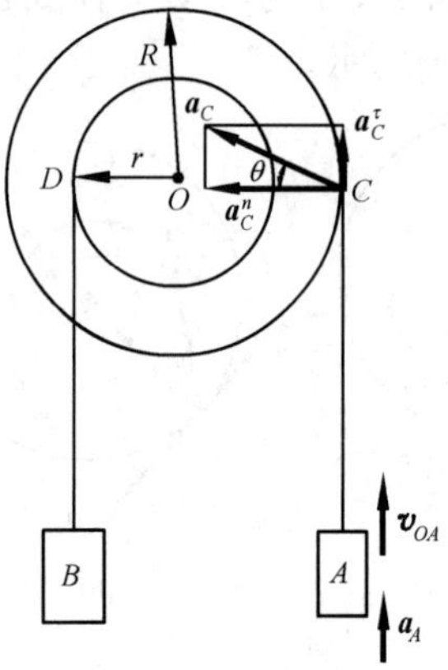

图 7-9

7-9

【例 7-3】 重物 A 和 B 以不可伸长的绳子分别绕在半径 $R=0.5\text{m}$ 和 $r=0.3\text{m}$ 的滑轮上(图 7-9)。已知重物 A 以匀加速度 $a_A=1\text{m/s}^2$ 和初速度 $v_{OA}=1.5\text{m/s}$ 向上运动。试求:①滑轮在 3s 内转过的转数;②重物 B 在 3s 内的行程;③重物 B 在 $t=3\text{s}$ 时的速度;④当 $t=0$ 时滑轮边缘上 C 点的加速度。

解 (1) 由于绳子不可伸长。所以点 C 的速度和切向加速度的大小分别等于 A 的速度和加速度的大小,即

$$v_{OC}=v_{OA}=1.5\text{m/s}$$

$$a_C^\tau=a_A=1\text{m/s}^2$$

可见滑轮的初角速度为

$$\omega_0=\frac{v_{OC}}{R}=\frac{1.5}{0.5}=3(\text{rad/s})$$

滑轮的角加速度为

$$\varepsilon=\frac{a_C^\tau}{R}=\frac{1}{0.5}=2(\text{rad/s}^2)(\text{常数})$$

当 $t=3\text{s}$ 时,有

$$\varphi=\omega_0 t+\frac{1}{2}\varepsilon t^2=3\times3+\frac{1}{2}\times2\times3^2=18(\text{rad})$$

滑轮在 3s 内转过的转数为

$$n=\frac{\varphi}{2\pi}=\frac{18}{2\times3.14}=2.86(\text{转})$$

(2) 重物 B 在 3s 内的行程为

$$s=r\varphi=0.3\times18=5.4(\text{m})$$

(3)重物 B 在 3s 时的速度为

$$\omega=\omega_0+\varepsilon t=3+2\times3=9(\text{rad/s})$$

$$v_B=v_D=r\omega=0.3\times9=2.7(\text{m/s})$$

(4) $t=0$ 时滑轮上 C 点的加速度

$$a_C^\tau=a_A=1\text{m/s}^2\quad,\quad a_C^n=R\omega_0^2=0.5\times3^2=4.5(\text{m/s}^2)$$

$$a_C=\sqrt{a_C^{\tau2}+a_C^{n2}}=\sqrt{1^2+4.5^2}=4.61(\text{m/s}^2)$$

$$\tan\theta=\frac{a_C^\tau}{a_C^n}=\frac{1}{4.5}=0.222$$

则 $$\theta=12.5^\circ(\text{图 7-9})$$

【例 7-4】 齿轮 A、B 为两个互相啮合的齿轮,两轮节圆半径分别为 R_1、R_2,齿数为 Z_1、Z_2,如图 7-10 所示。若已知主动轮 A 的转速为 n_1,试求从动轮 B 的角速度。

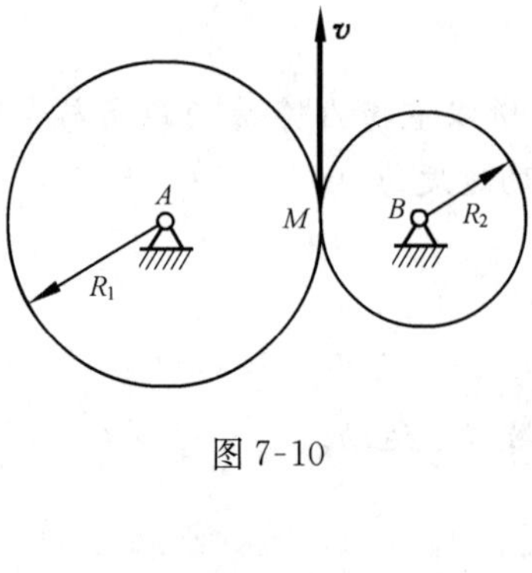

图 7-10

7-10

解 在齿轮传动中,因齿轮互相啮合,两齿轮在接触点 M 处无相对滑动,并具有相同的速度 v,因而有

$$v=R_1\omega_1=2\pi n_1R_1/60$$

$$v=R_2\omega_2=2\pi n_2R_2/60$$

得 $$\omega_2=\frac{R_1}{R_2}\omega_1\quad,\quad n_2=\frac{R_1}{R_2}n_1$$

通常**主动轮的角速度(转速)与从动轮的角速度(转速)之比**$\frac{\omega_1}{\omega_2}$**(或**$\frac{n_1}{n_2}$**)称为传动比，以** i_{12} **表**示。于是

$$i_{12}=\frac{\omega_1}{\omega_2}=\frac{n_1}{n_2}=\frac{R_2}{R_1}$$

上式表明，**互相啮合的两个齿轮的角速度(或转速)与其半径成反比**，此结论同样适用于锥齿轮传动和皮带传动。

由于齿轮 A、B 的齿数分别为 Z_1、Z_2，而能够互相啮合的两个齿轮的齿数与它们的节圆周长 $2\pi R_1$、$2\pi R_2$ 成正比，所以有

$$\frac{Z_1}{Z_2}=\frac{2\pi R_1}{2\pi R_2}=\frac{R_1}{R_2}$$

于是可得

$$i_{12}=\frac{\omega_1}{\omega_2}=\frac{n_1}{n_2}=\frac{R_2}{R_1}=\frac{Z_2}{Z_1}$$

可见，**互相啮合的两个齿轮的角速度(或转速)与其齿数成反比**。

事实上，当两齿轮变速转动时，由于两齿轮接触点处没有相对滑动，则两齿轮的切向加速度也必须相同，即

$$a_1^{\tau}=a_2^{\tau}$$
$$R_1\varepsilon_1=R_2\varepsilon_2$$

所以传动比又可写为

$$i_{12}=\frac{R_2}{R_1}=\frac{\varepsilon_1}{\varepsilon_2}$$

即**传动比等于主动轮角加速度与从动轮角加速度之比**。

有时为了区别从动轮的转向，常规定当主动轮与从动轮转向相同(内啮合)时，i 取正号；反之(外啮合)，i 取负号。

本章小结

1. 本章研究刚体的两种基本运动：平动和转动。

刚体做平动时，体上各点轨迹的形状完全相同，同一瞬时体上各点的速度和加速度都相同。因此研究刚体的平动问题可归结为点的运动问题。

定轴转动刚体的转动方程，角速度和角加速度分别为

$$\varphi=f(t)\quad,\quad\omega=\dot{\varphi}\quad,\quad\varepsilon=\dot{\omega}=\ddot{\varphi}$$

2. 定轴转动刚体上，各点的速度、切向加速度、法向加速度以及全加速度的大小，都与各点的转动半径成正比，即

$$v=r\omega\quad,\quad a_{\tau}=r\varepsilon\quad,\quad a_n=r\omega^2\quad,$$
$$a=\sqrt{a_{\tau}^2+a_n^2}=r\sqrt{\varepsilon^2+\omega^4}$$

而各点的全加速度与转动半径的夹角都相同，且与各点的转动半径无关，即

$$\alpha=\arctan\frac{|\varepsilon|}{\omega^2}$$

3. 刚体定轴转动与点的直线运动相对照有相似的公式，见表 7-1。

表 7-1

点的直线运动	刚体的定轴转动
运动方程 $x=f(t)$	转动方程 $\varphi=f(t)$
速度 $v=\dot{x}$	角速度 $\omega=\dot{\varphi}$
加速度 $a=\dot{v}=\ddot{x}$	角加速度 $\varepsilon=\dot{\omega}=\ddot{\varphi}$
匀速运动 $x=x_0+vt$	匀速转动 $\varphi=\varphi_0+\omega t$
匀变速运动 $v=v_0+at$ $x=x_0+v_0t+\frac{1}{2}at^2$ $v^2=v_0^2+2a(x-x_0)$	匀变速转动 $\omega=\omega_0+\varepsilon t$ $\varphi=\varphi_0+\omega_0t+\frac{1}{2}\varepsilon t^2$ $\omega^2=\omega_0^2+2\varepsilon(\varphi-\varphi_0)$

思 考 题

7.1 飞轮做匀速转动。若半径增大一倍，则边缘上点的速度和加速度是否也增大一倍？若飞轮半径不变，而转速增大一倍，则是否边缘上点的速度和加速度也增大一倍？

7.2 如图 7-11(a)所示，杆 AB 放在圆弧槽内，并在圆弧槽平面内运动。如图 7-11(b)所示，杆 CD 用两根等长的连杆 O_1C 和 O_2D 挂在图示平面内运动，且 $O_1C=O_2D$。试问杆 AB 和 CD 各做什么运动？

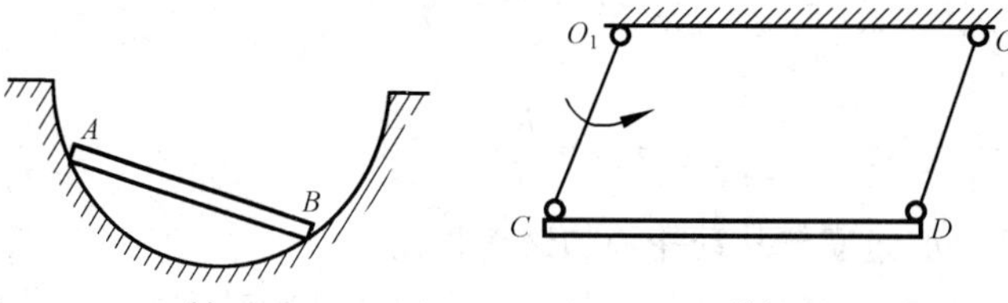

图 7-11

7.3 一绳缠绕在鼓轮上，绳端系一重物，重物以速度 $\boldsymbol{v}$ 和加速度 $\boldsymbol{a}$ 向下运动，如图 7-12 所示。试问绳上 A、D 两点与轮缘上 B、C 两点的速度和加速度有何不同？

7.4 如图 7-13 所示，鼓轮的角速度按以下方法计算是否正确？并说明理由。

因为 $\tan\varphi=\frac{x}{R}$，所以 $\omega=\frac{\mathrm{d}\varphi}{\mathrm{d}t}=\frac{\mathrm{d}}{\mathrm{d}t}(\arctan\frac{x}{R})$。

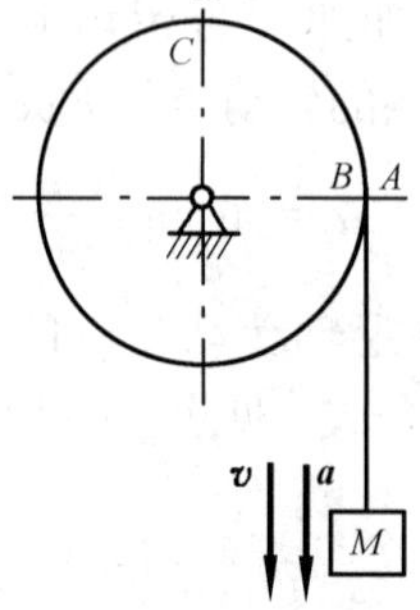

图 7-12

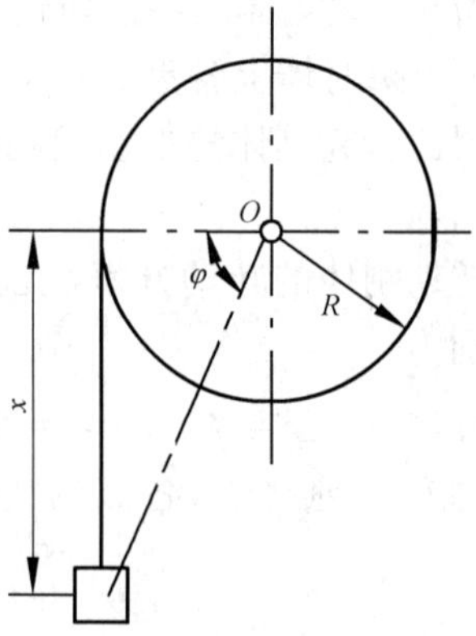

图 7-13

习　题

7-1　试画出题 7-1 图中刚体上 M、N 两点的轨迹及其在图示位置时的速度和加速度。

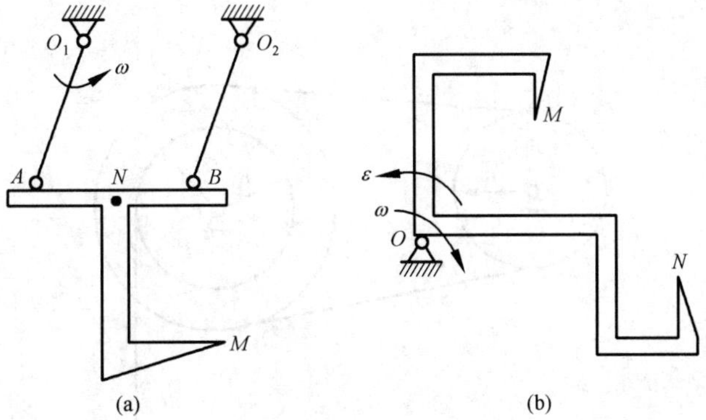

题 7-1 图

7-2　题 7-2 图为搅拌机结构示意图。已知 $O_1A=O_2B=R$，$O_1O_2=AB$，杆 O_1A 以不变的转速 n(r/min)转动。试分析杆件 BAM 上的 M 点的运动轨迹以及 M 点的速度和加速度。

7-3　折杆 $OABC$(折角均为直角)如题 7-3 图所示，绕图示平面图形上的 O 点以角速度 $\omega=4t$(rad/s)顺时针转动。已知 $OA=15$cm，$AB=10$cm，$BC=5$cm，折杆从静止开始转动。求 $t=1$s 时，杆转过的角度(rad)、杆端 C 点的速度和加速度。

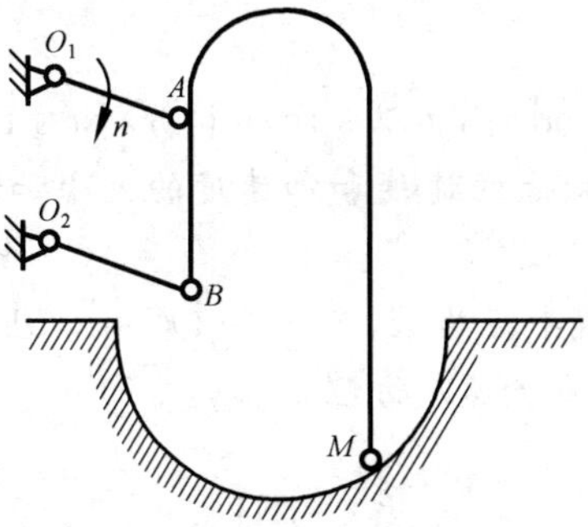

题 7-2 图

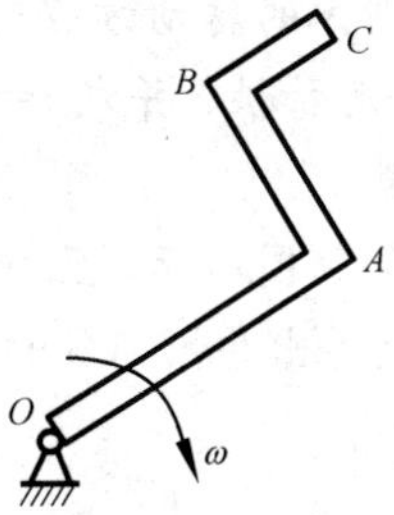

题 7-3 图

7-4　设电扇断电后做匀减速转动。当电扇转速 $n=600$r/min 时断电，后经过 60 转停止转动。试求停止转动前的匀减速过程所经过的时间 t，并求角加速度的大小。

7-5　如题 7-5 图所示，槽杆 OA 绕轴转动，槽内嵌有刚连于滑块的销钉 B，滑块以匀速率 v_0 沿水平向右运动。设 $t=0$ 时，OA 恰在铅直位置，求槽杆 OA 的转动方程及其角速度随时间 t 的变化规律。

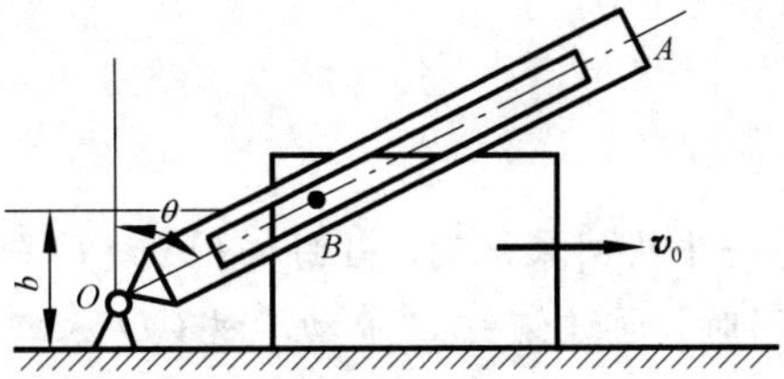

题 7-5 图

7-6 如题 7-6 图所示，电动绞车由皮带轮 A、B 和鼓轮 H 组成，鼓轮 H 和皮带轮 B 刚性地固定在同一轴上。各轮半径分别为 $r_1=30\text{cm}$，$r_2=75\text{cm}$，$r_3=40\text{cm}$，轮 A 的转速 $n=100\text{rpm}=$常数。设皮带轮和胶带之间无相对滑动。试求重物 M 上升的速度和胶带上 CD、EF 段上各点的加速度。

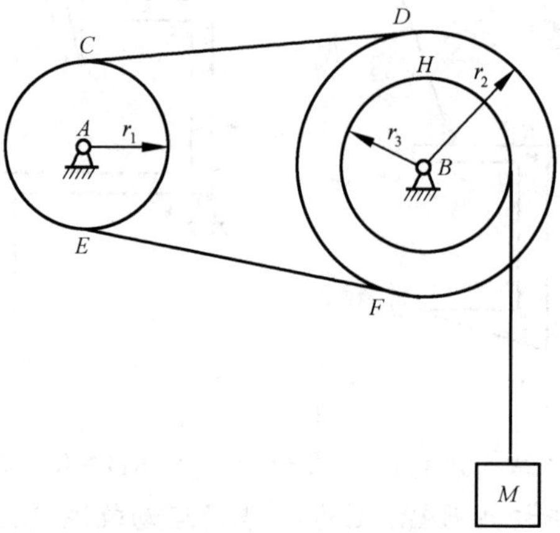

题 7-6 图

7-7 题 7-7 图所示为刨床上的曲柄摇杆机构。曲柄长 $OA=r$，以匀角速度 ω_0 转动，其 A 端用铰链与滑块相连，滑块可沿摇杆 O_1B 的槽内滑动，已知 $OO_1=b$，试求摇杆的运动方程及角速度方程。

7-8 已知刚体的转动方程为 $\varphi=1.5t^2-4t$（φ 以 rad 计，t 以 s 计），试分析 $t=1\text{s}$ 和 $t=2\text{s}$ 时，该刚体的转动特性，并求 $t=3\text{s}$ 时距转轴 0.2m 处点的速度和加速度的大小和该点在 3s 内所经过的路程。

7-9 如题 7-9 图所示，已知偏心凸轮机构的圆盘半径为 R，偏心距 $OC=e$，凸轮以匀角速度 ω 转动。试写出导板 AB 的运动方程、速度方程和加速度方程。

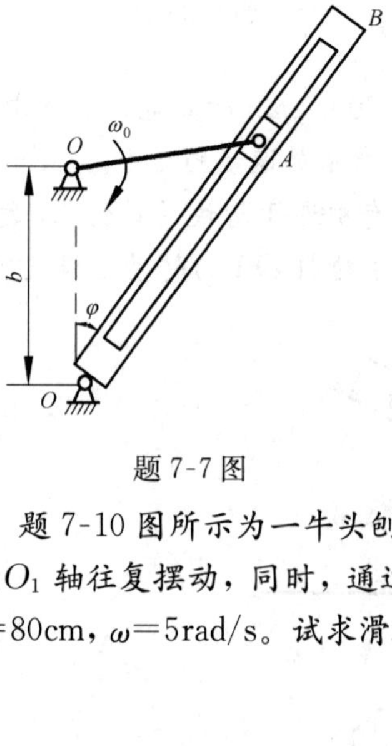

题 7-7 图

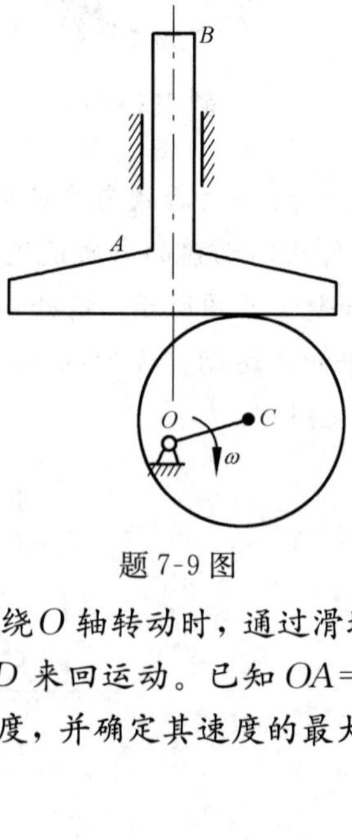

题 7-9 图

7-10 题 7-10 图所示为一牛头刨床机构，当曲柄 OA 绕 O 轴转动时，通过滑块 A 带动摇杆 O_1B 绕 O_1 轴往复摆动，同时，通过销钉 B 带动滑枕 CD 来回运动。已知 $OA=20\text{cm}$，$l=40\text{cm}$，$h=80\text{cm}$，$\omega=5\text{rad/s}$。试求滑枕 CD 的速度和加速度，并确定其速度的最大值。

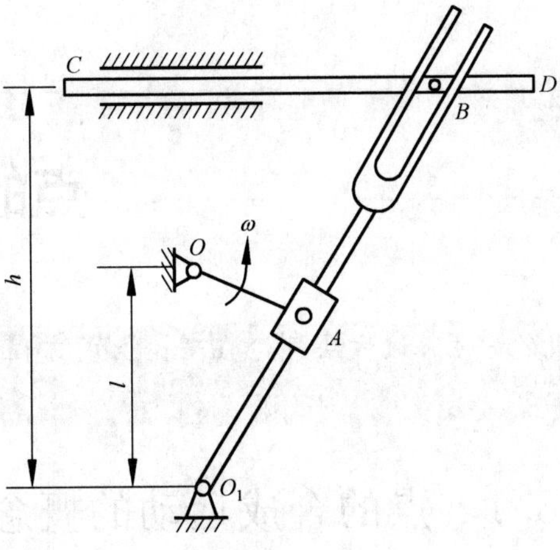

题 7-10 图

7-11　一鼓轮由静止开始转动，其角加速度为 $\varepsilon=2t^2$，问需要多少时间鼓轮的角速度 ω 达到 18rad/s？又问在这段时间内鼓轮转了多少转？

第 8 章

点的合成运动

本章研究点的运动合成的方法，该方法无论在理论上或工程实际上都具有重要意义，它是研究物体复杂运动的基础。

8.1 点的合成运动的概念

在前面两章中，研究点和刚体的运动时都是以地面为参考系的，然而在实际问题中，往往要在相对于地面运动的参考系上观察和研究物体的运动。显然，在不同参考系上所观察到的物体的运动情况是不相同的。例如，在无风的情况下，站在地面上观察雨点的运动时，雨点是垂直向下运动的；而站在运动的车厢里观察雨点的运动时，雨点则是向后倾斜的，如图 8-1所示。又例如，车间里的桥式吊车，当起吊重物时，若桥架静止不动，而卷扬小车沿桥架直线平动，在重物由 A 处起吊到 A'处过程中(图 8-2)，站在地面上观察重物的运动时，其轨迹为曲线$\widehat{AA'}$，若位于卷扬小车上观察物体的运动时，则轨迹为直线$\overline{A_1A'}$。

8-1

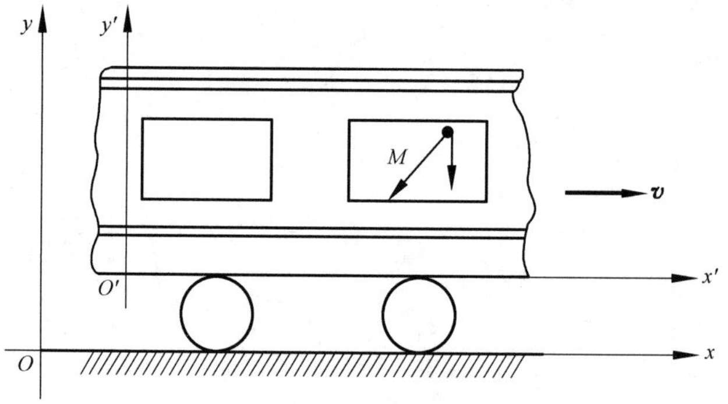

图 8-1

因此，在不同的参考系上观察同一物体的运动时会出现不同的现象，这些现象彼此之间有什么差别和联系呢？这正是本章要研究的问题。

在这一章中，将应用运动合成和分解的方法建立同一动点相对于不同参考系的运动(速度和加速度)之间的关系，用以研究和解决比较复杂的物体运动以及在机构中运动的传递等问题。

为了便于研究，下面仍以图 8-1、图 8-2 为例来介绍有关概念。

一点二系三运动

通常将所考虑的点称为**动点**，如雨点、重物；常将地面当作静止不动，凡固结于静止不动的物体上的坐标系称为**静坐标系**(Oxy)，如地面、桥架；而固结于运动物体上的坐标系称为**动坐标系**($O'x'y'$)，如车厢、卷扬小车。将**动点相对于静坐标系的运动称为绝对运动**，如雨点对地面、起吊重物对桥架(或地面)的运动；相应的轨迹、速度、加速度称为动点的**绝对轨迹、绝对速度**和**绝对加速度**。**动点相对于动坐标系的运动称为相对运动**，如雨点对车厢的运动、重物对卷扬小车的运动；相应的轨迹、速度、加速度称为点的**相对轨迹、相对速度、相对加速度**。将**动坐标系相对于静坐标系的运动称为牵连运动**，如车厢对地面、卷扬小车对桥架(或地面)的运动。动坐标系上与动点重合的那一点称为**牵连点**，牵连点对于静坐标系的速度、加速度称为动点的**牵连速度**和**牵连加速度**。

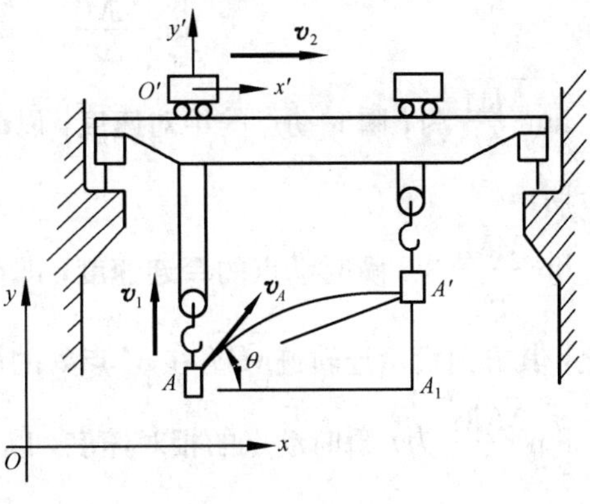

图 8-2

8-2

必须指出，绝对运动、相对运动都是指一个点的运动，它可以是直线运动，也可以是曲线运动。而牵连运动是指动坐标系的运动，因而是刚体的运动，它可以是平动、转动或其他较为复杂的运动。

由以上分析可知，如果已知动点相对于动坐标系的相对运动以及动坐标系的牵连运动，那么就可以将动点的绝对运动看成是上述两种运动的结果。反之，亦可把动点的绝对运动分解为上述两种分运动。因此，这种类型的运动称为**点的合成运动。**

研究点的合成运动的主要问题，就是如何由已知动点的相对运动和牵连运动求出绝对运动；或者，如何将已知的绝对运动分解为相对运动与牵连运动。总之在这里要研究这三种运动的关系。

8.2 点的速度合成定理

速度合成定理将建立动点的绝对速度、相对速度和牵连速度之间的关系。设有一点 M 在某运动的物体上沿曲线 $\overset{\frown}{AB}$ 运动，现取静坐标系固连在地面上，动坐标系固连在该运动物体上，如图 8-3 所示。

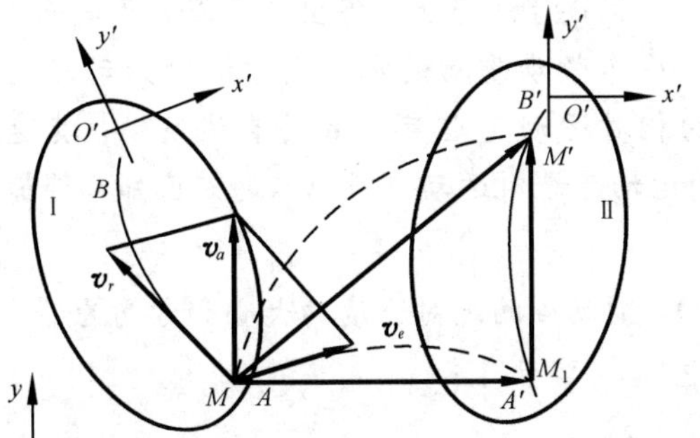

图 8-3

设在瞬时 t 物体在位置Ⅰ，动点在曲线 $\overset{\frown}{AB}$ 上的 M 点，经过时间间隔 Δt 后，物体运动到位置Ⅱ，曲线 $\overset{\frown}{AB}$ 随同物体运动到 $\overset{\frown}{A'B'}$，同时动点又沿曲线 $\overset{\frown}{A'B'}$ 运动到 M'。

8-3

在瞬时 t 和瞬时 $t+\Delta t$，动点分别在 M 和 M' 处，则动点的绝对轨迹为 $\overset{\frown}{MM'}$，其绝对位移为 $\overrightarrow{MM'}$。动点的相对轨迹为 $\overset{\frown}{M_1M'}$，其相对位移为 $\overrightarrow{M_1M'}$。若无相对运动，则动点因受到动坐标系的牵连于是在 $t+\Delta t$ 瞬时位于 M_1 点，则曲线 $\overset{\frown}{MM_1}$ 为动点牵连轨迹，$\overrightarrow{MM_1}$ 为牵连位移。

由图中的矢量关系可得

$$\overrightarrow{MM'}=\overrightarrow{MM_1}+\overrightarrow{M_1M'}$$

由于这些位移都是在同一时间间隔 Δt 内完成的，故可以用 Δt 除上述两端并取其极限，则得

$$\lim_{\Delta t\to 0}\frac{\overrightarrow{MM'}}{\Delta t}=\lim_{\Delta t\to 0}\frac{\overrightarrow{MM_1}}{\Delta t}+\lim_{\Delta t\to 0}\frac{\overrightarrow{M_1M'}}{\Delta t}$$

$\lim_{\Delta t\to 0}\frac{\overrightarrow{MM'}}{\Delta t}$为 t 瞬时动点的**绝对速度**，以$\boldsymbol{v}_a$ 表示之，其方向沿绝对轨迹$\overset{\frown}{MM'}$在 M 点处的切线方向。

$\lim_{\Delta t\to 0}\frac{\overrightarrow{MM_1}}{\Delta t}$为 t 瞬时动点的**牵连速度**，即在**该瞬时动坐标系中与动点重合点的速度**，以$\boldsymbol{v}_e$表示之，其方向沿牵连轨迹$\overset{\frown}{MM_1}$在 M 点处的切线方向。

$\lim_{\Delta t\to 0}\frac{\overrightarrow{M_1M'}}{\Delta t}$为 t 瞬时动点的**相对速度**，以$\boldsymbol{v}_r$ 表示之，其方向沿相对轨迹$\overset{\frown}{AB}$在 M 点处的切线方向。

于是，上面等式可写成

$$\boldsymbol{v}_a=\boldsymbol{v}_e+\boldsymbol{v}_r \tag{8-1}$$

即在任一瞬时动点的绝对速度等于其牵连速度与相对速度的矢量和，这就是**点的速度合成定理。**

由矢量法可知，若自动点 M 画出其牵连速度$\boldsymbol{v}_e$和相对速度$\boldsymbol{v}_r$，并以它们为邻边构成平行四边形，则在此速度平行四边形中，通过 M 点的对角线就代表绝对速度$\boldsymbol{v}_a$。

应用速度合成定理不但能解决点的速度合成或分解问题，而且根据式(8-1)，在三个速度的大小和方向这六个量中，若已知其中任意四个量时，便可以求出其余两个未知量。

速度合成定理是一个平面矢量方程，可以投影为两个代数方程。

下面举例说明点的速度合成定理的应用。

【例 8-1】 如图 8-2 所示桥式吊车，已知起吊重物垂直上升的速度 $v_1=0.4\text{m/s}$，小车向右运行的速度 $v_2=1.2\text{m/s}$，试求重物的速度$\boldsymbol{v}_A$。

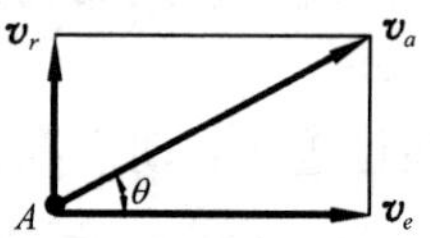

图 8-4

8-4

解 (1) 首先确定动点并选取适当的坐标系。在此种情况下，以重物为动点，选动坐标 $O'x'y'$固连于小车上，静坐标系固连于地面上。

(2) 分析三种运动。小车带动重物的水平向右运动为动点的牵连运动，即 $v_e=v_2$；动点的相对运动是垂直上升的直线运动，其速度为 $v_r=v_1$；动点对于地面的运动是绝对运动。所以本题是已知牵连速度及相对速度，求绝对速度。

(3) 由速度合成定理画速度矢量图(图 8-4)，则动点的绝对速度的大小和方向为

$$v_A=v_a=\sqrt{v_e^2+v_r^2}=\sqrt{v_2^2+v_1^2}=\sqrt{1.2^2+0.4^2}=1.27(\text{m/s})$$

$$\tan\theta=\frac{v_1}{v_2}=\frac{0.4}{1.2}=0.33$$

【例 8-2】 图 8-5 表示一曲柄滑道连杆机构。长为 r 的曲柄 OA 绕 O 轴转动时，滑块 A 可在滑道中滑动，以带动滑道连杆 BC 在 k 滑槽中上下运动。设曲柄以匀角速度 ω 转动，求转至图示位置 φ 时连杆的速度。

解 按题意滑道连杆 BC 是在铅垂滑槽 k 中做平动，其上各点具有相同的速度，则与 A 点重合点的速度，也即连杆的速度。

取滑块 A 作为动点，定坐标系固连于地面，动坐标系固连于滑道连杆上。这样，动点的绝对运动是以 O 为圆心、以 r 为半径的圆周运动，即 $v_a=r\omega$，方向如图 8-5 所示。相对运动

为滑块 A 在滑槽中的往复直线运动，则相对速度为水平方向，其大小未知。牵连运动就是滑道连杆的上下平动，则在图示瞬时牵连速度的方向为铅垂而速度大小未知。

由速度合成定理，作 $v_a = v_e + v_r$ 的平行四边形，即可求得图示位置连杆速度

$$v_e = v_a \sin\varphi = r\omega \sin\varphi$$

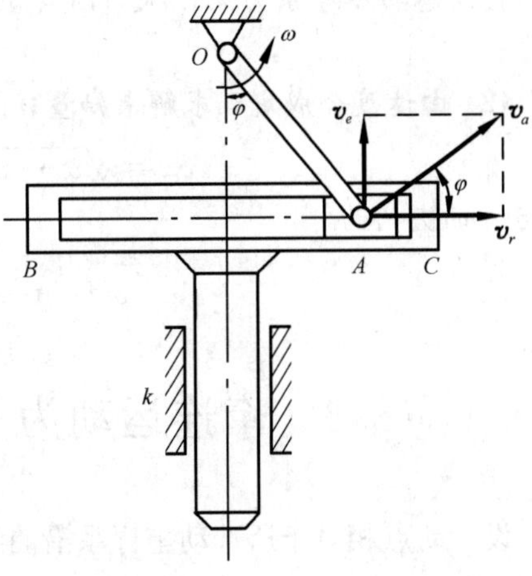

图 8-5

8-5

【例 8-3】 在图 8-6 所示刨床的曲柄摆杆机构中，曲柄 OM 长 $r = 20\text{cm}$，以转速 $n = 30\text{rpm}$ 做逆时针方向转动，曲柄转轴 O 与摆杆转轴 A 之间的距离 $OA = 30\text{cm}$，试求当曲柄在图示位置时（曲柄 OM 垂直 OA），摆杆 AB 的角速度 ω_A。

解 （1）运动分析，曲柄 OM 转动，通过滑块 M 带动摆杆 AB 摆动。滑块相对摆杆运动。因此，取滑块 M 为动点，基座为定系，摆杆为动系，则绝对运动为 M 绕 O 的圆周运动；相对运动为 M 沿摆杆滑槽的直线运动；牵连运动为导杆绕轴 A 的定轴转动。

（2）速度分析，曲柄的角速度为

$$\omega_0 = \frac{\pi}{30} n = \frac{\pi}{30} \times 30 = \pi \text{rad/s}$$

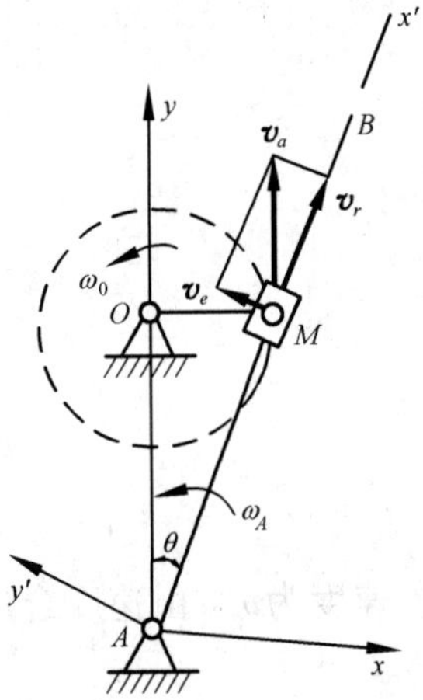

图 8-6

8-6

则动点的绝对速度的大小为

$$v_a = r\omega_0 = 20\pi \text{cm/s}$$

$\boldsymbol{v}_a$ 的方向垂直 OM 向上。动点的相对速度 $\boldsymbol{v}_r$ 的大小未知，其方向沿 AB 导槽。牵连速度 $\boldsymbol{v}_e$ 垂直 AB 杆，其大小待求。

应用速度合成定理 $\boldsymbol{v}_a = \boldsymbol{v}_e + \boldsymbol{v}_r$，按照已知条件作速度矢量平行四边形。由几何关系可求得 M 点的牵连速度

$$v_e = v_a \sin\theta = v_a \frac{OM}{AM}$$

则摆杆的角速度为

$$\omega_A = \frac{v_e}{AM} = v_a \frac{OM}{AM^2} = v_a \frac{OM}{OM^2 + OA^2}$$

$$= 20\pi \frac{20}{20^2 + 30^2} = 0.967(\text{rad/s})$$

【例 8-4】 矿砂从传送带 A 落到另一传送带 B 上，如图 8-7 所示。站在地面上观察矿砂下落的速度为 $v_1 = 4\text{m/s}$，方向与铅直线成 $30°$ 角，求矿砂相对于传送带 B 的速度。已知传送带 B 水平传动，它的速度 $v_2 = 3\text{m/s}$。

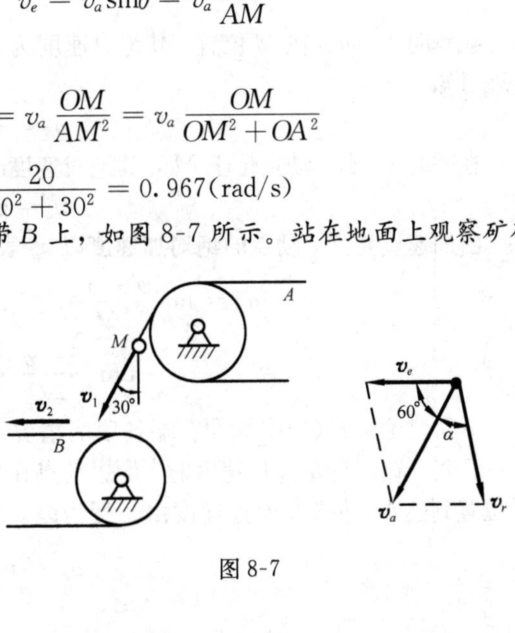

图 8-7

8-7

解 （1）运动速度分析，以矿砂 M 为动点，动参考系固定在传送带上。矿砂相对地面的速度 $\boldsymbol{v}_1$ 为绝对速度；牵连速度应为动参考系上与动点相重合的那一点的速

度。可设想动参考系为无限大，因其做平动，所以各点速度均为$\boldsymbol{v}_2$。则$\boldsymbol{v}_2$ 即为动点的牵连速度。

(2) 由速度合成定理求解未知量，根据已知条件，作速度平行四边形，由几何关系求得

$$v_r = \sqrt{v_e^2 + v_a^2 - 2v_e v_a \cos 60^\circ} = 3.6\text{m/s}$$

$\boldsymbol{v}_r$ 与$\boldsymbol{v}_a$ 的夹角为

$$\alpha = \arcsin(\frac{v_e}{v_r}\sin 60^\circ) = 46^\circ 12'$$

8.3 牵连运动为平动时点的加速度合成定理

设一动点相对于所选动坐标系沿曲线$\widehat{AB}$运动，而$\widehat{AB}$又随动坐标系在空间平动，如图 8-8 所示。

8-8

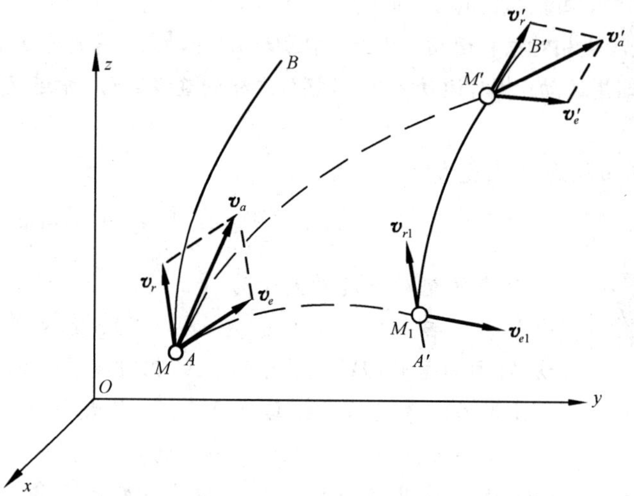

图 8-8

在瞬时 t，动点在 M 位置，其绝对速度为$\boldsymbol{v}_a$，相对速度为$\boldsymbol{v}_r$，牵连速度为$\boldsymbol{v}_e$，由速度合成定理可知

$$\boldsymbol{v}_a = \boldsymbol{v}_e + \boldsymbol{v}_r$$

在瞬时 $t+\Delta t$，动点位于 M'，其绝对速度$\boldsymbol{v}'_a$、相对速度$\boldsymbol{v}'_r$与牵连速度$\boldsymbol{v}'_e$ 之间的关系为

$$\boldsymbol{v}'_a = \boldsymbol{v}'_e + \boldsymbol{v}'_r$$

由加速度定义，动点的**绝对加速度**以 $\boldsymbol{a}_a$ 表示为

$$\boldsymbol{a}_a = \lim_{\Delta t \to 0} \frac{\boldsymbol{v}'_a - \boldsymbol{v}_a}{\Delta t} = \lim_{\Delta t \to 0} \frac{(\boldsymbol{v}'_e + \boldsymbol{v}'_r) - (\boldsymbol{v}_e + \boldsymbol{v}_r)}{\Delta t}$$

$$= \lim_{\Delta t \to 0} \frac{\boldsymbol{v}'_e - \boldsymbol{v}_e}{\Delta t} + \lim_{\Delta t \to 0} \frac{(\boldsymbol{v}'_r - \boldsymbol{v}_r)}{\Delta t} \tag{1}$$

下面讨论上式(1)中等号右端各项的情况。将绝对运动分解为牵连运动和相对运动两部分来研究。在讨论牵连加速度时，设想动点在曲线上没有相对运动，则经过 Δt 时间，动点由 M 位置到达 M_1 位置，牵连速度由$\boldsymbol{v}_e$ 变为$\boldsymbol{v}_{e1}$，故**牵连加速度**以 $\boldsymbol{a}_e$ 表示为

$$\boldsymbol{a}_e = \lim_{\Delta t \to 0} \frac{\boldsymbol{v}_{e1} - \boldsymbol{v}_e}{\Delta t} \tag{2}$$

由于牵连运动是平动，在同一瞬时动坐标系上各点的速度都相同，即$\boldsymbol{v}'_e=\boldsymbol{v}_{e1}$，则式(1)等号右端的第一项可写为

$$\lim_{\Delta t\to 0}\frac{\boldsymbol{v}'_e-\boldsymbol{v}_e}{\Delta t}=\lim_{\Delta t\to 0}\frac{\boldsymbol{v}_{e1}-\boldsymbol{v}_e}{\Delta t}=\boldsymbol{a}_e \tag{3}$$

在讨论动点的相对加速度时，不考虑曲线的牵连运动，在 Δt 内，动点将由$\widehat{A'B'}$上 M_1 位置到达 M'位置，相对速度由$\boldsymbol{v}_{r1}$变为$\boldsymbol{v}'_r$，故**相对加速度**以 $\boldsymbol{a}_r$ 表示为

$$\boldsymbol{a}_r=\lim_{\Delta t\to 0}\frac{\boldsymbol{v}'_r-\boldsymbol{v}_{r1}}{\Delta t} \tag{4}$$

当牵连运动为平动时，对动点的相对运动毫无影响，故有$\boldsymbol{v}_r=\boldsymbol{v}_{r1}$，则式(1)等号右端的第二项可写为

$$\lim_{\Delta t\to 0}\frac{\boldsymbol{v}'_r-\boldsymbol{v}_r}{\Delta t}=\lim_{\Delta t\to 0}\frac{\boldsymbol{v}'_r-\boldsymbol{v}_{r1}}{\Delta t}=\boldsymbol{a}_r \tag{5}$$

考虑到以上(2)、(3)、(4)、(5)各式，于是式(1)可表示为

$$\boldsymbol{a}_a=\boldsymbol{a}_e+\boldsymbol{a}_r \tag{8-2}$$

即**牵连运动为平动时，在任一瞬时，动点的绝对加速度等于其牵连加速度与相对加速度的矢量和**。

与速度合成定理一样，式(8-2)是平面矢量式，可以推得两个代数方程式，即

$$\left.\begin{aligned}a_{ax}&=a_{ex}+a_{rx}\\a_{ay}&=a_{ey}+a_{ry}\end{aligned}\right\} \tag{8-3}$$

当绝对运动和相对运动为曲线运动时，应用式(8-3)更为方便。

【例 8-5】 轮船做直线平动，加速度为 $\boldsymbol{a}_0$，船上的涡轮机以 ω 做匀角速转动，其转轴与轮船前进的方向垂直(图 8-9)，试求涡轮机转子上点 1、2、3 和 4 的绝对加速度。

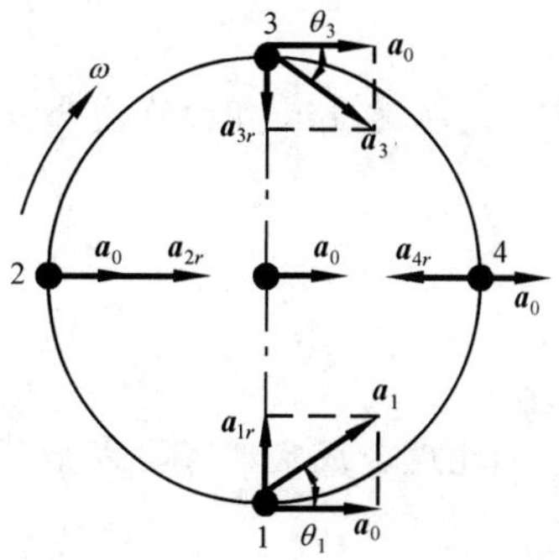

图 8-9

解　分别取转子上各指定点作为动点，将动坐标系固结在船上，则牵连运动为平动，由牵连运动为平动时的加速度合成定理，各点的绝对加速度由牵连加速度与相对加速度所合成。这时，各点的牵连加速度均相同并等于轮船的加速度 $\boldsymbol{a}_0$，而各点的相对加速度均只有法向部分，故指向转轴，其大小为

$$a_r=a_r^n=R\omega^2$$

各指定点的加速度分量如图 8-9 所示，显然其绝对加速度分量为

1 点：　$a_1=\sqrt{a_0^2+R^2\omega^4}$　，　$\theta_1=\arctan\dfrac{R\omega^2}{a_0}$

2 点：　$a_2=a_0+R\omega^2$　，　水平向左

3 点：　$a_3=\sqrt{a_0^2+R^2\omega^4}$　，　$\theta_3=\arctan\dfrac{R\omega^2}{a_0}$

4 点：　$a_4=a_0-R\omega^2$，　水平向右或向左，由 a_4 之为正或为负而定

【例 8-6】 凸轮在水平面上向右做减速运动，如图 8-10(a)所示。求杆 AB 在图示位置时的加速度。设凸轮半径为 R，图示瞬时的速度和加速度分别为$\boldsymbol{v}$和 $\boldsymbol{a}_0$。

解　取杆上的 A 点为动点，动参考系与凸轮固连，静参考系与机架或地面固连，则动点

8-10

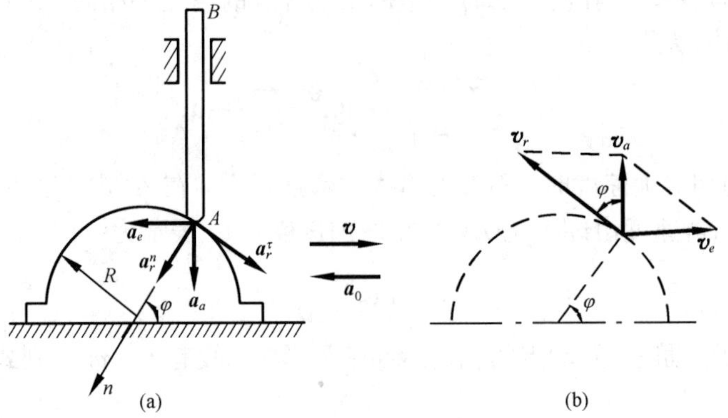

图 8-10

的绝对运动是铅垂的直线运动，相对运动轨迹为凸轮轮廓曲线。由于牵连运动为平动，故点的加速度合成定理为

$$\boldsymbol{a}_a = \boldsymbol{a}_e + \boldsymbol{a}_r$$

式中，$\boldsymbol{a}_a$ 为所求的加速度，已知它的方向沿直线 AB，但指向与大小尚待确定。

点 A 的牵连加速度为凸轮上与动点重合的那一点的加速度，即

$$\boldsymbol{a}_e = \boldsymbol{a}_0$$

点 A 的相对加速度分为两个分量：切线分量 $\boldsymbol{a}_r^\tau$ 的大小和指向均为未知，法向分量 $\boldsymbol{a}_r^n$ 的方向如图示，大小为

$$a_r^n = \frac{v_r^2}{R}$$

式中，相对速度$\boldsymbol{v}_r$ 可由速度合成定理求出，其方向如图 8-10(b)所示，大小为

$$v_r = \frac{v_e}{\sin\varphi} = \frac{v}{\sin\varphi}$$

则

$$a_r^n = \frac{1}{R}\,\frac{v^2}{\sin^2\varphi}$$

加速度合成定理可写成如下形式：

$$\boldsymbol{a}_a = \boldsymbol{a}_e + \boldsymbol{a}_r^\tau + \boldsymbol{a}_r^n$$

假设 $\boldsymbol{a}_a$ 和 $\boldsymbol{a}_r^\tau$ 的指向如图示，为计算 $\boldsymbol{a}_a$ 的大小，将上式投影到法线上，得

$$a_a\sin\varphi = a_e\cos\varphi + a_r^n$$

解得

$$a_A = a_a = \frac{1}{\sin\varphi}\left(a_0\cos\varphi + \frac{v^2}{R\sin^2\varphi}\right) = a_0\cot\varphi + \frac{v^2}{R\sin^3\varphi}$$

8.4 牵连运动为转动时点的加速度合成定理

在 8.3 节证明了牵连运动为平动时的加速度合成定理，当牵连运动为转动时，上述式(8-2)的加速度合成定理是否还适用？下面分析一个特例。

设圆盘以匀角速度 ω 绕定轴 O 顺时针转动，同时盘上圆槽内有一动点 M 以大小不变的相对速度$\boldsymbol{v}_r$ 顺时针做圆周运动(图 8-11)，那么 M 点对于静系的绝对加速度应是多少？

选 M 为动点，动系固连于圆盘上，则 M 点的牵连运动为匀速转动，其牵连速度和牵连加速度为

$$v_e = \omega R \quad , \quad a_e = \omega^2 R \quad (\text{方向如图 8-11})$$

相对运动为匀速圆周运动，其相对速度和相对加速度为

$$v_r = \text{常数} \quad , \quad a_r = \frac{v_r^2}{R} \quad (\text{方向如图 8-11})$$

由速度合成定理可求出绝对速度的大小为

$$v_a = v_e + v_r = R\omega + v_r = \text{常数}$$

即绝对运动也为匀速圆周运动，其绝对加速度为

$$a_a = \frac{v_a^2}{R} = \frac{(R\omega + v_r)^2}{R} = R\omega^2 + \frac{v_r^2}{R} + 2\omega v_r$$

$$= a_e + a_r + 2\omega v_r$$

方向指向圆心 O 点。

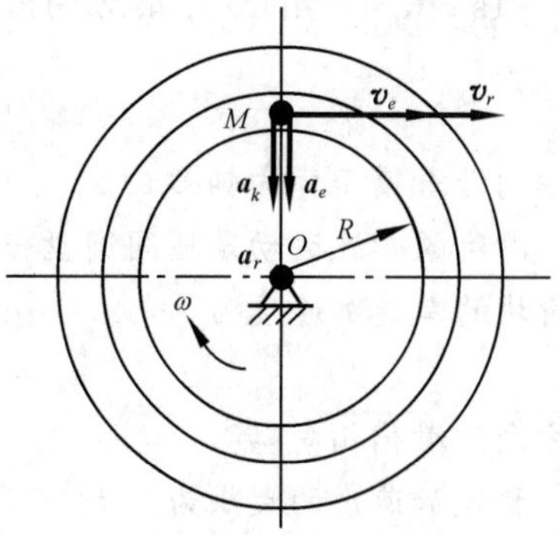

图 8-11

8-11

从上式中可看出，当牵连运动为转动时，动点的绝对加速度 $\boldsymbol{a}_a$ 并不等于牵连加速度 $\boldsymbol{a}_e$ 和相对加速度 $\boldsymbol{a}_r$ 的矢量和。还多了一项 $2\omega v_r$，该项是由牵连转动与相对运动相互影响而产生的。可以证明(本书不证)，当牵连运动为转动时，点的加速度合成定理为

$$\boldsymbol{a}_a = \boldsymbol{a}_e + \boldsymbol{a}_r + \boldsymbol{a}_k \tag{8-4}$$

式中，$\boldsymbol{a}_k$ 称为**科里奥利加速度**，简称**科氏加速度**。式(8-4)表明，**当牵连运动为转动时，动点的绝对加速度等于它的牵连加速度、相对加速度和科氏加速度的矢量和**。

科氏加速度的大小和方向由下式确定

$$\boldsymbol{a}_k = 2\boldsymbol{\omega} \times \boldsymbol{v}_r \tag{8-5}$$

式中，$\boldsymbol{\omega}$ 为动系转动的角速度矢，$\boldsymbol{v}_r$ 为动点的相对速度，由矢量积运算规则，可得 $\boldsymbol{a}_k$ 的大小为

$$a_k = 2\omega v_r \sin\theta \tag{8-6}$$

式中，θ 为 $\boldsymbol{\omega}$ 与 $\boldsymbol{v}_r$ 间的夹角，$\boldsymbol{a}_k$ 垂直于 $\boldsymbol{\omega}$ 和 $\boldsymbol{v}_r$ 所确定的平面，指向由右手法则确定，见图 8-12。

当 $\theta = 0°$ 或 $180°$ 时($\boldsymbol{\omega} /\!/ \boldsymbol{v}_r$)，$a_k = 0$；当 $\theta = 90°$ 时($\boldsymbol{\omega} \perp \boldsymbol{v}_r$)，$a_k = 2\omega v_r$。

【例 8-7】 图 8-13 所示的圆盘绕定轴 O 以匀角速度 $\omega = 4\text{rad/s}$ 转动，滑块 M 按 $x' = 2t^2$ 的规律沿径向滑槽 OA 滑动，速度单位为 cm/s。求当 $t = 1\text{s}$ 时滑块 M 的绝对加速度。

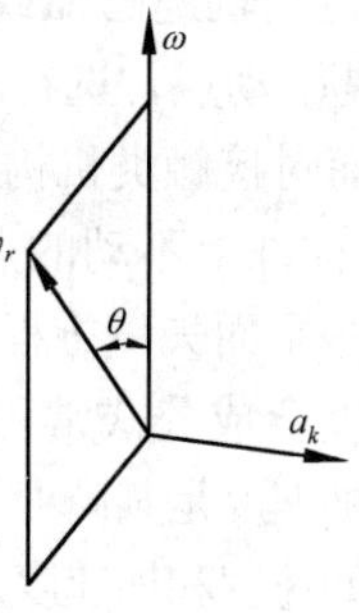

图 8-12

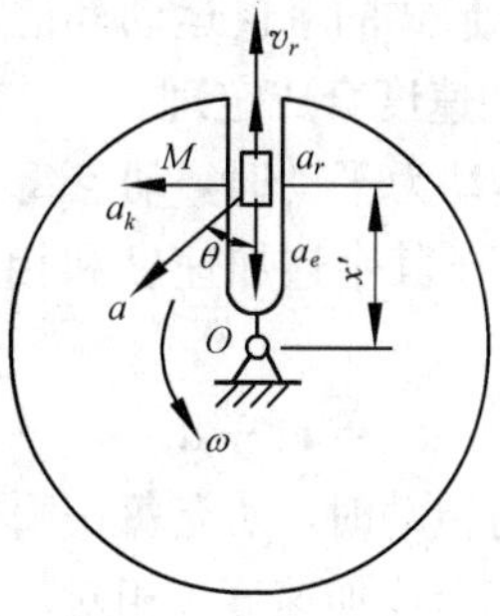

图 8-13

8-12

8-13

解 由滑块 M 的相对运动方程 $x' = 2t^2$，可得其相对速度为

$$v_r = \frac{\mathrm{d}x'}{\mathrm{d}t} = 4t$$

当 $t=1\text{s}$ 时，$v_r=4\text{cm/s}$，其方向沿滑槽而背向轴心 O。而滑块 M 的相对加速度为

$$a_r=\frac{\mathrm{d}^2x'}{\mathrm{d}t^2}=4\text{cm/s}^2$$

其方向沿滑槽而背向轴心 O。

滑块的牵连运动是随同圆盘一起转动，当 $t=1\text{s}$ 时，滑块在滑槽中的位置 $x'=2t^2=2\text{cm}$。故滑块的牵连加速度为

$$a_e=x'\omega^2=2\times4^2=32(\text{cm/s}^2)$$

其方向沿滑槽指向轴心。

科氏加速度的大小为

$$a_k=2\omega v_r=2\times4\times4=32(\text{cm/s}^2)$$

其方向根据右手法则得知与滑槽垂直指向左方。

由牵连运动为转动时加速度合成定理($\boldsymbol{a}_a=\boldsymbol{a}_e+\boldsymbol{a}_r+\boldsymbol{a}_k$)，可知滑块 M 的绝对加速度的大小为

$$a=\sqrt{(a_e-a_r)^2+a_k^2}=\sqrt{(32-4)^2+32^2}$$
$$=\sqrt{1808}=42.5(\text{cm/s}^2)$$

绝对加速度的方向与滑槽的夹角为

$$\theta=\arctan\frac{a_k}{a_e-a_r}=\arctan\frac{8}{7}=48°49'$$

本章小结

1. 本章通过合成法研究同一物体对于不同参考坐标系的运动要素间的关系。点的绝对运动为点的牵连运动和相对运动合成的结果。

2. 点的速度合成定理。

动点每一瞬时的绝对速度等于其牵连速度与相对速度的矢量和，即

$$\boldsymbol{v}_a=\boldsymbol{v}_e+\boldsymbol{v}_r$$

此定理对任何形式的牵连运动都适用。

3. 点的加速度合成定理。

当牵连运动为平动时，动点每一瞬时的绝对加速度等于其牵连加速度和相对加速度的矢量和，即

$$\boldsymbol{a}_a=\boldsymbol{a}_e+\boldsymbol{a}_r$$

当牵连运动为转动时，动点每一瞬时的绝对加速度等于其牵连加速度、相对加速度和科氏加速度的矢量和，即

$$\boldsymbol{a}_a=\boldsymbol{a}_e+\boldsymbol{a}_r+\boldsymbol{a}_k$$

式中，$\boldsymbol{a}_k=2\boldsymbol{\omega}\times\boldsymbol{v}_r$，其大小 $a_k=2\omega v_r\sin\theta$，方向由右手法则决定。

4. 在解题时，要正确地选择一个动点、两个参考系，分析清楚三种运动，画出速度、加速度矢量图。要注意动点和动系应分别选择在两个不同的运动物体上；动点和动系必须有相对运动，且相对运动轨迹已知或可直观看出。对于一般机构问题，动点常选在主动件与被动件的连接点上；而对接触类机构问题，动点常常选在运动中在构件上不动的点上(例 8-6)。速度合成公式为一平面矢量方程，一般用几何法求解；而加速度合成公式常用解析法求解。牵连速度和牵连加速度是某瞬时动坐标系内和动点相重合的点的速度和加速度。

思 考 题

8.1 有人说，相对运动、牵连运动和绝对运动都是指同一个点的运动，因而它们可能是直线运动，也可能是曲线运动，这种说法正确吗？为什么？

8.2　在已知某瞬时，动坐标上一点 M_O 与动点 M 相重合，试回答下列各题：① 动点 M 的绝对速度与点 M_O 的绝对速度有什么关系？② 动点 M 对于点 M_O 的相对速度如何决定？③ 点 M_O 的绝对速度是动点 M 的什么速度？

8.3　牵连运动为平动和转动时，速度合成定理有没有区别？为什么？

8.4　科氏加速度是怎样形成的，在点的合成运动问题中，什么情况下有科氏加速度？其大小和方向如何确定？在什么情况下它为零？

8.5　在图 8-14 中若取 M 点为动点，地面为定系，某运动物体为动系，试做运动分析，并在图示位置画出动点的绝对速度、相对速度和牵连速度。

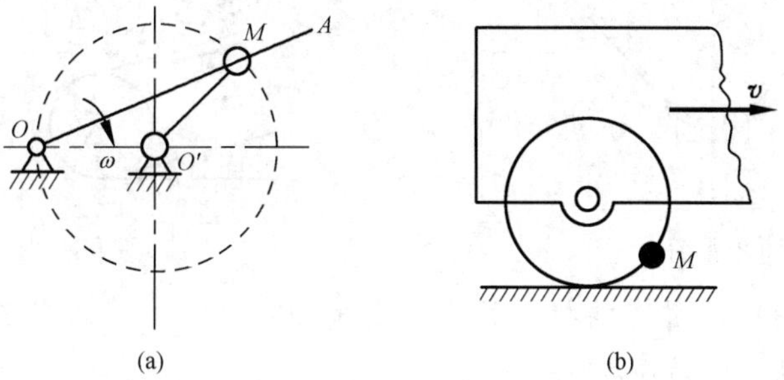

图 8-14

习　题

8-1　当一轮船在雨中航行时，甲板上干与湿的分界线在雨篷于甲板上正投影之后的 2m 处，篷高 4m；当轮船停航时该分界线在雨篷正投影之前的 3m 处。今若雨滴速度的大小为 10m/s，求船速的大小。

8-2　如题 8-2 图所示，为卸取颗粒材料，在运输机胶带上装置了固定挡板，材料沿挡板的运动速度 $v=0.14\text{m/s}$，挡板与运输机纵轴的夹角 $\alpha=60°$，胶带速度 $u=0.6\text{m/s}$，求颗粒材料相对于胶带的速度 $\boldsymbol{v}_r$ 的大小及方向。

8-3　如题 8-3 图所示，河的两岸互相平行，一船由 A 点沿与岸垂直的方向使向对岸，经 10min 船到达对岸 B 点下游 120m 处的 C 点，为使船从 A 点出发能到达对岸的 B 点处，船应逆流并保持与 AB 线成某一角度航行。在此情况下，船经过 12.5min 到达对岸。求河宽 l、船对水的相对速度 $\boldsymbol{u}$ 和水流速度 $\boldsymbol{v}$ 的大小。

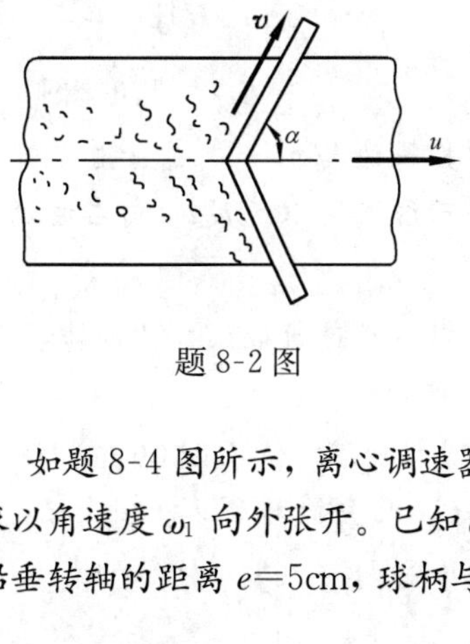

题 8-2 图

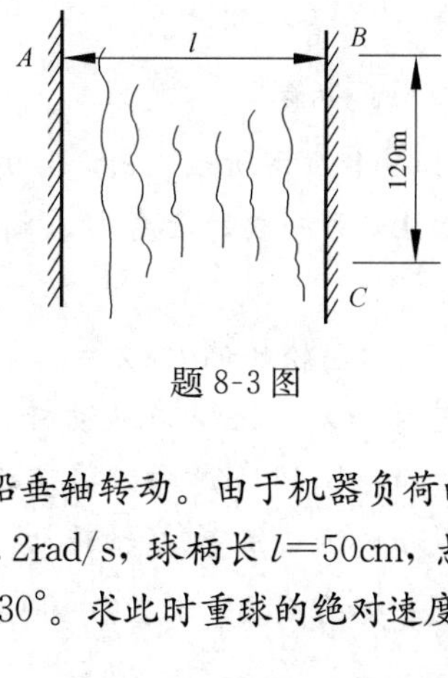

题 8-3 图

8-4　如题 8-4 图所示，离心调速器以匀角速度 ω 绕铅垂轴转动。由于机器负荷的变化，调速器重球以角速度 ω_1 向外张开。已知 $\omega=10\text{rad/s}$，$\omega_1=1.2\text{rad/s}$，球柄长 $l=50\text{cm}$，悬挂球柄的支点到铅垂转轴的距离 $e=5\text{cm}$，球柄与铅垂线的夹角 $\alpha=30°$。求此时重球的绝对速度的大小。

8-5 如题 8-5 图所示，矿砂从传送带 A 落到另一传送带 B 上，其绝对速度为 $v_1=4\text{m/s}$，方向与铅直线成 30°角。设传送带 B 与水平面成 15°角，其速度为 $v_2=2\text{m/s}$。求此时矿砂对于传送带 B 的相对速度。并问当传送带 B 的速度为多大时，矿砂的相对速度才能与它垂直？

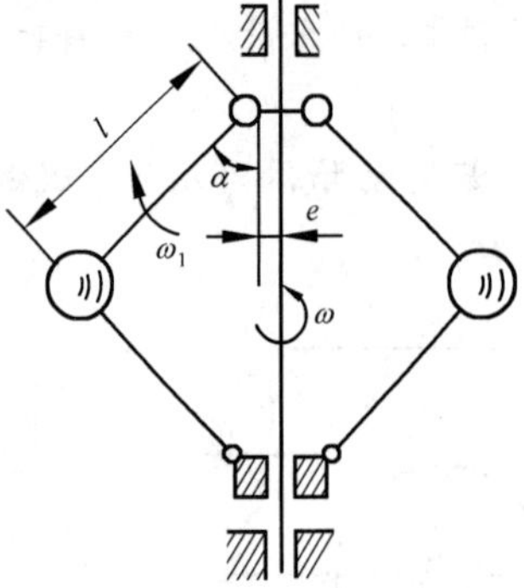

题 8-4 图

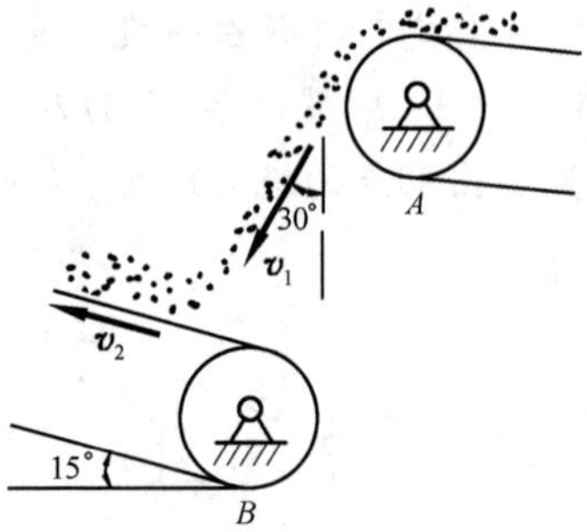

题 8-5 图

8-6 在题 8-6 图所示滑道摇杆机构中，已知 $O_1O=20\text{cm}$，试求当 $\theta=20°$，$\varphi=27°$，且 $\omega_1=6\text{rad/s}$ 时摇杆 O_1A 的角速度 ω_2。

8-7 L 形杆 OAB 以角速度 ω 绕 O 轴转动，$OA=l$，OA 垂直于 AB；通过套筒 C 推动杆 CD 沿铅直导槽运动。在题 8-7 图所示位置时，$\varphi=30°$，试求杆 CD 的速度。

8-8 题 8-8 图所示曲柄滑道机构中，杆 BC 为水平，而杆 DE 保持铅垂。曲柄长 $OA=10\text{cm}$，以匀角速度 $\omega=20\text{rad/s}$ 绕 O 轴转动，通过滑块 A 使杆 BC 做往复运动。求当曲柄与水平线的交角分别为 $\varphi=0°$、30°、90°时杆 BC 的速度。

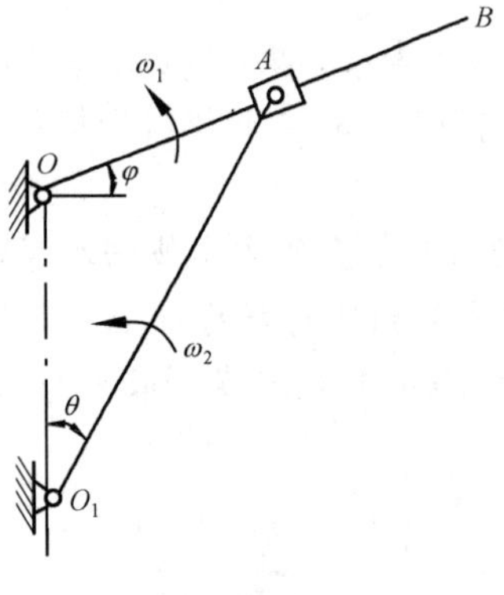

题 8-6 图

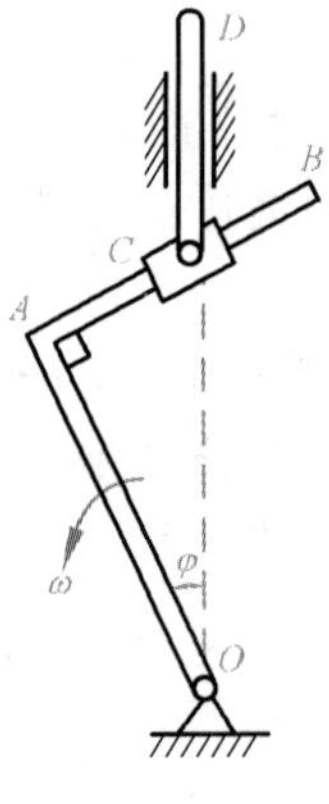

题 8-7 图

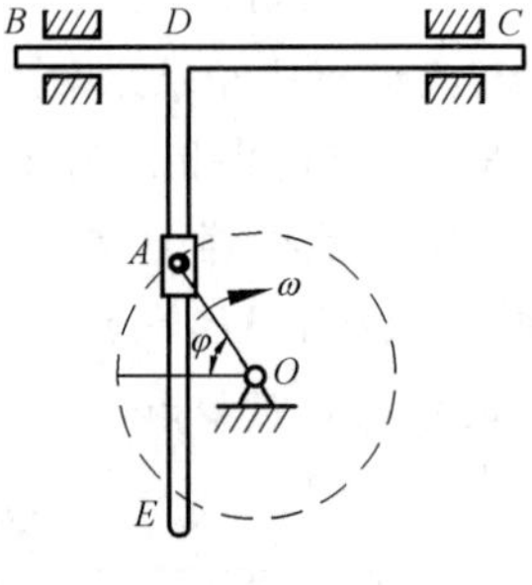

题 8-8 图

8-9 如题 8-9 图所示，三角形块沿水平方向运动，其斜边与水平线成 α 角。杆 AB 的 A 端靠在斜面上，另一端的活塞 B 在筒内铅垂地滑动。若三角形块以速度 $\boldsymbol{v}_0$ 向右运动，求活塞 B 的速度。

8-10 偏心凸轮的偏心 $OC=e$，半径 $AC=r=\sqrt{3}e$，以匀角速度 ω_0 绕 O 轴转动。题 8-10 图所示位置时，$OC\perp CA$，求从动杆 AB 的速度。

8-11 如题 8-11 图所示铰接四边形机构中，$O_1A=O_2B=10\text{cm}$，又 $O_1O_2=AB$，且杆 O_1A 以匀角速度 $\omega=2\text{rad/s}$ 绕 O_1 轴转动。AB 杆上有一套筒 C，此套筒与 CD 杆相铰接，机构的各部件都在同一铅垂面内，求当 $\varphi=60°$时，CD 杆的速度及加速度。

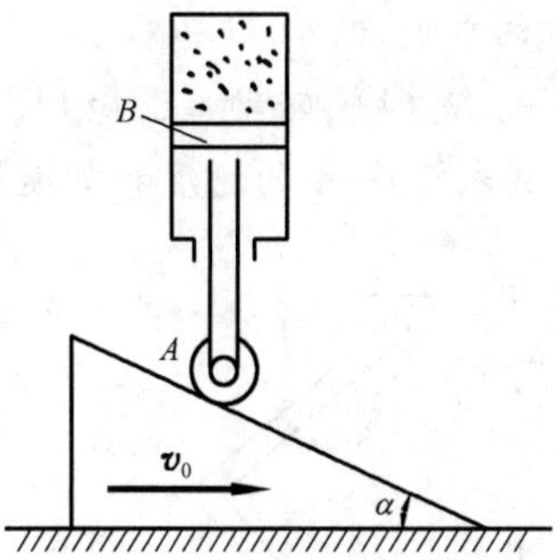

题 8-9 图

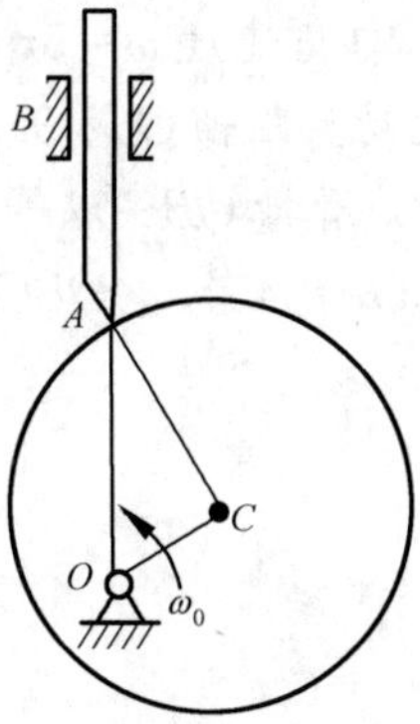

题 8-10 图

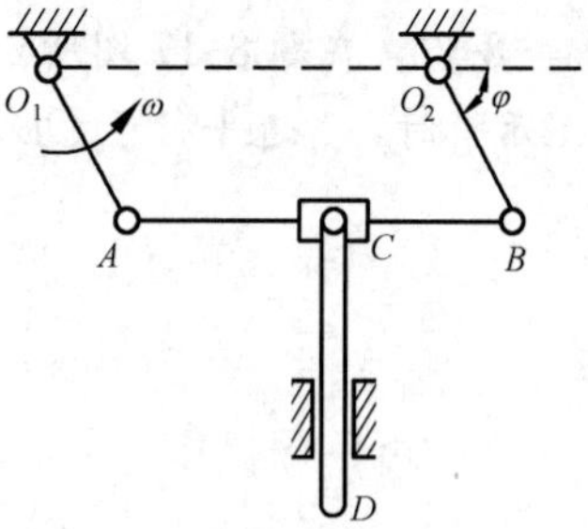

题 8-11 图

8-12 题 8-12 图所示斜面 AB 与水平面间成 45°角，以 10cm/s^2 的加速度沿 Ox 轴方向向右运动。物块 M 以匀相对加速度 $10\sqrt{2}\,\text{cm/s}^2$ 沿斜面下滑，斜面与物块的初始速度都是零。物块的初位置为：$x=0$，$y=h$，求物块的绝对运动方程、运动轨迹、速度和加速度。

8-13 题 8-13 图所示机构中，已知 $AB=O_1O_2$ 且 $AB/\!/O_1O_2$，$AO_1=BO_2=r$，$O_3C=r_0$，求当 O_1A 以匀角速度 ω 转至图示位置时杆 O_3C 的角速度。

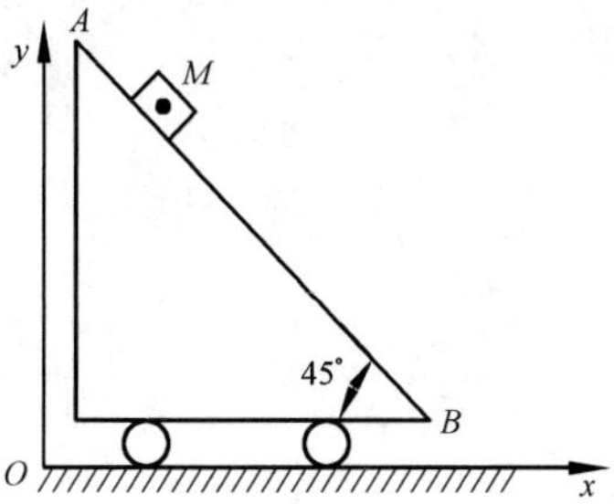

题 8-12 图

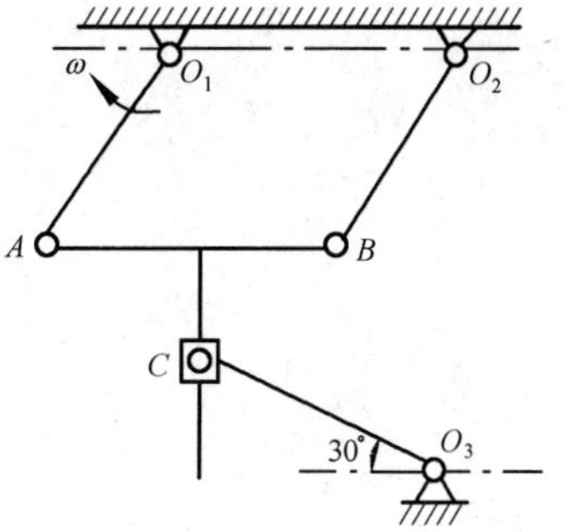

题 8-13 图

8-14 已知 $OA=r$，以匀角速度 ω 绕 O 轴转动，如题 8-14 图所示，$O_1A=AB=2r$，$\angle OAO_1=\alpha$，$\angle O_1BC=\beta$，求图示瞬时，① O_1D 杆的角速度；② BC 杆的速度。

8-15 如题 8-15 图所示，曲柄 OA 长 0.4m，以匀角速度 $\omega=0.5\text{rad/s}$ 绕轴 O 逆时针转动，曲柄的 A 端推动滑杆 BC 沿铅垂方向运动。试求当曲柄 OA 与水平线的夹角 $\varphi=30°$时，滑杆 BC 的速度和加速度。

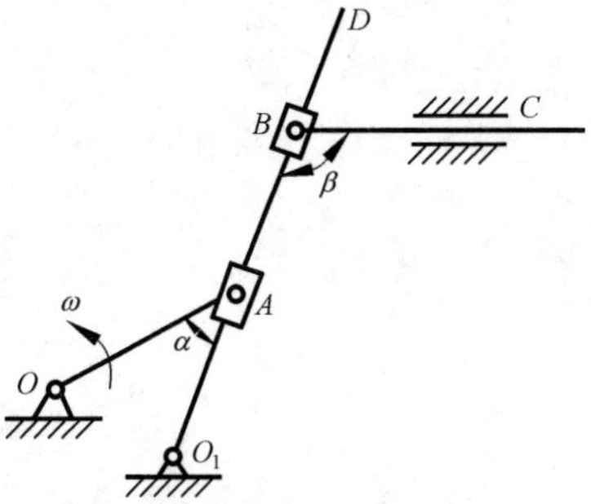

题 8-14 图

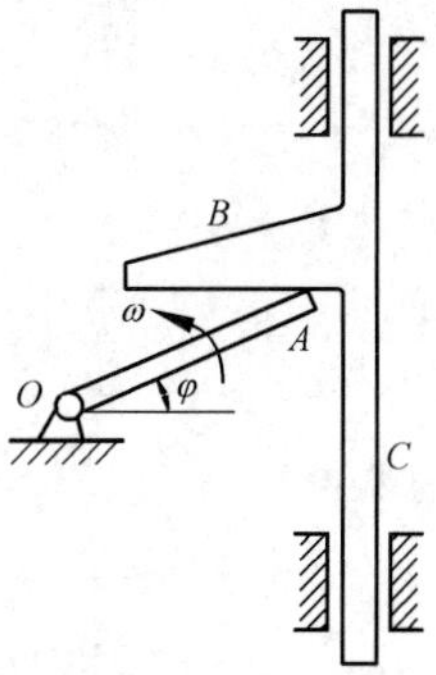

题 8-15 图

*8-16　如题 8-16 图所示，杆以匀角速度 $\omega=5\mathrm{rad/s}$ 绕 O 轴转动，滑块 A 以相对速度 $v_r=0.5\mathrm{m/s}$ 沿杆向外移动。求滑块运动至距轴 O 为 0.2m 处时的加速度。

*8-17　在题 8-17 图所示机构中，滑槽 OBC 以等角速度 ω_0 绕 O 轴转动，已知 $OB=a$，在图示瞬时，滑道平行于 OB，且 $\angle BOA=45°$，$\angle OBC=90°$，试求滑块 A 的速度和加速度。

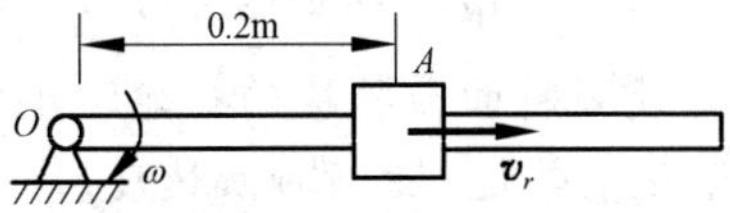

题 8-16 图

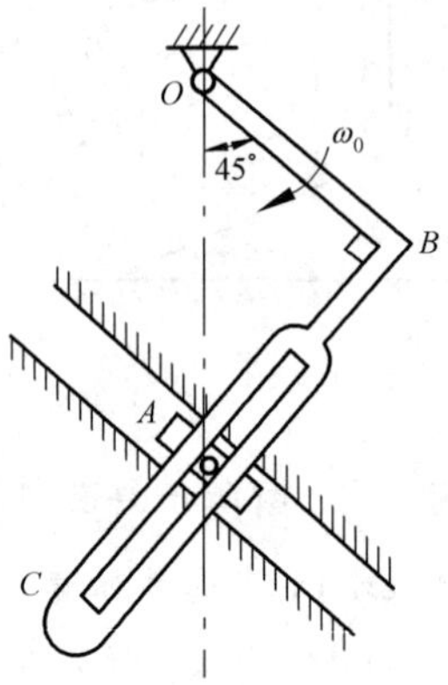

题 8-17 图

第9章 刚体的平面运动

在刚体简单运动即平动与转动的基础上，本章将研究刚体的一种较复杂的运动——刚体的平面运动。平面运动是工程中常见的一种运动，对它的研究具有重要意义。

9.1 刚体平面运动的概念

在第7章中，讨论了刚体的两种基本运动——平动和绕定轴转动。而在工程实际中，经常要遇到构件做较为复杂的平面运动。例如图9-1(a)曲柄连杆机构中连杆AB的运动，以及图9-1(b)中车轮沿直线轨道的滚动等，它们既不是平动，也不是绕定轴转动，但它们具有一个共同的特征：**在运动过程中，刚体上任一点与某一固定平面的距离始终保持不变。**这样的运动称为**刚体的平面运动**。

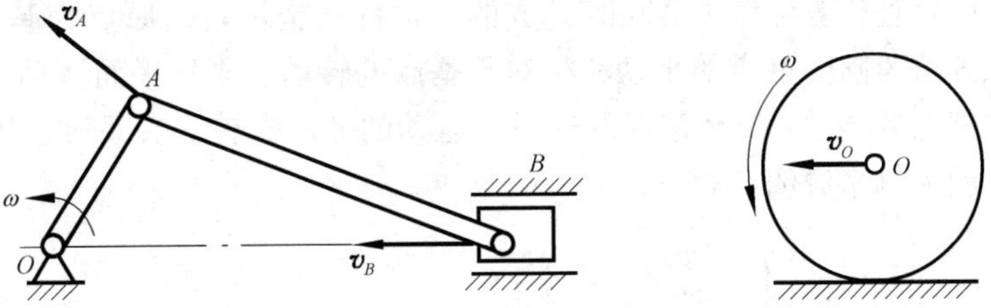

(a) (b)

图 9-1

9-1

在研究刚体的平面运动时，根据平面运动的上述特点，可把问题加以简化。

在图9-2中，刚体做平面运动，设平面Ⅰ为一固定平面。作平面Ⅱ平行于平面Ⅰ且截刚体得平面图形S。由平面运动的定义，平面图形S必在平面Ⅱ内运动。

若在刚体内任取与图形S垂直的直线A_1A_2，显然直线A_1A_2的运动是平动，因而直线上的各点都有相同的运动。可见直线与图形的交点A的运动即可代表全部直线A_1A_2的运动，因而平面图形S内各点的运动即可代表整个刚体的运动。所以**刚体的平面运动可以简化为平面图形S在其自身平面内的运动**，而不必考虑刚体本身的厚度。

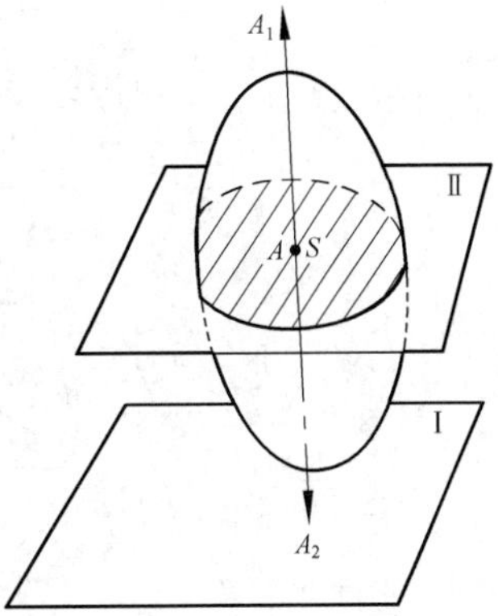

图 9-2

9-2

9.2 平面运动分解为平动和转动

刚体的平面运动可以分解为两种比较简单的运动——平动和转动。

图 9-3 所示为沿直线轨道滚动相对于地面做平面运动的车轮。轮轴随车厢相对地面做平动，而车轮相对轮轴又做转动，因此，车轮的平面运动可分解为随同车厢的平动和相对轮轴的转动。

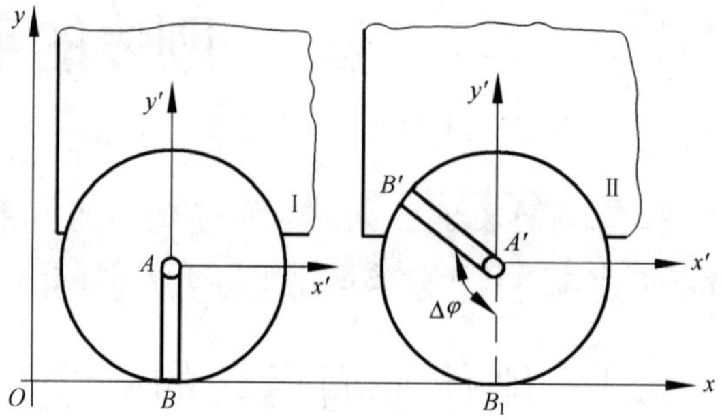

图 9-3

现以半径 AB 来表示车轮滚动的过程。若以地面作定坐标系 Oxy，动坐标系 $Ax'y'$ 与车厢一起做平动，原点取在轮轴上。当车轮由位置Ⅰ到位置Ⅱ时，车轮对于静坐标系的平面运动(绝对运动)可以分解为随此动坐标系车厢的平动($AB \to A'B_1$，即牵连运动)和相对于此动坐标系车厢的转动($A'B_1 \to A'B'$，即相对运动)。

必须说明，实际上平动与转动是同时完成的。常称动坐标系的原点为**基点**，这样，**刚体的平面运动可以分解为随同基点的平动和相对于基点的转动**。既然平面运动可以分解为随基点的平动和相对基点的转动，那么基点的选择和运动的分解有什么关系呢？下面以曲柄连杆机构中连杆的运动为例来说明(图 9-4)。

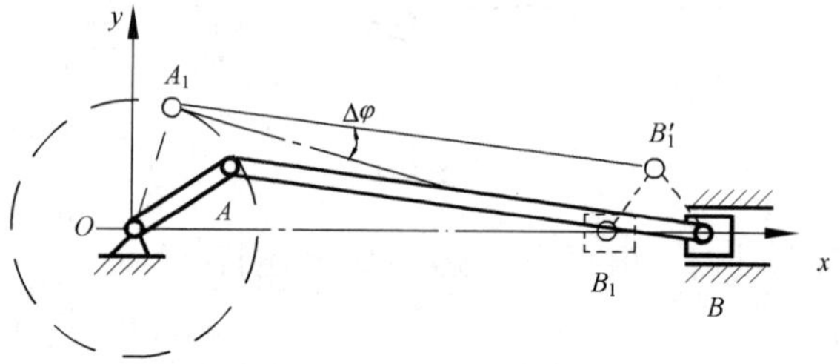

(a)

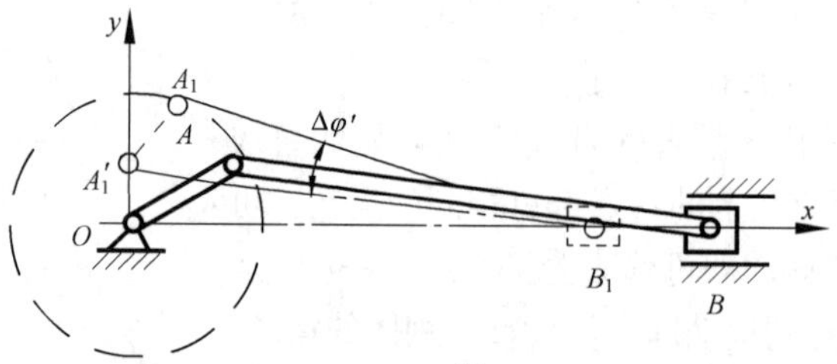

(b)

图 9-4

设在时间间隔 Δt 内，连杆由 AB 位置运动到 A_1B_1 位置。若选 A 为基点，则连杆 AB 随同基点 A 平动到 A_1B_1'，并由 A_1B_1' 位置绕 A_1 点转过 $\Delta\varphi$ 角到 A_1B_1，位置如图 9-4(a)所示。若取 B 为基点，则连杆 AB 随同 B 点平动到 $A_1'B_1$ 位置，再由 $A_1'B_1$ 绕 B_1 点转动 $\Delta\varphi'$ 角到 A_1B_1 位置，如图 9-4(b)所示。两种分解方法都不改变连杆原来的运动情况，可见平面运动分解为平动和转动，基点的选取可以是任意的。从图 9-4(b)的转动部分可以看出，由于 $A_1B_1'/\!/AB/\!/A_1'B_1$，故转角 $\Delta\varphi$ 与 $\Delta\varphi'$ 大小相等，且转向相同，即 $\Delta\varphi=\Delta\varphi'$，因而在同一瞬时连杆绕不同基点转动的角速度和角加速度是相同的，也就是说平面运动的转动部分与基点的选取无关。

必须指出，刚体绕基点转动的角速度 ω 和角加速度 ε 是相对于做平动的坐标而言的。以后在讨论相对转动时，只说平面运动的角速度与角加速度，而不必指明是绕哪一个基点转动的角速度与角加速度。

由上面的分析可知基点的选择可以是任意的，但由于平面运动刚体上各点的运动情况是不一样的。例如图 9-4 中连杆上 A 点做圆周运动，B 点做直线运动，因此选择不同点作基点时，刚体随基点的平动显然不同，所以平动部分与基点的选取有关。

综合以上分析可得出结论：**刚体平面运动分解为平动和转动时，其平动部分与基点的选取有关，而转动部分与基点的选取无关**。

9.3　平面图形内各点的速度

当刚体做平面运动时，其体内任一点的速度可用以下几种方法来求得：

9.3.1　速度合成法

设在图 9-5 所示平面图形内，已知某瞬时某点 O' 的速度为 $\boldsymbol{v}_{O'}$ 以及图形的角速度为 ω，欲求该瞬时平面图形内任一点 M 的速度 $\boldsymbol{v}_M$。若选速度已知的 O' 为基点，则可将任一点 M 的运动看成是随基点 O' 一起平动(牵连运动)和绕基点 O' 转动(相对运动)的合成，由速度合成定理，则 M 点的绝对速度的矢量表达式为

$$\boldsymbol{v}_M=\boldsymbol{v}_e+\boldsymbol{v}_r$$

因为 M 点的牵连运动为随基点 O' 的平动，所以 $\boldsymbol{v}_e=\boldsymbol{v}_{O'}$。又因 M 点相对于 O' 的速度是以 O' 为中心的圆周运动的速度，其大小为 $|\boldsymbol{v}_r|=|\boldsymbol{v}_{MO'}|=\omega\cdot O'M$，方向与半径 $O'M$ 垂直，且指向转动的一方。则上式表示为

$$\boldsymbol{v}_M=\boldsymbol{v}_{O'}+\boldsymbol{v}_{MO'} \tag{9-1}$$

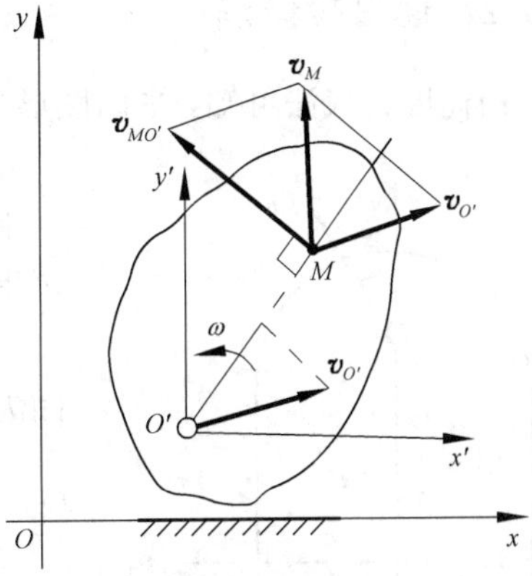

图 9-5

9-5

式(9-1)表明，**平面图形内任一点的速度等于基点的速度与绕基点转动速度的矢量和**。这就是**平面运动的速度合成法**，又称**基点法**。这一方法是求平面运动图形内任一点速度的基本方法，其他方法也都是以这一方法为基础的。

【例 9-1】　四杆机构如图 9-6(a)所示。曲柄 OA 长 $r=0.5\text{m}$，连杆 AB 长 $l=1\text{m}$，若曲柄 OA 以匀角速度 $\omega=4\text{rad/s}$ 做顺时针方向转动，求在图示瞬时($\angle ABC=90°$，$\angle OCB=60°$)，B 点的速度及 BC 杆的角速度。

解　(1) 运动分析。曲柄 OA 做定轴转动，杆 AB 做平面运动，BC 杆绕定轴 C 摆动。

(2) 选基点。因杆 AB 上 A 点的速度是已知的，故以 A 为基点。

(3) 用合成法求未知量。按速度合成法，B 点的速度为

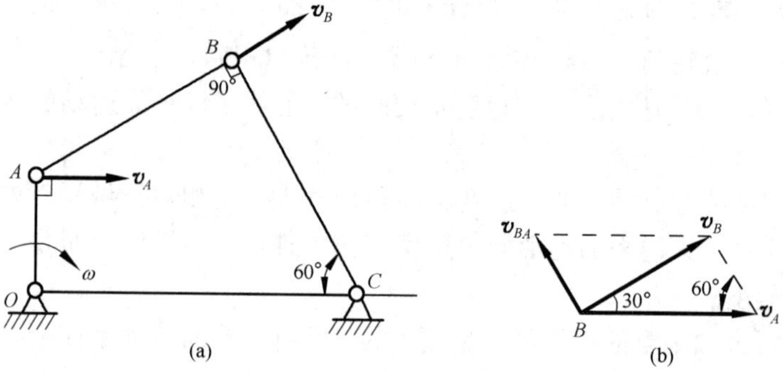

图 9-6

$$\boldsymbol{v}_B = \boldsymbol{v}_A + \boldsymbol{v}_{BA}$$

式中，$v_A = r\omega = 0.5\times 4 = 2(\mathrm{m/s})$，其方向垂直于 OA 杆；$\boldsymbol{v}_{BA}$ 是 B 绕 A 转动的速度，方向与 AB 杆垂直，大小未知；$\boldsymbol{v}_B$ 是 B 点的绝对速度，大小未知，方向与 BC 杆垂直。

根据以上分析，可作出速度平行四边形(图 9-6(b))，由几何关系得

$$v_B = v_A\cos 30° = 2\times\frac{\sqrt{3}}{2} = 1.73(\mathrm{m/s})$$

由 $v_B = BC\cdot\omega_{BC}$ 可得

$$\omega_{BC} = \frac{v_B}{BC} = \frac{1.73}{2r/\cos 30°} = 1.73\times 0.866 = 1.5(\mathrm{rad/s})$$

9.3.2 速度投影法

由速度合成法可知，平面图形上任意两点间的速度总存在着如下关系(图 9-7)：

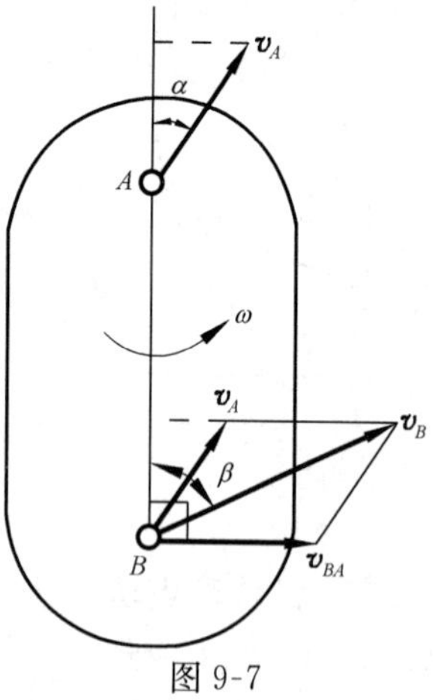

图 9-7

$$\boldsymbol{v}_B = \boldsymbol{v}_A + \boldsymbol{v}_{BA}$$

式中，相对速度$\boldsymbol{v}_{BA}$垂直 AB 连线，将上式投影在 AB 连线上，可得

$$[\boldsymbol{v}_B]_{AB} = [\boldsymbol{v}_A]_{AB} + [\boldsymbol{v}_{BA}]_{AB}$$

因为$\boldsymbol{v}_{BA}$垂直于 AB，所以$[\boldsymbol{v}_{BA}]_{AB}=0$，则

$$[\boldsymbol{v}_B]_{AB} = [\boldsymbol{v}_A]_{AB} \qquad (9\text{-}2)$$

即

$$v_B\cos\beta = v_A\cos\alpha$$

式(9-2)表明，**平面运动刚体在任一瞬时平面图形上任意两点的速度在这两个点连线上的投影相等**，这就是**速度投影定理**。

如果已知图形内一点 A 的速度大小和方向，又知另一点 B 的速度的方向，而求 B 点的速度大小，应用上述定理求解，是非常方便的。

【例 9-2】 图 9-8 所示为一平面铰接机构。已知 OA 杆长为$\sqrt{3}r$，角速度 $\omega_0=\omega$；CD 杆长为 r，角速度 $\omega_D=2\omega$，它们的转向如图 9-8 所示。在图示位置，OA 杆与 AB 杆垂直，BC 与 AB 的夹角为 60°，CD 与 AB 平行。试求该瞬时 B 点的速度$\boldsymbol{v}_B$。

解 (1)用基点法求 B 点的速度。

机构中的 OA 杆和 CD 杆做定轴转动，AB 杆和 BC 杆做平面运动。则 A、C 点的速度为

$$v_A = OA\cdot\omega_0 = \sqrt{3}r\omega \quad , \quad v_C = CD\cdot\omega_D = 2r\omega$$

方向如图 9-8 所示。

因为 B 点是 AB 上的一个点，故取 A 点为基点，有

$$\boldsymbol{v}_B = \boldsymbol{v}_A + \boldsymbol{v}_{BA} \tag{1}$$

式中，$\boldsymbol{v}_B$ 的大小和方向、$\boldsymbol{v}_{BA}$ 的大小均为未知量，仅用(1)式求不出 $\boldsymbol{v}_B$。所以，再考虑到 B 点也是 BC 上的一个点，取 C 点为基点，有

$$\boldsymbol{v}_B = \boldsymbol{v}_C + \boldsymbol{v}_{BC} \tag{2}$$

比较式(1)、式(2)，有

$$\boldsymbol{v}_A + \boldsymbol{v}_{BA} = \boldsymbol{v}_C + \boldsymbol{v}_{BC} \tag{3}$$

式(3)中的 $\boldsymbol{v}_A$、$\boldsymbol{v}_C$ 已经求出，而 $\boldsymbol{v}_{BA}$、$\boldsymbol{v}_{BC}$ 的方向分别垂直 AB 和 BC。若能求出 $\boldsymbol{v}_{BA}$ 或 $\boldsymbol{v}_{BC}$，则由式(1)或式(2)便可求出 $\boldsymbol{v}_B$。为此将式(3)中各矢量向 BC 轴上投影，得到

$$v_A \cos 60^\circ - v_{BA} \cos 30^\circ = -v_C \cos 30^\circ$$

解得

$$v_{BA} = \frac{\cos 60^\circ}{\cos 30^\circ} v_A + v_C = \frac{1}{\sqrt{3}} \times \sqrt{3} r\omega + 2r\omega = 3r\omega$$

由式(1)得

$$v_B = \sqrt{v_A^2 + v_{BA}^2} = \sqrt{(\sqrt{3} r\omega)^2 + (3r\omega)^2} = 2\sqrt{3} r\omega$$

由图 9-8 所示，$\boldsymbol{v}_B$ 与 AB 的夹角 α 的余弦为

$$\cos\alpha = \frac{v_A}{v_B} = \frac{\sqrt{3} r\omega}{2\sqrt{3} r\omega} = \frac{1}{2}$$

所以

$$\alpha = 60^\circ$$

(2) 用速度投影法求解。

假设 B 点的速度 $\boldsymbol{v}_B$ 的方向与 AB 的夹角为 α，如图 9-9 所示。

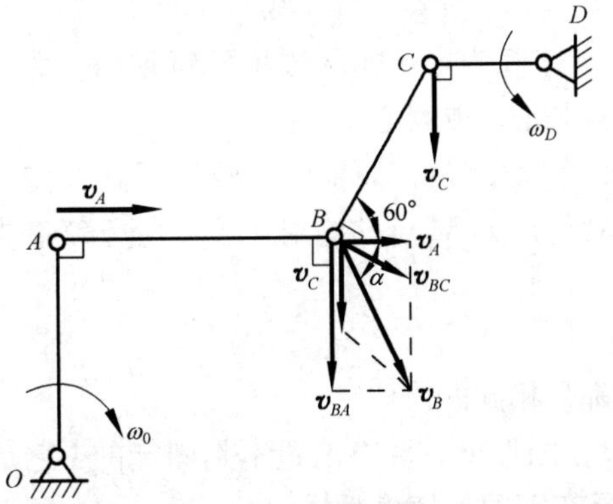

图 9-8

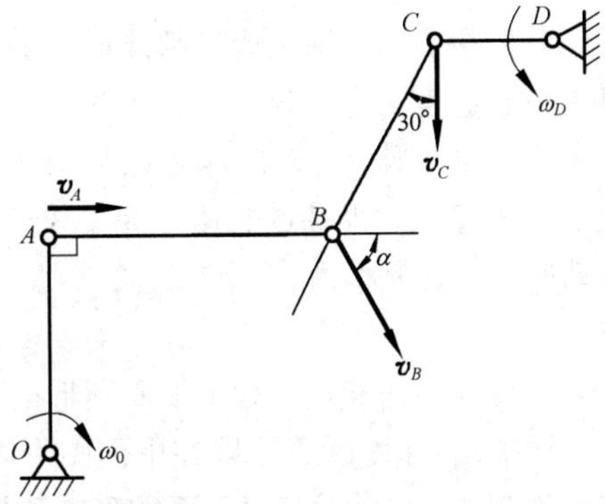

图 9-9

9-8

9-9

将 A 和 B 点速度在其连线 AB 上的投影得

$$v_A = v_B \cos\alpha \tag{4}$$

再将 B 和 C 点速度在其连线 CB 上投影得

$$v_C \cos 30^\circ = v_B \cos(120^\circ - \alpha) \tag{5}$$

将前面求出的 $\boldsymbol{v}_A$ 和 $\boldsymbol{v}_C$ 的值分别代入式(4)、式(5)得

$$\sqrt{3} r\omega = v_B \cos\alpha \tag{6}$$

$$2r\omega \cdot \cos 30^\circ = v_B \cos(120^\circ - \alpha) \tag{7}$$

比较式(6)、式(7)得

$$\cos\alpha = \cos(120° - \alpha)$$

所以

$$\alpha = 60°$$

将 $\alpha=60°$ 代入式(4)得

$$v_B = 2\sqrt{3}\,r\omega$$

9.3.3 速度瞬心法

从前面的速度合成法可以看出，在同一瞬时平面图形如果选取不同的基点就有不同的牵连速度。既然如此，假如在平面图形上(或其延伸部分)能找到某瞬时速度为零的一个点，并取它为基点，则图形上任一点的速度就等于相对它转动的速度，这样就使计算大为简化。那么是否每瞬时都能找到速度为零的点？下面就来分析这个问题。

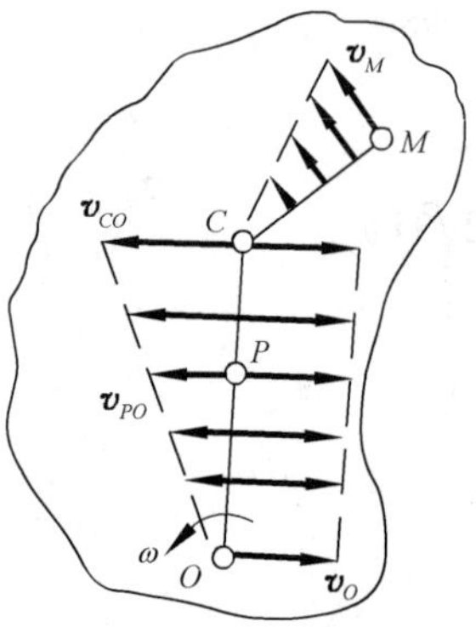

图 9-10

在图 9-10 中，设某一瞬时，已知平面图形内 O 点的速度为 $\boldsymbol{v}_O$，其角速度为 ω，若以 O 点为基点，则在与 $\boldsymbol{v}_O$ 垂直的直线上任一点 P 的速度为

$$\boldsymbol{v}_P = \boldsymbol{v}_O + \boldsymbol{v}_{PO}$$

由于 $\boldsymbol{v}_O$ 与 $\boldsymbol{v}_{PO}$ 在同一直线上但方向相反，故 $\boldsymbol{v}_P$ 的大小为

$$v_P = v_O - \overline{OP}\cdot\omega$$

因 $\boldsymbol{v}_O$ 与 ω 大小一定，$\boldsymbol{v}_{PO}$ 的大小随 $\overline{OP}$ 的改变而变化，故总可以找到一点 C 使它满足 $\overline{OC}=\dfrac{v_O}{\omega}$，于是 C 点的速度为

$$v_C = v_O - \overline{OC}\cdot\omega = v_O - \frac{v_O}{\omega}\omega = 0$$

以上分析表明，每一瞬时都能而且只能找到一点速度为零，即**刚体平面运动时，每一瞬时必有一点速度为零**。该点称为**速度中心**，简称**速度瞬心**，或**瞬心**。

由此可见，平面运动问题可归结为绕瞬心的瞬时转动问题。如果已知瞬心 C 的位置，并选此 C 点作基点，则基点的速度为零，于是图形上其他点如 M 点的绝对速度即等于绕基点 C 的转动速度，其大小为

$$v_M = \overline{CM}\cdot\omega$$

至于转动的角速度，对于平面图形的任何一点都是相同的。

必须指出：速度瞬心可以在平面图形内，也可以在图形外，瞬心位置不是固定的，它是随时间而改变的，也就是说，**平面图形在不同的瞬时具有不同的速度瞬心**。

速度瞬心法是求平面图形内任一点速度的比较简便而常用的方法，应用此法必须首先确定速度瞬心的位置，下面介绍几种常见确定速度瞬心位置的方法。

(1) 若已知平面图形上两点 A、B 的速度方向，则分别通过这两点的速度作速度的垂线，所得的交点 C 便是速度瞬心，如图 9-11 所示。

(2) 若已知图形上 A、B 两点的速度方向相互平行且垂直于两点的连线 AB，则此瞬心位置必在 AB 线上(或延长线上)，如图 9-12(a)、(b)所示中的 C 点。

(3) 若 $\boldsymbol{v}_A$ 平行于 $\boldsymbol{v}_B$，但 $\boldsymbol{v}_A$、$\boldsymbol{v}_B$ 不垂直于该两点 A、B 的连线，此瞬时无瞬心或看作瞬心在无限远处，这种现象称瞬时平动，图 9-13(a)所示。

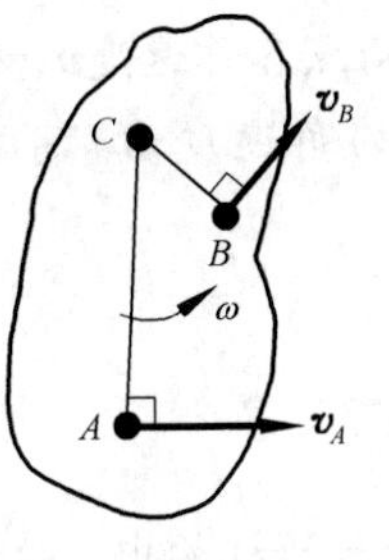

图 9-11

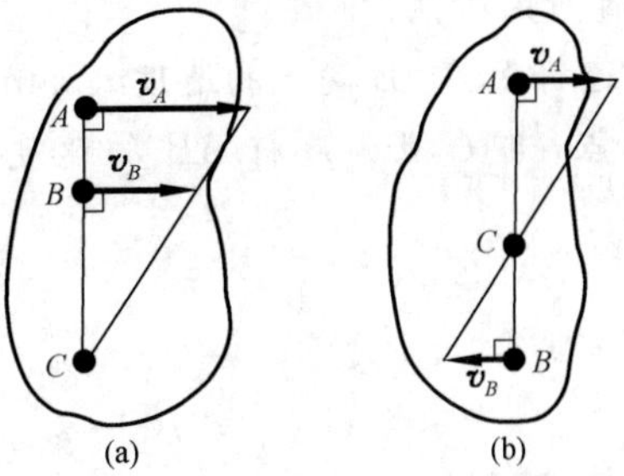

图 9-12

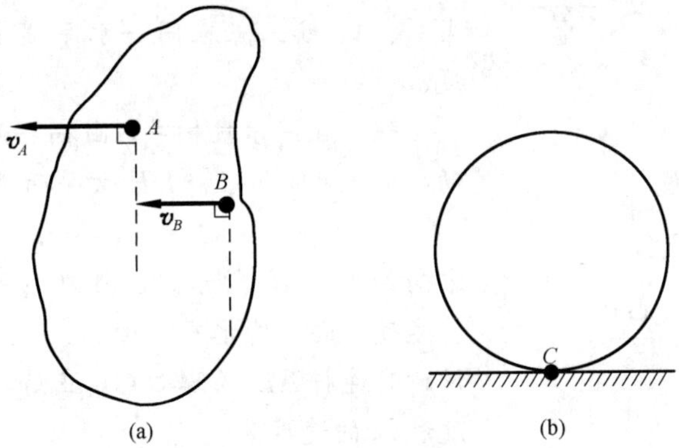

图 9-13

(4) 当平面图形沿一固定平面做无滑动的滚动时，因接触点的速度为零，所以接触点 C 为瞬心，图 9-13(b)所示。

【例 9-3】 在图 9-14 所示的曲柄连杆机构中，曲柄以匀角速度 ω 绕 O 轴转动，且 $OA=AB=l$,求当 φ 角等于 45°时，滑块 B 的速度及连杆 AB 的角速度。

解 在图 9-14 所示机构中，曲柄 OA 做定轴转动，连杆 AB 做平面运动，滑块 B 做平动。A 点的速度为 $v_A=l\omega$。

(1) 速度合成法(基点法)。

选 A 为基点，B 点的运动可以看作随同基点 A 的平动和绕基点 A 的转动。由速度合成方法

$$\boldsymbol{v}_B=\boldsymbol{v}_A+\boldsymbol{v}_{BA}$$

得
$$v_B=\frac{v_A}{\cos\varphi}=\frac{l\omega}{\cos45^\circ}=\sqrt{2}\,l\omega$$

$$v_{BA}=v_B\sin\varphi=l\omega$$

$$\omega_{AB}=\frac{v_{BA}}{AB}=\frac{l\omega}{l}=\omega$$

(2) 速度投影法。

将 $\boldsymbol{v}_A$ 和 $\boldsymbol{v}_B$ 在 AB 连线上的投影有

$$v_A=v_B\cos\varphi$$

得
$$v_B=\frac{v_A}{\cos\varphi}=\frac{l\omega}{\cos45^\circ}=\sqrt{2}\,l\omega$$

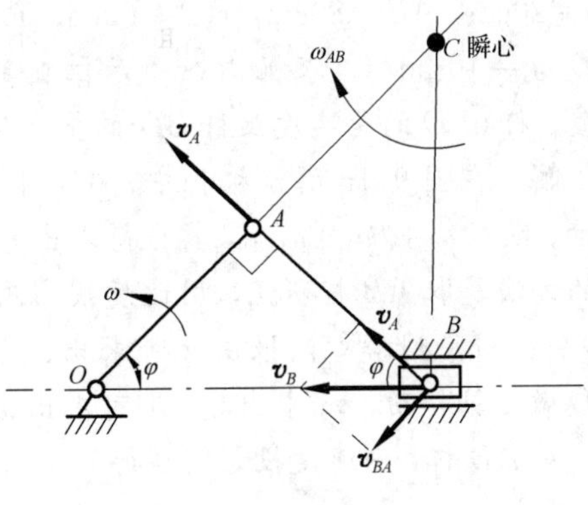

图 9-14

(3) 速度瞬心法。

由于连杆上 A、B 两点的速度 $\boldsymbol{v}_A$ 和 $\boldsymbol{v}_B$ 的方向已知，过 A、B 两点各作速度 $\boldsymbol{v}_A$ 和 $\boldsymbol{v}_B$ 的垂线相交于 C 点，即 C 点为连杆 AB 的速度瞬心。连杆绕瞬心转动的角速度 ω_{AB} 可由下式求得（图9-14）：

$$\omega_{AB}=\frac{v_A}{AC}=\frac{l\omega}{l}=\omega$$

而

$$v_B=BC\cdot\omega_{AB}=\sqrt{l^2+l^2}\cdot\omega=\sqrt{2}\,l\cdot\omega$$

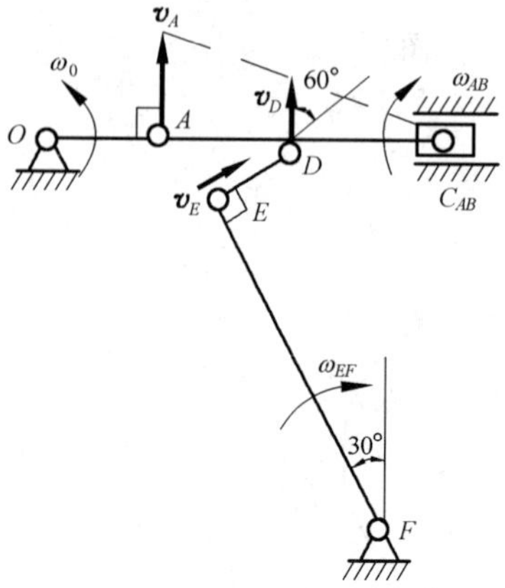

图 9-15

【例 9-4】 在图 9-15 所示的机构中，曲柄 OA 长为 r，以角速度 ω_0 逆时针转动。短杆 DE 两端分别与连杆 AB 的中点和摆杆 EF 的端点铰接，EF 长等于 $4r$，试求当 O、A、B 三点在同一水平线上时，摆杆 EF 的角速度 ω_{EF}。

9-15

解 在图示机构中，曲柄 OA 和摆杆 EF 做定轴转动，连杆 AB 和短杆 DE 做平面运动。A 点的速度为

$$v_A=r\omega_0$$

方向如图 9-15 所示。B 点在水平轨道内做直线运动，其速度方向只能水平。由 A、B 两点的速度方向可确定该瞬时连杆 AB 的瞬心 C_{AB} 正好在 B 处，则 AB 的角速度和 D 的速度为

$$\omega_{AB}=\frac{v_A}{AC_{AB}}=\frac{v_A}{AB}$$

$$v_D=DC_{AB}\cdot\omega_{AB}=\frac{1}{2}AB\cdot\omega_{AB}=\frac{1}{2}v_A=\frac{1}{2}r\omega_0$$

ω_{AB}、$\boldsymbol{v}_D$ 的方向如图 9-15 所示。对于 DE 杆，E 点速度 $\boldsymbol{v}_E$ 垂直 EF，利用速度投影定理，有

$$v_D\cos 60^\circ=v_E$$

解得

$$v_E=\frac{1}{4}r\omega_0$$

$$\omega_{EF}=\frac{v_E}{EF}=\frac{\frac{1}{4}r\omega_0}{4r}=\frac{1}{16}\omega_0$$

【例 9-5】 在图 9-16 所示的机构中，已知各杆长 $OA=20\text{cm}$，$AB=80\text{cm}$，$BD=60\text{cm}$，$O_1D=40\text{cm}$，角速度 $\omega_0=10\text{rad/s}$。求机构在图示位置时，杆 BD 的角速度、杆 O_1D 的角速度及杆 BD 的中点 M 的速度。

9-16

解 在图 9-16 所示机构中，AB 杆、BD 杆做平面运动，欲求 ω_{BD}、$\boldsymbol{v}_M$、ω_{O_1D}，首先得求出 $\boldsymbol{v}_B$。求 $\boldsymbol{v}_B$ 的最简便的方法是取 AB 杆研究，用速度投影法求解。然后以 BD 杆为对象用瞬心法很快就可求出 ω_{BD}、$\boldsymbol{v}_M$ 及 $\boldsymbol{v}_D$，因 O_1D 做定轴转动，$\boldsymbol{v}_D$ 求出后，即可求出 ω_{O_1D}。

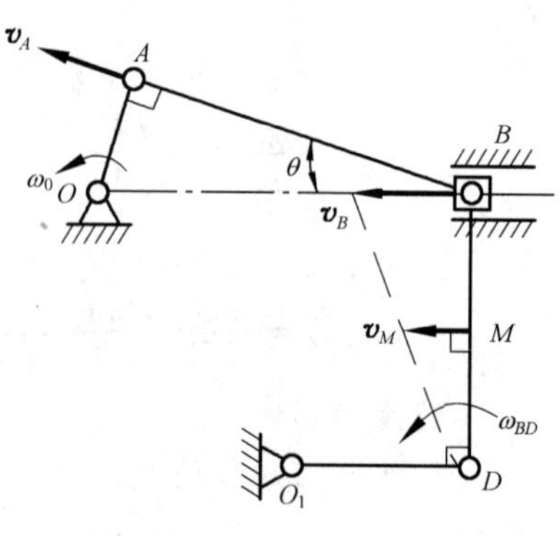

图 9-16

对 AB 杆，由速度投影定理得

$$v_A = v_B\cos\theta$$

在直角$\triangle ABO$中，有

$$\tan\theta = \frac{OA}{AB} = \frac{20}{80} = \frac{1}{4}$$

则
$$\cos\theta = \frac{4}{\sqrt{17}}$$

所以
$$v_B = \frac{v_A}{\cos\theta} = \frac{20\times 10}{\frac{4}{\sqrt{17}}} = 206(\text{cm/s})$$

对BD杆，在图示位置，因$\boldsymbol{v}_B\perp BD$，$\boldsymbol{v}_D\perp O_1D$，故$D$点就是$BD$杆的瞬心。由瞬心法得

$$v_B = BD\cdot\omega_{BD}$$

则
$$\omega_{BD} = \frac{v_B}{BD} = \frac{206}{60} = 3.43(\text{rad/s})$$

BD杆中点M的速度为

$$v_M = MD\cdot\omega_{BD} = 30\times 3.43 = 103(\text{cm/s})$$

方向如图9-16所示。

由于D点为瞬心，则$v_D=0$，故O_1D杆的角速度为

$$\omega_{O_1D} = \frac{v_D}{O_1D} = 0$$

9.4 平面图形内各点的加速度

刚体的平面运动可以看成随同基点O'的平动(牵连运动)和绕基点O'的转动(相对运动)的合成，如图9-17所示。从而，由牵连运动为平动时的加速度合成定理可知，图形内任一点M的绝对加速度为

$$\boldsymbol{a}_M = \boldsymbol{a}_e + \boldsymbol{a}_r = \boldsymbol{a}_{O'} + \boldsymbol{a}_{MO'}$$

式中，相对加速度$\boldsymbol{a}_{MO'}$可以分解为相对切向加速度$\boldsymbol{a}^{\tau}_{MO'} = MO'\cdot\varepsilon$和相对法向加速度$\boldsymbol{a}^{n}_{MO'} = MO'\cdot\omega^2$，$\boldsymbol{a}_{MO'}$的大小和方向为

$$a_{MO'} = \sqrt{(a^{\tau}_{MO'})^2 + (a^{n}_{MO'})^2} = MO'\sqrt{\varepsilon^2+\omega^4}$$

$$\tan\alpha = \frac{a^{\tau}_{MO'}}{a^{n}_{MO'}} = \frac{|\varepsilon|}{\omega^2}$$

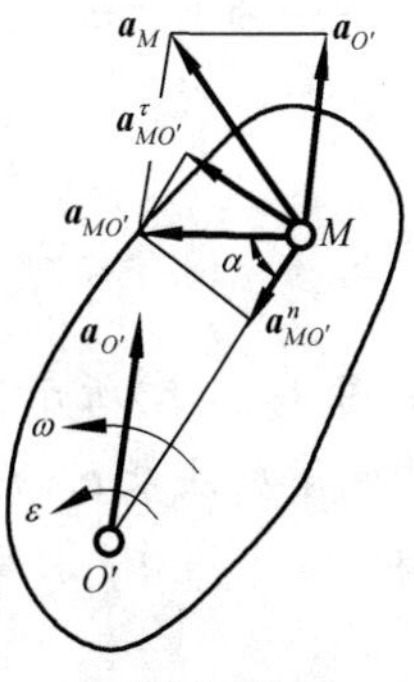

图9-17

9-17

则图9-17中M点的绝对加速度可改为

$$\boldsymbol{a}_M = \boldsymbol{a}_{O'} + \boldsymbol{a}^{\tau}_{MO'} + \boldsymbol{a}^{n}_{MO'} \tag{9-3}$$

即平面图形上任一点的加速度等于基点的加速度与绕基点的转动的切向加速度和法向加速度的矢量和，这就是平面运动的加速度合成法，又称基点法。

顺便指出，类比于求平面图形上各点速度的三种方法(合成法，投影法，速度瞬心法)，在其加速度求解中也可以用该三种方法(参见辽宁工程技术大学学报1988年第三期113～117)。只是加速度投影法限制在其瞬时平面图形$\omega=0$的情况下，而加速度瞬心(或称加速度中心，是平面图形上某瞬时绝对加速度为零的点)法的加速度瞬心位置一般

很难确定，故该两种方法应用很少，因此在求平面图形内各点的加速度时，主要采用加速度合成法。

【例 9-6】 如图 9-18 所示，车轮在地面上滚动而无滑动，已知轮心 O 在图示瞬时速度为 $\boldsymbol{v}_O$，加速度为 $\boldsymbol{a}_O$，轮子的半径为 r，试求轮缘与地面接触点 C 的加速度。

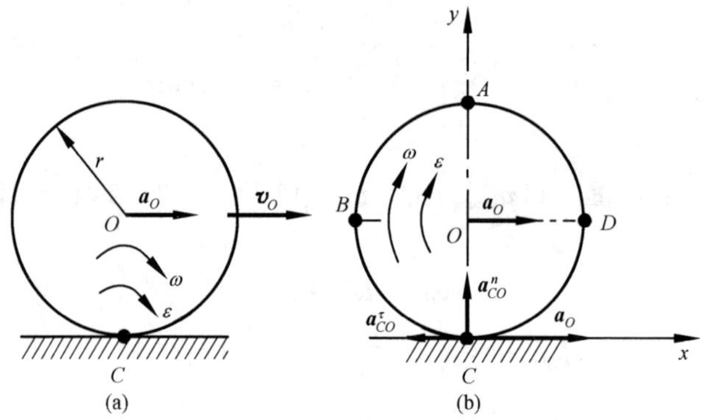

9-18

图 9-18

解 车轮做平面运动，轮心 O 的加速度已知，取 O 为基点，则 C 点的加速度为

$$\boldsymbol{a}_C = \boldsymbol{a}_O + \boldsymbol{a}_{CO}^{\tau} + \boldsymbol{a}_{CO}^{n}$$

式中，$\boldsymbol{a}_O$ 的大小、方向已知，$\boldsymbol{a}_{CO}^{\tau}$、$\boldsymbol{a}_{CO}^{n}$的方向也已知，为求其大小，需先求出轮子的 ω、ε，由题意可知，C 点为轮子的速度瞬心，则轮子的角速度及角加速度为

$$\omega = \frac{v_O}{r}$$

$$\varepsilon = \frac{\mathrm{d}\omega}{\mathrm{d}t} = \frac{1}{r}\frac{\mathrm{d}v_O}{\mathrm{d}t} = \frac{a_O}{r}$$

ω、ε 的转向分别由$\boldsymbol{v}_O$、$\boldsymbol{a}_O$ 的指向决定，都是顺时针转向，这样 $\boldsymbol{a}_{CO}^{\tau}$、$\boldsymbol{a}_{CO}^{n}$的大小分别为

$$a_{CO}^{\tau} = r\varepsilon = r\frac{a_O}{r} = a_O$$

$$a_{CO}^{n} = r\omega^2 = r\left(\frac{v_O}{r}\right)^2 = \frac{v_O^2}{r}$$

方向如图 9-18(b)所示。

现用解析法求 $\boldsymbol{a}_C$ 的大小与方向，取直角坐标轴如图 9-18(b)，将矢量方程分别向两轴上投影得

$$a_{Cx} = a_O - a_{CO}^{\tau} = a_O - a_O = 0$$

$$a_{Cy} = a_{CO}^{n} = \frac{v_O^2}{r}$$

于是

$$a_C = \frac{v_O^2}{r}$$

方向沿 CO 并指向 O 点，可见速度瞬心 C 点的加速度并不等于零。

本章小结

本章用合成法研究刚体的平面运动，并导出用基点法、速度投影法和速度瞬心法求平面运动刚体上任一点速度的公式及用基点法求平面运动刚体上任一点的加速度公式。

1. 刚体的平面运动可以分解为随基点的平动和绕基点的转动。平动部分的速度与加速度与基点的选择有关，而绕基点转动的角速度和角加速度与基点的选择无关。

2. 平面图形上任一点速度的求法：

(1) 速度合成法(基点法)。

$$\boldsymbol{v}_M = \boldsymbol{v}_{O'} + \boldsymbol{v}_{MO'}$$

注意：将速度已知的点选为基点，三种速度的六个元素中必有四个元素为已知时才能求解。此方法是最基本的方法。

(2) 速度投影法。

$$[\boldsymbol{v}_B]_{AB} = [\boldsymbol{v}_A]_{AB}$$

注意：A、B 必须是同一个刚体上的两点。

(3) 速度瞬心法。

$$v_M = \overline{MC} \cdot \omega$$

式中，C 点为速度瞬心，$\boldsymbol{v}_M \perp CM$。

注意：速度瞬心是速度分布中心，它是某瞬时平面图形上速度等于零的一点，而它的加速度并不一定等于零，所以平面图形绕瞬心的转动与刚体绕定轴转动有本质的不同。

3. 平面图形上各点的加速度求法：

$$\boldsymbol{a}_M = \boldsymbol{a}_{O'} + \boldsymbol{a}_{MO'}^{\tau} + \boldsymbol{a}_{MO'}^{n}$$

思　考　题

9.1　何谓刚体的平面运动？火车在水平弯道上行驶时，车轮的运动是不是平面运动？

9.2　平面图形上两点 A 和 B 的速度$\boldsymbol{v}_A$ 和$\boldsymbol{v}_B$ 间有什么关系？若$\boldsymbol{v}_A$ 的方位垂直于 AB，问$\boldsymbol{v}_B$ 的方位为何？

9.3　在图 9-19 所示的运动机构中，试分别指出各刚体做何种运动？

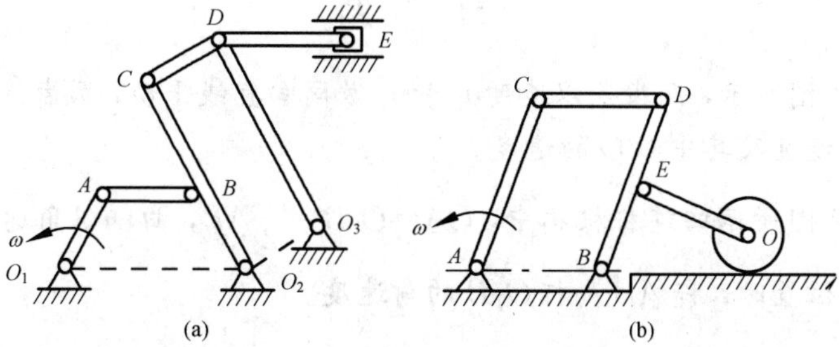

图 9-19

9.4　为什么说基点的加速度就是平面图形上某点的牵连加速度？为什么各点既有相对速度$\boldsymbol{v}_r$，而平面图形又有角速度 ω，但在加速度分析中却不出现科氏加速度？

9.5　刚体瞬时平动时，其上各点的速度相同，各点的加速度是否也相同？速度瞬心点的速度为零，该点的加速度是否也为零？

9.6　找出图 9-20 中各平面运动物体的速度瞬心，并画出各平面运动物体的角速度转向及 M_1、M_2 各点的速度方向(各轮子均为纯滚动)。

9.7　如果图形上 A 点和 B 点的速度分布如图 9-21 所示，$\boldsymbol{v}_A$ 和$\boldsymbol{v}_B$ 均不等于零，试判断下面哪种情况是可能的，哪种情况是不可能的。

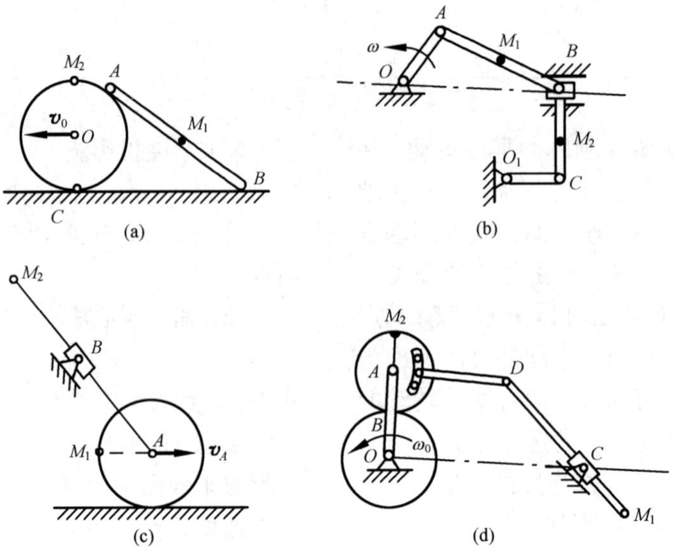

图 9-20

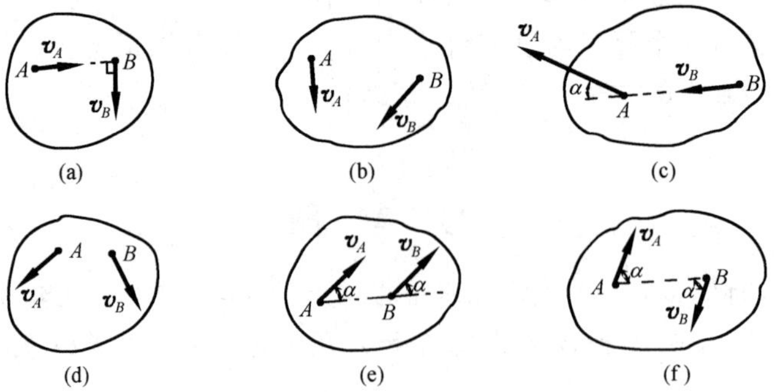

图 9-21

习　题

9-1　如题 9-1 图所示，两齿条以速度$\boldsymbol{v}_1$ 和$\boldsymbol{v}_2$ 做同向直线平动，两齿条间夹一半径为 r 的齿轮，求齿轮的角速度及其中心 O 的速度。

9-2　如题 9-2 图所示四连杆机构中，$OA=O_1B=\dfrac{1}{2}AB$，曲柄以角速度 $\omega=3\text{rad/s}$ 绕 O 轴转动，求在图示位置时，杆 AB 和杆 O_1B 的角速度。

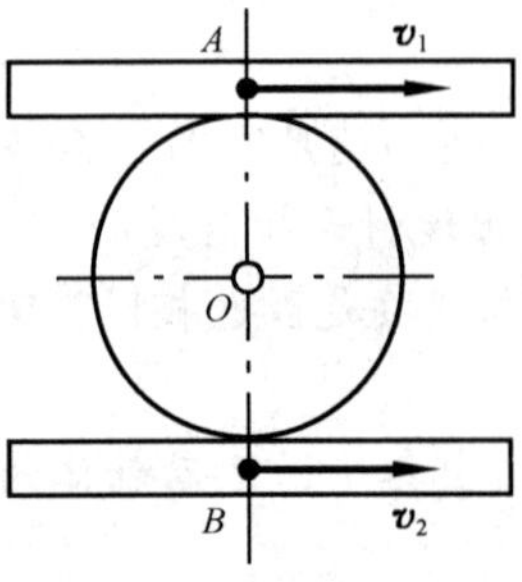

题 9-1 图

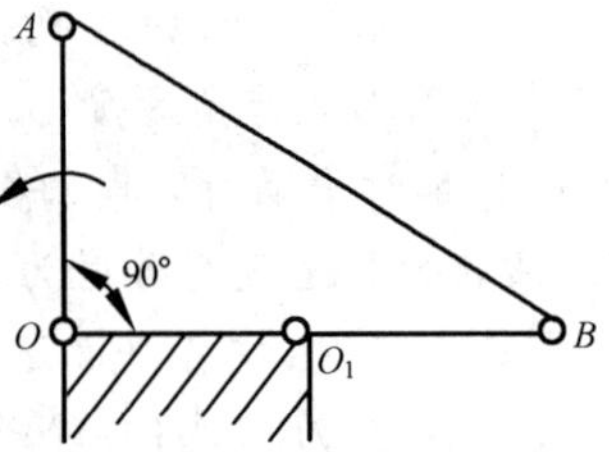

题 9-2 图

9-3　如题 9-3 图所示，椭圆规 A 端以速度 $\boldsymbol{v}_A$ 沿水平向左运动，若 $AB=l$，试求当 AB 杆与水平线的夹角为 φ 时，B 端的速度及 AB 杆的角速度。

9-4　伞齿轮刨床中，刨刀的运动传递机构如题 9-4 图所示。曲柄 $OA=R$，以匀角速度 ω_0 绕 O 轴转动，齿条 AB 带动齿轮 Ⅰ 绕 O_1 轴摆动，齿轮 Ⅰ 的半径 $O_1C=r=\dfrac{1}{2}R$，求当 $\alpha=60°$ 时，齿轮 Ⅰ 的角速度。

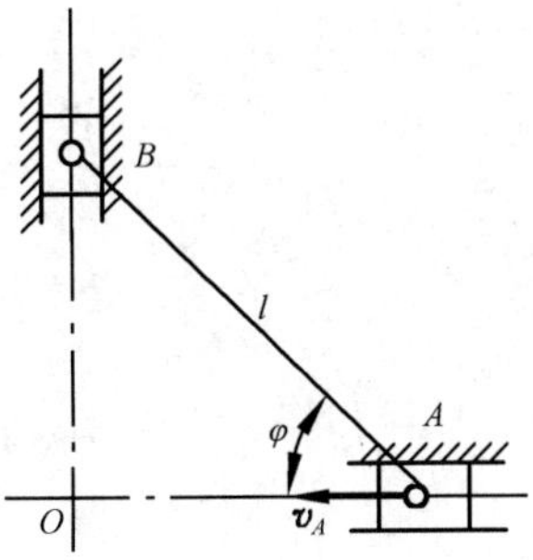

题 9-3 图

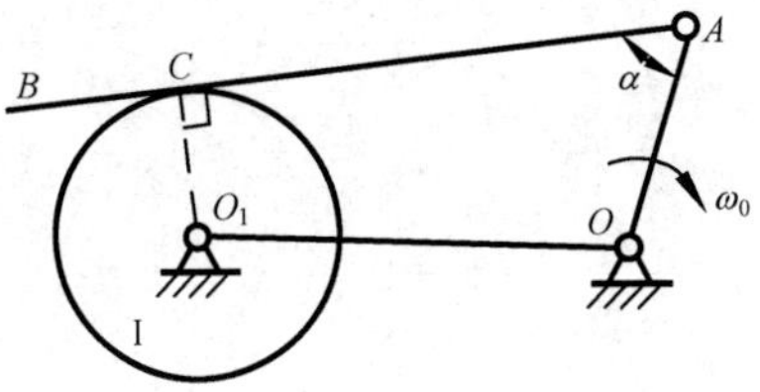

题 9-4 图

9-5　如题 9-5 图所示，直杆 AB 在圆面内运动，杆端 A 始终在半圆 CAD 上，而直杆的侧面则始终搁在水平直径 CD 的一端 C。当杆端 A 在圆心 O 铅垂下方时，速度大小为 $v_A=4\text{m/s}$，方向水平向左。求这时直杆上与 C 相接触一点的速度大小和方向。

9-6　如题 9-6 图所示，曲柄连杆机构中曲柄以 $\omega=1.5\text{rad/s}$ 的角速度绕 O 轴转动。若 $OA=40\text{cm}$，$AB=200\text{cm}$，O 轴与滑道中心线的高度差 $h=20\text{cm}$，求当曲柄在两铅垂位置与两水平位置时滑块 B 的速度。

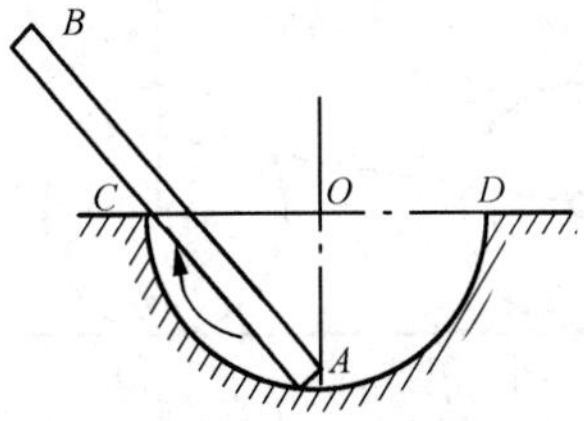

题 9-5 图

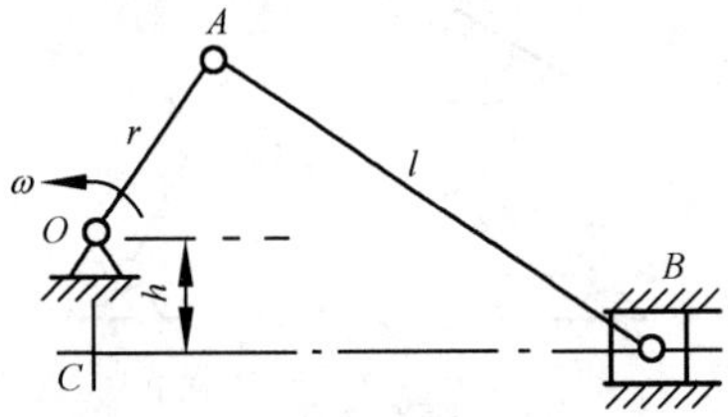

题 9-6 图

9-7　在题 9-7 图所示机构中，已知轮 C 做纯滚动，曲柄 O_1A 以匀角速度 ω_0 绕 O_1 轴转动，且 $O_1A=O_2B=l$，$BC=2l$，轮 C 的半径 $R=\dfrac{1}{4}l$，求在图示位置时轮 C 的角速度。

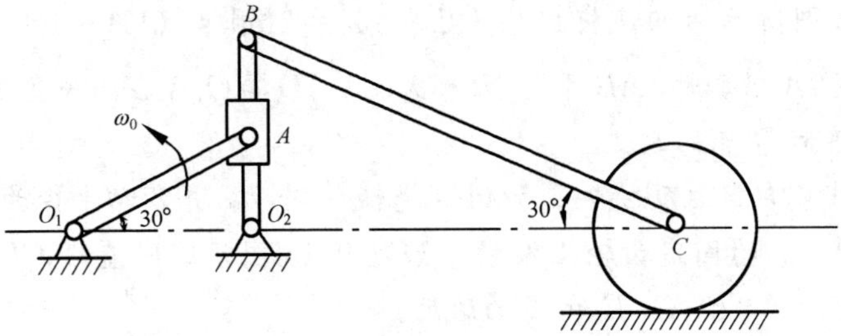

题 9-7 图

9-8 如题 9-8 图所示传动机构中，$\angle CDE=90°$，求：当 $\varphi=30°$，$\angle DEF=90°$及$\angle EDF=30°$时，F 点的速度。在图示瞬时，B、D 与 F 三点在同一铅垂线上，又已知 $OA=10cm$，$BD=24.4cm$，$AB=40cm$，$DE=20cm$，曲柄 OA 的角速度 $\omega=4rad/s$。

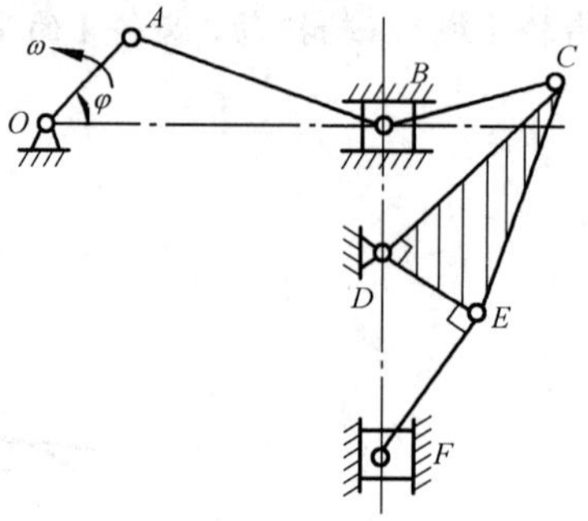

题 9-8 图

9-9 如题 9-9 图所示，已知曲柄 OA 长 $r=30cm$，CB 长 $2r$，OA 以角速度 $\omega=4rad/s$ 顺时针方向转动，试分别用速度合成法、速度投影法和瞬心法求在图示瞬时 B 点速度的大小和 CB 杆的角速度。

9-10 如题 9-10 图所示，两轮半径均为 r，轮心分别为 A 和 B，此两轮用连杆 BC 连接。设 A 轮中心的速度为$\boldsymbol{v}_A$，方向水平向右，并且两轮与地面间均无滑动。求当 $\beta=0°$及 $90°$时，B 轮中心的速度$\boldsymbol{v}_B$。

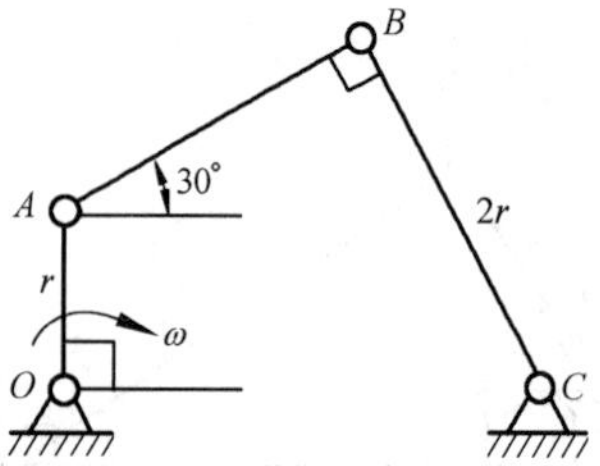

题 9-9 图

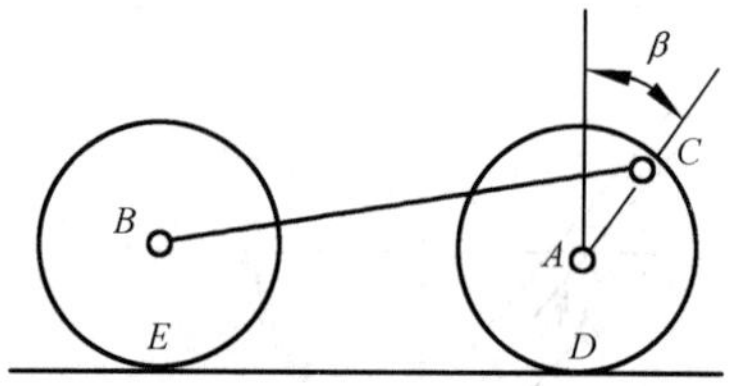

题 9-10 图

9-11 如题 9-11 图所示五连杆机构，各杆间均为铰链连接，已知 $OA=30cm$，$O_1B=20cm$，$OO_1=40cm$。当机构在图示时 OA 和 O_1B 都垂直 OO_1。CO_1 与 AC 共线，$BC/\!/O_1O$，且杆 OA 的角速度为 2.5rad/s，O_1B 的角速度为 3rad/s，试求此时 C 点的速度。

9-12 题 9-12 图所示为四连杆机构。已知：$\omega_1=2rad/s$；$O_1A=100mm$，$AD=50mm$，$O_1O_2=50mm$。当 O_1A 铅垂时，AB 平行于O_1O_2，且 AD 与 O_1A 在同一直线上，$\varphi=30°$，求三角板 ABD 的角速度和 D 点的速度。

9-13 曲柄 OA 以匀角速度$\omega_0=2.5rad/s$ 绕轴 O 转动，并带动半径为 $r_2=5cm$ 的齿轮，使其在半径为$r_1=15cm$ 的固定齿轮上滚动。如题 9-13 图示瞬时直径 CE 垂直 BD，BD 与 OA 共线，求动齿轮上 A、B、C、D 和 E 的速度。

9-14 纵向刨床机构如题 9-14 图所示，曲柄 $OA=r$，以匀角速度ω 转动。当 $\varphi=90°$、$\beta=60°$时，$DC:BC=1:2$，且 $OC/\!/BE$，连杆 $AC=2r$。求刨杆 BE 的平动速度。

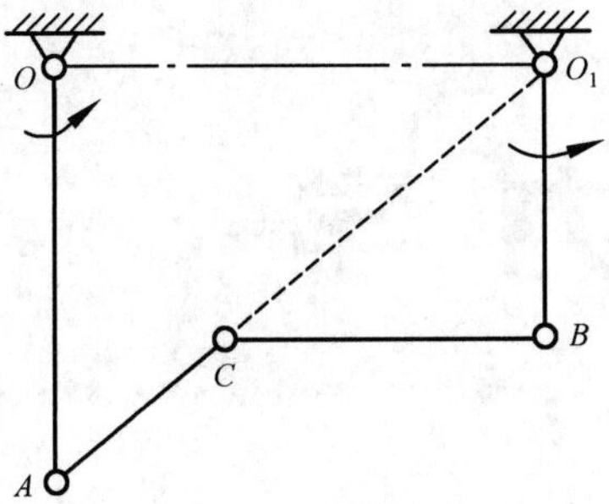

题 9-11 图

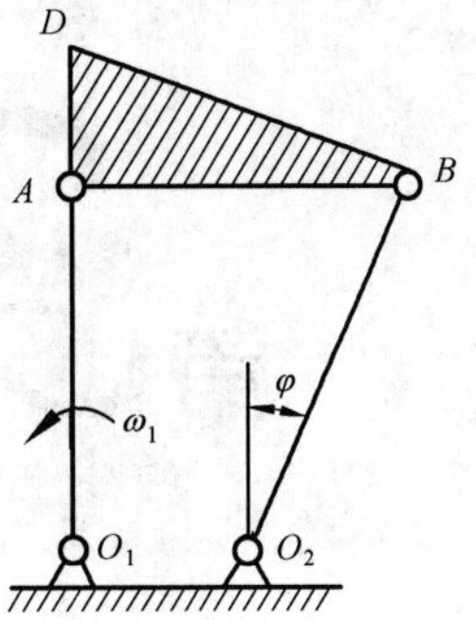

题 9-12 图

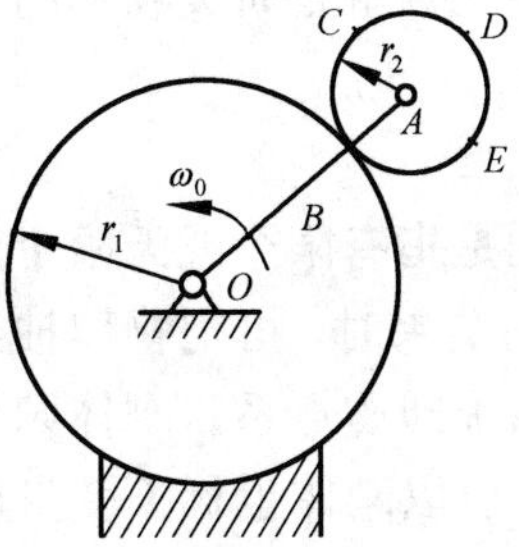

题 9-13 图

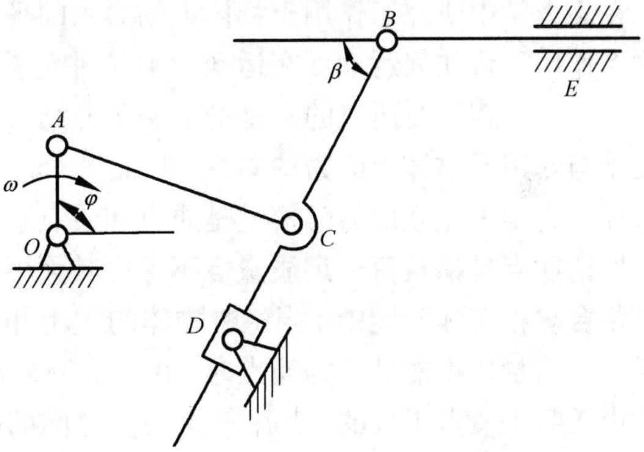

题 9-14 图

9-15 如题 9-15 图所示，车轮在铅垂平面内沿倾斜直线轨道滚动而不滑动。轮的半径 $R=0.5\text{m}$，轮心 O 在某瞬时的速度 $v_0=1\text{m/s}$，加速度 $a_0=3\text{m/s}^2$。求在轮上两相互垂直直径的端点的加速度。

9-16 如题 9-16 图所示，滚压机构的滚子沿水平面滚动而不滑动。已知曲柄 OA 长 $r=10\text{cm}$，以匀转速 $n=30\text{r/min}$ 转动。连杆 AB 长 $l=17.3\text{cm}$，滚子半径 $R=10\text{cm}$，求在图示位置时滚子的角速度及角加速度。

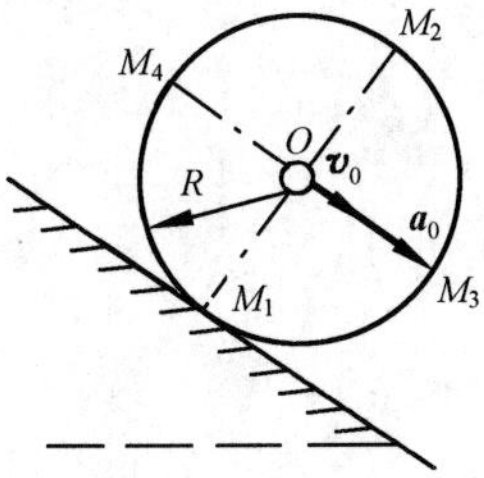

题 9-15 图

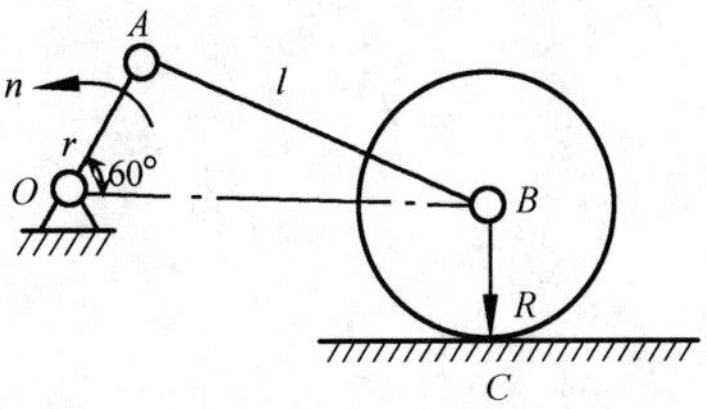

题 9-16 图

第3篇 动 力 学

在静力学中研究了作用于物体上的力系的平衡问题和简化问题，而没有涉及物体在不平衡力系作用下将如何运动。在运动学中只研究了物体运动的几何性质，而没有考虑作用于物体上的力。本篇所要研究的正是把前两部分结合起来。所以动力学的任务就是**研究物体的机械运动与作用于物体上的力的关系，**从而揭示机械运动更一般的规律。

在动力学中建立的力学模型是质点和质点系。

所谓**质点是指具有一定质量但不考虑其大小的几何点。质点系则是指有限个或无限个质点的集合。**在实际问题中，当忽略物体的大小并不影响所研究问题的结果时，可把物体抽象为质点。当物体不能抽象为质点时，可将它看成由许多质点组成的系统即质点系。刚体则可看成由无数个质点组成的，其中任意两点之间的距离始终保持不变，所以刚体也称不变形的质点系。

第 10 章 动力学基本方程

本章研究动力学的基本定律，它是研究动力学的理论基础。用质点动力学的基本方程导出的质点运动微分方程可以解决质点动力学的两类基本问题。

10.1 动力学基本定律

人们在生产斗争和科学实验中，在对机械运动大量观察及实验的基础上，牛顿提出了作为动力学基础的牛顿运动三定律，它们是：

第一定律：任何质点如果不受力作用，则将保持其原来静止的或匀速直线运动的状态。

这个定律说明了任何质点都具有保持静止或匀速直线运动状态的性质，质点保持这种运动状态不变的固有的属性称为**惯性**，所以这一定律也称为**惯性定律**。

这个定律也说明了要想改变质点的运动状态，必须有其他物体的作用，说明力是改变物体运动状态的原因。

第二定律：质点受到力作用所产生的加速度，其大小与力成正比，与质点的质量成反比，加速度的方向与力的方向相同， 即

$$m\boldsymbol{a} = \boldsymbol{F}$$

式中，m 表示质点的质量；$\boldsymbol{a}$ 表示质点的加速度；$\boldsymbol{F}$ 表示质点所受的力。上式是解决动力学问题的基本依据，故称为**动力学基本方程。** 它是推演其他动力学方程的出发点。若质点同时受几个力作用，则力 $\boldsymbol{F}$ 应理解为这些力的合力。

上式还说明，同样的力作用于不同的质点上，质量大的质点所获得的加速度小，而质量小的质点所获得的加速度大。即质量越大，越不易改变它的运动状态，质量越小越容易改变它的运动状态。可见，**质量是质点惯性大小的度量。**

物体的重力 $\boldsymbol{G}$ 和质量 m 的关系为

$$\boldsymbol{G} = m\boldsymbol{g} \quad \text{或} \quad m = \frac{\boldsymbol{G}}{\boldsymbol{g}}$$

式中，$\boldsymbol{g}$ 为重力加速度，在我国一般取 9.8m/s^2。这里应注意质量和重量是两个不同的概念。质量是物体含物质的多少，是物体惯性大小的度量。而重量是地球对物体引力的大小，在地球各处重力加速度是不一样的。

力学中常用的单位制为国际单位制。在国际单位制中，长度、质量和时间的单位为基本单位，分别取米(m)、千克或公斤(kg)和秒(s)。力的单位为导出单位。质量为 1kg 的质点，获得 1m/s^2 的加速度时，作用于该质点上的力为一国际单位公斤・米/秒^2(kg・m/s^2)，称为牛顿(N)，即

$$1\text{kg} \times 1\text{m/s}^2 = 1\text{N}$$

第三定律:两个物体间的作用力与反作用力总是大小相等、方向相反、并沿同一作用线分别作用于两个物体上。

这个定律也称**作用与反作用定律**，不论静止物体还是运动物体同样适用。

需要指出的是，牛顿定律并非在任何的坐标系中都成立，而是只适用于某些特定的坐标系。凡牛顿定律能够适用的坐标系称为**惯性坐标系**。在工程技术和现实生活中，将固连于地球的坐标系或相对于地面做匀速直线运动的坐标系作为**惯性坐标系**，可以得到符合实际的相当精确的结果。在一些特殊问题中，如卫星的轨道、洲际导弹的飞行等，这时必须考虑地球自转的影响，否则将会造成较大的误差。因此，可选用以地心为原点、三根指向恒星的射线为轴的坐标系。在研究天体的运动中，则可选用以太阳为中心三根指向恒星的坐标系，在本书中若无特殊说明，均采用和地球固连的坐标系。

10.2 质点运动的微分方程

现在由动力学基本方程来建立质点运动微分方程。

1. 质点运动微分方程的矢量形式

设质量为 m 的质点，在 $\boldsymbol{F}$ 力作用下在空间运动，如图 10-1 所示。由动力学基本方程有

10-1

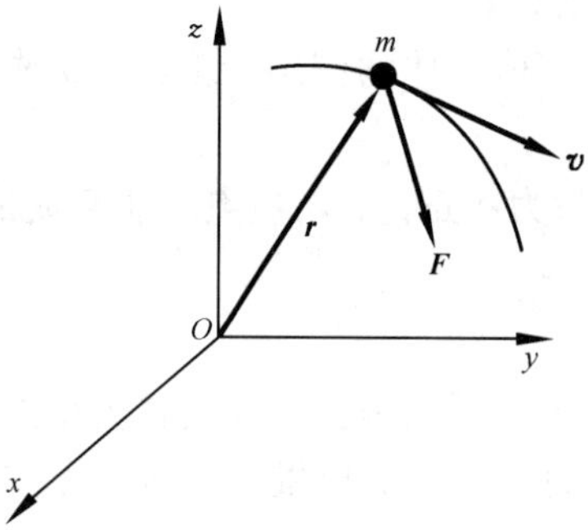

图 10-1

$$m\boldsymbol{a} = \boldsymbol{F}$$

由运动学可知

$$\boldsymbol{a} = \frac{\mathrm{d}\boldsymbol{v}}{\mathrm{d}t} = \frac{\mathrm{d}^2\boldsymbol{r}}{\mathrm{d}t^2}$$

代入上式可得

$$m\frac{\mathrm{d}\boldsymbol{v}}{\mathrm{d}t} = \boldsymbol{F}$$

或

$$m\frac{\mathrm{d}^2\boldsymbol{r}}{\mathrm{d}t^2} = \boldsymbol{F} \tag{10-1}$$

这就是**矢量形式的质点运动微分方程**。

2. 质点运动微分方程的直角坐标形式

将式(10-1)投影在直角坐标系中可得

$$\left.\begin{aligned} m\frac{\mathrm{d}^2x}{\mathrm{d}t^2} &= X \\ m\frac{\mathrm{d}^2y}{\mathrm{d}t^2} &= Y \\ m\frac{\mathrm{d}^2z}{\mathrm{d}t^2} &= Z \end{aligned}\right\} \tag{10-2}$$

10-2

式中，X、Y、Z 分别为作用于质点上的所有力在三个轴上的投影。这就是**直角坐标形式的质点运动微分方程**。

3. 质点运动微分方程的自然坐标形式

在实际中应用自然坐标系很方便，如图 10-2 所示。质点 M 的质量为 m，在空间运动。

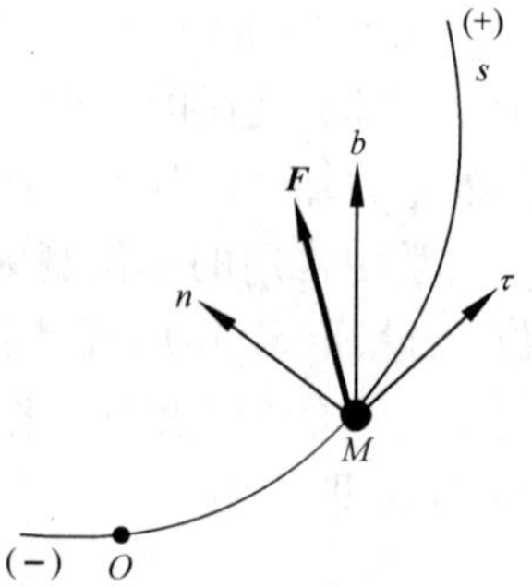

图 10-2

过 M 点作运动轨迹的切线、法线和副法线组成自然轴系。将式(10-1)投影在自然轴系上，则得

$$\left.\begin{aligned} m\frac{\mathrm{d}^2 s}{\mathrm{d}t^2} &= F_\tau \\ m\frac{v^2}{\rho} &= F_n \\ 0 &= F_b \end{aligned}\right\} \tag{10-3}$$

这就是**自然坐标形式的质点运动微分方程**。

10.3　质点动力学的两类基本问题

应用质点运动微分方程可以解决质点动力学两类问题。

第一类问题是**已知质点的运动，求作用于质点上的力。**在这类问题中，质点的运动方程或速度函数等是已知的，将其对时间取导后代入质点运动微分方程即可得到未知的作用力。

第二类问题是**已知作用于质点上的力，求质点的运动。**在这类问题中，已知的作用力可以表现为各种形式，如可以是常力、变力、时间的函数、速度的函数、位置的函数以及同时是这些因素的函数等。解这类问题归结为解微分方程，即积分问题，积分时出现的积分常数由质点运动的初始条件(初始位置和初始速度)确定。只有被积函数较简单时才能求得精确解。当被积函数关系复杂时，求解很困难只能求到近似解。

下面举例说明，利用质点运动微分方程求解质点动力学的两类问题。

【例 10-1】　电梯以匀加速度 $\boldsymbol{a}$ 上升，求放在底板上重为 $\boldsymbol{G}$ 的物体 M 对底板的压力，如图 10-3所示。

解　取物体 M 为研究对象，物体 M 随电梯一起运动，视为质点。加速度 $\boldsymbol{a}$ 已知代入质点运动微分方程并求解

$$m\frac{\mathrm{d}^2 y}{\mathrm{d}t^2} = Y$$

得

$$\frac{G}{g}a = N - G$$

从而解得

$$N = G + \frac{G}{g}a = G\left(1 + \frac{a}{g}\right)$$

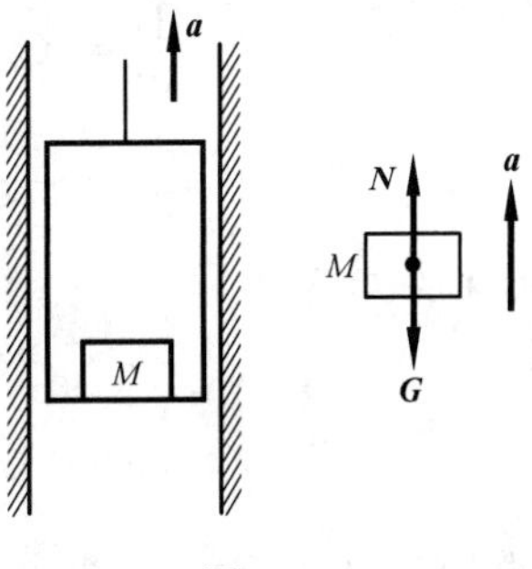

图 10-3

10-3

物体 M 对底板压力 N' 与 N 等值反向，即

$$N' = G\left(1 + \frac{a}{g}\right)$$

该式表明，压力 N' 由两部分组成：一部分等于物体的重量，称为静压力；另一部分是由于加速度引起的，称为附加动压力。全部压力 N' 称为动压力。

【例 10-2】　桥式起重机跑车吊挂一重为 $\boldsymbol{G}$ 的重物，沿水平横梁做匀速运动，其速度为 $\boldsymbol{v}_0$，重物的重心至悬挂点的距离为 l，由于突然刹车，重物因惯性绕悬挂点 O 向前摆动，求钢丝绳的最大拉力(图 10-4)。

解　将重物视为质点，作用于其上有重力 $\boldsymbol{G}$ 和拉力 $\boldsymbol{T}$，由于刹车，重物将沿以悬挂点 O 为圆心、l 为半径的圆弧摆动。设绳与铅垂线呈 φ 角，由于运动轨迹已知，故取自然轴如

10-4

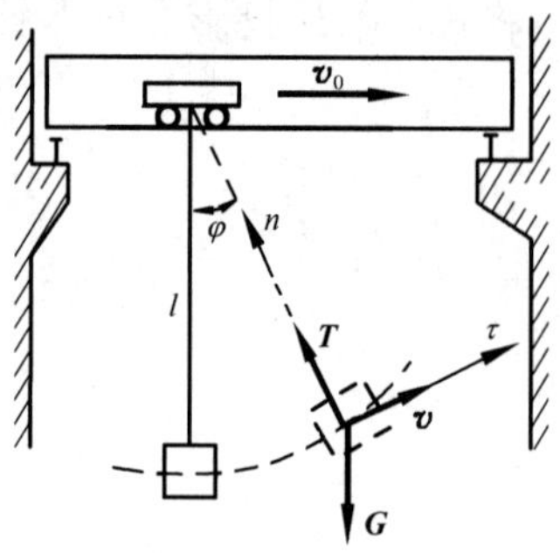

图 10-4

图 10-4所示，列运动微分方程

$$\frac{G}{g}\frac{\mathrm{d}v}{\mathrm{d}t}=-G\sin\varphi \tag{1}$$

$$\frac{G}{g}\frac{v^2}{l}=T-G\cos\varphi \tag{2}$$

由式(2)得

$$T=G\left(\cos\varphi+\frac{v^2}{gl}\right)$$

式中，v 为重物摆动的切向速度。由式(1)可知重物做减速运动，故可知在初始位置 $\varphi=0$ 时绳子拉力最大，即

$$T_{\max}=G\left(1+\frac{v_0^2}{gl}\right)$$

所以减少绳子拉力的途径:一是减少跑车速度，二是增长绳子长度。

【例 10-3】 炮弹以初速$\boldsymbol{v}_0$ 与水平呈 α 角发射，若不计空气阻力，求炮弹在重力作用下的运动规律。

解 将炮弹视为质点，以初始位置为坐标原点 O，x 轴水平向右，y 轴铅垂向上，并使初速度$\boldsymbol{v}_0$ 在坐标平面 Oxy 内，如图 10-5 所示。

10-5

建立质点运动微分方程，有

$$\left.\begin{aligned}\frac{G}{g}\frac{\mathrm{d}^2x}{\mathrm{d}t^2}&=0\\ \frac{G}{g}\frac{\mathrm{d}^2y}{\mathrm{d}t^2}&=-G\end{aligned}\right\}$$

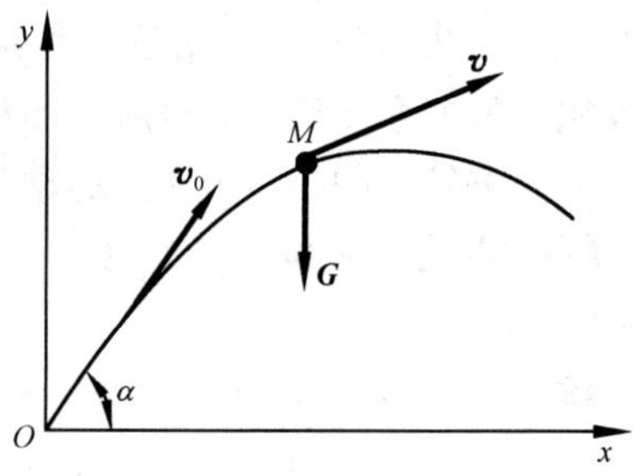

图 10-5

一次积分后得

$$\left.\begin{aligned}\frac{\mathrm{d}x}{\mathrm{d}t}&=C_1\\ \frac{\mathrm{d}y}{\mathrm{d}t}&=-gt+C_2\end{aligned}\right\}$$

二次积分后得

$$\left.\begin{aligned}x&=C_1t+C_3\\ y&=-\frac{1}{2}gt^2+C_2t+C_4\end{aligned}\right\}$$

式中，C_1、C_2、C_3、C_4 为积分常数，由运动的初始条件确定，即当 $t=0$ 时，$x_0=y_0=0$，$v_{0x}=v_0\cos\alpha$，$v_{0y}=v_0\sin\alpha$。于是可得

$$C_1=v_0\cos\alpha\quad,\quad C_2=v_0\sin\alpha\quad,\quad C_3=C_4=0$$

于是炮弹的运动方程为

$$\left.\begin{aligned}x&=v_0t\cos\alpha\\ y&=v_0t\sin\alpha-\frac{1}{2}gt^2\end{aligned}\right\}$$

消去 t 可得炮弹的运动轨迹为

$$y=x\tan\alpha-\frac{gx^2}{2v_0^2\cos^2\alpha}$$

由此可知炮弹的轨迹为一抛物线。

【例 10-4】 质量为 m 的小物体 M 在静止的液体中自由下沉，液体的阻力与物体的速度大小成正比，其比例系数为 μ，设物体由液面静止开始下沉，略去液体的浮力，试求物体的速度及运动规律(图 10-6)。

解 取小物体 M 为研究对象，可视为质点，取 M 物体在液面的位置为原点 O，x 轴向下为正，物体受到力有重力 $\boldsymbol{G}$ 和阻力 $\boldsymbol{R}$，$R=-\mu v=-\mu\dot{x}$，物体的运动微分方程为

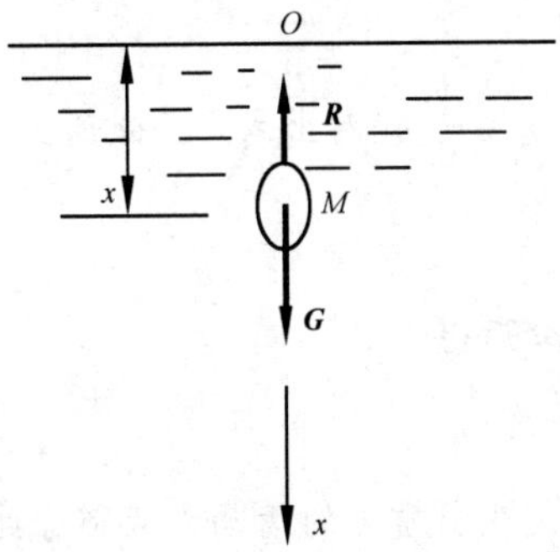

图 10-6

10-6

$$\frac{G}{g}\ddot{x}=G-\mu\dot{x}$$

即

$$\frac{G}{g}\frac{\mathrm{d}v}{\mathrm{d}t}=G-\mu v$$

分离变量得

$$\frac{\mathrm{d}v}{G-\mu v}=\frac{g}{G}\mathrm{d}t$$

或

$$\frac{m\mathrm{d}v}{G-\mu v}=\mathrm{d}t$$

两边积分得

$$\int_0^v\frac{m\mathrm{d}v}{G-\mu v}=\int_0^t\mathrm{d}t$$

$$\frac{m}{\mu}\ln\frac{G}{G-\mu v}=t$$

于是得

$$v=\frac{G}{\mu}(1-\mathrm{e}^{-\frac{\mu}{m}t})\tag{1}$$

这就是物体 M 下沉速度的变化规律。随着 t 增加，$\mathrm{e}^{-\frac{\mu}{m}t}$ 将逐渐减小，当 $t\to\infty$ 时，速度 v 趋近一极限值 $v_m=\dfrac{G}{\mu}$ 称为极限速度。此时加速度等于零，物体将匀速下沉。为了求出物体 M 的运动规律，只需将式(1)再积分一次，即

$$\int_0^x\mathrm{d}x=\frac{G}{\mu}\int_0^t(1-\mathrm{e}^{-\frac{\mu}{m}t})\mathrm{d}t$$

得

$$x=\frac{G}{\mu}t-\frac{mG}{\mu^2}(1-\mathrm{e}^{-\frac{\mu}{m}t})$$

这就是物体 M 的运动规律。

【例 10-5】 质量为 m 的质点在已知力 $X=P\sin\omega t$ 的作用下沿 x 轴运动。在初瞬时 $t=0$，$x=x_0$，$v_x=v_0$，求该质点的运动。

解 质点的运动微分方程为

$$m\frac{\mathrm{d}v_x}{\mathrm{d}t}=P\sin\omega t$$

分离变量得

$$m\mathrm{d}v_x=P\sin\omega t\,\mathrm{d}t$$

取上式的积分

$$\int_{v_0}^{v_x}m\mathrm{d}v_x=\int_0^t P\sin\omega t\,\mathrm{d}t$$

积分后得

$$mv_x - mv_0 = -\frac{P}{\omega}(\cos\omega t - 1)$$

由此得

$$v_x = v_0 + \frac{P}{m\omega}(1 - \cos\omega t)$$

以 $v_x = \frac{dx}{dt}$ 代入上式，并分离变量得

$$dx = v_0 dt + \frac{P}{m\omega}(1 - \cos\omega t)dt$$

积分后得

$$x = x_0 + \left(v_0 + \frac{P}{m\omega}\right)t - \frac{P}{m\omega^2}\sin\omega t$$

上式表明质点的运动由两部分组成：第一部分是匀速运动，第二部分是简谐运动。

【例 10-6】 试求脱离地球引力而做宇宙飞行的物体的最小初速度。设地球半径 $R = 6370$km，不计空气阻力及地球自转的影响。

10-7

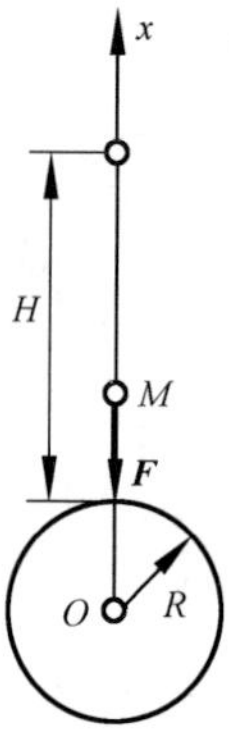

图 10-7

解 选地心 O 为坐标原点，x 轴铅垂向上(图 10-7)。根据牛顿万有引力定律，它在任意位置 x 处受到地球的引力为

$$F = G_0 \frac{mM}{x^2}$$

式中，G_0 为万有引力常数，m 为物体的质量，M 为地球的质量，x 为物体至地心的距离。由于物体在地球表面时所受到的引力即为重力，故有

$$mg = G_0 \frac{mM}{R^2}$$

所以

$$G_0 = \frac{gR^2}{M}$$

因此物体的运动微分方程为

$$m\frac{d^2x}{dt^2} = -F = -\frac{mgR^2}{x^2}$$

由于

$$\frac{d^2x}{dt^2} = \frac{dv_x}{dt} = \frac{dv_x}{dx}\frac{dx}{dt} = v_x\frac{dv_x}{dt}$$

所以

$$mv_x\frac{dv_x}{dx} = -\frac{mgR^2}{x^2}$$

分离变量得

$$mv_x dv_x = -mgR^2\frac{dx}{x^2}$$

若设物体在地面开始发射的速度为 v_0，在空中任意位置 x 处的速度为 v，对上式进行积分

$$\int_{v_0}^{v} mv_x dv_x = \int_R^x -mgR^2\frac{dx}{x^2}$$

得

$$\frac{1}{2}mv^2 - \frac{1}{2}mv_0^2 = mgR^2\left(\frac{1}{x} - \frac{1}{R}\right)$$

所以

$$v_0^2 = v^2 + 2gR^2\left(\frac{1}{R} - \frac{1}{x}\right)$$

要实现脱离地球引力做宇宙飞行的条件是：当 $x \to \infty$ 时，$v \geqslant 0$。取 $v = 0$，得 v_0 的最小值为

$$v_0 = \sqrt{2gR} = 11.2\text{km/s}$$

这个速度称为**第二宇宙速度**。

本章小结

本章研究了动力学基本定律，它是研究动力学的理论基础。它只适用于质点的运动。牛顿三定律适用于惯性参考系。

1. 第一定律说明物体具有惯性。第二定律给出了力和加速度之间的关系，并说明了惯性如何度量。第三定律阐明了两物体相互的作用力与反作用力的关系。

2. 质点动力学基本方程为 $m\boldsymbol{a}=\boldsymbol{F}$，在应用时取它的投影形式。

3. 质点动力学问题可归结为两类：

第一类是已知质点的运动，求作用于质点上的力，在数学上属于微分问题。

第二类是已知作用于质点上的力求质点的运动，在数学上属于积分问题，求解需给定初始条件来确定积分常数。

思 考 题

10.1 质点动力学的基本方程适用于什么坐标系统？一个匀速运动的车厢中是否可直接应用质点动力学的基本方程？

10.2 “质点的速度越大，则其惯性越大”；“质点的速度越大，则质点所受合力越大”。这两种说法对吗？为什么？

10.3 “质点的运动方向，就是质点上所受合力的方向”这种说法对吗？为什么？

10.4 两个质点的质量相同，在相同力的作用下，试问在各瞬时两质点的速度和加速度是否相同？为什么？

10.5 若不计阻力，自由下落的一个小球与向下扔的另一个小球，哪一个速度较大？为什么？

10.6 两个质量相同的质点，在相同力的作用下运动，问该两质点的轨迹、速度及加速度是否相同，为什么？

习 题

10-1 电梯的质量为 480kg，上升时的速度图如题 10-1 图所示，求在下列三个时间间隔内，悬挂电梯的绳索的张力 $\boldsymbol{T}_1$、$\boldsymbol{T}_2$、$\boldsymbol{T}_3$。①由 $t=0$s 到 $t=2$s；②由 $t=2$s 到 $t=8$s；③由 $t=8$s 到 $t=10$s。图中速度单位为 m/s，时间单位为 s。

10-2 小车以匀加速 $\boldsymbol{a}$ 沿倾角为 α 的斜面向上运动，在小车的平顶上放一重 P 的物块，随车一同运动。问物块与小车间的摩擦系数 f 应为多少才能使物块在小车向上运动时不发生滑动(题 10-2 图)。

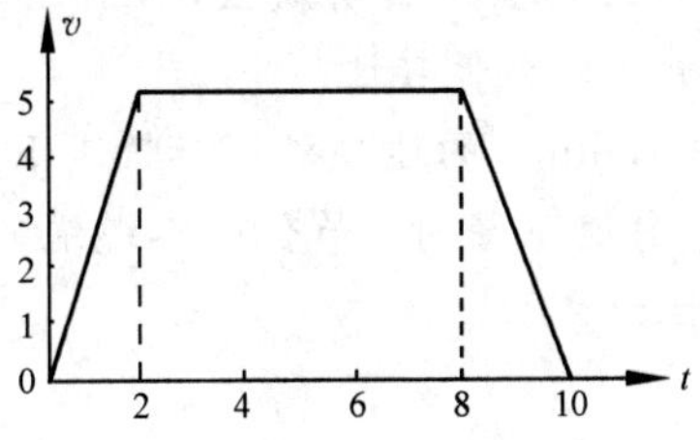

题 10-1 图

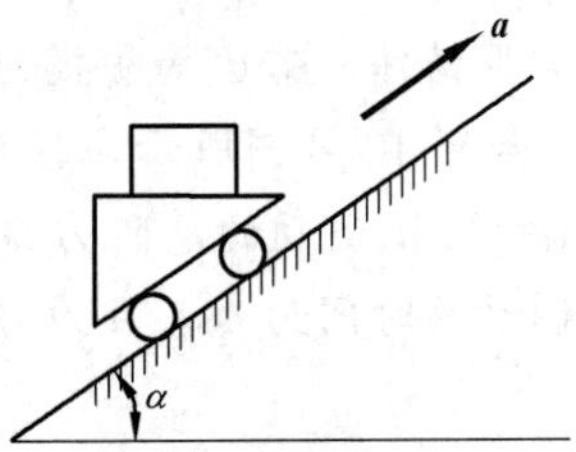

题 10-2 图

10-3 如题 10-3 图所示，在曲柄滑道机构中，活塞与活塞杆质量共为 50kg，曲柄长 30cm，绕 O 轴做匀速转动，转速为 $n=120\text{r/min}$，求当曲柄在 $\varphi=0°$ 和 $\varphi=90°$ 时，作用在滑道 BD 上的水平力。

10-4 质量为 m 的球 M 用两根长均为 l 的杆支持，如题 10-4 图所示，球和杆一起以匀角速度 ω 绕铅直轴 AB 转动。设 $AB=2a$，杆的两端均为铰接，略去杆的重量，试求各杆所受的力。

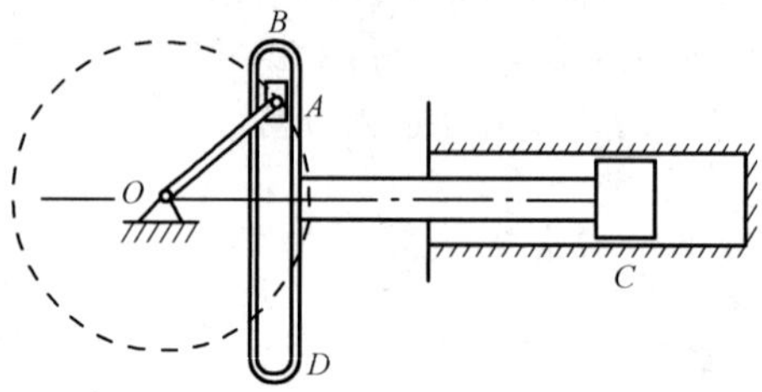

题 10-3 图

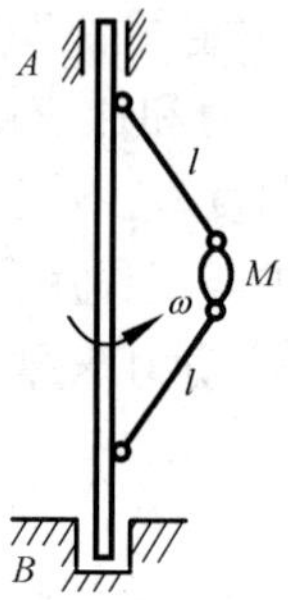

题 10-4 图

10-5 汽车重 $\boldsymbol{P}$，以等速 $\boldsymbol{v}$ 驶过拱桥，桥面 ACB 为一抛物线，其尺寸如题 10-5 图所示。求汽车通过点 C 时对桥的压力。

10-6 一质量为 m 的物块放在匀速转动的水平转台上，它与转轴的距离为 r，如题 10-6 图所示。设物块与转台表面的摩擦系数为 f。试求物块不致因转台旋转而滑出时转台的最大转速。

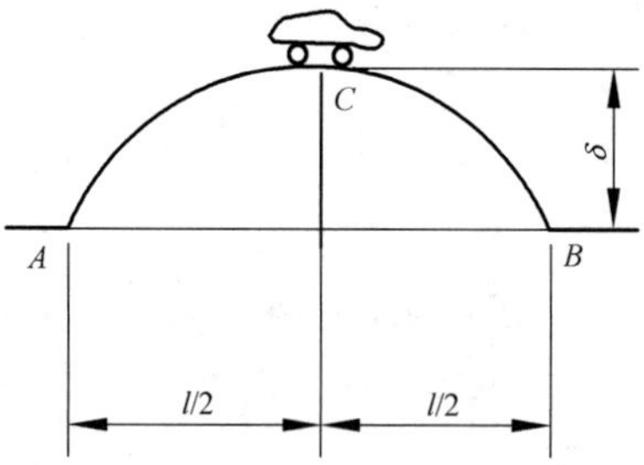

题 10-5 图

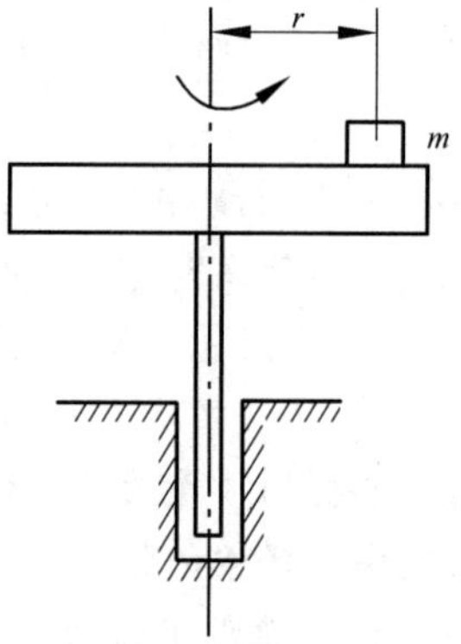

题 10-6 图

10-7 如题 10-7 图所示离心浇铸装置，电动机带动支承轮 A、B 做同向转动，管模放在两轮上靠摩擦传动而旋转。铁水浇入管模后，将均匀地紧贴内壁而自动成型，从而可得到质量密实的管形铸件。若已知管模内径 $D=400\text{mm}$，试求管模的最低转速。

10-8 如题 10-8 图所示，小车质量为 700kg，以 $v=1.6\text{m/s}$ 的速度沿缆车轨道下降。轨道的倾角 $\alpha=15°$，运动的总阻力系数 $f=0.015$。求小车匀速下降时，吊住小车缆绳的拉力；又设小车制动的时间为 4s，且为匀减速，求此时缆绳的拉力。

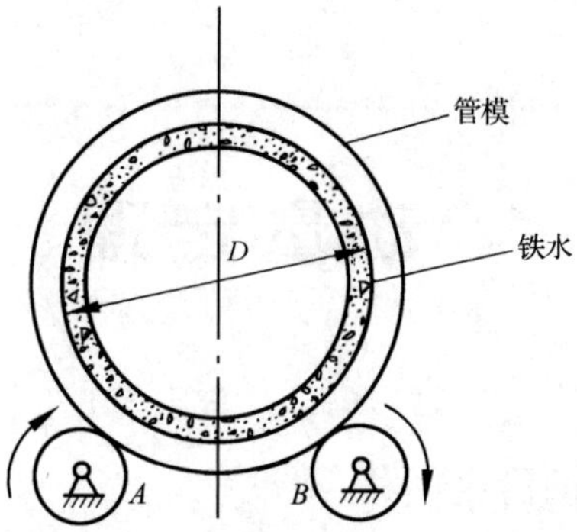

题 10-7 图

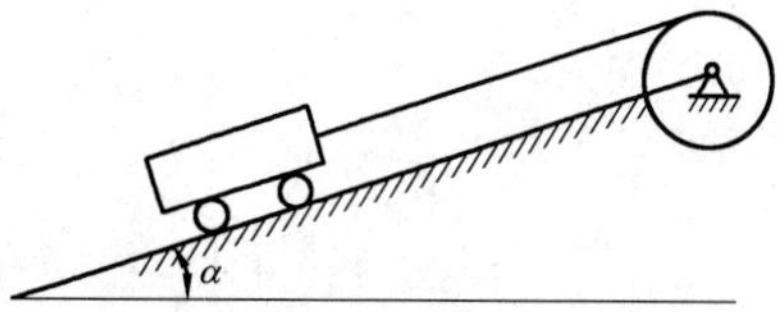

题 10-8 图

10-9　质点 M 的质量为 m，受已知力 $F=F_0\cos\omega t$ 作用而做直线运动，其中 $\boldsymbol{F}_0$ 和 ω 都为常量。设该质点具有初速度 $\boldsymbol{v}_0$，求质点 M 的运动方程。

10-10　质量为 m 的质点受有心排斥力 $F=\frac{\mu m}{x^2}$ 的作用，其中 μ 为常量，x 为质点到力心(固定点)的距离。设初瞬时 $x_0=a$，$v_0=0$。试求质点运动一段路程 $s=a$ 时的速度。

10-11　电车司机借逐渐开启变阻器以增加电车发动机的动力，使拉力 $\boldsymbol{F}$ 的大小由零开始与时间成正比地增加，在每秒内增加 1200N。试根据下列数据求电车的运动规律。车重 $P=$ 98kN，常摩擦阻力 $R=2000$N，电车的初速 $v_0=0$。

第 11 章 动量定理

11.1 动力学普遍定理概述

在第 10 章中建立了质点运动微分方程，从而建立了运动和力的关系，也使得质点的动力学问题从理论上得到解决。但是从解决问题的过程来看，在解决质点动力学第二类问题时会遇到数学上积分的困难。质点系是有限个或无限个质点的集合，各质点之间有着各种形式的联系。对于每个质点都可列出三个运动微分方程，若质点系有 n 个质点，可有 $3n$ 个运动微分方程，加上表达各质点间联系形式的约束方程和运动初始条件，从理论上就可求出各质点的运动情况，从而解决质点系的动力学问题。但是在实际的解决中，会遇到需求解庞大的微分方程组，以至于只能求得近似解。

对于某些动力学问题，往往不必求解各质点的运动情况，而只需知道质点系整体的运动特征就够了。从本章开始阐述的**动量定理、动量矩定理和动能定理，统称为动力学的普遍定理**。由这些定理解决质点和质点系的动力学问题，能够更深入地研究机械运动，以及机械运动与其他形式运动的关系。

本章研究动量定理，这个定理建立了质点(或质点系)的动量与作用于质点(或质点系)上的力和力的冲量之间的关系。

11.2 质点的动量定理

1. 动量

动量是物体机械运动的一种度量，是描述物体机械运动状态的一个物理量。

设质量为 m 的质点在某瞬时的速度为$\boldsymbol{v}$，则**质量与速度的乘积** $m\boldsymbol{v}$称为**质点在该瞬时的动量**。它是一个矢量，其方向与$\boldsymbol{v}$相同。

动量的单位是千克·米/秒(kg·m/s)或牛顿·秒(N·s)。

2. 冲量

冲量是度量力作用一段时间的积累效果的一个物理量。**作用力与作用时间的乘积称为力的冲量**。冲量是矢量，它的作用方向与力的方向一致。

如果作用力 $\boldsymbol{F}$ 是恒量，作用时间为 t，则力的冲量为

$$\boldsymbol{S} = \boldsymbol{F} \cdot t$$

如果作用力 $\boldsymbol{F}$ 是变量，则可认为在微小时间间隔 $\mathrm{d}t$ 内，力 $\boldsymbol{F}$ 是不变的。在微小时间间隔 $\mathrm{d}t$ 内，力 $\boldsymbol{F}$ 的冲量称为元冲量，即

$$\mathrm{d}\boldsymbol{S} = \boldsymbol{F}\mathrm{d}t \tag{11-1}$$

于是，力 $\boldsymbol{F}$ 在时间间隔 t 内的冲量为

$$\boldsymbol{S}=\int_0^t \boldsymbol{F}\mathrm{d}t \tag{11-2}$$

冲量的单位是牛顿・秒(N・s)。

3. 质点的动量定理

设质点的质量为 m，作用力为 $\boldsymbol{F}$，则根据牛顿第二定律有

$$m\boldsymbol{a}=\boldsymbol{F}$$

因为 $\boldsymbol{a}=\dfrac{\mathrm{d}\boldsymbol{v}}{\mathrm{d}t}$，于是

$$m\frac{\mathrm{d}\boldsymbol{v}}{\mathrm{d}t}=\boldsymbol{F}$$

因为 m 为常量，上式可写成

$$\mathrm{d}(m\boldsymbol{v})=\boldsymbol{F}\cdot\mathrm{d}t \tag{11-3}$$

式(11-3)为**质点动量定理的微分形式，即质点动量的增量等于作用于质点上力的元冲量**。对式(11-3)积分，可得

$$m\boldsymbol{v}-m\boldsymbol{v}_0=\int_0^t \boldsymbol{F}\mathrm{d}t=\boldsymbol{S} \tag{11-4}$$

式(11-4)是**质点动量定理的有限形式，即在某一时间间隔内，质点动量的变化等于作用于质点上的力在同一时间内的冲量。**

动量定理是矢量形式，在应用时，通常将它投影到直角坐标轴上。

$$\left.\begin{aligned} mv_x-mv_{0x}&=\int_0^t F_x\mathrm{d}t=S_x\\ mv_y-mv_{0y}&=\int_0^t F_y\mathrm{d}t=S_y\\ mv_z-mv_{0z}&=\int_0^t F_z\mathrm{d}t=S_z \end{aligned}\right\} \tag{11-5}$$

如果在质点上作用有几个力，$\boldsymbol{F}$ 应理解为这些力的合力。

如果作用在质点上的 $\boldsymbol{F}$ 恒等于零，则由式(11-4)可知，质点动量的大小和方向都保持不变，质点做惯性运动，称为质点**动量守恒**。

如果作用在质点上的力 $\boldsymbol{F}$ 在 x 轴上的投影恒等于零，则由式(11-5)中的第一式可知，质点的动量在 x 轴上的投影保持不变，于是质点在 x 轴方向运动的速度保持不变，也称为质点的**动量在 x 轴上守恒**。

【例 11-1】 汽锤重 $Q=300\text{N}$，从高度 $H=1.5\text{m}$ 处自由落到锻件上，如图 11-1 所示，锻件发生变形，历时 $t=0.01\text{s}$。求汽锤对锻件的平均压力。

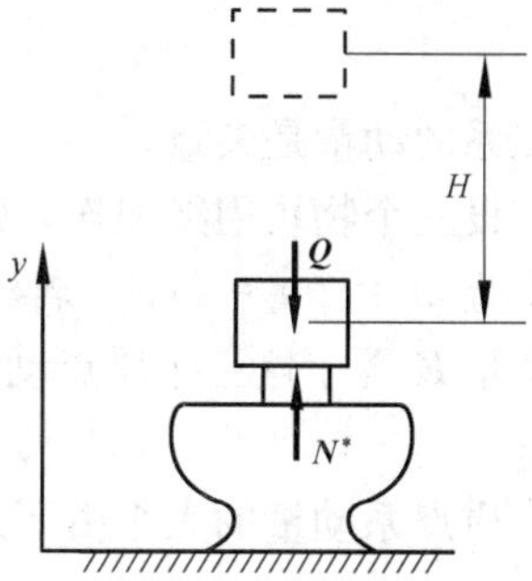

图 11-1

11-1

解　取汽锤为研究对象。作用在汽锤上的力有重力 $\boldsymbol{Q}$ 和汽锤与锻件接触后锻件的反力。由于锻件的反力是变化的，但在极短的作用时间内用平均反力 $\boldsymbol{N}^*$ 来代替。

令汽锤自由落下 H 高度时所需要的时间为 T，根据运动学的公式有

$$T=\sqrt{\frac{2H}{g}}$$

取铅直轴 y 向上为正，根据动量定理有

$$mv_{2y}-mv_{1y}=S_y$$

由题意知，$v_{1y}=0$，经过$(t+\tau)$s 后，$v_{2y}=0$，因此 $S_y=0$。在此过程中，重力 $\boldsymbol{Q}$ 的冲量为$\boldsymbol{Q}(T+t)$，方向向下，反力 $\boldsymbol{N}^*$ 的冲量为 $\boldsymbol{N}^*t$，方向铅直向上。于是得

$$S_y=N^*t-Q(T+t)=0$$

由此得

$$N^*=Q\left(\frac{T}{t}+1\right)=Q\left(\frac{1}{t}\sqrt{\frac{2H}{g}}+1\right)$$

代入数据得

$$N^*=300\left(\frac{1}{0.01}\sqrt{\frac{2\times1.5}{9.8}}+1\right)=16.9(\text{kN})$$

$\boldsymbol{N}^*$ 的反作用力即是对工件的平均压力。

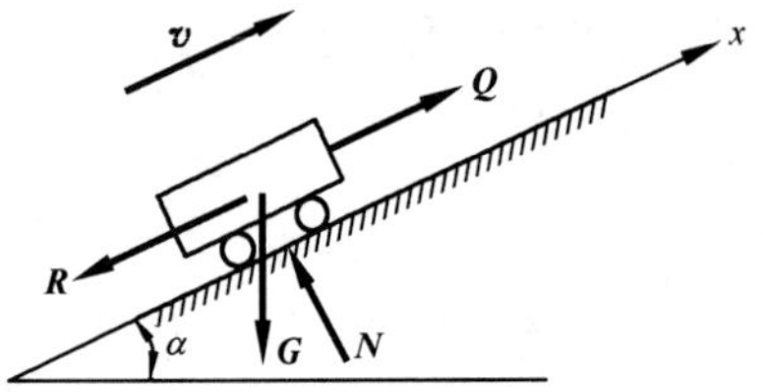

图 11-2

11-2

【例 11-2】 小车在坡度为 α 角的斜坡上行驶，如图 11-2 所示。经过 t 秒后，它的速度由$\boldsymbol{v}_0$ 变为$\boldsymbol{v}$，在这段时间内，机车的牵引力为 $\boldsymbol{Q}$，列车重为 $\boldsymbol{G}$。求列车受到的阻力是其重量的多少倍。

解 研究小车的运动，由于小车平动，将其视为质点。

作用在小车上的力有重力 $\boldsymbol{G}$、牵引力 $\boldsymbol{Q}$、斜面的正反力 $\boldsymbol{N}$ 和阻力$\boldsymbol{R}$，取坐标 x 轴如图 11-2，根据动量定理有

$$\frac{G}{g}v-\frac{G}{g}v_0=(Q-G\sin\alpha-R)t$$

令 $R=aG$，其中 a 是阻力与重量的比值，代入上式中，解得

$$a=\frac{Q}{G}-\sin\alpha-\frac{v-v_0}{gt}$$

11.3 质点系动量定理及守恒守律

11.3.1 质点系的动量

质点系内各质点动量的矢量和称为质点系的动量，即

$$\boldsymbol{K}=\sum m_i\boldsymbol{v}_i \tag{11-6}$$

质点系的动量是矢量。

设三个物块用绳相连，如图 11-3(a)所示，它们均可视为质点，其质量分别为 m_1、m_2、m_3，且 $m_1=2m_2=4m_3$。若绳的质量和变形略去不计，则三质点的速度大小相同。此质点系的动量 $\boldsymbol{K}$ 等于这三个质点动量的矢量和，如图 11-3(b)所示，即

$$\boldsymbol{K}=m_1\boldsymbol{v}_1+m_2\boldsymbol{v}_2+m_3\boldsymbol{v}_3$$

质点系动量的大小由下式决定：

$$K_x=m_2v_2+m_3v_3\cos\alpha$$

$$K_y=-m_1v_1+m_3v_3\sin\alpha$$

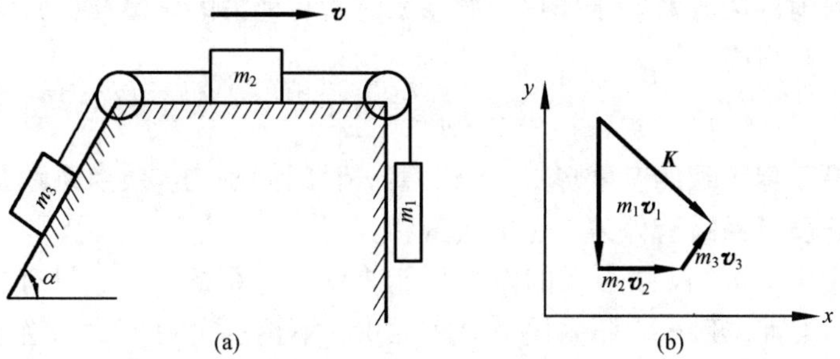

图 11-3

11-3

$$K=\sqrt{K_x^2+K_y^2}$$

令 $v_1=v_2=v_3=v$，并设 $\alpha=45°$，得

$$K_x=2.71m_3v$$
$$K_y=-3.29m_3v$$
$$K=4.26m_3v$$

$\boldsymbol{K}$ 与 x、y 轴的夹角分别为

$$(\boldsymbol{K},\ x)=\arccos\frac{K_x}{K}=309.5°$$

$$(\boldsymbol{K},\ y)=\arccos\frac{K_y}{K}=219.44°$$

11.3.2 质点系的动量定理

设质点系有 n 个质点，其中第 i 个质点其质量为 m_i，速度为 $\boldsymbol{v}_i$，外界物体对该质点的作用力 $\boldsymbol{F}_i^{(e)}$ 称为外力，质点系内其他质点对该质点的作用力 $\boldsymbol{F}_i^{(i)}$ 称为内力。根据质点的动量定理有

$$\mathrm{d}(m_i\boldsymbol{v}_i)=[\boldsymbol{F}_i^{(e)}+\boldsymbol{F}_i^{(i)}]\mathrm{d}t=\boldsymbol{F}_i^{(e)}\mathrm{d}t+\boldsymbol{F}_i^{(i)}\mathrm{d}t$$

这样的方程共有 n 个，将 n 个方程两端分别相加，得

$$\sum\mathrm{d}(m_i\boldsymbol{v}_i)=\sum(\boldsymbol{F}_i^{(e)}\mathrm{d}t)+\sum(\boldsymbol{F}_i^{(i)}\mathrm{d}t)$$

因为质点系内各质点间相互作用的内力总是大小相等、方向相反，且成对出现，相互抵消，因此内力冲量的矢量和等于零，即

$$\sum\boldsymbol{F}_i^{(i)}\mathrm{d}t=0$$

又因为

$$\sum\mathrm{d}(m_i\boldsymbol{v}_i)=\mathrm{d}\sum(m_i\boldsymbol{v}_i)=\mathrm{d}\boldsymbol{K}$$

而

$$\sum(\boldsymbol{F}_i^{(e)}\mathrm{d}t)=\sum\mathrm{d}\boldsymbol{S}_i^{(e)}$$

于是得**质点系动量定理的微分形式**为

$$\mathrm{d}\boldsymbol{K}=\sum\boldsymbol{F}^{(e)}\mathrm{d}t=\sum\mathrm{d}\boldsymbol{S}^{(e)} \tag{11-7}$$

即质点系动量的增量等于作用于质点系的所有外力元冲量的矢量和。

式(11-7)也可写成

$$\frac{\mathrm{d}\boldsymbol{K}}{\mathrm{d}t}=\sum\boldsymbol{F}^{(e)} \tag{11-8}$$

即质点系的动量对时间的导数等于作用于质点系的所有外力的矢量和(外力的主矢)。

对(11-7)式积分可得

$$\boldsymbol{K}-\boldsymbol{K}_0=\sum \boldsymbol{S}^{(e)} \tag{11-9}$$

式(11-9)为**质点系动量定理的有限形式，即在某一时间间隔内，质点系动量的改变量等于在这段时间内作用于质点系所有外力冲量的矢量和。**

从质点系动量定理可知，质点系的内力不能改变质点系的动量，只有外力才能改变质点系的动量。例如，旅客在列车车厢内用力推车厢壁，不论这力有多大，绝不会使列车的速度改变，因为对于以列车和旅客组成的质点系来说，此力是内力。由于质点系动量定理不包含内力，所以该定理特别适于求解质点系内部相互作用复杂或中间过程复杂等类型的问题。

质点系动量定理是矢量形式，在应用时应取投影形式。

$$\left.\begin{aligned}\frac{\mathrm{d}K_x}{\mathrm{d}t}&=\sum F_x^{(e)}\\ \frac{\mathrm{d}K_y}{\mathrm{d}t}&=\sum F_y^{(e)}\\ \frac{\mathrm{d}K_z}{\mathrm{d}t}&=\sum F_z^{(e)}\end{aligned}\right\} \tag{11-10}$$

或

$$\left.\begin{aligned}K_x-K_{0x}&=\sum S_x^{(e)}\\ K_y-K_{0y}&=\sum S_y^{(e)}\\ K_z-K_{0z}&=\sum S_z^{(e)}\end{aligned}\right\} \tag{11-11}$$

式(11-11)表明，**在任一时间间隔内，质点系的动量在任一固定轴上投影的改变量，等于在这段时间内作用于质点系所有外力冲量在同一轴上投影的代数和。**

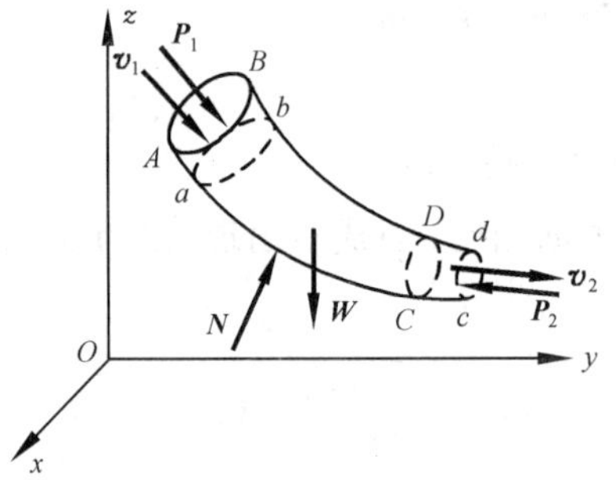

图 11-4

11-4

【例 11-3】 图 11-4 表示一不可压缩的理想流体，在变截面曲管内做定常流动，流体的密度为 ρ，体积流量 Q 为单位时间内流经管道某截面的流体体积，求管壁所受的动压力。

解 取管道中 AB 和 CD 任意两个截面中间的流体为一质点系(图 11-4)。设经过时间 $\mathrm{d}t$，$ABCD$ 内的流体流至 $abcd$ 位置，则动量的变化等于 $abcd$ 内的流体动量与 $ABCD$ 内的流体动量之差，由于流动是定常的，所以公共容积 $abCD$ 内的流体在 $\mathrm{d}t$ 前后它的动量保持不变，故流体动量的变化等于 $CDcd$ 内的流体动量与 $ABab$ 内的流体动量之差。这两部分流体的质量都等于 $\rho Q\mathrm{d}t$，因此若以 $\boldsymbol{v}_1$ 和 $\boldsymbol{v}_2$ 代表截面 AB 和 CD 处的流速，则在 $\mathrm{d}t$ 时间内动量的变化为

$$\mathrm{d}\boldsymbol{K}=\rho Q\mathrm{d}t\cdot\boldsymbol{v}_2-\rho Q\mathrm{d}t\cdot\boldsymbol{v}_1$$

上式各项均除以 $\mathrm{d}t$，则得

$$\frac{\mathrm{d}\boldsymbol{K}}{\mathrm{d}t}=\rho Q(\boldsymbol{v}_2-\boldsymbol{v}_1)$$

作用于质点系的外力有重力 $\boldsymbol{W}$、管壁动反力 $\boldsymbol{N}$ 和截面 AB 与 CD 处所受相邻流体的压力 $\boldsymbol{P}_1$ 与 $\boldsymbol{P}_2$。根据质点系的动量定理，可得

$$\rho Q(\boldsymbol{v}_2 - \boldsymbol{v}_1) = \boldsymbol{W} + \boldsymbol{P}_1 + \boldsymbol{P}_2 + \boldsymbol{N} \tag{1}$$

则管壁动反力

$$\boldsymbol{N} = -(\boldsymbol{W} + \boldsymbol{P}_1 + \boldsymbol{P}_2) + \rho Q(\boldsymbol{v}_2 - \boldsymbol{v}_1) \tag{2}$$

而流体对管壁的动压力与力 $\boldsymbol{N}$ 大小相等、方向相反。

管壁动反力 $\boldsymbol{N}$ 可分为两部分：一部分为流体的重力以及截面 AB 和 CD 处所受相邻流体的压力所引起的反力，以 $\boldsymbol{N}'$ 表示；一部分为流体流动时其动量的变化所引起的附加反力，以 $\boldsymbol{N}''$ 表示。显然，$\boldsymbol{N}''$ 应为

$$\boldsymbol{N}'' = \rho Q(\boldsymbol{v}_2 - \boldsymbol{v}_1) \tag{3}$$

对于不可压缩的流体做定常流动时，密度 ρ 和体积流量 Q 均为常量，且

$$Q = A_1 v_1 = A_2 v_2 \tag{4}$$

式中，A 和 $\boldsymbol{v}$ 分别表示曲管中任意截面的面积和流速。

可见，只要知道流速和曲管的尺寸，即可求得附加动反力。流体对管壁的附加动压力可根据反作用关系确定。

11.3.3　质点系动量守恒定律

如果作用于质点系的外力的主矢恒等于零，则质点系的动量保持不变，即

$$\sum \boldsymbol{F}^{(e)} = 0$$

则

$$\boldsymbol{K} = \boldsymbol{K}_0 = \text{常矢量}$$

如果作用于质点系的外力主矢在某一坐标轴上的投影恒等于零，则质点系动量在该轴上的投影保持不变，即

$$\sum F_x^{(e)} = 0$$

则

$$K_x = K_{0x} = \text{常量}$$

以上两种情况称为**质点系动量守恒定律**。

11.4　质心运动定理及守恒定律

1. 质点系的质量中心

质点系的运动不仅与作用其上的外力及各质点的质量大小有关，还与其质量的分布特征有关。

设有由 n 个质点组成的质点系 M_1，M_2，…，M_n（图 11-5），其中任一质点 M_i 的质量为 m_i，它的位置由固定点 O 引出的矢径 $\boldsymbol{r}_i$ 表示，则质点系的质量中心（简称质心）可由下式确定

$$\boldsymbol{r}_C = \frac{\sum m_i \boldsymbol{r}_i}{\sum m_i} = \frac{\sum m_i \boldsymbol{r}_i}{M} \tag{11-12}$$

式中，$\boldsymbol{r}_C$ 为质心的矢径；$M = \sum m_i$ 为质点系的质量。

若以 O 为原点建立直角坐标系 $Oxyz$，则质心的位置可由下面三式确定：

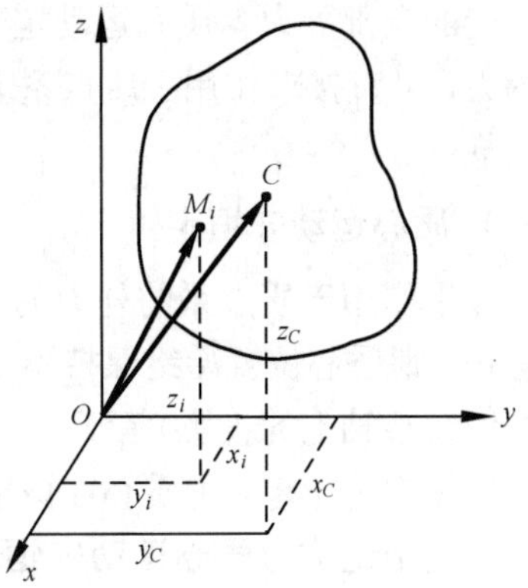

图 11-5

11-5

$$\left.\begin{aligned}x_C&=\frac{\sum m_i x_i}{M}\\y_C&=\frac{\sum m_i y_i}{M}\\z_C&=\frac{\sum m_i z_i}{M}\end{aligned}\right\}\tag{11-13}$$

质点系的质心表达式不仅描述了质点系的质量分布特征，而且可用来计算质点系的动量。将式(11-12)两边对时间 t 取导数，则有

$$M\frac{\mathrm{d}\boldsymbol{r}_C}{\mathrm{d}t}=\frac{\mathrm{d}}{\mathrm{d}t}\sum m_i\boldsymbol{r}_i=\sum m_i\frac{\mathrm{d}\boldsymbol{r}_i}{\mathrm{d}t}$$

式中，$\frac{\mathrm{d}\boldsymbol{r}_C}{\mathrm{d}t}=\boldsymbol{v}_C$ 为质心的速度；$\frac{\mathrm{d}\boldsymbol{r}_i}{\mathrm{d}t}=\boldsymbol{v}_i$ 为质点 M_i 的速度，于是得

$$M\boldsymbol{v}_C=\sum m_i\boldsymbol{v}_i=\boldsymbol{K}\tag{11-14}$$

即质点系的质量与质心速度的乘积等于质点系的动量。这对于计算质点系的动量提供了一个简捷的方法。

2. 质心运动定理

将式(11-14)代入动量定理中，得

$$\frac{\mathrm{d}}{\mathrm{d}t}(M\boldsymbol{v}_C)=\sum\boldsymbol{F}^{(e)}$$

对于质量不变的质点系，上式可写为

$$M\frac{\mathrm{d}\boldsymbol{v}_C}{\mathrm{d}t}=\sum\boldsymbol{F}^{(e)}\tag{11-15}$$

或

$$M\boldsymbol{a}_C=\sum\boldsymbol{F}^{(e)}\tag{11-16}$$

或

$$M\frac{\mathrm{d}^2\boldsymbol{r}_C}{\mathrm{d}t^2}=\sum\boldsymbol{F}^{(e)}\tag{11-17}$$

上式表明，**质点系的质量与质心加速度的乘积等于作用质点系的外力的矢量和(外力的主矢)**。这个结论称为**质心运动定理**。

质心运动定理的表达式与质点运动学基本方程在形式上完全相同。它是研究质心运动规律的基本定理。它表明，质心运动可以视为一个质点的运动，该质点集中质点系的全部质量和所受的全部外力。质心运动定理对那些质心运动已知的质点系特别有用，因为定理中不包括内力，可直接求作用于质点系上的未知外力；反之，若已知外力，可应用这个定理求质心的运动规律。

3. 质心运动守恒定律

如果作用于质点系的外力的矢量和(外力主矢)恒等于零，则质心做匀速直线运动，若开始静止，则质心位置始终保持不变；如果作用于质点系的所有外力在某轴上投影的代数和(外力主矢在某轴上的投影)等于零，则质心速度在该轴上的投影保持不变，若开始时质心速度在该轴上投影等于零，则质心在该轴上的位置保持不变。

以上结论称为**质心运动守恒定律**。它对质点系在内力作用下求解位移等问题显得非常方便。

【例 11-4】 如图 11-6 所示，在静止的小船上，一个人自船头走到船尾，设人重 **P**，船重 **Q**，水的阻力不计。求船的位移。

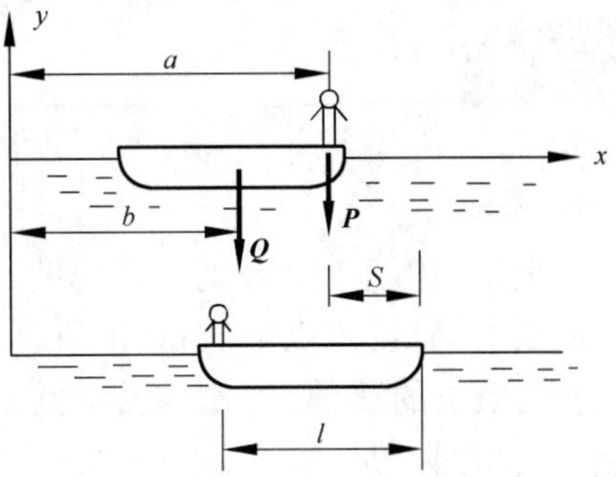

图 11-6

解 取人与船组成的质点系为研究对象，因为不计水的阻力，则外力在水平轴上的投影等于零，因此质心在水平轴上的位置保持不变。

取坐标轴如图 11-6，在人走动前，质心的坐标为

$$x_{C_1}=\frac{Pa+Qb}{P+Q}$$

人走到船尾时，船移动的距离为 S，质心的坐标为

$$x_{C_2}=\frac{P(a-l+S)+Q(b+S)}{P+Q}$$

由于质心在 x 轴的位置不变，即 $x_{C_1}=x_{C_2}$，解得

$$S=\frac{Pl}{P+Q}$$

11-6

【例 11-5】 设电动机外壳和定子重为 **P**，转子重为 **Q**，转子的质心 O_2 由于制造误差不在转轴 O_1 上，如图 11-7 所示。设偏心距 $O_1O_2=e$，转子以匀角速度 ω 转动。若电动机的外壳用螺栓固定在水平基础上，试求电动机所受的总水平反力和铅直反力。

解 取整个电动机(包括转子、定子和外壳)为研究对象。它所受到的外力有:定子和外壳重力 **P**、转子重力 **Q** 以及基础总水平反力 $\boldsymbol{R}_x$ 和铅直反力 $\boldsymbol{R}_y$。

11-7

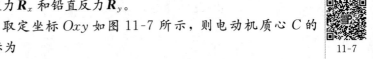

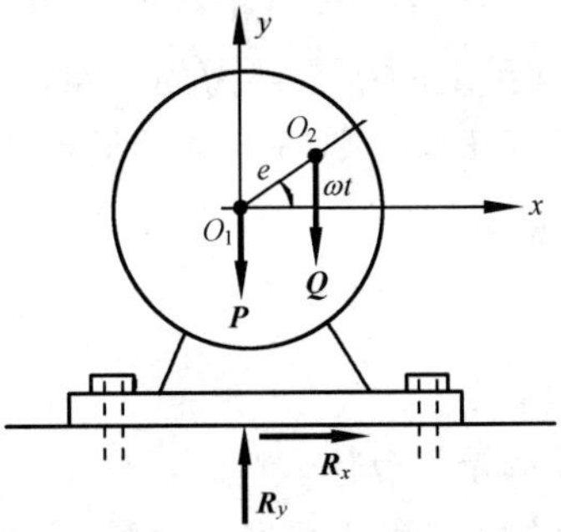

图 11-7

取定坐标 Oxy 如图 11-7 所示，则电动机质心 C 的坐标为

$$x_C=\frac{\sum mx}{M}=\frac{Q\cdot e\cdot\cos\omega t}{P+Q}$$

$$y_C=\frac{\sum my}{M}=\frac{Q\cdot e\cdot\sin\omega t}{P+Q}$$

上式对时间取导数后代入质心运动定理中，有

$$\frac{P+Q}{g}\left(-\frac{Q\cdot e\cdot\omega^2}{P+Q}\cos\omega t\right)=R_x$$

$$\frac{P+Q}{g}\left(-\frac{Q\cdot e\cdot\omega^2}{P+Q}\sin\omega t\right)=R_y-P-Q$$

由此求得电动机所受的总水平反力和铅直反力为

$$R_x=-\frac{Q}{g}\cdot e\cdot\omega^2\cos\omega t$$

$$R_y=-\frac{Q}{g}\cdot e\cdot\omega^2\sin\omega t+P+Q$$

可见，电动机所受的附加动反力是随时间按余弦或正弦规律变化的，这种由于转子偏心而引起的力将使电动机和支座(基础)发生振动。

本章小结

1. 动量。

动量是物体机械运动的一种度量。

质点的动量：质点的质量 m 和速度 $\boldsymbol{v}$ 的乘积称为质点的动量。它是矢量，其方向与速度方向相同。即

$$\boldsymbol{K}=m\boldsymbol{v}$$

质点系的动量：质点系中各质点动量的矢量和称为质点系的动量。即

$$\boldsymbol{K}=\sum m_i\boldsymbol{v}_i=M\boldsymbol{v}_C$$

2. 冲量。

冲量表示力在一段时间间隔内对物体作用的积累效应。冲量是矢量。即

$$\boldsymbol{S}=\int_0^t \boldsymbol{F}\mathrm{d}t$$

3. 动量定量。

(1) 质点的动量定理。

$$\mathrm{d}(m\boldsymbol{v})=\boldsymbol{F}\mathrm{d}t$$

$$\frac{\mathrm{d}}{\mathrm{d}t}(m\boldsymbol{v})=\boldsymbol{F}$$

$$m\boldsymbol{v}-m\boldsymbol{v}_0=\int_0^t \boldsymbol{F}\mathrm{d}t=\boldsymbol{S}$$

(2) 质点系的动量定理。

$$\frac{\mathrm{d}\boldsymbol{K}}{\mathrm{d}t}=\sum \boldsymbol{F}^{(e)}$$

$$\boldsymbol{K}-\boldsymbol{K}_0=\sum\int_0^t \boldsymbol{F}^{(e)}\mathrm{d}t=\sum \boldsymbol{S}^{(e)}$$

(3) 动量守恒。

若 $\boldsymbol{F}=0$，则 $m\boldsymbol{v}=$常矢量，质点动量守恒。

若 $\sum \boldsymbol{F}^{(e)}=0$，则 $\boldsymbol{K}=$常矢量，质点系动量守恒。

4. 质心运动定理。

(1) 质心运动定理。

$$M\boldsymbol{a}_C=M\frac{\mathrm{d}^2\boldsymbol{r}_C}{\mathrm{d}t^2}=\sum \boldsymbol{F}^{(e)}$$

质点系的质量与质心加速度的乘积等于作用于质点系上所有外力的矢量和（外力的主矢）。

(2) 质心运动守恒。

若 $\sum \boldsymbol{F}^{(e)}=0$，则$\boldsymbol{v}_C=$常矢量或$\boldsymbol{v}_C=0$，即作用于质点系上的所有外力的矢量和（外力的主矢）恒等于零，则质点系的质心做匀速直线运动或处于静止。

思 考 题

11.1 质点做匀速曲线运动时，它在每一瞬时的动量是否相等？为什么？

11.2 小物块以相对速度$\boldsymbol{v}_r$ 在平板上运动，平板以速度$\boldsymbol{v}$在水平面上运动，如图 11-8 所示，则质点系动量为 $K_x=Mv-mv_r$，对不对？为什么？

11.3 在什么条件下质点系的动量守恒或质心的运动守恒？质点系的动量守恒和质心的运动守恒两者有何关系？当质点系的动量守恒时，其中各质点的动量是否必须保持不变？

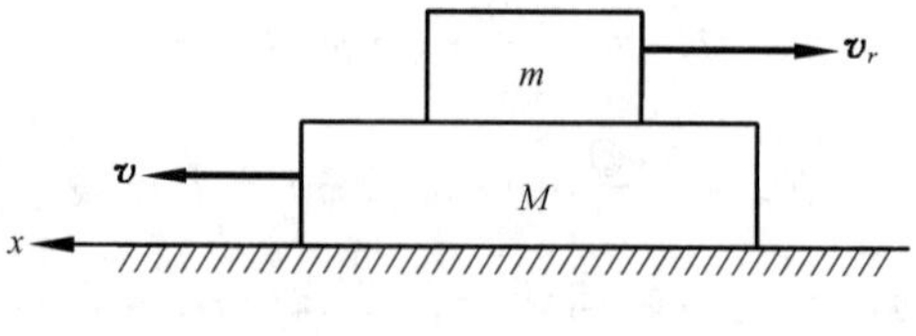

图 11-8

11.4 内力能否改变质点系的动量和质心的运动？如果不能，那么内力是否不起任何作用？举例说明。

11.5 试用质心运动定理解释下列两现象：

(1) 若人在处于静止的小船上走动，则船向相反方向移动。

(2) 炮弹在空中爆炸，无论弹片怎样分散，其质心运动轨迹不变。

11.6 质量为 m 的质点做匀速圆周运动，其速度为 $\boldsymbol{v}$，且沿逆时针转向运动，如图 11-9 所示。A、B、C、D 四点位于相互垂直的两条直径上。试问在下列四种情况下，质点的动量有无变化？若有变化，变化多少？

(1) 从点 A 到点 B。

(2) 从点 A 到点 C。

(3) 从点 A 到点 D。

(4) 从点 A 出发又回到点 A。

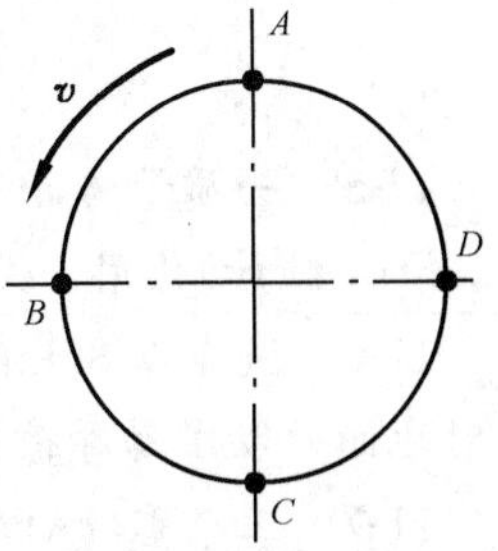

图 11-9

习 题

11-1 试求题 11-1 图所示各均质物体的动量。设各物体的重量均为 Q。

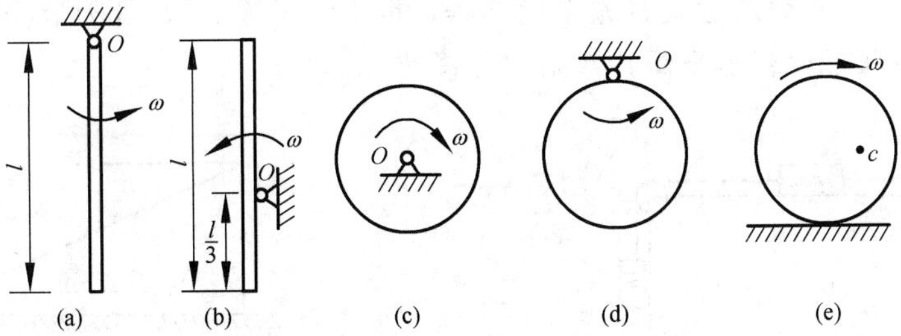

题 11-1 图

11-2 曲柄连杆机构如题 11-2 图所示。曲柄连杆和滑块的质量分别为 m_1、m_2 和 m_3，曲柄 OA 长为 r，以匀角速度 ω 绕 O 轴转动。求当 $\varphi=0°$ 及 $\varphi=90°$ 时系统的动量。

11-3 质量分别为 $m_A=12\text{kg}$、$m_B=10\text{kg}$ 的物块 A 和 B 用一无重杆相连，分别放在水平地面和铅直墙壁上，如题 11-3 图所示。在初始静止的物块 A 上作用一常力 $F=250\text{N}$，设经过 1s 后，物块 A 移动了 1m，速度达到 $v_A=4.15\text{m/s}$。略去各处的摩擦。试求物块作用于地面和墙壁的冲量。

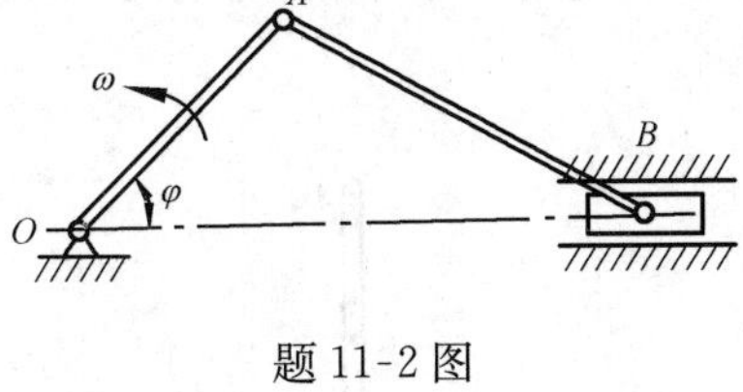

题 11-2 图

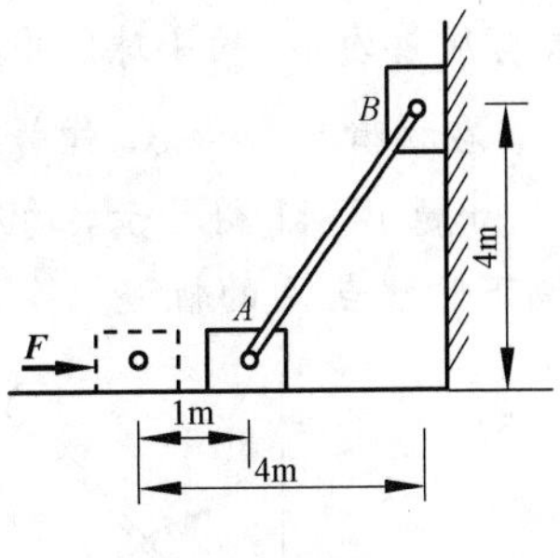

题 11-3 图

11-4 如题 11-4 图所示，龙门刨床的台面质量 $m_1=700\text{kg}$，其上工件质量 $m_2=300\text{kg}$，当台面从静止达到工作速度 $v=0.5\text{m/s}$，花去时间 $t=0.5\text{s}$，设当量摩擦系数 $f=0.1$，求启动段和台面达到匀速运动时所需要的驱动力。

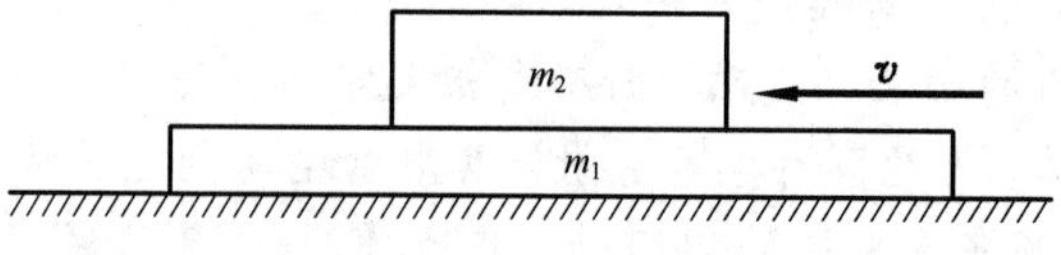

题 11-4 图

11-5 一质量为 $m=1\text{kg}$ 的物块置于光滑的水平面上，今受一水平变力 $F=5+2t$(t 以 s 计，F 以 N 计)作用，从静止开始运动，求 $t=2\text{s}$ 时物块的速度。

11-6 汽车以 36km/h 的速度在水平直道上行驶，设车轮在制动后立即停止转动。问车轮对地面的动滑动摩擦系数 f' 应为多大方能使汽车在制动后 6s 停止?

11-7 三个重物的质量分别为 $m_1=20\text{kg}$，$m_2=10\text{kg}$，$m_3=15\text{kg}$，由一绕过两个定滑轮 M 和 N 的绳子相连接，如题 11-7 图所示。当重物 m_1 下降时，重物 m_3 在四棱柱 $ABCD$ 的上面向右移动，而重物 m_2 则沿斜面 AB 上升。四棱柱体的质量 $m=100\text{kg}$。若略去一切摩擦和绳子的重量，求当物块 m_1 下降 1m 时，四棱柱体相对于地面的位移。

11-8 水平面上放一均质三棱柱 A，在其斜面上又放一均质三棱柱 B。两三棱柱的横截面均为直角三角形。A 的质量是 B 质量的三倍，其尺寸如题 11-8 图所示，设各处摩擦不计。求当 B 沿 A 滑下接触面到水平面时 A 移动了多少。

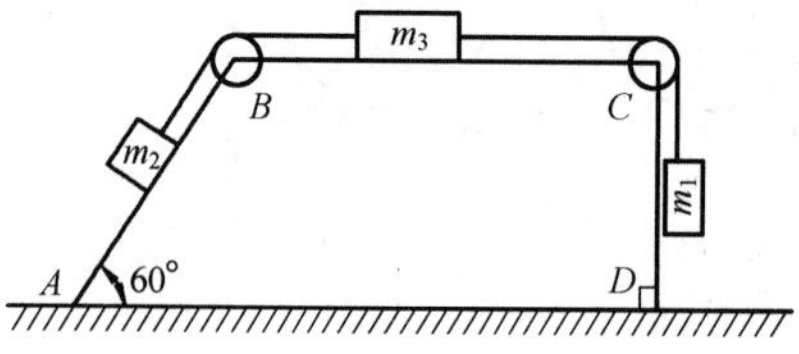

题 11-7 图

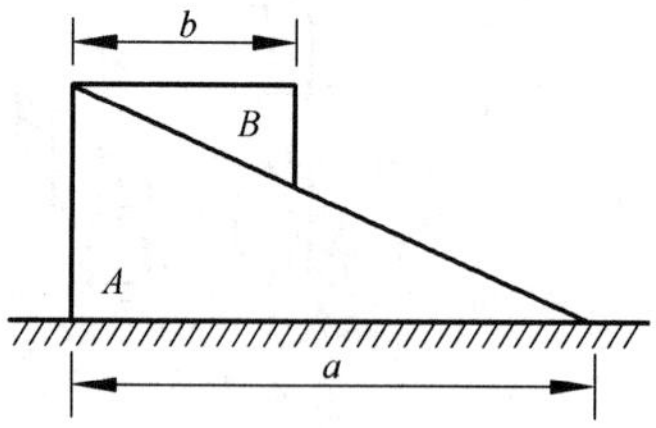

题 11-8 图

11-9 平台车重 $P=4.9\text{kN}$，可沿水平轨道运动。平台车上站有一人，重 $Q=686\text{N}$。车与人以共同速度 $\boldsymbol{v}_0$ 向右方运动。若人相对于平台车以速度 $u=2\text{m/s}$ 向左方跳出，问平台车增加的速度为多少?

11-10 如题 11-10 图所示，质量为 m 的滑块 A 可以在水平光滑槽中运动，具有刚度系数为 k 的弹簧一端与滑块相连接，另一端固定。杆 AB 长 l，质量忽略不计，A 端与滑块 A 铰接，B 端装有质量为 m_1 的小球，并在铅直平面内可绕点 A 转动，设在力矩作用下转动角速度 ω 为常数，若在初瞬时，$\varphi=0$，弹簧恰为原长。求滑块 A 的运动规律。

11-11 如题 11-11 图所示，均质杆 AB 长为 l，直立在光滑的水平面上，求它从铅直位置无初速地倒下时端点 A 的轨迹。

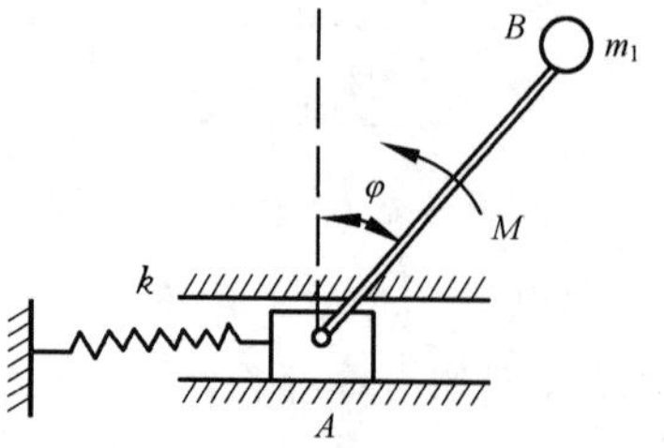

题 11-10 图

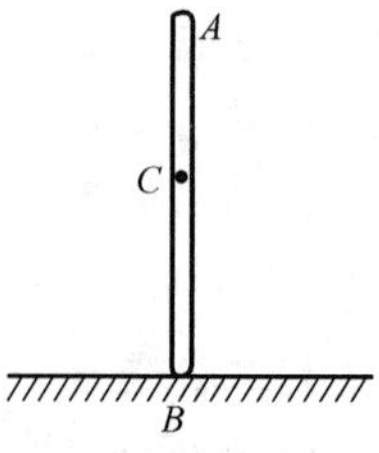

题 11-11 图

11-12 如题11-12图所示，从横截面直径为30mm的水枪喷出的水柱速度为$v=56\text{m/s}$，若不计重力对水柱形状的影响，并假设水柱碰到煤层后，其速度方向沿着煤壁。试求水柱给煤层的压力。

11-13 自动传送带运煤装置，如题11-13图所示。已知运煤量恒为$Q=20\text{kg/s}$，传送带的速度恒为$v=1.5\text{m/s}$。试求传送带作用于煤块的水平总推力。

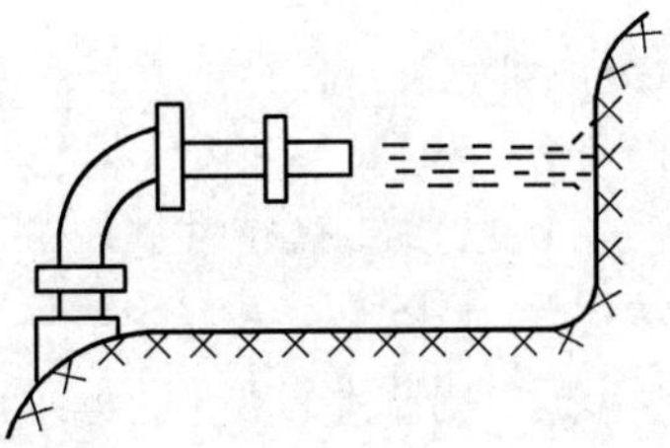

题11-12图

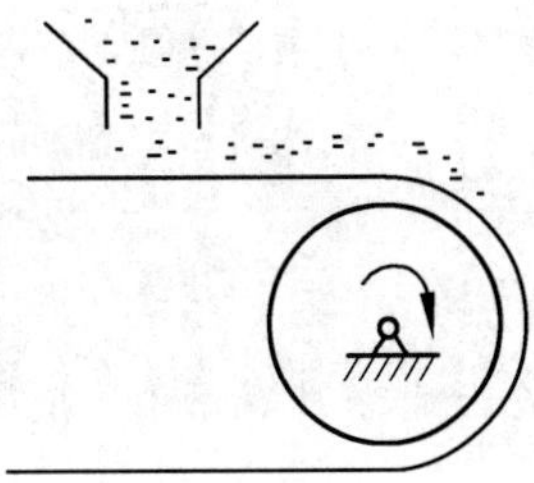

题11-13图

11-14 如题11-14图所示曲柄连杆机构，质量为m_1的均质曲柄OA长为$2l$，以匀角速度绕O轴转动，开始时位于水平向右位置，滑块A的质量为m_2，连杆DE的质量为m_3，质心在C_3。试求整个机构质心的运动方程。

11-15 如题11-15图所示重为$\boldsymbol{P}$的电动机，在转轴上带动一重为$\boldsymbol{Q}$的偏心轮，偏心距为e，若电动机以匀角速度ω转动。试求：①设电动机用螺钉固定在基础上，求作用于螺钉的最大水平力；②设电动机自由地搁在基础上，求电动机跳离地面的角速度。

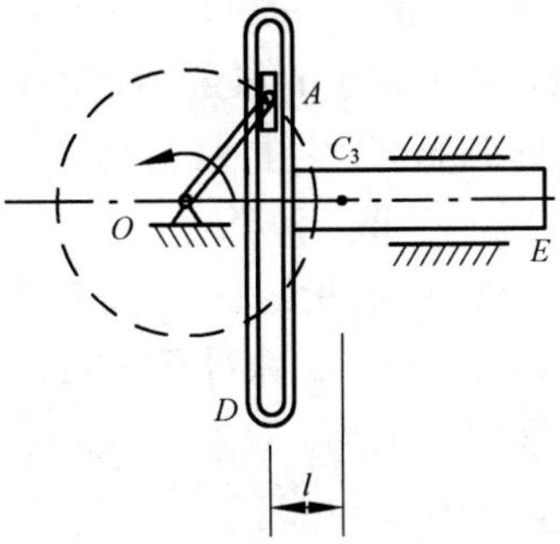

题11-14图

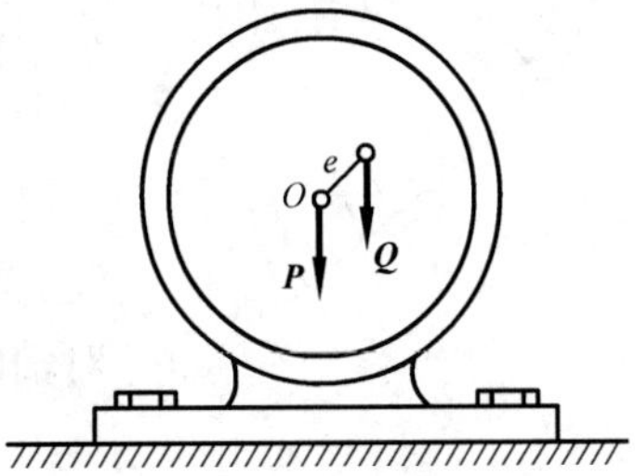

题11-15图

第 12 章 动量矩定理

动量定理建立了质点和质点系动量的改变和所受外力主矢之间的关系。对于质点系来说动量只能描述质点系运动状态的一面特征，它不能描述质点系运动的全部特征。例如，一圆轮绕通过其质心的固定轴转动时，无论轮转动的状态如何，其动量恒为零。由此可见，轮具有运动量，但用动量定理无法描述它的运动状态。为了解决这一问题，本章将研究动力学的另一基本定理——动量矩定理，该定理正是描述质点系相对于某一定点(或定轴)或质心的运动状态的理论。

12.1 质点的动量矩定理及守恒定律

12.1.1 质点的动量矩

设质点 M 绕定点 O 运动，某瞬时的动量为 $m\boldsymbol{v}$，质点相对于点 O 的位置用矢径 $\boldsymbol{r}$ 表示，如图 12-1 所示。**质点 M 的动量对于点 O 的矩，定义为质点对于 O 点的动量矩**，即

$$\boldsymbol{m}_O(m\boldsymbol{v}) = \boldsymbol{r}\times m\boldsymbol{v} \tag{12-1}$$

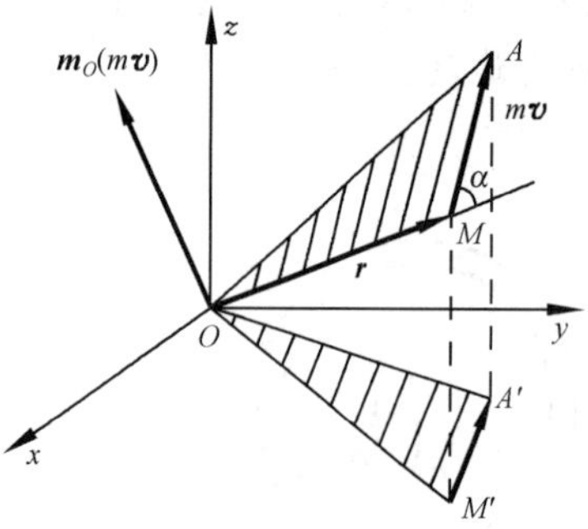

图 12-1

12-1

对于点 O 的动量矩是矢量，它垂直于 $\boldsymbol{r}$ 与 $m\boldsymbol{v}$ 所组成的平面，矢量的指向按照右手螺旋法则确定，它的大小为

$$|\boldsymbol{m}_O(m\boldsymbol{v})| = mvr\sin\alpha = 2S_{\triangle OMA} \tag{12-2}$$

质点动量 $m\boldsymbol{v}$ 在 Oxy 平面内的投影 $(m\boldsymbol{v})_{xy}$ 对于点 O 的矩，定义为质点动量对于 z 轴的矩，简称对于 z 轴的动量矩。 对轴的动量矩是代数量，即

$$m_z(m\boldsymbol{v}) = \pm 2S_{\triangle OM'A'} \tag{12-3}$$

质点对点 O 的动量矩与对 z 轴的动量矩二者的关系，可仿照力对点之矩与力对轴之矩的关系得到，即**质点对点 O 的动量矩矢在 z 轴上的投影，等于对 z 轴的动量矩**，即

$$[\boldsymbol{m}_O(m\boldsymbol{v})]_z = m_z(m\boldsymbol{v}) \tag{12-4}$$

动量矩的单位是千克・米^2/秒(kg・m^2/s)。

12.1.2 质点的动量矩定理

设质量为 m 的质点 M 在力 $\boldsymbol{F}$ 的作用下运动，它对定点 O 的动量矩为 $\boldsymbol{m}_O(m\boldsymbol{v})$，力 $\boldsymbol{F}$ 对同一点 O 的力矩为 $\boldsymbol{m}_O(\boldsymbol{F})$，如图 12-2 所示。

将动量矩对时间取导数有

$$\begin{aligned}\frac{\mathrm{d}}{\mathrm{d}t}\boldsymbol{m}_O(m\boldsymbol{v}) &= \frac{\mathrm{d}}{\mathrm{d}t}(\boldsymbol{r}\times m\boldsymbol{v})\\ &= \frac{\mathrm{d}\boldsymbol{r}}{\mathrm{d}t}\times m\boldsymbol{v} + \boldsymbol{r}\times\frac{\mathrm{d}}{\mathrm{d}t}(m\boldsymbol{v})\end{aligned}$$

上式右端第一项

$$\frac{\mathrm{d}\boldsymbol{r}}{\mathrm{d}t}\times m\boldsymbol{v}=\boldsymbol{v}\times m\boldsymbol{v}=0$$

第二项根据质点动量定理有

$$\frac{\mathrm{d}}{\mathrm{d}t}(m\boldsymbol{v})=\boldsymbol{F}$$

故

$$\boldsymbol{r}\times\frac{\mathrm{d}}{\mathrm{d}t}(m\boldsymbol{v})=\boldsymbol{r}\times\boldsymbol{F}=\boldsymbol{m}_O(\boldsymbol{F})$$

得

$$\frac{\mathrm{d}}{\mathrm{d}t}\boldsymbol{m}_O(m\boldsymbol{v})=\boldsymbol{m}_O(\boldsymbol{F})\tag{12-5}$$

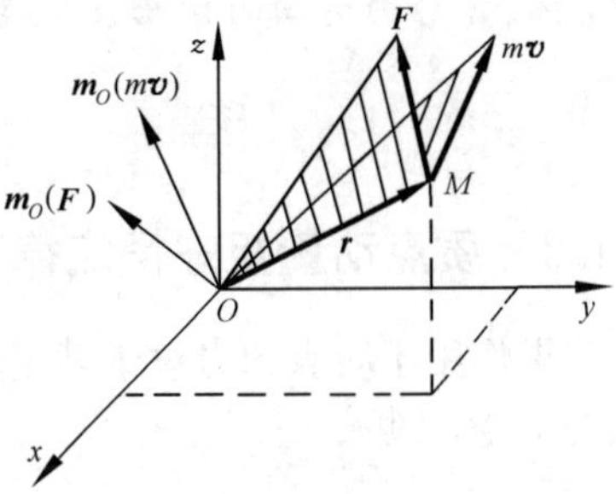

图 12-2

12-2

即质点对某定点的动量矩对时间的导数，等于作用于质点上的力对同一点的矩。这就是质点的动量矩定理。

在应用时常取它的投影形式，并将对点的动量矩(或力对点的矩)与对轴的动量矩(或力对轴的矩)的关系式代入，得

$$\left.\begin{aligned}\frac{\mathrm{d}}{\mathrm{d}t}m_x(m\boldsymbol{v})&=m_x(\boldsymbol{F})\\ \frac{\mathrm{d}}{\mathrm{d}t}m_y(m\boldsymbol{v})&=m_y(\boldsymbol{F})\\ \frac{\mathrm{d}}{\mathrm{d}t}m_z(m\boldsymbol{v})&=m_z(\boldsymbol{F})\end{aligned}\right\}\tag{12-6}$$

即质点对某定轴的动量矩对时间的导数等于作用于该质点上的力对同一轴之矩。这就是质点动量矩定理的投影形式。

质点的动量矩定理建立了质点的动量矩与力矩的关系，它常被用于已知作用于质点的力矩求解质点的运动，或已知质点的运动求解作用于质点的力矩或力等问题

【例 12-1】 如图 12-3 所示，试求单摆的运动规律。

解 单摆是由一根上端固定、不计重量且不可伸长的绳子和下端悬挂摆锤(视为质点)所组成的装置。取摆锤为研究对象，建立坐标，取通过悬挂点 O 且垂直运动平面的定轴 z 为矩轴。有

$$\frac{\mathrm{d}}{\mathrm{d}t}m_{O_z}(m\boldsymbol{v})=m_{O_z}(\boldsymbol{F})$$

由于

$$m_{O_z}(m\boldsymbol{v})=\frac{P}{g}vl=\frac{P}{g}l^2\frac{\mathrm{d}\varphi}{\mathrm{d}t}$$

$$m_{O_z}(\boldsymbol{F})=-Pl\sin\varphi$$

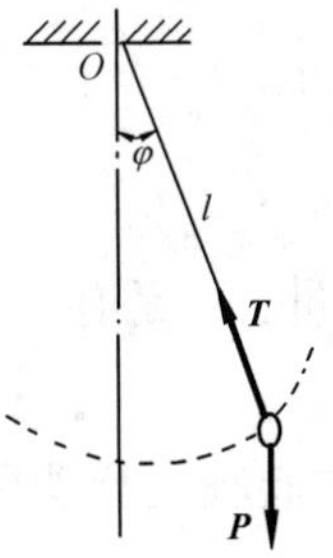

图 12-3

代入质点动量矩定理，得

$$\frac{\mathrm{d}^2\varphi}{\mathrm{d}t^2}+\frac{g}{l}\sin\varphi=0$$

当单摆做微小摆动时，$\sin\varphi\approx\varphi$，于是上式变为

$$\frac{\mathrm{d}^2\varphi}{\mathrm{d}t^2}+\left(\sqrt{\frac{g}{l}}\right)^2\varphi=0$$

12-3

解此微分方程，得单摆做微小摆动时的运动方程

$$\varphi=\varphi_0\sin\left(\sqrt{\frac{g}{l}}t+\alpha\right)$$

式中，φ_0、α 可由运动的初始条件确定。其周期为

$$T = 2\pi\sqrt{\frac{l}{g}}$$

12.1.3 质点动量矩守恒定律

如果作用于质点的力对于某定点 O 的矩恒等于零，则由式(12-5)知，质点对该点的动量矩保持不变，即

$$\boldsymbol{m}_O(m\boldsymbol{v}) = \text{常矢量}$$

如果作用于质点的力对于某定轴的矩恒等于零，则由式(12-6)知，质点对该轴的动量矩保持不变，即

$$m_z(m\boldsymbol{v}) = \text{常量}$$

以上两种情况均称为**质点的动量矩守恒**。

12.2 质点系动量矩定理及守恒定律

12.2.1 质点系的动量矩

质点系对某点 O 的动量矩等于各质点对同一点 O 的动量矩的矢量和，即

$$\boldsymbol{G}_O = \sum \boldsymbol{m}_O(m_i\boldsymbol{v}_i) \tag{12-7}$$

质点系对某轴 z 的动量矩等于各质点对同一轴 z 的动量矩的代数和，即

$$G_z = \sum m_z(m_i\boldsymbol{v}_i) \tag{12-8}$$

由于

$$[\boldsymbol{G}_O]_z = \sum[\boldsymbol{m}_O(m_i\boldsymbol{v}_i)]_z = \sum m_z(m_i\boldsymbol{v}_i)$$

故有

$$[\boldsymbol{G}_O]_z = G_z$$

即质点系对某点 O 的动量矩矢在通过该点的 z 轴上的投影等于质点系对于该轴的动量矩。

下面计算定轴转动刚体对转轴的动量矩。如图 12-4所示，设刚体以角速度 ω 绕 z 轴转动，刚体内任一质点 M_i 的质量为 m_i，M_i 到转轴的距离为 r_i，则该质点对轴 z 的动量矩为

$$m_z(m_i\boldsymbol{v}_i) = m_iv_ir_i = m_ir_i^2\omega$$

整个刚体对轴 z 的动量矩为

$$G_z = \sum m_z(m_i\boldsymbol{v}_i) = \sum m_ir_i^2\omega = \omega\sum m_ir_i^2$$

令 $\sum m_ir_i^2 = J_z$ 称为刚体对于 z 轴的转动惯量。于是有

$$G_z = J_z\omega \tag{12-9}$$

即定轴转动刚体对转轴的动量矩，等于刚体对转轴的转动惯量与角速度的乘积。

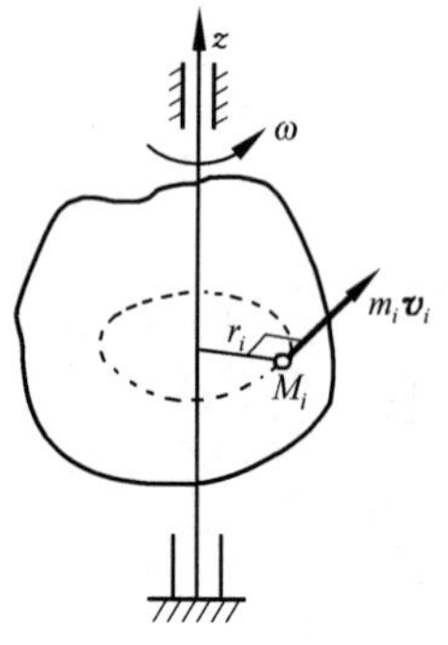

图 12-4

12-4

12.2.2　质点系动量矩定理

设质点系有 n 个质点，其中任一质点 M_i 的质量为 m_i，所受外力为 $\boldsymbol{F}_i^{(e)}$，内力为 $\boldsymbol{F}_i^{(i)}$。根据式(12-5)，有

$$\frac{\mathrm{d}}{\mathrm{d}t}\boldsymbol{m}_O(m_i\boldsymbol{v}_i)=\boldsymbol{m}_O(\boldsymbol{F}_i^{(e)})+\boldsymbol{m}_O(\boldsymbol{F}_i^{(i)})$$

质点系共有 n 个这样的方程，相加后得

$$\sum\frac{\mathrm{d}}{\mathrm{d}t}\boldsymbol{m}_O(m_i\boldsymbol{v}_i)=\sum\boldsymbol{m}_O(\boldsymbol{F}_i^{(e)})+\sum\boldsymbol{m}_O(\boldsymbol{F}_i^{(i)})$$

将上式左端求和与微分的次序互换，右端第二项由于内力总是成对出现，且等值、反向、共线，因此有

$$\sum\boldsymbol{m}_O(\boldsymbol{F}_i^{(i)})=0$$

于是上式变为

$$\frac{\mathrm{d}\boldsymbol{G}_O}{\mathrm{d}t}=\sum\boldsymbol{m}_O(\boldsymbol{F}^{(e)})\tag{12-10}$$

即质点系对某定点的动量矩对时间的导数，等于作用于质点系上的所有外力对于同一点的矩的矢量和(外力对该点的主矩)。这就是质点系的动量矩定理。

在应用时，取投影形式，有

$$\left.\begin{aligned}\frac{\mathrm{d}G_x}{\mathrm{d}t}&=\sum m_x(\boldsymbol{F}^{(e)})\\\frac{\mathrm{d}G_y}{\mathrm{d}t}&=\sum m_y(\boldsymbol{F}^{(e)})\\\frac{\mathrm{d}G_z}{\mathrm{d}t}&=\sum m_z(\boldsymbol{F}^{(e)})\end{aligned}\right\}\tag{12-11}$$

即质点系对于某定轴的动量矩对时间的导数，等于作用于质点系的所有外力对同一轴的矩的代数和。

动量矩定理说明了质点系的内力不能改变质点系的动量矩，只有作用于质点系的外力才能使质点系的动量矩发生改变。例如，人坐在转椅上，如果脚不着地，只用手转动转椅，转椅是不可能转动的，这是因为人和转椅是一个质点系，人的手作用在转椅上的力是内力，它不能改变质点系的动量矩。

质点系的动量矩定理建立了质点系的动量矩与外力矩的关系，它对于求解单一轴的物体定轴转动问题尤为方便。

12.2.3　质点系动量矩守恒定律

如果作用于质点系的外力对某定点 O 的矩的矢量和恒为零，由式(12-10)可知，质点系对 O 点的动量矩保持不变，即

$$\boldsymbol{G}_O=\sum\boldsymbol{m}_O(m\boldsymbol{v})=\text{常矢量}$$

如果作用于质点系的外力对某定轴的矩的代数和恒为零，由式(12-11)可知，质点系对该轴的动量矩保持不变，即

$$G_x=\sum m_x(m\boldsymbol{v})=\text{常量}$$

以上两种情况称为**质点系动量矩守恒**。

许多生活中的力学现象可以用动量矩守恒定律来解释。如花样滑冰运动员和芭蕾舞演员绕通过足尖的铅垂轴 z 旋转时，因重力和地面法向反力对 z 轴的矩为零，而足尖与地面之间的摩擦力矩很小。故人体对 z 轴的动量矩近似守恒，即 $G_z=J_z\cdot\omega=$常量。所以当收拢四肢时，人体对 z 轴的转动惯量 J_z 减小，由于动量矩守恒，人体转动的角速度 ω 必然增大，反之当伸展四肢时，由于增大了 J_z，角速度 ω 必然减小。因此滑冰运动和芭蕾舞演员利用收拢或伸展四肢的办法来增大或减小旋转速度，就是这个道理。

12-5

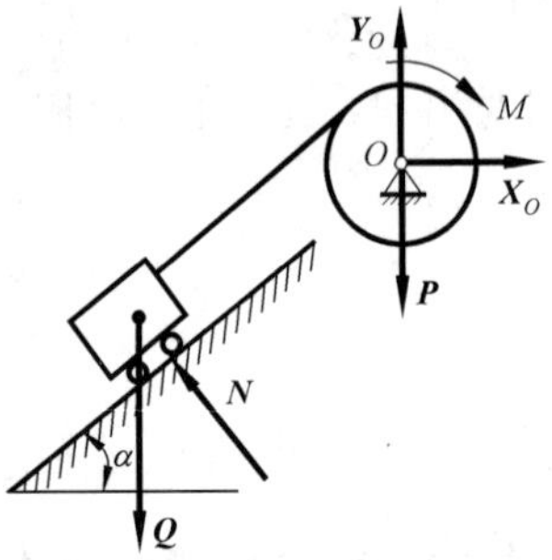

图 12-5

【例 12-2】 运送矿石用的卷扬机如图 12-5 所示。已知鼓轮的半径为 R，重为 $\boldsymbol{P}$，在铅直平面内绕水平的定轴 O 转动。小车和矿石总重为 $\boldsymbol{Q}$，作用在鼓轮上的力矩为 M，轨道的倾角为 α。设绳的重量和各处的摩擦均忽略不计，求小车的加速度。

解 取小车与鼓轮组成的质点系为研究对象，小车视为质点，质点系对 O 轮的动量矩为

$$G_{O_z}=J_{O_z}\omega+\frac{Q}{g}vR$$

作用于质点上的外力有：力偶矩 M、重力 $\boldsymbol{P}$ 与 $\boldsymbol{Q}$、轴承反力 $\boldsymbol{X}_O$、$\boldsymbol{Y}_O$、轨道反力 $\boldsymbol{N}$。这些力对 O 轴的主矩为

$$M_{O_z}^e=-M+Q\sin\alpha\cdot R$$

代入动量矩定理得

$$\frac{\mathrm{d}}{\mathrm{d}t}\left[J_{O_z}\omega+\frac{Q}{g}vR\right]=-M+Q\sin\alpha\cdot R$$

由于

$$\omega=\frac{v}{R}\quad,\quad\frac{\mathrm{d}v}{\mathrm{d}t}=a$$

可得

$$a=-\frac{M-Q\sin\alpha\cdot R}{J_{O_z}g+QR^2}Rg$$

若 $M>Q\sin\alpha\cdot R$，则 $a<0$，小车的加速度沿斜面向上。

【例 12-3】 在调速器中，除小球 A、B 外，各杆重量均可不计，如图 12-6 所示。设各杆铅直时，系统的角速度为 ω_0，求当各杆与铅直线呈 α 角时系统的角速度 ω。

解 调速器受到的外力有作用于小球 A、B 的重力和轴承的反力，这些力对于转轴的矩都等于零，因此系统对于转轴的动量矩保持不变。

当 $\alpha=0$ 时，有

$$G_{z1}=2\cdot\frac{P}{g}a\omega_0 a=2\frac{p}{g}a^2\omega_0$$

12-6

当 $\alpha\neq0$ 时，有

$$G_{z2}=2\cdot\frac{P}{g}(a+l\sin\alpha)^2\omega$$

由 $G_{z1}=G_{z2}$ 得

$$\omega=\frac{a^2}{(a+l\sin\alpha)^2}\omega_0$$

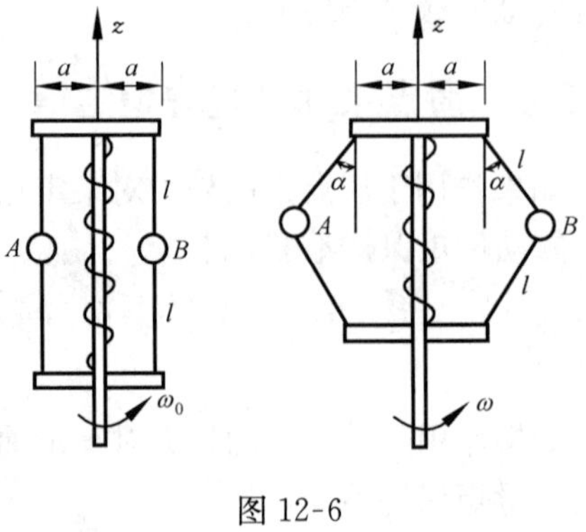

图 12-6

12.3　刚体定轴转动微分方程

刚体绕定轴转动，是机械工程中常见的问题。设有一定轴转动的刚体，其上作用有主动力 $\boldsymbol{F}_1$，$\boldsymbol{F}_2$，…，$\boldsymbol{F}_n$ 以及支座的约束反力 $\boldsymbol{N}_1$，$\boldsymbol{N}_2$，…，$\boldsymbol{N}_n$，这些力都是外力。设刚体对转轴的转动惯量为 J_z，角速度为 ω，角加速度为 ε，于是刚体对转轴的动量矩为 $J_z\omega$。根据质点系对转轴的动量矩定理有

$$\frac{\mathrm{d}}{\mathrm{d}t}(J_z\omega) = \sum m_z(\boldsymbol{F}^{(e)})$$

因为 $\varepsilon=\dfrac{\mathrm{d}\omega}{\mathrm{d}t}=\dfrac{\mathrm{d}^2\varphi}{\mathrm{d}t^2}$，则上式可写成

$$J_z\varepsilon = \sum m_z(\boldsymbol{F}^{(e)}) \tag{12-12a}$$

或

$$J_z\frac{\mathrm{d}\omega}{\mathrm{d}t} = \sum m_z(\boldsymbol{F}^{(e)}) \tag{12-12b}$$

或

$$J_z\frac{\mathrm{d}^2\varphi}{\mathrm{d}t^2} = \sum m_z(\boldsymbol{F}^{(e)}) \tag{12-12c}$$

以上三式均称为**刚体定轴转动微分方程**。**即定轴转动刚体的转动惯量与角加速度的乘积，等于作用于刚体的外力对转轴之矩的代数和**。

从式(12-12)可以看出：

(1) 作用于刚体的外力对转轴之矩的代数和 $\sum m_z(\boldsymbol{F}^{(e)})$ 越大，则角加速度 ε 越大，这说明外力主矩是使刚体转动状态改变的原因。若 $\sum m_z(\boldsymbol{F}^{(e)})=0$，则 $\varepsilon=0$，即刚体做匀速转动或保持静止(转动状态不变)。

(2) 当作用于刚体上的所有外力对转轴之矩的代数和 $\sum m_z(\boldsymbol{F}^{(e)})=$ 常量时，刚体的转动惯量 J_z 越大，则获得的角加速度 ε 越小，即刚体的转动状态越不容易改变。这说明，转动惯量是刚体转动时的惯性度量。

刚体定轴转动微分方程亦可解决刚体定轴转动的两类动力学问题：① 已知刚体的转动规律，求作用于刚体上的外力；② 已知作用于刚体上的外力，求刚体的转动规律。

【例 12-4】 传动轴系如图 12-7(a)所示。设轴Ⅰ和Ⅱ的转动惯量分别为 J_1 和 J_2，在Ⅰ轴上作用主动力矩 M_1，轴Ⅱ上有阻力矩 M_2，转向如图 12-7(a)所示。设各处摩擦略去不计，求轴Ⅰ的角加速度。

解　分别取轴Ⅰ和Ⅱ为研究对象，受力情况如图 12-7(b)所示。

分别对两轴中心列出刚体定轴转动微分方程

$$J_1\varepsilon_1 = M_1 - P'R_1$$
$$J_2\varepsilon_2 = M_2 - PR_2$$

式中，R_1、R_2 分别为两齿轮的节圆半径。因为

$$P=P' \quad , \quad -\frac{\varepsilon_1}{\varepsilon_2}=i_{12} \quad (外啮合)$$

可得

$$\varepsilon_1=\frac{M_1-\dfrac{M_2}{i_{12}}}{J_1+\dfrac{J_2}{i_{12}^2}}$$

12-7

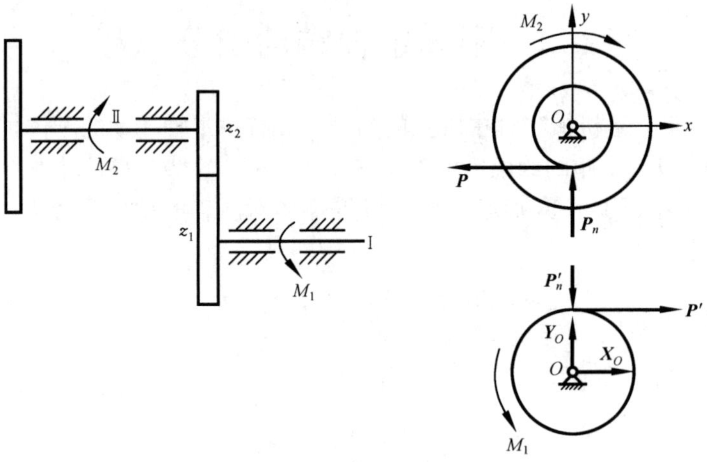

(a) (b)

图 12-7

12.4 刚体对轴的转动惯量

12.4.1 转动惯量的计算

刚体的转动惯量是刚体转动时的惯性度量，它等于**刚体内各质点的质量与质点到轴的垂直距离平方的乘积之和**，即

$$J_z = \sum m r^2$$

它是恒为正的量，其大小不仅与刚体质量大小有关，而且还与其质量分布情况有关。

在连续分布的刚体中，转动惯量也可由积分求得，即

$$J_z = \int_M r^2 \mathrm{d}m$$

转动惯量的单位是千克·米^2（kg·m^2）。

工程上常把刚体对 z 轴的转动惯量写为

$$J_z = M\rho_z^2$$

即用刚体的总质量 M 与某一特征长度 ρ_z 平方的乘积来表示。ρ_z 称为刚体对 z 轴的**回转半径**（或**惯性半径**）。它的物理意义是：假想地把刚体的质量集中到一点，并使对转轴 z 的转动惯量等于原刚体的转动惯量，则此点到 z 轴的距离就是回转半径。

下面讨论几种简单形状刚体转动惯量的计算。

(1) 设均质细长直杆的质量为 M，长为 l，如图 12-8 所示。求它对 z 轴的转动惯量。

将杆沿轴线分成无限个小段，取其中一小段 $\mathrm{d}x$ 来研究，其质量为

$$\mathrm{d}m = \frac{M}{l}\mathrm{d}x$$

这一小段对 z 轴的转动惯量为

$$r^2 \mathrm{d}m = x^2 \frac{M}{l}\mathrm{d}x$$

整个杆对 z 轴的转动惯量为

$$J_z = \int_M r^2 \mathrm{d}m = \int_0^l x^2 \frac{M}{l} \mathrm{d}x = \frac{1}{3} Ml^2$$

回转半径为

$$\rho_z = \sqrt{\frac{J_z}{M}} = \frac{l}{\sqrt{3}} = 0.577l$$

(2) 设均质薄圆板的质量为 M，半径为 R，如图 12-9 所示。求它对中心轴 z 的转动惯量。

12-8

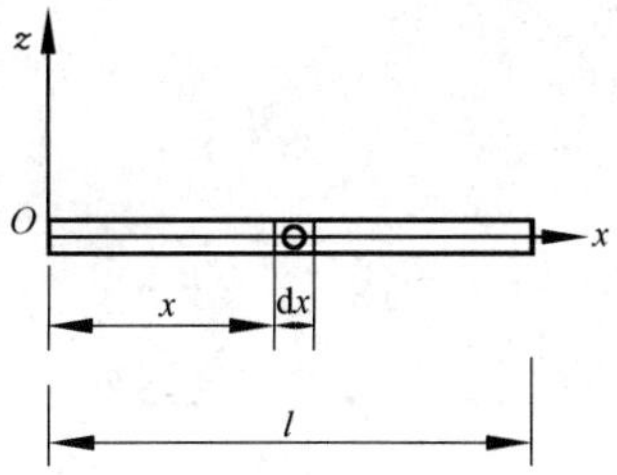

图 12-8

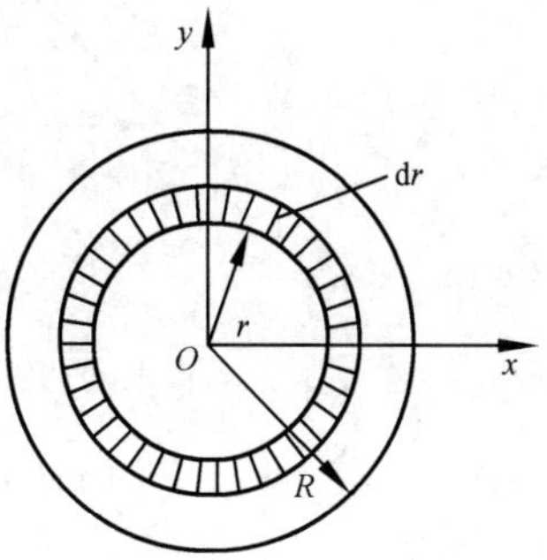

图 12-9

12-9

将圆板分为无限个同心小圆环。取其中任一半径为 r，宽度为 $\mathrm{d}r$ 的小圆环研究，其质量为

$$\mathrm{d}m = \left(\frac{M}{\pi R^2}\right) \cdot 2\pi r \cdot \mathrm{d}r$$

这个小圆环对 z 轴的转动惯量为

$$r^2 \mathrm{d}m = \frac{2M}{R^2} r^3 \mathrm{d}r$$

全圆板对 z 轴的转动惯量为

$$J_z = \int_M r^2 \mathrm{d}m = \int_0^R \frac{2M}{R^2} r^3 \mathrm{d}r = \frac{1}{2} MR^2$$

全圆板对 z 轴的回转半径为

$$\rho_z = \sqrt{\frac{J_z}{M}} = \frac{R}{\sqrt{2}} = 0.707R$$

12.4.2 平行轴定理

定理：刚体对任一轴的转动惯量，等于刚体对于通过质心并与该轴平行的轴的转动惯量，加上刚体的质量与两轴间距离平方的乘积，即

$$J_z = J_{zC} + Md^2$$

证明：如图 12-10 所示，设点 C 为刚体的质心，刚体对于通过质心的 z 轴的转动惯量为 J_{zC}，刚体对于平行于该轴的另一轴 z_1 的转动惯为 J_{z1}，两轴间距离为 d。现在建立二者的关系。为此，分别以 O、C 两点为原点，作直角坐标系 $Ox_1y_1z_1$ 和 $Cxyz$，由图 12-10可知

$$J_{z_C} = \sum mr^2 = \sum m(x^2 + y^2)$$

$$J_{z_1} = \sum mr_1^2 = \sum m(x_1^2 + y_1^2)$$

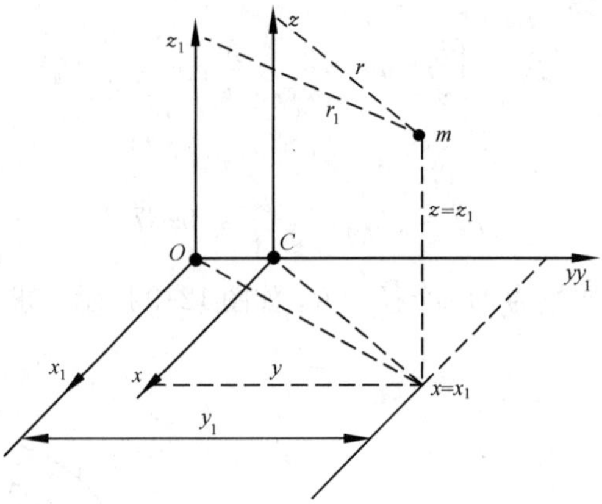

图 12-10

12-10

因为 $x_1=x$，$y_1=y+d$，于是

$$J_{z_1}=\sum m[x^2+(y+d)^2]=\sum m(x^2+y^2)+2d\sum m\cdot y+d^2\sum m$$

由质心坐标公式

$$y_C=\frac{\sum m\cdot y}{\sum m}$$

可知，当坐标原点取在质心 C 时，$y_C=0$，$\sum m\cdot y=0$，于是得

$$J_{z_1}=J_{z_C}+Md^2$$

定理证毕。

【例 12-5】 均质细直杆如图 12-11 所示，求此杆对于垂直于杆轴线且通过质心 C 的轴 z_C 的转动惯量。

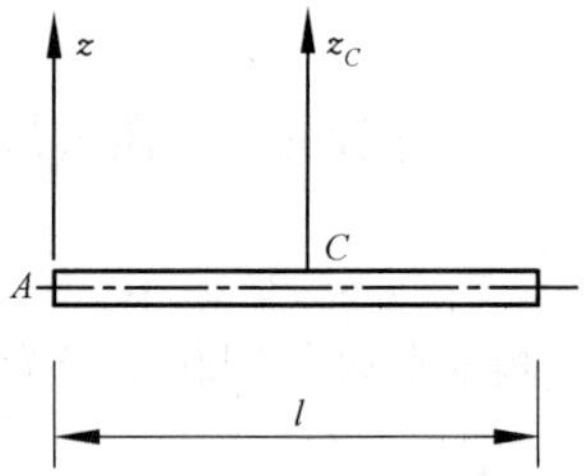

图 12-11

12-11

解 由前面可知，均质细直杆对于通过杆端点 A 且与杆垂直的 z 轴的转动惯量为

$$J_A=\frac{1}{3}Ml^2$$

应用平行轴定理计算对于 z_C 轴的转动惯量。由于

$$J_A=J_C+M\left(\frac{l}{2}\right)^2$$

所以

$$J_C=J_A-M\cdot(\frac{l}{2})^2=\frac{1}{12}Ml^2$$

表 12-1 列出了几种常见均质物体的转动惯量和回转半径，表中未列出的，可以在有关工程手册中查到。

表 12-1 常见简单形状均质物体的转动惯量

物体形状	转动惯量	回转半径
细长杆 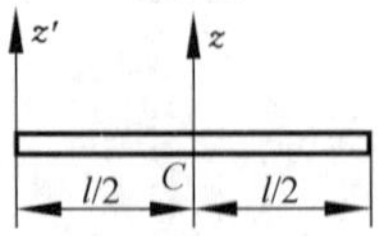	$J_z=\frac{1}{12}Ml^2$ $J_{z'}=\frac{1}{3}Ml^2$	$\rho_z=\frac{l}{2\sqrt{3}}=0.289l$ $\rho_{z'}=\frac{l}{\sqrt{3}}=0.577l$

续表

物体形状	转动惯量	回转半径
细圆环 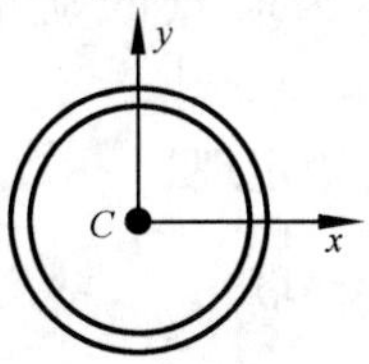	$J_x = J_y = \frac{1}{2}MR^2$ $J_z = MR^2$	$\rho_x = \rho_y = \frac{R}{\sqrt{2}}$ $\rho_z = R$
薄圆板 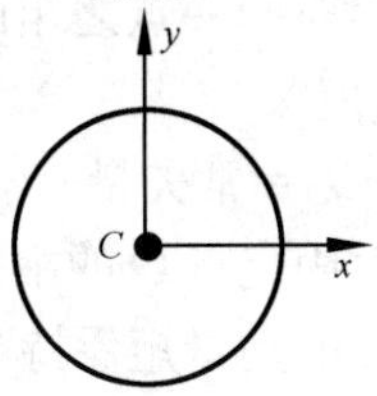	$J_x = J_y = \frac{1}{4}MR^2$ $J_z = \frac{1}{2}MR^2$	$\rho_x = \rho_y = \frac{R}{2}$ $\rho_z = \frac{R}{\sqrt{2}}$
圆柱 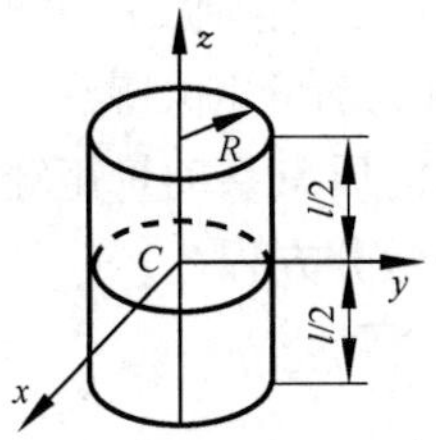	$J_x = J_y = \frac{M}{12}(l^2 + 3R^2)$ $J_z = \frac{1}{2}MR^2$	$\rho_x = \rho_y = \sqrt{\frac{l^2 + 3R^2}{12}}$ $\rho_z = \frac{R}{\sqrt{2}}$
矩形薄板 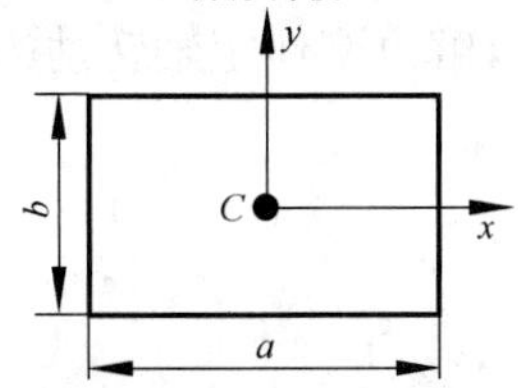	$J_x = \frac{1}{12}Mb^2$ $J_y = \frac{1}{12}Ma^2$ $J_z = \frac{1}{12}M(a^2 + b^2)$	$\rho_x = \frac{b}{2\sqrt{3}} = 0.289b$ $\rho_y = \frac{a}{2\sqrt{3}} = 0.289a$ $\rho_z = \frac{\sqrt{3}}{6}\sqrt{a^2 + b^2}$

本章小结

1. 动量矩。

动量矩是物体机械运动的又一种度量。

(1) 质点的动量矩。

质点 M 的动量 $m\boldsymbol{v}$ 对固定点 O 之矩，称为质点对点 O 的动量矩，即

$$\boldsymbol{m}_O(m\boldsymbol{v}) = \boldsymbol{r} \times m\boldsymbol{v}$$

(2) 质点系的动量矩。

质点系内各质点的动量对某一固定点之矩的矢量和称为质点系对固定点的动量矩（动量主矩），即

$$\boldsymbol{G}_O = \sum \boldsymbol{m}_O(m\boldsymbol{v}) = \sum \boldsymbol{r} \times m\boldsymbol{v}$$

(3) 定轴转动刚体对转轴 z 的动量矩，等于刚体对该轴的转动惯量与角速度的乘积，即

$$G_z = J_z\omega$$

2. 转动惯量。

刚体的转动惯量是刚体转动时惯性的度量。

(1) 转动惯量的计算。

$$J_z = \sum mr^2$$

(2) 回转半径。

刚体对某轴 z 的转动惯量 J_z 可以看成整个刚体的质量 M 和某一长度 ρ_z 的平方之乘积，即

$$J_z = M\rho_z^2$$

而
$$\rho_z = \sqrt{\frac{J_z}{M}}$$

式中，ρ_z 称为刚体对 z 轴的回转半径。

(3) 转动惯量的平行轴定理。

刚体对任一轴 z' 的转动惯量，等于刚体对平行于 z' 轴的质心轴 C 的转动惯量，加上刚体的质量 M 与两轴间距离 d 平方的乘积，即

$$J_{z'} = J_C + Md^2$$

3. 动量矩定理。

(1) 质点的动量矩定理。

$$\frac{\mathrm{d}}{\mathrm{d}t}\boldsymbol{m}_O(m\boldsymbol{v}) = \boldsymbol{M}_O$$

质点对某固定点的动量矩对时间的导数等于作用于该质点的力对同一点之矩。

若 $\boldsymbol{M}_O=0$，则 $\boldsymbol{m}_O(m\boldsymbol{v})=$常矢量，即作用在质点上的力对固定点之矩恒为零，则质点对此固定点的动量矩保持不变。

若 $M_z=0$，则 $m_z(m\boldsymbol{v})=$常量，即作用在质点上的力对固定轴的矩恒为零，则质点对此固定轴的动量矩保持不变。

以上两种情况称为质点的动量定矩守恒。

(2) 质点系的动量矩定理。

$$\frac{\mathrm{d}\boldsymbol{G}_O}{\mathrm{d}t} = \boldsymbol{M}_O^{(e)}$$

质点系对某固定点的动量矩对时间的导数等于质点系所有外力对同一点之矩的矢量和(外力对固定点的主矩)。

①若 $\boldsymbol{M}_O^{(e)}=0$，则 $\boldsymbol{G}_O=$常矢量。

质点系所有外力对固定点 O 的主矩恒为零，则该质点系对 O 点的动量矩保持不变。

②若 $M_z^{(e)}=0$，则 $G_z=$常量。

质点系所有外力对某固定轴 z 的主矩恒为零，则该质点系对 z 轴的动量矩保持不变。

以上两种情况称为质点系动量矩守恒。

4. 刚体定轴转动微分方程。

$$J_z\frac{\mathrm{d}^2\varphi}{\mathrm{d}t^2} = \sum m_z(\boldsymbol{F}^{(e)})$$

或
$$J_z\cdot\varepsilon = \sum m_z(\boldsymbol{F}^{(e)})$$

应用这个方程可解决刚体定轴转动的两类动力学问题。

思 考 题

12.1 在推导动量矩定理时，为什么要强调对于固定点或固定轴取矩？

12.2 一个质点，如果它的动量守恒，是否就可以肯定它对任一固定点(或轴)的动量矩也守恒？一个质点如果它对某一固定点(或轴)的动量矩守恒，是否就可以肯定它的动量也守恒？举例说明。

12.3 两相同的均质滑轮各绕以细绳，如图 12-12 所示，图(a)绳的末端挂一重为 $\boldsymbol{P}$ 的物块，图(b)绳的末端作用一铅直向下的力 $\boldsymbol{F}$，设 $\boldsymbol{F}=\boldsymbol{P}$，问两绳的张力是否相等，两轮的加速度是否相同？为什么？

12.4 细绳跨过光滑的滑轮，一猴沿绳的一端以速度 $\boldsymbol{v}$ 向上爬动，另一端系一与猴等重的砝码，如图 12-13所示，开始时系统静止，当猴以速度 $\boldsymbol{v}$ 向上爬时，问砝码如何运动？速度为多少？略去滑轮自重。

12.5 花样滑冰时，运动员利用手臂的伸展和收拢来改变旋转的速度，试说明其道理。

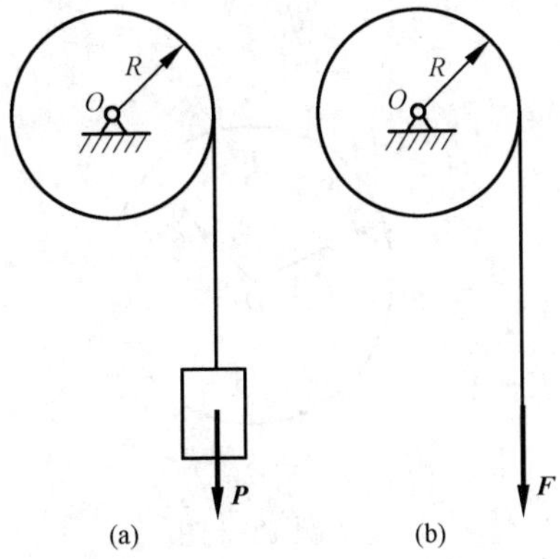

图 12-12

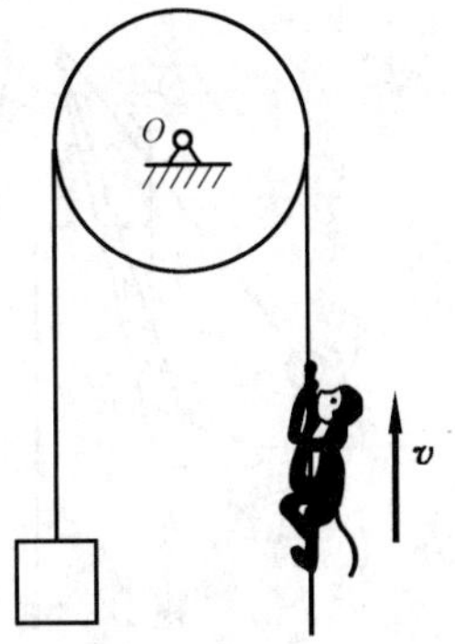

图 12-13

习 题

12-1 计算下列情况下物体对转轴 O 的动量矩：① 均质圆盘半径为 r、重为 $\boldsymbol{P}$，以角速度 ω 转动(题 12-1 图(b))；② 均质杆长 l、重为 $\boldsymbol{P}$，以角速度 ω 转动(题 12-1 图(a))；③ 均质偏心圆盘半径为 r、偏心距为 e、重为 $\boldsymbol{P}$，以角速度 ω 转动(题 12-1 图(c))。

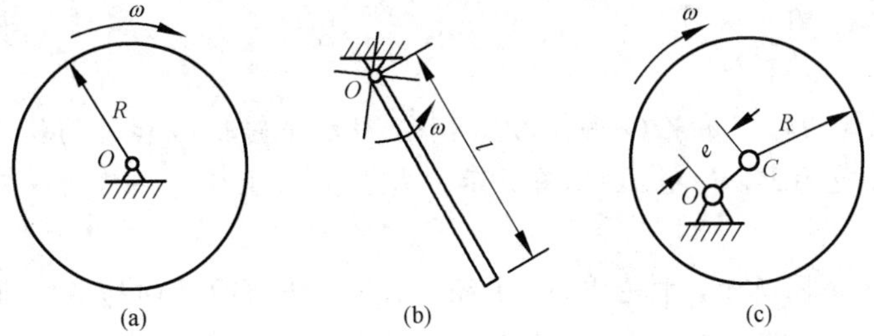

题 12-1 图

12-2 质量为 m 的小球 M 系于线 MOA 的一端，此线穿过一铅直小管，如题 12-2 图所示。开始时，小球绕管轴以半径 R 做圆周运动，经缓慢地向下拉动 OA 线段后，小球绕管轴以半径 $\frac{1}{2}R$ 做圆周运动。设开始时，小球的转速为 $n_0=120\text{r/min}$，试求其运动到半径 $\frac{1}{2}R$ 时，转速 n 为多少？

12-3 半径为 R、重为 $\boldsymbol{P}$ 的均质圆盘，可绕通过其中心 O 的铅直轴无摩擦地转动，如题 12-3 图所示。一重为 $\boldsymbol{Q}$ 的人站在圆盘上并由点 B 按规律 $S=\frac{1}{2}at^2$ 沿半径为 r 的圆周行走。开始时，圆盘和人静止。求圆盘的角速度和角加速度。

12-4 通风机和风扇的转动部分对其轴的转动惯量为 J，以初角速度 ω_0 转动，如题 12-4 图所示。设空气阻力矩与角速度成正比，即 $M=k\omega$，其中 k 为比例常数。问经过多少时间角速度减少为初角速度的一半？在此时间内转过多少转？略去摩擦。

12-5 离合器如题 12-5 图所示，开始时转子 2 静止，转子 1 具有角速度 ω_0。当离合器接合后，依靠摩擦使转子 2 起动。已知转子 1 和 2 及其附件对轴的转动惯量分别为 J_1 和 J_2。① 当离合器接合后，试求两转子共同转动的角速度；② 若需 t 秒两转子的转速才能相同，问离合器需要多大的摩擦力矩？

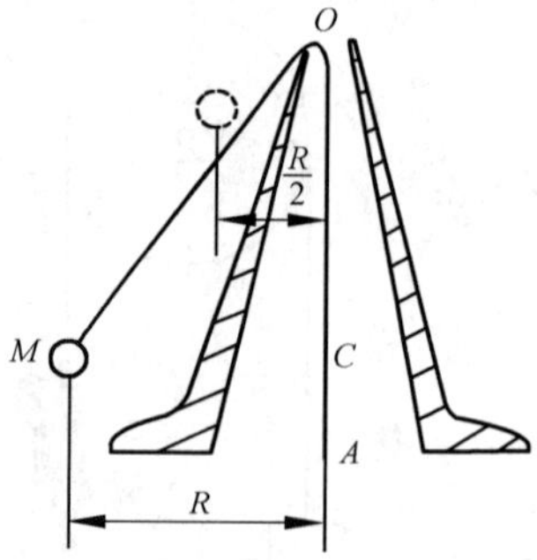

题 12-2 图

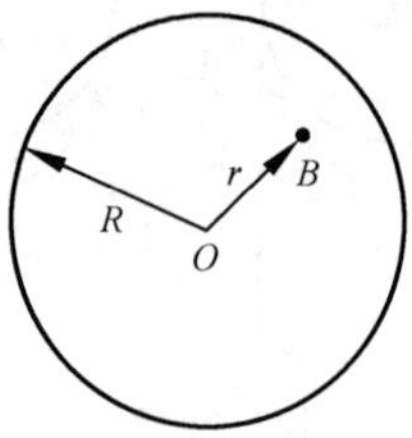

题 12-3 图

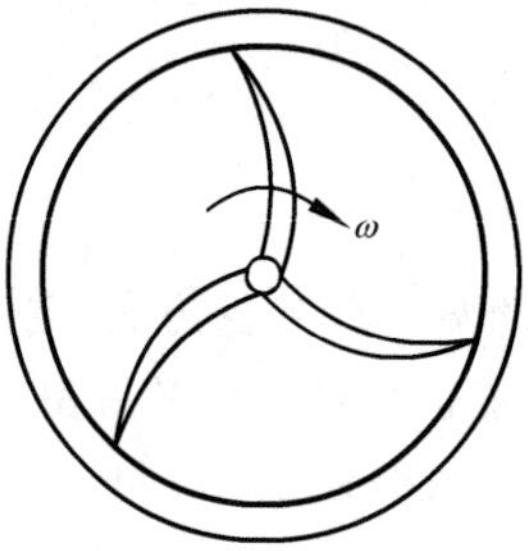

题 12-4 图

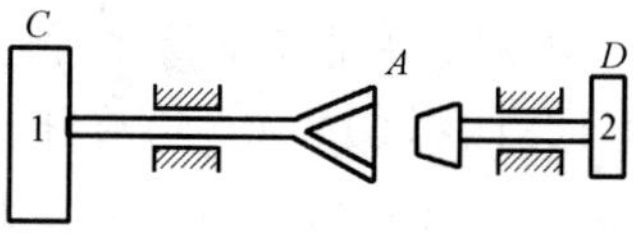

题 12-5 图

12-6 起重装置的轮 B 和轮 C 半径为 R 和 r，对水平转轴 O 和 C 的转动惯量分别为 J_1 和 J_2，起吊的物体 A 重为 $\boldsymbol{P}$，如题 12-6 图所示。当在轮 C 上作用一常力矩 M 时，试求物体 A 上升的加速度。

12-7 如题 12-7 图所示，滑轮重 $\boldsymbol{Q}$、半径为 R，对转轴 O 的回转半径为 ρ。一绳绕在滑轮上，另一端系重为 $\boldsymbol{P}$ 的物体 A。滑轮上作用一不变转矩 M，忽略绳的质量，求重物 A 上升的加速度和绳的拉力。

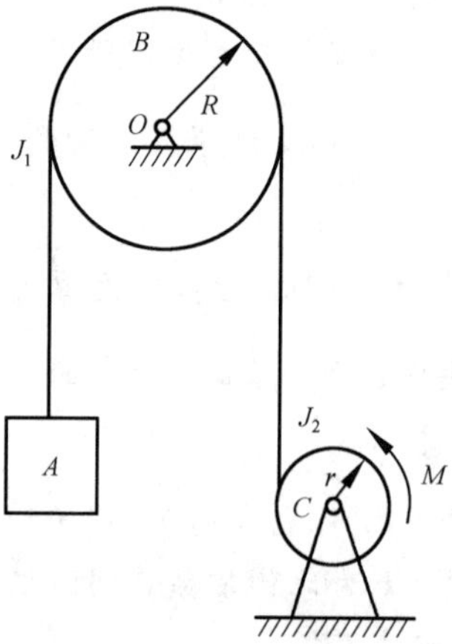

题 12-6 图

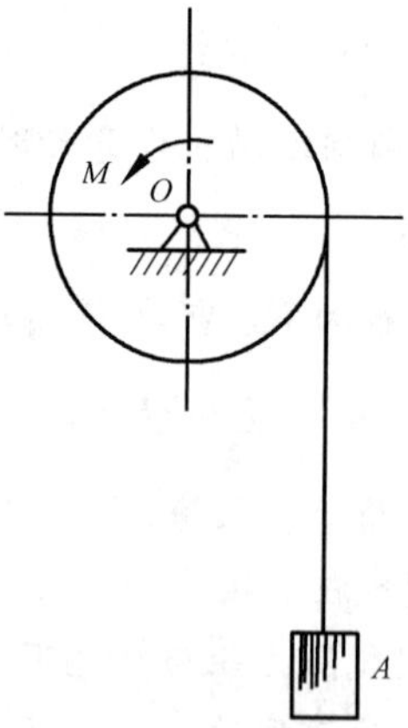

题 12-7 图

12-8 如题 12-8 图所示，均质圆柱重 $\boldsymbol{P}$、半径为 r，放置如图并给以初角速度 ω_0。设在 A 和 B 处的摩擦系数皆为 f，问经过多长时间圆柱才静止？

12-9　如题 12-9 图所示，圆轮 A 重 $\boldsymbol{P}_1$、半径为 r_1，可绕 OA 杆的 A 端转动；圆轮 B 重 $\boldsymbol{P}_2$、半径为 r_2，可绕其转轴转动。现将轮 A 放置在轮 B 上，两轮开始接触时，轮 A 的角速度为 ω_1，轮 B 处于静止。放置后，轮 A 的重量由轮 B 支持。略去轴承的摩擦和杆 OA 的重量，两轮可视为均质圆盘，并设两轮间的动摩擦系数为 f，问自轮 A 放在轮 B 上起到两轮间没有滑动时止，经过多长时间？

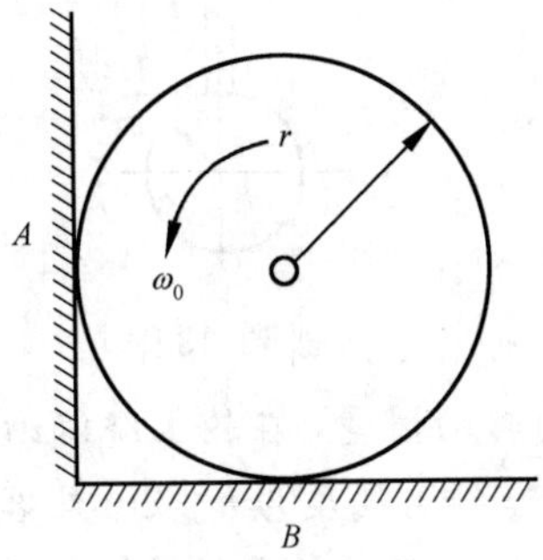

题 12-8 图

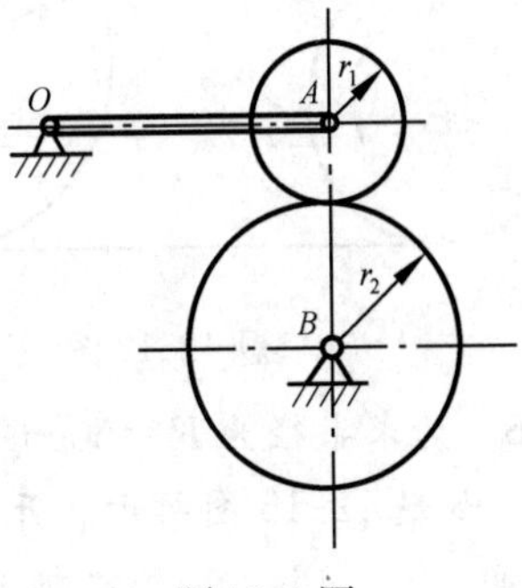

题 12-9 图

12-10　两个重物 M_1 和 M_2 各重 $\boldsymbol{P}_1$ 和 $\boldsymbol{P}_2$，分别系在两条绳上，如题 12-10 图所示。此两绳又分别围绕在半径为 r_1 和 r_2 的鼓轮上。重物受重力作用而运动，求鼓轮的角加速度。鼓轮和绳的质量均略去不计。

12-11　如题 12-11 图所示，重为 1000N 半径为 1m 的均质圆轮，以转速 n=120r/min绕 O 轴转动，设有一常力 $\boldsymbol{P}$ 作用于闸杆，轮经 10s 后停止转动。已知摩擦系数 $f'=0.1$，求 $\boldsymbol{P}$ 力的大小。

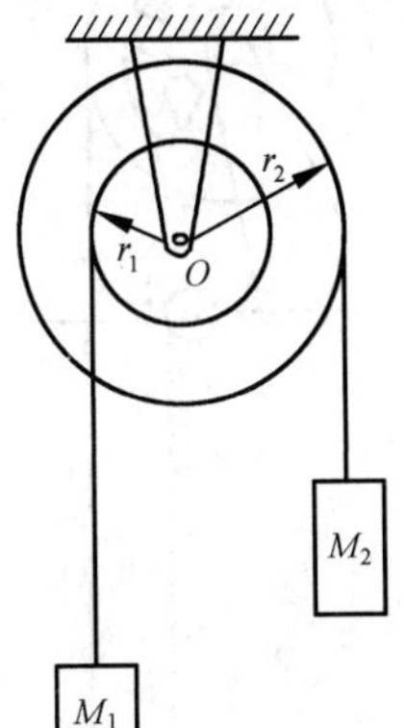

题 12-10 图

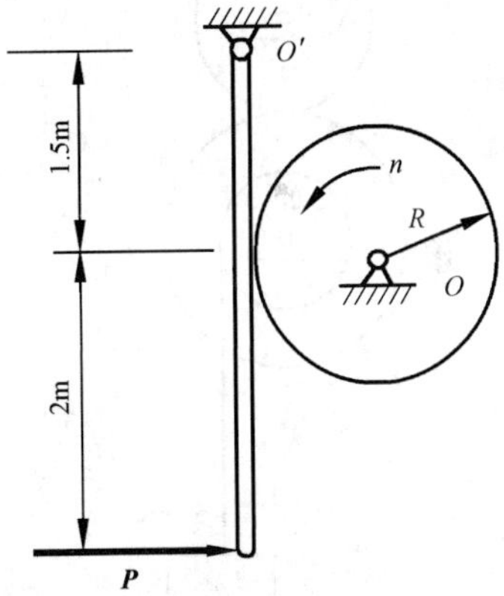

题 12-11 图

12-12　传动装置如题 12-12 图所示，转轮 2 由皮带轮 1 带动。已知两轮的半径分别为 R_1 和 R_2，重各为 $\boldsymbol{P}_1$ 和 $\boldsymbol{P}_2$，视为均质圆盘。若轮 1 上作用一主动力矩 M，则轮 2 上有阻力矩 M'。略去皮带的质量，皮带和轮间无滑动。试求轮 1 的角加速度。

12-13　如题 12-13 图所示，撞击摆由摆杆 OA 和摆锤 B 组成。若将杆和锤视为均质的细长杆和等厚圆盘，杆重 $\boldsymbol{P}_1$、长为 l，盘重 $\boldsymbol{P}_2$、半径为 R，求摆对于轴 O 的转动惯量。

12-14　绞车提升一重为 $\boldsymbol{P}$ 的物体，其主动轴上作用一常力矩 M，如题 12-14 图所示。已知主动轴 O_1 和从动轴 O_2 及其附件对各自转轴的转动惯量分别为 J_1 和 J_2，齿轮的传动比 $\dfrac{z_2}{z_1}=i$，吊索绕在半径为 R 的鼓轮上。略去轴承的摩擦和吊索的重量，试求重物的加速度。

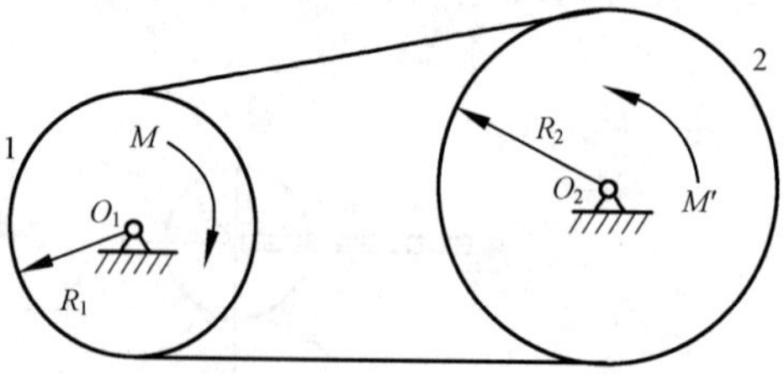

题 12-12 图

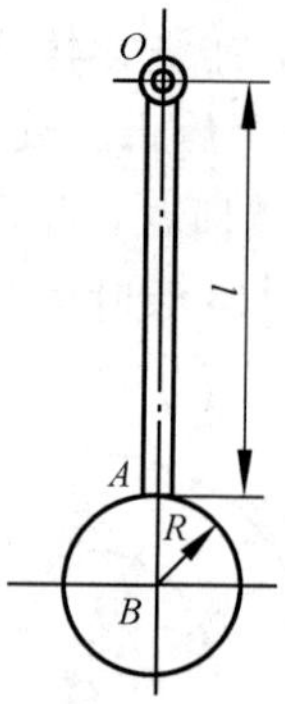

题 12-13 图

12-15 为求半径为 $R=50\text{cm}$ 的飞轮 O 对其质心轴的转动惯量，在轮上绕以细绳，绳端系一重锤，如题 12-15 图所示。开始用一重为 $P_1=80\text{N}$ 的重锤自高度为 $h=2\text{m}$ 处落下，测得落下的时间为 $t_1=16\text{s}$。为消去轴承摩擦的影响，再用重为 $P_2=40\text{N}$ 的重锤做第二次试验，此重锤自同一高度落下的时间为 $t_2=25\text{s}$。设摩擦力矩为一常数，且与锤的重量无关，求飞轮对质心轴的转动惯量和轴承的摩擦力矩。

12-16 如题 12-16 图所示，摆由质量为 20kg 的均质圆盘和质量为 5kg 的均质杆固接而成，已知 $R=150\text{mm}$，$l=400\text{mm}$，求当绳 AB 割断后的那一瞬时铰链 O 处的约束反力。

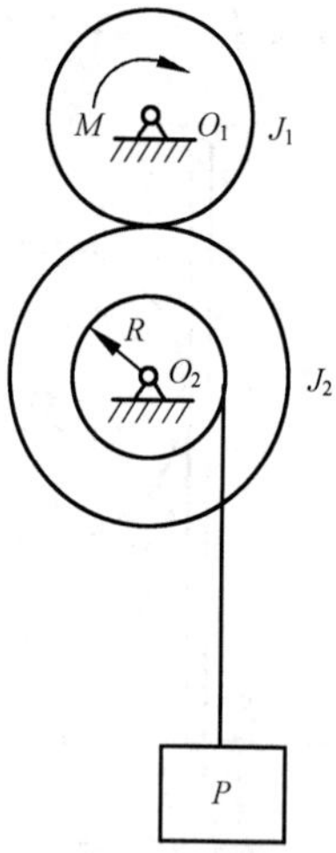

题 12-14 图

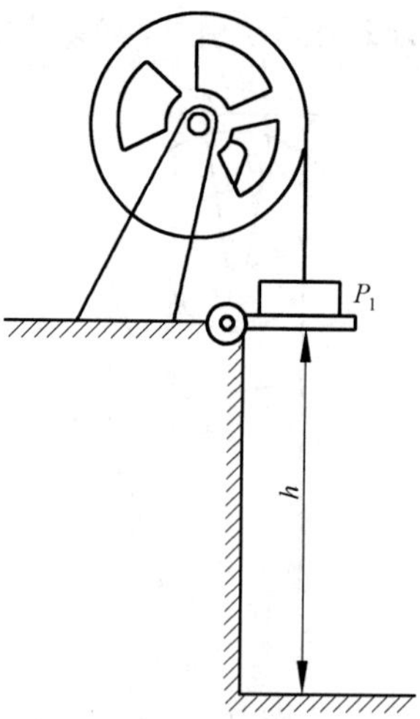

题 12-15 图

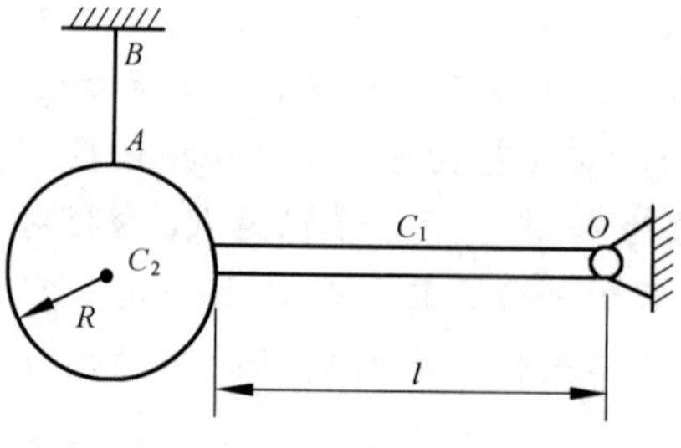

题 12-16 图

第 13 章

动能定理

本章研究动能定理及其应用，动能定理建立了动能变化和力的功之间的关系，它从能量角度为解决动力学问题提供了一条有效途径。

13.1 功与功率

13.1.1 力的功

力在一段路程上的累积效应称为力的功。由于力可分为常力和变力。故力的功也可分为常力的功和变力的功，下面分别讨论。

1. 常力的功

设有一物体 M 在常力 $\boldsymbol{F}$ 的作用下做直线运动，如图 13-1 所示，若物体 M 由 M_1 处移至 M_2 处的路程为 s，则力 $\boldsymbol{F}$ 在路程 s 上所做的功为

$$W = Fs\cos\alpha \tag{13-1}$$

或

$$W = \boldsymbol{F} \cdot \boldsymbol{s}$$

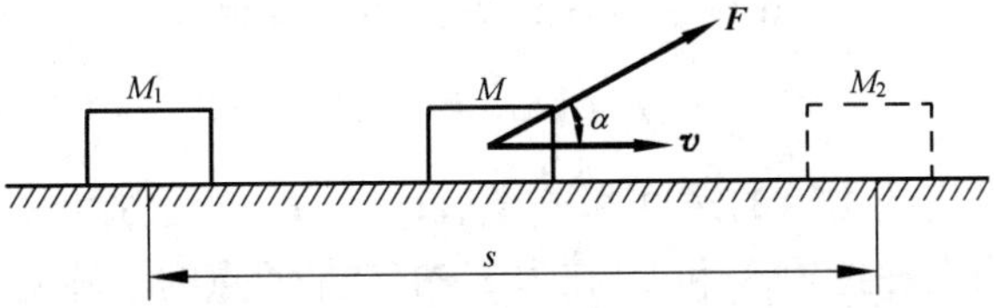

图 13-1

13-1

即作用在物体上的常力沿直线路程所做的功等于该力矢量与物体位移的矢量标积。因此功是代数量。

当 $\alpha<90°$ 时，$W>0$，驱使物体前进(力做正功)；

当 $\alpha=90°$ 时，$W=0$，物体在力方向不动(力不做功)；

当 $\alpha>90°$ 时，$W<0$，阻止物体前进(力做负功)。

2. 变力的功

设质点 M 在变力 $\boldsymbol{F}$ 的作用下沿曲线运动，如图 13-2 所示。为求该质点 M 在变力 $\boldsymbol{F}$ 的作用下由 M_1 处移至 M_2 时所做的功，将曲线 M_1M_2 分成无限多个微段 $\mathrm{d}s$，在这一段弧长内，力 $\boldsymbol{F}$ 可视为常力。于是力 $\boldsymbol{F}$ 在 $\mathrm{d}s$ 这小段弧上的元功为

$$\mathrm{d}'W = F\cos\theta\mathrm{d}s = F^{\tau}\mathrm{d}s \tag{13-2}$$

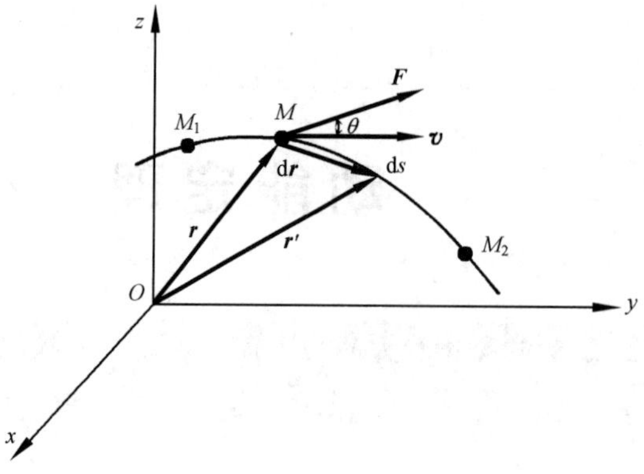

图 13-2

13-2

因为力 $\boldsymbol{F}$ 的元功不一定能表示为某一函数 W 的全微分，故不用符号 d 而用 d'。将上式在曲线 M_1M_2 上积分可得力 $\boldsymbol{F}$ 在曲线 M_1M_2 段上的功为

$$W=\int_{M_1}^{M_2} F\cos\theta \mathrm{d}s=\int_{s_1}^{s_2} F^{\tau}\mathrm{d}s \quad (13\text{-}3)$$

式中，s_1 和 s_2 分别是质点在起始和终止位置时的弧坐标，上式称为沿曲线 M_1M_2 的曲线积分。

由于 $\mathrm{d}\boldsymbol{r}$ 的大小近似等于 $\mathrm{d}s$，且 $\mathrm{d}\boldsymbol{r}$ 的方向与曲线的切线方向一致，因此式(13-2)可改写为如下形式：

$$\mathrm{d}'W=\boldsymbol{F}\cdot\mathrm{d}\boldsymbol{r} \quad (13\text{-}4)$$

若 $\boldsymbol{F}$ 和 $\mathrm{d}\boldsymbol{r}$ 均用矢量表示，即

$$\boldsymbol{F}=X\boldsymbol{i}+Y\boldsymbol{j}+Z\boldsymbol{k},\ \mathrm{d}\boldsymbol{r}=\mathrm{d}x\boldsymbol{i}+\mathrm{d}y\boldsymbol{j}+\mathrm{d}z\boldsymbol{k}$$

由矢量运算法则，则元功又可写为

$$\mathrm{d}'W=\boldsymbol{F}\cdot\mathrm{d}\boldsymbol{r}=X\mathrm{d}x+Y\mathrm{d}y+Z\mathrm{d}z$$

于是力 $\boldsymbol{F}$ 在 M_1M_2 段路上的功为

$$W=\int_{M_1}^{M_2}\boldsymbol{F}\cdot\mathrm{d}\boldsymbol{r}=\int_{M_1}^{M_2}(X\mathrm{d}x+Y\mathrm{d}y+Z\mathrm{d}z) \quad (13\text{-}5)$$

在某些特殊情况下，当力 $\boldsymbol{F}$ 的作用点 M 在物体上不断变化时，此时力对物体的元功和功不再是式(13-4)和式(13-5)，而是

$$\mathrm{d}'W=\boldsymbol{F}\cdot\boldsymbol{v}\,\mathrm{d}t=F\cos\theta v\mathrm{d}t \quad (13\text{-}6)$$

和

$$W=\int_{t_A}^{t_B}\boldsymbol{F}\cdot\boldsymbol{v}\,\mathrm{d}t=\int_{t_A}^{t_B}F\cos\theta v\mathrm{d}t \quad (13\text{-}7)$$

式中，$\boldsymbol{v}$和 v 分别为物体上受力点的速度和速度值；θ 为 $\boldsymbol{F}$ 与受力点的速度$\boldsymbol{v}$的正向之间的夹角；t_A 和 t_B 分别为受力点在位置 A 和 B(在力 $\boldsymbol{F}$ 的矢端 M 点的轨迹上)的时间。

必须指出，定义式(13-6)和式(13-7)分别包含着定义式(13-4)和式(13-5)。因为，对于受力点不改变的情况有 $\mathrm{d}\boldsymbol{r}=\boldsymbol{v}\mathrm{d}t$。

3. 功的单位

功的单位为力的单位和长度单位的乘积，即牛顿・米(N・m)，称为焦耳(J)，显然

$$1\mathrm{J}=1\mathrm{N}\cdot\mathrm{m}$$

4. 几种常见力的功

1) 重力的功

设物体的重心 C 由 A 点运动到 B 点(图 13-3)，将重力 $m\boldsymbol{g}$ 在各坐标轴上投影 $X=0$、$Y=0$、$Z=-mg$ 代入式(13-5)得重力的功为

$$W=\int_{z_A}^{z_B}-mg\,\mathrm{d}z=mg(z_A-z_B) \quad (13\text{-}8)$$

这表明，**重力的功等于物体的重量与物体的重心在起始和终了两位置的高度差之积。它与重心运动的路径无关。**当重心降低时，重力做正功；重心上升时，重力做负功。

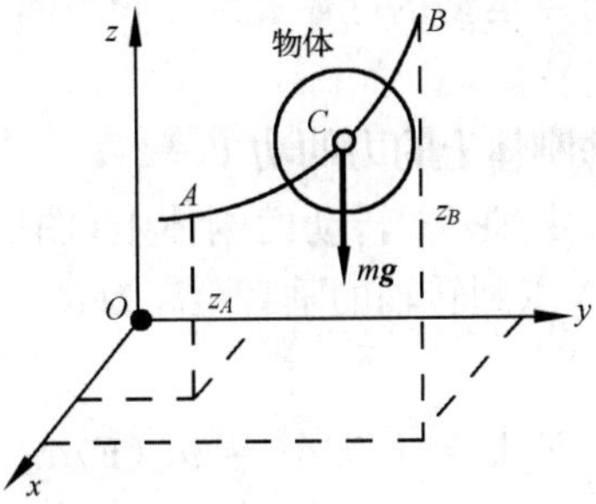

图 13-3

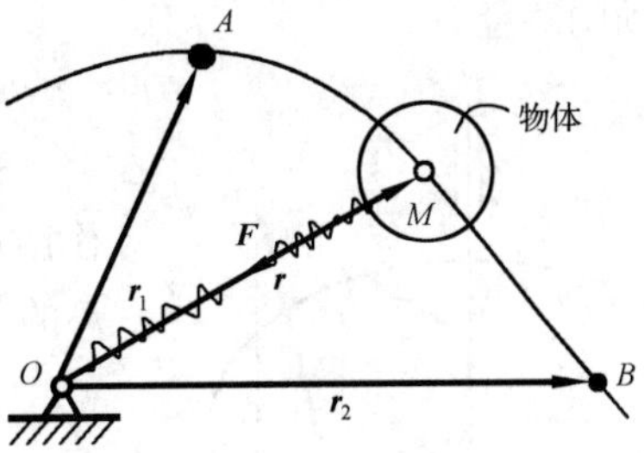

图 13-4

2) 弹性力的功

设物体在 M 点受到弹性力的作用，弹簧原长为 l_0，弹性力作用点 M 运动的轨迹为曲线 AB(图 13-4)，A 点和 B 点的矢径分别为 $\boldsymbol{r}_1$ 和 $\boldsymbol{r}_2$，M 点的矢径为 $\boldsymbol{r}$，则弹性力可表示为

$$\boldsymbol{F}=-c(r-l_0)\boldsymbol{r}_0$$

式中，c 为弹簧的刚性系数；$\boldsymbol{r}_0$ 为矢径 $\boldsymbol{r}$ 的单位矢量。根据式(13-4)，弹性力的功为

$$W=\int_{AB}\boldsymbol{F}\cdot \mathrm{d}\boldsymbol{r}=\int_{AB}-c(r-l_0)\boldsymbol{r}_0\cdot \mathrm{d}\boldsymbol{r}$$

$$=\int_{AB}-c(r-l_0)\frac{\boldsymbol{r}}{r}\cdot \mathrm{d}\boldsymbol{r}$$

由于

$$\boldsymbol{r}\cdot \mathrm{d}\boldsymbol{r}=\frac{1}{2}\mathrm{d}(\boldsymbol{r}\cdot\boldsymbol{r})=\frac{1}{2}\mathrm{d}(r^2)=r\mathrm{d}r$$

代入前式可得

$$W=\int_{r_1}^{r_2}-c(r-l_0)\mathrm{d}r$$

$$=\frac{c}{2}[(r_1-l_0)^2-(r_2-l_0)^2]$$

$$=\frac{c}{2}(\lambda_1^2-\lambda_2^2) \tag{13-9}$$

式中，$\lambda_1=(r_1-l_0)$和 $\lambda_2=(r_2-l_0)$分别为弹簧在起始和终了两位置的变形量。这表明，**弹性力的功等于弹簧的刚性系数与弹簧起始和终了两位置变形量的平方差的积的一半。它与作用点运动的路径无关。**

3) 摩擦力的功

设物体在粗糙的曲面上运动，物体接触点 M 运动轨迹为一曲线(图 13-5)，M 点在任意位置的滑动摩擦力为

$$\boldsymbol{F}'=-f'N\boldsymbol{\tau}$$

式中，f' 为滑动摩擦系数；N 为法向反力。于是滑动摩擦力的功为

$$W=\int_{AB}\boldsymbol{F}'\cdot \mathrm{d}\boldsymbol{r}=\int_{s_1}^{s_2}-f'N\mathrm{d}s \tag{13-10}$$

当 $N=$常量时，滑动摩擦力的功为

$$W=-f'N(s_2-s_1) \tag{13-11}$$

式中，s_1 和 s_2 分别为接触点 M 在起始和终了位置的弧坐标。

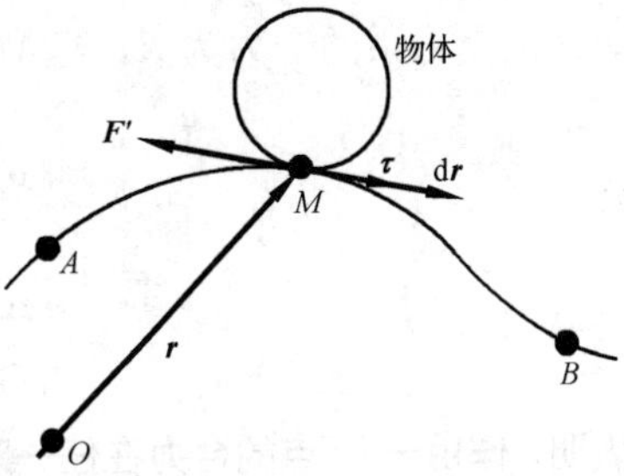

图 13-5

式(13-10)表明，滑动摩擦力的功，不仅与物体上受力点运动的起始和终了位置有关，而且与运动的路径有关。

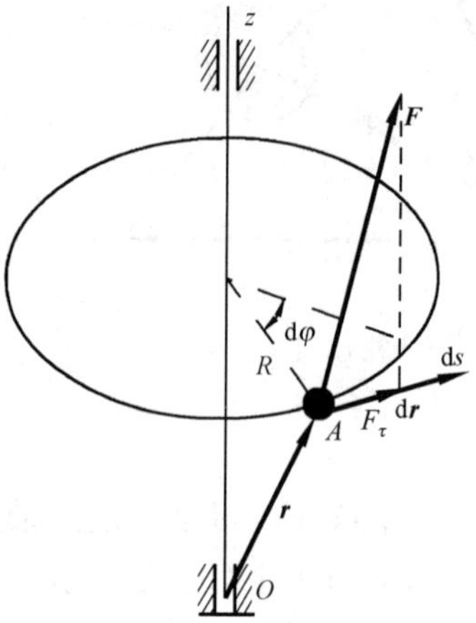

图 13-6

13-6

4) 作用在定轴转动刚体上的力的功

设力 $\boldsymbol{F}$ 作用在可绕定轴 Oz 转动的刚体上(图 13-6)，作用点 A 的矢径为 $\boldsymbol{r}$，A 点到转轴的垂直距离为 R，于是力 $\boldsymbol{F}$ 的元功为

$$d'W = \boldsymbol{F}\cdot d\boldsymbol{r} = F_\tau ds = F_\tau R d\varphi = m_z(\boldsymbol{F})d\varphi$$

当刚体从 φ_1 转到 φ_2 时，力 $\boldsymbol{F}$ 的功为

$$W = \int_{\varphi_1}^{\varphi_2} m_z(\boldsymbol{F})d\varphi \tag{13-12}$$

若 $m_z(\boldsymbol{F})=M=$常量时，式(13-12)为

$$W=M(\varphi_2-\varphi_1) \tag{13-13}$$

这表明，**常力矩所做的功等于力矩与刚体在终了和起始两位置的转角的差的积**。

5) 质点系内力的功

由于作用于质点系的内力总是成对地出现，因此单纯从力或力矩所产生的作用而言，其作用的总效应永远相互抵消，但是内力的功的总和一般并不等于零。

设质点系中相互吸引的两质点 A 与 B 的矢径分别为 $\boldsymbol{r}_A$ 和 $\boldsymbol{r}_B$，则作用于此两质点上大小相等方向相反的两力 $\boldsymbol{F}_A$ 和 $\boldsymbol{F}_B$ 的元功各为 $\boldsymbol{F}_A\cdot d\boldsymbol{r}_A$ 和 $\boldsymbol{F}_B\cdot d\boldsymbol{r}_B$，因此元功之和为

$$\begin{aligned} d'W &= \boldsymbol{F}_A\cdot d\boldsymbol{r}_A + \boldsymbol{F}_B\cdot d\boldsymbol{r}_B \\ &= \boldsymbol{F}_A\cdot d\boldsymbol{r}_A - \boldsymbol{F}_A\cdot d\boldsymbol{r}_B \\ &= \boldsymbol{F}_A\cdot d(\boldsymbol{r}_A - \boldsymbol{r}_B) \end{aligned}$$

由图 13-7 得知 $\boldsymbol{r}_A-\boldsymbol{r}_B=\overline{BA}$，考虑 $\boldsymbol{F}_A$ 和$\overline{BA}$的符号，则有

$$d'W = -F_A d(BA) \tag{13-14}$$

这就说明**当质点系内质点间的距离 AB 可变化时，则内力的功的总和一般不等于零**。因此当机械系统内部包含发动机或变形元件(如弹簧等)时，内力的功应当考虑。

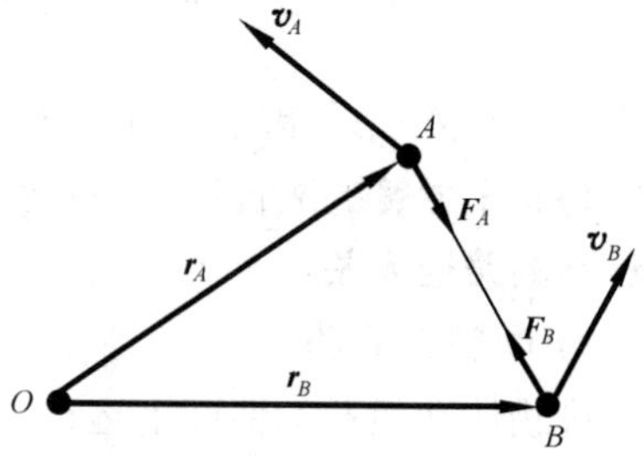

图 13-7

13-7

对于刚体来说，由于任何两点间的距离保持不变，因此**刚体内力的功之和恒等于零**。

6) 汇交力系合力的功

设物体的 M 点同时受到 n 个力 $\boldsymbol{F}_1$，$\boldsymbol{F}_2$，…，$\boldsymbol{F}_n$ 的作用，该汇交力系的合力为 $\boldsymbol{R}$，若 M 点沿曲线M_1M_2运动，则合力 $\boldsymbol{R}$ 的功为

$$\begin{aligned} W &= \int_{M_1M_2} \boldsymbol{R}\cdot d\boldsymbol{r} = \int_{M_1M_2} (\boldsymbol{F}_1 + \cdots + \boldsymbol{F}_n)\cdot d\boldsymbol{r} \\ &= \int_{M_1M_2} \boldsymbol{F}_1\cdot d\boldsymbol{r} + \cdots + \int_{M_1M_2} \boldsymbol{F}_n\cdot d\boldsymbol{r} \\ &= W_1 + \cdots + W_n \end{aligned} \tag{13-15}$$

这表明，**作用于 M 点的合力在任一路程上所做的功，等于各分力在同一路程上做功的代数和。**

7) 约束反力的功

约束对质点系的动力作用表现为提供约束反力，约束反力强迫质点系做符合约束的运动，所以，对非自由质点系来说，研究约束反力是非常重要的。下面对常见约束的约束反力做功情况进行分析。

(1)固定光滑面约束：物体在固定光滑面上滑动时，其约束反力 $\boldsymbol{N}$ 与其作用点的微位移 $\mathrm{d}\boldsymbol{r}$ 总是垂直的(图 13-8)，所以有

$$\mathrm{d}'W = \boldsymbol{N}\cdot\mathrm{d}\boldsymbol{r} = 0$$

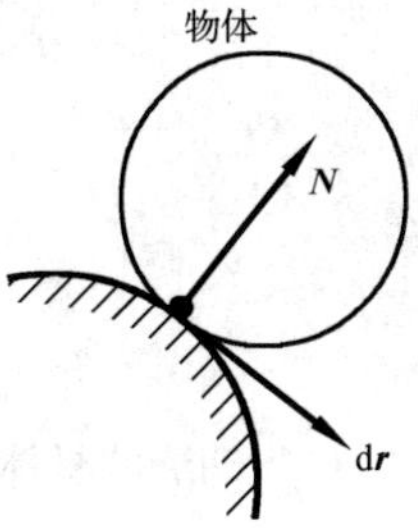

图 13-8

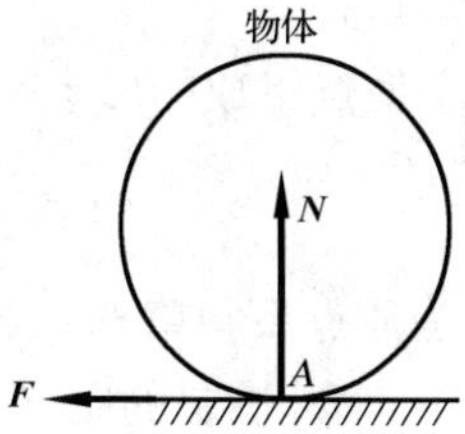

图 13-9

(2)圆轮在直线轨道上只滚动不滑动：在这种情况下，力的作用点在物体上不断发生改变，由于圆轮上的受力点 A(图 13-9)的速度总是为零，所以根据式(13-6)可知，约束反力的元功总是等于零，即

$$\mathrm{d}'W=(\boldsymbol{F}+\boldsymbol{N})\cdot\boldsymbol{v}\,\mathrm{d}t=0 \tag{13-16}$$

(3)固定铰支座约束：这种约束的约束反力，其作用点的微小位移为零，故元功亦为零。

(4)质点系内部的光滑铰链、光滑面、刚性杆、刚体、不可伸长且略去质量的柔性约束，以上属于质点系内部的这些约束，无论约束与物体做何种运动，作为内力总是成对出现的，而它们作用点的微小位移在力作用线上的分量总是相等的，所以这些力元功之和等于零。

以上几种约束有一个共同特点就是约束反力的元功之和等于零，这样的约束称为**理想约束**。

13.1.2 功率

力在单位时间内所做的功称为**功率**。它是表示力做功快慢程度的一个物理量，力 $\boldsymbol{F}$ 的功率等于它的元功与时间微分之商，即

$$N=\frac{\mathrm{d}'W}{\mathrm{d}t}$$

将力 $\boldsymbol{F}$ 的元功式(13-6)代入上式可得

$$N=\boldsymbol{F}\cdot\boldsymbol{v}=Fv\cos\theta=F_{\tau}v \tag{13-17}$$

上式表明，**力 $\boldsymbol{F}$ 的功率等于 $\boldsymbol{F}$ 与其作用点速度 $\boldsymbol{v}$ 的数量积，也等于力在其作用点速度方向的投影与速度绝对值的乘积**。功率同功一样是代数量，当 $\boldsymbol{F}$ 与 $\boldsymbol{v}$ 正向之间的夹角 $\theta<90°$ 时，$N>0$；反之，$N<0$。

作用在定轴转动刚体上的力的功率为

$$N=\frac{\mathrm{d}W}{\mathrm{d}t}=M_z\frac{\mathrm{d}\varphi}{\mathrm{d}t}=M_z\,\omega$$

功率的单位是焦耳/秒(J/s)，称为瓦特，用符号 W(瓦)或 kW(千瓦)表示。

13.2 动　能

动能是度量物体机械运动强弱的一个物理量。**在力学中，把质点的质量与质点运动速度平方乘积的一半称为质点的动能**。即

$$T=\frac{1}{2}mv^2 \tag{13-18}$$

动能恒为正的标量，其单位为：千克・米²/秒²（kg・m²/s²），牛顿・米（kgm/s²・m）＝N・m＝焦耳(J)。

由几个质点组成的质点系，其动能等于每个质点动能之和，即

$$T=\sum\frac{1}{2}m_iv_i^2 \tag{13-19}$$

式中，m_i 为质点系中第 i 个质点的质量；v_i 为第 i 个质点的速度。

刚体是工程中常见的质点系，可根据其运动的几种类型将式(13-19)写成动能的具体表达式。

1. 刚体做平动的动能

当刚体做平动时，同一瞬时刚体上各点的速度相等，也等于质心 C 的速度。于是式(13-19)可写成

$$T=\frac{1}{2}\left(\sum m_i\right)v_C^2=\frac{1}{2}Mv_C^2 \tag{13-20}$$

式中，$M=\sum m_i$ 为刚体的质量；v_C 为质心的速度。这表明，**平动刚体的动能等于其质心的动能**。

2. 刚体做定轴转动的动能

刚体做定轴转动时，设刚体上任一点的质量为 m_i，其速度为

$$v_i=r_i\omega$$

式中，r_i 为点到转轴 z 的距离；ω 为刚体的角速度。于是式(13-19)可写成

$$T=\frac{1}{2}\sum m_ir_i^2\omega^2=\frac{1}{2}J_z\omega^2 \tag{13-21}$$

式中，$J_z=\sum m_ir_i^2$ 为刚体对转轴 z 的转动惯量。这表明，**转动刚体的动能，等于刚体对于转轴的转动惯量与角速度平方乘积的一半。**

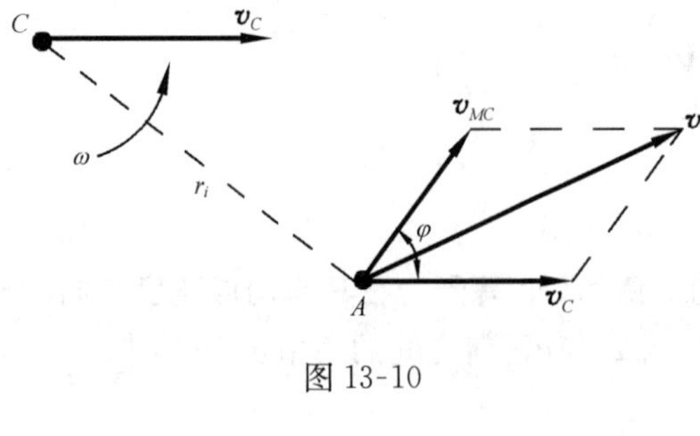

图 13-10

13-10

3. 刚体做平面运动的动能

如图 13-10 所示，刚体做平面运动时，刚体上任一质量为 m_i 的质点 A 的速度 $\boldsymbol{v}_A$ 与质心速度 $\boldsymbol{v}_C$ 的关系为

$$v_A^2=v_C^2+v_{AC}^2+2v_Cv_{AC}\cos\varphi$$

即 $$v_A^2=v_C^2+r_i^2\omega^2+2v_C(r_i\omega)\cos\varphi$$

将上式代入式(13-19)可得

$$\begin{aligned}T&=\sum\frac{1}{2}m_i[v_C^2+r_i^2\omega^2+2v_C(r_i\omega)\cos\varphi]\\&=\frac{1}{2}Mv_C^2+\frac{1}{2}\left(\sum m_ir_i^2\right)v_C\omega^2+\left(\sum m_ir_i\right)v_C\omega\cos\varphi\end{aligned}$$

因为 $\sum m_i r_i = M r_C = 0$，$J_C = \sum m_i r_i^2$，所以有

$$T = \frac{1}{2}M v_C^2 + \frac{1}{2}J_C \omega^2 \tag{13-22}$$

这表明，**平面运动刚体的动能等于刚体随质心平动的动能与绕质心转动的动能之和。**

在计算平面运动刚体的动能时，也可采用下式

$$T=\frac{1}{2}J_{C'}\omega^2$$

式中，$J_{C'}$ 为刚体对速度瞬心 C' 的转动惯量。因为质心 C 的速度 $v_C=CC'\omega$，而式(13-22)可写成

$$T = \frac{1}{2}M\overline{CC'}^2\omega^2 + \frac{1}{2}J_C\omega^2 = \frac{1}{2}(M\overline{CC'}^2 + J_C)\omega^2 = \frac{1}{2}J_{C'}\omega^2$$

在计算质点系动能的时候，必须将质点的绝对速度代入，动能公式中的速度 v 和角速度 ω 是相对惯性坐标系的。另外，对于有限质点的质点系应用式(13-19)；对于刚体应按照刚体运动的类型应用相应动能公式；对于包括刚体的质点系，质点系总动能应为质点系内所有质点和刚体动能的算术和。

【例 13-1】 链条传动机构如图 13-11 所示。大链轮的半径为 R，对其转轴的转动惯量为 J_2，小链轮的半径为 r，对其转轴的转动惯量为 J_1，链条的质量为 M。设小链轮的角速度为 ω，试求整个系统的动能。

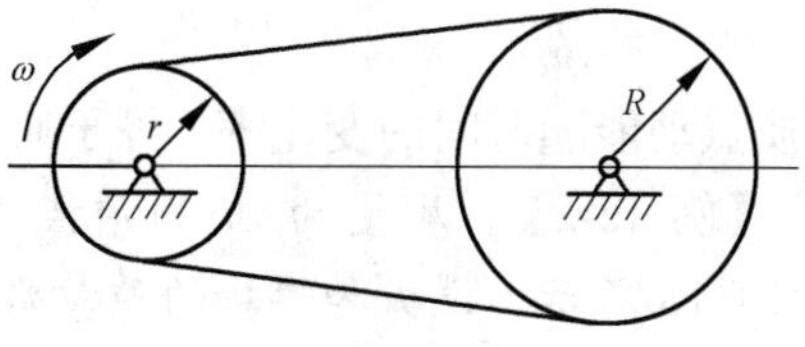

图 13-11

13-11

解 该系统的动能等于两个链轮的动能和链条的动能之和。先求链条的动能。将链条看成由很多质点组的质点系，设第 i 个质点的质量为 m_i，速度为 ωr，于是，根据式(13-19)可求得链条的动能为

$$T_1 = \sum \frac{1}{2}m_i v_i^2 = \frac{1}{2}\left(\sum m_i\right)r^2\omega^2 = \frac{1}{2}Mr^2\omega^2$$

大链轮和小链轮都做定轴转动，小链轮的角速度为 ω，大链轮的角速度为 $\frac{r\omega}{R}$，于是，可根据式(13-21)分别计算出大小链轮的动能

$$T_2 = \frac{1}{2}J_2\left(\frac{r}{R}\right)^2\omega^2 \quad , \quad T_3 = \frac{1}{2}J_1\omega^2$$

系统的动能为

$$T = T_1 + T_2 + T_3 = \frac{1}{2}\left(Mr^2 + J_1 + \frac{r^2}{R^2}J_2\right)\omega^2$$

13.3 质点的动能定理

设质量为 m 的质点 M 在力 $\boldsymbol{F}$ 的作用下沿曲线 AB 运动，如图 13-12 所示。根据自然形式的运动微分方程，即

$$m\frac{\mathrm{d}v}{\mathrm{d}t} = F\cos\theta$$

对上式两边分别乘以弧坐标的微分 $\mathrm{d}s$，则左边为质点动能的微分 $\mathrm{d}T$，即

$$m\frac{\mathrm{d}s}{\mathrm{d}t}\mathrm{d}v = mv\mathrm{d}v = \mathrm{d}\left(\frac{1}{2}mv^2\right)$$

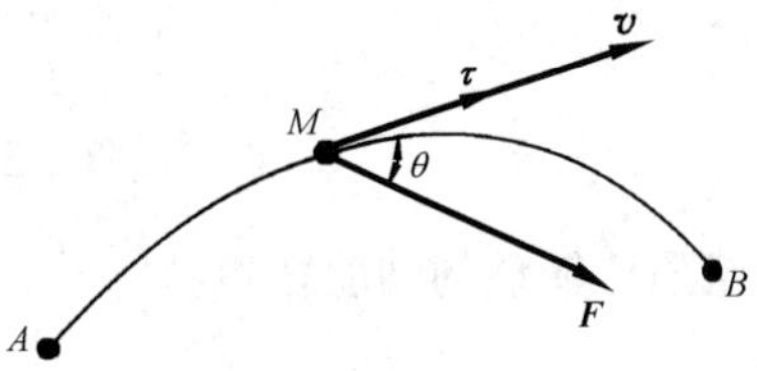

图 13-12

而右边为力 $\boldsymbol{F}$ 的元功 $\mathrm{d}'W$，即

$$F\cos\theta \mathrm{d}s = \mathrm{d}'W$$

于是，可得到质点的动能定理

$$\mathrm{d}\left(\frac{1}{2}mv^2\right)=\mathrm{d}'W \tag{13-23}$$

即质点动能的微分等于作用于质点上的力的元功。

将上式沿曲线AB积分，可得

$$\frac{1}{2}mv_2^2-\frac{1}{2}mv_1^2=W \tag{13-24}$$

式中，$\frac{1}{2}mv_1^2$ 和$\frac{1}{2}mv_2^2$ 分别为质点在起点和终点的动能。式(13-24)表明，**质点沿曲线AB运动时，终点 B 和起点 A 的动能之差，等于作用在质点上的力沿AB所做的功。**

式(13-23)称为质点动能定理的微分形式，而式(13-24)称为质点动能定理的积分形式。对式(13-23)两端除以 $\mathrm{d}t$，可将其写成

$$\frac{\mathrm{d}\left(\frac{1}{2}mv^2\right)}{\mathrm{d}t}=N \tag{13-25}$$

即质点动能随时间的变化率，等于质点所受力的功率。式(13-25)称为质点的**功率方程**。

【例 13-2】 质量为 m 的质点自 h 高处自由落下，落到下面有弹簧支持的板上，如图 13-13 所示。设板和弹簧的质量略去不计，弹簧的刚性系数为 c。求弹簧的最大压缩量。

解 设弹簧的最大压缩量为 $\lambda_{\max}$。质点从位置Ⅰ落到板上时是自由落体运动。在由Ⅰ到Ⅱ过程的始、末两位置质点的动能值为 0 和$\frac{1}{2}mv^2$，重力做的功为 mgh。应用动能定理式(13-24)得

$$\frac{1}{2}mv^2-0=mgh$$

于是

$$v=\sqrt{2gh} \tag{1}$$

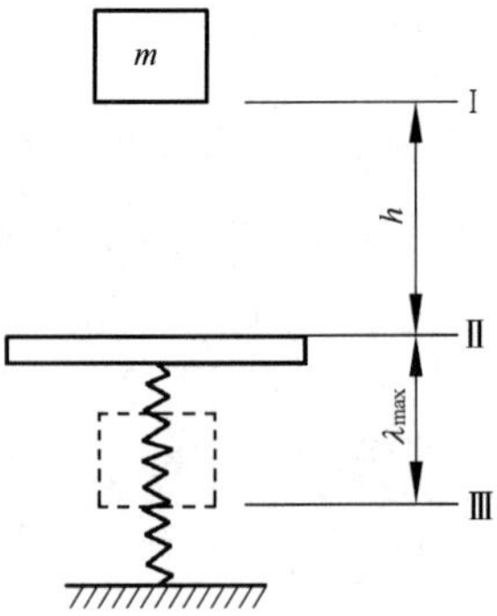

图 13-13

质点落到板上后，随板一起压缩弹簧。当质点的速度为 0 时，弹簧被压缩了最大值$\lambda_{\max}$。在由Ⅱ到Ⅲ这段过程中，在始、末两位置上质点的动能值为$\frac{1}{2}mv^2$ 和 0。而做功的力有重力和弹性力。根据动能定理式(13-24)得

13-13

$$0-\frac{1}{2}mv^2=mg\lambda_{\max}+\frac{1}{2}c(0-\lambda_{\max}^2) \tag{2}$$

将式(1)代入式(2)，解得

$$\lambda_{\max}=\frac{mg}{c}\pm\sqrt{\left(\frac{mg}{c}\right)^2+2\left(\frac{mg}{c}\right)h}$$

由于弹簧的压缩量必须是正值，因此得

$$\lambda_{\max}=\frac{mg}{c}+\sqrt{\left(\frac{mg}{c}\right)^2+2\left(\frac{mg}{c}\right)h}$$

本例也可将上述两段过程合为一个过程，即以质点开始下落为起始位置到弹簧压缩至最

大压缩量时为终了位置的过程。在该过程中，重力作用于全过程，弹簧力仍从重物落在板上之后开始做功。于是，根据动能定理可得

$$0-0=mg(h+\lambda_{\max})-\frac{c}{2}\lambda_{\max}^2$$

可解得与前面相同的结果。

上式表明，质点从位置Ⅰ到位置Ⅲ的运动过程中，重力做正功，弹簧力做负功，恰好抵消，因此质点在始、末两位置的动能无变化。

13.4 质点系的动能定理

设由 n 个质点组成的质点系，质点系中任一质点 M_i 的质量为 m_i，速度为 v_i，根据质点动能定理式(13-23)有

$$\mathrm{d}\left(\frac{1}{2}m_iv_i^2\right)=\mathrm{d}'W_i^{(e)}+\mathrm{d}'W_i^{(i)}$$

式中，$\mathrm{d}'W_i^{(e)}$ 和 $\mathrm{d}'W_i^{(i)}$ 分别为作用于第 i 个质点上的外力和内力的元功。对质点系可列出 n 个这样的式子。将它们相加，可得

$$\sum\mathrm{d}\left(\frac{1}{2}m_iv_i^2\right)=\mathrm{d}\left(\sum\frac{1}{2}m_iv_i^2\right)=\sum\mathrm{d}'W_i^{(e)}+\sum\mathrm{d}'W_i^{(i)}$$

或

$$\mathrm{d}T=\sum\mathrm{d}'W_i^{(e)}+\sum\mathrm{d}'W_i^{(i)} \tag{13-26}$$

式(13-26)称为微分形式的质点系动能定理，**即质点系动能的微分等于作用于质点系上所有外力和内力所做的元功之和。**

对式(13-26)积分，可得质点系动能定理的积分形式

$$T_2-T_1=\sum W_i \tag{13-27}$$

式中，$T_1=\sum\frac{1}{2}m_iv_{i1}^2$、$T_2=\sum\frac{1}{2}m_iv_{i2}^2$ 分别为质点系在起始和终了状态的动能。这表明，**质点系在开始状态和终了状态的动能变化，等于作用于质点系上的所有力在整个运动过程中做功之和。**

必须注意，在一般情况下，内力的功之和并不一定为零。如果将作用于质点系上的力分为主动力和约束反力，可获得更简单形式的质点系的动能定理，由式(13-26)可得

$$\mathrm{d}T=\sum\mathrm{d}'W_F+\sum\mathrm{d}'W_N$$

式中，$\mathrm{d}'W_F$ 和 $\mathrm{d}'W_N$ 分别表示作用于质点 M_i 上的主动力和约束反力所做的元功。若质点系中所有的约束都是理想的约束，由于理想约束的约束反力的元功之和等于零，即

$$\sum\mathrm{d}'W_N=0$$

则上式可写为

$$\mathrm{d}T=\sum\mathrm{d}'W_F \tag{13-28}$$

这就表明，**在理想约束的条件下，质点系动能的微分等于作用在质点系的所有主动力的元功之和。**

对式(13-28)积分得

$$T_2-T_1=\sum W_F \tag{13-29}$$

式(13-29)表明，**在任一路程中，具有理想约束的质点系动能的变化，等于作用于该质点系上的所有主动力的功之和。**

式(13-27)和式(13-29)这两种形式的动能定理，在实际应用中都很广泛，在一般情况下，前者应用于内力的功之和等于零的质点系，后者应用于约束反力的功之和等于零的质点系。

若对质点系动能定理的微分形式两端同除以 dt，可得质点系的功率方程为

$$\frac{\mathrm{d}T}{\mathrm{d}t}=\sum\frac{\mathrm{d}'W}{\mathrm{d}t}=\sum N \tag{13-30}$$

即质点系动能对时间的变化率，等于作用于质点系上的所有力(内力和外力)的功率之和。

质点系的功率方程常被用来研究机械在工作时能量的变化与转化问题，并以此来评价机械的效率，本书不再赘述。

动能定理建立了主动力、物体所行的距离和物体运动速度之间的关系，它不但能求解力、距离和速度问题，而且还可以求解物体运动的加速度问题。它是动力学中最主要的定理之一。

【例 13-3】 提升机构如图 13-14 所示。设启动时电动机的转矩 M 视为常量，大齿轮及卷筒对于轴 AB 的转动惯量为 J_2，小齿轮、联轴节及电动机的转子对于轴 CD 的转动惯量为 J_1，被提升的物体重为 $\boldsymbol{P}$，卷筒、大齿轮及小齿轮的半径分别为 R、r_2 及 r_1。略去摩擦和钢丝绳质量，求重物从静止开始上升距离 S 时的速度及加速度。

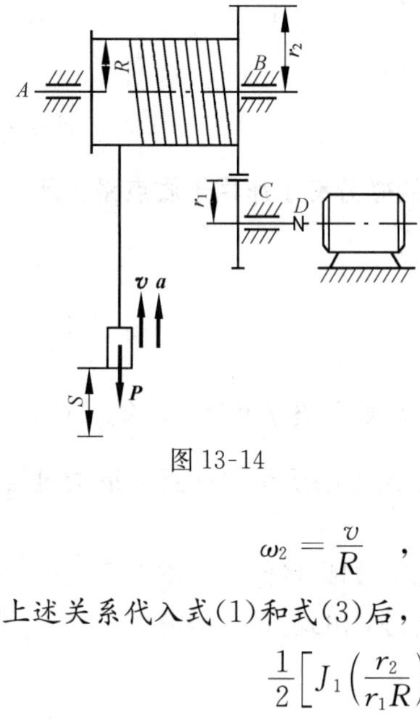

图 13-14

13-14

解 取整个系统(包括电动机)为研究对象，系统所有约束反力做功之和等于零，只有电动机的转矩 M 和重力 $\boldsymbol{P}$ 做功。于是

$$\sum W_F=M\varphi_1-\boldsymbol{P}S \tag{1}$$

取系统的初始状态为静止状态，重物上升 S 时的位置为终了状态，于是系统在两个状态的动能为

$$T_1=0 \tag{2}$$

$$T_2=\frac{1}{2}J_1\omega_1^2+\frac{1}{2}J_2\omega_2^2+\frac{1}{2}\frac{P}{g}v^2 \tag{3}$$

式中，ω_1 和 ω_2 为轴 CD 和轴 AB 的角速度。由系统的运动学关系有

$$\omega_2=\frac{v}{R}\quad,\quad\omega_1=\frac{r_2}{r_1}\omega_2=\frac{r_2}{r_1R}v\quad,\quad\varphi_1=\frac{r_2}{r_1R}S$$

将上述关系代入式(1)和式(3)后，再应用式(13-29)得

$$\frac{1}{2}\left[J_1\left(\frac{r_2}{r_1R}\right)^2+\frac{J_2}{R_2}+\frac{P}{g}\right]v^2-0=\left(\frac{r_2M}{r_1R}-P\right)S$$

所以重物的速度为

$$v=\sqrt{AS} \tag{4}$$

式中
$$A=2\left(\frac{r_2M}{r_1R}-P\right)\Bigg/\left[J_1\left(\frac{r_2}{r_1R}\right)^2+\frac{J_2}{R^2}+\frac{P}{g}\right]$$

为求重物的加速度，可将 v 和 S 视作时间 t 的函数，并写成 $v^2=AS$，两边求导得

$$2v\frac{\mathrm{d}v}{\mathrm{d}t}=A\frac{\mathrm{d}s}{\mathrm{d}t}\quad,\quad 2va=Av\quad,\quad a=\frac{A}{2}$$

从结果可以看出，在所给条件下重物的加速度为常量，重物在启动阶段做匀加速运动。

【例 13-4】 一均质圆柱体重为 $\boldsymbol{P}$、半径为 R，从静止开始沿倾角为 α 的斜面无滑动地滚下(图 13-15)。求圆柱在任意位置质心的加速度。

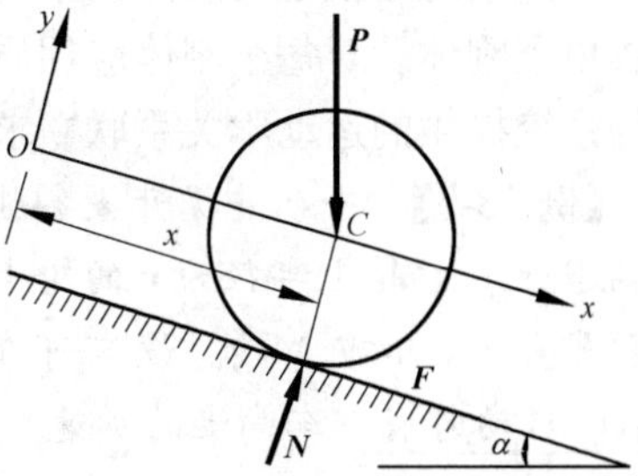

图 13-15

13-15

解 取圆柱为研究对象，质心在任意位置的坐标为 x，速度为 $\dot{x}$。由于圆柱做纯滚动，故有 $\dot{x}=R\omega$，所以圆柱体做平面运动，其动能为

$$T=\frac{1}{2}mv_C^2+\frac{1}{2}J_C\omega^2$$

$$=\frac{1}{2}\frac{P}{g}\dot{x}^2+\frac{1}{2}\left(\frac{P}{2g}R^2\right)\left(\frac{\dot{x}}{R}\right)^2=\frac{3}{4}\frac{P}{g}\dot{x}^2 \quad (1)$$

作用于圆柱上的力只有重力 $\boldsymbol{P}$ 做功，它的元功为

$$\mathrm{d}'W=P\sin\alpha\mathrm{d}x \quad (2)$$

由微分形式的动能定理得

$$\frac{3}{2}\frac{P}{g}\dot{x}\mathrm{d}\dot{x}=P\sin\alpha\mathrm{d}x$$

对上式两边除以 $\mathrm{d}t$ 可得质心的加速度

$$\ddot{x}=\frac{2}{3}g\sin\alpha$$

13.5 动力学普遍定理的综合应用

经典力学的三个普遍定理——动量定理或质心运动定理、动量矩定理和动能定理，从建立质点系的整体运动学特征(动量、动量矩和动能)的变化和力的作用量(力、力矩和功)之间的关系方面，为进一步解决质点系的动力学问题提供了理论根据。

质点系动力学的根本问题，就是求质点系的运动和全部约束反力。对于这个问题原则上可以通过联立求解质点系中每个质点的运动微分方程来解决。但是，当质点系中质点的数目很多的时候，采用这个方法会遇到求解积分微分方程组的困难。而这三个普遍定理的综合应用，可以对质点系整体建立方程提供求解动力学问题的方便。

在对三个定理综合应用时，有两条思想是可以遵循的。一条思路就是先取质点系整体作为研究对象，应用动能定理解决运动问题，再将质点系分开应用质心运动定理来求约束反力。这条思路的根据在于，约束反力做功之和常常是等于零的，应用动能定理建立的方程就是已知力求运动的问题，而当运动成为已知的时候，再应用质心运动定理建立方程，就成了已知运动求未知约束反力的问题了。例如在例 13-4 中，已经应用动能定理，求得了质点系质心的加速度 $\ddot{x}_C$，若再求斜面的法向反力 $\boldsymbol{N}$ 和摩擦力 $\boldsymbol{F}$，可以再应用质心运动定理建立方程。也就是已知系统的运动，求作用于系统上的反力问题。选直角坐标系如图 13-15 所示，由质心运动定理得

$$M\ddot{x}_C=\frac{P}{g}\ddot{x}_C=P\sin\alpha-F$$

$$M\ddot{y}_C=0=N-P\cos\alpha$$

解得

$$F=P\sin\alpha-\frac{P}{g}\ddot{x}_C=\frac{1}{3}P\sin\alpha$$

$$N=P\cos\alpha$$

另一条思路就是将质点系中的物体分离开来，特别是对于由许多刚体组成的系统，将其分成单个刚体。对每个刚体应用质心运动定理和动量矩定理来建立方程，再将这些动力学方程与系统提供的运动学关系联立求解，往往可以同时求得系统的运动和约束反力。

【例 13-5】 一矿井提升设备如图 13-16(a)所示。质量为 m、回转半径为 ρ 的鼓轮装在固定轴 O 上。鼓轮上半径为 r 的轮上用钢索吊一平衡重量 $M_2\boldsymbol{g}$。鼓轮上半径为 R 的轮上用钢索牵引载重车，车重 $M_1\boldsymbol{g}$。设车可在倾角为 α 的轨道上运动。若在鼓轮上作用一常力矩 M_O，求：① 启动时载重车向上的加速度；② 两段钢索中的拉力；③ 鼓轮轴承的约束反力。

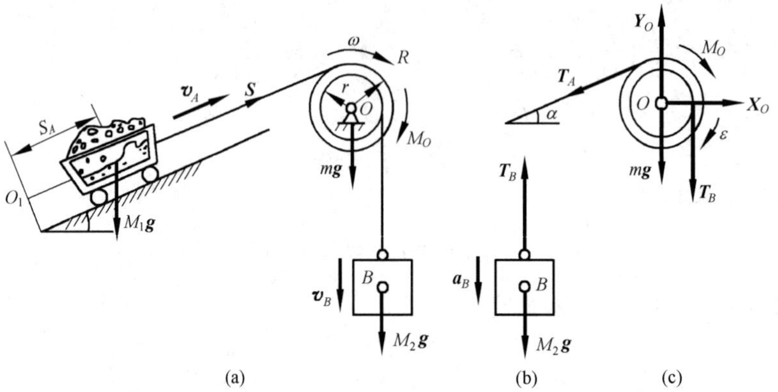

13-16

图 13-16

解 本例既要求运动，还要求约束反力，单靠一个定理求解是不行的。根据文中所讲的两个思路中的哪一个来求解都是可以的。相比之下，通常先采用动能定理再应用质心运动定理和动量矩定理的思路较为简捷。

(1) 先取整体，即载重车、鼓轮、平衡重物和钢索一起作为研究对象。由于该系统的所有约束反力都不做功，而主动力又都是已知的，所以应用动能定理来求解，就是一个已知力求运动的问题。先求载重车的加速度。选取载重车的质心在斜面上沿 O_1S 轴的坐标 S_A 作为确定整个系统的位置参量，写出系统在任意位置 S_A 时的动能和主动力的元功之和，即

$$T=\frac{1}{2}M_1v_A^2+\frac{1}{2}J_O\omega^2+\frac{1}{2}M_2v_B^2 \tag{1}$$

$$\sum \mathrm{d}'W=M_O\mathrm{d}\varphi+M_2g\mathrm{d}S_B-M_1g\sin\alpha\mathrm{d}S_A \tag{2}$$

系统的约束条件有

$$\left.\begin{aligned}v_B&=r\omega=\frac{r}{R}v_A\\ \mathrm{d}S_B&=r\mathrm{d}\varphi=\frac{r}{R}\mathrm{d}S_A\end{aligned}\right\} \tag{3}$$

将式(3)分别代入式(1)和式(2)后，再代入动能定理的微分式可得

$$\frac{1}{2}\left(M_1+M_2\frac{r^2}{R^2}+m\frac{\rho^2}{R^2}\right)2v_A\mathrm{d}v_A=\left(\frac{M_O}{R}+\frac{M_2gr}{R}-M_1g\sin\alpha\right)\mathrm{d}S_A$$

用时间微分 $\mathrm{d}t$ 除以上式两端，可得

$$a_A=\frac{M_O/g+M_2r-M_1R\sin\alpha}{M_1R^2+M_2r^2+m\rho^2}Rg \tag{4}$$

载重车的加速度是一个常量，所以，载重车和平衡重物都做匀加速直线运动，而鼓轮做匀加速转动。

(2) 系统的运动求出来了，要求约束反力问题。对于这个问题必须按照要求约束反力的情况，将系统中的物体分开，应用质心运动定理或动量矩定理。对该题可以先取平衡重物 B，作出受力图 13-16(b)，应用质心运动定理写出方程(取投影轴正向向下)

$$M_2 a_B = M_2 \frac{r}{R} a_A = M_2 g - T_B$$

将 a_A 代入上式，得

$$T_B = M_2 g\left(1 - \frac{r}{R}\frac{a_A}{g}\right) \tag{5}$$

再取鼓轮研究，受力图为图 13-16(c)，应用定轴转动微分方程和质心运动定理写出方程

$$\left.\begin{aligned} J_O\varepsilon &= M_O + T_B r - T_A R \\ 0 &= X_O - T_A\cos\alpha \\ 0 &= Y_O - T_A\sin\alpha - mg - T_B \end{aligned}\right\} \tag{6}$$

将 $J_O = m\rho^2$，$\varepsilon = \frac{1}{R}a_A$ 和 T_B 代入上式后联立求解，可得

$$\begin{aligned} T_A &= \frac{M_O + M_2 gr}{R} - \frac{M_2 r^2 + m\rho^2}{R^2}a_A \\ X_O &= T_A\cos\alpha = \left(\frac{M_O + M_2 gr}{R} - \frac{M_2 r^2 + m\rho^2}{R^2}a_A\right)\cos\alpha \\ Y_O &= T_A\sin\alpha + T_B + mg \\ &= \left(\frac{M_O + M_2 gr}{R} - \frac{M_2 r^2 + m\rho^2}{R^2}a_A\right)\sin\alpha + \left(1 - \frac{ra_A}{Rg}\right)M_2 g + mg \end{aligned}$$

将式(4)代入上面三个式子中，即得 $\boldsymbol{T}_A$ 和轴承 O 的约束反力 $\boldsymbol{X}_O$、$\boldsymbol{Y}_O$。

【例 13-6】 均质直杆长为 $2l$，直立在粗糙的桌面上，下端 B 位于桌面的边缘，如图 13-17 所示。初始时杆静止不动，且 $\alpha=0$，受到小扰动后杆 AB 在铅直平面 Bxy 内绕 B 点翻倒。求杆 AB 离开桌面时的角度 α 值和此时杆的角速度 ω。

解 杆 AB 由铅直位置翻倒而离开桌面前的运动为绕 B 轴的定轴转动。根据题意，可先应用动能定理来求解。杆 AB 在做定轴转动的过程中，其上受的力有：重力 $m\boldsymbol{g}$，B 点的约束反力 $\boldsymbol{X}_B$、$\boldsymbol{Y}_B$，如图 13-17 所示。设杆离开桌面的瞬时，其位置与铅垂线之间的夹角为 α。于是，作用于杆上的力的功为

$$W = mgl(1-\cos\alpha)$$

杆在起始位置的动能为零，即

$$T_1 = 0$$

在终了位置的角速度为 ω，于是动能为

$$T_2 = \frac{1}{2}J_B\omega^2 = \frac{1}{2}\left(\frac{1}{3}m\right)(2l)^2\omega^2 = \frac{2}{3}ml^2\omega^2$$

将 T_1、T_2 和 W 代入式(13-29)，得

$$\frac{2}{3}ml^2\omega^2 - 0 = mgl(1-\cos\alpha)$$

由上式解得

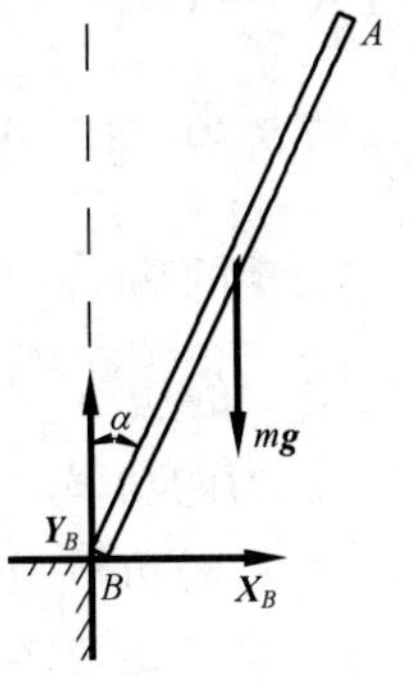

图 13-17

13-17

$$\omega^2=\frac{3g}{2l}(1-\cos\alpha) \tag{1}$$

式中包括两个要求的未知量ω和α，因此仅应用动能定理不能解决问题，还必须应用其他定理再建立一个方程。

根据题意，杆AB离开桌面的瞬时$\boldsymbol{X}_B$和$\boldsymbol{Y}_B$都应等于零，在此位置应用质心运动定理写出法向运动微分方程，即

$$ma_C^n=P\cos\alpha \tag{2}$$

式中，$a_C^n=l\omega^2$。故联立式(1)和式(2)可解得杆AB离开桌面时的角度，则

$$\cos\alpha=\frac{3}{5}$$

即

$$\alpha=53.1^\circ$$

角速度可由下式求得

$$\omega^2=\frac{3g}{5l}$$

即

$$\omega=\sqrt{\frac{3g}{5l}}$$

本例仅用动能定理或质心运动定理均不能解决问题，而必须综合求解，并且还要根据题意作出杆AB离开桌面时桌面的约束力为零的判断，才能使问题圆满解决。

本章小结

1. 力的功是力在一段路程中对物体作用的累积效应的度量。

常力的功 $W=F\cos\theta S$

变力的功 $W=\int_{M_1}^{M_2}F\cos\theta\mathrm{d}s=\int_{M_1}^{M_2}\boldsymbol{F}\cdot\mathrm{d}\boldsymbol{r}=\int_{M_1}^{M_2}(X\mathrm{d}x+Y\mathrm{d}y+Z\mathrm{d}z)$

重力的功 $W=mg(z_A-z_B)$

弹性力的功 $W=\frac{1}{2}c(\lambda_1^2-\lambda_2^2)$

摩擦力的功 $W=\int_{s_1}^{s_2}-f'N\mathrm{d}s$

力矩的功 $W=\int_{\varphi_1}^{\varphi_2}m_z(\boldsymbol{F})\mathrm{d}\varphi$

合力的功 $W=W_1+W_2+\cdots+W_n$

2. 力的功率。

力$\boldsymbol{F}$的功率 $N=\boldsymbol{F}\cdot\boldsymbol{v}$

3. 动能是物体机械运动的一种度量。

质点的动能 $T=\frac{1}{2}mv^2$

质点系的动能 $T=\sum\frac{1}{2}m_iv_i^2$

平动刚体的动能 $T=\frac{1}{2}Mv_C^2$

绕定轴转动刚体的动能 $T=\frac{1}{2}J_z\omega^2$

平面运动刚体的动能

$$T=\frac{1}{2}Mv_C^2+\frac{1}{2}J_C\omega^2$$

动能是标量，而且恒为正值。

4. 动能定理。

(1) 微分形式。

质点动能定理的微分形式 $\mathrm{d}T=\mathrm{d}'W$

质点系动能定理的微分形式

$$\mathrm{d}T=\sum\mathrm{d}'W_F$$

质点或质点系(在理想约束下)在微小路程上动能的变化，等于作用在其上的所有主动力在这微小路程上的功(元功)之和。

(2) 积分形式。

质点动能定理的积分形式

$$\frac{1}{2}mv_2^2-\frac{1}{2}mv_1^2=W_F$$

质点系动能定理的积分形式

$$T_2 - T_1 = \sum W_F$$

质点或质点系(在理想约束下)在任一路程中动能的变化，等于作用在该质点或质点系上所有主动力的功之和。

5. 动力学普遍定理提供了解决质点系动力学问题的一般方法。

思考题

13.1 一质点在铅垂平面内做圆周运动，当质点恰好转过一周时，其重力的功为零。这种说法对吗？为什么？

13.2 质点做匀速直线运动时，动能不变，当质点做匀速圆周运动时，其动能也不变吗？

13.3 在弹性范围内，把弹簧的伸长加倍，则拉力做的功也加倍，这个说法对吗？为什么？

13.4 轮做纯滚动时，滑动摩擦力不做功，为什么？

13.5 两半径为R、质量为m的均质圆轮，均以角速度ω做定轴转动，试问当这两个圆轮转轴不同时，它们的动能是否相同？为什么？

13.6 试举例说明质点系内力做功之和不为零。

习题

13-1 如题13-1图所示，物块质量m=20kg，由力$\boldsymbol{Q}$拖拽沿一水平直线运动。设力$\boldsymbol{Q}$为一常力，大小等于98N，方向与水平线呈30°，物块与水平面间的动摩擦系数f'=0.2。问当物块经过S=6m时，力$\boldsymbol{Q}$、重力$\boldsymbol{P}$及摩擦阻力所做的功各为多少？若$\boldsymbol{Q}$的方向不变，但其大小按$Q=4S$(Q以N计，S以m计)的规律变化，它所做的功又为多少？

13-2 如题13-2图所示，弹簧的自然长度为OA，弹簧系数为c，O端固定，若A端沿着半径为R的圆弧运动，试求在由A到B及由B到D的过程中弹性力所做的功。

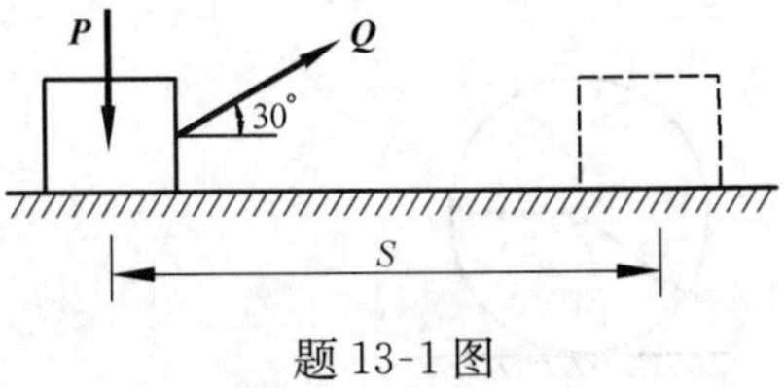

题13-1图

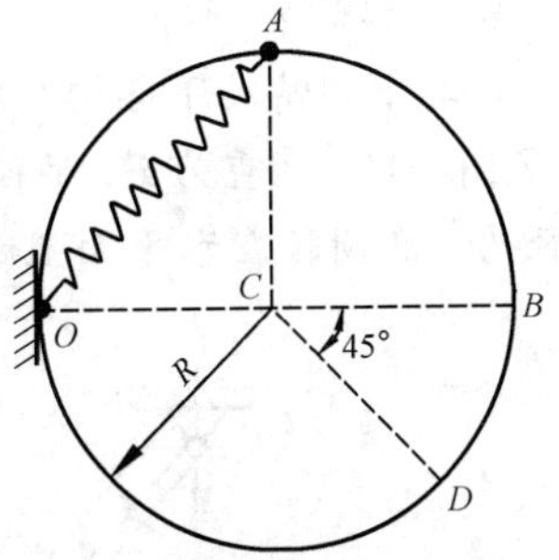

题13-2图

13-3 如题13-3图所示，用跨过滑轮的绳子牵引质量为2kg的滑块沿倾角为30°的光滑斜面运动。设绳子拉力T=20N。计算滑块由位置A至位置B时，重力与拉力所做的总功。

13-4 如题13-4图所示，圆盘半径r=0.5m，可绕水平轴O转动，在绕过圆盘的绳上吊有两物块A、B，质量分别为m_A=3kg，m_B=2kg。绳与盘之间无相对滑动。在圆盘上作用一力偶，力偶矩按$M=4\varphi$的规律变化(M以N·m计，φ以rad计)。试求由$\varphi=0$到$\varphi=2\pi$时，力偶M与物块A、B的重力所做的功之总和。

13-5 如题 13-5 图所示为一电动机带动的传送带上料机构，已知每秒的输送量 $m=100\text{kg/s}$。工料被输送的高度为 $h=1\text{m}$，传送带的速度为 $v=0.5\text{m/s}$。问应选多大功率的电动机。

13-6 如题 13-6 图所示，滑道连杆机构的曲柄长为 a，以匀角速度 ω 绕 O 轴转动，曲柄对转动轴的转动惯量等于 J_O，滑道连杆的质量为 m，不计滑块 A 的质量，试求此机构的动能，并问 φ 为多大时，动能有最大值与最小值？

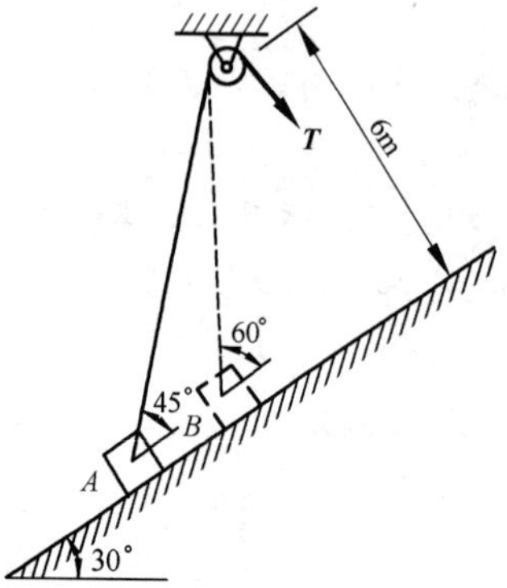

题 13-3 图

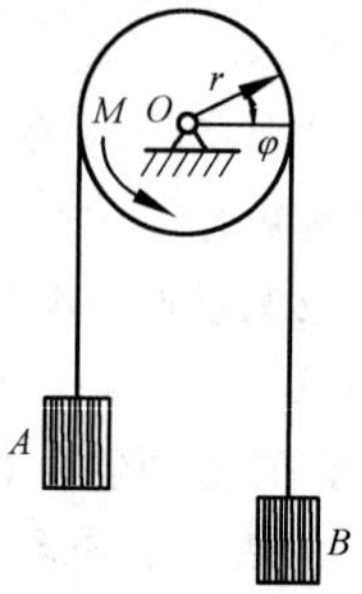

题 13-4 图

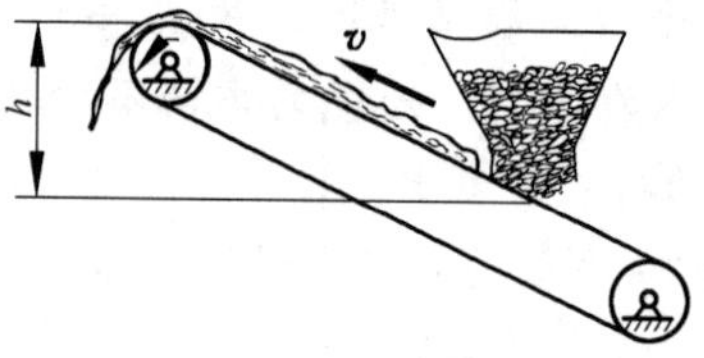

题 13-5 图

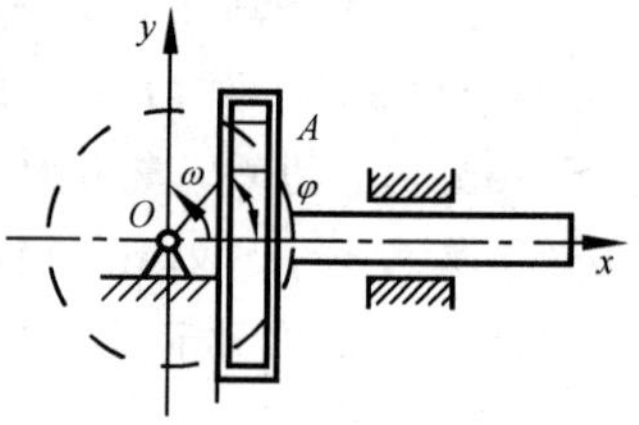

题 13-6 图

13-7 计算下列情况下各均质物体的动能：①重为 $\boldsymbol{P}$、长为 l 的直杆以角速度 ω 绕 O 轴转动(题 13-7 图(a))；②重为 $\boldsymbol{P}$、半径为 r 的圆盘以角速度 ω 绕 O 轴转动(题 13-7 图(b))；③重为 $\boldsymbol{P}$、半径为 r 的圆轮在水平面上做纯滚动，质心 C 的速度为 $\boldsymbol{v}$(题 13-7 图(c))。

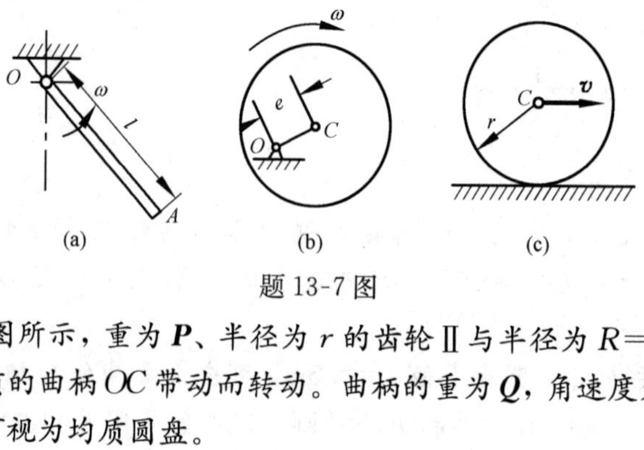

题 13-7 图

13-8 如题 13-8 图所示，重为 $\boldsymbol{P}$、半径为 r 的齿轮Ⅱ与半径为 $R=3r$ 的固定内齿轮Ⅰ相啮合。齿轮Ⅱ通过均质的曲柄 OC 带动而转动。曲柄的重为 $\boldsymbol{Q}$，角速度为 ω。试计算该行星齿轮机构的动能。齿轮可视为均质圆盘。

13-9 如题 13-9 图所示，一小车从水平距离为 l_1、高为 h 的斜坡上无初速地下滑，至水平段又滑行距离 l_2 后停止，试求小车与地面的摩擦系数 f。

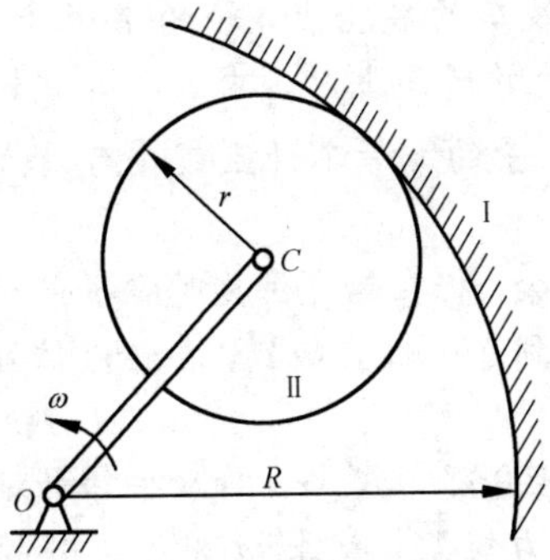

题 13-8 图

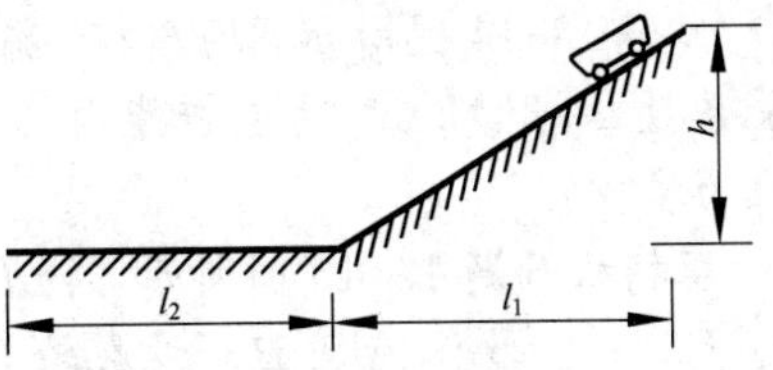

题 13-9 图

13-10 如题 13-10 图所示，重物 A 重为 $\boldsymbol{P}$，连在一根不计质量不可伸长的绳子上，绳子另一端绕过均质定滑轮 D 并系在均质圆轮 C 的质心上。已知 D 轮重为 $\boldsymbol{P}$，半径为 r，C 轮重为 $2\boldsymbol{P}$，半径为 $R=2r$，滑轮 D 上作用一不变的转矩 M，使系统由静止而运动，求重物下降距离为 S 时的速度和加速度(设轮 C 为纯滚动，D、C 按均质圆盘计算)。

13-11 均质杆 OA 长 $l=3.27\text{m}$，可在铅直平面内绕水平固定轴 O 转动。当杆在题 13-11 图所示铅直位置时，应给予杆以多大的角速度，才能使杆转到水平位置？

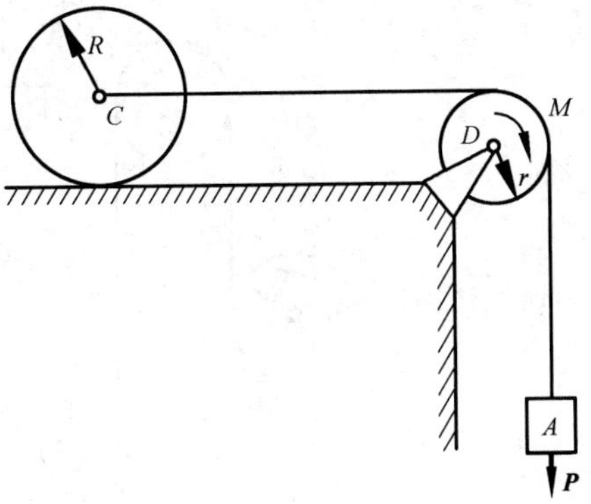

题 13-10 图

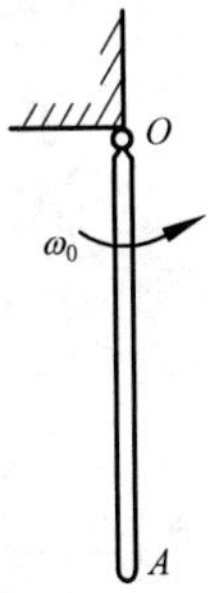

题 13-11 图

13-12 质量 $m=2\text{kg}$ 的小球与两根弹簧相连接。弹簧系数 $c=2\text{kN/m}$，在题 13-12 图所示的水平初始位置，弹簧正好没有变形。现使小球得到初速度 $v_0=1\text{m/s}$，其方向使得小球在以后的运动中恰能通过 M 点，M 点处在通过 AB 直线的铅直平面内。尺寸如题 13-12 图所示，单位是 mm。求小球通过 M 点时的速度。

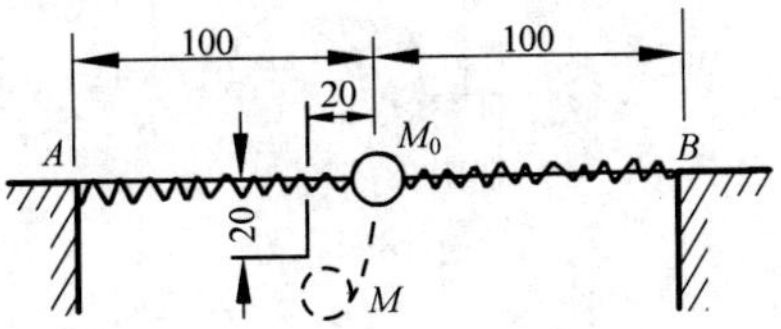

题 13-12 图

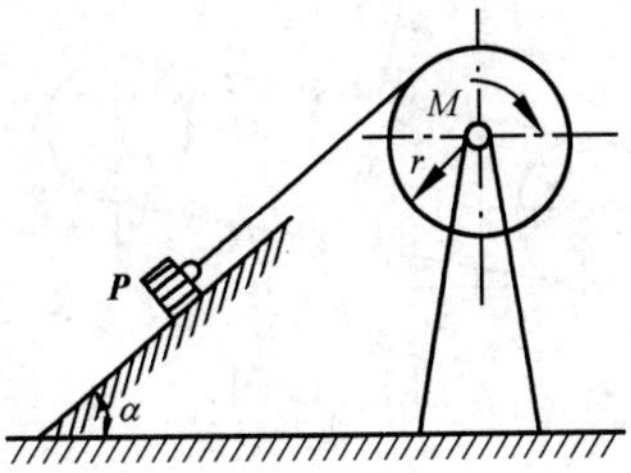

题 13-13 图

13-13 如题13-13图所示，一不变转矩 M 作用在绞车的鼓轮上，轮的半径为 r，重为 $\boldsymbol{P}_1$，绕在鼓轮上的吊索拉动重 $\boldsymbol{P}$ 的重物沿着与水平呈 α 角的斜面上升。求绞车的鼓轮在转过 φ 弧度后的角速度。重物对斜面的滑动摩擦系数是 f'，吊索的质量不计且鼓轮可看成均质圆柱，开始时系统是静止的。

13-14 如题13-14图所示，均质杆 OA 的质量为30kg，杆在铅直位置时弹簧处于自然状态。设弹簧系数 $c=3\text{kN/m}$，为使杆能由铅直位置 OA 转到水平位置 OA'，在铅直位置时的角速度至少应为多少？

13-15 卷扬机如题13-15图所示，轮 D、轮 C 的半径分别为 R、r，对水平转动轴的转动惯量分别为 J_1、J_2。物体 A 重 $\boldsymbol{P}$。设在轮 C 上作用一常力矩 M，试求物体 A 上升的加速度（各段绳的质量不计）。

13-16 如题13-16图所示，带传送机的联动机构给予滑轮 B 一不变的转矩 M，使带传送机由静止开始运动，被提升物体 A 的重为 $\boldsymbol{P}$，滑轮 B、C 的半径是 r，重为 $\boldsymbol{Q}$，且可看成均质圆柱。求物体 A 移动一段距离 S 时的速度。设传送带与水平线所呈之角为 α，它的质量可略去不计，带与滑轮之间没有相对滑动。

13-17 如题13-17图所示，在绞车的主动轴上作用一不变的力偶矩 M，以提升一重 $\boldsymbol{P}$ 的物体。已知主动轴及从动轴连同安装在两轴上的齿轮和其他附属零件的转动惯量分别为 J_1 及 J_2，传动比 $\omega_1 : \omega_2 = k$，吊索绕在半径为 R 的鼓轮上。设轴承的摩擦以及吊索的质量均略去不计，求重物的加速度。

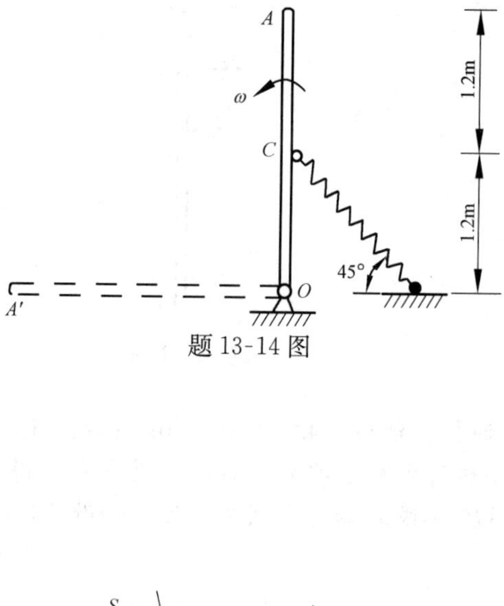

题13-14图

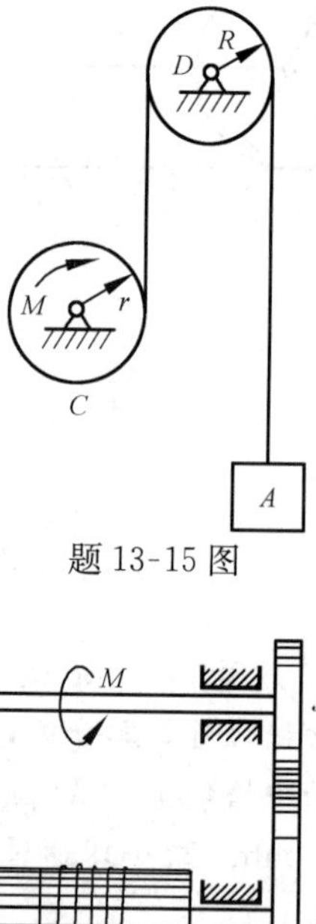

题13-15图

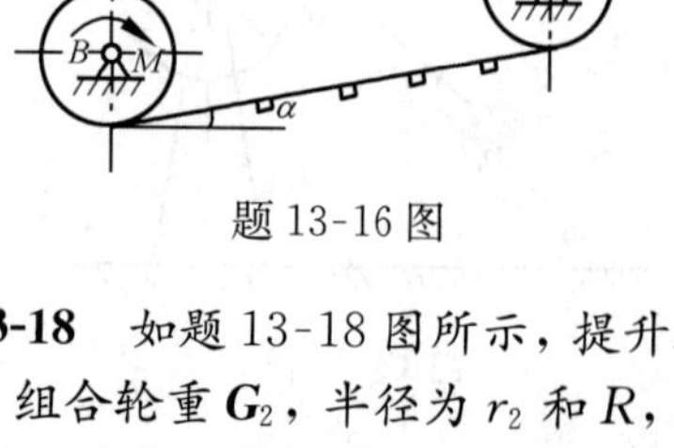

题13-16图

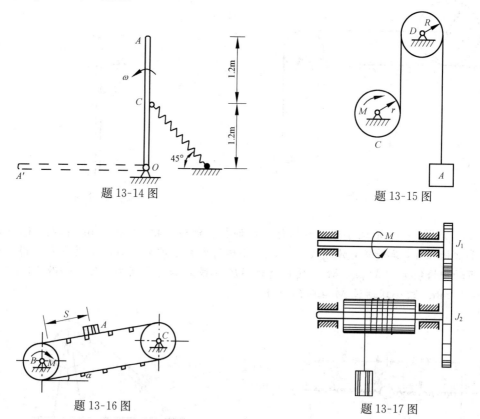

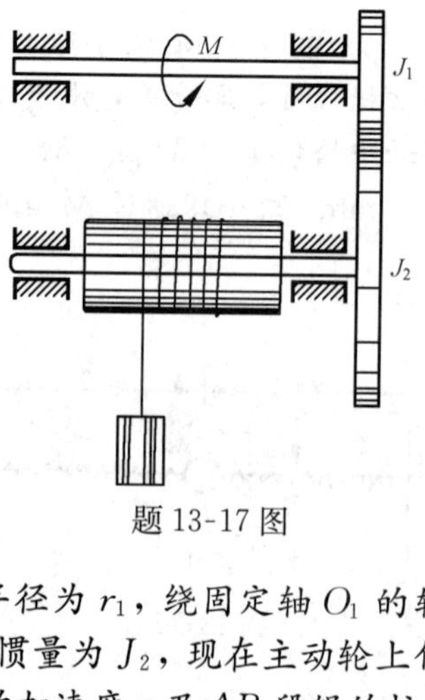

题13-17图

13-18 如题13-18图所示，提升机构主动轮重 $\boldsymbol{G}_1$，半径为 r_1，绕固定轴 O_1 的转动惯量为 J_1，组合轮重 $\boldsymbol{G}_2$，半径为 r_2 和 R，绕固定轴 O_2 的转动惯量为 J_2，现在主动轮上作用一常力矩 M_1，由静止起提升重量为 $\boldsymbol{G}$ 的重物。试求重物上升的加速度 $\boldsymbol{a}$ 及 AB 段绳的拉力 $\boldsymbol{T}$。

13-19 如题13-19图所示，圆柱体 A 半径为 0.2m，质量为 10kg，以一连杆与质量为 5kg 的滑块 B 相连，滑块 B 与斜面的摩擦系数 $f'=0.2$。设 A、B 自静止开始运动，圆柱 A 在斜面上只滚动不滑动。求 A、B 沿斜面向下运动 10m 时滑块 B 的速度(不计连杆的质量)。

13-20 如题13-20图所示，重物 A 和 B 通过动滑轮 D 和定滑轮 C 而运动。如果重物 A 开始时向下的速度为 $\boldsymbol{v}_0$。试问重物 A 下落多大距离，其速度将增加一倍？设 A 和 B 的重均为 $\boldsymbol{P}$，滑轮 D 和 C 的重均为 $\boldsymbol{Q}$，且均为均质圆盘。重物 B 与水平面间的动摩擦系数为 f'，绳索不能伸长，其质量忽略不计。

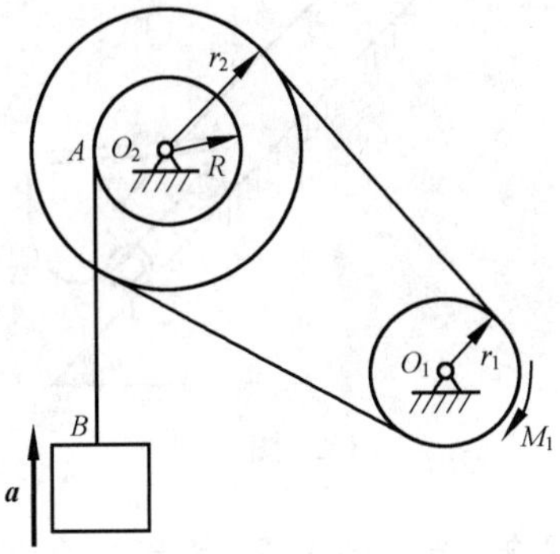

题13-18图

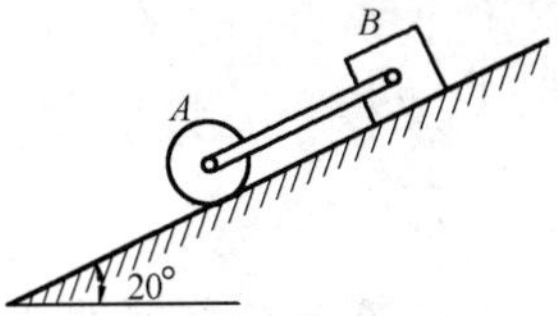

题13-19图

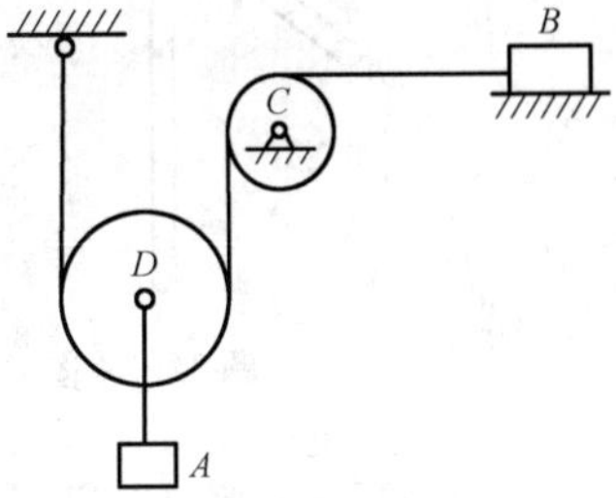

题13-20图

13-21 如题13-21图所示，均质细杆重 $\boldsymbol{Q}$、长为 l，上端 B 靠在光滑的墙上，下端 A 以铰链和一均质圆柱的中心相连。圆柱重 $\boldsymbol{P}$、半径为 R，放在粗糙的地面上，从图示位置($\theta=45°$)由静止开始做纯滚动。求 A 点在初瞬时的加速度。

* **13-22** 如题13-22图所示，圆柱体 A 的质量是 m，在其中部绕以细绳，绳的一端 B 固定不动。圆柱体由初始位置 A 无初速地下降。求当圆柱体的质心降落高度为 h 时质心的速度和绳子的拉力。

* **13-23** 在题13-23图所示机构中，滚子和鼓轮为均质，质量分别为 m_1 和 m_2。半径均为 R，斜面倾角为 α。假设滚子纯滚动，不计滚动摩擦且绳子质量忽略不计。在鼓轮上作用一力偶，其矩为 M。求：①鼓轮的角加速度；②轴承 O 的水平反力。

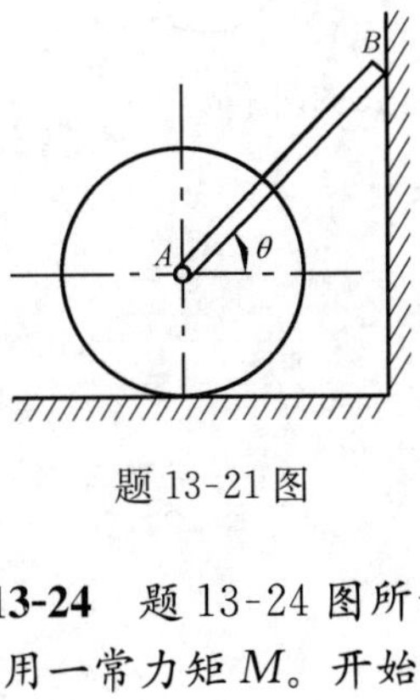

题13-21图

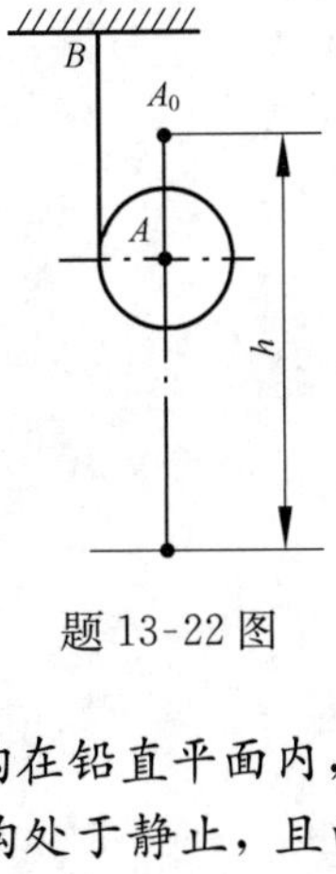

题13-22图

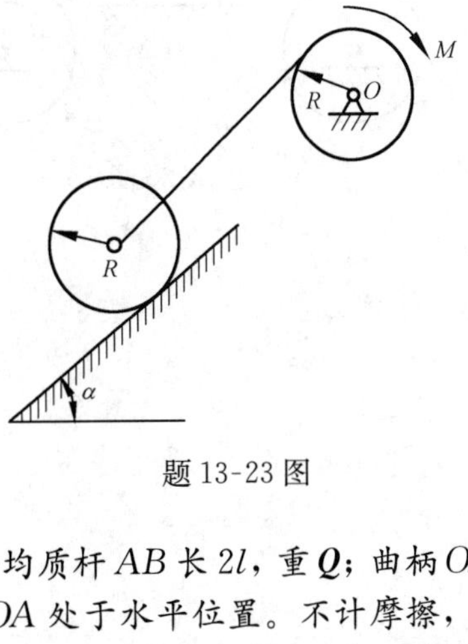

题13-23图

* **13-24** 题13-24图所示机构在铅直平面内，已知均质杆 AB 长 $2l$，重 $\boldsymbol{Q}$；曲柄 OA 长 l，其上作用一常力矩 M。开始时机构处于静止，且曲柄 OA 处于水平位置。不计摩擦，不计曲柄 OA 与滑块 C 的质量，求当杆 AB 运动到铅直位置时，①杆 AB 的角速度、角加速度；②导槽对滑块 C 的反力和铰 A 处的约束反力。

* **13-25** 如题 13-25 图所示，鼓轮可绕通过中心 O 的水平轴转动，其上作用一常力矩 M，以牵引质量为 m_1 的料斗沿倾角为 α 的斜坡上升。已知鼓轮的半径为 r，质量为 m_2，对 O 轴的转动惯量为 J。试求料斗的加速度和轴承 O 处的约束反力。各处摩擦都略去不计。

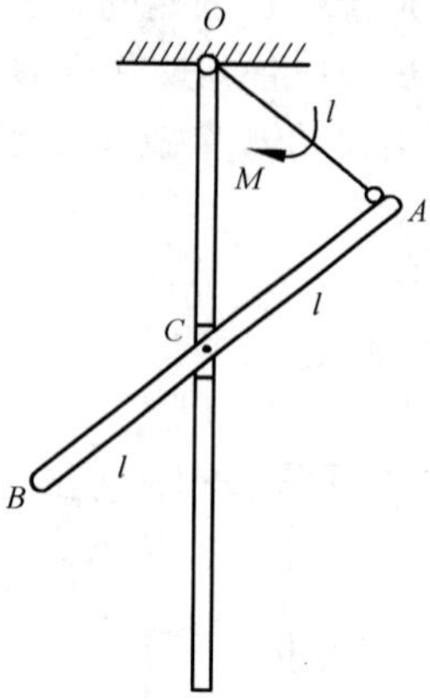

题 13-24 图

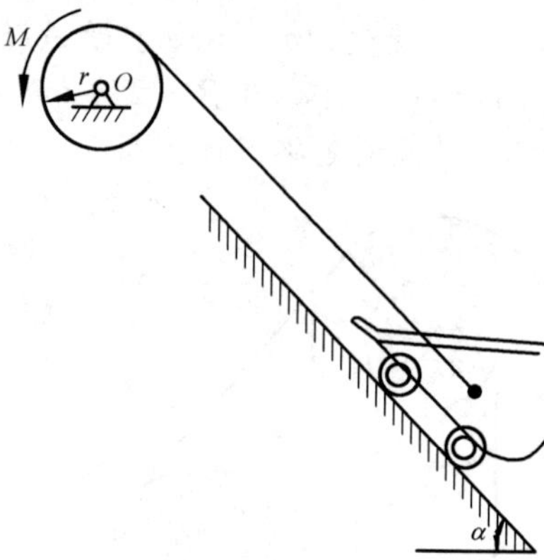

题 13-25 图

* **13-26** 如题 13-26 图所示，轮 A 和轮 B 可视为均质圆盘，半径均为 R、重均为 $\boldsymbol{Q}$，绕在两轮上的绳索中间连着物块 C，该物块 C 重为 $\boldsymbol{P}$，求轮 A 与物块之间那段绳索的张力。绳索的重量不计。

* **13-27** 如题 13-27 图所示，均质细杆 OA 可绕水平轴 O 转动，另一端有一均质圆盘，圆盘可绕 A 在铅直面内自由旋转，已知 OA 长为 l、重为 $\boldsymbol{P}$，圆盘半径为 R、重为 $\boldsymbol{Q}$，摩擦不计，初始时 OA 杆水平，杆和圆盘静止，求杆与水平线呈 α 角的瞬时杆的角速度和角加速度。

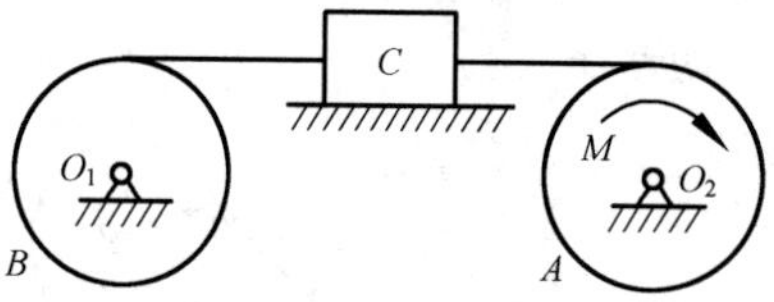

题 13-26 图

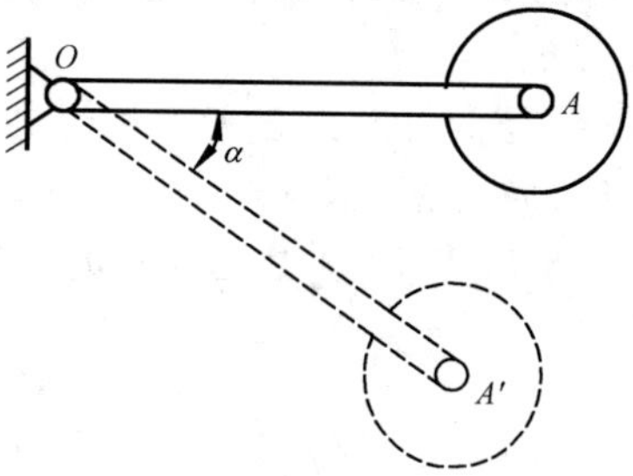

题 13-27 图

第 14 章

动 静 法

动静法是解决非自由质点系动力学问题的一个普遍方法。该方法借助于“虚拟的惯性力”在形式上将动力学问题变为静力学平衡问题来研究，应用该方法求解动力学约束反力问题显得尤为方便。

14.1　惯性力与质点动静法

14.1.1　惯性力的概念

在动静法中，惯性力是一个重要的概念。当人用手推动质量为 m 的小车沿水平直线轨道运动时，小车获得加速度 $\boldsymbol{a}$，如图 14-1 所示。不计轨道对小车的阻力，根据牛顿第二定律，人手施加于小车上的力 $\boldsymbol{F}=m\boldsymbol{a}$，又根据牛顿第三定律(作用力与反作用力定律)，同时人手感到的压力就是小车给人手的反作用力 $\boldsymbol{F}'$。而且

$$\boldsymbol{F}'=-\boldsymbol{F}=-m\boldsymbol{a} \tag{14-1}$$

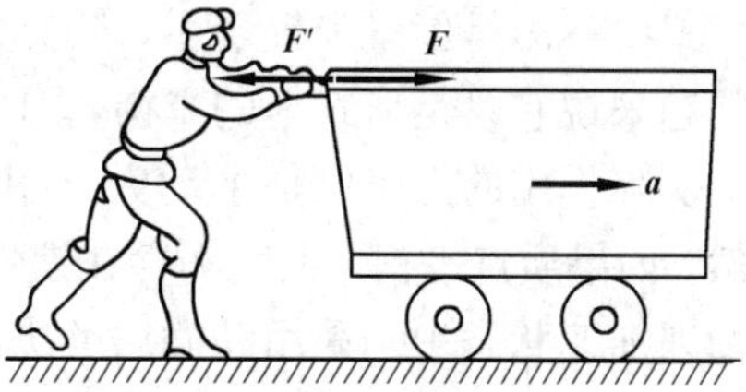

图 14-1

14-1

力 $\boldsymbol{F}'$ 是由于小车具有惯性，为保持其原有的运动状态，对于施力物体(人手)产生的反抗力，称为小车的**惯性力**。必须注意，小车的惯性力并不作用在小车上，而是作用在迫使小车产生加速运动的物体上(本例作用在人手上)，如图 14-1 所示。

另一个例子是用手握住绳的一端，另一端系着小球使其在水平面内做匀速圆周运动。此时质点在水平面内所受的力只有绳的拉力 $\boldsymbol{T}$。若小球的质量为 m，速度为 $\boldsymbol{v}$，圆半径为 r，由牛顿第二定律可知：$\boldsymbol{T}=m\boldsymbol{a}=m\boldsymbol{a}_n=m\dfrac{v^2}{r}\boldsymbol{n}$，即所谓向心力，而小球由于惯性必然给绳以反作用力 $\boldsymbol{T}'$，即小球的惯性力。$\boldsymbol{T}'=-\boldsymbol{T}=-m\boldsymbol{a}_n$，称为离心力。人手感到有拉力就是这个力引起的。

惯性力

综上所述，质点惯性力的定义为：**加速运动的质点对迫使其产生加速运动的物体的惯性反抗的总和，称为质点的惯性力。质点惯性力的大小等于质点的质量与其加速度的乘积，方向与加速度的方向相反。**常用符号 $\boldsymbol{Q}$ 表示。即

$$\boldsymbol{Q}=-m\boldsymbol{a} \tag{14-2}$$

式(14-2)是矢量式，工程应用中常常是它的投影式。惯性力在直角坐标轴上的投影为

$$\left.\begin{aligned} Q_x&=-ma_x=-m\frac{\mathrm{d}^2x}{\mathrm{d}t^2}\\ Q_y&=-ma_y=-m\frac{\mathrm{d}^2y}{\mathrm{d}t^2}\\ Q_z&=-ma_z=-m\frac{\mathrm{d}^2z}{\mathrm{d}t^2}\end{aligned}\right\} \tag{14-3}$$

惯性力在自然坐标轴上的投影为

$$
\left.\begin{aligned}
Q_\tau &= -ma_\tau = -m\frac{d^2 s}{dt^2} \\
Q_n &= -ma_n = -m\frac{v^2}{\rho} \\
Q_b &= -ma_b = 0
\end{aligned}\right\} \tag{14-4}
$$

14-2

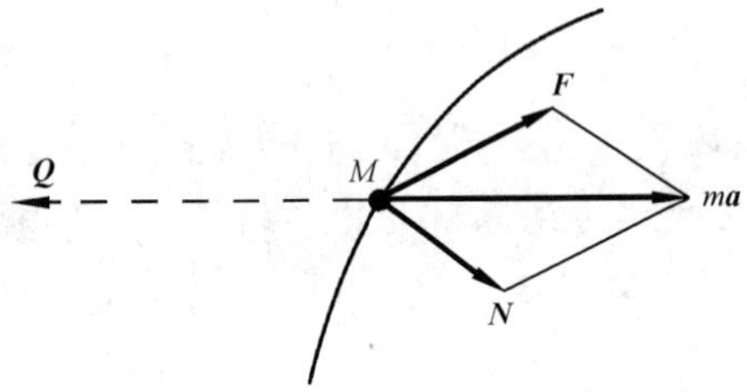

图 14-2

14.1.2 质点的动静法

设一质量为 m 的质点 M，其上作用有主动力 $\boldsymbol{F}$ 和约束反力 $\boldsymbol{N}$(图 14-2)。根据动力学第二定律有

$$\boldsymbol{F}+\boldsymbol{N}=m\boldsymbol{a} \tag{14-5}$$

若将上式右端 $m\boldsymbol{a}$ 移到左端，并引入质点的惯性力

$$\boldsymbol{Q}=-m\boldsymbol{a}$$

则有

$$\boldsymbol{F}+\boldsymbol{N}+\boldsymbol{Q}=0 \tag{14-6}$$

如果将惯性力 $\boldsymbol{Q}$ 假想地加在质点上，则式(14-6)表明，**作用在质点上的主动力和约束反力以及假想的惯性力组成平衡力系**。这种借助于在质点上虚加上惯性力 $\boldsymbol{Q}$ 而把动力学方程(14-5)式在形式上变成汇交力系平衡方程(14-6)式的方法，称为质点的**动静法**。动静法提供了一种研究非自由质点动力学问题的新方法。

式(14-6)是矢量和等于零，汇交力系平衡方程也正是这个形式。然而，这个方程对动力学问题来说它只是形式上的平衡，因为惯性力 $\boldsymbol{Q}$ 是虚拟的，而绝对不是作用于质点上的。质点上实际作用的力仍然是主动力 $\boldsymbol{F}$ 和约束反力 $\boldsymbol{N}$，而且是在这些力作用下，产生加速度 $\boldsymbol{a}$。显然，如果质点平衡，也就不存在惯性力了，既然给质点上加上惯性力，那质点当然是处在不平衡即加速状态中。采用动静法解决动力学问题的最大优点，就是可以利用静力学提供的解题方法，为动力学问题提供一种统一的解题格式。

必须指出，动静法中的惯性力与非惯性坐标系中的惯性力是不一样的。动静法中的惯性力完全是虚假的，它并非是质点本身受到的力，而是质点给施力物体的力。但是在非惯性坐标系中的惯性力——虚拟力却具有真实性。为了区分这两种惯性力，在力学中通常将动静法中的惯性力，称为**达朗贝尔惯性力**。

【例 14-1】 重为 $\boldsymbol{P}$ 的小球 M 系于长为 l 的软绳下端，并以匀角速度绕铅垂线回转，如图 14-3 所示。若绳与铅垂线呈 α 角，求绳中的拉力和小球的速度。

解 以小球 M 为研究对象。在任一瞬时其上所受的力有重力 $\boldsymbol{P}$ 和绳子的拉力 $\boldsymbol{T}$。根据动静法，在质点上虚加上惯性力 $\boldsymbol{Q}$。依题意质点在平面内做匀速圆周运动，所以只有法向加速度 $\boldsymbol{a}_n=\frac{v^2}{l\sin\alpha}\boldsymbol{n}$，故惯性力 $\boldsymbol{Q}=-\frac{P}{g}\frac{v^2}{l\sin\alpha}\boldsymbol{n}$。将这个惯性力虚加在质点上之后认为重力 $\boldsymbol{P}$、$\boldsymbol{T}$ 和 $\boldsymbol{Q}$ 组成平衡力系。这是一个平面汇交力系，取b轴和 n 轴作为投影轴，列平衡方程

$$\sum F_n=0 \quad , \quad T\sin\alpha-\frac{P}{g}\frac{v^2}{l\sin\alpha}=0$$

$$\sum F_b=0 \quad , \quad T\cos\alpha-P=0$$

由此解得

$$T=\frac{P}{\cos\alpha}$$

$$v=\sqrt{gl\sin^2\alpha/\cos\alpha}$$

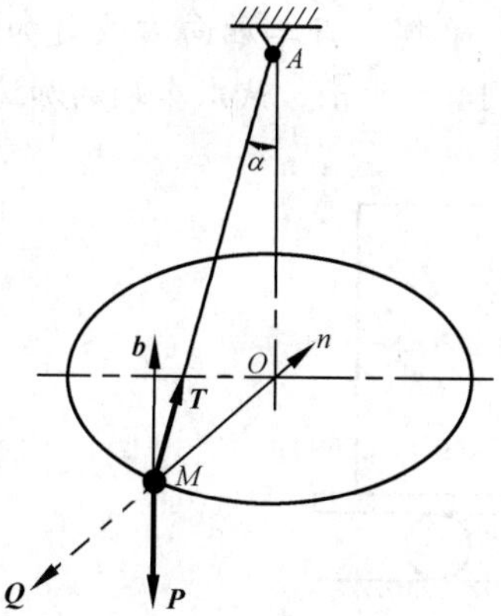

图 14-3

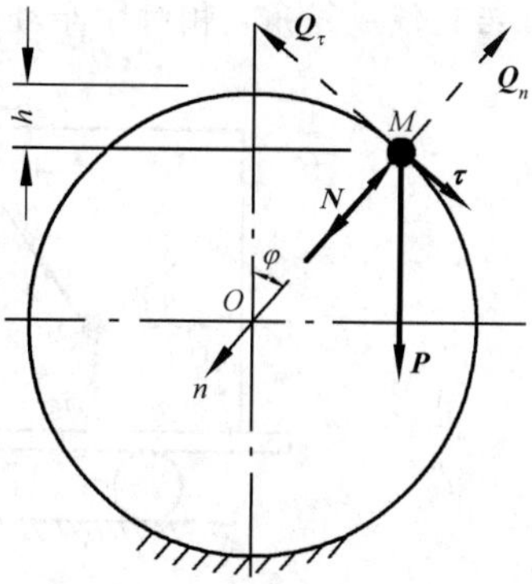

图 14-4

14-3

14-4

【例 14-2】 在半径为 R 的光滑球顶上放一小物块，如图 14-4 所示。设物块沿铅垂面内的大圆自球面顶点静止滑下，求此物块脱离球面时的位置。

解 以物块为研究对象。在任意瞬时物块的位置以 φ 角表示，物块所受的力有重力 $\boldsymbol{P}$ 和球面的约束反力 $\boldsymbol{N}$。设物块在任意位置的切向和法向加速度分别为

$$\boldsymbol{a}_\tau = \frac{\mathrm{d}v}{\mathrm{d}t}\boldsymbol{\tau} \quad , \quad \boldsymbol{a}_n = \frac{v^2}{R}\boldsymbol{n}$$

于是切向惯性力和法向惯性力分别为

$$\boldsymbol{Q}_\tau = -\frac{P}{g}\frac{\mathrm{d}v}{\mathrm{d}t}\boldsymbol{\tau} \quad , \quad \boldsymbol{Q}_n = -\frac{P}{g}\frac{v^2}{R}\boldsymbol{n}$$

将其加在物块上，与 $\boldsymbol{P}$ 和 $\boldsymbol{N}$ 组成平衡力系。

取 n 轴为投影轴，列平衡方程

$$\sum F_n = 0, \; P\cos\varphi - N - \frac{P}{g}\frac{v^2}{R} = 0 \tag{1}$$

而由动能定理得

$$\frac{1}{2}\frac{P}{g}v^2 - 0 = PR(1-\cos\varphi)$$

$$v^2 = 2gR(1-\cos\varphi) \tag{2}$$

将式(2)代入式(1)，解得

$$N = P(3\cos\varphi - 2)$$

可见，约束反力 $\boldsymbol{N}$ 随 φ 角增大而减小。当球面对物块的约束反力 $\boldsymbol{N}$ 等于零时，物块开始与球面脱离，此时的位置 φ_0 为

$$\cos\varphi_0 = \frac{2}{3} \quad , \quad \varphi_0 = 48°11'$$

若以物块下降距离 h 表示脱离位置，由图 14-4 可知

$$\cos\varphi_0 = \frac{R-h}{R} = \frac{2}{3}$$

求得

$$h = \frac{1}{3}R$$

即物块沿球面下滑的铅垂高度等于半径的 1/3 时，物块开始脱离球面。

【例 14-3】 列车沿水平轨道行驶，在车厢内悬挂一单摆。当车厢向右做匀加速运动时，单摆向左偏斜与铅直线成 α 角，相对于车厢静止，如图 14-5 所示。试求车厢的加速度 $\boldsymbol{a}$。

14-5

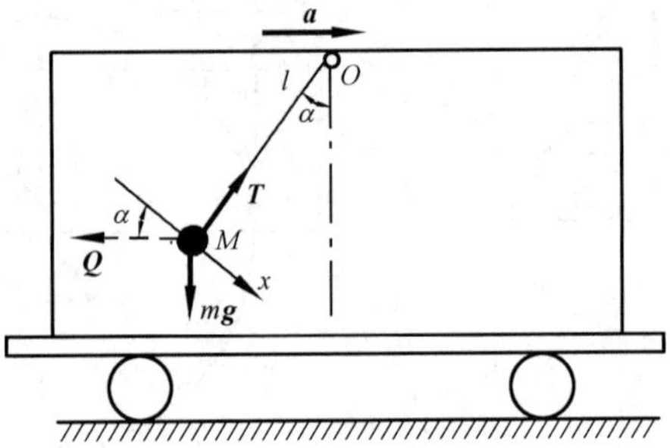

图 14-5

解 取单摆的摆锤为研究对象，设它的质量为 m。摆锤与车厢一样，有向右的加速度 $\boldsymbol{a}$。它受两个力作用：重力 $m\boldsymbol{g}$ 和悬线的拉力 $\boldsymbol{T}$。根据动静法，若在重锤上假想地加上惯性力 $\boldsymbol{Q}=-m\boldsymbol{a}$，则 $m\boldsymbol{g}$、$\boldsymbol{T}$ 和 $\boldsymbol{Q}$ 成为共点平衡力系。取 x 轴为投影轴，列平衡方程

$$\sum X = 0 \quad , \quad mg\sin\alpha - Q\cos\alpha = 0$$

解得

$$a = g\tan\alpha$$

根据另外一个平衡方程，还可以求出绳子的拉力。

14.2 质点系的动静法

设由 n 个质点组成的质点系，根据质点的动静法可知，如果对该质点系的每个质点上假想地加上惯性力，则作用于每个质点上的主动力 $\boldsymbol{F}_i$、约束反力 $\boldsymbol{N}_i$ 和惯性力 $\boldsymbol{Q}_i$ 在形式上组成平衡力系。则有

$$\boldsymbol{F}_i + \boldsymbol{N}_i + \boldsymbol{Q}_i = 0 \qquad (i = 1, 2, \cdots, n) \tag{14-7}$$

从表面上看，式(14-7)是质点系中每个质点的平衡条件，但实质上它却给出了整个质点系的平衡条件。这是因为，质点系中每个质点平衡与整个质点系的平衡是相通的。

这就表明，**在质点系运动的任一瞬时，在质点系中的每一质点上都假想地加上相应的惯性力，则作用于质点系上的所有主动力、约束反力和所有虚加的惯性力在形式上构成一平衡力系**。这就是**质点系的动静法**。质点系平衡意味着可以在质点系中随意取研究对象，建立相应的平衡方程。然而，由静力学可知，力系的平衡条件是力系向任一点简化的主矢和主矩都等于零，即

$$\left.\begin{aligned} &\sum \boldsymbol{F}_i + \sum \boldsymbol{N}_i + \sum \boldsymbol{Q}_i = 0 \\ &\sum \boldsymbol{m}_O(\boldsymbol{F}_i) + \sum \boldsymbol{m}_O(\boldsymbol{N}_i) + \sum \boldsymbol{m}_O(\boldsymbol{Q}_i) = 0 \end{aligned}\right\} \tag{14-8}$$

当把作用于质点系上的力按内力和外力划分时，式(14-8)可写成

$$\sum \boldsymbol{F}_i^{(e)} + \sum \boldsymbol{F}_i^{(i)} + \sum \boldsymbol{Q}_i = 0$$

$$\sum \boldsymbol{m}_O(\boldsymbol{F}_i^{(e)}) + \sum \boldsymbol{m}_O(\boldsymbol{F}_i^{(i)}) + \sum \boldsymbol{m}_O(\boldsymbol{Q}_i) = 0$$

式中，$\sum \boldsymbol{F}_i^{(e)}$ 和 $\sum \boldsymbol{F}_i^{(i)}$ 分别表示质点系所受的外力和内力。由于质点系的内力总是成对出

现，且彼此等值、反向、共线，因而有 $\sum \boldsymbol{F}_i^{(i)}=0$，$\sum \boldsymbol{m}_O(\boldsymbol{F}_i^{(i)})=0$，于是上面两式可写成

$$\left.\begin{aligned}&\sum \boldsymbol{F}_i^{(e)}+\sum \boldsymbol{Q}_i=0\\&\sum \boldsymbol{m}_O(\boldsymbol{F}_i^{(e)})+\sum \boldsymbol{m}_O(\boldsymbol{Q}_i)=0\end{aligned}\right\}\tag{14-9}$$

这表明，对整个质点系来说，动静法给出的平衡方程只是质点系的惯性力系与其外力系的平衡，而与质点系内力无关。惯性力系的主矢和对 O 点之主矩分别为

$$\sum \boldsymbol{Q}_i=\sum -m_i\boldsymbol{a}_i=-M\boldsymbol{a}_C=-\frac{\mathrm{d}}{\mathrm{d}t}\left(\sum m\boldsymbol{v}_i\right)$$

$$\sum \boldsymbol{m}_O(\boldsymbol{Q}_i)=-\sum \frac{\mathrm{d}}{\mathrm{d}t}\boldsymbol{m}_O(m\boldsymbol{v}_i)=-\frac{\mathrm{d}}{\mathrm{d}t}\sum \boldsymbol{m}_O(m\boldsymbol{v}_i)$$

即动量主矢和动量对 O 点的主矩对时间的导数冠以负号，所以，式(14-9)实质上是质心运动定理和动量矩定理。

必须指出，质点系动静法的方便之处在于给质点系假想地加上惯性力系之后，随意地取任何研究对象，都可以建立相应的平衡方程。取研究对象的随意性，会使同一个质点系的问题具有各种解法，当然会在解法上有简单与复杂之分。式(14-8)或式(14-9)仅是取整体所写的方程，切不可将它理解为质点系动静法的全貌；式(14-7)才给出质点系动静法的全部思想，并明确地表明:任何质点系的动力学问题，应用质点系的动静法都是可以求解的。应用动静法求解具体问题时，同应用其他矢量形式方程一样，应该写出投影的和对轴之矩的代数方程。

【例 14-4】 如图 14-6 所示，在绕过定滑轮的绳子两端，分别悬挂质量为 m_1 和 m_2 的两个重物 M_1 和 M_2，若略去滑轮和绳子的质量，求两重物的加速度和轴承 O 的反力以及绳子的拉力。

解　设 M_1 的加速度为 $\boldsymbol{a}$，方向向下，则 M_2 的加速度亦为 $\boldsymbol{a}$，方向向上，于是，可根据式(14-2)在 M_1 和 M_2 上分别加惯性力 $\boldsymbol{Q}_1=-m_1\boldsymbol{a}$ 和 $\boldsymbol{Q}_2=-m_2\boldsymbol{a}$。根据题意，先取整体作为研究对象，作用于整体上的外力有:$\boldsymbol{X}_O$、$\boldsymbol{Y}_O$、$m_1\boldsymbol{g}$、$m_2\boldsymbol{g}$。根据动静法可知，这些外力与惯性力系 $\boldsymbol{Q}_1$、$\boldsymbol{Q}_2$ 组成平衡力系。这是一个平面任意力系，可写三个平衡方程：

$$\sum X=0,\ X_O=0$$

$$\sum Y=0,\ Y_O+Q_1-Q_2-(m_1+m_2)g=0$$

$$\sum m_O(\boldsymbol{F})=0,\ r(Q_1+Q_2)+r(m_2-m_1)g=0$$

将 $Q_1=m_1a$ 和 $Q_2=m_2a$ 代入上述方程，联立求解得

$$a=\frac{m_1-m_2}{m_1+m_2}g$$

$$X_O=0\quad,\quad Y_O=\frac{4m_1m_2}{m_1+m_2}g$$

当 $m_1>m_2$ 时，M_1 的加速度方向向下，反之向上。

再取 M_1 作为研究对象，M_1 上作用有重力 $m_1\boldsymbol{g}$、绳子的拉力 $\boldsymbol{T}$ 以及 $\boldsymbol{Q}_1$，则有平衡方程

$$\sum Y=0,\ T+Q_1-m_1g=0$$

将 $Q_1=m_1a$ 代入上式可得

$$T=\frac{2m_1m_2}{m_1+m_2}g$$

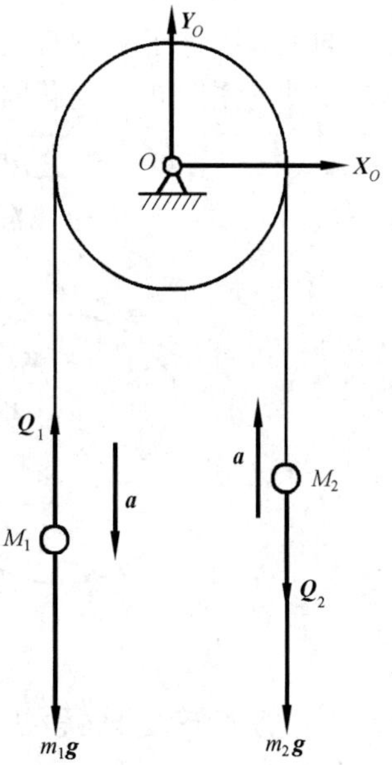

图 14-6

14-6

14.3 刚体惯性力系的简化

应用动静法来求解动力学问题时，首要的一步就是在质点系上假想地加上惯性力。对于由有限个质点组成的质点系，可直接在每个质点上加上相应的惯性力，形成一个惯性力系。对于刚体则必须将加在刚体上的惯性力系进行简化。简化惯性力系所采用的方法就是静力学中对力系的简化理论。但它完全是形式上的相同，对于虚拟的惯性力系来说，并没有力的等效代换(力线平移定理)的物理本质，这里只是将虚拟的惯性力系视作力系而应用静力学中力系简化的方法。由此可见，刚体的惯性力系向任一点 O 简化可以得到一个惯性力 $\boldsymbol{R}_Q$ 和一个惯性力偶 $\boldsymbol{M}_{QO}$，惯性力等于惯性力系的主矢。即

$$\boldsymbol{R}_Q=\sum\boldsymbol{Q}=\sum -m\boldsymbol{a}=-M\boldsymbol{a}_C \tag{14-10}$$

惯性力与简化中心无关；惯性力矩等于惯性力系对简化中心的主矩，它与简化中心有关。取 O 点为简化中心，则惯性力偶矩 $\boldsymbol{M}_{QO}$ 为

$$\boldsymbol{M}_{QO}=\sum\boldsymbol{m}_O(\boldsymbol{Q}) \tag{14-11}$$

下面针对刚体的几种运动来讨论其惯性力系的简化。

14.3.1 刚体做平动

刚体做平动时，由于各点的加速度相同，所以，加在各点上的惯性力形成同向平行惯性力系，其各点惯性力的大小与各点的质量成正比，就像在刚体上分布的重力系一样(图 14-7)。根据重力系的简化结果可知，**刚体做平动时惯性力系合成为一个作用于质心 C 上的合惯性力**，即

$$\boldsymbol{R}_Q=\sum\boldsymbol{Q}_i=\sum -m_i\boldsymbol{a}_i=-\sum m_i\boldsymbol{a}_i=-M\boldsymbol{a}_C \tag{14-12}$$

式中，M 为平动刚体的质量；$\boldsymbol{a}_C$ 为刚体质心 C 的加速度。事实上，无论刚体做什么运动，惯性力系的主矢都等于刚体的质量与质心加速度的乘积，方向与质心加速度方向相反，而平动刚体的惯性力系向 C 点简化时，惯性力系的主矩等于零，即

$$\begin{aligned}\boldsymbol{M}_{QC}&=\sum\boldsymbol{m}_C(\boldsymbol{Q}_i)=\sum\boldsymbol{r}_i\times(-m_i\boldsymbol{a}_C)=-\sum m_i\boldsymbol{r}_i\times\boldsymbol{a}_C\\&=-\boldsymbol{M}\boldsymbol{r}_C\times\boldsymbol{a}_C=0\end{aligned}$$

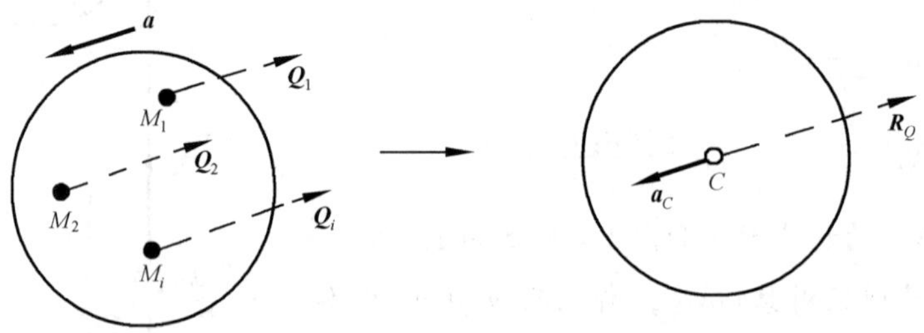

14-7

图 14-7

14.3.2 刚体做定轴转动

这里仅限于研究刚体具有质量对称平面且转轴垂直于该平面的情况。取质量对称平面如图 14-8所示。设平面上任一点 M_i 的质量为 m_i(该质量为刚体上过该点且平行于转轴 O 的直

线的质量)，任意瞬时刚体转动的角速度为 ω，角加速度为 ε，于是，在 M_i 点所加的惯性力为切向惯性力 $\boldsymbol{Q}_i^\tau=-m_i\boldsymbol{a}_i^\tau$ 和法向惯性力 $\boldsymbol{Q}_i^n=-m_i\boldsymbol{a}_i^n$。将该惯性力系向质量对称平面与转轴的交点 O 简化，可以得到一个惯性力 $\boldsymbol{R}_Q$ 和一个惯性力偶 M_{QO}。

$$\left.\begin{aligned}\boldsymbol{R}_Q&=-M\boldsymbol{a}_C\\M_{QO}&=\sum m_O(\boldsymbol{Q}_i^\tau)+\sum m_O(\boldsymbol{Q}_i^n)\\&=-\sum(m_ir_i\varepsilon)r_i=-\left(\sum m_ir_i^2\right)\varepsilon\\&=-J_O\varepsilon\end{aligned}\right\}\tag{14-13}$$

式中，J_O 为刚体对过 O 点的转轴的转动惯量。上式表明，**刚体做定轴转动时，惯性力系向 O 点简化，可得一惯性力和惯性力偶。其中惯性力等于刚体的质量与质心加速度的乘积，方向与质心加速度方向相反；惯性力偶矩 M_{QO} 等于刚体对过 O 点的转轴的转动惯量与角加速度的乘积，转向与角加速度的转向相反。**

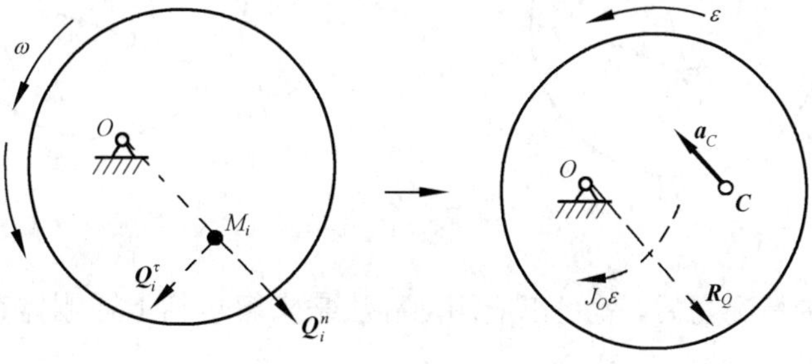

图 14-8

14-8

在工程实际中，常常遇到的刚体定轴转动有以下几种特殊情况：

(1) 转轴通过刚体的质心(图 14-9(a))。这时 $a_C=0$，因而 $R_Q=0$，于是惯性力系简化为一个惯性力偶，力偶矩

$$M_{QC}=-J_C\varepsilon$$

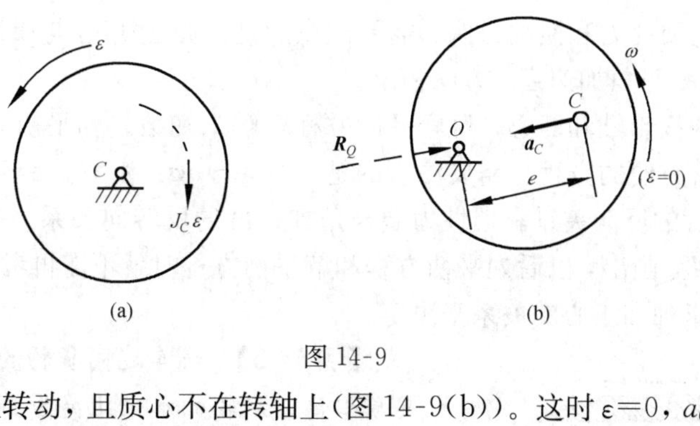

图 14-9

14-9

(2) 刚体做匀速转动，且质心不在转轴上(图 14-9(b))。这时 $\varepsilon=0$，$a_C=e\omega^2$，于是，惯性力系简化成一个合惯性力，有

$$\boldsymbol{R}_Q=-Me\omega^2\boldsymbol{n}$$

(3) 刚体做匀速转动，且转轴通过质心 C，则 $R_{QC}=0$，$M_{QC}=0$。

14.3.3 刚体做平面运动

这里仅限于研究刚体具有质量对称平面，且该平面与固定平面平行的情况。根据平面运动理论可知，当取质心 C 为基点时，平面图形上各点的加速度可分为随基点平动的加速度和

绕基点转动的加速度。由此可见，平面图形上的惯性力系分为一个与平动相应的惯性力系和一个绕 C 点转动的惯性力系。设质心 C 的加速度为 $\boldsymbol{a}_C$，转动的角速度为 ω，角加速度为 ε，于是，将惯性力系向质心 C 上简化可得到一个惯性力 $\boldsymbol{R}_Q$ 和一个惯性力偶 M_{QC}（图 14-10），且

$$\left.\begin{aligned}\boldsymbol{R}_Q&=-M\boldsymbol{a}_C\\M_{QC}&=-J_C\varepsilon\end{aligned}\right\}\tag{14-14}$$

式中，J_C 是刚体对于质心 C 的转动惯量。上式表明，**刚体做平面运动时，惯性力系向质心简化结果为通过质心 C 的一个力和一个力偶，此力 $\boldsymbol{R}_Q=-M\boldsymbol{a}_C$，此力偶的矩 $M_{QC}=-J_C\varepsilon$**，如图 14-10所示。

14-10

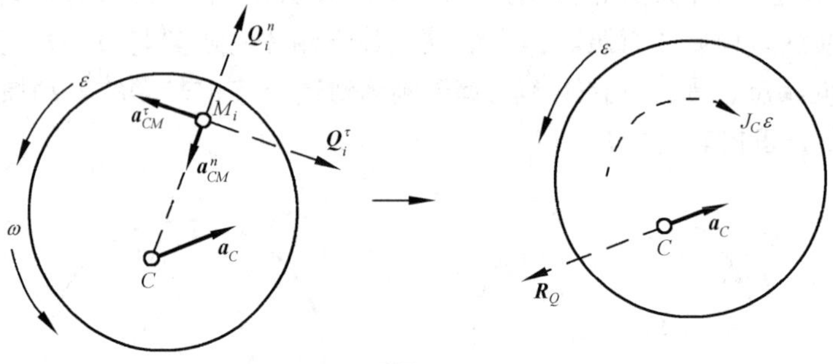

图 14-10

讨论过上述几种情况之后，就可以应用动静法来求解包括上述刚体在内的质点系的动力学问题，解题步骤如下：

（1）依题意选取研究对象。对于较复杂问题，常常需要取多个研究对象，每取一个研究对象就是一个平衡体，就像在静力学中对物系平衡问题那样。应用动静法解题的一个主要优点就是：能灵活地取研究对象，其后统一地、灵活地列静力学平衡方程。所以选研究对象一定要打开思路，不可拘泥于一格。

（2）作受力图、加惯性力。除了对所选的研究对象画上主动力和约束反力外，还要根据它的运动类型，画上惯性力和惯性力偶。需要注意的是：惯性力 $\boldsymbol{R}_Q$ 与惯性力偶 M_{QC} 的方向分别应与质心加速度 $\boldsymbol{a}_C$ 与角加速度 ε 方向相反。

（3）选取适当的投影轴和矩心，列静平衡方程求解未知数。列平衡方程时要按照力系的类型，尽量列出求解方便的方程。需要注意的是：$\boldsymbol{R}_Q=-m\boldsymbol{a}_C$ 和 $M_{QC}=-J_C\varepsilon$ 中的负号仅说明惯性力与质心加速度的反向关系和惯性力偶与角加速度的反转向关系，一旦按反向关系已在受力图中将 $\boldsymbol{R}_Q$ 与 M_{QC} 画出，以后列平衡方程和解平衡方程时就不需再考虑负号的问题了，它们的正负完全由投影轴和矩心的关系来决定。

14-11

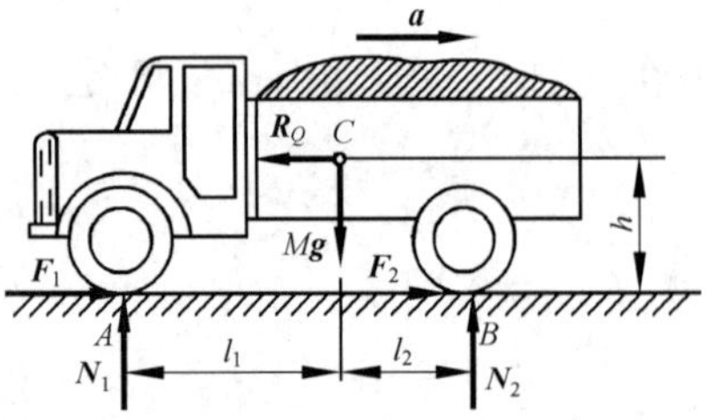

图 14-11

【例 14-5】 汽车连同货物的总质量为 $M=5.5\text{t}$，其质心离前后轮的水平距离为 $l_1=2.6\text{m}$，$l_2=1.4\text{m}$，距地面的高度 $h=2\text{m}$，如图 14-11 所示。汽车紧急刹车时，前、后轮停止转动，沿路面滑行。设轮胎与路面的动摩擦系数 $f'=0.6$，求汽车所获得的加速度 $\boldsymbol{a}$，以及地面的法向反力 $\boldsymbol{N}_1$、$\boldsymbol{N}_2$。

解 汽车刹车时做平动，选取汽车作为研究对象，可以求出 $\boldsymbol{a}$ 和 $\boldsymbol{N}_1$、$\boldsymbol{N}_2$。汽车受的力有重力 $M\boldsymbol{g}$、$\boldsymbol{N}_1$ 和

N_2，还有动滑动摩擦力 F_1 和 F_2。按照平动刚体惯性力的简化结果，在质心 C 加一个惯性力 R_Q，且

$$R_Q=-Ma$$

所以，作用于汽车上的力系和惯性力系组成平衡力系。这是一个平面任意力系，可以列出三个平衡方程，选坐标如图 14-11 所示。

$$\left.\begin{aligned}&\sum X=0,\ F_1+F_2-Ma=0\\&\sum Y=0,\ N_1+N_2-Mg=0\\&\sum m_B=0,\ l_2Mg+hMa-N_1(l_1+l_2)=0\end{aligned}\right\}\quad(1)$$

式中

$$\left.\begin{aligned}F_1&=f'N_1\\F_2&=f'N_2\end{aligned}\right\}\quad(2)$$

将(1)和(2)两组方程联立解得

$$a=f'g=5.884\text{m/s}^2$$

$$N_1=\frac{l_2+f'h}{l_1+l_2}Mg=35.06\text{kN}$$

$$N_2=\frac{l_1-f'h}{l_1+l_2}Mg=18.88\text{kN}$$

讨论：

(1) 若汽车静止或匀速前进，则前后轮的法向反力的大小分别为 $Mgl_2/(l_1+l_2)$ 和 $Mgl_1/(l_1+l_2)$，可见刹车时前轮反力增大而后轮反力减小。对于这一现象，利用动静法可在形式上解释为“惯性力有使汽车向前翻转的趋势，从而使前轮反力增大而后轮反力减小”。当小轿车紧急刹车时，可以明显地看到车头下沉、车尾上抬的现象。

(2) 如果汽车的尺寸设计不当，汽车在紧急刹车时有可能绕前轮翻转。为使汽车不致翻车，应保证后轮地面的法向反力大于或等于零。由 $N_2\geqslant 0$ 可得如下条件：

$$l_1/h\geqslant f'$$

如果上述条件不能满足，汽车后轮就要离开地面，可能出现翻车。

【例 14-6】 半径为 R、重为 $\boldsymbol{P}$ 的均质圆盘可绕垂直于盘面的水平轴 O 转动，O 轴正好通过圆盘边缘，如图 14-12(a)所示。圆盘从半径 CO 处于铅直的位置 1(图中虚线所示)无初速转下，求当圆盘转到 CO 成为水平的位置 2(图中实线所示)时 O 轴的动反力。

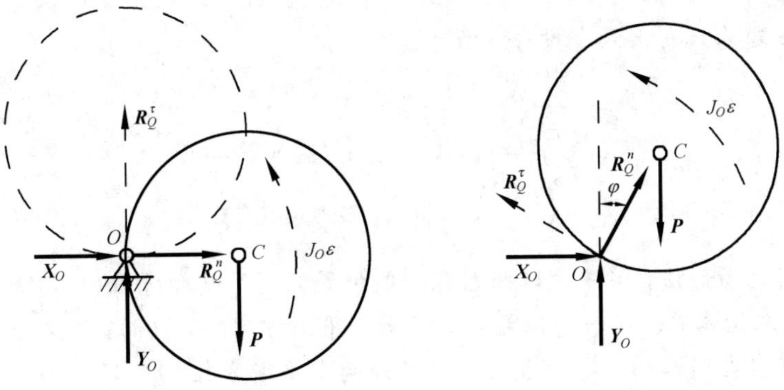

(a) (b)

图 14-12

14-12

解 取圆轮在一般位置研究。一般位置取为 OC 与铅直线呈 φ 角(图 14-12(b))。根据刚体绕定轴转动惯性力系的简化结果式(14-13)，给 O 点加惯性力 $R_Q^\tau=\dfrac{P}{g}R\varepsilon$ 和 $R_Q^n=\dfrac{P}{g}R\omega^2$，以及惯性力偶 $M_{QO}=J_O\varepsilon$，作出受力图如图 14-12(b)所示。根据动静法，$\boldsymbol{P}$、$\boldsymbol{X}_O$、$\boldsymbol{Y}_O$ 以及 $\boldsymbol{R}_Q^\tau$、$\boldsymbol{R}_Q^n$、M_{QO} 组成平衡力系。这是一个平面任意力系，可以列出三个平衡方程，这里只列出对 O 点的矩的方程，即

$$\sum m_O(\boldsymbol{F})=0\quad,\quad J_O\varepsilon-PR\sin\varphi=0 \tag{1}$$

由上式得

$$\varepsilon=\frac{PR}{J_O}\sin\varphi \tag{2}$$

因为

$$\varepsilon=\frac{\mathrm{d}\omega}{\mathrm{d}t}=\frac{\mathrm{d}\omega}{\mathrm{d}\varphi}\frac{\mathrm{d}\varphi}{\mathrm{d}t}=\omega\frac{\mathrm{d}\omega}{\mathrm{d}\varphi}$$

将其代入式(2)并作积分，有

$$\int_0^\omega\omega\mathrm{d}\omega=\frac{PR}{J_O}\int_0^\varphi\sin\varphi\mathrm{d}\varphi$$

对上式积分并将 $J_O=\dfrac{1}{2}\dfrac{P}{g}R^2+\dfrac{P}{g}R^2=\dfrac{3P}{2g}R^2$ 代入式(2)可得

$$\omega^2=\frac{4g}{3R}(1-\cos\varphi) \tag{3}$$

$$\varepsilon=\frac{2g}{3R}\sin\varphi \tag{4}$$

可见，圆盘绕 O 轴转动的角速度和角加速度都是转角 φ 的函数，当 $\varphi=90°$ 时，圆盘的角速度和角加速度分别为

$$\omega^2=\frac{4g}{3R}\quad,\quad\varepsilon=\frac{2g}{3R}$$

于是，圆盘 OC 在水平位置时的惯性力系向 O 点简化得到其法向惯性力、切向惯性力以及惯性力偶。它们分别为

$$R_Q^n=\frac{P}{g}\frac{4g}{3R}R=\frac{4P}{3}\quad,\quad R_Q^\tau=\frac{P}{g}\frac{2g}{3R}R=\frac{2P}{3}$$

$$M_{QO}=\frac{3P}{2g}R^2\,\frac{2g}{3R}=PR$$

将该惯性力系的简化结果画在图 14-12(a)上并作出受力图，这又是平面任意力系，可列出三个平衡方程。依题意只写出两个投影方程

$$\sum X=0\quad,\quad X_O+R_Q^n=0 \tag{5}$$

$$\sum Y=0\quad,\quad Y_O+R_Q^\tau-P=0 \tag{6}$$

解得

$$X_O=-\frac{4}{3}P\quad,\quad Y_O=\frac{1}{3}P \tag{7}$$

本例两次用到动静法，第一次取圆盘在一般位置只写了平衡方程(1)，给出已知力求运动的方程；第二次取圆盘 OC 在水平位置只写了两个平衡方程(5)、(6)，这又是已知运动求力的问题。当然也可以在圆盘的一般位置上写出另外两个平衡方程

$$\sum X=0\quad,\quad X_O-R_Q^\tau\cos\varphi+R_Q^n\sin\varphi=0$$

$$\sum Y=0\quad,\quad Y_O+R_Q^\tau\sin\varphi+R_Q^n\cos\varphi-P=0$$

将式(3)、式(4)代入上述平衡方程解得

$$X_O = \frac{2}{3}P\sin\varphi\cos\varphi - \frac{4}{3}P(1-\cos\varphi)$$

$$Y_O = P - \left[\frac{2}{3}P\sin^2\varphi + \frac{4}{3}P(1-\cos\varphi)\right]$$

将 $\varphi=90°$ 代入上两式可得与式(7)相同的结果。

【例 14-7】 车辆的主动轮如图 14-13 所示。设轮的半径为 R，重为 $\boldsymbol{G}$，对轮轴的回转半径为 ρ，车身对轮的作用力可分解为作用于轴上的 $\boldsymbol{T}$ 和 $\boldsymbol{P}$ 及驱动力偶矩 $\boldsymbol{M}$，轮与轨道间的静摩擦系数为 f，动摩擦系数为 f'，不计滚动摩阻的影响，求轮心的加速度。

解 取主动轮为研究对象。作用于轮上的主动力有重力 $\boldsymbol{G}$，车身对轮的作用力 $\boldsymbol{T}$、$\boldsymbol{P}$ 以及驱动力偶矩 $\boldsymbol{M}$，约束反力有轨道的法向反力 $\boldsymbol{N}$ 和摩擦力 $\boldsymbol{F}$，轮做平面运动的惯性力可简化为惯性力 $R_Q=\frac{G}{g}a_C$ 和惯性力偶 $M_{QC}=J_C\varepsilon$。根据动静法可知，这些主动力、约束反力和惯性力组成平衡力系。这是一个平面任意力系，可列出三个平衡方程。

(1) 若车轮只滚动不滑动，摩擦力为静摩擦力，则有

$$a_C = R\varepsilon$$

列平衡方程

$$\sum X = 0, \quad F-T-R_Q=0 \tag{1}$$

$$\sum Y = 0, N-G-P=0 \tag{2}$$

$$\sum m_A(\boldsymbol{F}) = 0$$

$$(T+R_Q)R-M+M_{QC}=0 \tag{3}$$

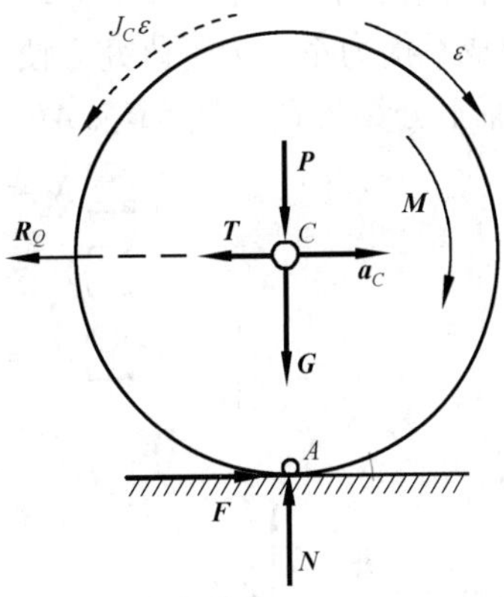

图 14-13

14-13

由式(3)解得

$$a_C = \frac{M-TR}{G(R^2+\rho^2)}Rg \tag{4}$$

将其代入式(1)得摩擦力 F 为

$$F = \frac{MR+T\rho^2}{R^2+\rho^2}$$

由式(2)得

$$N = G+P \tag{5}$$

车轮做纯滚动的条件为

$$F \leqslant fN$$

将 F 和 N 代入后得

$$M \leqslant f(G+P)\frac{(R^2+\rho^2)}{R} - T\frac{\rho^2}{R}$$

可见，当主动力偶矩 M 一定时，静摩擦系数 f 越大，则车轮越不易滑动。因此，雨雪天行车需装上防滑链，或向轨道上撒砂土以增大摩擦系数就是这个道理。

(2) 若车轮有滑动，则摩擦力为动摩擦力，这时

$$F = f'N$$

将该式代入式(1)中，因为由式(2)解得的式(5)不变，所以可解得

$$a_C = \frac{f'(G+P)-T}{G}g \tag{6}$$

将上式代入式(3)解得

$$\varepsilon = \frac{g}{G\rho^2}[M - f'R(G+P)]$$

从上述结果可以看出，当不满足做纯滚动的条件时，车轮就要滑动。滑动时的轮心加速度与力偶矩 M 无关。它不像纯滚动时的加速度式(4)给出的那样，M 越大，a_C 就越大。这表明，在克服滑动时不能依靠提高驱动力矩 M。

14.4 刚体定轴转动时轴承动反力的概念

刚体做定轴转动时，可以应用动静法计算出轴承的反力。以绕垂直于质量对称平面的轴转动的刚体为例(图 14-14)。在该刚体的转轴与质量对称平面的交点 O 上加上惯性力 $\boldsymbol{R}_Q = -M\boldsymbol{a}_C$，以及在质量对称平面上再加上惯性力偶 $M_{QO} = -J_z\varepsilon$，根据动静法，这些惯性力、惯性力偶与作用在刚体上的主动力系 $\boldsymbol{F}_1, \boldsymbol{F}_2, \cdots, \boldsymbol{F}_n$ 以及轴承 A、B 的约束反力 $\boldsymbol{X}_A$，$\boldsymbol{Y}_A$，$\boldsymbol{Z}_A$，$\boldsymbol{X}_B$，$\boldsymbol{Y}_B$ 组成平衡力系。为了研究方便，今将主动力系向 O 点简化得一力 $\boldsymbol{R}$ 和一力偶 $\boldsymbol{M}$，它们在 xyz 轴上分量为 $\boldsymbol{R}_x$、$\boldsymbol{R}_y$、$\boldsymbol{R}_z$、$\boldsymbol{M}_x$、$\boldsymbol{M}_y$、$\boldsymbol{M}_z$，于是，平衡方程为

$$\sum X = 0 \quad , \quad X_A + X_B + R_{Qx} + R_x = 0$$

$$\sum Y = 0 \quad , \quad Y_A + Y_B + R_{Qy} + R_y = 0$$

$$\sum Z = 0 \quad , \quad Z_A + R_z = 0$$

$$\sum m_x(\boldsymbol{F}) = 0 \quad , \quad -hY_B - \frac{h}{2}(R_{Qy} + R_y) + M_x = 0$$

$$\sum m_y(\boldsymbol{F}) = 0 \quad , \quad hX_B + \frac{h}{2}(R_{Qx} + R_x) + M_y = 0$$

$$\sum m_z(\boldsymbol{F}) = 0 \quad , \quad -J_z\varepsilon + M_z = 0$$

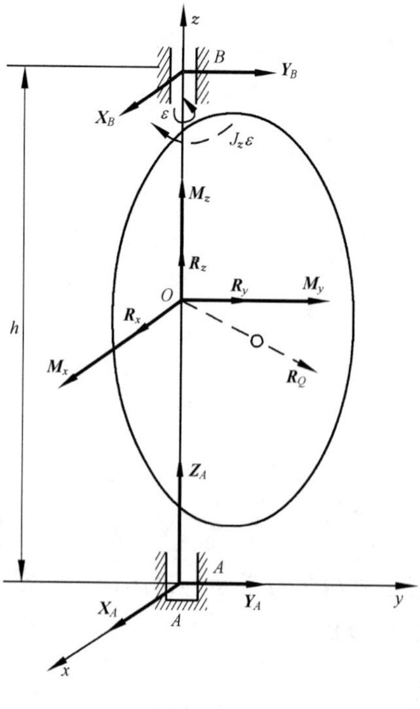

图 14-14

14-14

由前五个方程联立解得

$$\left.\begin{aligned} X_A &= \left(\frac{M_y}{h} - \frac{R_x}{2}\right) - \frac{1}{2}R_{Qx} \\ Y_A &= \left(\frac{M_x}{h} - \frac{R_y}{2}\right) - \frac{1}{2}R_{Qy} \\ Z_A &= -R_z \end{aligned}\right\} \tag{14-15}$$

$$\left.\begin{aligned} X_B &= -\left(\frac{M_y}{h} + \frac{R_x}{2}\right) - \frac{1}{2}R_{Qx} \\ Y_B &= -\left(\frac{M_x}{h} + \frac{R_y}{2}\right) - \frac{1}{2}R_{Qy} \end{aligned}\right\} \tag{14-16}$$

由最后一个方程给出刚体转动的角加速度

$$\varepsilon = \frac{1}{J_z}M_z$$

结果表明，止推轴承沿 z 轴的反力 $\boldsymbol{Z}_A$ 与惯性力无关，与 z 轴垂直的约束反力分量 $\boldsymbol{X}_A$、$\boldsymbol{Y}_A$、$\boldsymbol{X}_B$、$\boldsymbol{Y}_B$ 由两部分组成，一部分由主动力引起的，这部分称为**静反力**；另

一部分是由惯性力引起的，称为**附加动反力**。由此可见，对于绕垂直于质量对称平面的轴转动的刚体，如果质心不在转轴上，就会在轴承上引起附加动反力。

一般地说，引起附加动反力的原因，除了质心不在转轴上这个因素之外，还有一个因素就是转轴不是刚体的**惯性主轴**。无论什么原因引起附加动反力，对轴承和转轴都是有害的。特别在高速转动的情况下，轴承上的附加动反力的值很大，它会造成严重的后果。所以，深入地研究出现附加动反力的原因和避免出现动反力的条件具有十分重要的现实意义。研究结果表明，使绕定轴转动的刚体的轴承处不出现附加动反力的必要充分条件是转轴为刚体的**中心惯性主轴**。

【例 14-8】 转子的质量 $M=20\text{kg}$，水平转轴垂直于转子的质量对称平面，转子的重心偏离转轴，偏心距 $e=0.1\text{mm}$。如图 14-15 所示。若转子做匀速转动，转速 $n=12000\text{r/min}$，AB 轴长为 l，且转子装配在 AB 轴的正中间，试求轴承 A、B 的动反力。

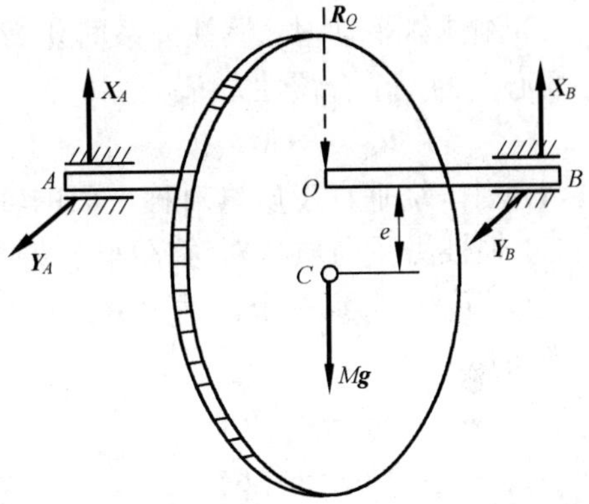

图 14-15

14-15

解 取转子为研究对象，其上受的主动力有重力 $M\boldsymbol{g}$，轴承反力 $\boldsymbol{X}_A$、$\boldsymbol{Y}_A$、$\boldsymbol{X}_B$、$\boldsymbol{Y}_B$。设转轴与转子的质量对称平面交于 O 点，且 O 点与质心 C 有连线 OC 在 Oxy 平面上，由于转子做匀速转动($\varepsilon=0$)，且转轴不通过质心 C，所以惯性力系简化为通过质心并与转轴相交的一个合力 $R_Q=Ma_C=-Me\omega^2 n$，这样，作用在转子和转轴上的力 Mg、$\boldsymbol{X}_A$、$\boldsymbol{Y}_A$、$\boldsymbol{X}_B$、$\boldsymbol{Y}_B$ 和 $\boldsymbol{R}_Q$ 组成一平衡力系。按图示坐标列平衡方程为

$$\sum m_{X_A}=0 \quad , \quad Y_B=0 \tag{1}$$

$$\sum m_{X_B}=0 \quad , \quad Y_A=0 \tag{2}$$

$$\sum X=0 \quad , \quad X_A+X_B-Mg-R_Q=0 \tag{3}$$

$$\sum m_{Y_A}=0 \quad , \quad X_B\cdot l-Mg\frac{l}{2}-R_Q\frac{l}{2}=0 \tag{4}$$

联立式(3)、式(4)可得轴承在图示位置反力为

$$X_A=X_B=\frac{1}{2}Mg+\frac{1}{2}Me\omega^2=1677\text{N}$$

$$Y_A=Y_B=0$$

将静反力和附加反力分别记作 $\boldsymbol{X}'_A$、$\boldsymbol{X}'_B$ 和 $\boldsymbol{X}''_A$、$\boldsymbol{X}''_B$，则在图示位置的附加动反力为

$$X''_A=X''_B=\frac{1}{2}Me\omega^2=\frac{1}{2}\times 20\times\frac{0.1}{1000}\times\left(12000\times\frac{\pi}{30}\right)^2=1579(\text{N})$$

而静反力为

$$X'_A=X'_B=\frac{1}{2}Mg=\frac{1}{2}\times 20\times 9.81=98.1(\text{N})$$

可以看出，转子的偏心距只有 0.1mm，在 12000r/min 下引起的附加动反力是静反力的 16 倍。另外，静反力的方向是不变的，而附加动反力的方向总是随着转子转动而不断变化的。

本章小结

1. 质点的惯性力 Q 等于质点的质量 m 与加速度 $\boldsymbol{a}$ 的乘积，方向与加速度 $\boldsymbol{a}$ 方向相反。

$$\boldsymbol{Q}=-m\boldsymbol{a}$$

2. 刚体惯性力系的简化结果。

(1) 刚体做平动时，惯性力系简化为作用在质心上的一个合惯性力 $\boldsymbol{R}_Q$。

$$\boldsymbol{R}_Q=-M\boldsymbol{a}_C$$

(2) 刚体绕垂直于质量对称平面的轴 z 转动时，惯性力系向质量对称平面与转轴 z 的交点 O 简化，得到一个惯性力 $\boldsymbol{R}_Q$ 和一个惯性力偶 M_Q。

$$\boldsymbol{R}_Q=-M\boldsymbol{a}_C$$

$$M_{QO}=-J_z\varepsilon$$

(3) 具有质量对称平面的刚体做平面运动时，如果质量对称平面平行于某固定平面，将惯性力系向质心点简化，得到一个惯性力 $\boldsymbol{R}_Q$ 和一个惯性力偶 M_{QC}。

$$\boldsymbol{R}_{QC}=-M\boldsymbol{a}_C$$

$$M_{QC}=-J_C\varepsilon$$

3. 动静法。

(1) 质点的动静法：如果在质点上加上惯性力 $\boldsymbol{Q}$，则作用于质点上的主动力 $\boldsymbol{F}$ 和约束反力 $\boldsymbol{N}$ 与惯性力组成平衡力系。即

$$\boldsymbol{F}+\boldsymbol{N}+\boldsymbol{Q}=0$$

(2) 质点系的动静法：如果在质点系的每个质点上加上各自的惯性力 $\boldsymbol{Q}_i$，则作用于每个质点上的主动力 $\boldsymbol{F}_i$、约束反力 $\boldsymbol{N}_i$ 和惯性力 $\boldsymbol{Q}_i$ 组成平衡力系。即

$$\boldsymbol{F}_i+\boldsymbol{N}_i+\boldsymbol{Q}_i=0\ (i=1,\ \cdots,\ n)$$

当取质点系整体作为研究对象时，有平衡方程

$$\left.\begin{aligned}&\sum\boldsymbol{F}_i+\sum\boldsymbol{N}_i+\sum\boldsymbol{Q}_i=0\\&\sum\boldsymbol{m}_O(\boldsymbol{F}_i)+\sum\boldsymbol{m}_O(\boldsymbol{N}_i)+\sum\boldsymbol{m}_O(\boldsymbol{Q}_i)=0\end{aligned}\right\}$$

或

$$\left.\begin{aligned}&\sum\boldsymbol{F}_i^{(e)}+\sum\boldsymbol{Q}_i=0\\&\sum\boldsymbol{m}_O(\boldsymbol{F}_i^{(e)})+\sum\boldsymbol{m}_O(\boldsymbol{Q}_i)=0\end{aligned}\right\}$$

4. 刚体绕定轴转动时，如果转轴不是中心惯性主轴，就会在轴承上出现附加动反力。

思 考 题

14.1 “凡是匀速运动着的质点都没有惯性力”，这种说法是否正确？为什么？

14.2 只受重力作用的质点，在下列三种情况下质点惯性力的大小和方向是否一样？①自由落体；②竖直上抛；③沿抛物线运动。

14.3 动静法的实质是什么？

14.4 如图 14-16 所示，物体系统由 A、B 两部分组成，质量分别为 m_A 和 m_B，放在光滑的水平面上，当物体受力 $\boldsymbol{F}$ 作用时，试用动静法说明 A、B 之间的相互作用力的大小是否等于 F。

14.5 半径为 R、质量为 m 的均质圆盘，沿水平直线轨道做纯滚动，如图 14-17 所示。已知圆盘质心 C 在某瞬时的速度 $\boldsymbol{v}_C$ 和加速度 $\boldsymbol{a}_C$，试计算图示瞬时惯性力系向 O 点简化的主矢和主矩。

14.6 如图 14-18 所示，一半径为 R 的轮子沿水平面只滚动而不滑动，试问在下列两种情况下，轮心 C 的加速度是否相等？接触面的摩擦力是否相等？

(1) 在轮上作用一顺时针转向的力偶，力偶矩为 M。

(2) 在轮心 C 上作用一水平向右的力 $\boldsymbol{P}$，其大小为 $P=\dfrac{M}{R}$。

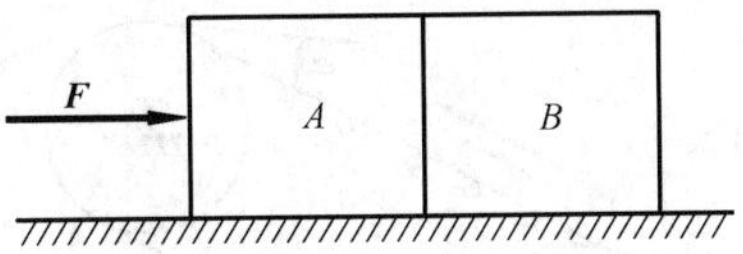

图 14-16

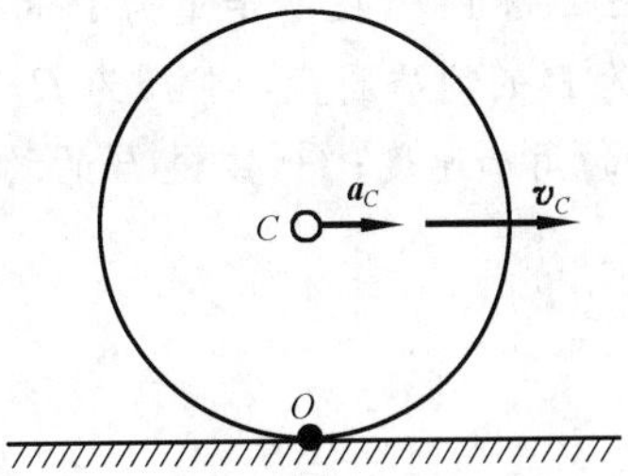

图 14-17

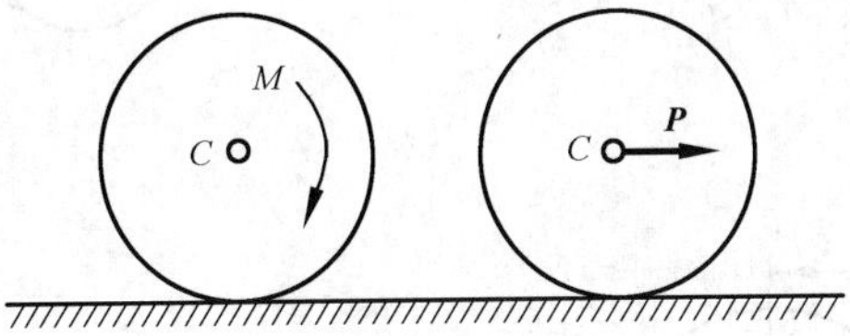

图 14-18

14.7 质量为 m 的汽车以速度 $\boldsymbol{v}$ 过桥，试比较在下述三种桥面上，汽车对桥面的压力。① 在水平桥上行驶；② 在向下凹的桥面上行驶(其曲率半径为 ρ，经过最低点时)；③ 在向上凸的桥面上行驶(其曲率半径为 ρ，经过最高点时)。

习 题

14-1 如题 14-1 图所示，一均质杆长 l，质量为 M，与水平面铰接，杆由平面成 φ_0 角位置静止落下。求开始落下时杆 AB 的角加速度及 A 点的支座反力。

14-2 如题 14-2 图所示，装有小轮的柜子，质量为 20kg，柜子上作用一水平力 $P=$ 120N，小轮在地面上只滚动不滑动，设地面阻力为柜重的 10%，小轮质量与滚动摩擦不计，求不使柜子倾倒的水平力 $\boldsymbol{P}$ 的作用高度 h。

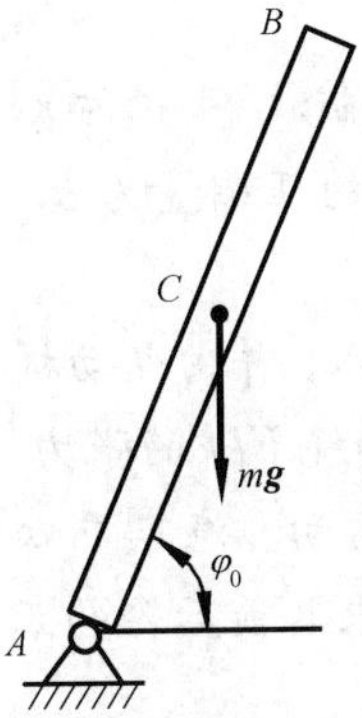

题 14-1 图

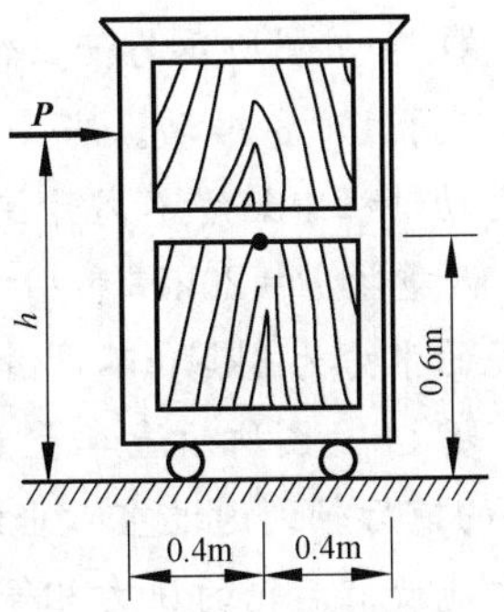

题 14-2 图

14-3 题 14-3 图所示物块 A、B 的质量分别为 m_A 和 m_B，通过质量为 m_C 的均质绳索 C 相连接，放在光滑的水平面上。A 受到已知水平力 $\boldsymbol{F}$ 的作用，试应用动静法求绳索两端拉力的大小。

14-4 运输矿石用的传送带如题 14-4 图所示。传送带与水平成倾斜角 α，启动时加速度为 $\boldsymbol{a}$。为保证矿石在带上不打滑，求所需要的摩擦系数值。

14-5 题 14-5 图所示重为 $\boldsymbol{P}$ 的物体 A 下落时，放开绕在滑轮上不可伸长的绳子，若滑轮视为重为 $\boldsymbol{P}$ 的均质圆盘，半径为 R，不计支架和绳的重量及轴上的摩擦，求：① 绳的张力；② 滑轮的角加速度；③ 铰链 B 的约束反力；④ 固定端 C 处的约束反力。

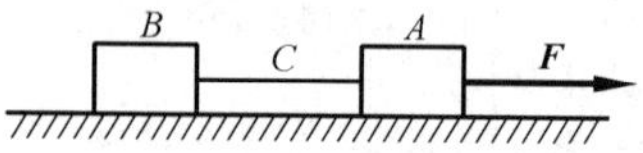

题 14-3 图

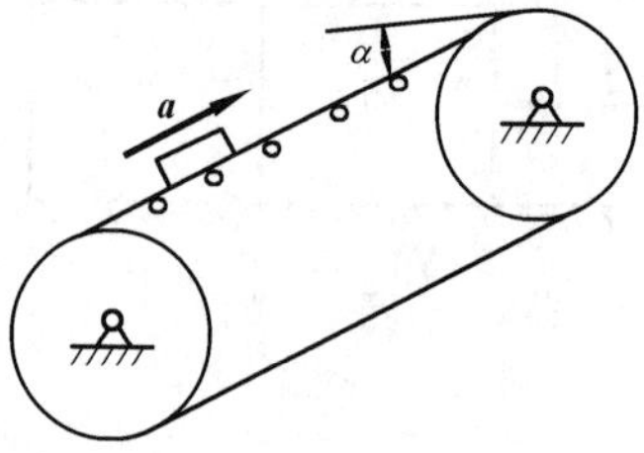

题 14-4 图

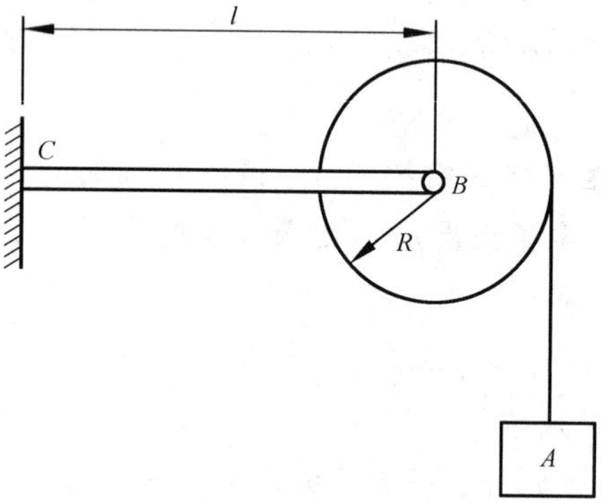

题 14-5 图

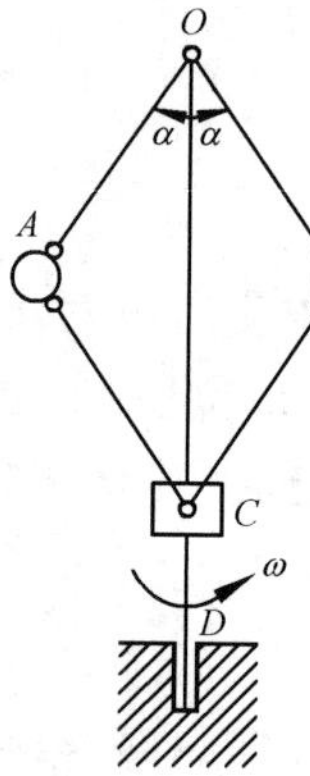

题 14-6 图

14-6 离心调速器如题 14-6 图所示。两个相同的重球 A、B 与四根长均为 l 的无重刚杆相铰接。下面的两杆又与可沿铅直转轴 OD 滑动的套筒 C 相铰接。$OABC$ 在同一平面内，并随着转轴 OD 一起以等角速度 ω 转动。已知 A、B 各重为 $\boldsymbol{Q}$，C 重为 $\boldsymbol{P}$，试求张角 α 与角速度 ω 之间的关系。

14-7 题 14-7 图所示为一凸轮导板机构。偏心圆盘圆心为 O，半径为 r，偏心距 $O_1O=e$，绕 O_1 轴以匀角速度 ω 转动。当导板 AB 在最低位置时，弹簧的压缩量为 b，导板重为 $\boldsymbol{W}$。要使导板在运动过程中始终不离开偏心轮，求弹簧刚度 c。

14-8 两重物 $P=20\text{kN}$ 和 $Q=8\text{kN}$，连接如题 14-8 图所示，并由电动机 A 拖动。如电动机转子的绳的张力为 3kN，不计滑轮重，求重物 $\boldsymbol{P}$ 的加速度和绳 FD 的张力。

14-9 题 14-9 图所示汽车重 $\boldsymbol{P}$，以加速度 $\boldsymbol{a}$ 做水平直线运动。汽车重心 C 离地面的高度为 h，汽车的前后轴到通过重心垂线的距离分别等于 c 和 b。求其前后轮的正压力以及汽车应如何行驶方能使前后轮的压力相等。

14-10 如题 14-10 图所示，机车的连杆 AB 重 $\boldsymbol{P}$，两端用铰链连接于主动轮上，铰链至轮心距离为 r，主动轮的半径为 R。求当机车以等速 $\boldsymbol{v}$ 直线前进时，铰链对连杆的反作用力。

14-11 题 14-11 图所示矩形块质量 $m_1=100\text{kg}$，置于平台上。车质量 $m_2=50\text{kg}$，此车沿光滑的水平面运动。车和矩形块在一起由质量为 m_3 的物体牵引，使之做加速运动。设物块与车之间的摩擦力足够阻止相互滑动，求能够使车加速运动的质量 m_3 的最大值，以及此时车的加速度大小。

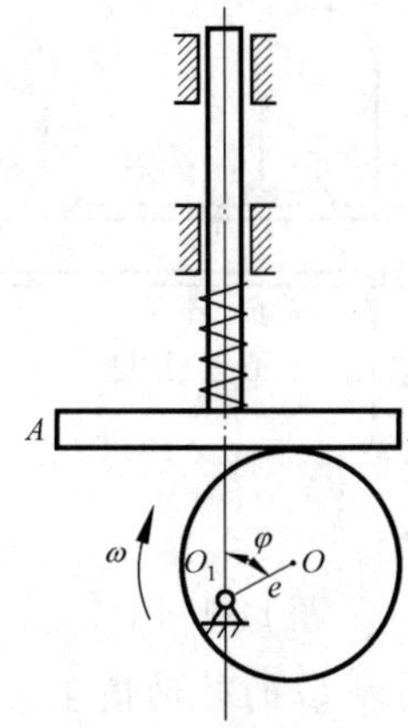

题 14-7 图

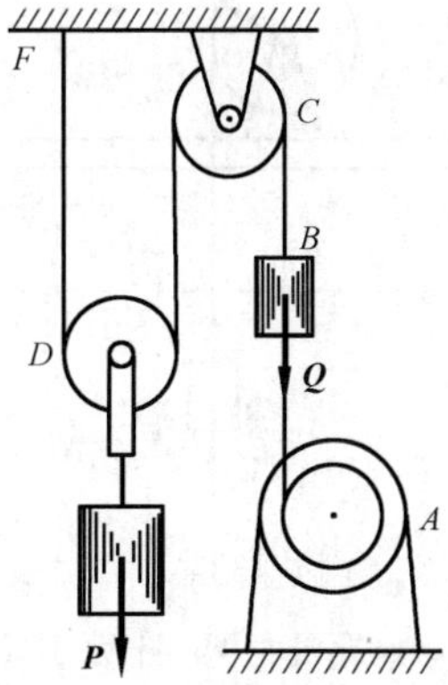

题 14-8 图

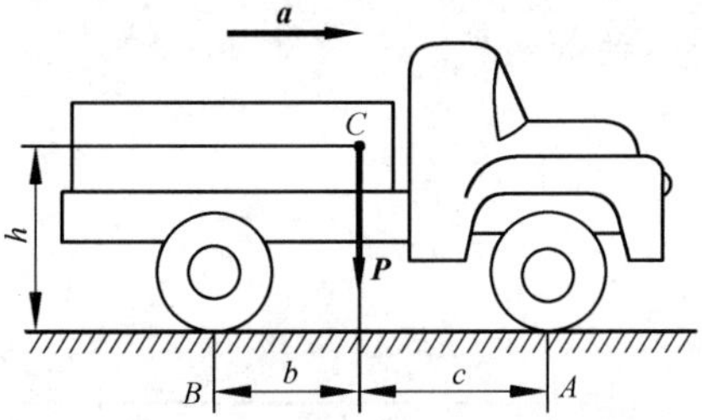

题 14-9 图

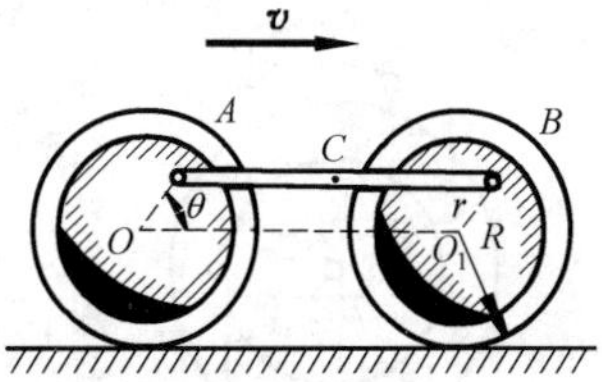

题 14-10 图

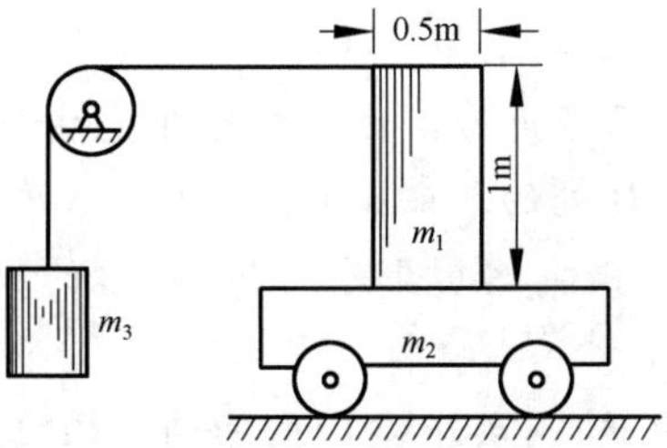

题 14-11 图

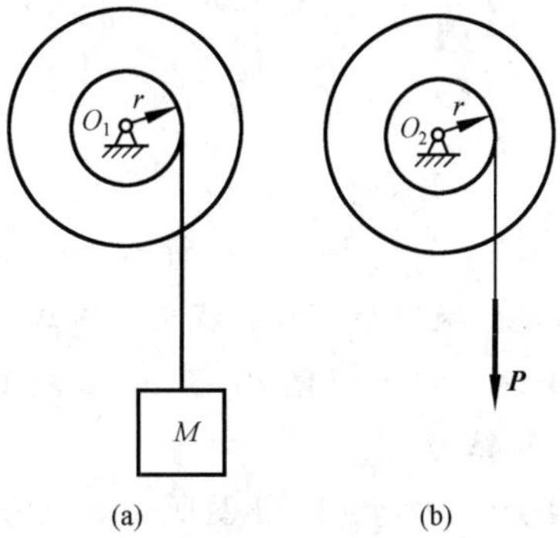

题 14-12 图

14-12 有如题 14-12 图所示的相同的两鼓轮，重均为 $G=800\text{N}$，半径 $r=25\text{cm}$，对于转轴的回转半径 $\rho=37\text{cm}$，若在鼓轮 O_1 上悬挂一重为 $W=160\text{N}$ 的重物 M，而在鼓轮 O_2 上作用一力 $P=160\text{N}$。试分别求两鼓轮的角加速度(不计摩擦)。

14-13 题 14-13 图所示系统中，已知重物 $\boldsymbol{P}$ 从静止自由下降。带动可绕 O 轴转动的均质圆柱滚筒转动。滚筒重为 $\boldsymbol{P}$，半径为 R，且 $l=6R$。求：① 绳张力 $\boldsymbol{T}$；② 滚筒的角加速度 ε；③ 铰链 O 的约束反力；④ A、B 两点的约束反力。

14-14 如题 14-14 图所示水平横梁上装有绞车。绞车鼓轮半径 $r=100\text{mm}$，对转轴的转动惯量 $J=3\text{kg}\cdot\text{m}^2$，质心在转轴上，当绞车以加速度 $a=1\text{m/s}^2$ 向上加速提升质量为 $m=200\text{kg}$ 的重物时，试求支座 A、B 的附加动反力。

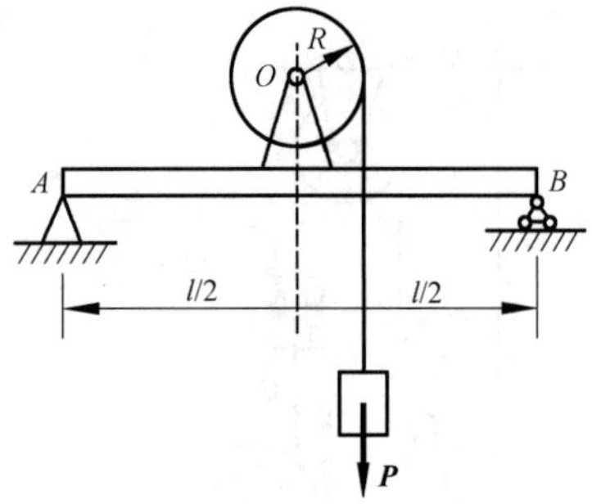

题 14-13 图

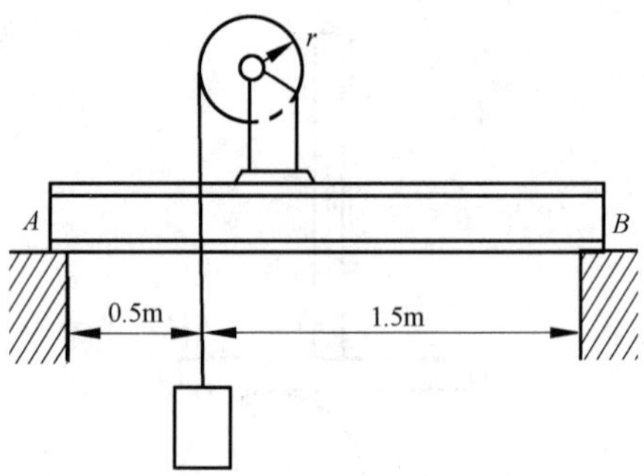

题 14-14 图

14-15 如题 14-15 图所示，轮轴 O 具有半径 R 和 r，其对轴 O 的转动惯量为 J。在轮轴上系有两个物体，各重 $\boldsymbol{P}$ 和 $\boldsymbol{Q}$。若此轮轴依顺时针转向转动，试求转轴的角加速度 ε。

14-16 如题 14-16 图所示，圆柱形滚子重 $P=196\text{N}$，被绳拉住沿水平面只滚动而不滑动，此绳跨过滑轮 B 系重物 $Q=98\text{N}$。求滚子中心的加速度。

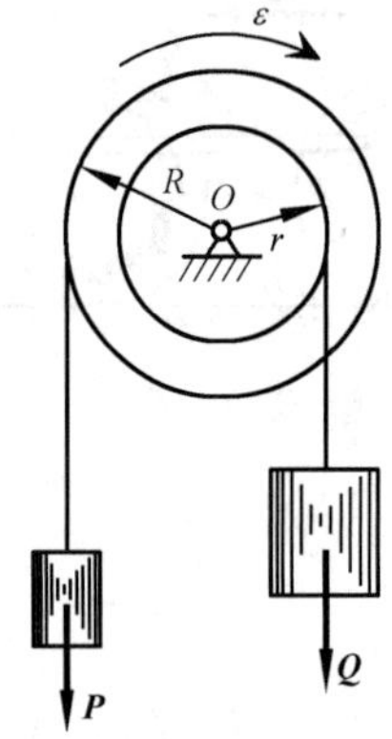

题 14-15 图

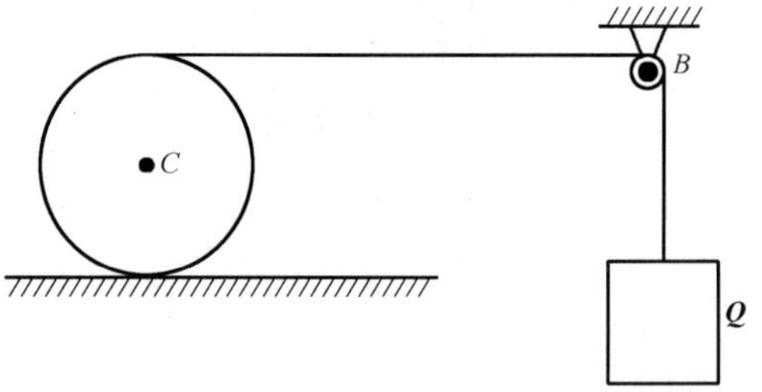

题 14-16 图

14-17 如题 14-17 图所示，一均质圆柱体重为 $\boldsymbol{P}$，沿倾角为 α 的平板自 A 点由静止开始做纯滚动，板自重不计，试求当滚过距离为 S 时平板在 B 处的约束反力。

14-18 均质杆重 $\boldsymbol{P}$，长 l，如题 14-18 图所示，求一绳突然断开时，杆的质心的加速度及另一绳的拉力。

14-19 如题 14-19 图所示，一轮子半径为 R，重为 $\boldsymbol{P}$，对其中心 O 的回转半径为 ρ，置于水平面上。轮轴的半径为 r，轴上绕以绳索，并在绳端施加拉力 $\boldsymbol{T}$。$\boldsymbol{T}$ 的方向与水平成 α 角。设轮子只滚动不滑动。求轴心 O 的加速度。

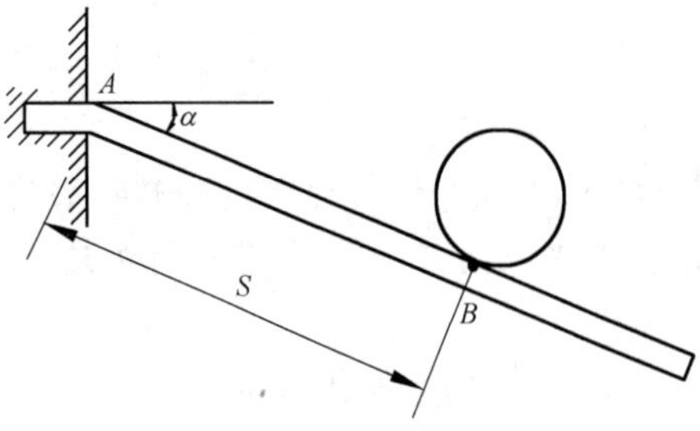

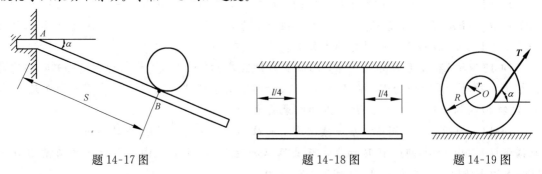

题 14-17 图

题 14-18 图

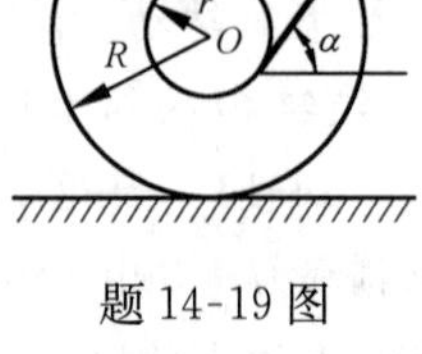

题 14-19 图

第4篇 材料力学

材料力学主要的研究对象是**可变形固体**，简称**变形体**。对于变形体，除了平衡问题外，还将涉及变形及力与变形之间的关系。此外，在材料力学中还将涉及变形体的失效及与失效有关的设计准则。

将材料力学的理论和方法应用于工程，即可对构件进行常规的静力学设计，包括强度、刚度和稳定性设计。**强度**是指构件抵抗破坏的能力。在规定载荷作用下，构件应有足够的强度。**刚度**是指构件抵抗变形的能力。在载荷作用下，即使构件具有足够的强度，但若变形过大，仍不能正常工作，因此还应有足够的刚度。**稳定性**是指构件保持原有平衡形态的能力。有些受压细长杆件，当压力达到某一极限值时，虽然其强度和刚度都满足要求，但由于其原有平衡形态发生了转变，导致构件也不能正常工作，因此还应有足够的稳定性。强度、刚度和稳定性是衡量构件承受载荷能力大小的三个方面。材料力学的任务就是在满足强度、刚度和稳定性的要求下，为设计既经济又安全的构件提供必要的理论基础和计算方法。

在研究构件的强度、刚度和稳定性时，还应了解材料在外力作用下表现出的变形和破坏等方面的性能，即材料的**力学性能**，又称**机械性能**。而力学性能要由实验来测定。

实际构件有各种不同的形状，但工程上常见的很多构件都可以简化成杆件，如连杆、传动轴、立柱等，故材料力学中研究的可变形固体主要是杆件。杆件受力有各种情况，相应的变形就有各种形式。但杆件变形的基本形式有四种：**拉伸或压缩**、**剪切**、**扭转**和**弯曲**。还有一些杆件同时发生几种基本变形，称为**组合变形**。

本篇将首先依次讨论四种基本变形形式下杆件的强度和刚度计算，然后再讨论组合变形情况下的强度计算问题，最后介绍压杆稳定的相关内容。

第 15 章 材料力学的基本概念

15.1 材料力学的任务

工程结构或机械的各组成部分，如建筑物的梁和柱、机床的轴等，统称为**构件**。当工程结构或机械工作时，构件将受到载荷的作用。例如，车床主轴受齿轮啮合力和切削力的作用、建筑物的梁受自身重力和其他物体重力的作用。在外力作用下，构件具有抵抗破坏的能力，但这种能力是有限的。同时，其尺寸和形状也将发生变化，称为**变形**。

为保证工程结构或机械的正常工作，构件应有足够的能力负担起应当承受的载荷。因此，构件必须满足以下要求：

(1) **强度要求**。构件在载荷作用下必须不致破坏，即构件应有足够的抵抗破坏的能力。

(2) **刚度要求**。构件在载荷作用下的变形必须在许可的范围内，即构件应有足够的抵抗变形的能力。

(3) **稳定性要求**。构件在载荷作用下必须始终保持其原有的平衡形态，即构件应有足够的保持其原有平衡形态的能力。

设计构件时，必须满足上述所提到的强度、刚度和稳定性的要求。在保证构件满足上述三方面要求的同时，要尽量选用适当的材料和减少材料的消耗量，以节约成本。

综上所述，材料力学的任务就是在满足强度、刚度和稳定性的要求下，为设计既经济又安全的构件提供必要的理论基础和计算方法。

在材料力学中，为进行上述的分析和计算，不仅要研究构件的受力状态与变形之间的关系，还要了解材料在外力作用下表现出的变形和破坏等方面的性能，即材料的**力学性能**，又称为**机械性能**。而力学性能要由实验来测定，所以实验分析和理论研究同是材料力学解决问题的方法。

15.2 变形固体的基本假设

在静力学中，将研究的物体看成是刚体，即假定受力后物体的几何形状和尺寸是不变的。实际上，刚体是不存在的，任何物体在外力作用下都将发生变形，而且当外力达到某一定值时，物体还会发生破坏。在静力学中，构件的微小变形对静力平衡分析是一个次要的因素，故可不考虑；但在材料力学中，研究的是构件的强度、刚度和稳定性等问题，对于这些问题，即使变形很小，也是一个主要因素，必须加以考虑而不能忽略。所以在材料力学中，我们把所研究的构件都视为变形固体或可变形固体。

为研究上的方便，突出与研究问题有关的主要因素，略去次要因素，对变形固体作如下基本假设：

(1) **连续性假设**。认为构件在其整个体积内均毫无空隙地充满了物质，因而构件内的某些力学量(如点的位移)均为连续的，并可用坐标的连续函数表示它们的变化规律。

(2) **均匀性假设**。认为构件内部各点的力学性能都相同，不随位置坐标而改变。这样，如从构件中取出一部分，不论大小，也不论从何处取出，力学性能总是相同的。

(3) **各向同性假设**。认为构件沿任何方向的力学性能都是相同的。具有这种属性的材料称为各向同性材料，如钢、铜、玻璃等。沿不同方向力学性能不同的材料称为各向异性材料，如木材、胶合板等。

(4) **小变形假设**。认为构件的变形或因变形而引起的位移，都远小于构件的最小尺寸。这样，在研究构件的平衡和运动时，可以略去微小变形的影响，按构件变形前的原始形状和尺寸做分析。

除上述几项基本假设外，在材料力学中还将采用一些简化内力及变形的假设，在后面有关章节中将陆续介绍。

15.3　构件分类及杆件变形的基本形式

生产实践中遇到的构件形状是多种多样的。根据几何形状和尺寸的不同，工程构件可以大致分为杆、板(壳)和块体。

若构件在某一方向上的尺寸比其余两个方向上的尺寸大得多，则称为**杆**。汽车发动机的连杆、曲轴等均属此类构件。杆横截面形心的连线称为轴线。若杆的轴线是直的，称为直杆(图 15-1(a))；若杆的轴线是曲的，则称为曲杆(图 15-1(b))。所有横截面的形状和尺寸都相同的杆件称为等截面杆；不同者称为变截面杆。

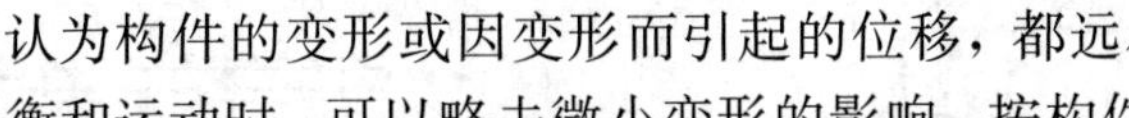

(a) 直杆　　(b) 曲杆

图 15-1

15-1

若构件在某一方向的尺寸比其余两个方向上的尺寸小得多，则称为**板或壳**。中面是平面的为板(图 15-2(a))；中面是曲面的为壳(图 15-2(b))。穹形屋顶、薄壁容器等均属此类构件。

(a) 板　　(b) 壳

图 15-2

15-2

若构件在三个方向上具有同一量级的尺寸，则称为**块体**。水坝、建筑物基础等均属此类构件。

材料力学研究的对象主要是杆件，而且大多是等截面直杆，简称等直杆。至于板、壳和块体一般不属于材料力学的研究范畴。

杆件受外力作用发生的变形也是多种多样的。归纳起来，最简单最基本的变形形式有如下四种。

1. 拉伸或压缩

图 15-3(a)表示一简易吊车，在载荷 $\boldsymbol{F}$ 作用下，AB 杆受到拉伸(图 15-3(b))，而 AC 杆受

到压缩(图 15-3(c))。这类变形形式是由大小相等、方向相反、作用线与杆件轴线重合的一对力引起的，表现为杆件的长度发生伸长或缩短。起吊重物的钢索、桁架的杆件等的变形，都属于拉伸或压缩变形。

15-3

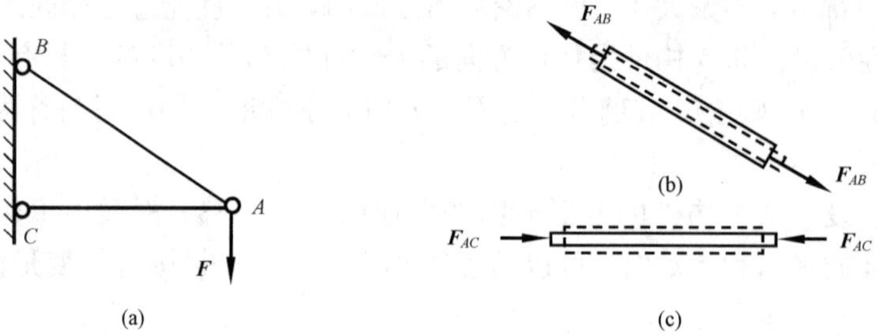

图 15-3

2. 剪切

图 15-4(a)表示一铆钉连接，在力 $\boldsymbol{F}$ 作用下，铆钉即受到剪切。这类变形形式是由大小相等、方向相反、相互平行的力引起的，表现为受剪杆件的两部分沿外力作用方向发生相对错动(图 15-4(b))。机械中常用的连接件，如键、销钉、螺栓等都产生剪切变形。

15-4

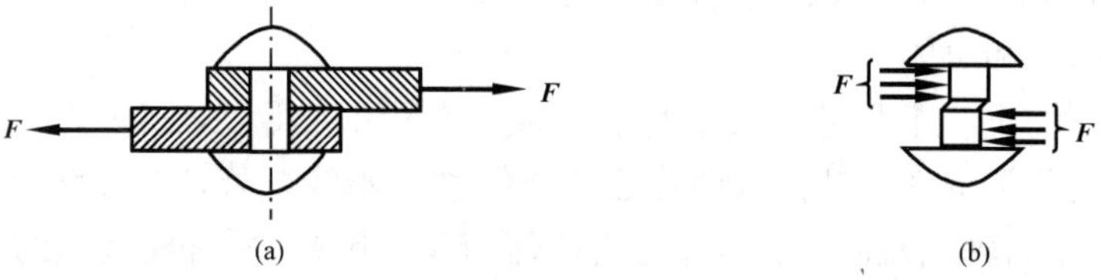

图 15-4

3. 扭转

图 15-5(a)所示的汽车转向轴 AB，在工作时发生扭转变形。这类变形形式是由大小相等、方向相反、作用面都垂直于杆轴的两个力偶引起的(图 15-5(b))，表现为杆件任意两个横截面发生绕轴线的相对转动。汽车的传动轴、电机主轴等都是受扭杆件。

15-5

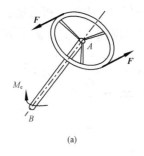

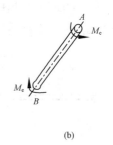

图 15-5

4. 弯曲

图 15-6(a)所示的火车轮轴的变形，即为弯曲变形。这类变形形式是由垂直于杆件轴线的横向力，或由作用于包含杆轴的纵向平面内的一对大小相等、方向相反的力偶引起的，表现为杆件轴线由直线变为曲线(图 15-6(b))。桥式起重机的大梁、车刀等的变形，都属于弯曲变形。

还有一些杆件同时发生几种基本变形，如车床主轴工作时发生弯曲、扭转和压缩三种基本变形；钻床立柱同时发生拉伸和弯曲两种基本变形。这种情况称为组合变形。

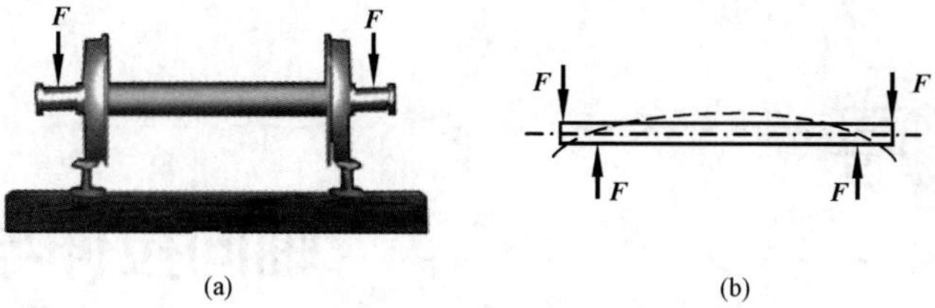

图 15-6

15-6

本章小结

1. 三个基本概念。

(1) 强度是构件抵抗破坏的能力。

(2) 刚度是构件抵抗变形的能力。

(3) 稳定性是构件保持原有平衡形态的能力。

2. 四个基本假设。

(1) 连续性假设。

(2) 均匀性假设。

(3) 各向同性假设。

(4) 小变形假设。

3. 杆件变形的四种基本形式。

(1) 轴向拉伸或压缩。

(2) 剪切。

(3) 扭转。

(4) 弯曲。

思考题

15.1　结合工程实际或日常生活实例说明构件的强度、刚度和稳定性概念。

15.2　研究变形体静力学问题时，为什么要作均匀性、连续性、各向同性和小变形假设？

15.3　将物体视为变形体时，力矢量是滑动矢吗？力偶矩矢是自由矢吗？

习　题

15-1　如题 15-1 图所示两个微元体受力变形后如虚线所示，分别计算两微元体的切应变。

15-2　判断并指出题 15-2 图中各杆将发生何种基本变形或何种基本变形的组合变形。

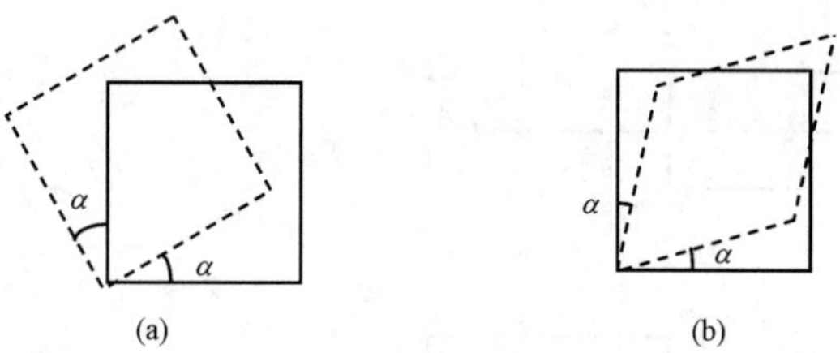

题 15-1 图

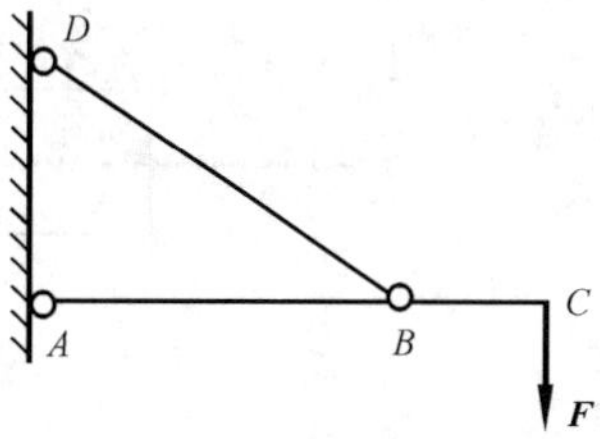

题 15-2 图

第 16 章

轴向拉伸与压缩

第 15 章，我们已经介绍了轴向拉伸和压缩的基本概念，即**当杆件所受外力的合力与杆件的轴线重合时，杆件就处于轴向拉伸或压缩的状态。**

轴向拉压是杆件的四种基本变形中受力最简单的一种。在工程实际中，很多构件都是轴向拉压杆件。例如，桁架结构中的各个杆件都是承受轴向拉力或压力，起重机的钢索在起吊重物时也可以视为轴向拉伸杆件，各种紧固螺栓在预紧力的作用下也是承受轴向拉力的作用。

在本章，我们主要研究轴向拉压杆件的强度问题和刚度问题。从强度方面考虑，将研究杆件的内力和应力、材料轴向拉压时的力学性能，进而得到轴向拉压的强度条件等。从刚度方面考虑，将研究杆件的变形和应变能等。至于轴向拉压中的稳定性问题，将在后续章节中单独研究。

16.1　轴向拉伸或压缩时的内力

根据日常生活中的经验，材料相同的两根杆件，若尺寸相同，则承受的外力越大，越容易被破坏。也就是说，轴向拉压杆件的强度问题与构件受力有关。

16.1.1　轴力

当杆件承受轴向拉力或者压力时，在其任意横截面上，将产生附加相互作用力——内力。为了求得轴向拉压杆件的内力，采用前面讲过的截面法。下面举例说明。

【例 16-1】 求图 16-1(a)所示杆件横截面 m-m 上的内力。

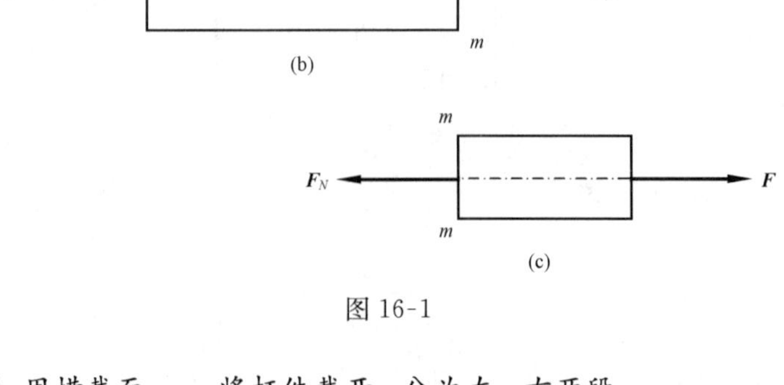

16-1

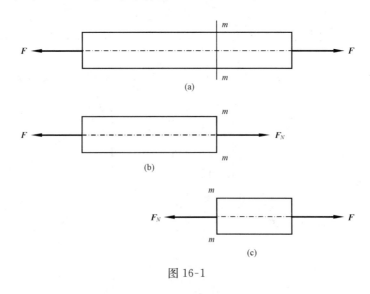

图 16-1

解　(1) 截开：用横截面 m-m 将杆件截开，分为左、右两段。

(2) 代替：从被横截面 m-m 分开的左、右两段中任取一段，弃去另一部分，并将弃去部分对保留部分的作用力用内力 $\boldsymbol{F}_N$ 代替。

(3) 平衡：根据静力学平衡条件，建立左段杆件的平衡方程(图 16-1(b))，求得横截面 m-m 上的内力。

根据平衡方程 $\sum F_x = 0$，即 $F_N - F = 0$，所以 $F_N = F$。

显然，根据二力平衡条件，在轴向载荷作用下，杆件横截面上内力的方向也与杆件的轴线方向重合。因此，将**轴向拉压杆件横截面上的内力称为轴力**，记为 $\boldsymbol{F}_N$。

必须注意到，如果保留杆件的右段进行分析(图 16-1(c))，建立右段杆件的平衡方程，求得的内力 $\boldsymbol{F}_N$ 的大小仍然等于 F，但是其方向恰与前面求得的内力方向相反。为此我们作如下规定：**当轴力方向与横截面外法线方向一致时为正，反之为负。**这样，以左、右两部分分别进行计算，求得的内力符号一致。从力学意义上来说，如果某横截面上求得的内力为正值，说明在该截面上杆件受拉，反之则受压。

16.1.2　轴力图

在前面的例题中，杆件在其轴线方向仅受一对外力作用时，其各个横截面轴力相等。但当杆件在其轴线方向受到多于两个的外力作用时，各处横截面上的轴力将有所变化。为了直观地表示轴力的变化情况，可以**以杆件横截面位置为横坐标，以相应横截面上的轴力为纵坐标，绘制得到表示杆件轴力随横截面位置变化情况的图线，称为轴力图。**轴力图是轴向拉压杆件强度计算的重要基础。下面举例说明轴力图的做法。

【例 16-2】 杆件受力如图 16-2(a)所示，已知 $F_1 = 30\text{kN}$，$F_2 = 50\text{kN}$，试求杆件的轴力，并画出轴力图。

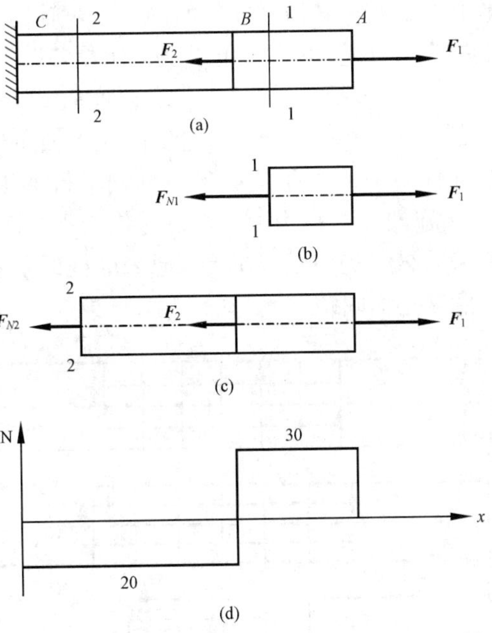

图 16-2

16-2

解　(1) 求 AB 段轴力。用截面 1-1 将杆件分为两部分，由截面 1-1 右边部分(图 16-2(b))的平衡方程可得

$$\sum F_x = 0 \quad , \quad F_1 - F_{N1} = 0$$

所以

$$F_{N1} = F_1 = 30\text{kN}$$

(2) 求 BC 段轴力。用截面 2-2 将杆件分为两部分，由截面 2-2 右边部分(图 16-2(c))的平衡方程可以求得

$$\sum F_x = 0 \quad , \quad F_1 - F_2 - F_{N2} = 0$$

所以

$$F_{N2} = F_1 - F_2 = -20\text{kN}$$

负号表示实际轴力方向与图示方向相反。

(3) 作轴力图。根据求得的各段轴力值，作轴力图如图 16-2(d)所示。

16.2 轴向拉伸或压缩时的应力

根据日常生活中的经验，材料相同的两根杆件，承受同样大小的轴向外力，若粗细不同，则当外力逐渐增大的时候，较细的杆件将首先被破坏。也就是说，轴向拉压杆件的强度问题不仅与构件受力有关，还与构件的横截面积有关。所以，必须用截面上内力分布集度——应力来度量杆件的受力程度。同时，实验结果表明，杆件受轴向拉伸或压缩载荷作用而被破坏的时候，有时杆件沿横截面发生破坏，有时又是沿斜截面发生破坏，因此，我们必须研究杆件上一点处不同截面上的应力。

16.2.1 轴向拉伸或压缩时横截面上的应力

当杆件受轴向载荷作用的时候，其横截面上的内力——轴力必然也是沿着轴线方向。与此相对应，杆件横截面上的应力分量，将只有正应力，而没有切应力。

轴力是横截面上整个分布内力系的合力，为了求得横截面上一点处的正应力，我们必须知道正应力在整个截面上的分布规律。为此，通过实验观察轴向拉压杆件的变形情况。

首先取一等直杆，在杆件表面等间距地画出与轴线平行的纵线以及与轴线垂直的横线(图 16-3)，然后在杆件两端施加一对拉力 $\boldsymbol{F}$。在拉力作用下，杆件发生变形。可以观察到，杆件轴线保持为直线，原来的纵线仍与轴线平行，原来的横线仍与轴线垂直，但是纵线长度增加而间距减小，横线长度减小而间距增大。

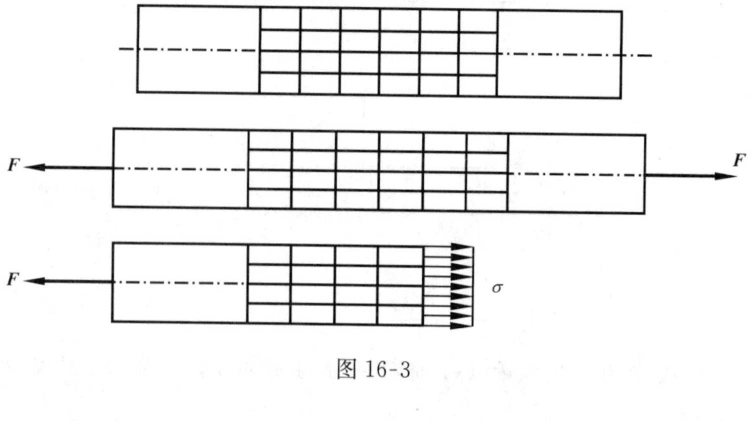

图 16-3

由此可以得到一个假设：**杆件变形之前为平面的横截面，在杆件变形之后仍然保持为平面且仍然垂直于轴线**。上述假设称为**平面假设**。

进一步地，假想杆件是由很多纵向纤维组成的，由平面假设可知，各纵向纤维的伸长量相等，再根据均匀性假设可知，各纵向纤维的受力程度完全相同，因此认为，在整个横截面上正应力的分布是均匀的。也就是说，轴向拉压杆件横截面上任何一点的正应力 σ 都等于该横截面的平均应力，记为

$$\sigma = \frac{F_N}{A} \tag{16-1}$$

式中，F_N 为所求横截面的轴力；A 为该横截面的面积。

【例 16-3】 试求例 16-2 中横截面 1-1 和横截面 2-2 处的应力。已知该杆为等直杆，横截面为 20mm×30mm 的矩形。

解 (1) 求轴力。在例 16-2 中已经求得，横截面 1-1 和横截面 2-2 处的轴力分别为

$$F_{N1} = 30\text{kN} \quad , \quad F_{N2} = -20\text{kN}$$

(2) 求应力。由式(16-1)可得：

横截面 1-1 处的应力为

$$\sigma_1 = \frac{F_{N1}}{A} = \frac{30 \times 10^3}{0.02 \times 0.03}(\text{Pa}) = 50(\text{MPa})(\text{拉应力})$$

横截面 2-2 处的应力为

$$\sigma_2 = \frac{F_{N2}}{A} = \frac{-20 \times 10^3}{0.02 \times 0.03}(\text{Pa}) = -33.3(\text{MPa})(\text{压应力})$$

16.2.2 轴向拉伸或压缩时斜截面上的应力

由截面法可以求得轴向拉压杆件(图 16-4)斜截面上的内力为

$$F_\alpha = F$$

且该内力也是沿着轴向的，因此该截面上的应力方向也与轴线方向相同。

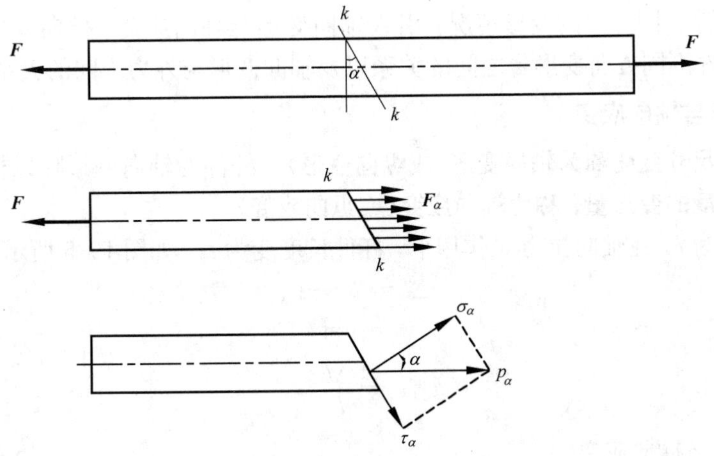

图 16-4

拉压斜截面正应力与剪应力

16-4

按照与 16.1 节相同的方法，可以通过实验观察和推导得到如下两个结论：①轴向拉压杆件的斜截面在变形之后仍保持为平面；②斜截面上的应力均匀分布，等于该截面的平均应力。记为

$$p_\alpha = \frac{F_\alpha}{A_\alpha} = \frac{F}{\dfrac{A}{\cos\alpha}} = \frac{F}{A}\cos\alpha \tag{16-2}$$

式中，α 表示斜截面与横截面的夹角；F_α 为斜截面上的内力；A_α 为斜截面的面积；A 为横截面的面积。

将式(16-1)代入式(16-2)中，可以得到

$$p_\alpha = \frac{F_\alpha}{A_\alpha} = \sigma\cos\alpha \tag{16-3}$$

p_α 称为斜截面上的全应力，可以将其沿着斜截面的法线方向和切向方向分解为：

正应力

$$\sigma_\alpha = p_\alpha\cos\alpha = \sigma\cos^2\alpha \tag{16-4}$$

切应力

$$\tau_\alpha = p_\alpha\sin\alpha = \sigma\cos\alpha\sin\alpha = \frac{1}{2}\sigma\sin2\alpha \tag{16-5}$$

若将横截面看成 $\alpha=0°$ 的斜截面，则式(16-3)～式(16-5)可以看成轴向拉压杆件任意截面应力的普遍表达式。由上述三式可知：

当 $\alpha=0°$ 时，$\sigma_0=\sigma_{\max}=\sigma$，$\tau_0=0$，说明横截面上正应力最大，无切应力；

当 $\alpha=\pm45°$ 时，$\sigma_{\pm45°}=\frac{1}{2}\sigma$，$\tau_{\pm45°}=\tau_{\max}=\pm\frac{1}{2}\sigma$，说明 45°的斜截面上切应力达最大值，正应力和切应力都等于最大正应力的一半；

当 $\alpha=90°$ 时，$\sigma_{90°}=\tau_{90°}=0$，说明纵向截面上无应力。

16.3 轴向拉伸或压缩时的变形

在轴向拉力作用下，杆件的轴向尺寸将增大，而横向尺寸将减小；而在轴向压力作用下，杆件的轴向尺寸将减小，而横向尺寸将增大。

为了表示杆件不同方向的变形情况，引入轴向变形与轴向应变、横向变形与横向应变的概念，并给出杆件不同方向变形量之间的关系以及轴向变形与外力之间的关系。

1. 轴向变形与轴向应变

杆件的轴向尺寸变化称为轴向变形(或纵向变形)。杆件的轴向变形除以杆件原长得到**杆件轴线上单位长度的变形量，称为轴向应变**(或纵向应变)。

设杆件原长为 l，在轴向拉力 $\boldsymbol{F}$ 作用下，杆件长度变为 l_1，如图 16-5 所示，则轴向变形为

$$\Delta l = l_1 - l \tag{16-6}$$

轴向应变为

$$\varepsilon = \frac{\Delta l}{l} \tag{16-7}$$

2. 横向变形与横向应变

杆件的横向尺寸变化称为横向变形。杆件的横向变形除以杆件原横向尺寸得到**杆件横向单位长度的变形量**，称为**横向应变**。

设杆件原横向尺寸为 b，在轴向拉力 $\boldsymbol{F}$ 作用下，杆件长度变为 b_1，则横向变形为

$$\Delta b = b_1 - b \tag{16-8}$$

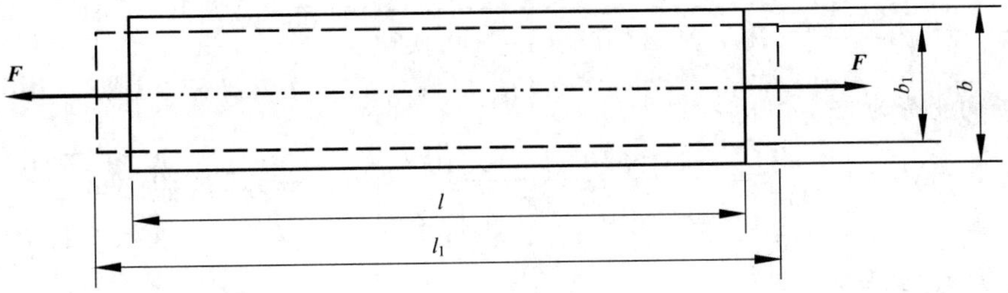

16-5

图 16-5

横向应变为

$$\varepsilon' = \frac{\Delta b}{b} \tag{16-9}$$

3. 泊松比与胡克定律

实验结果表明，在材料的线弹性范围内，杆件的横向应变与轴向应变的比值为常数，记为

$$\left|\frac{\varepsilon'}{\varepsilon}\right| = \mu \tag{16-10}$$

泊松比

常数 μ 称为材料的泊松比。泊松比 μ 无量纲。

杆件轴向尺寸增加时横向尺寸缩短(反之亦然)，因此 ε 与 ε' 符号相反，式(16-10)又可记为

$$\varepsilon' = -\mu\varepsilon \tag{16-11}$$

实验结果表明，在材料的线弹性范围内，杆件的轴向变形与轴向载荷成正比，这一关系称为胡克定律，记为

$$\Delta l = \frac{F_N l}{EA} \tag{16-12}$$

式中，A 为杆件的横截面积；E 为材料的弹性模量。弹性模量 E 与应力的单位相同。式(16-12)还表明，杆件的轴向变形与 EA 成反比，因此将 EA 称为材料的抗拉(压)刚度。

泊松比 μ 和弹性模量 E 是材料的两个弹性常数，表 16-1 给出了几种常用材料的 μ、E 的值。

表 16-1　几种常用材料的 μ、E 的值

材料名称	μ	E
碳钢	0.24～0.28	196～216
合金钢	0.25～0.30	186～206
灰铸铁	0.23～0.27	78.5～157
铜及其合金	0.31～0.42	72.6～128
铝合金	0.33	70

【例 16-4】 试计算例 16-2 中杆件的轴向变形。已知 AB 段长度为 l_1=20mm，BC 段长度为 l_2=30mm，杆件横截面为直径 d=20mm 的圆形截面，材料为碳钢，弹性模量 E=200GPa。

解　由式(16-12)可得：

AB 段的轴向变形为

$$\Delta l_1 = \frac{F_{N1}l_1}{EA} = \frac{30\times10^3\times20\times10^{-3}}{200\times10^9\times\frac{\pi}{4}\times0.02^2}(\mathrm{m}) = 9.5\times10^{-6}(\mathrm{m})$$

BC 段的轴向变形为

$$\Delta l_2 = \frac{F_{N2}l_2}{EA} = \frac{-20\times10^3\times30\times10^{-3}}{200\times10^9\times\frac{\pi}{4}\times0.02^2}(\mathrm{m}) = -1.6\times10^{-5}(\mathrm{m})$$

整个杆件的轴向变形为

$$\Delta l = \Delta l_1 + \Delta l_2 = -6.5\times10^{-6}\,\mathrm{mm}$$

【例 16-5】 图 16-6 所示铰接杆系由两根钢杆 1 和 2 组成。各杆长度均为 $l=2\mathrm{m}$，直径均为 $d=25\mathrm{mm}$。已知变形前 $\alpha=30^\circ$，钢的弹性模量 $E=210\mathrm{GPa}$，荷载 $F=100\mathrm{kN}$。试求结点 A 的位移 Δ_A。

解 此杆及其所受荷载关于通过 A 点的竖直线都是对称的，因此节点 A 只有竖直位移。为求竖直位移 Δ_A，先求出各杆的伸长。

16-6

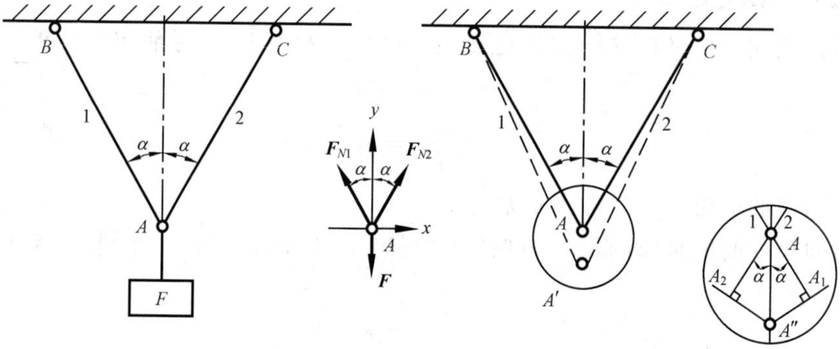

图 16-6

在变形微小的情况下，计算中可忽略 α 角的微小变化。假定各杆的轴力均为拉力，根据对称性，可知 $F_{N1}=F_{N2}$。由节点 A 的一个平衡方程 $\sum F_y = 0$ 便可求出轴力。

$$F_{N1}\cos\alpha + F_{N2}\cos\alpha - F = 0$$

$$F_{N1} = F_{N2} = \frac{F}{2\cos\alpha} \tag{1}$$

将所得 F_{N1} 和 F_{N2} 代入公式 $\Delta l=\frac{F_N l}{EA}$，得各杆的伸长为

$$\Delta l_1 = \Delta l_2 = \frac{F_{N1}l}{EA} = \frac{Fl}{2EA\cos\alpha} \tag{2}$$

式中，$A=\frac{\pi}{4}d^2$ 为杆的横截面面积。

为了求位移 Δ_A，可假想地将 1、2 两杆自 A 点处拆开，并使其沿各自的原来方向伸长 Δl_1 和 Δl_2，然后分别以另一端 B、C 为圆心转动，直至相交于一点 A'。AA' 即为 A 点的竖直位移。在变形微小的情况下，可过 A_1、A_2 分别作 1、2 两杆的垂线，并认为此两垂线的交点 A'' 即为节点 A 产生位移后的位置。由此可得

$$\Delta_A = AA'' = \frac{\Delta l_1}{\cos\alpha} \tag{3}$$

将式(2)代入式(3)，得

$$\Delta_A = \frac{Fl}{2EA\cos^2 \alpha} \tag{4}$$

再将已知数据代入式(4)得

$$\Delta_A = \frac{(100 \times 10^3) \times 2}{2 \times (2.1 \times 10^{11}) \times \left[\frac{\pi}{4} \times (25 \times 10^{-3})^2\right] \cos^2 30^\circ} \text{m} = 0.0013\text{m} = 1.3\text{mm}(\downarrow)$$

16.4　材料拉伸和压缩时的力学性能

前面已经讲到，轴向拉压杆件的强度问题与杆件的受力和横截面积有关。根据日常生活中的经验还发现，承受同样大小轴向外力的两根杆件，若尺寸相同而所用材料不同，则当外力增大的时候，性能较差的杆件将首先被破坏。也就是说，轴向拉压杆件的强度问题，还与构件的材料有关。为此，需要研究各种材料在轴向拉伸和压缩时的力学性能。

材料的力学性能(或称为机械性质)是指材料在受力之后表现出的受力与变形之间的关系以及材料破坏的特征。材料的力学性能需要通过试验来测定。在不同的加载条件下，材料表现出来的力学性能有所不同。

测定材料力学性能的基本试验是在常温下以缓慢而平稳的加载方式进行的，称为常温静载试验。为了对不同材料的力学性能进行比较，通常采用标准尺寸的试件进行试验。标准试件的形状、长度等各种参数在国家标准中有统一的规定。

16.4.1　材料拉伸时的力学性能

材料拉伸试验采用的试件一般为圆截面试件(图 16-7)，试件中部等直的部分取长度为 l 的一段，称为**标距**。标距 l 与圆截面直径 d 的比例为 $l=5d$ 或 $l=10d$。

1. 低碳钢拉伸时的力学性能

低碳钢是工程上使用广泛的一类材料，其在拉伸试验中表现出来的力学性能比较典型。

将低碳钢材料制成标准试件，置于拉伸试验机上进行常温静载试验，在试验过程中，记录下施加的载荷 F 和试件标距段的伸长 Δl。以拉力 F 为横坐标，以标距段的伸长 Δl 为纵坐标，可以绘制出低碳钢的拉伸图，也称为 F-Δl 曲线。

为了消除试件几何尺寸的影响，将 F 除以试件的原始面积 A，并将 Δl 除以试件的标距 l，得到应力-应变图(图 16-8)，也称为 σ-ε 曲线。在形状上，σ-ε 曲线与 F-Δl 曲线相似。

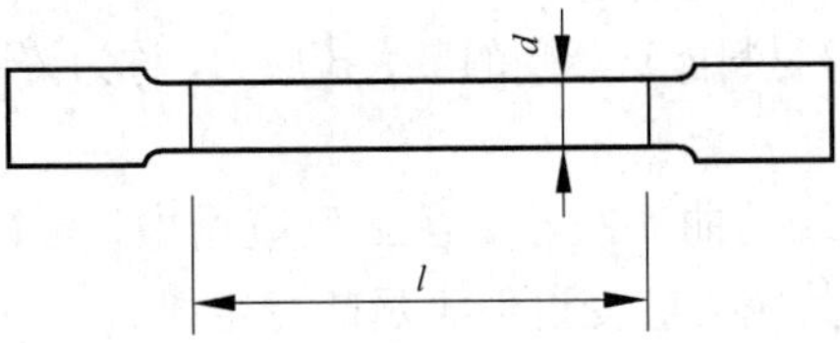

图 16-7

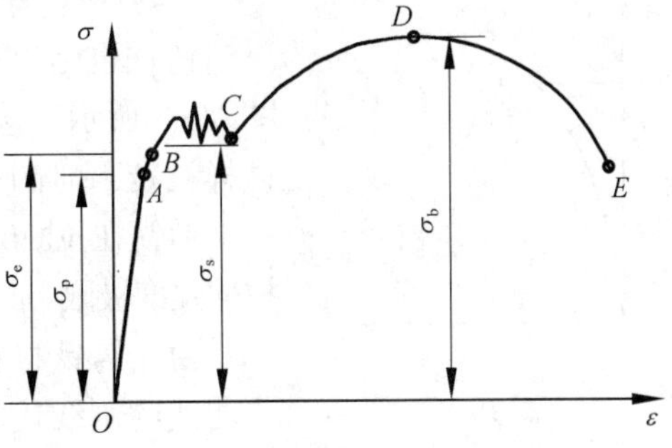

图 16-8

16-7&16-8

根据低碳钢在拉伸过程中表现出来的现象，可以将整个拉伸过程分为四个阶段。

(1) 弹性阶段——OB 段。在 OB 段内，如果停止加载，然后卸载到零，则试件的变形完全消失，试件恢复原长。这种在**卸载之后可以完全消失的变形，称为弹性变形。**

在 OB 段中，包含一段直线段 OA，说明应力与应变成比例关系，记为

$$\sigma = E\varepsilon \tag{16-13}$$

因此将 OA 段称为**比例阶段。**与式(16-12)比较可以发现，式(16-13)是胡克定律的另一表现形式。

比例阶段中应力的最高值称为材料的**比例极限**，记为 σ_p。弹性阶段中应力的最高值称为材料的**弹性极限**，记为 σ_e。由于 σ_p 与 σ_e 相差不大，有时并不严格区分。

(2) 屈服阶段——BC 段。在 BC 段，应力基本保持不变，而应变显著增加，这种现象称为**材料的屈服**。该阶段中应力的最低值称为材料的**屈服极限**，记为 σ_s。

过 B 点之后，如果停止加载，然后卸载到零，则试件的变形只有部分消失，消失的变形为弹性变形，而在**卸载之后不能消失的变形为塑性变形**。

(3) 强化阶段——CD 段。在 CD 段内，材料恢复抵抗变形的能力，只有增加拉力才能增大试样的变形，这种现象称为材料的强化。该阶段中应力的最高值称为材料的**强度极限**，记为 σ_b。强度极限是材料能够承受的最大应力。

(4) 颈缩阶段——DE 段。在 DE 段之前，试样的变形基本是均匀的。进入 DE 段之后，**在试样的某一局部长度范围内，横向尺寸急剧减小，这种现象称为材料的颈缩**。在这一阶段，由于试样颈缩部位的横截面积减小，需要的拉力随之减小，因而曲线中纵坐标 σ 不断减小，直至试样在颈缩处被完全拉断为止。

试样拉断后仍然保留部分塑性变形，为此引入度量材料塑性的两个指标：

伸长率

$$\delta = \frac{l_1 - l}{l} \times 100\% \tag{16-14}$$

式中，l_1 表示试样拉断后标距段的长度。

断面收缩率

$$\psi = \frac{A - A_1}{A} \times 100\% \tag{16-15}$$

式中，A_1 表示试样拉断后颈缩处的最小横截面积。

工程中把 $\delta \geqslant 5\%$ 的材料称为**塑性材料**，如碳钢、黄铜、铝合金等；把 $\delta < 5\%$ 的材料称为**脆性材料**，如灰铸铁、玻璃、陶瓷等。

16-9

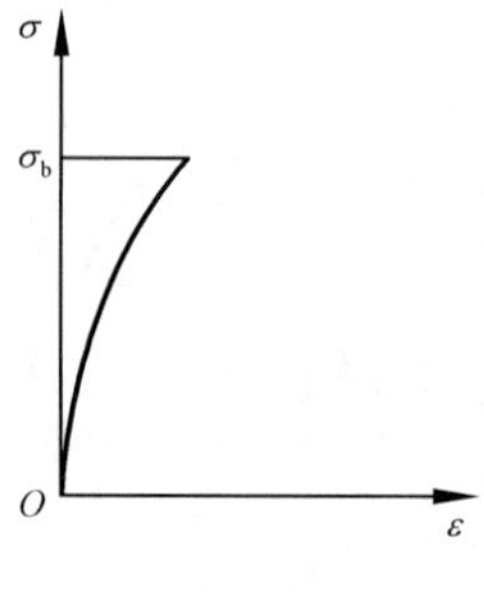

图 16-9

2. 铸铁拉伸时的力学性能

铸铁也是工程中应用较多的一种材料，其拉伸时的 σ-ε 曲线如图 16-9 所示。该曲线为一段微弯曲线，没有屈服阶段和颈缩阶段。试样被拉断时的应力比较小，应变也很小。

铸铁在拉断时的应力是该材料能够承受的最大拉应力，称为铸铁的拉伸强度极限，记为 σ_b。

由于铸铁材料的 σ-ε 曲线的曲率很小，在工程应用中，可以用该曲线的割线代替，即认为其应力应变近似满足胡克定律。

综合低碳钢与铸铁的拉伸试验，可以发现，度量材料强度的指标包括：比例极限 σ_p、屈服极限 σ_s 和强度极限 σ_b。度量材料塑性的指标包括：伸长率 δ 和断面收缩率 ψ。

3. 其他材料拉伸时的力学性能

塑性材料在拉伸过程中的共同点是都有明显的弹性阶段和较大的塑性变形。但各种塑性材料的拉伸过程中表现出来的性能不尽相同，有些材料，如 Q235 钢，也具有明显的弹性阶段、屈服阶段、强化阶段和颈缩阶段。而有些塑性材料，没有明显的屈服阶段。对于没有明显屈服阶段的塑性材料，工程中一般将产生 0.2%塑性应变时的应力作为其屈服极限，记为 $\sigma_{0.2}$。

脆性材料大多如铸铁一样，在较小的拉应力下就被拉断，试件的变形很小，没有屈服和颈缩现象，拉断时的最大应力即为强度极限，抗拉强度比较低。所以脆性材料一般不作为抗拉构件的材料。

16.4.2　材料压缩时的力学性能

材料压缩试验也采用圆截面试件，试样一般制成短圆柱状(图 16-10)，试样高度 $h=1.5d\sim3d$。

1. 低碳钢压缩时的力学性能

低碳钢压缩时的 σ-ε 曲线如图 16-11 所示。图中虚线为低碳钢拉伸时的 σ-ε 曲线。在屈服阶段前两条曲线基本重合，说明低碳钢在拉伸和压缩时，其比例极限 σ_p、弹性极限 σ_e、屈服极限 σ_s 和弹性模量 E 相同。但在屈服后，由于试样越压越扁，横截面积不断增大，抗压能力增强，因此其 σ-ε 曲线不断上升，测不到材料的强度极限。

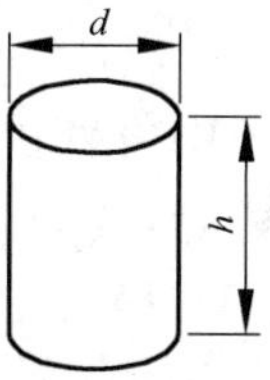

图 16-10

16-10&16-11

2. 铸铁压缩时的力学性能

铸铁压缩时的 σ-ε 曲线如图 16-12 所示。与拉伸时的 σ-ε 曲线相比，铸铁的抗压强度比抗拉强度高 4～5 倍。其他脆性材料，如混凝土、石料等，抗压强度也远高于抗拉强度，因此脆性材料通常作为抗压构件的材料。铸铁试样破坏断面的法线与轴线大致成 45°～55°的倾角，表明试样沿斜截面因相对错动而破坏。

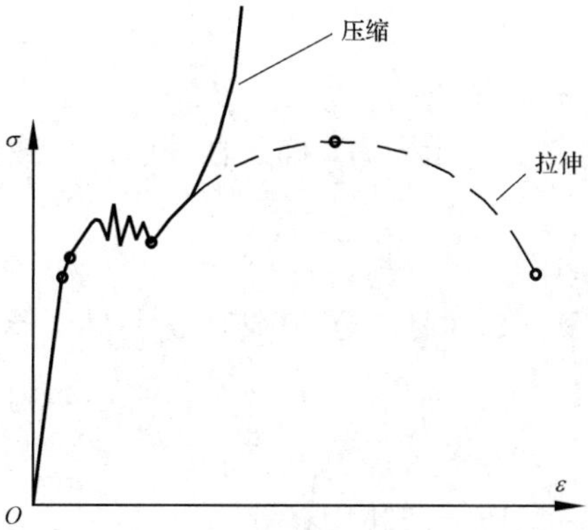

图 16-11

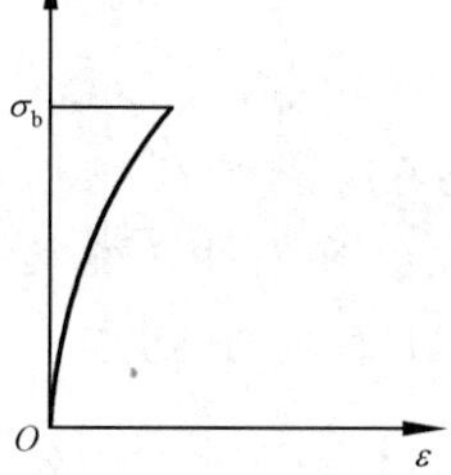

图 16-12

16-12

16.5　杆件拉伸或压缩时的强度计算

1. 失效与极限应力

工程构件由于各种原因丧失正常工作的能力称为失效。构件失效时的应力称为极限应力。

由塑性材料制成的构件，当其出现塑性变形时，将无法正常工作而失效，因此塑性材料的极限应力是屈服极限 σ_s。由脆性材料制成的构件，当其被破坏时无明显的塑性变形，构件断裂即为失效，因此脆性材料的极限应力是强度极限 σ_b。

2. 许用应力与安全因数

为了保证构件具备足够的强度，其工作应力必须低于材料的极限应力。同时，考虑到一些实际因素的影响，为了保证构件有一定的强度储备，通常用极限应力除以一个大于 1 的因数 n(称为**安全因数**)得到材料的**许用应力**$[\sigma]$。

对于塑性材料

$$[\sigma]=\frac{\sigma_s}{n} \tag{16-16}$$

对于脆性材料

$$[\sigma]=\frac{\sigma_b}{n} \tag{16-17}$$

由于脆性材料的抗拉强度与抗压强度不同，为了区分二者，通常将脆性材料的许用拉应力记为$[\sigma_t]$，而将其许用压应力记为$[\sigma_c]$。

3. 杆件拉伸和压缩时的强度条件

为了保证构件安全正常的工作，要求构件的工作应力不能超过材料的许用应力，即

$$\sigma_{max} \leqslant [\sigma] \tag{16-18}$$

对于轴向拉压杆件，强度条件为

$$\sigma_{max}=\frac{F_{N\max}}{A} \leqslant [\sigma] \tag{16-19}$$

根据上述强度条件，可以进行如下三种类型的计算：

(1) 校核强度。已知杆件承受的载荷、横截面积和材料的许用应力，校核杆件是否满足强度要求。根据式(16-18)进行校核即可。

(2) 设计截面。已知杆件承受的载荷和材料的许用应力，设计杆件的横截面尺寸。计算公式为

$$A \geqslant \frac{F_{N\max}}{[\sigma]} \tag{16-20}$$

(3) 确定许可载荷。已知杆件横截面积和材料的许用应力，确定杆件的许可载荷。计算公式为

$$F_{N\max} \leqslant A[\sigma] \tag{16-21}$$

【例 16-6】 试对例 16-2 中杆件进行强度校核。已知材料为 20 钢，$[\sigma]=80\text{MPa}$。

解 在例 16-3 中已经求得：

杆件 AB 段的应力为

$$\sigma_1=\frac{F_{N1}}{A}=\frac{30\times10^3}{0.02\times0.03}\text{Pa}=50\text{MPa}$$

杆件 BC 段的应力为

$$\sigma_2=\frac{F_{N2}}{A}=\frac{-20\times10^3}{0.02\times0.03}\text{Pa}=-33.3\text{MPa}$$

故 $\sigma_{max}=50\text{MPa}<[\sigma]$，杆件满足强度要求。

【例 16-7】 图 16-13 所示三角形托架，A、B、C 处均为铰接。杆 AB 和 BC 均由两根同截面角钢组成。已知 $F=80\text{kN}$，$[\sigma]=160\text{MPa}$，试选择角钢的型号。

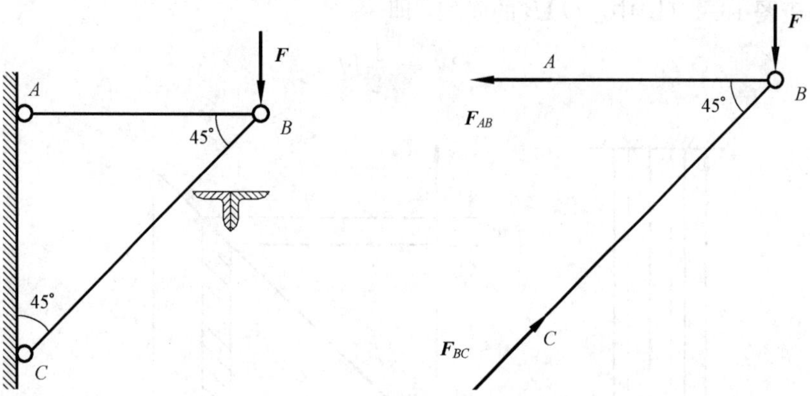

图 16-13

16-13

解　(1) 整体平衡求支反力。

由
$$\sum M_C = 0$$
得
$$F_{AB} = F = 80\text{kN}$$
由
$$\sum M_A = 0$$
得
$$F_{BC} = \sqrt{2}F = 113.1\text{kN}$$

(2) 计算截面尺寸。

① 确定杆 AB 的截面尺寸。根据式(16-20)，可得

$$A_1 \geqslant \frac{F_{AB}}{[\sigma]} = \frac{80\times 10^3}{160\times 10^6}(\text{m}^2) = 5\times 10^{-4}(\text{m}^2) = 5(\text{cm}^2)$$

② 确定杆 BC 的截面尺寸。根据式(16-20)，可得

$$A_2 \geqslant \frac{F_{BC}}{[\sigma]} = \frac{113.1\times 10^3}{160\times 10^6}(\text{m}^2) = 7.1\times 10^{-4}(\text{m}^2) = 7.1(\text{cm}^2)$$

综上可得，$A\geqslant 7.1\text{cm}^2$。

(3) 查表选型。查型钢表，应选择边厚度为 5mm 的 4 号等边角钢，其横截面积为 3.791cm^2。

16.6　轴向拉伸或压缩时的应变能

1. 应变能

弹性体在外力作用下将产生变形，外力所做的功将转化为能量储存在弹性体内部，称为应变能。当外力除去时，这种应变能又将随变形的消失而释放出来。

现在研究拉压杆件在线弹性范围内工作时的应变能。图 16-14(b)中的直线 OA 为图16-14(a)所示拉杆的载荷 $\boldsymbol{F}$ 与位移Δ 的关系图线。当载荷为 F_1 时，其作用点 A 的竖直位移为 Δl；当载荷有一微小增量 $\mathrm{d}F_1$ 时，载荷作用点位移相应地有一微小增量 $\mathrm{d}\Delta l$。在此过程中，载荷所做的微功为

$$\mathrm{d}W = F_1\,\mathrm{d}\Delta l \tag{16-22}$$

从图中可以看出 $\mathrm{d}W$ 等于图中阴影部分的面积。当载荷由零增加至最终值 F 时，它所做的功

在数值上等于图 16-14(b)中$\triangle OAB$的面积，即

$$W = \frac{1}{2}Fl \tag{16-23}$$

16-14

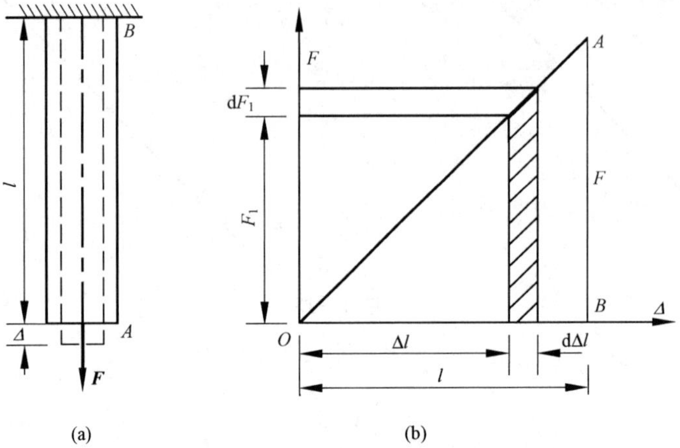

图 16-14

如果载荷缓慢地增大，忽略拉杆的动能、热能等能量的变化，根据能量守恒定律，载荷所做的功W将全部转化为应变能。因此上述拉杆的应变能为

$$V_{\varepsilon} = \frac{1}{2}Fl \tag{16-24}$$

由胡克定律，应变能V_{ε}也可写为

$$V_{\varepsilon} = \frac{1}{2}F_N\left(\frac{F_N l}{EA}\right) = \frac{F_N^2 l}{2EA} \tag{16-25}$$

应变能的单位与功相同，为 J(焦耳)。1J＝1N・m。

2. 应变能密度

拉压杆单位体积内所储存的应变能——应变能密度v_{ε}为

$$v_{\varepsilon} = \frac{V_{\varepsilon}}{V} = \frac{\frac{F_N^2 l}{2EA}}{Al} = \frac{1}{2E}\left(\frac{F_N}{A}\right)^2 = \frac{\sigma^2}{2E} \tag{16-26}$$

由胡克定律，式(16-26)也可写成

$$v_{\varepsilon} = \frac{1}{2}\sigma\varepsilon = \frac{E\varepsilon^2}{2} \tag{16-27}$$

应变能密度的常用单位是 J/m^3。

16.7 圣维南原理和应力集中

1. 圣维南原理

圣维南原理

在 16.2 节中推导了轴向拉压杆件横截面的正应力分布公式，这一公式是基于平面假设得到的，也就是说只有在杆件沿轴线方向的变形均匀时，横截面上的正应力均匀分布才是正确的。事实上当杆端承受集中载荷或其他非均匀分布载荷时，杆内变形与载荷形式有关，且横截面不一定保持为平面。因此 16.2 节中得到的正应力公式(16-1)不是对杆件上的所有横截面都适用。

考察图 16-15 所示橡胶压杆模型，为观察各处的变形大小，加载前在杆表面上画上小方格。当通过刚性平板及直接施加集中力 $\boldsymbol{F}$ 时，两种加载方法引起的变形情况是不一样的。但是，加在杆端任何形式的载荷只要其静力等效的合力为轴向力 $\boldsymbol{F}$ 时，变形的不均匀性只发生在加载点附近的局部区域。距离加力点稍远处，轴向变形仍然是均匀的，即中间大部分区域的各横截面变形后仍保持为平面，因此在这些区域，正应力公式仍然成立。

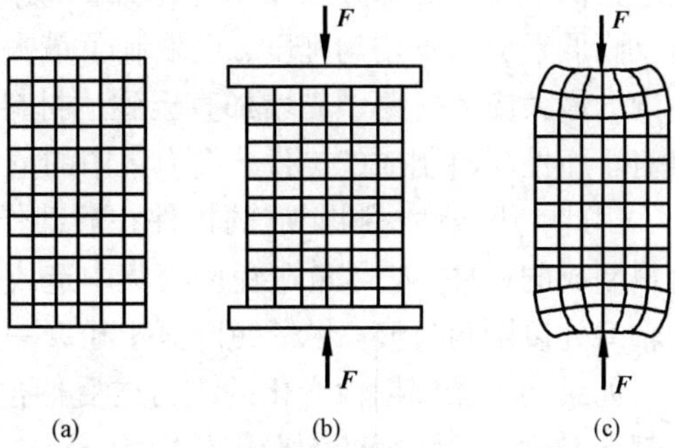

图 16-15

16-15

上述分析表明：如果杆端两种外加力静力学等效，则距离加载点稍远处，杆端外载的作用方式对应力分布的影响很小，可以忽略不计。这一思想最早是由法国科学家圣维南在研究弹性力学问题时提出的，称为圣维南原理。

根据这个原理，轴向拉压杆件端部外力的作用方式不同，但可以用其合力代替，这就简化成相同的计算简图，在距端截面略远处都可用式(16-1)计算横截面上的正应力。

2. 应力集中

在 16.6 节的分析说明，杆端受非均布载荷作用时，加载点附近的局部区域内变形是非均匀的，故应力分布也是非均匀的。特别是外载为集中载荷时，集中力作用点附近应力值远远高于杆件的平均应力。除此之外，当构件的几何形状不连续时，诸如开孔或者截面突变等处，也会产生很高的局部应力。图 16-16(a)所示开孔板条承受轴向载荷时，通过孔中心线的截面上的应力分布。图 16-16(b)所示为轴向加载的变宽度矩形截面板条，在宽度突变处截面上的应力分布。这种几何形状不连续处局部应力增大的现象，称为**应力集中**。

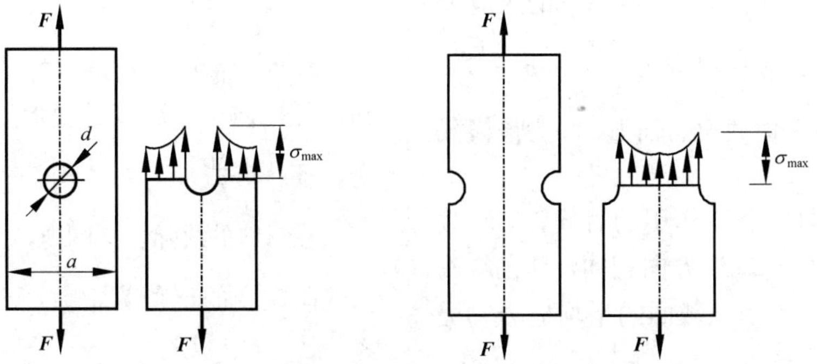

图 16-16

16-16

若发生在应力集中的截面上最大应力为 $\sigma_{\max}$，同一截面上的平均应力为 σ，则比值

$$K = \frac{\sigma_{\max}}{\sigma} \tag{16-28}$$

K 称为**应力集中因数**。它表明了应力集中的剧烈程度。

实验结果表明，应力集中的程度与几何尺寸变化的比值有关。尺寸变化越急剧，应力集中的程度越严重。不同类型的材料对应力集中的敏感程度也不同。塑性材料一般具有屈服阶段，当局部的最大应力达到屈服极限 σ_s 时，如外力继续增加，则该处应力不再加大，而由截面上其他未屈服的部分继续承担增加的载荷，使截面上其他点的应力相继增大到屈服极限。这就降低了应力不均匀程度，也限制了最大应力的数值。而脆性材料没有屈服阶段，应力集中处的最大应力一路领先增加直至到达材料的强度极限，最终导致应力集中处最先破坏。所以对于脆性材料制成的构件，应力集中的危害性显得比较严重。

因此，用塑性材料制成的构件在静载作用下，可以不考虑应力集中的影响。而对于脆性材料制成的构件，应尽量避免应力集中造成的危害，尽可能避免带有尖角的孔、槽，在阶梯轴的轴肩处以圆角过渡，尽量使圆弧半径大一些。

如果构件受周期性变化的应力或受冲击载荷作用时，则不论塑性或者脆性材料，应力集中都会对构件的强度产生严重的影响。

本章小结

1. 轴向拉伸或压缩时的内力。

当杆件承受轴向拉力或者压力时，其横截面上内力的方向与杆件轴线方向重合，称为轴力，记为 $\boldsymbol{F}_N$。当轴力方向与横截面外法线方向一致为正，反之为负。杆件轴力随横截面位置变化的情况可以用轴力图来表示，轴力图是轴向拉压杆件强度计算的重要基础。

2. 轴向拉伸或压缩时的应力。

当杆件受轴向载荷作用的时候，其横截面上只有正应力，而没有切应力。在整个横截面上正应力均匀分布，任何一点的正应力都等于该横截面的平均应力。记为 $\sigma=\dfrac{F_N}{A}$。式中，F_N 为所求横截面的轴力，A 为该横截面的面积。

当杆件受轴向载荷作用的时候，其斜截面上的应力方向与轴线方向相同，且在斜截面上均匀分布，等于该截面的平均应力。记为 $p_\alpha=\dfrac{F_\alpha}{A_\alpha}=\sigma\cos\alpha$。式中，$\alpha$ 表示斜截面与横截面的夹角，F_α 为斜截面上的内力，A_α 为斜截面的面积，A 为横截面的面积。

p_α 称为斜截面上的全应力，可以将其沿着斜截面的法线方向和切向方向分解为：

正应力 $\sigma_\alpha=p_\alpha\cos\alpha=\sigma\cos^2\alpha$

切应力 $\tau_\alpha=p_\alpha\sin\alpha=\sigma\cos\alpha\sin\alpha=\dfrac{1}{2}\sigma\sin2\alpha$

3. 轴向拉伸或压缩时的变形。

在轴向拉力作用下，杆件的轴向尺寸将增大，而横向尺寸将减小。

在轴向压力作用下，杆件的轴向尺寸将减小，而横向尺寸将增大。

杆件的轴向尺寸变化称为轴向变形(或纵向变形)，即 $\Delta l=l_1-l$。

杆件的轴向变形除以杆件原长得到杆件轴线上单位长度的变形量，称为轴向应变(或纵向应变)，即 $\varepsilon=\dfrac{\Delta l}{l}$。

杆件的横向尺寸变化称为横向变形，即 $\Delta b=b_1-b$。

杆件的横向变形除以杆件原横向尺寸得到杆件横向单位长度的变形量，称为横向应变，即 $\varepsilon'=\dfrac{\Delta b}{b}$。

在材料的线弹性范围内，杆件的横向应变与轴向应变的比值为常数，记为 $\left|\dfrac{\varepsilon'}{\varepsilon}\right|=\mu$ 或 $\varepsilon'=-\mu\varepsilon$。

在材料的线弹性范围内，杆件的轴向变形与轴向载荷成正比，这一关系称为胡克定律。记为 $\Delta l=\dfrac{F_N l}{EA}$。式中，$E$ 为材料的弹性模量，EA 称为材料的抗拉(压)刚度。泊松比 μ 和弹性模量 E 是材料的两个弹性常数。

4. 材料拉伸和压缩时的力学性能。

材料的力学性能(或称为机械性质)是指材料在受力之后表现出的受力与变形之间的

关系以及材料破坏的特征。测定材料力学性能的基本试验是在常温下以缓慢而平稳的加载方式进行的，称为常温静载试验。

低碳钢的整个拉伸过程分为四个阶段：弹性阶段、屈服阶段、强化阶段和颈缩阶段。弹性阶段中应力的最高值称为材料的弹性极限，记为 σ_e。屈服阶段中应力的最低值称为材料的屈服极限，记为 σ_s。强化阶段中应力的最高值称为材料的强度极限，记为 σ_b，是材料能够承受的最大应力。

铸铁拉伸时的 σ-ε 曲线为一段微弯曲线，没有屈服阶段和颈缩阶段。铸铁在拉断时的应力是该材料能够承受的最大拉应力，称为铸铁的拉伸强度极限，记为 σ_b。

度量材料强度的指标包括：比例极限 σ_p、屈服极限 σ_s 和强度极限 σ_b。

度量材料塑性的两个指标是

$$\text{伸长率 } \delta=\frac{l_1-l}{l}\times 100\%$$

$$\text{断面收缩率 } \psi=\frac{A-A_1}{A}\times 100\%$$

工程中把 $\delta \geqslant 5\%$ 的材料称为塑性材料；把 $\delta < 5\%$ 的材料称为脆性材料。塑性材料在拉伸过程中的共同点是都有明显的弹性阶段和较大的塑性变形，但各种塑性材料的拉伸过程中表现出来的性能不尽相同。脆性材料大多如铸铁一样，在较小的拉应力下就被拉断，抗拉强度比较低，一般不作为抗拉构件的材料。

低碳钢压缩时的 σ-ε 曲线与其拉伸曲线在屈服阶段基本重合，说明低碳钢在拉伸和压缩时，其比例极限 σ_p、弹性极限 σ_e、屈服极限 σ_s 和弹性模量 E 相同。但在屈服后，由于试样越压越扁，抗压能力增强，测不到材料的强度极限。

铸铁压缩时 σ-ε 曲线也是一段曲线，但铸铁的抗压强度比抗拉强度高 4～5 倍，因此脆性材料通常作为抗压构件的材料。铸铁试样破坏断面的法线与轴线大致成 45°～55° 的倾角，表明试样沿斜截面因相对错动而破坏。

5. 杆件拉伸和压缩时的强度计算。

工程构件丧失其正常工作的能力称为失效。构件失效时的应力称为极限应力。塑性材料的极限应力是屈服极限 σ_s。脆性材料的极限应力是强度极限 σ_b。

构件实际工作时的许用应力为

$$[\sigma]=\frac{\sigma_s}{n}\text{（塑性材料）或}[\sigma]=\frac{\sigma_b}{n}\text{（脆性材料）}$$

式中 n 为安全因数。由于脆性材料的抗拉强度与抗压强度不同，通常将脆性材料的许用拉应力记为 $[\sigma_t]$，而将其许用压应力记为 $[\sigma_c]$。

轴向拉压杆件的强度条件为

$$\sigma=\frac{F_{N\max}}{A}\leqslant[\sigma]$$

6. 轴向拉伸或压缩时的应变能。

弹性体在外力作用下将产生变形，外力所做的功将转化为能量储存在弹性体内部，称为应变能。拉压杆件在线弹性范围内工作时的应变能 $V_\varepsilon=\frac{1}{2}Fl=\frac{F_N^2 l}{2EA}$。

拉压杆单位体积内所积蓄的应变能——应变能密度为 $v_\varepsilon=\frac{1}{2}\sigma\varepsilon=\frac{E\varepsilon^2}{2}$

7. 圣维南原理和应力集中。

如果杆端两种外加力静力学等效，则距离加载点稍远处，杆端外载的作用方式对应力分布的影响很小，称为圣维南原理。根据这个原理，轴向拉压杆件端部外力的作用方式不同，但可以用其合力代替，这就简化成相同的计算简图，在距端截面略远处都可用式(16-1)计算横截面上的正应力。

构件几何形状不连续处局部应力增大的现象，称为应力集中。

比值 $K=\frac{\sigma_{\max}}{\sigma}$ 称为应力集中因数，它表明了应力集中的剧烈程度。

实验结果表明，应力集中的程度与几何尺寸变化的比值有关。尺寸变化越急剧，应力集中的程度越严重。不同类型的材料对应力集中的敏感程度也不同。

思　考　题

16.1　试论证若杆件横截面上的正应力处处相等，则相应的法向分布内力的合力必通过横截面的形心。反之，法向分布内力的合力虽通过形心，但正应力在横截面上却不一定处处相等。

16.2　应用拉压正应力 $\sigma=\dfrac{F_N}{A}$ 的条件是什么？

16.3　若在受力物体内一点处已测得两个相互垂直的 x 和 y 方向均有线应变，则是否在 x 和 y 方向必定均作用有正应力？若测得 x 方向有线应变，则是否 y 方向无正应力？若测得 x 和 y 方向均无线应变，则是否 x 和 y 方向必定无正应力？

16.4　图 16-17 所示拉杆的外表面上有一斜线，当拉杆变形时，斜线将如何动？①平行移动；②转动；③不动；④平行移动加转动。

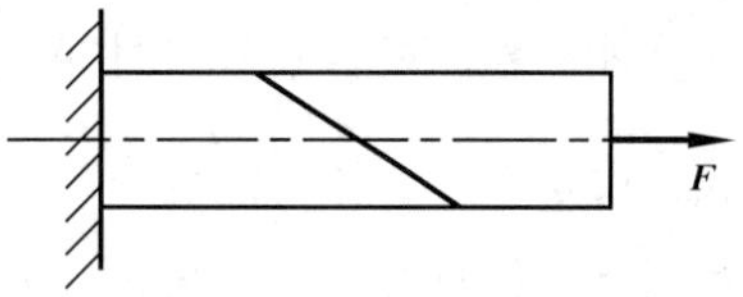

图 16-17

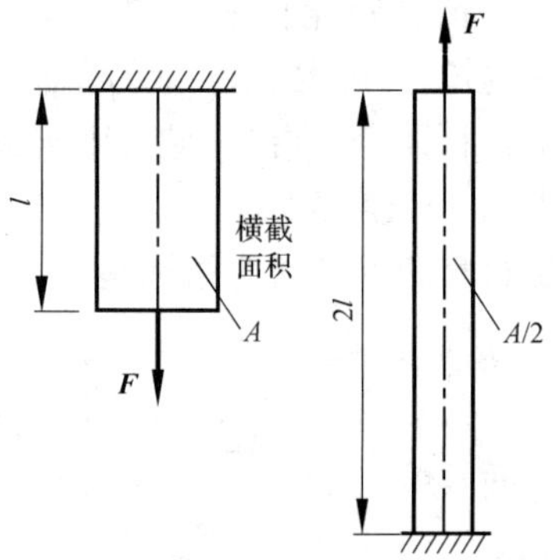

图 16-18

16.5　如图 16-18 所示材料相同的两根等截面杆，①它们的总伸长(变形)是否相同？②它们的变形程度是否相同？③两杆有无纵向位移对应相同的截面？

16.6　拉杆伸长后，横向会缩短，这是因为杆有横向应力存在？

16.7　胡克定律的适用范围是什么？

16.8　两根材料、长度 l 都相同的等高圆柱，一根的横截面面积为 A_1，另一根为 A_2，且 $A_2>A_1$。如图 16-19所示。两杆都受自重作用。这两杆的最大压应力是否相等？最大压缩量是否相等？

16.9　材料的延伸率与试件的尺寸是否有关？

16.10　低碳钢拉伸试件的强度极限与其拉伸试验中的最大实际应力值有何关系？

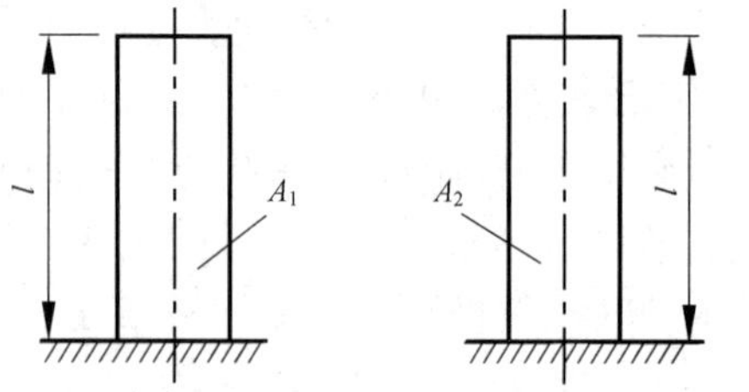

图 16-19

习　　题

16-1　试作题 16-1 图示各杆的轴力图。

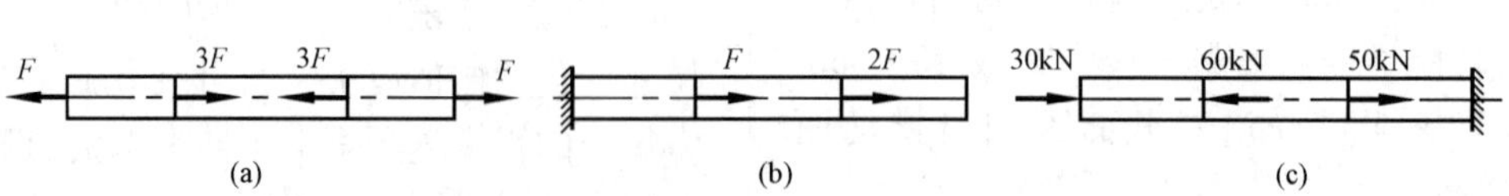

题 16-1 图

16-2 试绘出题 16-2 图中两杆的轴力图并求出它们的最大正应力。

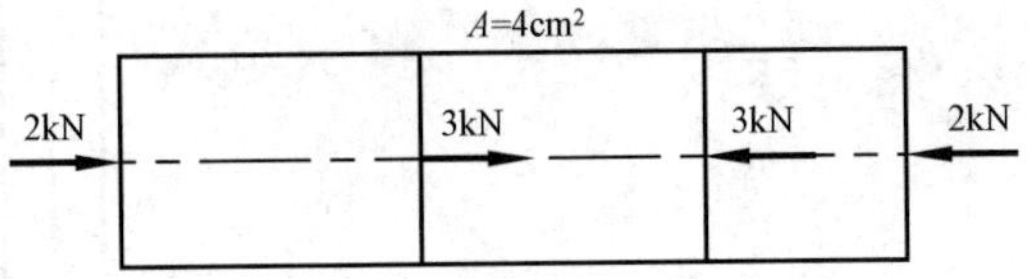

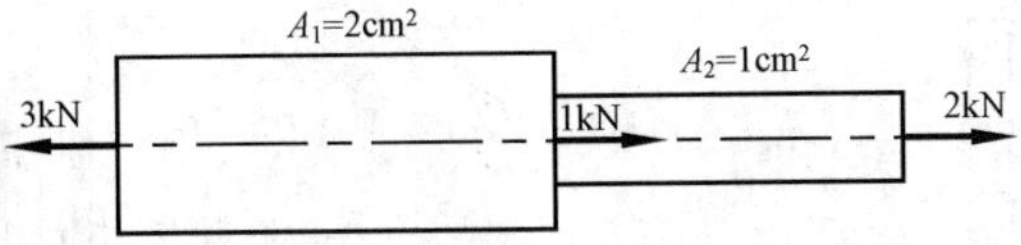

题 16-2 图

16-3 题 16-3 图示阶梯形圆截面杆 AC，承受轴向载荷 $F_1=200\text{kN}$，$F_2=100\text{kN}$，AB 段的直径 $d_1=40\text{mm}$。如欲使 BC 与 AB 段的正应力相同，试求 BC 段的直径。

16-4 一矩形截面杆，如题 16-4 图所示，承受 $F=10\text{kN}$ 沿轴线的拉力，杆的截面尺寸 $a=2\text{cm}$，$b=1\text{cm}$，求图示 $\alpha=30°$及 $\alpha=60°$的截面上正应力 σ_α 和切应力 τ_α，并求该杆内的最大正应力和最大切应力。

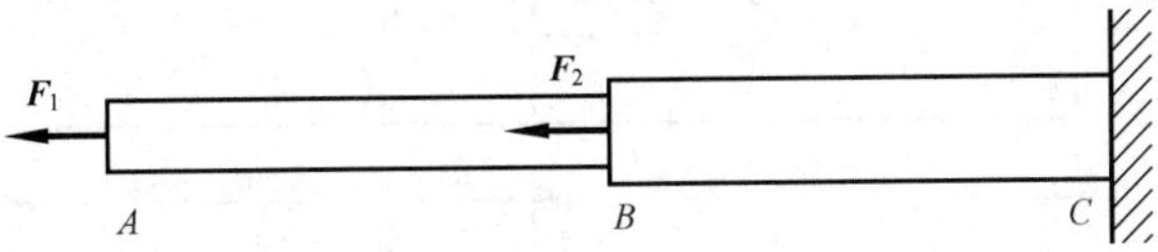

题 16-3 图

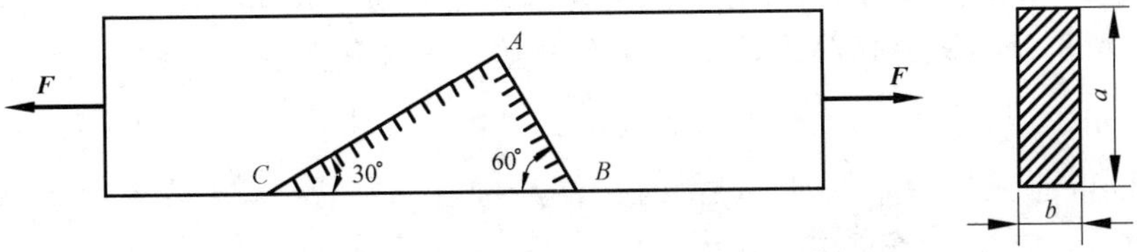

题 16-4 图

16-5 试求题 16-5 图示杆系节点 B 的位移，已知两杆的横截面面积均为 $A=100\text{mm}^2$，且均为钢杆($\sigma_p=200\text{MPa}$，$\sigma_S=240\text{MPa}$，$E=2.0\times10^5\text{MPa}$)。

16-6 等截面直杆由钢杆 ABC 与铜杆 CD 在 C 处粘接而成，直杆各部分的直径均为 $d=36\text{mm}$，受力如题 16-6 图所示。若不考虑杆的自重，试求 AC 段和 CD 段杆的轴向变形量 Δl_{AC}和 Δl_{CD}。

16-7 一直杆受力如题 16-7 图所示，杆的横截面是边长为 20cm 的正方形，材料服从胡克定律，其弹性模量 $E=10\text{GPa}$。试求：①轴力图；②各段截面上的应力；③各段杆的纵向线应变；④杆的总变形。

16-8 现场施工所用起重机吊环由两根侧臂组成。每一侧臂 AB 和 BC 都由两根矩形截面杆所组成，A、B、C 三处均为铰链连接，如题 16-8 图所示。已知起重载荷 $F=1200\text{kN}$，每根矩形杆截面尺寸比例 $b/h=0.3$，材料的许用应力$[\sigma]=78.5\text{MPa}$。试设计矩形杆的截面尺寸 b 和 h。

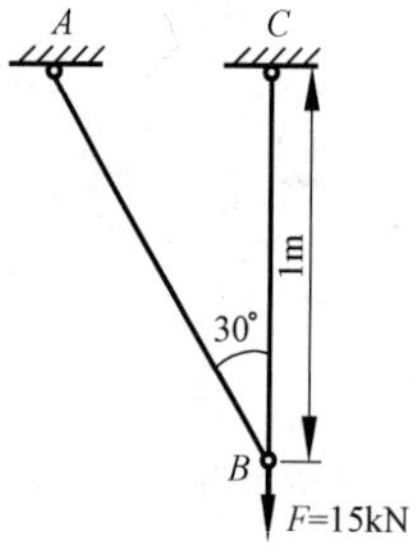

题 16-5 图

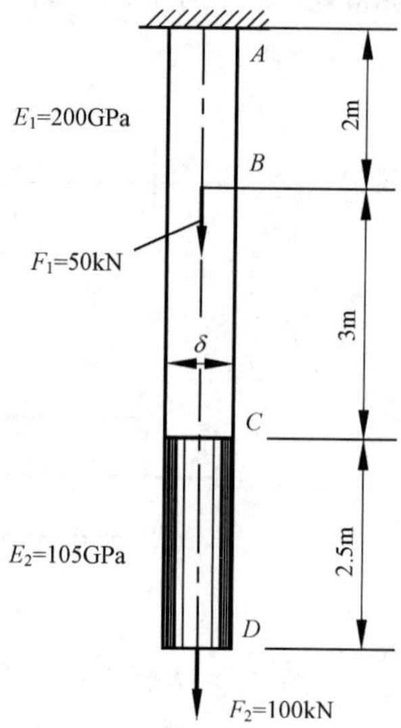

题 16-6 图

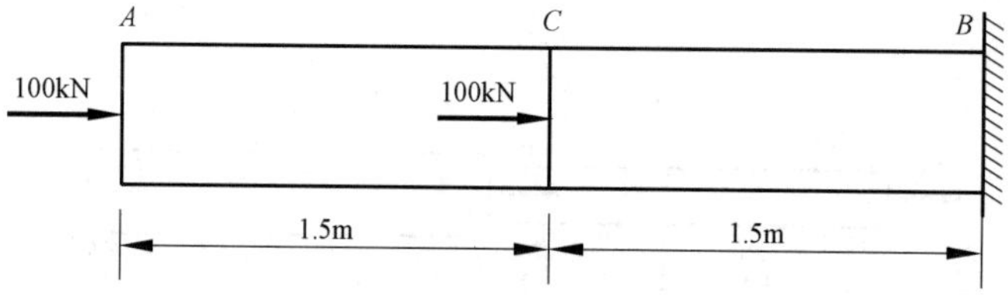

题 16-7 图

16-9 题 16-9 图示结构中 BC 和 AC 都是圆截面直杆，直径均为 $d=20\text{mm}$，材料都是 Q235 钢，其许用应力$[\sigma]=157\text{MPa}$。试求该结构的许用载荷$[F]$。

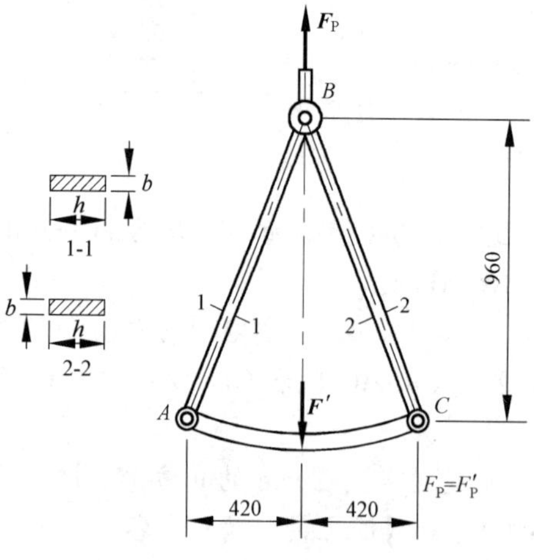

题 16-8 图

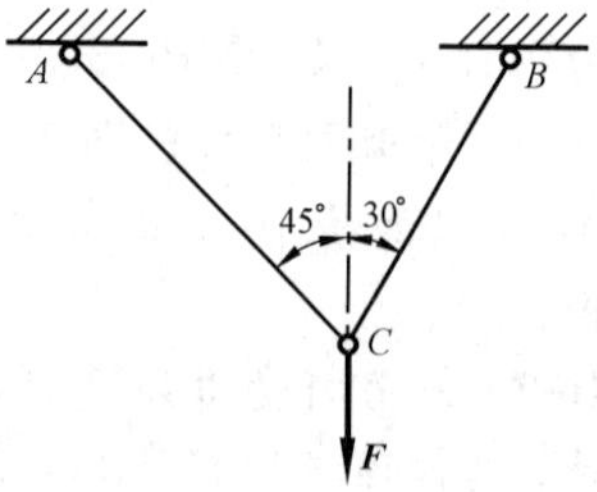

题 16-9 图

16-10 一结构受力如题 16-10 图所示，杆件 AB、AD 为等截面圆杆，已知材料的许用应力$[\sigma]=170\text{MPa}$，试确定杆 AB、AD 的直径。

16-11　仓库搁架前后用一根圆钢杆 AB 支持，如题 16-11 图所示，估计搁架上的最大载重量为 $F=10\text{kN}$，假定合力作用自搁板 BC 中部，已知 $\alpha=45^\circ$，材料许用应力为 $[\sigma]=160\text{MPa}$。试求杆 AB 的直径。

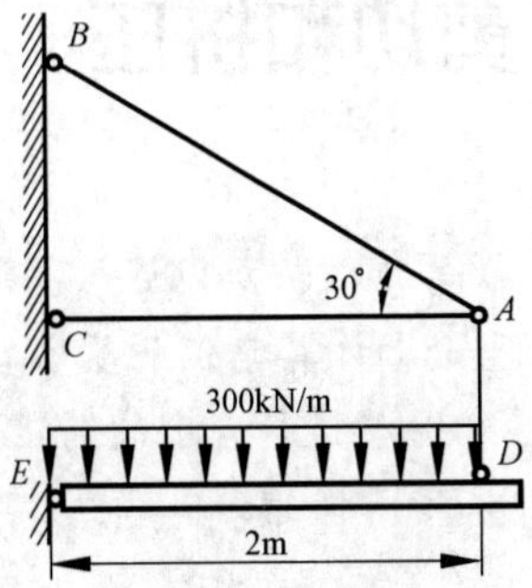

题 16-10 图

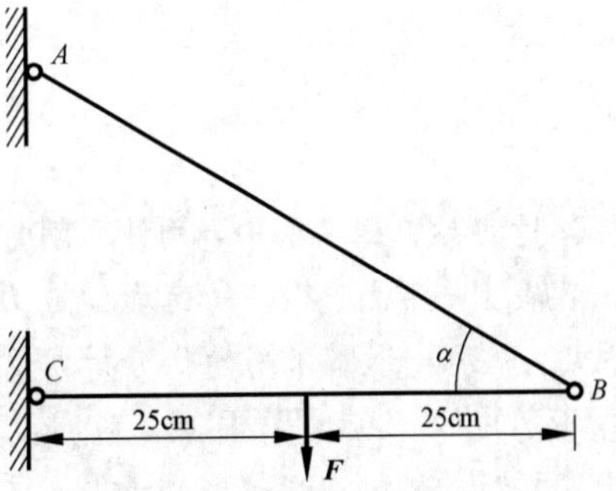

题 16-11 图

第 17 章 剪切和挤压

在各种实际工程结构中，构件之间常采用螺栓、铆钉、销钉、键等连接件加以连接。这些连接件一般尺寸都不大，构件的变形和应力分布比较复杂，很难从理论上计算它们的真实工作应力。因此，工程中通常采用简化分析方法，即对连接件的受力与应力分析进行合理的简化，计算出受力部分的“名义应力”；同时，对同类连接件进行破坏实验，并采用同样的计算方法，由破坏载荷确定材料的极限应力。实践表明，这样的简化分析方法可以满足工程实际的需要。

连接件的变形一般分为剪切和挤压两种基本形式，下面分别介绍这两种变形形式下的简化分析方法。

17.1 剪切的实用计算

如图 17-1 所示，上下两个刀刃作用在钢筋两侧上的横向外力 **P** 大小相等，方向相反，作用线相距很近，并将各自推着作用的部分沿着与 **P** 力平行的截面错动，直至最后钢筋被剪断。当上述外力过大时，钢筋将沿横截面 *n-n* 被剪断。

17-1

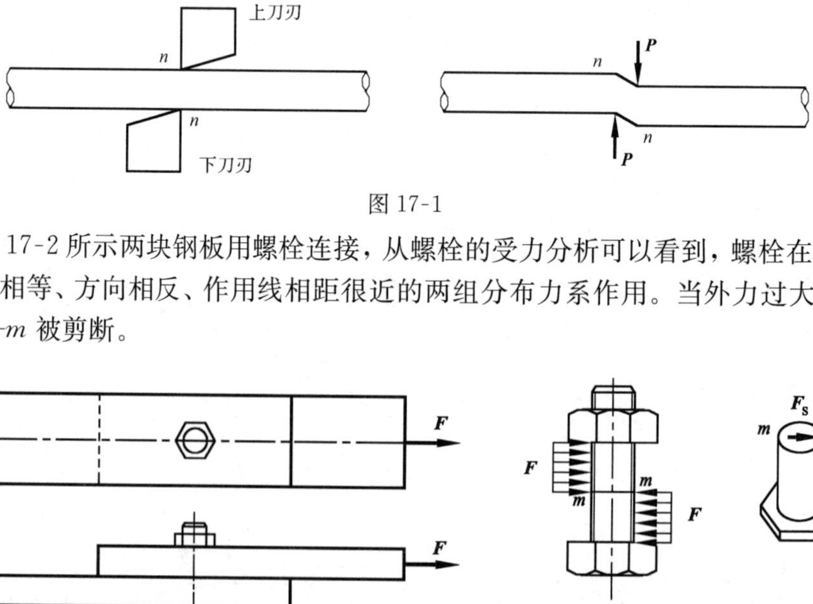

图 17-1

又如图 17-2 所示两块钢板用螺栓连接，从螺栓的受力分析可以看到，螺栓在两侧面上分别受到大小相等、方向相反、作用线相距很近的两组分布力系作用。当外力过大时，螺栓将沿横截面 *m-m* 被剪断。

17-2

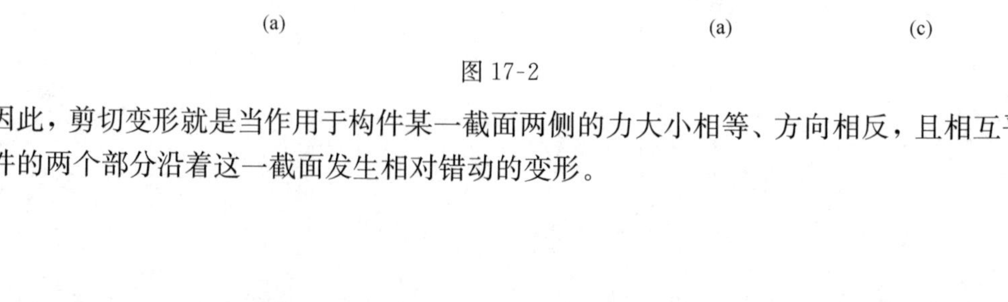

图 17-2

因此，剪切变形就是当作用于构件某一截面两侧的力大小相等、方向相反，且相互平行，使构件的两个部分沿着这一截面发生相对错动的变形。

1. 剪切面

发生剪切变形的截面称为剪切面。图 17-1 中的横截面 n-n、图 17-2 中的横截面 m-m 都是剪切面。

2. 剪力

剪切面上的内力称为**剪力**，记为 $\boldsymbol{F}_S$。应用截面法，可以求得剪切面上的内力。以图 17-2 为例，沿剪切面 m-m 将螺栓分为上下两个部分，取下半部分进行分析(图 17-2(c))，则剪切面 m-m上的内力 $F_S=F$。

需要指出的是，应特别注意存在多个剪切面的情况，此时应正确计算结构各个剪切面的剪力。

3. 切应力

假定剪切面上的切应力均匀分布，剪切面面积为 A，则剪切面上的切应力为

$$\tau=\frac{F_S}{A} \tag{17-1}$$

4. 剪切强度条件

根据试验，可以求得材料的剪切强度极限 τ_b，再除以安全因数，就得许用切应力$[\tau]$，从而建立剪切强度条件

$$\tau=\frac{F_S}{A}\leqslant[\tau] \tag{17-2}$$

17.2　挤压的实用计算

在外力作用下，连接件和被连接的构件之间必将在接触面上相互挤压，这种变形称为挤压变形。如果受力过大，构件将会因为挤压而被破坏。在图 17-2 中，螺栓与上下两块钢板的接触面上都存在相互挤压。

1. 挤压面

在挤压变形中，两个构件之间相互压紧的接触面为挤压面。

2. 挤压力

在挤压变形中，连接件的接触面上互相压紧，在承受压力的侧面上发生局部受压现象，该局部受压处的压缩力称为挤压力，记为 $\boldsymbol{F}_{bs}$。

3. 挤压应力

由接触面上挤压力引起的应力称为挤压应力，记为 σ_{bs}。试验表明，当挤压应力过大时，在孔、螺栓接触的局部区域内，将产生显著塑性变形，以致影响孔、螺栓间的正常配合。

与剪切实用计算一样，对挤压也采用实用计算的方法。假定挤压应力在受挤面上是均匀分布的，则挤压应力的计算公式为

$$\sigma_{bs}=\frac{F_{bs}}{A_{bs}} \tag{17-3}$$

式中，F_{bs}为接触面上的挤压力；A_{bs}为挤压面的面积。

关于挤压面面积 A_{bs}的计算，要根据挤压面的情况而定。在键连接中，其挤压面是平面，

则挤压面的接触面积就是挤压面面积。螺栓、销钉、铆钉等和被它们所连接的零件，其挤压面是圆柱面，则取挤压面在与挤压力垂直的平面上的投影面积作为其挤压面面积，如图 17-3 中的销钉，其投影面积为 $A_{bs}=d\cdot l$。

17-3

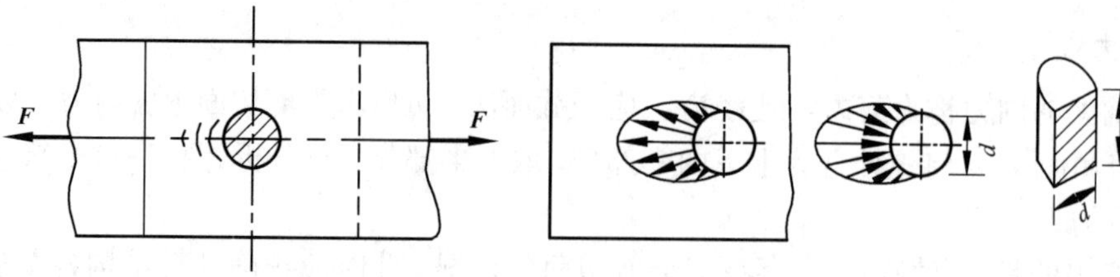

图 17-3

4. 挤压强度条件

根据试验可以确定连接件的挤压极限应力，再除以安全因数，就得到许用挤压应力$[\sigma_{bs}]$，从而建立挤压强度条件

$$\sigma_{bs}=\frac{F_{bs}}{A_{bs}}\leqslant[\sigma_{bs}] \tag{17-4}$$

应当指出，挤压应力是连接件和被连接构件之间的相互作用。因此，当两者材料不同时，应当校核其中许用挤压应力较低的构件的挤压强度。

【例 17-1】 图 17-4(a)所示齿轮与轴由平键($b\times h\times L=20\text{mm}\times12\text{mm}\times100\text{mm}$)连接，它传递的力偶矩$M=2\text{kN}\cdot\text{m}$，轴的直径 $d=80\text{mm}$，键的许用切应力为$[\tau]=60\text{MPa}$，许用挤压应力为$[\sigma_{bs}]=100\text{MPa}$，试校核键的强度。

17-4

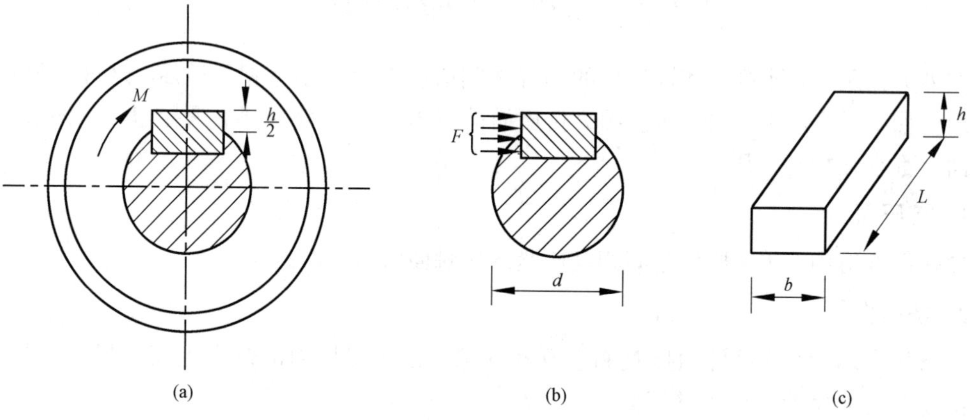

图 17-4

解 键与轴的受力分析见图 17-4(b)。

$$F=\frac{2M}{d}=\frac{2\times2}{0.08}\text{kN}=50\text{kN}$$

因此，剪切力和挤压力为

$$F_S=F_{bs}=F$$

根据式(17-2)、式(17-4)可得，切应力和挤压应力分别为

$$\tau=\frac{F_S}{A}=\frac{F}{bL}=\frac{50\times10^3\text{N}}{20\times10^{-3}\times100\times10^{-3}\text{m}^2}=25\text{MPa}<[\tau]$$

$$\sigma_{bs}=\frac{F_{bs}}{A_{bs}}=\frac{F}{Lh/2}=\frac{50\times10^3\text{N}}{100\times10^{-3}\times6\times10^{-3}\text{m}^2}=83.3\text{MPa}<[\sigma_{bs}]$$

故该键满足强度要求。

【例 17-2】 一铆接头如图 17-5(a)、(b)所示，受力 F=110kN。已知钢板厚度为 t=1cm，宽度为b=8.5cm，许用应力为$[\sigma]$=160MPa；铆钉的直径 d=1.6cm，许用切应力为$[\tau]$=140MPa，许用挤压应力为$[\sigma_{bs}]$=320MPa，试校核铆接头的强度(假定每个铆钉受力相等)。

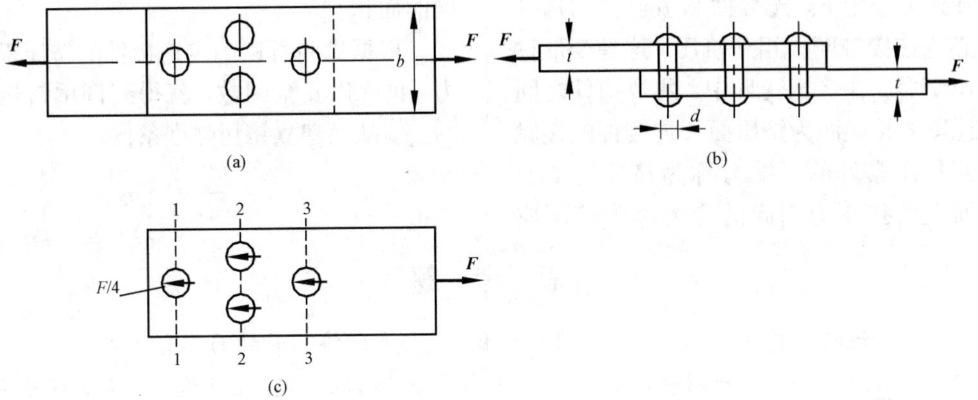

17-5

图 17-5

解 受力分析如图 17-5(c)所示，假定每个铆钉受力相等，因此各个铆钉的剪切力和挤压力为

$$F_S=F_{bs}=\frac{F}{4}$$

根据式(17-2)、式(17-4)可得，切应力和挤压应力分别为

$$\tau=\frac{F_S}{A}=\frac{F}{\pi d^2}=\frac{110}{3.14\times1.6^2}\times10^7\text{Pa}=136.8\text{MPa}<[\tau]$$

$$\sigma_{bs}=\frac{F_{bs}}{A_{bs}}=\frac{F}{4td}=\frac{110}{4\times1\times1.6}\times10^7\text{Pa}=171.9\text{MPa}<[\sigma_{bs}]$$

故该处各铆钉均满足强度要求。

钢板截面 2-2、3-3 均为危险截面，其应力为

$$\sigma_2=\frac{F_{N2}}{A_2}=\frac{3F}{4t(b-2d)}=\frac{3\times110}{4\times1\times(8.5-2\times1.6)}\times10^7\text{Pa}=155.7\text{MPa}<[\sigma]$$

$$\sigma_3=\frac{F_{N3}}{A_3}=\frac{F}{t(b-d)}=\frac{110}{1\times(8.5-1.6)}\times10^7\text{Pa}=159.4\text{MPa}<[\sigma]$$

故钢板也满足强度要求。

综上所述，该铆接头满足强度要求。

本章小结

1. 剪切的实用计算。

剪切变形是当作用于构件某一截面两侧的力大小相等、方向相反，且相互平行，使构件的两个部分沿着这一截面发生相对错动的变形。发生剪切变形的截面称为剪切面。剪切面上的内力称为剪力 $\boldsymbol{F}_S$。应用截面法，可以求得剪切面上的内力。

假定剪切面上的切应力均匀分布，剪切面面积为 A，则剪切面上的切应力为

$$\tau=F_S/A$$

根据试验，可以求得材料的剪切强度极限 τ_b，再除以安全因数，就得许用切应力 $[\tau]$，从而建立剪切强度条件：

$$\tau = \frac{F_S}{A} \leqslant [\tau]$$

2. 挤压的实用计算。

在外力作用下，连接件和被连接的构件之间必将在接触面上相互挤压，这种变形称为挤压变形。在挤压变形中，两个构件之间相互压紧的接触面为挤压面。连接件的接触面上互相压紧处的压缩力称为挤压力 $\boldsymbol{F}_{bs}$。接触面上由挤压力引起的应力称为挤压应力 σ_{bs}。

假定挤压应力在受挤面上是均匀分布的，则挤压应力的计算公式为

$$\sigma_{bs} = \frac{F_{bs}}{A_{bs}}$$

式中，F_{bs} 为接触面上的挤压力，A_{bs} 为挤压面的面积。

根据试验可以确定连接件的挤压极限应力，再除以安全因数，就得到许用挤压应力 $[\sigma_{bs}]$，从而建立挤压强度条件：

$$\sigma_{bs} = \frac{F_{bs}}{A_{bs}} \leqslant [\sigma_{bs}]$$

思 考 题

17.1 在连接件挤压实用计算中，挤压面积 A_{bs} 与实际挤压面的面积有何关系？

17.2 如图 17-6 所示连接件，方形销将两块等厚板连接在一起，上面这块板同时存在拉伸正应力 σ，切应力 τ 和挤压应力 σ_{bs}。若不考虑应力集中，上述三种应力的数值大小关系如何？

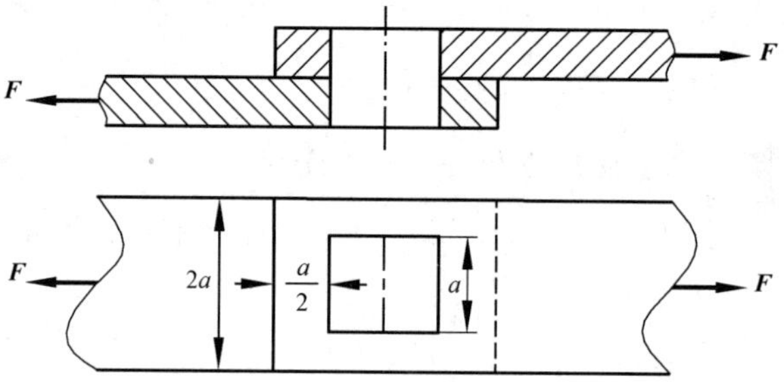

图 17-6

习 题

17-1 如题 17-1 图所示，钢板受 $F=14\text{kN}$ 的拉力作用，板上有钉孔三个，孔的直径为 20mm，钢板厚 10mm，宽 200mm。试求危险截面上的平均正应力。

17-2 如题 17-2 图所示，为一螺栓接头，已知 $P=40\text{kN}$，螺栓的许用切应力 $[\tau]=130\text{MPa}$，许用挤压应力 $[\sigma_{bs}]=300\text{MPa}$。试按强度条件计算螺栓所需的直径。图中尺寸单位为 mm。

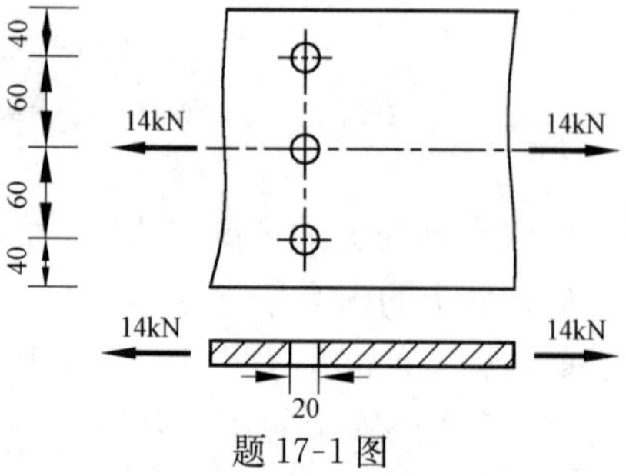

题 17-1 图

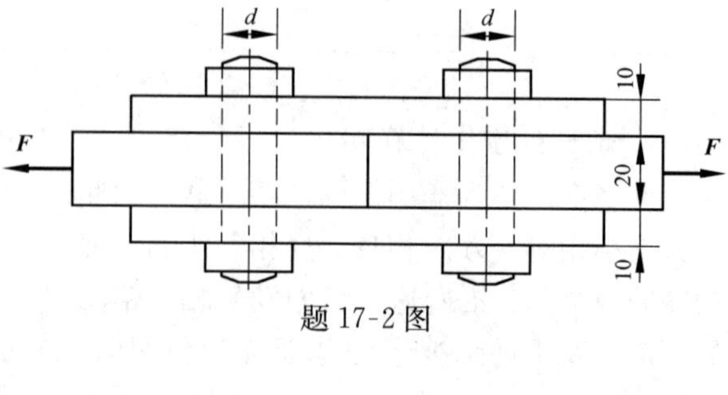

题 17-2 图

17-3　矩形截面木拉杆的接头如题 17-3 图所示。已知 $F=50\text{kN}$，$b=250\text{mm}$。木材的顺纹许用挤压应力$[\sigma_{bs}]=10\text{MPa}$，顺纹的许用切应力$[\tau]=1\text{MPa}$。试求接头处所需的尺寸 λ 和 a。

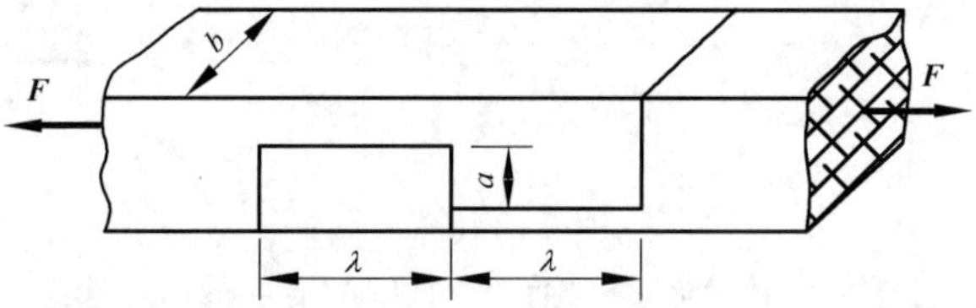

题 17-3 图

17-4　如题 17-4 图所示，销钉连接，$P=18\text{kN}$，板厚 $t_1=8\text{mm}$，$t_2=5\text{mm}$，销钉与板的材料相同，许用剪应力$[\tau]=60\text{MPa}$，许用挤压应力$[\sigma_{bs}]=200\text{MPa}$，销钉直径 $d=16\text{mm}$，试校核销钉强度。

17-5　花键轴的截面尺寸如题 17-5 图所示，轴与轮毂的配合长度 $l=60\text{mm}$，靠花键侧面传递的力偶矩$M=1800\text{N}\cdot\text{m}$，取花键的许用挤压应力$[\sigma_{bs}]=140\text{MPa}$，试校核花键的挤压强度。

17-6　如题 17-6 图所示，圆孔拉刀的柄用销板与拉床拉头连接。最大拉削力 $P=136\text{kN}$；尺寸 $d=50\text{mm}$，$t=12\text{mm}$，$a=20\text{mm}$，$b=60\text{mm}$，拉刀的许用拉应力$[\sigma]=300\text{MPa}$，许用切应力$[\tau]=150\text{MPa}$，销板的许用切应力$[\tau]=120\text{MPa}$，许用挤压应力$[\sigma_{bs}]=260\text{MPa}$。试校核拉刀柄和销板的强度。

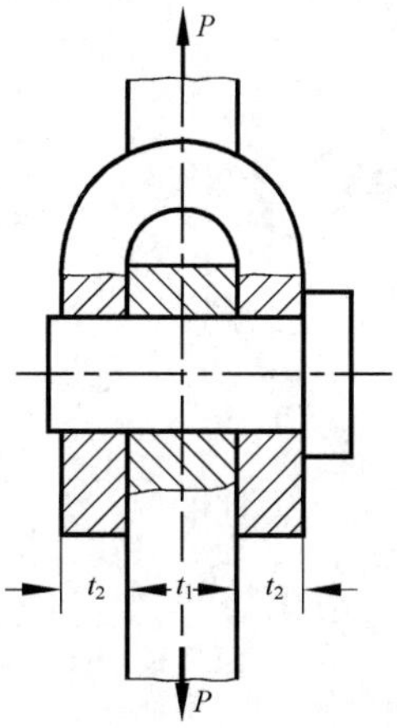

题 17-4 图

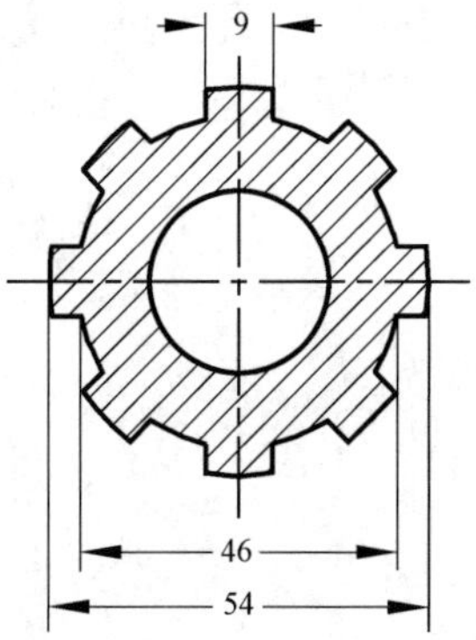

题 17-5 图

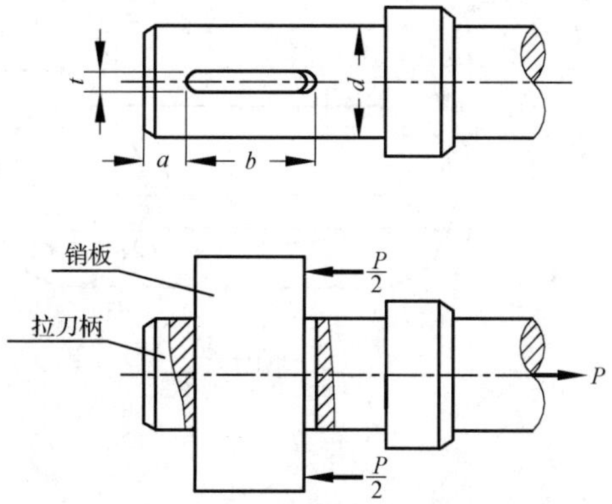

题 17-6 图

第 18 章 扭　　转

18.1　扭转的概念和工程实际中的扭转问题

扭转变形是杆件的基本变形之一。它的外力特点是杆件受力偶作用，力偶作用在与轴线垂直的平面内，如图 18-1 所示。杆件的变形特点是:杆件的任意两个横截面围绕其轴线作相对转动，杆件的这种变形形式称为**扭转**。扭转时杆件两个横截面绕轴线相对转动的角度称为**扭转角**。以扭转变形为主的杆件通常称为**轴**。

工程上有很多圆截面等直杆，受到一对大小相等、方向相反的外力偶矩作用。如图 18-2 所示的驾驶盘轴，在轮盘边缘作用一对方向相反的切向力构成一力偶。根据平衡条件，在轴的另一端，必存在一反作用力偶，在此力偶矩作用下，各横截面绕轴线作相对旋转。此轴产生的变形即为扭转变形。在工程中，受扭杆件是很常见的，比如机械中的传动轴(图 18-3)、攻螺纹所用丝锥的锥杆(图 18-4)以及钻杆等，它们的主要变形都是扭转，但同时还可能伴随有拉压、弯曲等变形。如果后者不大，往往可以忽略，或者在初步设计中，暂不考虑这些因素，将其视为扭转构件。

18-1

18-2

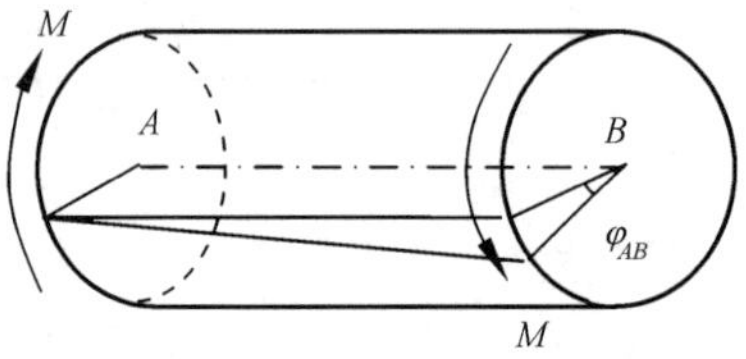

图 18-1

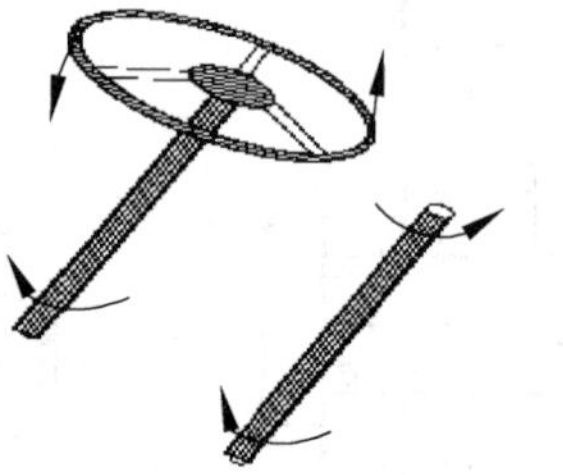

图 18-2

18-3

18-4

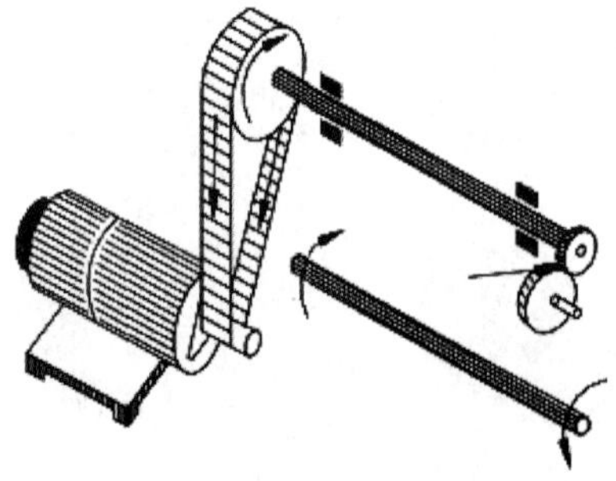

图 18-3

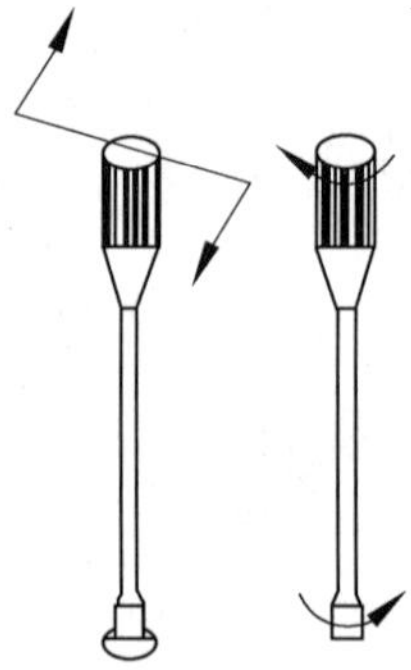

图 18-4

圆轴是最常见的扭转变形构件，本章主要讨论圆轴的扭转。

18.2 杆件扭转时的内力

要研究受扭杆件的应力和变形，首先需要计算杆件横截面上的内力。

1. 外力偶矩的计算

作用于圆轴上的外力偶矩往往不是直接给出的，通常是给出轴的转速 n 和轴所传递的功率 P。此时需要根据功率、转速、力矩三者之间的关系来计算外力偶矩的大小。以工程中常用的传动轴为例，已知它所传递的功率 P(单位为 kW)和转速 n(单位为 r/min)，作用在轴上的外力偶矩可以通过功率 P 和转速 n 换算得到。因为功率是每秒钟内所做的功，有

$$P = M_e \times 10^{-3} \times \omega = M_e \times \frac{2n\pi}{60} \times 10^{-3}$$

于是，作用在轴上的外力偶矩为

$$M_e = 9550\,\frac{P}{n} \tag{18-1}$$

式中，M_e 为作用在轴上的外力偶矩，单位为 N・m；ω 为转轴的角速度，单位为 rad/s。

从式(18-1)可看出，轴所承受的力偶矩与轴传递的功率成正比，与轴的转速成反比。因此，在传递同样功率时，低速轴的力偶矩比高速轴大。所以在传动系统中，低速轴直径比高速轴直径大。

2. 扭矩和扭矩图

在求出了所有作用于轴上的外力偶矩后，即可用截面法求任意截面上的内力。现以图 18-5 所示圆轴为例，在任一横截面 n-n 处假想将其分成左右两段，并任选一段，如左段为研究对象，如图 18-5(b)所示。由于整个轴在外力偶作用下是平衡的，所以左段也处于平衡状态，在截面 n-n 上必然有一内力偶 T。根据左段的平衡方程，有

$$\sum M_x = 0 \quad , \quad T - M_e = 0$$

得
$$T = M_e$$

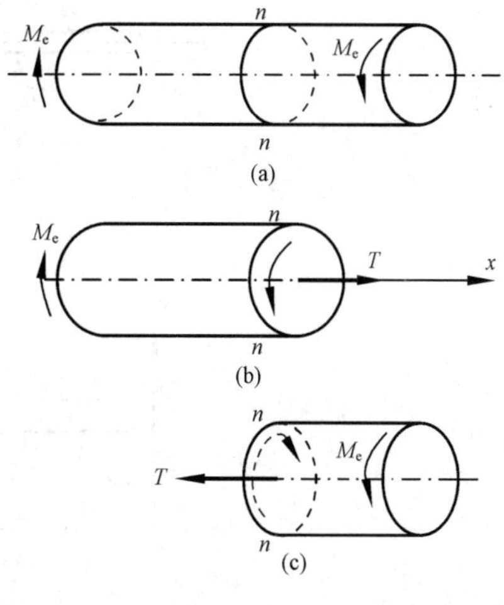

图 18-5

18-5

力偶矩 T 称为**扭矩**，是左右两部分在截面 n-n 上相互作用的分布内力系的合力偶矩。如取轴的右段为研究对象，仍然可以求得 $T=M_e$(图 18-5(c))，其方向与用左段求出的方向相反。

为使从轴的左、右两段求得的同一截面上的扭矩具有相同的正负号，可将扭矩作如下的符号规定:采用右手螺旋法则。如果以右手四指弯曲的方向表示扭矩的转向，则拇指的指向与截面外法线方向一致时，扭矩为正；反之，为负(图 18-6)。

当轴上同时有几个外力偶作用时，杆件各截面上的扭矩则需分段求出。为了确定最大扭矩的所在位置，以便找出危险截面，常用一个图形来表示各横截面上的扭矩沿轴线变化的情况，这种图形称为**扭矩图**。其方法是:建立一直角坐标系，以横轴表示横截面的位置，纵轴表示相应截面上的扭矩，将各截面扭矩按代数值标在坐标系上，即得此杆扭矩图。

现举例说明如何画出扭矩图。

18-6

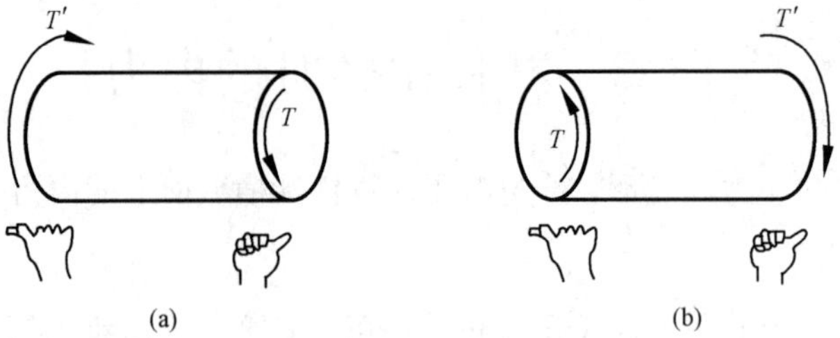

图 18-6

【例 18-1】 传动轴如图 18-7(a)所示。主动轮 A 输入功率 $P_A=36.7\text{kW}$，从动轮 B、C、D 输出功率分别为 $P_B=P_C=11\text{kW}$，$P_D=14.7\text{kW}$，轴的转速为 $n=300\text{r/min}$。试画出轴的扭矩图。

18-7

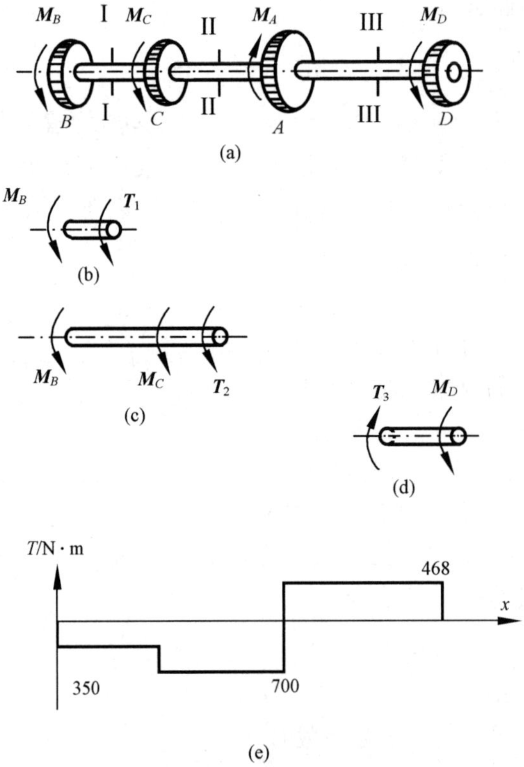

图 18-7

解 (1) 计算外力偶矩。由于给出功率以 kW 为单位，根据式(18-1)得

$$M_A = 9550\,\frac{P_A}{n} = 9550 \times \frac{36.7}{300} = 1168(\text{N}\cdot\text{m})$$

$$M_B = M_C = 9550\,\frac{P_B}{n} = 9550 \times \frac{11}{300} = 350(\text{N}\cdot\text{m})$$

$$M_D = 9550\,\frac{P_D}{n} = 9550 \times \frac{14.7}{300} = 468(\text{N}\cdot\text{m})$$

(2) 计算扭矩。由图知，外力偶矩的作用位置将轴分为三段：BC、CA、AD。现分别在各段中任取一横截面，也就是用截面法，根据平衡条件计算其扭矩。

BC 段：以 T_1 表示截面Ⅰ-Ⅰ上的扭矩，并任意地把 T_1 的方向假设为图 18-7(b)所示。根据平衡条件 $\sum M_x = 0$ 得

$$T_1 + M_B = 0$$
$$T_1 = -M_B = -350\text{N} \cdot \text{m}$$

结果的负号说明实际扭矩的方向与所设的相反，应为负扭矩。BC 段内各截面上的扭矩不变，均为 350N·m。所以这一段内扭矩图为一水平线。

同理，在 CA 段内

$$T_2 + M_C + M_B = 0$$
$$T_2 = -M_C - M_B = -700\text{N} \cdot \text{m}$$

在 AD 段有

$$T_3 - M_D = 0$$
$$T_3 = M_D = 468\text{N} \cdot \text{m}$$

根据所得数据，即可画出扭矩图(图 18-7(e))。由扭矩图可知，最大扭矩发生在 CA 段内，且 $|T_{nmax}| = 700\text{N} \cdot \text{m}$

要注意的是，计算时，一般假设截面上的扭矩为正。若所得结果为负，则说明该截面扭矩的实际方向与假设方向相反。

18.3 切应力互等定理与剪切胡克定律

扭转内力确定后，要计算横截面上的应力，必须要确定应力在横截面上的分布规律。为此，我们先观察薄壁圆筒的扭转变形。

18.3.1 薄壁圆筒扭转时横截面上的切应力

实验时取一等厚薄壁圆筒，其平均半径为 r，壁厚为 $\delta\left(其中\ \delta \leqslant \frac{1}{10}r\right)$，实验前在圆筒表面用圆周线和纵向线画成许多小矩形，如图 18-8(a)所示。然后在两端施加外力偶矩 M_e。当变形很小时可观察到下列现象，如图 18-8(b)所示。

(1) 各纵向平行线仍然平行，但都倾斜了同一角度 γ；

(2) 圆周线的形状和大小不变，两相邻圆周线发生相对转动，它们之间的距离不变；

(3) 原来的矩形都变为平行四边形。

上述现象虽然是由圆筒表面处的矩形得到的，但由于筒壁很薄，所以变形分析也可近似地推广到整个壁厚上去，即沿厚度方向纵向线与圆周线的夹角改变量 γ 相等。

根据上述实验现象可得出如下结论：

(1) 薄壁圆筒的横截面和包含轴线的纵向截面上均没有正应力。因为各圆周线的形状、大小和间距均未改变。

(2) 薄壁圆筒横截面上有切应力。因矩形网格变为平行四边形，说明两相邻横截面发生相对错动，即只产生剪切变形。由此可见，在横截面上各点处只存在与上述变形相对应的应力分量—切应力。又因各圆周线的形状没有改变，所以切应力应沿圆周的切线方向，即与半径垂直。

18-8

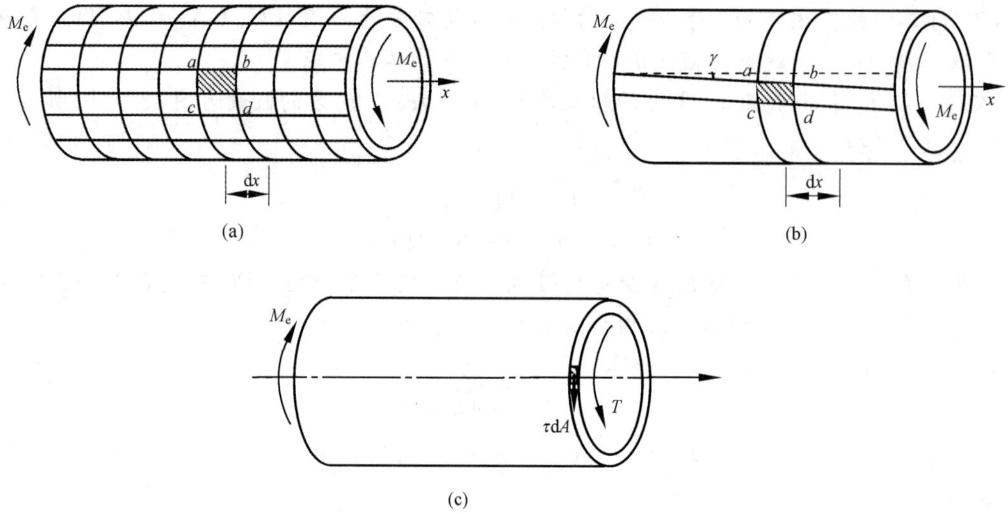

图 18-8

(3) 由于壁厚很薄，可认为切应力沿壁厚均匀分布。

根据上述分析，可以求出薄壁圆筒扭转时横截面上切应力的计算公式。如图 18-8(c)所示，由于横截面上各点的切应力相等且与半径垂直，横截面上的内力系对 x 轴的矩应为该截面上的扭矩 T，所以

$$\int_A \tau \mathrm{d}A \cdot r = T$$

$$\tau r \int_A \mathrm{d}A = T$$

可得

$$\tau = \frac{T}{2\pi r^2 \delta}$$

因横截面上的扭矩 T 与外力偶矩 M_e 相等，所以

$$\tau = \frac{M_e}{2\pi r^2 \delta} \tag{18-2}$$

18.3.2 切应力互等定理

切应力互等定理

用相距为 $\mathrm{d}x$ 的两个横截面和两个径向截面，从受扭圆筒中取出一单元体如图 18-9 所示，其三个边的长度分别为 $\mathrm{d}x$、$\mathrm{d}y$、δ，单元体的前后两表面(自由表面)上无任何应力，左右两侧面(横截面)上只有切应力 τ，这两个切应力大小相等，方向相反且与 y 轴平行，两者组成一个力偶，其力矩为$(\tau\delta\mathrm{d}y)\cdot\mathrm{d}x$，为保持平衡，单元体的上下两侧面(即径向截面)上必须有大小相等、方向相反的切应力 τ'，并且组成矩为$(\tau'\delta\mathrm{d}x)\cdot\mathrm{d}y$ 的力偶。由平衡条件

$$\sum M_z = 0$$

有

$$(\tau\delta\mathrm{d}y)\cdot\mathrm{d}x = (\tau'\delta\mathrm{d}x)\cdot\mathrm{d}y$$

所以

$$\tau' = \tau \tag{18-3}$$

式(18-3)表明，在两个相互垂直的平面上，切应力必然成对存在，且数值相等；两者都相互垂直于两平面的交线，方向则共同指向或共同背离这一交线。这就是**切应力互等定理**，也称为切应力双生定理。该定理具有普遍性，在有正应力存在的情况下同样适用。

在如图 18-9 所示单元体的各面上只有切应力而无正应力，这种应力状态称为纯剪切应力状态。

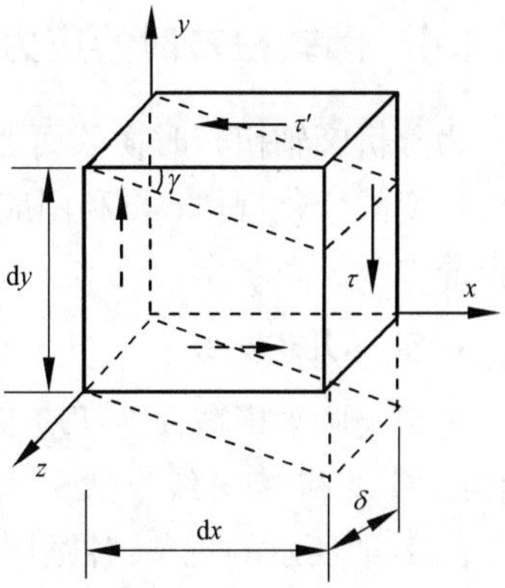

图 18-9

18-9

18.3.3 切应变与剪切胡克定律

由薄壁圆筒(圆筒半径为 r)的扭转实验可以看出，在切应力作用下，单元体的直角将发生微小的改变，这个直角的该变量 γ 称为切应变。从图 18-8(b)中可以看出，γ 也就是表面纵向线变形后的倾角。若 φ 为圆筒两端面的相对扭转角，l 为圆筒的长度，则切应变 γ 应为

$$\gamma = \frac{r\varphi}{l} \tag{18-4}$$

利用薄壁圆筒的扭转实验可以实现纯剪切。外力偶矩 M_e 从零开始逐渐增大，并记录相应的扭转角 φ。可以发现，当切应力 τ 低于材料的剪切比例极限时，相对扭转角 φ 与 M_e 成正比。再由式(18-2)和式(18-4)可知，切应力 τ 与 M_e 成正比，切应变 γ 又与 φ 成正比。所以可得出，当切应力不超过材料的剪切比例极限时，切应力与切应变成正比，如图 18-10 所示的直线部分。其表达式为

$$\tau = G\gamma \tag{18-5}$$

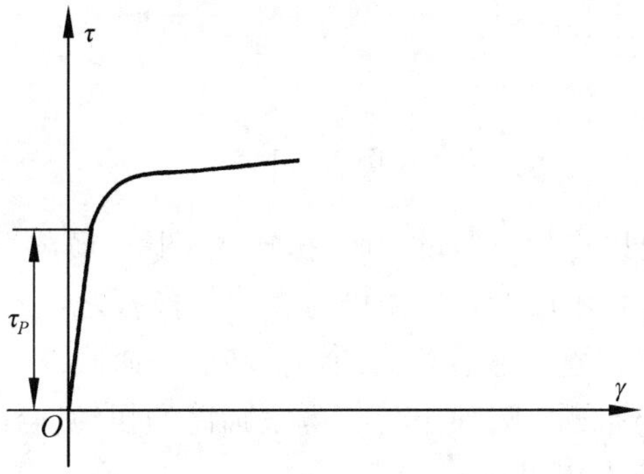

图 18-10

18-10

式(18-5)称为材料的剪切胡克定律。式中的比例常数 G 称为材料的切变模量，量纲与弹性模量 E 的相同，数值可通过实验确定。钢材的 G 值约为 80GPa。

在前面的章节中已经引用了两个弹性常数——弹性模量 E 和泊松比 μ，可以证明各向同性材料三个弹性常量 E、μ 和 G 之间存在下述关系：

$$G = \frac{E}{2(1+\mu)} \tag{18-6}$$

18.4 圆轴扭转时的应力和变形

工程上，最常见的轴为圆截面轴，为进行圆轴扭转时的强度和刚度计算，首先研究圆轴扭转时的应力和变形。

18.4.1 圆轴扭转时的应力

为分析圆轴扭转时横截面上的切应力，可从以下三个方面进行考虑：先由变形几何关系找出切应变的变化规律；再利用应力应变之间的关系找出切应力在横截面上的分布规律；最后根据静力学关系求出切应力。

1. 变形几何关系

为确定圆轴横截面上切应变的变化规律，先通过试验观察圆轴的变形。首先在圆轴表面上作圆周线和纵向线。然后在轴的两端施加外力偶矩 M_e。当变形不大时可观察到如图 18-11(a)所示的现象：各圆周线的大小、形状和间距均保持不变，仅发生相对转动；各纵向线仍近似为直线，只是倾斜了一个角度 γ；圆轴表面上的方格变成平行四边形。

18-11

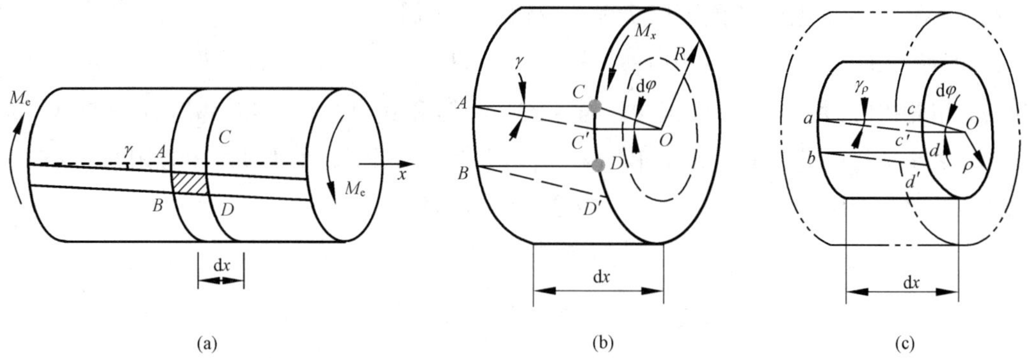

图 18-11

根据观察到的现象，可以作如下假设：圆轴扭转变形后，横截面仍保持为平面，而且其形状、大小与横截面间的距离均不改变，半径仍为直线。换言之，圆轴扭转时各横截面如同刚性平面一样绕杆的轴线转动。这一假设称为圆轴扭转的平面假设，并已得到理论与试验证实。

根据上述试验现象还可推断，圆轴扭转与薄壁圆筒的扭转一样，圆轴扭转时横截面上只存在与半径方向垂直的切应力作用。

下面用相距为 $\mathrm{d}x$ 的两个横截面从轴内取出一段进行分析。由平面假设可知，杆段变形后的情况如图 18-11(b)所示：右侧截面相对左侧截面转过的角度为 $\mathrm{d}\varphi$，其上的半径 OC 也转动了同一角度 $\mathrm{d}\varphi$；同时由于截面转动，圆轴表面上的纵向线 AC 和 BD 倾斜了一微小角度 γ，圆轴表面的矩形 $ABDC$ 变为平行四边形 $ABD'C'$，矩形 $ABDC$ 的直角发生了变化，其改变量 γ 就是圆轴表面处单元体的切应变。距轴线 ρ 处的任一矩形 $abdc$ 变为平行四边形 $abd'c'$，如图 18-11(c)所示，其直角的改变量为 γ_ρ，即均在垂直于半径的平面内发生剪切变形。可以得到

$$\gamma \approx \tan\gamma = \frac{CC'}{AC} = \frac{R\mathrm{d}\varphi}{\mathrm{d}x} \tag{a}$$

$$\gamma_\rho = \frac{cc'}{ac} = \frac{\rho\mathrm{d}\varphi}{\mathrm{d}x} \tag{b}$$

式中，ρ 为点 c 到圆心的距离；$\frac{\mathrm{d}\varphi}{\mathrm{d}x}$表示相对扭转角沿轴线的变化率，在同一截面上为常量。式(b)表明等直圆轴横截面上各点处的切应变正比于该点到圆心的距离。

2. 物理关系

由剪切胡克定律可知，当切应力不超过材料的剪切比例极限时，切应力与切应变成正比，即 $\tau=G\gamma$，所以，横截面上距圆心 ρ 处的切应力为

$$\tau_\rho = G\gamma_\rho = G\rho\frac{\mathrm{d}\varphi}{\mathrm{d}x} \tag{c}$$

这就是圆轴扭转时横截面上切应力的分布规律，它表明，扭转切应力沿截面半径呈线性变化，与半径垂直。圆轴扭转时切应力沿半径方向的分布规律如图 18-12 所示。

3. 静力学关系

在圆轴横截面上取微面积 $\mathrm{d}A$，如图 18-13 所示，其上的剪力为 $\tau_\rho\mathrm{d}A$，整个截面上的剪力对圆心的力矩之和即为该截面上的扭矩 T，所以

$$\int_A \rho\tau_\rho \mathrm{d}A = T$$

18-12

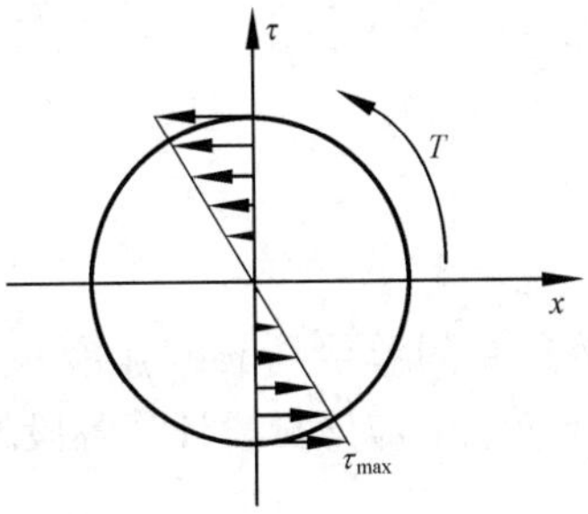

图 18-12

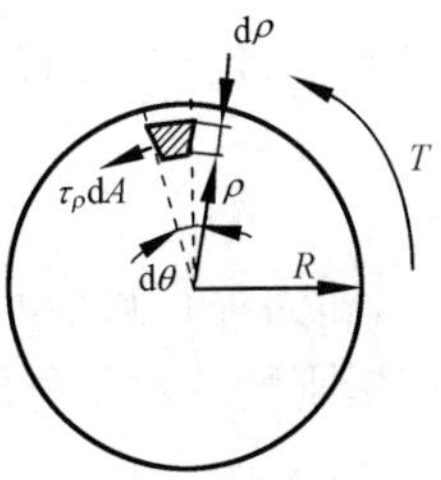

图 18-13

18-13

将式(c)代入上式，并注意到在给定的截面上$\frac{\mathrm{d}\varphi}{\mathrm{d}x}$为常量，于是有

$$G\frac{\mathrm{d}\varphi}{\mathrm{d}x}\int_A \rho^2 \mathrm{d}A = T$$

积分 $\int_A \rho^2\mathrm{d}A$ 即代表横截面对圆心的极惯性矩 I_P（见附录 A），于是由上式可得到

$$\frac{\mathrm{d}\varphi}{\mathrm{d}x} = \frac{T}{GI_P} \tag{18-7}$$

此为圆轴扭转变形的基本公式。$\frac{\mathrm{d}\varphi}{\mathrm{d}x}$表示圆轴单位长度的扭转角。将式(18-7)代入式(b)，得

$$\tau_\rho = \frac{T\rho}{I_P} \tag{18-8}$$

即为圆轴扭转时横截面上任一点处切应力的公式。

在圆截面边缘上，ρ 为最大值 R，得最大切应力为

$$\tau_{max} = \frac{TR}{I_P} \tag{18-9}$$

引用记号

$$W_t = \frac{I_P}{R}$$

则公式可写成

$$\tau_{max} = \frac{T}{W_t} \tag{18-10}$$

式中，W_t 称为抗扭截面系数。

需要注意的是，切应力公式的推导是以平面假设为基础的，而且在推导公式时使用了胡克定律，所以，以上各式仅适用于圆截面轴，而且横截面上的最大切应力必须低于材料的剪切比例极限。

18.4.2 圆轴扭转时的变形

由式(18-7)可得到相距 dx 的两个横截面间的相对扭转角为

$$d\varphi = \frac{T}{GI_P}dx$$

沿杆件轴线方向积分，可得距离为 l 的两横截面间的转角为

$$\varphi = \int_l d\varphi = \int_0^l \frac{T}{GI_P}dx$$

若扭矩 T 为常数，且轴为等直杆时，上式可化为

$$\varphi = \frac{Tl}{GI_P} \tag{18-11}$$

式(18-11)即为等直圆轴的扭转变形计算公式。扭转角 φ 的单位是 rad(弧度)，GI_P 称为等直圆杆的抗扭刚度。对于各段扭矩不等或横截面不同的圆杆，应该分段计算各段的扭转角，然后代数相加得到杆两端的相对扭转角 φ 为

$$\varphi = \sum_{i=1}^{n} \frac{T_i l_i}{GI_{Pi}} \tag{18-12}$$

在很多情况下，由于杆件长度不同，各横截面上的扭矩不同，此时两端面间的相对扭转角无法表示圆轴扭转变形的程度。因此，在工程中常采用单位长度扭转角来衡量圆轴的扭转变形，用 φ' 表示，单位为 rad/m，即

$$\varphi' = \frac{d\varphi}{dx} = \frac{T}{GI_P} \tag{18-13}$$

工程上 φ' 的单位常用°/m(度/米)，则式(18-13)可化为

$$\varphi' = \frac{T}{GI_P} \cdot \frac{180^\circ}{\pi} \tag{18-14}$$

18.5 圆轴扭转时的强度和刚度计算

1. 强度条件

圆轴扭转的强度条件是轴内的最大工作切应力不超过材料的许用切应力，即

$$\tau_{max} \leqslant [\tau]$$

对于等直圆轴，最大工作切应力发生在扭矩最大的横截面上的边缘各点处，由此得强度条件为

$$\tau_{max} = \frac{T_{max}}{W_t} \leqslant [\tau] \tag{18-15}$$

对变截面杆，如阶梯轴，因 W_t 不是常量，τ_{max} 并不一定发生在扭矩最大的截面上，这时需要综合考虑扭矩 T 和抗扭截面系数才能确定 τ_{max}。

2. 刚度条件

要保证构件正常工作，除满足强度条件以外，还要有足够的刚度，通常规定单位长度的扭转角的最大值不能超过许用单位长度扭转角$[\varphi']$，即

$$\varphi' = \frac{T}{GI_P} \leqslant [\varphi'] \tag{18-16}$$

式中，φ' 的单位是 rad/m(弧度/米)。

工程中，习惯把 °/m 作为 φ' 的单位。根据弧度与度的单位换算，因此，刚度条件也可写为

$$\varphi' = \frac{T}{GI_P} \cdot \frac{180}{\pi} \leqslant [\varphi]$$

【例 18-2】 如图 18-14 所示的传动轴，$n = 500\text{r/min}$，$P_A = 368\text{kW}$，$P_B = 147\text{kW}$，$P_C = 221\text{kW}$，已知$[\tau] = 70\text{MPa}$，$[\varphi'] = 1°/\text{m}$，材料的切变模量 $G = 80\text{GPa}$。试确定 AB 和 BC 段直径。

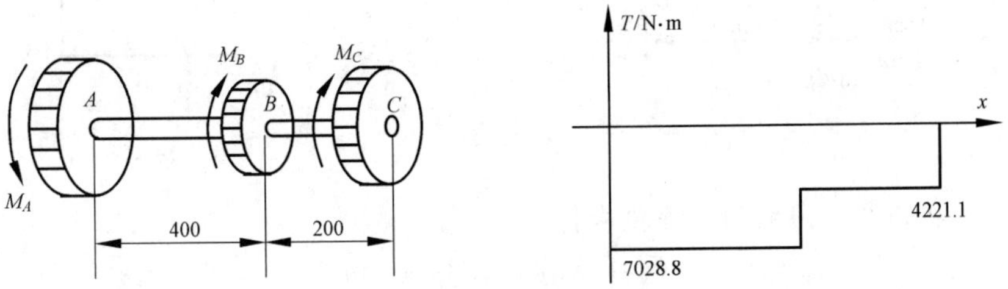

(a) (b)

图 18-14

18-14

解 (1) 计算外力偶矩。

$$M_A = 9550 \frac{P_A}{n} = 7028.8(\text{N} \cdot \text{m})$$

$$M_B = 9550 \frac{P_B}{n} = 2807.7(\text{N} \cdot \text{m})$$

$$M_C = 9550 \frac{P_C}{n} = 4221.1(\text{N} \cdot \text{m})$$

作扭矩 T 图，如图 18-14(b)所示。

(2) 计算直径 d。

AB 段：由强度条件得

$$\tau_{max} = \frac{T}{W_t} = \frac{16T}{\pi d_1^3} \leqslant [\tau]$$

$$d_1 \geqslant \sqrt[3]{\frac{16T}{\pi[\tau]}} = \sqrt[3]{\frac{16 \times 7028.8}{\pi \times 70 \times 10^6}} \approx 80\text{mm}$$

由刚度条件得

$$\varphi' = \frac{T}{G\frac{\pi d_1^4}{32}} \times \frac{180}{\pi} \leqslant [\varphi']$$

$$d_1 \geqslant \sqrt[4]{\frac{32T\times180}{G\pi^2[\varphi']}}=\sqrt[4]{\frac{32\times7028.8\times180}{80\times10^9\times\pi^2\times1}}=84.6(\mathrm{mm})$$

取 $d_1=84.6\mathrm{mm}$。

BC 段：同理，由扭转强度条件得

$$d_2 \geqslant 67\mathrm{mm}$$

由扭转刚度条件得

$$d_2 \geqslant 74.5\mathrm{mm}$$

取 $d_2=74.5\mathrm{mm}$。

【例 18-3】 如图 18-15 所示的阶梯轴。AB 段的直径 $d_1=4\mathrm{cm}$，BC 段的直径 $d_2=7\mathrm{cm}$，外力偶矩 $M_1=0.8\mathrm{kN\cdot m}$，$M_3=1.5\mathrm{kN\cdot m}$，已知材料的剪切弹性模量 $G=80\mathrm{GPa}$，试计算 φ_{AC} 和最大的单位长度扭转角 $\varphi'_{\max}$。

18-15

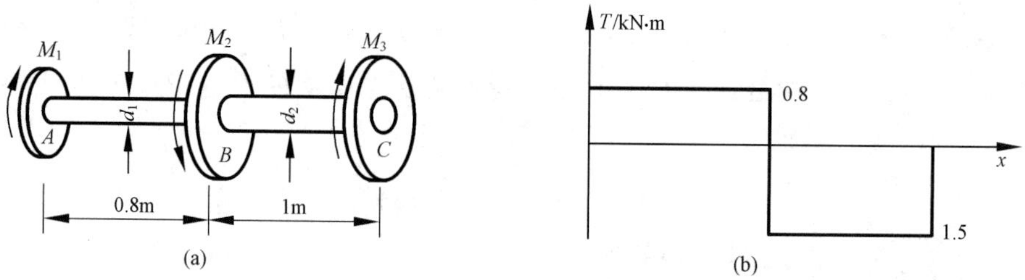

图 18-15

解 (1) 画扭矩图。用截面法逐段求得

$$T_1=M_1=0.8\mathrm{kN\cdot m}$$
$$T_2=-M_3=-1.5\mathrm{kN\cdot m}$$

画出扭矩图(图 18-15(b))

(2) 计算极惯性矩。

$$I_{\mathrm{P1}}=\frac{\pi d_1^4}{32}=\frac{\pi\times4^4}{32}=25.1(\mathrm{cm}^4)$$

$$I_{\mathrm{P2}}=\frac{\pi d_2^4}{32}=\frac{\pi\times7^4}{32}=236(\mathrm{cm}^4)$$

(3) 求相对扭转角 φ_{AC}。由于 AB 段和 BC 段内扭矩不等，且横截面尺寸也不相同，故只能在两段内分别求出每段的相对扭转角 φ_{AB} 和 φ_{BC}，然后取 φ_{AB} 和 φ_{BC} 的代数和，即求得轴两端面的相对扭转角 φ_{AC}。

$$\varphi_{AB}=\frac{T_1l_1}{GI_{\mathrm{P1}}}=\frac{0.8\times10^3\times0.8}{80\times10^9\times25.1\times10^{-8}}\approx0.0319(\mathrm{rad})$$

$$\varphi_{BC}=\frac{T_2l_2}{GI_{\mathrm{P2}}}=\frac{-1.5\times10^3\times1}{80\times10^9\times236\times10^{-8}}\approx-0.0079(\mathrm{rad})$$

$$\varphi_{AC}=\varphi_{AB}+\varphi_{BC}=0.0319-0.0079=0.024(\mathrm{rad})\approx1.37^\circ$$

(4) 求最大的单位长度扭转角 φ'。考虑在 AB 段和 BC 段变形的不同，需要分别计算其单位长度扭转角。

AB 段 $$\varphi'_{AB}=\frac{\varphi_{AB}}{l_1}=\frac{0.0319}{0.8}\approx0.0399(\mathrm{rad/m})\approx2.28(^\circ/\mathrm{m})$$

$$BC\text{段}\qquad \varphi'_{BC}=\frac{\varphi_{BC}}{l_2}=\frac{-0.0079}{1.0}=-0.0079(\mathrm{rad/m})\approx-0.453(^{\circ}/\mathrm{m})$$

负号表示转向与 φ'_{AB} 相反。

$$\text{所以}\qquad \varphi'_{\max}=\varphi'_{AB}=2.2(^{\circ}/\mathrm{m})$$

18.6　矩形截面杆的扭转

在工程实际中，经常会碰到非圆截面杆的扭转。非圆截面杆受扭时，横截面不再保持平面而是产生翘曲(图 18-16(b))。所以，平面假设不成立。因此，等直圆杆扭转时的应力、变形的计算公式对非圆截面杆均不适用。对于此类问题的求解，一般要采用弹性力学的方法。

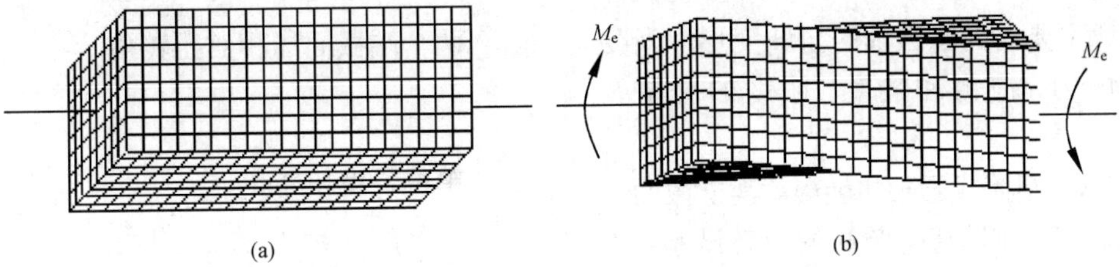

18-16

图 18-16

非圆截面杆的扭转可分为自由扭转和约束扭转。等直杆两端受扭转力偶作用，且端面可以任意翘曲时，称为自由扭转。此时，杆件各横截面的翘曲程度相同，纵向纤维的长度无变化，因此，横截面上只有切应力而无正应力。若杆件受到约束而不能自由翘曲时，称为约束扭转，这时，杆件各横截面的翘曲程度不同，从而引起相邻两截面间纵向纤维的长度改变，在横截面上除切应力外还有正应力。对于一般实心截面杆，如截面为矩形或椭圆形的杆件，由约束扭转引起的正应力很小，可忽略不计；对于薄壁截面杆，如工字钢、槽钢等约束扭转时横截面上的正应力则不能忽略。

非圆截面杆件的扭转，在弹性力学中会有详细的讨论。在这里直接引用弹性力学的主要结论。

矩形截面杆自由扭转时，横截面上的切应力分布如图 18-17 所示，有以下特点：

(1) 横截面边缘各点处的切应力与截面边界相切，角点处的切应力为零。

(2) 最大切应力发生在截面长边的中点处，而短边中点处的切应力为该边上切应力的最大值。

根据分析结果，最大切应力 $\tau_{\max}$、短边中点处的切应力 τ_1 以及杆件两端的相对扭转角 ϕ 分别为

$$\tau_{\max}=\frac{T}{W_t}=\frac{T}{\alpha hb^2}$$

$$\tau_1=\gamma\tau_{\max}$$

$$\phi=\frac{Tl}{GI_t}=\frac{Tl}{G\beta b^3h}$$

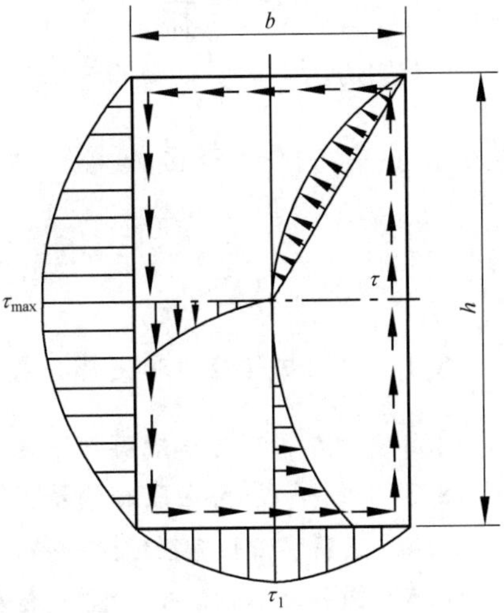

18-17

图 18-17

式中，系数α、β和γ与矩形截面的边h/b有关，其数值可从相关手册中查到。当$h/b\geqslant 10$时，截面称为狭长矩形，这时$\alpha=\beta\approx\frac{1}{3}$如以$\delta$表示狭长矩形的短边长度，则公式可化为

$$\tau_{\max}=\frac{T}{\frac{1}{3}h\delta^2}$$

$$\phi=\frac{Tl}{G\cdot\frac{1}{3}h\delta^3}$$

本章小结

本章主要研究了圆轴的扭转变形以及变形时其内力、应力和强度、刚度的分析及计算。

1. 薄壁圆筒或圆轴扭转时，其横截面上只有切应力。通过薄壁圆筒的扭转试验，得到了切应力的两个规律：

切应力互等定理

$$\tau=\tau'$$

剪切胡克定律

$$\tau=G\gamma$$

2. 圆轴扭转变形时横截面上切应力的分布规律是沿半径方向呈线性分布，扭转变形时两截面将产生相对转动。计算公式：

横截面上任一点的扭转切应力

$$\tau_\rho=\frac{T\rho}{I_{\mathrm{P}}}$$

最大切应力

$$\tau_{\max}=\frac{T}{W_{\mathrm{t}}}$$

两个端截面的相对扭转角

$$\varphi=\frac{Tl}{GI_{\mathrm{P}}}$$

单位长度扭转角

$$\varphi'=\frac{T}{GI_{\mathrm{P}}}\cdot\frac{180}{\pi}$$

3. 圆轴扭转时要满足强度条件和刚度条件。

强度条件

$$\tau_{\max}=\frac{T_{\max}}{W_{\mathrm{t}}}\leqslant[\tau]$$

刚度条件

$$\varphi'=\frac{T}{GI_{\mathrm{P}}}\cdot\frac{180}{\pi}\leqslant[\varphi']$$

利用强度条件和刚度条件可对圆轴进行强度和刚度校核、设计截面尺寸和计算许可载荷。

4. 学习本章应注意的问题是：上述应力、变形公式只适用于圆轴的扭转，对非圆截面杆的扭转则不完全适用。

思 考 题

18.1 说明扭转应力和变形公式$\tau_\rho=\frac{T\rho}{I_\rho}$，$\varphi=\int_0^l\frac{T}{GI_{\mathrm{P}}}\mathrm{d}x$的应用条件。

18.2 外力偶矩与扭矩有何不同？它们是如何计算的？

18.3 扭转切应力在圆轴横截面上是怎样分布的？

18.4 若将实心轴直径增大一倍，而其他条件不变，问最大切应力，轴的扭转角将如何变化？

18.5 圆轴扭转时，实心圆截面和空心圆截面哪一个更合理？为什么？

18.6 同横截面积的空心圆杆与实心圆杆，它们的强度、刚度哪个好？同外径的空心圆杆与实心圆杆，它们的强度、刚度哪个好？

18.7 钢质实心轴和铝质空心轴（内外径比值 $\alpha=0.6$）的横截面面积相等。$[\tau]_{钢}=80\text{MPa}$，$[\tau]_{铝}=50\text{MPa}$。若仅从强度条件考虑，哪一根轴能承受较大的扭矩？

18.8 在圆轴和薄壁圆管扭转切应力公式推导过程中，所作的假定有何区别？两者所得的切应力计算公式之间有什么关系？

18.9 如图18-18所示直径为 d 的受扭圆轴，在轴的表面与轴线成45°方向测得线应变为 ε，试求轴材料剪切弹性模量 G 的表达式。

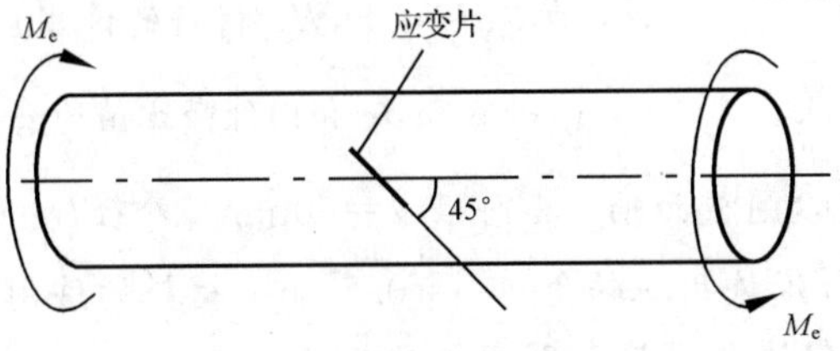

图18-18

18.10 试简述为什么圆截面杆的扭转应力、变形公式不能适用于非圆截面杆。

习 题

18-1 绘制如题18-1图所示各杆的扭矩图。

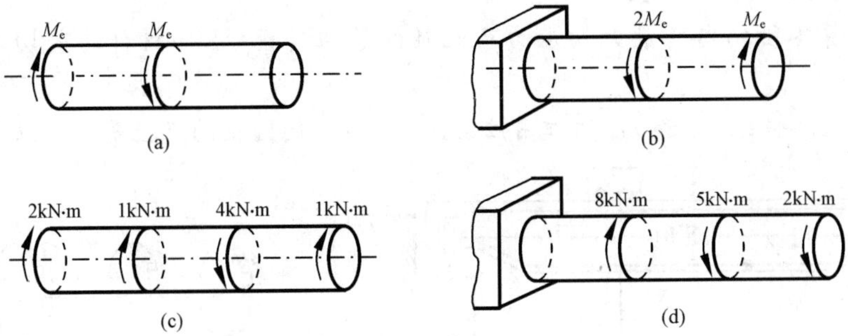

题18-1图

18-2 如题18-2图所示传动轴，在截面 A 处的输入功率为 $P_A=15\text{kW}$，在截面 B、C 处的输出功率为 $P_B=10\text{kW}$，$P_C=5\text{kW}$，已知轴的转速 $n=60\text{r/min}$。试绘出该轴的扭矩图。

18-3 如题18-3图所示圆截面空心轴，外径 $D=40\text{mm}$，内径 $d=20\text{mm}$，扭矩 $T=1\text{kN}\cdot\text{m}$，试计算 $\rho=15\text{mm}$ 的 A 点处的扭转切应力以及横截面上的最大和最小扭转切应力。

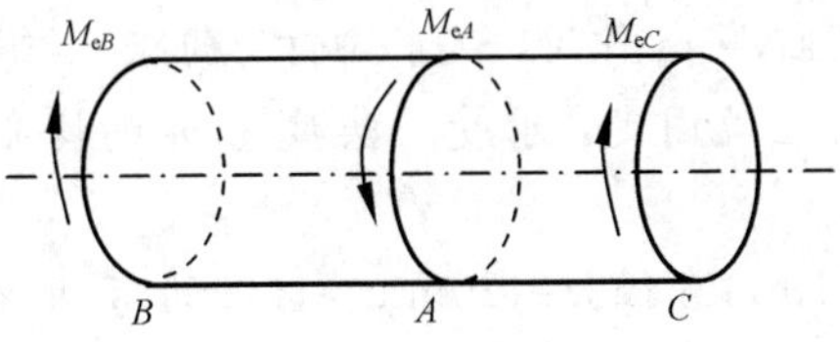

题18-2图

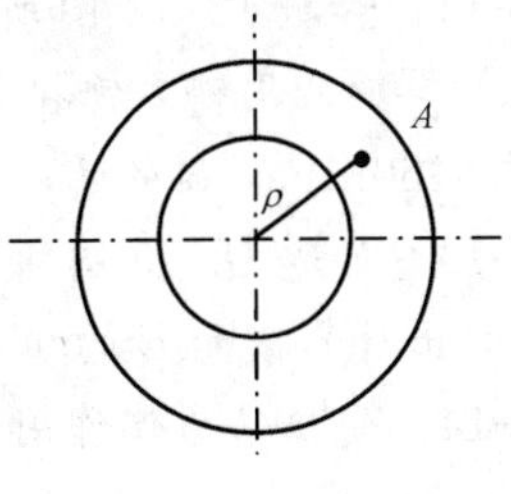

题18-3图

18-4 有一钢制圆截面传动轴，其直径 $D=50\text{mm}$，转速 $n=250\text{r/min}$，材料的许用切应力 $[\tau]=60\text{MPa}$。试确定该轴所能传递的许可功率。

18-5 一实心圆轴，承受的扭矩为 $T=4\text{kN}\cdot\text{m}$，如果材料的许用切应力为 $[\tau]=100\text{MPa}$，试设计该轴的直径。

18-6 如果将上题中的轴制成内径与外径之比为 $d/D=0.5$ 的空心圆截面轴。试设计轴的外径 D。

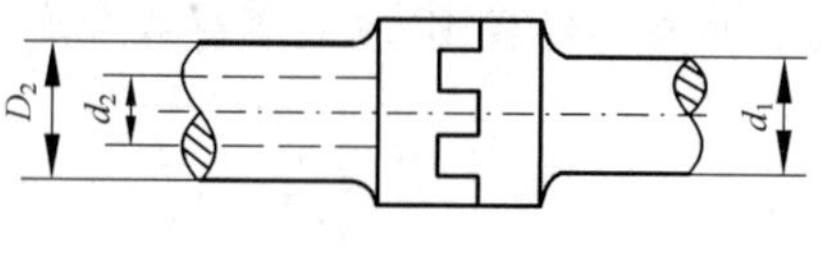

题 18-7 图

18-7 实心轴和空心轴通过牙嵌式离合器连接在一起。如题 18-7 图所示，已知轴的转速 $n=100\text{r/min}$，传递的功率 $P=7.5\text{kW}$，材料的许用应力 $[\tau]=40\text{MPa}$。试计算实心轴直径 d_1 和内外径比值为 $\frac{1}{2}$ 的空心轴的外径 D_2。

18-8 有一钢制的空心圆截面轴，其内径 $d=60\text{mm}$，外径 $D=100\text{mm}$，所能承受的最大扭矩 $T=1\text{kN}\cdot\text{m}$，单位长度许用扭转角 $[\varphi']=0.5°/\text{m}$；材料的许用切应力 $[\tau]=60\text{MPa}$，切变模量 $G=80\text{GPa}$。试对该轴进行强度和刚度校核。

18-9 桥式起重机如题 18-9 图所示。若传动轴传递的力偶矩 $M_e=1.08\text{kN}\cdot\text{m}$，材料的许用切应力 $[\tau]=40\text{MPa}$，$G=80\text{GPa}$，同时规定 $[\varphi']=0.5°/\text{m}$。试求轴的直径。

18-10 如题 18-10 图所示一圆截面直径为 80cm 的传动轴，上面作用的外力偶矩为 $m_1=1000\text{N}\cdot\text{m}$，$m_2=600\text{N}\cdot\text{m}$，$m_3=200\text{N}\cdot\text{m}$，$m_4=200\text{N}\cdot\text{m}$。

(1) 试作出此轴的扭矩图；

(2) 试计算各段轴内的最大切应力及此轴的总扭转角(已知材料的剪切弹性模量 $G=79\text{GPa}$)；

(3) 若将外力偶矩 m_1 和 m_2 的作用位置互换一下，问圆轴的直径是否可以减少？

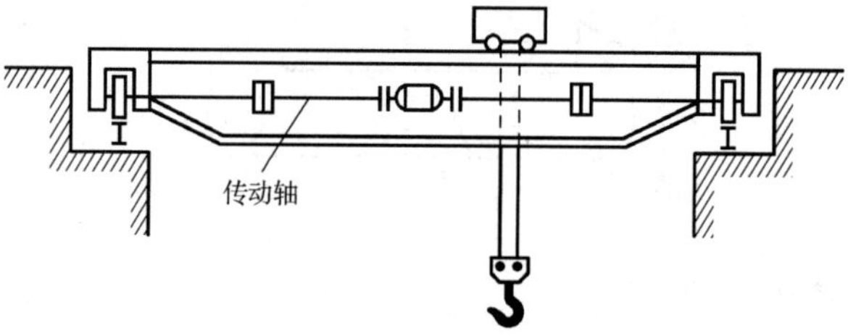

题 18-9 图

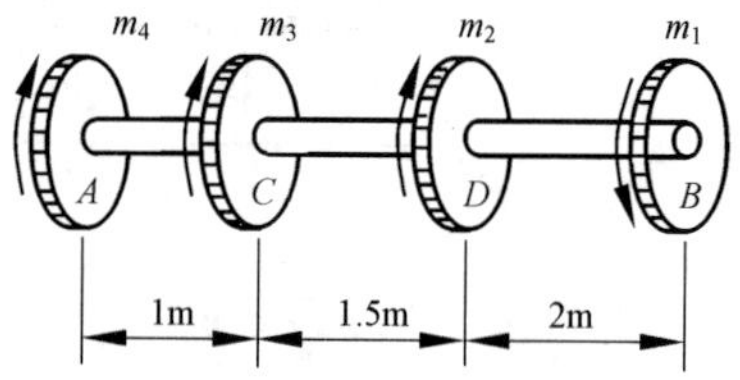

题 18-10 图

18-11 长度、材料、外力偶矩相同的两根圆轴，一根是实心轴，直径为 d_1，另一根为空心轴，内外径之比 $\alpha=d_2/D_2=0.8$，试求两轴具有相等强度时的重量比和刚度比。

18-12 如题 18-12 图所示，由厚度 $t=8\text{mm}$ 的钢板卷制成的圆筒，平均直径为 $D=200\text{mm}$。接缝处用铆钉铆接。若铆钉直径 $d=20\text{mm}$，许用切应力 $[\tau]=60\text{MPa}$，许用挤压应力 $[\sigma_{bs}]=160\text{MPa}$，筒的两端受扭转力偶矩 $m=30\text{kN}\cdot\text{m}$ 作用，试求铆钉的间距 s。

18-13 如题 18-13 图所示，圆截面杆 AB 的左端固定，承受一集度为 $\overline{m}$ 的均布力偶作用。试导出计算截面 B 的扭转角的公式。

18-14 受扭转力偶作用的圆截面杆，长 $l=1\text{m}$，直径 $d=20\text{mm}$，材料的剪切弹性模量 $G=80\text{GPa}$，两端截面的相对扭转角 $\varphi=0.1\text{rad}$。试求此杆外表面任意点处的切应变，横截面上的最大切应力和外加力偶矩 M。

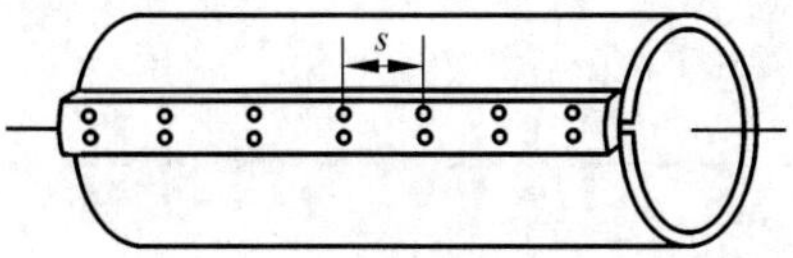

题 18-12 图

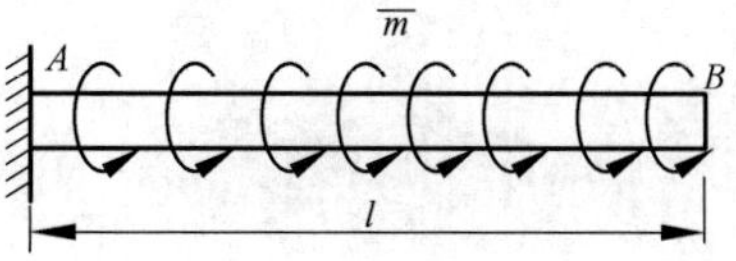

题 18-13 图

18-15　如题 18-15 图所示，传动轴外径 $D=50\text{mm}$，长度 $l=510\text{mm}$，l_1 段内径 $d_1=25\text{mm}$，l_2 段内径 $d_2=38\text{mm}$，欲使轴两段扭转角相等，则 l_2 应是多长。

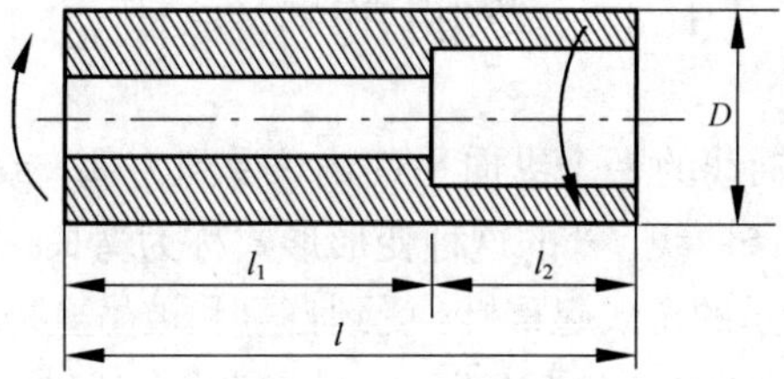

题 18-15 图

第 19 章 弯曲内力

19.1 弯曲的相关概念

如果一直杆在通过杆的轴线的一个纵向平面内，受到力偶，或垂直于轴线的外力(即横向力)作用，杆的轴线就变成一条曲线，杆的这种变形形式称为**弯曲**。在工程实践中，弯曲变形的例子很多，例如图 19-1(a)所示的桥式起重机，受到自重和被吊重物的重力作用(图 19-1(b))；高大的塔器受到水平方向风载荷的作用(图 19-2(a)、(b))；火车轮轴受到铁轨的约束和车厢内重物的作用(图 19-3(a)、(b))等，都将发生弯曲变形。以弯曲变形为主的杆件，习惯上称为**梁**。

19-1

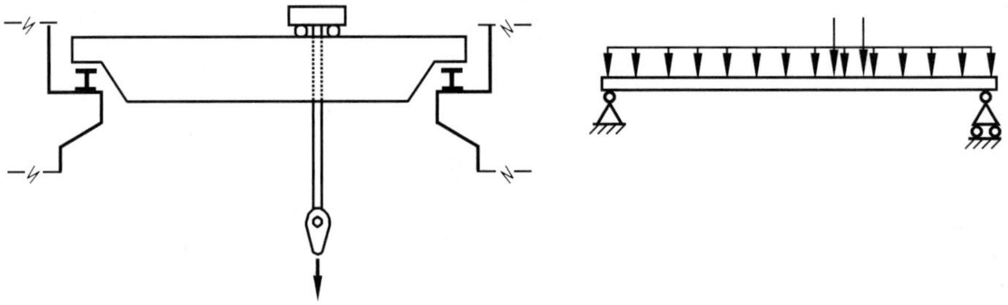

(a) (b)

图 19-1

19-2

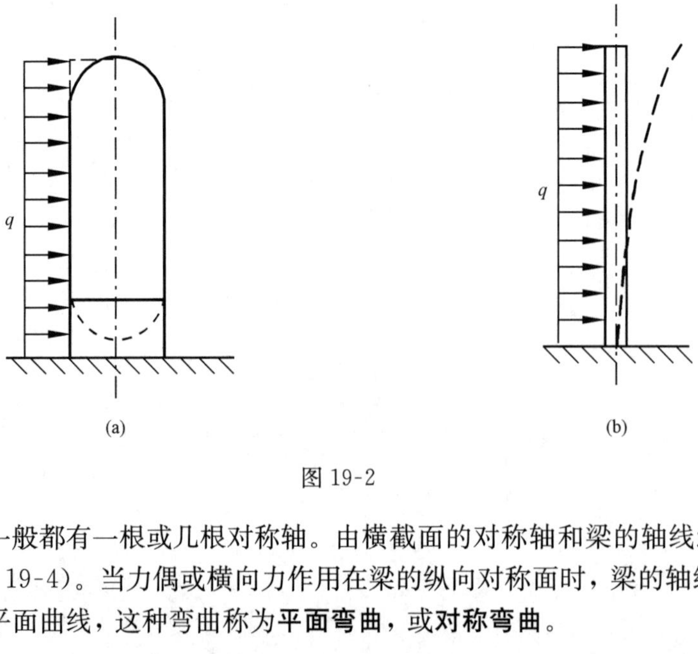

(a) (b)

图 19-2

梁的横截面一般都有一根或几根对称轴。由横截面的对称轴和梁的轴线组成的平面，称为纵向对称面(图 19-4)。当力偶或横向力作用在梁的纵向对称面时，梁的轴线就在纵向对称面内被弯成一条平面曲线，这种弯曲称为**平面弯曲**，或**对称弯曲**。

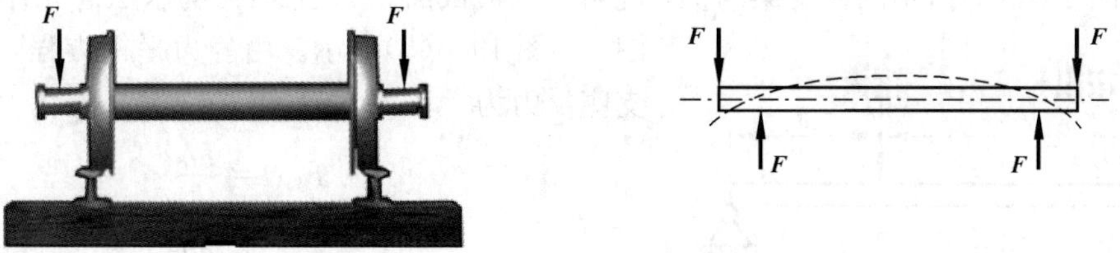

(a) (b)

图 19-3

19-3

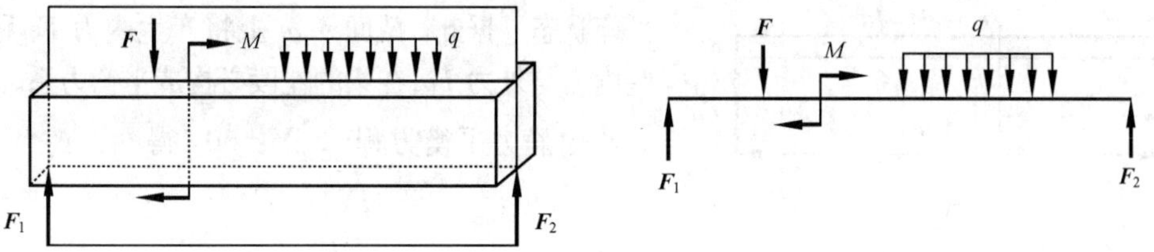

(a) (b)

图 19-4

19-4

19.2 静定梁的分类

实际梁的几何形状、载荷和支座比较复杂，为便于分析和计算，常对梁作合理简化，并以计算简图代替。梁本身常以其轴线表示。作用在梁上的载荷可分为三种:集中力、集中力偶和分布载荷。其中，分布载荷又有均匀分布和非均匀分布两种。梁的支座形式一般简化为:固定铰支座、活动铰支座和固定端三种。

通过上述简化，工程上常见的梁根据支承情况的不同一般分为三种基本形式：

(1) **简支梁**。梁的一端为固定铰支座，另一端为活动铰支座。如图 19-1 所示的桥式起重机大梁可简化成简支梁。

(2) **外伸梁**。梁也有一个固定铰支座和一个活动铰支座，但梁至少有一端伸出在支座之外。如图 19-3 所示的火车轮轴可简化成外伸梁。

(3) **悬臂梁**。梁的一端为固定端，另一端自由。如图 19-2 所示的高大塔器就可简化成一悬臂梁。

以上三种梁的未知约束反力只有三个，根据静力平衡方程都可以求出，统称为**静定梁**。其中，简支梁或外伸梁的两个铰支座之间的距离称为**跨度**。而悬臂梁的跨度是指固定端到自由端的距离。

19.3 剪力与弯矩

作用在梁上的载荷，通过梁向支座传递其力的作用，支座将对梁产生相应的反力。载荷传递所经过的梁的各个横截面都将产生相应的内力。根据静力平衡方程，可求得静定梁的支座反力。然后应用截面法，可求出各横截面的内力。

现以图 19-5(a)所示的简支梁为例，说明任一横截面 m-m 上内力的求法。先作梁的受力图，如图 19-5(b)所示。由静力平衡方程，求得梁的支座反力为

$$F_{RA}=\frac{Fb}{l}$$

$$F_{RB}=\frac{Fa}{l}$$

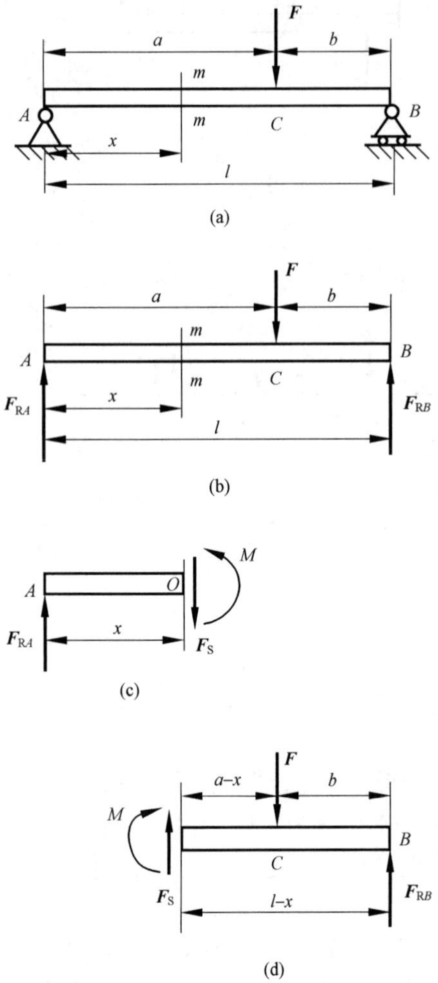

图 19-5

19-5

为了显示出横截面上的内力，用假想截面沿 m-m 面将梁分为两部分，并以左段为研究对象(如图 19-5(c))。由于梁的整体处于平衡状态，因此其各个部分也应处于平衡状态。据此，截面 m-m 上将产生内力 $\boldsymbol{F}_S$ 和 M，这些内力与外力 $\boldsymbol{F}_{RA}$ 在梁的左段必构成平衡力系。

由静力平衡方程 $\sum Y=0$，得

$$F_{RA}-F_S=0$$

$$F_S=F_{RA}$$

这一与横截面相切的内力 $\boldsymbol{F}_S$ 称为横截面 m-m 上的剪力，它是与横截面相切的分布内力系的合力。

根据平衡条件，若把左段上的所有外力和内力对截面 m-m 的形心 O 取矩，其力矩总和应等于零，即 $\sum M_O=0$，则

$$M-F_{RA}x=0$$

$$M=F_{RA}x$$

这一内力偶矩 M 称为横截面 m-m 上的弯矩。它是与横截面相垂直的分布内力系的合力偶矩。剪力和弯矩均为梁横截面上的内力，它们都可以通过梁段的局部平衡来确定。

从上面的分析可知：在数值上，剪力 F_S 等于截面 m-m 以左所有横向外力的代数和；弯矩 M 等于截面 m-m 以左所有外力(包括力偶)对该截面形心之矩的代数和。所以，F_S 和 M 可用截面 m-m 左侧的外力来计算。

若以梁的右段为研究对象(图 19-5(d))，用相同的方法也可求得截面 m-m 上的剪力和弯矩。且在数值上，剪力等于截面 m-m 以右所有横向外力的代数和；弯矩等于截面 m-m 以右所有外力(包括力偶)对该截面形心之矩的代数和。由于剪力和弯矩是左段与右段在截面 m-m 上相互作用的内力，所以，右段作用于左段的剪力和弯矩，必然在数值上等于左段作用于右段的剪力和弯矩，但方向相反。亦即，无论用截面 m-m 左侧的外力，或截面 m-m 右侧的外力来计算剪力和弯矩，其数值是相等的，但方向相反。

为使上述两种方法得到的同一截面上的剪力和弯矩非但数值相等，而且符号也一致，从梁中截出一微段，长为 dx，根据其变形情况作如下规定。

剪力符号规则：凡使一微段梁发生左侧截面向上、右侧截面向下相对错动的剪力为正(图 19-6(a))；反之为负(图 19-6(b))。或者，凡作用在微段梁两侧截面上的剪力能绕微段梁作顺时针向转动者为正；反之为负。

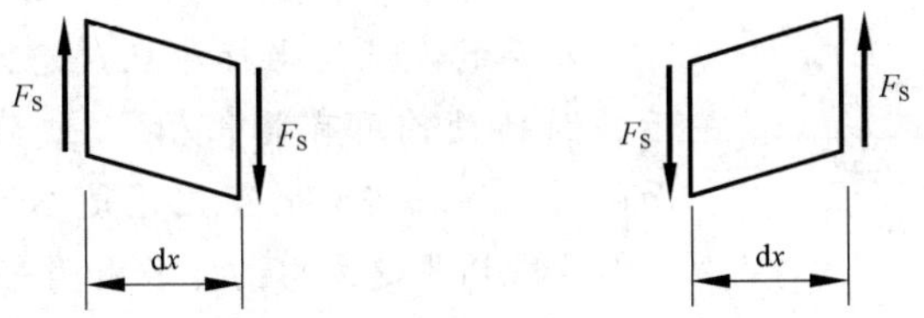

(a) $F_S>0$　　(b) $F_S<0$

图 19-6

19-6

根据这个符号规则，凡作用在横截面左边梁上指向朝上的外力，或作用在横截面右边梁上指向朝下的外力，将使该截面产生正的剪力；反之，产生负的剪力。

弯矩符号规则：凡使一微段梁发生向下凸的弯曲变形的弯矩为正(图 19-7(a))；反之为负(图 19-7(b))。

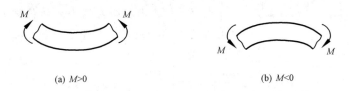

(a) $M>0$　　(b) $M<0$

图 19-7

19-7

根据这个符号规则，如果作用在横截面左边梁上的外力(包括力偶)对该形心的矩成顺时针转动时，或作用在右边梁上的外力对该截面形心的矩成逆时针转动时，则该截面的弯矩为正；反之为负。于是，在图 19-5 中，截面 m-m 上的剪力和弯矩都是正的。

19.4　剪力图和弯矩图

梁横截面上的剪力和弯矩一般随截面位置不同而变化。若以横坐标 x 表示横截面在梁轴线上的位置，则各横截面上的剪力和弯矩都可以表示为 x 的函数，即

$$F_S = F_S(x)$$
$$M = M(x)$$

上述函数表达式称为梁的剪力方程和弯矩方程。

为全面了解剪力和弯矩沿着梁轴线的变化情况，可根据剪力方程和弯矩方程用图线把它们表示出来。作图时，首先要建立 F_S-x 或 M-x 坐标系。一般选取梁的左端作为坐标原点，以横截面位置 x 为横坐标，剪力 F_S 值或 M 值为纵坐标。然后将正的剪力或弯矩绘在 x 轴上侧，负的绘在 x 轴下侧。这样所得的图线，分别称为剪力图和弯矩图。现以图 19-8(a)所示的简支梁为例，说明剪力图和弯矩图的做法。

【例 19-1】 简支梁尺寸和受力如图 19-8(a)所示。试写出梁的剪力方程和弯矩方程，并作剪力图和弯矩图。

解　(1) 确定支座反力。

由静力平衡方程，求得梁的支座反力为

$$F_{RA} = \frac{Fb}{l}\;,\quad F_{RB} = \frac{Fa}{l}$$

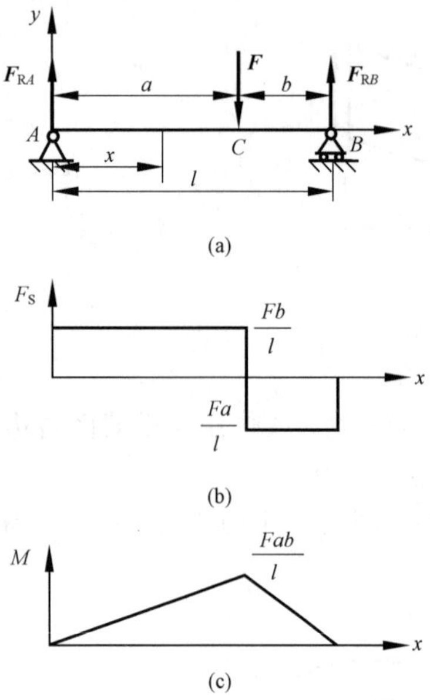

图 19-8

19-8

(2) 列剪力方程和弯矩方程。

以梁的左端为坐标原点，选取坐标系如图 19-8(a)所示。因 C 处作用有集中力 $\boldsymbol{F}$，载荷是不连续的，故 C 处截面附近的弯曲内力的变化也是不连续的，因此应分 AC 段和 BC 段两段建立剪力方程和弯矩方程。在 AC 段内取距离原点为 x 的任意截面，截面以左只有外力 $\boldsymbol{F}_{RA}$，根据剪力和弯矩的计算方法和符号规则，求得这一截面上的剪力 F_S 和弯矩 M 分别为

$$F_S(x)=\frac{Fb}{l}\quad (0<x<a) \tag{a}$$

$$M(x)=\frac{Fb}{l}x\quad (0\leqslant x\leqslant a) \tag{b}$$

这就是在 AC 段内的剪力方程和弯矩方程。

如在 CB 段内取距左端为 x 的任意截面，则截面以左只有外力 F 和 F_{RA}，可求得这一截面上的剪力 F_S 和弯矩 M 分别为

$$F_S(x)=\frac{Fb}{l}-F=-\frac{Fa}{l}\quad (a<x<l) \tag{c}$$

$$M(x)=\frac{Fb}{l}x-F(x-a)=\frac{Fa}{l}(l-x)\qquad (a\leqslant x\leqslant l) \tag{d}$$

这就是在 CB 段内的剪力方程和弯矩方程。当然，如用截面右侧的外力来计算会得到同样的结果。

(3) 作剪力图和弯矩图。

由上面式(a)可知，在 AC 段内梁的任意横截面上的剪力皆为常数$\frac{Fb}{l}$，且符号为正，故剪力图是平行于 x 轴的直线(图 19-8(b))。同理，可根据式(c)作 CB 段的剪力图。从剪力图看出，当 $a>b$ 时，最大剪力为$|F_S|_{max}=\frac{Fa}{l}$。

由式(b)可知，在 AC 段内弯矩为 x 的一次函数，故弯矩图是一条斜直线。只要确定线上的两点，就可以确定该直线。例如，当 $x=0$ 处，$M=0$；$x=a$ 处，$M=\frac{Fab}{l}$。连接这两点就得到 AC 段内的弯矩图(图 19-8(c))。可根据式(d)作 CB 段的弯矩图。从弯矩图看出，最大弯矩在截面 C 上，且 $M_{max}=\frac{Fab}{l}$。

【例 19-2】 在均布载荷作用下的悬臂梁如图 19-9(a)所示。试作梁的剪力图和弯矩图。

解 (1) 确定梁的支座反力。

悬臂梁的固定端约束了端截面的移动和转动，故有垂直反力 $\boldsymbol{F}_{RA}$和反作用力偶M_A。选取坐标系如图 19-9(a)所示。由静力平衡方程 $\sum Y=0$ 和 $\sum M_A=0$，求得梁的支座反力

$$F_{RA}=ql\quad ,\quad M_A=\frac{ql^2}{2}$$

(2) 列剪力方程和弯矩方程。

在距离原点为 x 的横截面左侧，有支反力 $\boldsymbol{F}_{RA}$、M_A 和集度为 q 的均布载荷，但在截面右

侧只有均布载荷。所以，宜用截面右侧的外力来计算剪力和弯矩。这样，可不必首先求出支反力，而直接算出剪力 F_S 和弯矩 M 为

$$F_S(x)=q(l-x) \tag{e}$$

$$M(x)=-q(l-x)\frac{l-x}{2}=-\frac{q(l-x)^2}{2} \tag{f}$$

(3) 作剪力图和弯矩图。

式(e)表明，剪力图是一条斜直线，只要确定两点就可定出这一斜直线，如图 19-9(b)所示。式(f)表明，弯矩图是一条抛物线，要多取几个点才能画出这条曲线。例如

$$x=0\quad,\quad M(0)=-\frac{1}{2}ql^2$$

$$x=\frac{l}{4}\quad,\quad M\left(\frac{l}{4}\right)=-\frac{9}{32}ql^2$$

$$x=\frac{l}{2}\quad,\quad M\left(\frac{l}{2}\right)=-\frac{1}{8}ql^2$$

$$x=l\quad,\quad M(l)=0$$

最后绘出弯矩图如图 19-9(c)所示。

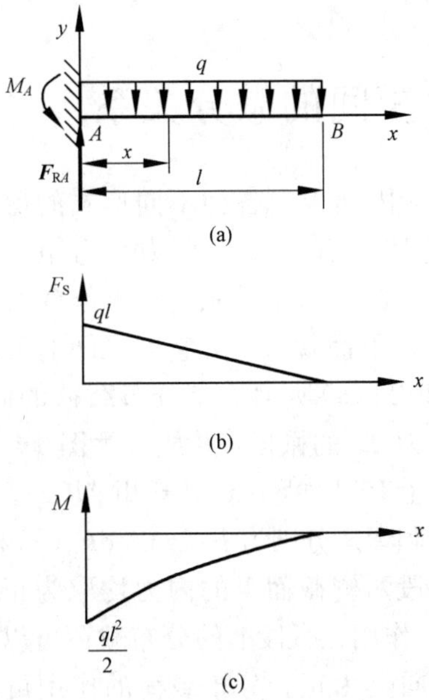

图 19-9

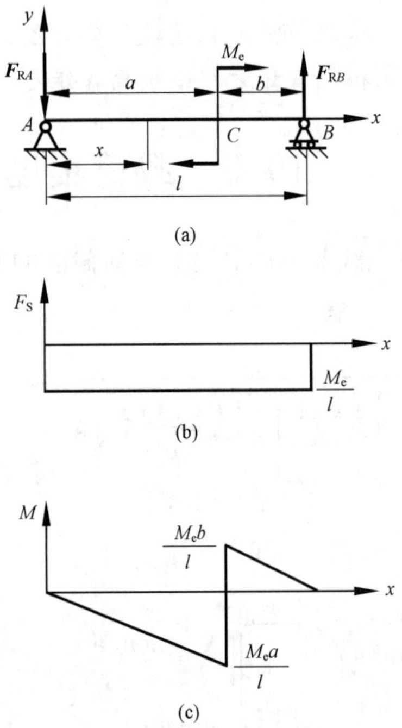

图 19-10

19-9

19-10

【例 19-3】 图 19-10 所示简支梁受集中力偶 M_e 作用。试作梁的剪力图和弯矩图。

解 (1) 确定支座反力。

由静力平衡方程，求得梁的支座反力为

$$F_{RA}=\frac{M_e}{l}(\downarrow)\quad,\quad F_{RB}=\frac{M_e}{l}(\uparrow)$$

(2) 列剪力方程和弯矩方程。

剪力方程只与集中力有关，而不受集中力偶的影响，则整个梁上可写成一个统一的剪力方程，即

$$F_S(x) = -F_{RA} = -\frac{M_e}{l} \quad (0 < x < l) \tag{g}$$

弯矩方程在 AC 段和 BC 段上不一样。

AC 段
$$M(x) = -F_{RA}x = -\frac{M_e}{l}x \quad (0 \leqslant x < a) \tag{h}$$

BC 段
$$M(x) = F_{RB}(l-x) = \frac{M_e}{l}(l-x) \quad (a < x \leqslant l) \tag{i}$$

(3) 作剪力图和弯矩图。

由方程(g)画出剪力图如图 19-10(b)所示。根据方程(h)和(i)画出弯矩图如图 19-10(c)所示。可见，在集中力偶作用处的左、右两侧截面上的弯矩值发生突变，且突变值为集中力偶的值。

通过以上几个例题，总结画剪力图和弯矩图的基本步骤如下：

(1) 求约束力；

(2) 利用截面法，分别以集中载荷、集中力偶、分布载荷的边界为界分段写出剪力方程和弯矩方程；

(3) 根据剪力方程逐段画剪力图；

(4) 根据弯矩方程逐段画弯矩图。

19.5 载荷集度、剪力和弯矩间的微分关系

由于载荷不同，梁上各横截面的剪力和弯矩不同，因而得出各种不同形式的剪力图和弯矩图。事实上，载荷集度、剪力和弯矩之间是有一定关系的，掌握了这个关系，对于作剪力图和弯矩图很有帮助。下面就来研究它们之间的关系。

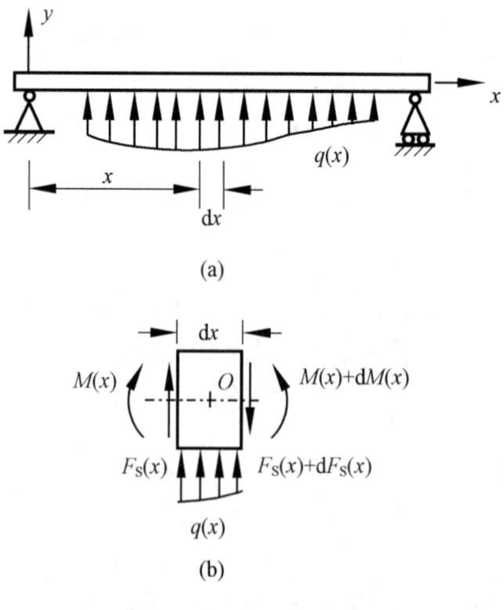

图 19-11

19-11

考察图 19-11(a)所示承受分布载荷的简支梁。从梁上截取长为 dx 的微段，并放大为图 19-11(b)。微段左侧截面上有剪力 $F_S(x)$和弯矩 $M(x)$，则右侧截面上的剪力和弯矩分别为 $F_S(x)+\mathrm{d}F_S(x)$和$M(x)+\mathrm{d}M(x)$。微段两侧截面上的内力均取为正值。假设 dx 足够小，作用在微段上的分布载荷可以认为是均布的，并设向上为正。分布载荷的作用可以用作用于微段中点 O 处的合力 $q(x)\mathrm{d}x$ 代替。由于梁整体是平衡的，所取微段也应处于平衡。根据平衡方程 $\sum Y = 0$ 和 $\sum M_O = 0$，得到

$$F_S(x) + q(x)\mathrm{d}x - [F_S(x) + \mathrm{d}F_S(x)] = 0$$

$$[M(x) + \mathrm{d}M(x)] - M(x) - F_S(x)\frac{\mathrm{d}x}{2} - [F_S(x) + \mathrm{d}F_S(x)]\frac{\mathrm{d}x}{2} = 0$$

略去其中的高阶微量后得到

$$\frac{\mathrm{d}F_{\mathrm{S}}(x)}{\mathrm{d}x}=q(x) \tag{19-1}$$

$$\frac{\mathrm{d}M(x)}{\mathrm{d}x}=F_{\mathrm{S}}(x) \tag{19-2}$$

这就是直梁微段的平衡方程。利用式(19-1)和式(19-2)可进一步得出

$$\frac{\mathrm{d}^2M(x)}{\mathrm{d}x^2}=\frac{\mathrm{d}F_{\mathrm{S}}(x)}{\mathrm{d}x}=q(x) \tag{19-3}$$

以上三式表示了梁任一横截面上剪力 F_{S}、弯矩 M 和分布载荷集度 q 之间的导数关系。式(19-1)的几何意义是：剪力图曲线上任一点的切线斜率，等于在梁上相应点处的载荷集度 q；式(19-2)的几何意义是：弯矩图曲线上任一点的切线斜率，等于梁在相应横截面上的剪力 F_{S}；式(19-3)的几何意义是：弯矩图曲线上任一点切线斜率的变化率，等于梁在该点处的载荷集度 q。

根据上述微分关系，由梁上载荷的变化即可推知剪力图和弯矩图的形状。例如：

(1) 若某段梁上无分布载荷，即 $q(x)=0$，则该段梁的剪力 $F_{\mathrm{S}}(x)$ 为常量，剪力图为平行于 x 轴的直线；而弯矩 $M(x)$ 为 x 的一次函数，弯矩图为斜直线。

(2) 若某段梁上的分布载荷 $q(x)=$ 常数，则该段梁的剪力 $F_{\mathrm{S}}(x)$ 为 x 的一次函数，剪力图为斜直线；而 $M(x)$ 为 x 的二次函数，弯矩图为抛物线。当 $q(x)=$ 常数 >0(向上)时，弯矩图为向下凸的曲线；当 $q(x)=$ 常数 <0(向下)时，弯矩图为向上凸的曲线。

(3) 若某截面的剪力 $F_{\mathrm{S}}(x)=0$，根据 $\frac{\mathrm{d}M(x)}{\mathrm{d}x}=F_{\mathrm{S}}(x)$，该截面的弯矩为极值。

【例 19-4】 外伸梁的尺寸及所受载荷如图 19-12(a)所示，试根据内力的微分关系画出剪力图与弯矩图。

解 (1) 由静力平衡方程求出支座反力

$$F_{Ay}=3\mathrm{kN}$$
$$F_{By}=2\mathrm{kN}$$

(2) 分段作剪力图。

CA 段和 AD 段上无分布力，剪力为常数。CA 段的剪力为 $-2\mathrm{kN}$，A 截面左侧和右侧的剪力分别为

$$F_{\mathrm{S}A左}=-2\mathrm{kN}$$
$$F_{\mathrm{S}A右}=-2\mathrm{kN}+3\mathrm{kN}=1\mathrm{kN}$$

AD 段的剪力为 1kN。DB 段剪力线性分布，其斜率为 $q=-1\mathrm{kN/m}$。由于 D 截面处无集中力，所以此处剪力连续。B 端剪力为 $F_{\mathrm{S}B左}=-2\mathrm{kN}$。画出的梁的剪力图如图 19-12(b)所示。

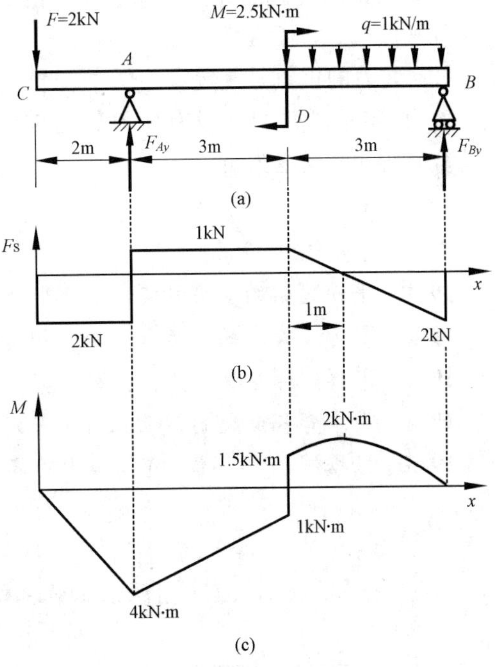

图 19-12

19-12

(3) 分段作弯矩图。

C 端为自由端，弯矩为零。CA 段和 AD 段由于剪力为常数，M 图线性变化。A 截面弯矩为

$$M_{A左}=M_{A右}=-2\mathrm{kN}\times 2\mathrm{m}=-4\mathrm{kN}\cdot\mathrm{m}$$

D 截面左侧的弯矩为

$$M_{D左} = -2\text{kN} \times 5\text{m} + 3\text{kN} \times 3\text{m} = -1\text{kN} \cdot \text{m}$$

D 截面右侧的弯矩为

$$M_{D右} = M_{D左} + 2.5\text{kN} \cdot \text{m} = 1.5\text{kN} \cdot \text{m}$$

DB 段弯矩图为上凸的抛物线，对应于 $F_S=0$ 处弯矩达到极大值。由剪力图可知在距离 B 点 2m 处弯矩最大

$$M_{\max} = F_{By} \times 2\text{m} - \frac{1}{2}q \times (2\text{m})^2 = 2\text{kN} \cdot \text{m}$$

支座 B 处弯矩为零。画出的梁的弯矩图如图 19-12(c)所示。

注意用微分关系画弯曲内力图时，可先将每一段的两端的内力值确定，再利用前面所述规律将区间内曲线画出。

本章小结

1. 平面弯曲的概念。

当作用于梁上的力全部都在梁的同一纵向对称平面内时，梁变形后的轴线也在该纵向对称平面内，这种弯曲称为平面弯曲。

2. 梁横截面上的内力。

(1) 内力:剪力和弯矩。

剪力与梁的横截面相切。弯矩在梁的纵向对称平面内，与横截面相垂直。

(2) 内力的正负号规定。

剪力:使所研究的梁段有顺时针方向转动趋势时为正；反之为负。

弯矩:使所研究的梁段产生下凸上凹的变形时为正；反之为负。

3. 计算梁内力的方法。

(1) 截面法。

(2) 直接用外力计算截面上的剪力和弯矩。

4. 作梁内力图的方法。

(1) 建立剪力方程和弯矩方程，根据方程作图。

(2) 根据 $M(x)$、$F_S(x)$、$q(x)$之间的关系作图(也称简易作图法)。

思 考 题

19.1 平面弯曲的受力特点和变形特点是什么？举出几个产生平面弯曲的工程实例。

19.2 剪力和弯矩的正负号是如何规定的？

19.3 怎样解释在集中力作用处，剪力图有突变？在集中力偶作用处，弯矩图有突变？

19.4 梁中弯矩最大的截面上剪力一定等于零吗？为什么？

19.5 根据例 19-1～例 19-3 绘出的剪力图和弯矩图，你能否总结出若干规律？

习 题

19-1 试计算如题 19-1 图所示各梁端截面 A、B 及横截面 C、D 的剪力和弯矩。

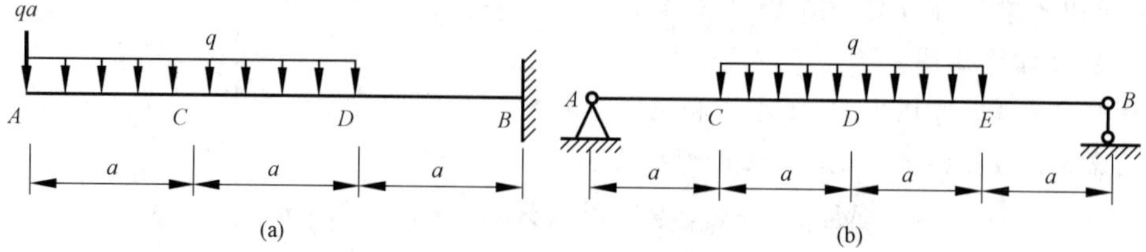

题 19-1 图

19-2 试计算如题19-2图所示各梁横截面$C_{左}$、$C_{右}$、$D_{左}$、$D_{右}$及端截面A、B的剪力和弯矩。

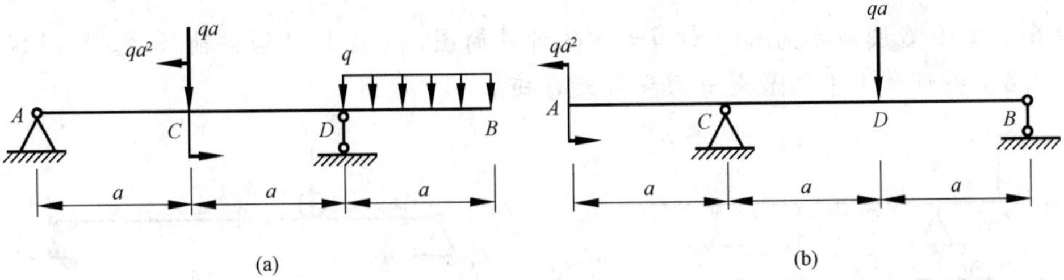

题19-2图

19-3 试列题19-3图所示各梁的剪力方程与弯矩方程，并作剪力图和弯矩图。

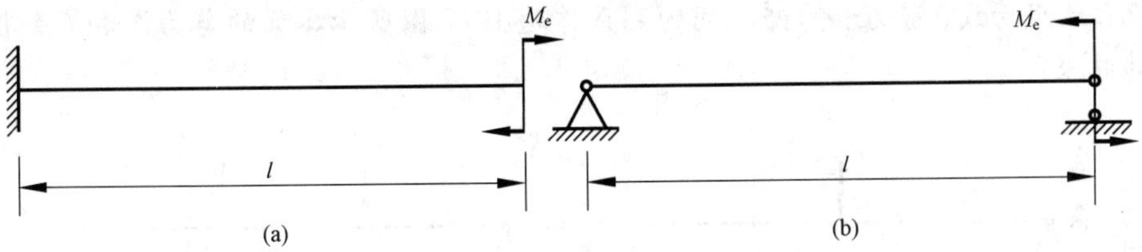

题19-3图

19-4 试列题19-4图所示各梁的剪力方程与弯矩方程，并作剪力图和弯矩图。

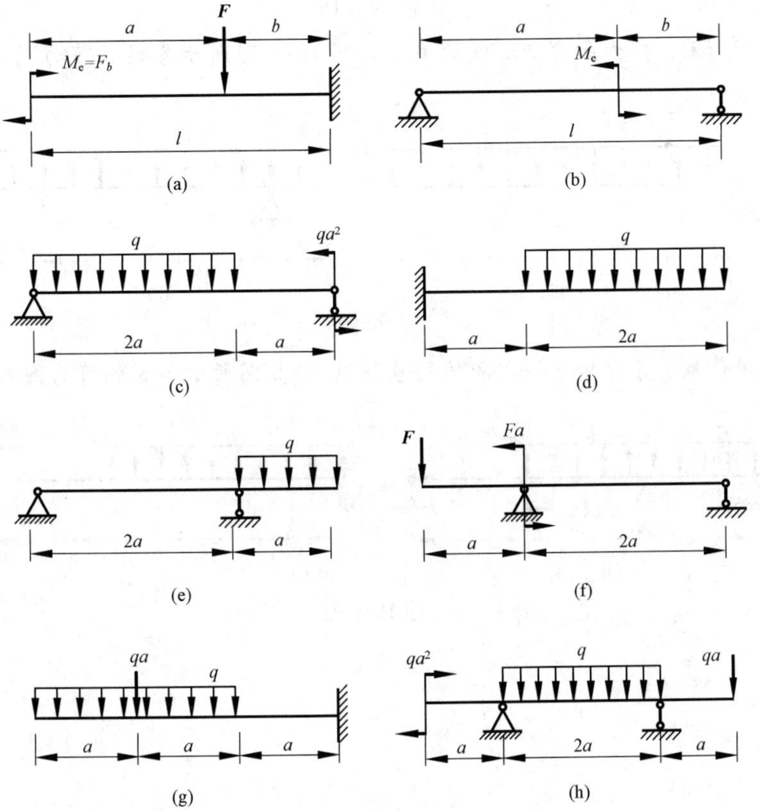

题19-4图

19-5 题 19-5 图所示为火车轮轴的计算简图。试作此梁的剪力图和弯矩图。梁在 AB 段的变形称为纯弯曲，在 CA、BD 段的变形称为横力弯曲。试问纯弯曲有何特征？横力弯曲有何特征？

19-6 题 19-6 图所示为一简易吊车梁的计算简图，荷载 F 可沿梁轴移动。试确定荷载的最不利位置，并计算梁中的最大剪力和最大弯矩。

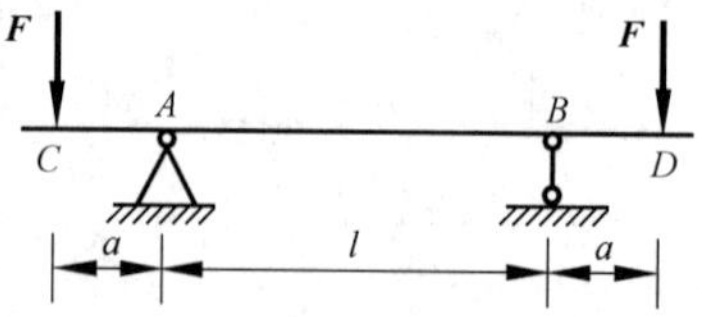

题 19-5 图

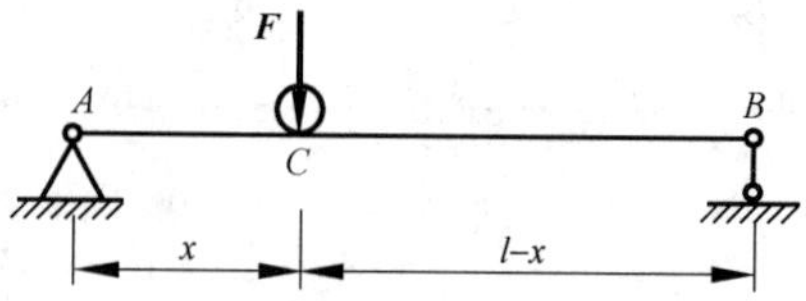

题 19-6 图

19-7 试用荷载、剪力和弯矩之间的关系作题 19-7 图所示各梁的剪力图和弯矩图，并比较它们的结果。

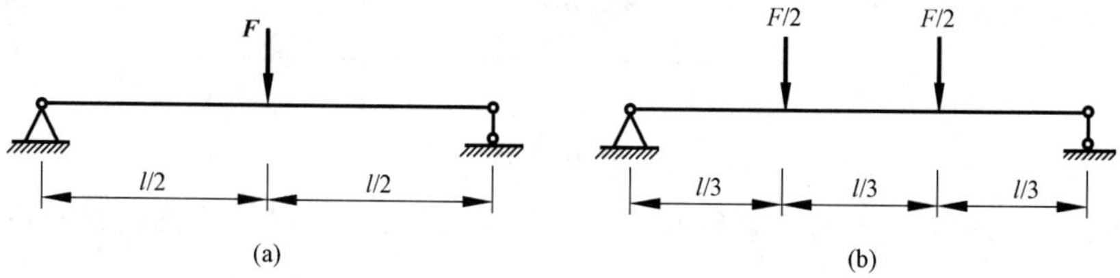

题 19-7 图

19-8 试用荷载、剪力和弯矩之间的关系作题 19-8 图所示各梁的剪力图和弯矩图，并比较它们的结果。

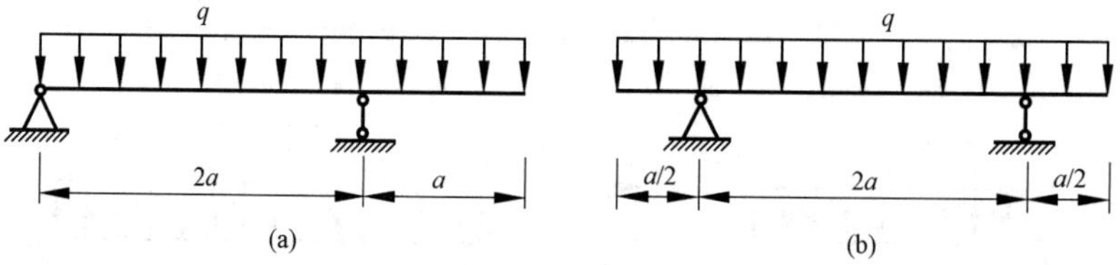

题 19-8 图

19-9 试用荷载、剪力和弯矩之间的关系作题 19-9 图所示各梁的剪力图和弯矩图。

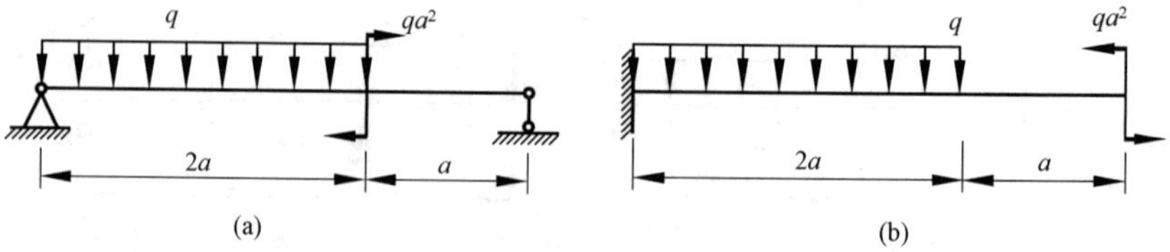

题 19-9 图

第20章 弯曲应力

当梁受力发生弯曲时，其横截面上一般既有弯矩又有剪力，弯矩引起正应力，剪力引起切应力。本章主要讨论弯曲应力在横截面上的分布规律以及强度计算，并简单讨论提高梁弯曲强度的措施。

20.1 弯曲正应力

简支梁如图 20-1(a)所示，其对应的剪力图和弯矩图如图 20-1(b)、(c)所示。由弯曲内力图可知，在梁的 CD 段内，横截面上的剪力等于零，而弯矩为一常量，即 $M=Fa$。这种只有弯矩而无剪力的情况，称为**纯弯曲**。

纯弯曲

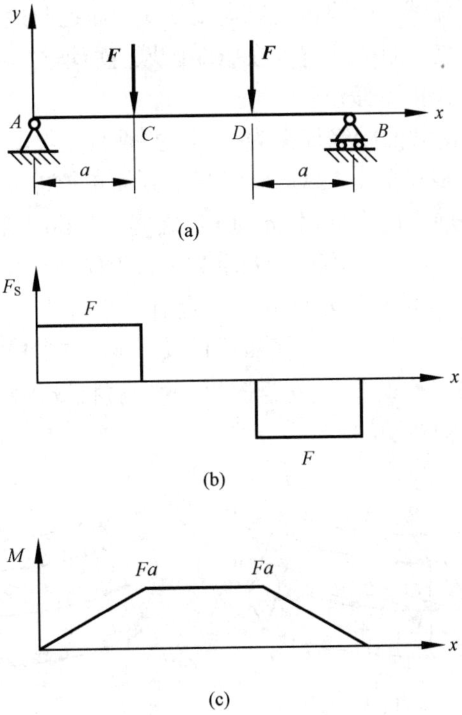

20-1

图 20-1

为了研究纯弯曲段中横截面上正应力的分布规律及计算，同研究圆轴扭转问题一样，需从变形的几何关系、物理关系和静力学关系三方面综合考虑。

1. 几何关系

为便于观察，取矩形截面梁进行实验。未加载荷以前，先在梁的侧面分别画上与梁的轴线相垂直的横向线，以及与梁的轴线相平行的纵向线，如图 20-2(a)所示。前者代表梁的横截面，后者代表梁的纵向纤维。梁在纯弯曲变形后(图 20-2(b))可观察到以下现象：

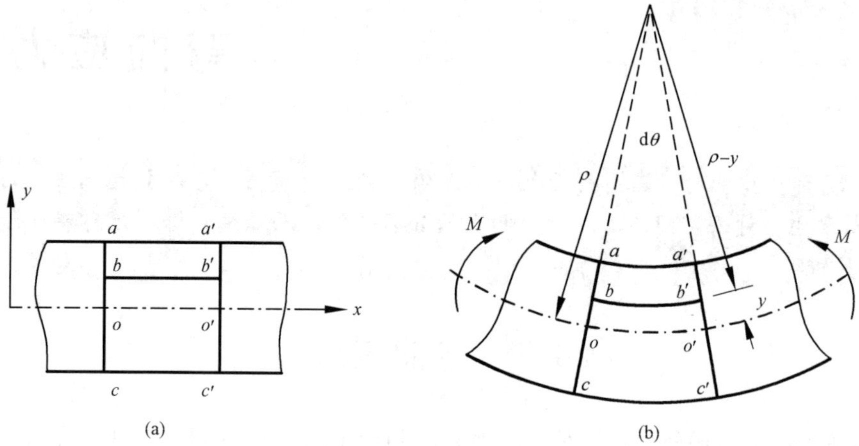

图 20-2

20-2

(1) 两条横向线仍是直线，且仍垂直于变形后的轴线，但已相互倾斜；

(2) 纵向线都变成了圆弧线，近凹边的纵向线缩短，而近凸边的纵向线伸长了；

(3) 梁横截面的高度不变，而梁的宽度在压缩区域有所增加，在拉伸区域有所减少。

根据上述实验现象，可作如下假设：

(1) 梁在纯弯曲时，各横截面始终保持为平面，并垂直于梁的轴线，此即为平面假设；

(2) 纵向纤维之间没有相互挤压，纵向纤维只受到简单拉伸或压缩。

由平面假设可知，变形前在两个截面 ac 和 $a'c'$ 之间，沿轴向所有的线段都有相同的长度。弯曲变形后如图 20-2(b)所示，梁的顶面的纵向线段 aa' 缩短最大，而在底面的纵向线段 cc' 的伸长最大。于是可以推断在梁的中间某处(oo')必定有一层纤维既不伸长，也不缩短，这一层纤维称为**中性层**(图 20-3(a))。中性层与横截面的交线称为**中性轴**。在对称弯曲问题中，梁所承受的载荷都作用于纵向对称面内，梁的轴线在变形后将成为对称面内的曲线。弯曲变形时，梁的横截面就是绕中性轴转动的。

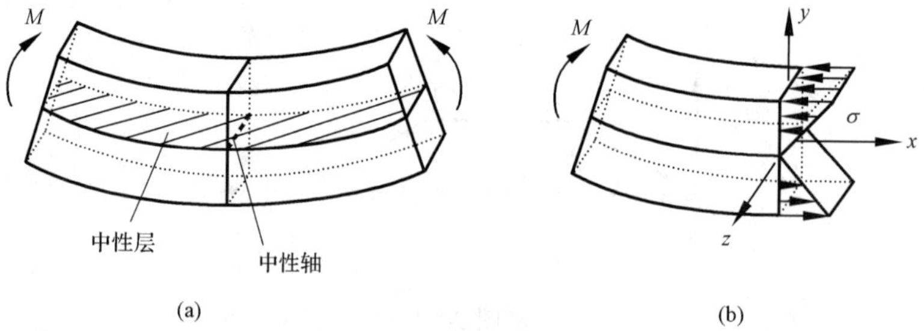

图 20-3

20-3

在图 20-2 中，中性层处的线段 oo' 长度不变。假设弯曲变形后中性层的曲率半径为 ρ，梁段中 ac 和 $a'c'$ 两截面的相对转角为 $\mathrm{d}\theta$。在距离中性层 y 高度处，原长度与 oo' 相同的线段 bb' 变形后的长度为 $(\rho-y)\mathrm{d}\theta$。因此，在 y 高度处纵向线段 bb' 的应变为

$$\varepsilon = \frac{(\rho - y)\mathrm{d}\theta - \rho\mathrm{d}\theta}{\rho\mathrm{d}\theta} = -\frac{y}{\rho} \tag{20-1}$$

式(20-1)就是横截面上各点线应变沿截面高度的变化规律。这说明梁内部任一纵向纤维的线应变 ε 与它到中性层的距离 y 成正比，与中性层的曲率半径 ρ 成反比。式(20-1)中的负号表示产生压应变。

2. 物理关系

梁纯弯曲时，由于纵向纤维只受到简单拉伸或压缩，所以横截面上只有正应力，而没有剪应力。当正应力没有超过材料的比例极限时，由胡克定律知

$$\sigma = E\varepsilon = -E\frac{y}{\rho} \tag{20-2}$$

这就是横截面上弯曲正应力的分布规律。这表明，梁纯弯曲时横截面上任一点的正应力与该点到中性轴的距离成正比(图 20-3(b))；距中性轴同一高度上各点的正应力相等。显然在中性轴上各点的正应力为零，而在中性轴的一边是拉应力，另一边是压应力；横截面上、下边缘各点正应力的数值最大。

3. 静力学关系

由于上述中性轴的位置和曲率$\frac{1}{\rho}$都不知道，还不能计算弯曲正应力的数值，这要从静力学方面来解决。

以梁横截面的对称轴为 y 轴，且向上为正。以中性轴为 z 轴，但中性轴的位置待定。而 x 轴是通过原点的横截面的法线。在纯弯曲条件下，根据梁的分离体(图 20-3(b))的平衡可知，横截面上的非零内力只有弯矩 M。平衡关系可以表示为

$$F_N = \int_A \sigma \mathrm{d}A = 0 \tag{20-3}$$

$$M_y = \int_A z\sigma \mathrm{d}A = 0 \tag{20-4}$$

$$M_z = -\int_A y\sigma \mathrm{d}A = M \tag{20-5}$$

将式(20-2)代入式(20-3)，得

$$F_N = \int_A \sigma \mathrm{d}A = -\int_A E\frac{y}{\rho}\mathrm{d}A = -\frac{E}{\rho}\int_A y\mathrm{d}A = 0$$

式中，$\int_A y\mathrm{d}A = S_z = Ay_c$ 为横截面对中性轴的静矩(A 为横截面面积，y_c 为截面形心坐标)。由于弯曲变形时$\frac{E}{\rho} \neq 0$，所以必须使 $S_z = 0$。由于截面积 $A \neq 0$，所以 $y_c = 0$，即中性轴必须通过截面的形心。这就完全确定了中性轴的位置。

将式(20-2)代入式(20-4)，得

$$M_y = \int_A z\sigma \mathrm{d}A = -\frac{E}{\rho}\int_A yz\mathrm{d}A = 0$$

式中，$\int_A yz\mathrm{d}A = I_{yz}$ 是横截面对 y 轴和 z 轴的惯性积。由于 y 轴是横截面的对称轴，所以上式自然满足。

将式(20-2)代入式(20-5)，得

$$M_z = -\int_A y\sigma \mathrm{d}A = \frac{E}{\rho}\int_A y^2 \mathrm{d}A = \frac{E}{\rho}I_z = M$$

式中，$I_z = \int_A y^2 \mathrm{d}A$ 是横截面对中性轴(z 轴)的惯性矩，于是得到

$$\frac{1}{\rho} = \frac{M}{EI_z} \tag{20-6}$$

式中，$1/\rho$ 是梁轴线的曲率。式中 EI_z 称为抗弯刚度，它表示梁抵抗弯曲变形的能力。EI_z 的值越大，梁的曲率越小。将式(20-6)代入式(20-2)，得到

$$\sigma = -\frac{My}{I_z} \tag{20-7}$$

这就是梁纯弯曲时横截面上正应力的计算公式。式(20-7)表明，正应力 σ 与弯矩 M 成正比，它沿截面高度呈线性分布。式中的负号与所取坐标系中 y 轴方向有关。当 M 是正弯矩时，中性轴的上部 σ 为负，是压应力；在中性轴的下部 σ 为正，是拉应力。但在实际计算中，通常用 M 和 y 的绝对值来计算 σ 的大小，再根据梁的变形情况，直接判断是拉应力还是压应力。这样，即可把式(20-7)中的负号去掉，改写为

$$\sigma = \frac{My}{I_z} \tag{20-8}$$

从式(20-8)可知，在横截面上最外边缘处弯曲正应力最大。

$$\sigma_{\max} = \frac{My_{\max}}{I_z} \tag{20-9}$$

令 $W_z = \frac{I_z}{y_{\max}}$，式(20-9)也可以简单地表示为

$$\sigma_{\max} = \frac{M}{W_z} \tag{20-10}$$

式中，W_z 称为抗弯截面系数。W_z 是一个截面几何参数，具有长度三次方的量纲。例如，高为 h，宽为 b 的矩形截面的抗弯截面系数为

$$W_z = \frac{I_z}{h/2} = \frac{bh^3/12}{h/2} = \frac{bh^2}{6} \tag{20-11}$$

直径为 D 的圆截面，其抗弯截面系数为

$$W_z = \frac{I_z}{D/2} = \frac{\pi D^4/64}{D/2} = \frac{\pi}{32}D^3 \tag{20-12}$$

各种型钢的抗弯截面系数可以从附录 B 型钢表中查到。

最后讨论纯弯曲正应力公式的应用范围。以上所述的弯曲正应力公式是从纯弯曲情况得来的，并得到了实践的验证。当梁受到横向外力作用时，一般在其横截面上既有弯矩，又有剪力，这种弯曲称为**横力弯曲**(或**剪切弯曲**)。由于剪力的存在，梁的横截面将发生翘曲；同时横向力将使梁的纵向纤维产生局部的挤压应力。但根据精确分析和实验证实，当梁的跨度 l 与横截面高度 h 之比 $\frac{l}{h}>5$ 时，梁在横截面上正应力分布与纯弯曲时很接近，也就是剪力的影响很小，所以纯弯曲正应力公式对剪切弯曲仍适用。必须指出，梁纯弯曲时的正应力公式，只有当梁的材料服从胡克定律，而且在拉伸或压缩时的弹性模量相等的条件下才能应用。

【例 20-1】　图 20-4 所示矩形截面悬臂梁，截面宽 5cm，高 10cm。右端有力偶 $M=10\text{kN}\cdot\text{m}$作用。梁由低碳钢制成，弹性模量 $E=200\text{GPa}$。不计梁的自重，试求最大弯曲正应力。

解　这是纯弯曲梁，从平衡条件可知，沿梁全长弯矩为常数 M，符号为负。

梁的上表面受拉，下表面受压。根据式(20-10)，最大弯曲正应力为

$$\sigma_{\max}=\frac{M}{W_z}=\frac{M}{bh^2/6}=\frac{10\times10^3\text{N}\cdot\text{m}\times6}{0.05\times0.1^2\text{m}^3}=120\text{MPa}$$

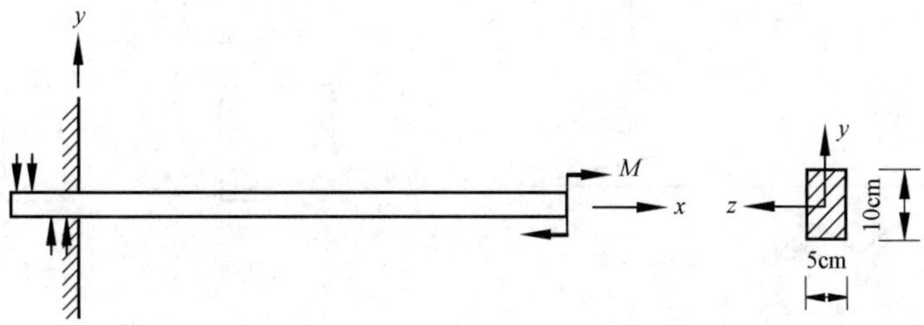

图 20-4

20-4

20.2　弯曲正应力的强度条件

工程实践中的梁在一般的载荷情况下弯矩 M 沿梁的长度不是常数，截面上有剪力存在。这种情况称为**剪切弯曲**，简称“剪弯”。这是在弯曲问题中最常见的情形。此时梁截面上不仅有正应力，还有切应力。由于切应力的存在，梁的横截面不再保持平面，会产生翘曲。作为工程近似，假设纯弯曲下推导的弯曲变形公式(20-6)和正应力公式(20-7)在剪切弯曲条件下仍然适用：

$$\frac{1}{\rho}=\frac{M(x)}{EI_z}$$

$$\sigma=-\frac{M(x)y}{I_z}$$

对于剪弯梁，M 是 x 的函数，所以曲率 $1/\rho$ 和正应力 σ 都是 x 的函数。正应力在给定的截面上仍然沿梁的高度线性分布。以上述两方程为基础来近似求解剪弯梁的问题，是“材料力学”的处理方法。细长梁用上述公式的计算结果与精确解比较，发现上述近似解有足够的精确度，可以满足工程的需要。

一般等直梁发生横力弯曲时，弯矩最大的横截面都是梁的危险截面。若梁的材料的拉伸和压缩许用应力相等，则选取弯矩绝对值最大的横截面为危险截面，最大弯曲正应力 $\sigma_{\max}$就在危险截面的上、下边缘处。为了保证梁能安全工作，最大工作应力 $\sigma_{\max}$不得超过材料的许用弯曲正应力$[\sigma]$。于是梁弯曲正应力的强度条件为

$$\sigma_{\max}=\frac{M_{\max}}{W_z}\leqslant[\sigma] \tag{20-13}$$

应用上式时应注意，对抗拉和抗压强度不等的材料，如铸铁，则拉和压的最大应力都应不超过各自的许用应力，即拉伸和压缩应分别校核。

【例 20-2】　图 20-5(a) 所示外伸梁用铸铁制成，其横截面为槽形，承受均布载荷 $q=10\text{kN/m}$和集中力 $F=20\text{kN}$ 的作用。已知截面惯性矩 $I_z=4.0\times10^7\text{mm}^4$，从截面形心到下表面和上表面之距分别为 $y_1=140\text{mm}$，$y_2=60\text{mm}$(图 20-5(b))。材料的许用拉应力$[\sigma_t]=35\text{MPa}$，许用压应力$[\sigma_c]=140\text{MPa}$，试校核此梁的强度。

20-5

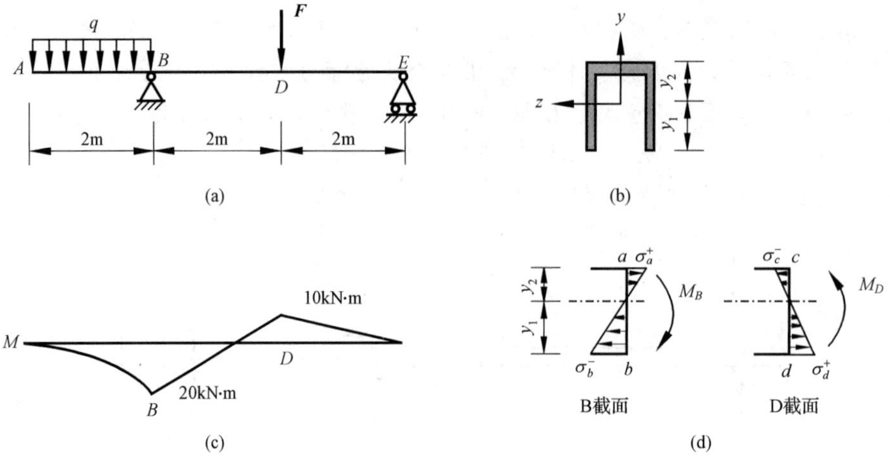

图 20-5

解 (1) 梁的内力分析，确定危险截面。

先作出梁的弯矩图(图 20-5(c))，在截面 D 处有最大正弯矩 $M_D=10\text{kN}\cdot\text{m}$，在截面 B 处有最大负弯矩 $M_B=-20\text{kN}\cdot\text{m}$。截面 D 和 B 都可能是危险截面。

(2) 确定危险点。

如图 20-5(d)所示，截面 B 的底面 b 点和截面 D 的顶面 c 点受压。由于 $|M_B\cdot y_1|>|M_D\cdot y_2|$，所以梁内最大弯曲压应力在 b 点

$$\sigma_b=\frac{M_B y_1}{I_z}=\frac{20\times10^3\text{N}\cdot\text{m}\times140\times10^{-3}\text{m}}{4.0\times10^{-5}\text{m}^4}=70\text{MPa}(\text{压应力})$$

截面 B 的顶面 a 点和截面 D 的底面 d 点受拉，分别计算两点拉应力

$$\sigma_a=\frac{M_B y_2}{I_z}=\frac{20\times10^3\text{N}\cdot\text{m}\times60\times10^{-3}\text{m}}{4.0\times10^{-5}\text{m}^4}=30\text{MPa}(\text{拉应力})$$

$$\sigma_d=\frac{M_D y_1}{I_z}=\frac{10\times10^3\text{N}\cdot\text{m}\times140\times10^{-3}\text{m}}{4.0\times10^{-5}\text{m}^4}=35\text{MPa}(\text{拉应力})$$

(3) 校核强度。

$$\sigma_{\text{c}}^{\max}=\sigma_b=70\text{MPa}<[\sigma_{\text{c}}]$$
$$\sigma_{\text{t}}^{\max}=\sigma_d=35\text{MPa}=[\sigma_{\text{t}}]$$

所以梁是安全的。

【例 20-3】 图 20-6(a)所示工字形截面简支梁，已知集中力 $F=30\text{kN}$，均布载荷 $q=5\text{kN/m}$，钢材的许用应力 $[\sigma]=160\text{MPa}$。试选择工字钢的型号。

解 (1) 求出支座反力，作出剪力图和弯矩图(图 20-6(b)、(c))。可见，梁的最大弯矩在梁的中间截面，$M_{\max}=40\text{kN}\cdot\text{m}$。

(2) 按弯曲正应力强度条件选工字钢型号。

根据弯曲正应力强度条件(20-13)式，抗弯截面系数需满足

$$W_z\geqslant\frac{M_{\max}}{[\sigma]}=\frac{40\times10^3\text{N}\cdot\text{m}}{160\times10^6\text{Pa}}=0.25\times10^{-3}\text{m}^3=250\text{cm}^3$$

从附录 B 型钢表查到 20b 工字钢可以满足要求，其 $W_z=250\text{cm}^3$，$I_z=2500\text{cm}^4$。

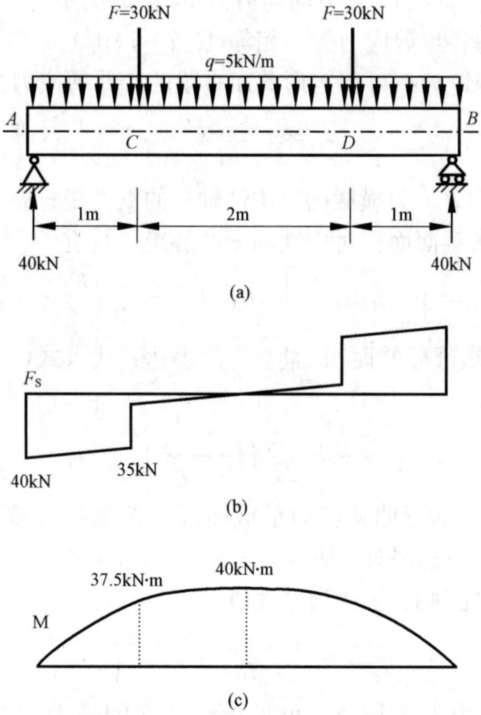

图 20-6

20-6

20.3 弯曲切应力及强度条件

直梁在剪切弯曲时，横截面上不仅有弯矩 M，而且还有剪力 $\boldsymbol{F}_S$。因此相应地在横截面上有正应力 σ 和剪应力 τ。如果剪应力的数值较大，而制成梁的材料抗剪强度又较差时，也可能发生剪切破坏。本节将以矩形截面和工字形截面梁为例，简单介绍其剪应力的分布情况及剪应力的计算公式。

20.3.1 矩形截面梁的弯曲切应力

矩形截面梁如图 20-7(a)所示。设截面宽为 b，高为 h，截面惯性矩 $I_z = bh^3/12$。

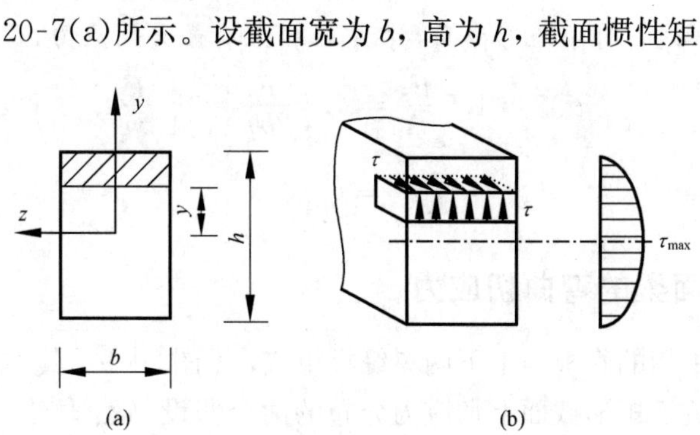

图 20-7

20-7

对于细长矩形截面梁，可以假设：

(1) 截面上任意一点的剪应力，其方向与剪力 $\boldsymbol{F}_S$ 的方向平行。

(2) 距中性轴 z 等高的各点剪应力大小相等(图 20-7(b))。

根据以上假设，经过理论分析可得矩形截面直梁的弯曲剪应力公式为

$$\tau=\frac{F_S S_z^*}{bI_z} \tag{20-14}$$

式中，F_S 是横截面上的剪力；I_z 为横截面对中性轴 z 的惯性矩；S_z^* 表示距中性轴距离为 y 的纤维层以上(或以下)部分横截面面积对中性轴 z 的静矩。且有

$$S_z^*=\int_{A_1} y_1 \mathrm{d}A=\int_y^{h/2} b y_1 \mathrm{d}y_1=\frac{b}{2}\left(\frac{h^2}{4}-y^2\right)$$

其中 A_1 为图 20-7(a)中阴影部分的面积。将 S_z^* 的表达式代入式(20-14)，得距中性轴 y 处的弯曲切应力为

$$\tau=\frac{F_S}{2I_z}\left(\frac{h^2}{4}-y^2\right) \tag{20-15}$$

由式(20-15)可知，矩形截面的弯曲切应力沿截面高度按抛物线规律分布(图 20-7(b))。当 $y=\pm h/2$时，即在横截面上下边缘处，切应力 $\tau=0$。随着至中性轴距离的减小，切应力逐渐增大。当 $y=0$ 时，即在中性轴上，τ 达到最大值

$$\tau_{\max}=1.5\frac{F_S}{bh}=1.5\frac{F_S}{A} \tag{20-16}$$

式中，F_S/A 是截面上切应力的平均值。可见矩形截面的最大弯曲切应力是平均切应力的 1.5 倍。

【例 20-4】 图 20-8 所示简支矩形截面梁，长度为 l，截面的宽和高分别为 b 和 h。在梁中间承受一集中载荷 $\boldsymbol{F}$。试求最大切应力 $\tau_{\max}$ 与最大正应力 $\sigma_{\max}$ 的比值。

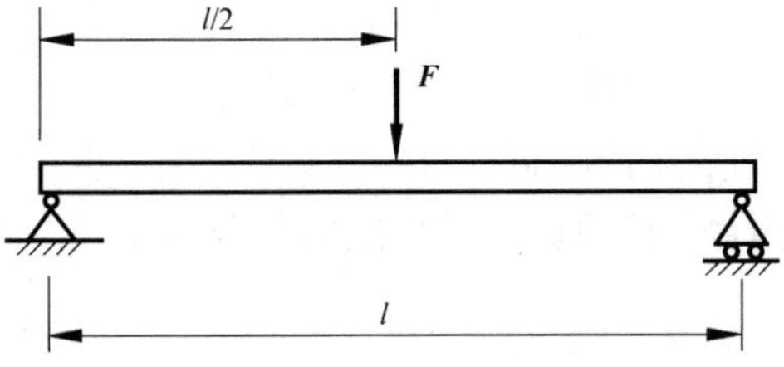

图 20-8

20-8

解 最大弯矩发生在梁的跨度的中点

$$M_{\max}=\frac{Fl}{4}$$

在梁的上表面有最大压应力，下表面有最大拉应力，它们的绝对值相等，为

$$\sigma_{\max}=\frac{M_{\max}}{W_z}=\frac{Fl}{4}\frac{6}{bh^2}=1.5\frac{Fl}{bh^2}$$

在集中力和两个支座之间，剪力 F_S(绝对值)为常数 $F/2$。前面已经计算过，对于矩形截面，在中性轴上有最大切应力，其值为

$$\tau_{\max}=1.5\frac{F_S}{A}=1.5\frac{F}{2bh}=\frac{3}{4}\frac{F}{bh}$$

所以

$$\frac{\tau_{\max}}{\sigma_{\max}}=\frac{1}{2}\frac{h}{l}$$

20.3.2 工字形截面梁的弯曲切应力

工字形截面梁由中间的腹板与上下两翼缘板组成，见图 20-9。其中，腹板为一狭长矩形，主要承受剪力。这里关于矩形截面上切应力分布的两个假设仍然适用。用相同的方法，可导出相同的切应力计算公式 $\tau=\dfrac{F_S S_z^*}{dI_z}$。但 S_z^* 的表达式为

$$S_z^* = b\left(\frac{h-h_1}{2}\right)\left(\frac{h/2+h_1/2}{2}\right)+d\left(\frac{h_1}{2}-y\right)\left(\frac{h_1/2+y}{2}\right)=\frac{b}{2}\left(\frac{h^2-h_1^2}{4}\right)+\frac{d}{2}\left(\frac{h_1^2}{4}-y^2\right)$$

所以腹板上切应力的计算式为

$$\tau=\frac{F_S}{I_z d}\left[\frac{b}{8}(h^2-h_1^2)+\frac{d}{2}\left(\frac{h_1^2}{4}-y^2\right)\right]=\tau_{\min}+\frac{F_S}{2I_z}\left(\frac{h_1^2}{4}-y^2\right) \tag{20-17}$$

可见，沿腹板高度，切应力也是按抛物线规律分布的。腹板与翼缘交界处切应力最小，其值为

$$\tau_{\min}=\frac{F_S b(h^2-h_1^2)}{8I_z d} \tag{20-18}$$

中性轴处切应力最大，其值为

$$\tau_{\max}=\frac{F_S[bh^2-h_1^2(b-d)]}{8I_z d} \tag{20-19}$$

至于翼缘上的剪应力，因其分布较复杂，而且其数值远小于腹板上的剪应力，通常不进行计算。

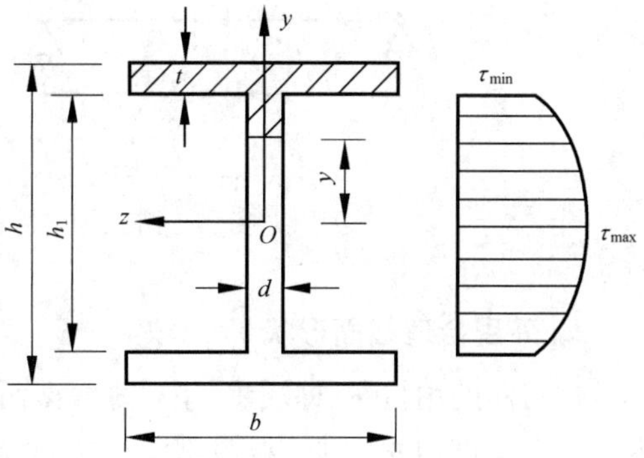

图 20-9

20-9

综上所述可知，最大切应力通常发生在最大剪力所在截面的中性轴上，而该处最大正应力为零，该点处于纯剪切应力状态。故梁的剪应力强度条件为

$$\tau_{\max}=\frac{F_{S\max}S_{z\max}^*}{bI_z}\leqslant[\tau] \tag{20-20}$$

式中，$S_{z\max}^*$是中性轴以下(或以上)部分截面对中性轴的静矩；b 为横截面在中性轴处的宽度。

对于细长梁，其最大切应力远小于最大正应力，通常只须校核弯曲正应力强度条件。但对于短跨的或在支座附近作用着较大载荷的梁，以及具有铆接或焊接的组合截面(例如工字形截面)的梁，一般还需要进行剪应力强度校核。

20.4 提高弯曲强度的措施

弯曲正应力是控制弯曲强度的主要因素，故弯曲正应力的强度条件表达式(20-13)往往是设计梁的主要依据。从该条件可以看出，要提高梁的承载能力应从两个方面考虑。一方面是合理安排梁的受力情况，以降低 $M_{\max}$的数值；另一方面是采用合理的截面形状，以提高 W_z 的数值，充分利用材料的性能。下面分几点进行简单讨论。

1. 合理安排梁的受力

1) 合理布置梁的支座

把图 20-10(a)改成图 20-10(b)的形式，则最大弯矩减小为前者的 1/5。

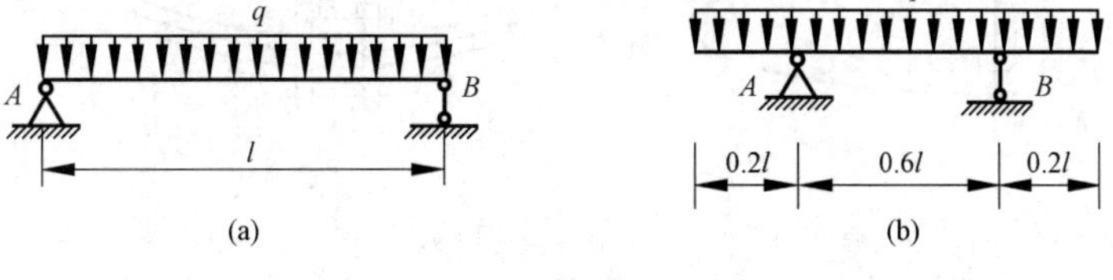

图 20-10

20-10

2）合理布置载荷

将图 20-11(a)中的集中力化为图 20-11(b)中的分散力，也可取得降低最大弯矩的效果。

20-11

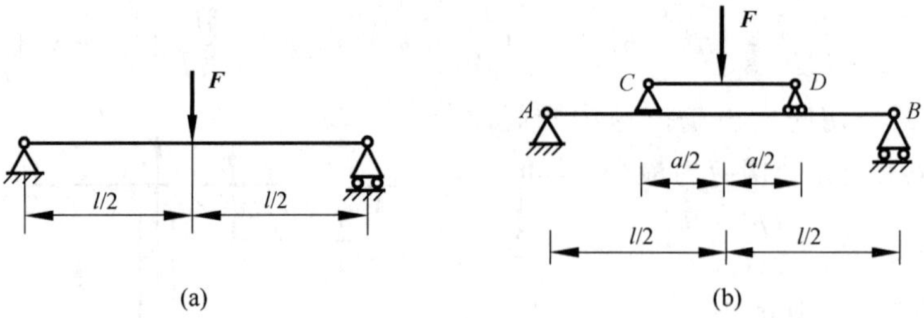

图 20-11

2. 采用合理截面形状

在同样的用材量(即质量)下，薄壁截面的 I_z 较高。所以，工程上大量使用型钢。这些型钢的截面中部用材较少，材料都集中在截面上下部。对于抗拉和抗压强度相等的材料(如碳钢)，常采用对中性轴对称的截面，如工字形、矩形等。对于抗拉和抗压强度不相等的材料(如铸铁)，常采用中性轴偏于受拉一侧的截面形状，如图 20-12 所示的 T 字形截面等。这类截面能使 y_1 和 y_2 之比接近于下列关系：

$$\frac{\sigma_{\mathrm{tmax}}}{\sigma_{\mathrm{cmax}}}=\frac{y_1}{y_2}=\frac{[\sigma_{\mathrm{t}}]}{[\sigma_{\mathrm{c}}]}$$

式中，$[\sigma_t]$和$[\sigma_c]$分别表示拉伸和压缩的许用应力。这样最大拉应力和最大压应力便可同时接近许用应力。

20-12

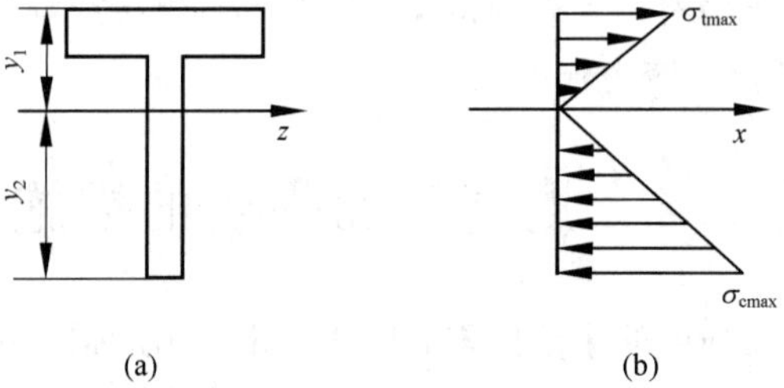

图 20-12

3. 使用变截面梁

变截面梁的尺寸是按各截面上的弯矩 M 值来进行设计的。图 20-13 中的梁均为变截面梁。

20-13

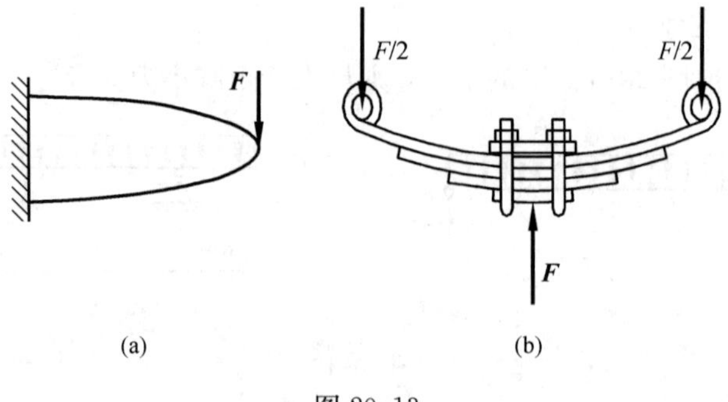

图 20-13

这类梁可使材料用量大幅下降。若能使 W_z 满足下列条件：

$$W_z(x)=\frac{M(x)}{[\sigma]}$$

此时，梁上每个截面的最大正应力都刚好达到$[\sigma]$，这样设计出来的梁称为**等强度梁**。

本章小结

1. 受弯构件横截面上有两种内力——弯矩和剪力。弯矩 M 只与横截面上的正应力 σ 相关。剪力 F_S 只与横截面上的剪应力 τ 相关。

2. 已知横截面上的内力，求横截面上的应力属于静不定问题，必须利用变形关系、物理关系和静力平衡关系三方面联合求解。

3. 进行梁强度计算时，主要是满足正应力的强度条件，即

$$\sigma_{\max}=\frac{M_{\max}}{W_z}\leqslant[\sigma]$$

某些特殊情况下，还要校核是否满足剪应力的强度条件，即

$$\tau_{\max}=\frac{F_{S\max}S_{z\max}^{*}}{bI_z}\leqslant[\tau]$$

4. 根据强度条件表达式，提高构件弯曲强度的主要措施是：减小最大弯矩；提高抗弯截面系数和材料性能。

思考题

20.1 什么是纯弯曲？什么是横力弯曲？举例说明。

20.2 什么叫中性层？什么叫中性轴？如何确定产生平面弯曲的直梁的中性轴位置？

20.3 纯弯曲时，梁的正应力计算公式使用条件是什么？这个公式在什么情况下可推广应用于横力弯曲？

20.4 用公式 $\sigma=\frac{My}{I_z}$ 计算横截面上任一点的正应力时，σ 的正负号如何确定？

20.5 跨度、荷载、截面、类型完全相同的两根梁，它们的材料不同，那么这两根梁的弯矩图、剪力图是否相同？它们的最大正应力、最大切应力是否相同？它们的强度是否相同？通过思考以上问题你能得出什么结论？

20.6 提高梁弯曲强度的措施有哪些？简述工程中常将矩形截面“立放”而不“平放”的原因。

20.7 矩形截面梁的切应力沿截面高度是如何分布的？其最大切应力发生在何处？

习　题

20-1 矩形截面悬臂梁受集中力和集中力偶作用，如题 20-1 图所示。试求 I-I 截面和固定端处 II-II 截面上 A、B、C 和 D 四点处的正应力。梁的自重不计。

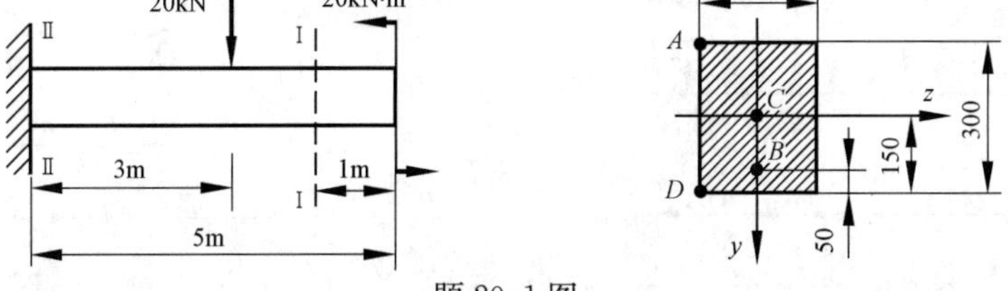

题 20-1 图

20-2 铸铁制梁的尺寸及所受载荷如题 20-2 图所示。试求最大拉应力和最大压应力(I_{zc}=2.98×$10^{-5}$$m^4$)。

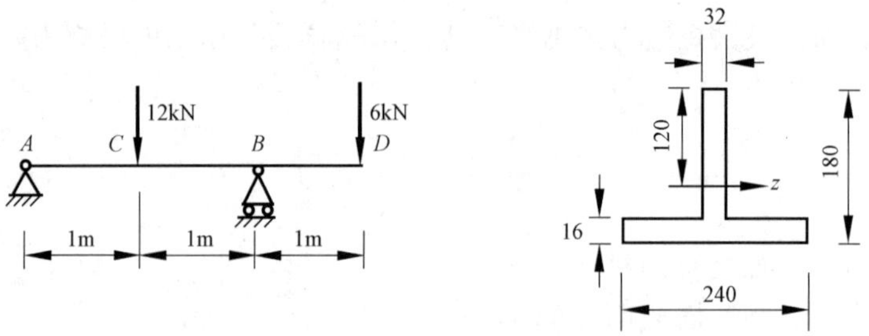

题 20-2 图

20-3 一受均布载荷的外伸钢梁，截面为工字形。如题 20-3 图所示，已知 q=12kN/m，材料的许用应力[σ]=160MPa。试选择此梁的工字钢型号。

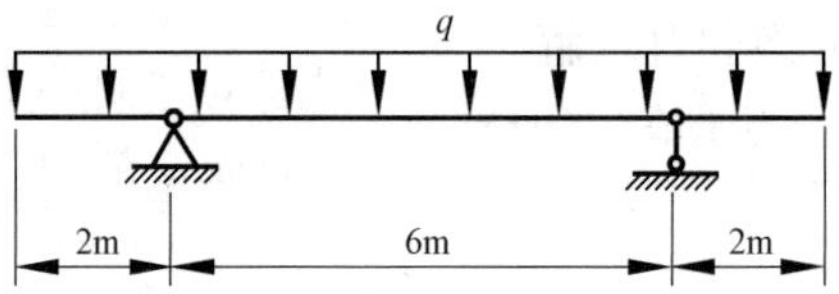

题 20-3 图

20-4 矩形截面悬臂梁如题 20-4 图所示。已知 l=4m，b/h=2/3，q=10kN/m，[σ]=10MPa。试确定此梁横截面的尺寸。

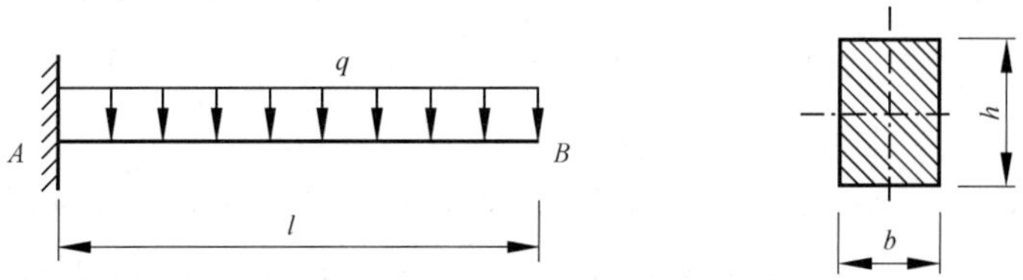

题 20-4 图

20-5 如题 20-5 图所示，AB 梁为 10 号工字钢，D 点由圆杆 CD 支撑，已知圆杆的直径 d=20mm，梁及圆杆材料的许用应力相同，[σ]=160MPa，试求许用均布载荷[q]。

20-6 当力 $\boldsymbol{F}$ 直接作用在跨长 l=6m 的梁 AB 的中点时，梁内的最大正应力 σ 超过了容许值 30%，为消除这种过载现象，配置了题 20-6 图所示的辅助梁 CD，试求此辅助梁应有的跨长 a。

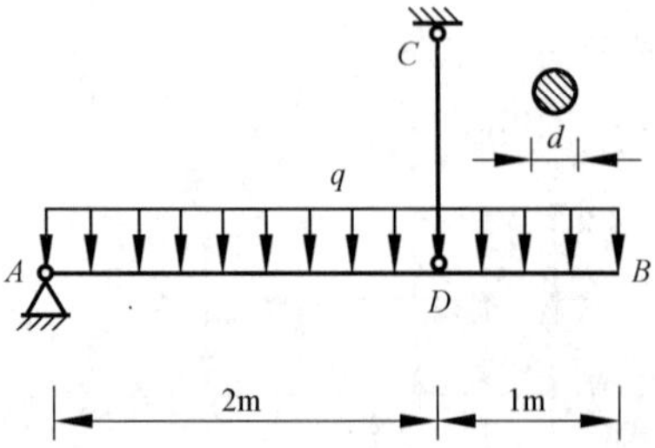

题 20-5 图

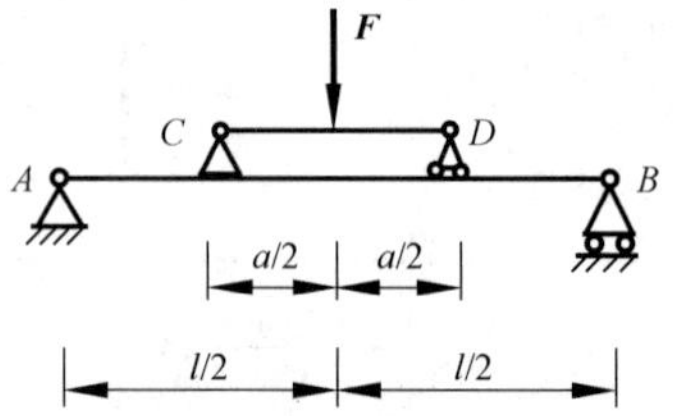

题 20-6 图

20-7　No. 20a 工字钢梁的支撑和受力情况如题 20-7 图所示。若$[\sigma]=160\text{MPa}$，试求许可载荷 F。

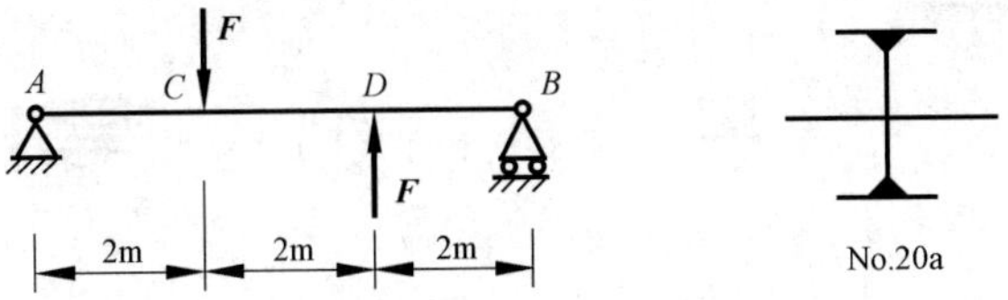

题 20-7 图

20-8　正方形截面简支梁，受有均布载荷作用如题 20-8 图所示，若$[\sigma]=6[\tau]$，证明当梁内最大正应力和最大剪应力同时达到许用应力时，$l/a=6$。

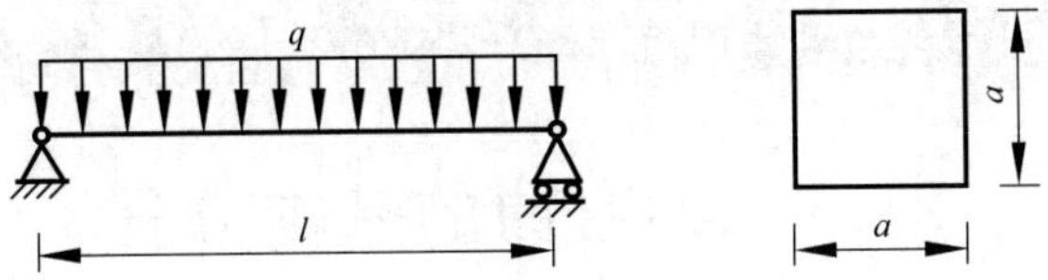

题 20-8 图

第21章

弯曲变形

工程中除了要求构件有足够的强度外，还要求其变形不能过大，即构件应该有足够的刚度。例如减速器中的齿轮轴，如果轴的弯曲变形过大，那么轴上的齿轮就不能在轮齿宽度上良好地接触，从而影响齿轮的正常运转，加速齿轮的磨损，还将发生噪声和振动。建筑物的框架结构，如果产生过大的变形，会使墙体和楼板上产生裂缝，产生不安全感。

弯曲变形的计算除用于解决弯曲刚度问题外，还用于求解超静定和振动问题。

21.1 梁弯曲的基本方程

简支梁如图21-1所示，以弯曲变形前梁的轴线为 x 轴，垂直向上的轴为 y 轴，xy 平面为梁的纵向对称面。在平面对称弯曲情况下，变形后梁的轴线将变成 xy 平面内的一条曲线，称为挠曲线。此时，横截面的形心在垂直于弯曲前的轴线方向所产生的线位移，称为**挠度**，用符号 w 表示，且规定沿 y 轴正向的挠度为正。而梁的横截面绕其中性轴转过的角度 θ，称为截面**转角**。它等于挠曲线的切线与 x 轴的夹角。规定逆时针方向的转角为正。

21-1

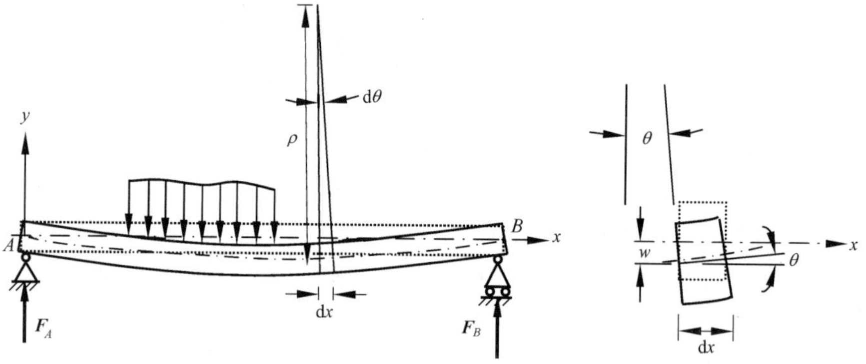

(a) (b)

图 21-1

挠度和转角是描述弯曲变形的两个基本量。在小变形情况下，它们之间有如下关系：

$$\theta \approx \tan\theta = \frac{\mathrm{d}w}{\mathrm{d}x} \tag{21-1}$$

当梁发生弯曲时，前一章已经推导了中性轴的曲率 $\frac{1}{\rho}$ 与弯矩 M 间的关系为

$$\frac{1}{\rho(x)} = \frac{M(x)}{EI} \tag{a}$$

此外，由微积分学可知，平面曲线 $w=w(x)$ 上任一点的曲率为

$$\frac{1}{\rho(x)}=\pm\frac{\dfrac{\mathrm{d}^2 w}{\mathrm{d}x^2}}{\left[1+\left(\dfrac{\mathrm{d}w}{\mathrm{d}x}\right)^2\right]^{\frac{3}{2}}} \tag{b}$$

由于转角 θ 一般很小，$\theta=\mathrm{d}w/\mathrm{d}x\ll 1$，上式(b)右边分母中的 $\mathrm{d}w/\mathrm{d}x$ 的平方项可以忽略。于是式(b)可简化为

$$\frac{1}{\rho(x)}=\pm\frac{\mathrm{d}^2 w}{\mathrm{d}x^2} \tag{c}$$

由式(a)和式(c)得

$$\pm\frac{\mathrm{d}^2 w}{\mathrm{d}x^2}=\frac{M(x)}{EI} \tag{d}$$

由于弯矩 M 与$\frac{\mathrm{d}^2 w}{\mathrm{d}x^2}$的符号始终是一致的，如图 21-2 所示，故式(d)中只取正号。即

$$\frac{\mathrm{d}^2 w}{\mathrm{d}x^2}=\frac{M(x)}{EI} \tag{21-2}$$

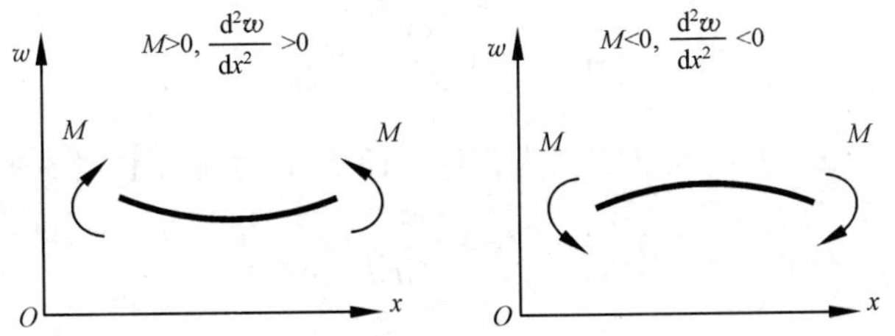

图 21-2

21-2

此方程称为挠曲线的近似微分方程。该方程为后面梁弯曲变形的计算提供了基础。

21.2 用积分法求弯曲变形

对于等截面直梁，其抗弯刚度 EI 为一常量，挠曲线近似微分方程式(21-2)常写成

$$EIw''=M(x) \tag{21-3}$$

在等号两边同乘以 $\mathrm{d}x$，进行一次积分，可得转角方程为

$$EI\theta=EIw'=\int M(x)\mathrm{d}x+C \tag{21-4}$$

再积分一次，得挠曲线方程为

$$EIw=\iint[M(x)\mathrm{d}x]\mathrm{d}x+Cx+D \tag{21-5}$$

式(21-4)和式(21-5)中积分常数 C 和 D 可由边界条件或连续性条件确定。例如，梁在固定端处的边界条件为：挠度 $w=0$，转角 $\theta=0$；在铰支座处的边界条件为：挠度 $w=0$ 等。此外，挠曲线是一条连续光滑的曲线，在挠曲线上任意一点有唯一的挠度和转角。这就是连续性条件。下面举例说明积分法求弯曲变形的过程。

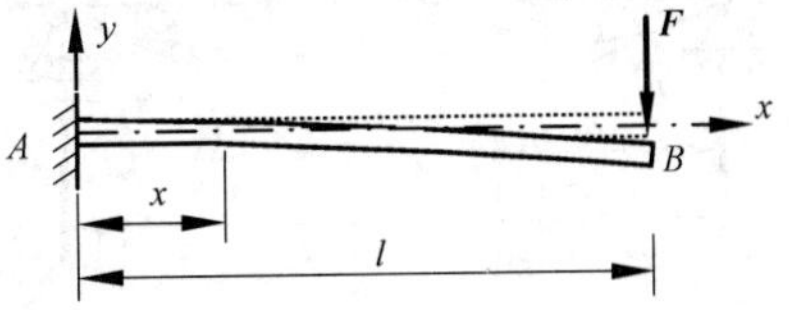

图 21-3

21-3

【例 21-1】 如图 21-3 所示，悬臂梁的端部受集中力 $\boldsymbol{F}$ 作用。已知梁的抗弯刚度为 EI，试求梁的转角方程和挠度方程，并求截面 B 的转角和挠度。

解 选取坐标系如图 21-3 所示。梁的弯矩方程为

$$M(x)=-F(l-x) \tag{a}$$

代入式(21-3)得

$$EIw''=-F(l-x) \tag{b}$$

将式(b)积分一次，得

$$EI\theta=-Flx+\frac{F}{2}x^2+C \tag{c}$$

将式(c)再积分一次，得

$$EIw=-\frac{F}{2}lx^2+\frac{F}{6}x^3+Cx+D \tag{d}$$

根据边界条件：当 $x=0$ 时，转角 $\theta=0$，挠度 $w=0$。代入式(c)和式(d)，得

$$C=0 \quad , \quad D=0$$

将所求积分常数再代回式(c)和式(d)，得到梁的转角方程和挠度方程为

$$EI\theta=\frac{F}{2}x^2-Flx$$

$$EIw=\frac{F}{6}x^3-\frac{F}{2}lx^2$$

将 B 截面的横坐标 $x=l$ 代入以上两式，得截面 B 的转角和挠度分别为

$$\theta_B=-\frac{Fl^2}{2EI}$$

$$w_B=-\frac{Fl^3}{3EI}$$

式中，转角为负值，表示截面 B 的转角是顺时针的；挠度为负值，表示 B 截面形心向下移动。

【例 21-2】 等截面简支梁受集度为 q 的均布载荷作用如图 21-4 所示。已知梁的跨度为 l，抗弯刚度为 EI，求梁的最大转角和最大挠度。

解 选取坐标系如图 21-4 所示。由对称关系求得两端铰支座的支反力为

$$F_{RA}=F_{RB}=\frac{ql}{2}$$

梁的弯矩方程为

$$M(x)=\frac{ql}{2}x-\frac{q}{2}x^2$$

代入梁挠曲线的近似微分方程得

$$EIw''=\frac{ql}{2}x-\frac{q}{2}x^2 \tag{e}$$

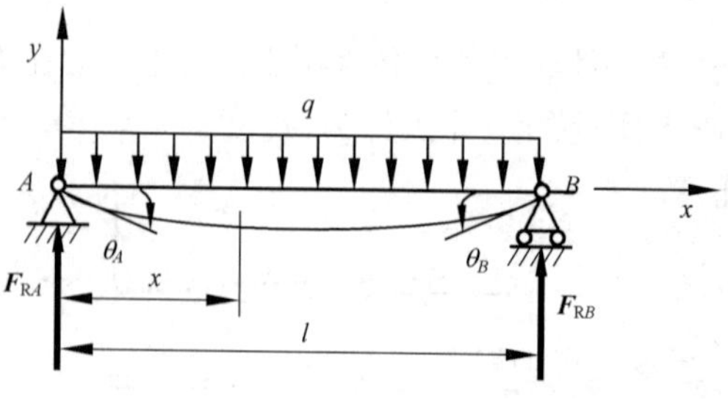

图 21-4

21-4

积分一次，得

$$EIw'=\frac{ql}{4}x^2-\frac{q}{6}x^3+C \tag{f}$$

再积分一次，得

$$EIw=\frac{ql}{12}x^3-\frac{q}{24}x^4+Cx+D \tag{g}$$

将下列边界条件：

当 $x=0$ 时，$w=0$；

当 $x=l$ 时，$w=0$。

分别代入式(g)中，得

$$D=0 \quad , \quad C=-\frac{ql^3}{24}$$

于是梁的转角方程和挠度方程分别为

$$EIw'=\frac{ql}{4}x^2-\frac{q}{6}x^3-\frac{ql^3}{24} \tag{h}$$

$$EIw=\frac{ql}{12}x^3-\frac{q}{24}x^4-\frac{ql^3}{24}x \tag{i}$$

由于梁的外力及边界条件均对称于梁跨中点，所以梁的变形也是对称的。最大挠度在梁跨中点，将 $x=\frac{l}{2}$ 代入式(i)，得

$$w_{\max}=-\frac{5ql^4}{384EI}$$

两支座处的转角相等，均为最大值。将 $x=0$ 和 $x=l$ 分别代入式(h)，得

$$\theta_{\max}=-\theta_A=\theta_B=\frac{ql^3}{24EI}$$

21.3　用叠加法求弯曲变形

从上节的例题可知，梁的挠度和转角与梁的载荷呈线性关系，而且讨论梁变形的前提是“小变形假设”。因此，当梁同时受几种载荷作用时，任一截面的挠度和转角分别等于各载荷单独作用下该截面的挠度和转角的代数和。这种计算梁的变形的方法称为**叠加法**。用叠加法求梁的变形时，应尽量运用单独载荷作用下梁的挠度和转角的已有结果，或直接查用梁的挠度和转角图表，将之叠加起来，就得到梁在几个载荷同时作用下的总变形。表 21-1 中列出了几种简单载荷单独作用下的变形，以便直接查用。

表 21-1　梁在简单载荷作用下的变形

序号	梁的简图	挠曲线方程	端截面转角	最大挠度
1	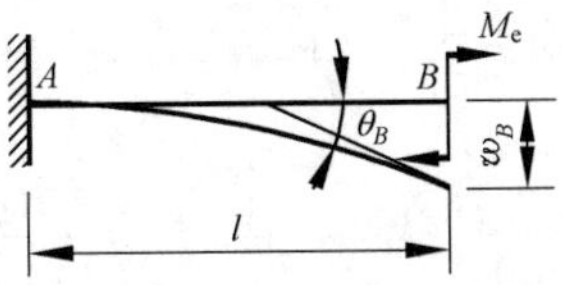	$w=-\frac{M_e x^2}{2EI}$	$\theta_B=-\frac{M_e l}{EI}$	$w_B=-\frac{M_e l^2}{2EI}$
2	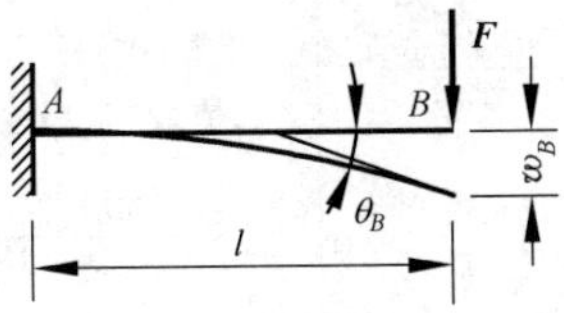	$w=-\frac{Fx^2}{6EI}(3l-x)$	$\theta_B=-\frac{Fl^2}{2EI}$	$w_B=-\frac{Fl^3}{3EI}$
3	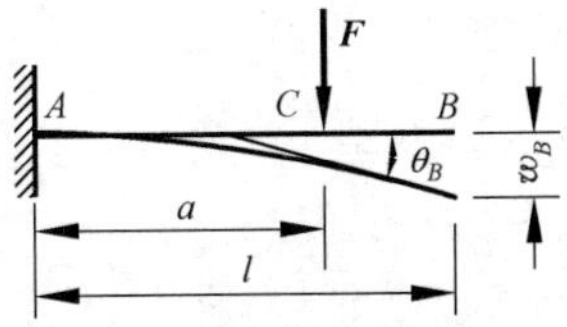	$w=-\frac{Fx^2}{6EI}(3a-x)$ $(0\leqslant x\leqslant a)$ $w=-\frac{Fa^2}{6EI}(3x-a)$ $(a\leqslant x\leqslant l)$	$\theta_B=-\frac{Fa^2}{2EI}$	$w_B=-\frac{Fa^2}{6EI}(3l-a)$

表 21-1 (1)

表 21-1 (2)

表 21-1 (3)

续表

	序号	梁的简图	挠曲线方程	端截面转角	最大挠度
表 21-1 (4)	4	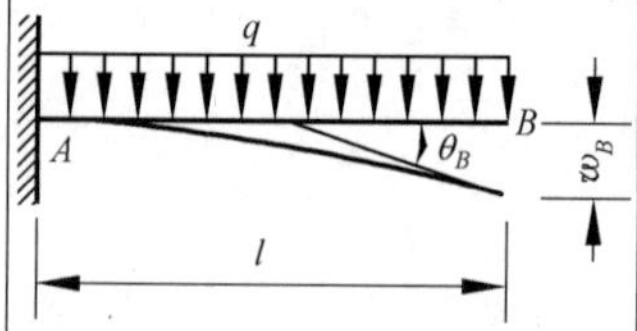	$w=-\dfrac{qx^2}{24EI}(x^2-4lx+6l^2)$	$\theta_B=-\dfrac{ql^3}{6EI}$	$w_B=-\dfrac{ql^4}{8EI}$
表 21-1 (5)	5	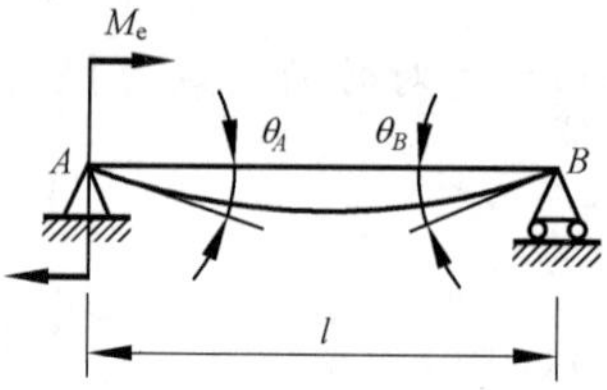	$w=-\dfrac{M_e x}{6EIl}(l-x)(2l-x)$	$\theta_A=-\dfrac{M_e l}{3EI}$ $\theta_B=\dfrac{M_e l}{6EI}$	$x=\left(1-\dfrac{1}{\sqrt{3}}\right)l$, $w_{max}=-\dfrac{M_e l^2}{9\sqrt{3}EI}$ $x=\dfrac{l}{2}$, $w_{\frac{l}{2}}=-\dfrac{M_e l^2}{16EI}$
表 21-1 (6)	6	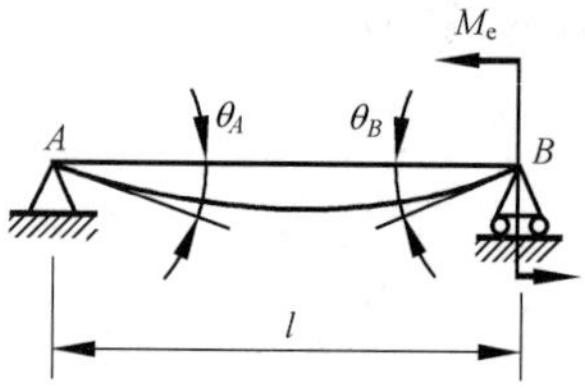	$w=-\dfrac{M_e x}{6EIl}(l^2-x^2)$	$\theta_A=-\dfrac{M_e l}{6EI}$ $\theta_B=\dfrac{M_e l}{3EI}$	$x=\dfrac{l}{\sqrt{3}}$, $w_{max}=-\dfrac{M_e l^2}{9\sqrt{3}EI}$ $x=\dfrac{l}{2}$, $w_{\frac{l}{2}}=-\dfrac{M_e l^2}{16EI}$
表 21-1 (7)	7	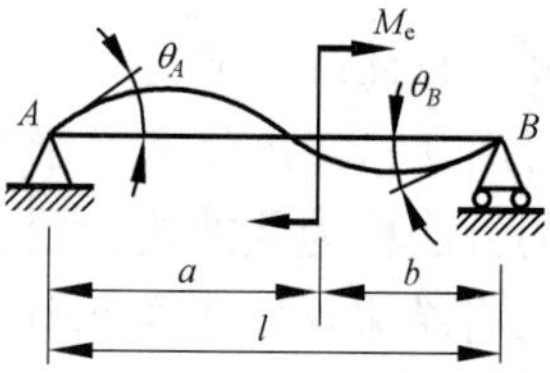	$w=\dfrac{M_e x}{6EIl}(l^2-3b^2-x^2)$ $(0\leqslant x\leqslant a)$ $w=\dfrac{M_e}{6EIl}[-x^3+3l(x-a)^2$ $+(l^2-3b^2)x](a\leqslant x\leqslant l)$	$\theta_A=\dfrac{M_e}{6EIl}(l^2-3b^2)$ $\theta_B=\dfrac{M_e}{6EIl}(l^2-3a^2)$	
表 21-1 (8)	8	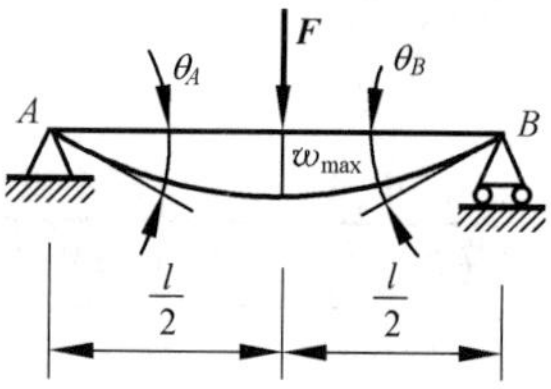	$w=-\dfrac{Fx}{48EI}(3l^2-4x^2)$ $\left(0\leqslant x\leqslant \dfrac{l}{2}\right)$	$\theta_A=-\theta_B=-\dfrac{Fl^2}{16EI}$	$w_{max}=-\dfrac{Fl^3}{48EI}$
表 21-1 (9)	9	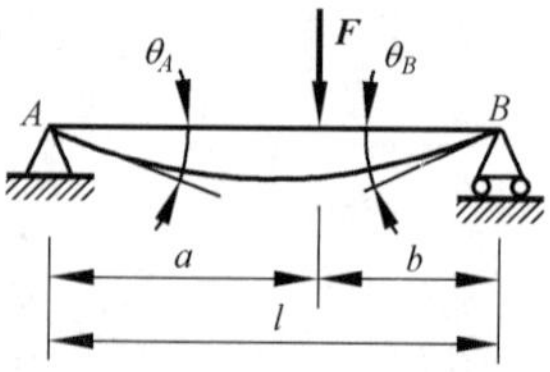	$w=-\dfrac{Fbx}{6EIl}(l^2-x^2-b^2)$ $(0\leqslant x\leqslant a)$ $w=-\dfrac{Fb}{6EIl}\Big[\dfrac{l}{b}(x-a)^3$ $+(l^2-b^2)x-x^3\Big]$ $(a\leqslant x\leqslant l)$	$\theta_A=-\dfrac{Fab(l+b)}{6EIl}$ $\theta_B=\dfrac{Fab(l+a)}{6EIl}$	设 $a>b$, 在 $x=\sqrt{\dfrac{l^2-b^2}{3}}$ 处, $w_{max}=-\dfrac{Fb(l^2-b^2)^{3/2}}{9\sqrt{3}EIl}$ 在 $x=\dfrac{l}{2}$ 处, $w_{\frac{l}{2}}=-\dfrac{Fb(3l^2-4b^2)}{48EI}$
表 21-1 (10)	10	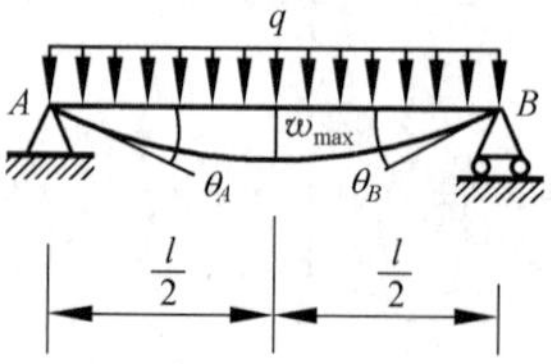	$w=-\dfrac{qx}{24EI}(l^3-2lx^2+x^3)$	$\theta_A=-\theta_B=-\dfrac{ql^3}{24EI}$	$w_{max}=-\dfrac{5ql^4}{384EI}$

【例 21-3】 跨长为 l 的行车大梁如图 21-5(a)所示，起重时在梁跨中点 C 所受的载荷为 F，梁的自重可看作集度为 q 的均布载荷。梁的抗弯刚度为 EI，求梁的跨中挠度。

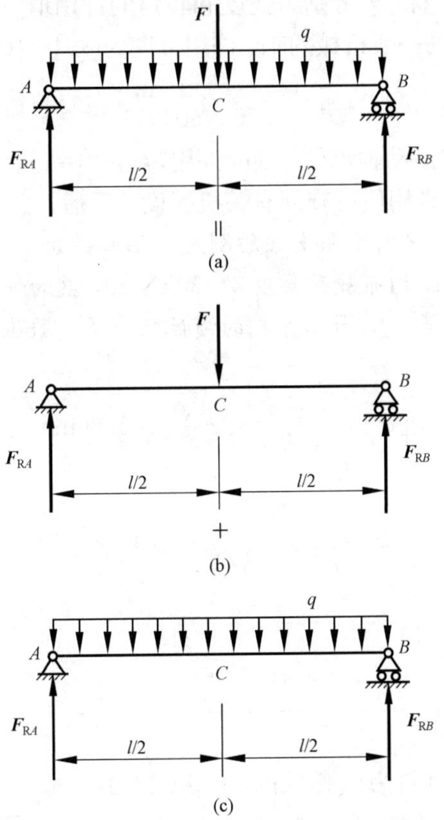

图 21-5

21-5

叠加法求弯曲变形

解　由表 21-1 查得，在集中力 F 和均布载荷 q 的单独作用下(图 21-5(b)、(c))，梁的跨中挠度分别为

$$w_{CF}=-\frac{Fl^3}{48EI}$$

和

$$w_{Cq}=-\frac{5ql^4}{384EI}$$

将 w_{CF} 和 w_{Cq} 叠加起来，就得到梁跨中点在上述两种载荷同时作用下的总挠度为

$$\begin{aligned}w&=w_{CF}+w_{Cq}\\&=-\frac{Fl^3}{48EI}-\frac{5ql^4}{384EI}\end{aligned}$$

21.4　梁的刚度条件

在按照强度条件选择了构件的截面后，对于有刚度要求的构件，还需要进行刚度校核。也就是校核构件的变形(挠度和转角)是否在设计所容许的范围内。对于杆件弯曲问题，限制其最大挠度、最大转角不超过许用值，以保证杆件的正常工作。这就是梁弯曲的刚度条件。用式子可表示为

$$|w|_{\max}\leqslant[w] \tag{21-6}$$

$$|\theta|_{\max}\leqslant[\theta] \tag{21-7}$$

式(21-6)和式(21-7)中，$[w]$和$[\theta]$分别为挠度和转角的许用值。根据梁的工作性质，可有不同的要求。例如，长度为l的一般机械的轴，许用挠度为$[w]=(0.0003\sim0.0005)l$；对于跨度为l的桥式起重机的梁，许用挠度$[w]=\left(\frac{1}{750}\sim\frac{1}{500}\right)l$；在安装齿轮或滑动轴承处，轴的许用转角$[\theta]=0.001\text{rad}$；在安装滚动轴承处，轴的许用转角$[\theta]=0.0016\sim0.005\text{rad}$。一般机械的各种零部件的挠度和转角的许用值可查阅有关机械设计手册。

【例 21-4】 试校核例 21-2 所示简支梁的刚度。已知梁为 18 号工字钢，材料的弹性模量$E=206\text{GPa}$，跨度$l=2.83\text{m}$，均布载荷集度$q=23\text{kN/m}$，梁的许用挠度为跨度的 1/500。

解 查附录 B 型钢规格表，18 号工字钢的惯性矩为$I_z=1660\text{cm}^4=16.6\times10^{-6}\text{m}^4$。梁的许用挠度为

$$[w]=\frac{1}{500}l=\frac{2830}{500}=5.66\text{mm}$$

而最大挠度在梁跨度中点，为

$$|w|=\frac{5ql^4}{384EI}=\frac{5\times23\times10^3\times2.83^4}{384\times206\times10^9\times16.6\times10^{-6}}=5.62\times10^{-3}(\text{m})=5.62(\text{mm})<5.66\text{mm}$$

这说明梁的刚度是足够的。

本章小结

1. 本章是在小变形和材料为线弹性的条件下研究梁的变形，并且忽略剪力的影响，平面假设仍然成立。

变形后梁横截面的形心沿垂直梁轴线方向的位移称为挠度w；横截面变形前后的夹角称为转角θ。梁的轴线在变形后成为一条连续光滑的曲线，称为挠度曲线$w(x)$。挠度曲线$w(x)$的一阶导数即为转角，即

$$\theta(x)=\frac{\mathrm{d}w(x)}{\mathrm{d}x}$$

2. 根据挠曲线近似微分方程$\frac{\mathrm{d}^2w(x)}{\mathrm{d}x^2}=\frac{M(x)}{EI}$，对其积分一次，求得

$$\theta(x)=\frac{\mathrm{d}w(x)}{\mathrm{d}x}=\int\frac{M(x)}{EI}\mathrm{d}x+C$$

积分二次，求得

$$w(x)=\iint\frac{M(x)}{EI}\mathrm{d}x\mathrm{d}x+Cx+D$$

若$M(x)$分为n段，则应分n段进行积分，出现$2n$个积分常数。积分常数根据边界条件和连续条件确定。

由以上运算可以看出，梁的挠度曲线取决于两个因素：受力(弯矩)和边界条件。

3. 在小变形和弹性范围内，梁的位移与载荷为线性关系，可以用叠加法求梁的位移：将梁的载荷分为若干种简单载荷，分别求出各简单载荷的位移，将它们叠加起来，即为原载荷产生的位移。

4. 弯曲变形分析为杆件的刚度校核提供了依据。

思考题

21.1 梁的挠曲线近似微分方程的应用条件是什么？

21.2 三根简支梁都是梁中点受集中力 $\boldsymbol{P}$ 作用时。若三根梁的跨度之比为 1∶2∶3，其余条件均相同，这三根梁最大挠度之间的比例关系是多少？

21.3 应用叠加法求梁弯曲变形的条件是什么？

21.4 材料相同的悬臂梁(a)、(b)，所受荷载及截面尺寸如图 21-6 所示。它们的最大挠度有何关系？

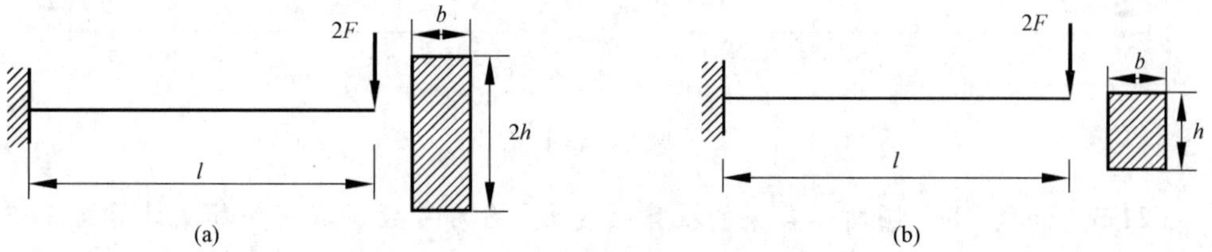

图 21-6

习　题

21-1 如题 21-1 图所示，下列各梁的弯曲刚度 EI 均为常数，试用积分法求截面 A 的转角及截面 C 的挠度。

21-2 试用积分法计算题 21-2 图所示各梁的截面 A 的挠度与截面 C 的转角。弯曲刚度 EI 均为常数。

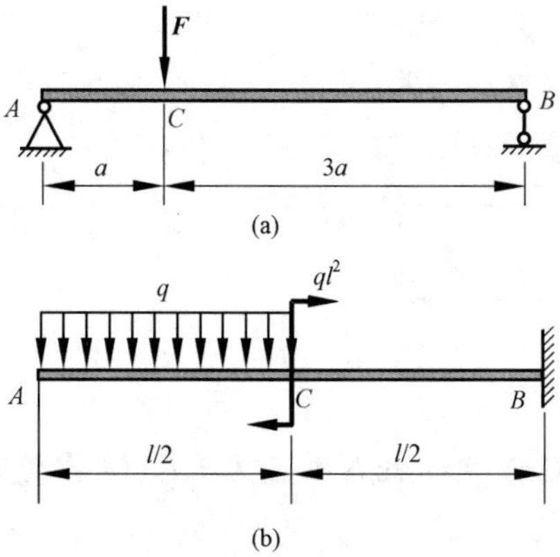

题 21-1 图

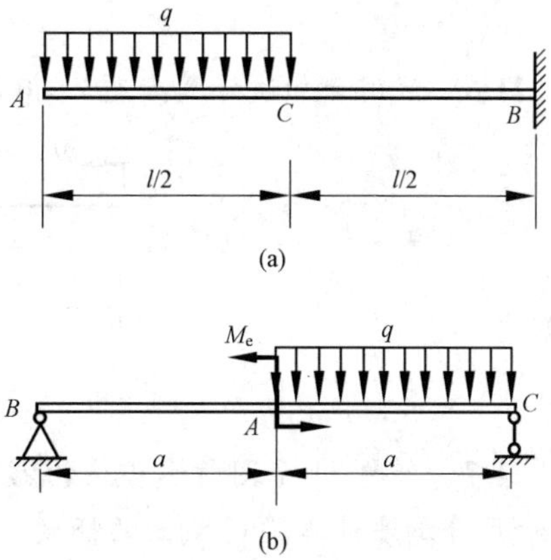

题 21-2 图

21-3 如题 21-3 图所示各梁的抗弯刚度 EI 均为常数，试根据梁的弯矩图与约束条件画出挠曲线的大致形状，并用积分法计算梁的最大转角和最大挠度。

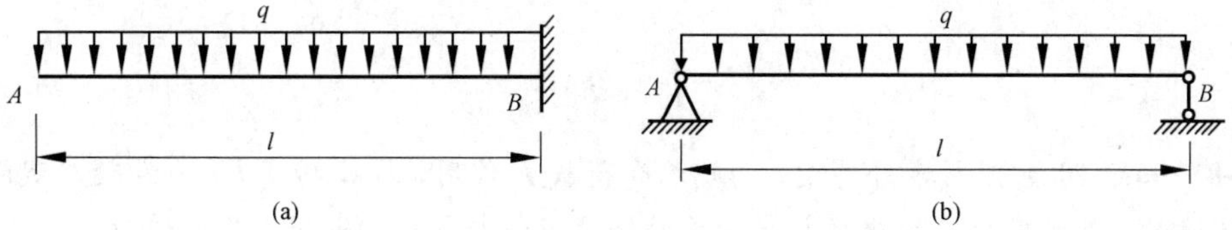

题 21-3 图

21-4 如题 21-4 图所示各梁的抗弯刚度 EI 均为常数。试用叠加法计算梁的最大转角和最大挠度。

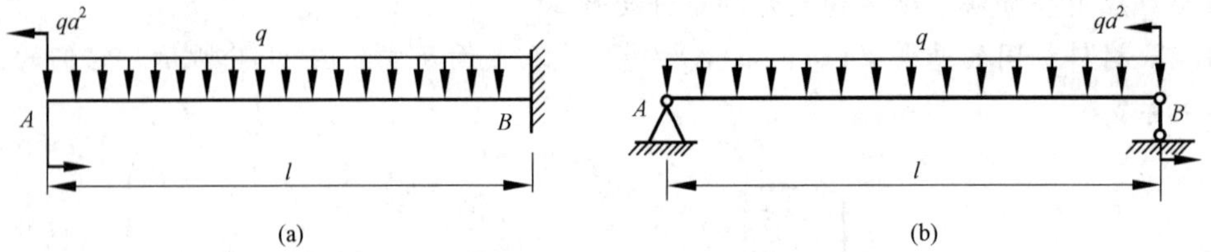

题 21-4 图

21-5 如题 21-5 图所示各梁的抗弯刚度 EI 均为常数。试用叠加法计算自由端截面的转角和挠度。

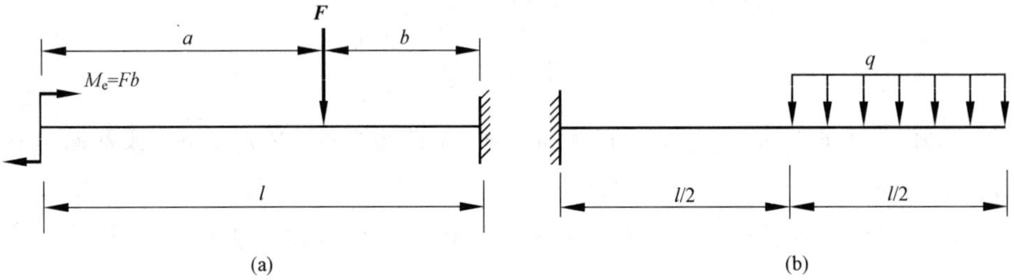

题 21-5 图

21-6 试用叠加法计算如题 21-6 图所示阶梯形梁的最大挠度。

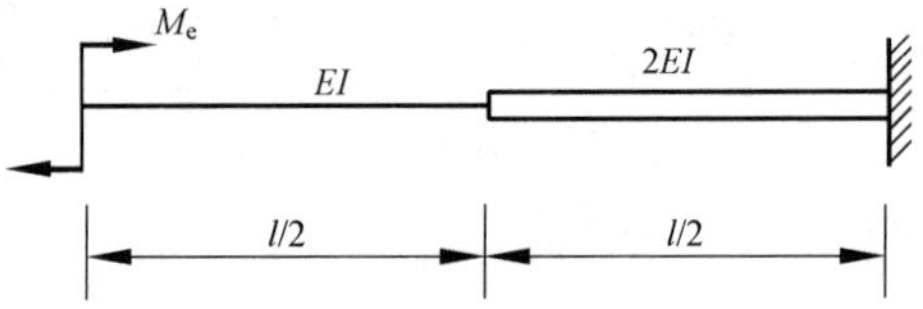

题 21-6 图

21-7 如题 21-7 图所示各梁的 B 处为弹性支撑，已知梁的抗弯刚度为 EI，弹簧刚度为 k。试用叠加法计算梁 C 截面的挠度。

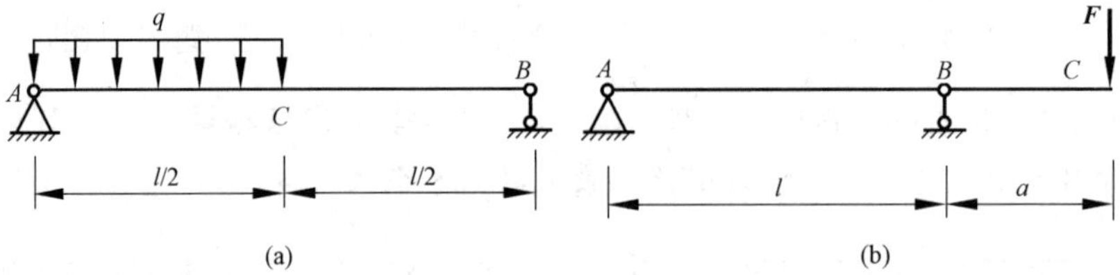

题 21-7 图

21-8 如题 21-8 图所示外伸梁，两端承受荷载 $\boldsymbol{F}$ 作用，抗弯刚度 EI 为常数。试问：①当 x/l 为何值时，梁跨度中点的挠度与自由端的挠度数值相等；②当 x/l 为何值时，梁跨度中点的挠度最大。

21-9 如题21-9图所示矩形截面梁，若均布载荷集度q=10kN/m，梁长l=3m，弹性模量E=200GPa，许用应力$[\sigma]$=120MPa，许用单位长度上的最大挠度值$[w_{max}/l]=1/250$，且已知截面高度h与宽度b之比为2，求截面尺寸。

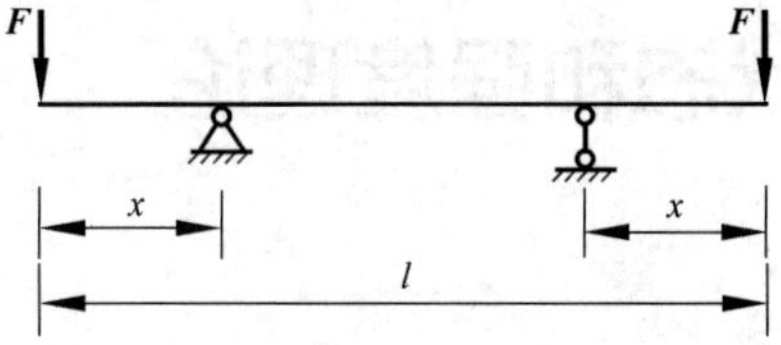

题21-8图

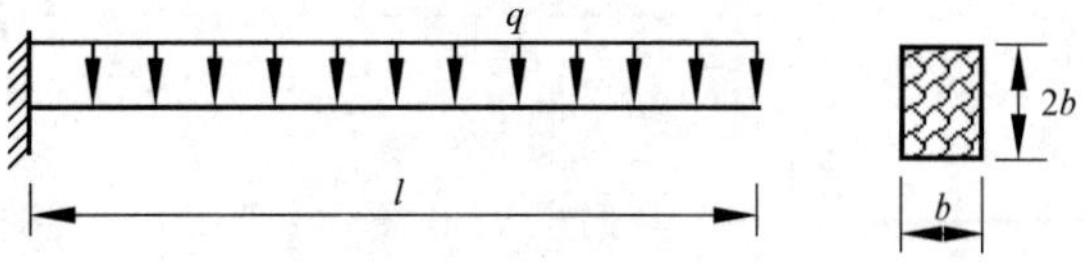

题21-9图

21-10 如题21-10图所示为某车床主轴的计算简图。已知其主轴外径D=80mm，内径d=40mm，l=400mm，a=200mm；弹性模量E=200GPa，通过工件车刀切削传递给主轴的力为F_1=2kN，齿轮啮合传递给主轴的力为F_2=1kN。为保证车床主轴的正常工作，要求主轴在卡盘C处的许用挠度$[w]=0.0001l$，轴承B处的许用转角$[\theta]=0.001$rad。试校核主轴的刚度。

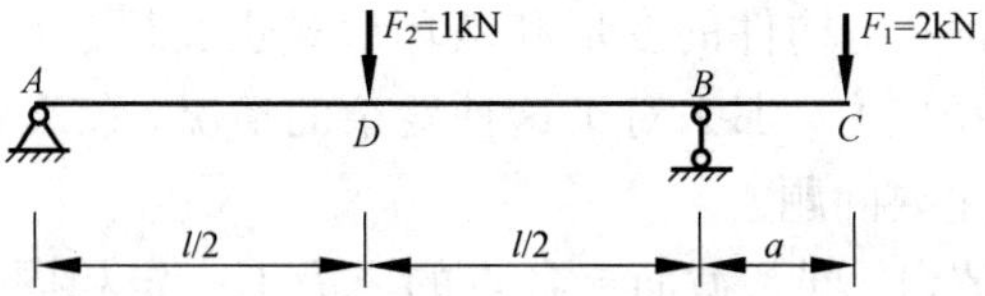

题21-10图

第 22 章 应力状态和强度理论

22.1 应力状态的概念

在前面各章中，研究了杆件的轴向拉伸与压缩、圆轴的扭转和梁的弯曲三类基本变形。分析方法都是首先采用截面法计算构件的内力、找出危险面，再讨论截面上应力的分布找出危险点，然后将危险点的应力与材料的许用应力相比较，建立了强度条件。拉(压)、弯曲时，强度条件为 $\sigma_{\max}\leqslant[\sigma]$；扭转时，$\tau_{\max}\leqslant[\tau]$。这些强度条件都是把横截面上的最大应力作为强度计算的标准，认为只要横截面上的最大应力达到危险值，材料就破坏。但是在工程实际中，许多构件的受力并不那么简单，构件的变形和破坏形式也要复杂得多，因此一般来说，构件危险点处既有正应力又有切应力，那么对于这种复杂的情况，怎么判断其强度是否满足要求呢？这就是本章要讨论的主要问题。

单元体

一般来说，在受力物体内，同一截面上各点的应力不一定相同，而且通过物体内任一点的不同方位的截面上的应力，一般也不相同。通过物体内某一点的各截面上的应力情况，称为**该点处的应力状态**。为了研究一点处的应力状态，可以用围绕该点取出的一个边长为无限小的正六面体作为研究对象，该六面体称为**单元体**。如图 22-1～图 22-3 所示。由于单元体各边的长度都无限小，以致可以认为在它的每个面上应力都是均匀的；且在单元体内相互平行面上的应力大小相等，而方向相反。所以这样的单元体的应力状态总可以代表一点的应力状态。如果单元体各个面上的应力均为已知时，则过该点的任意斜截面上的应力都可由此计算出来，则该点的应力状态就完全确定。这样截取的单元体称为**原始单元体或已知单元体**。

22-1

22-2

22-3

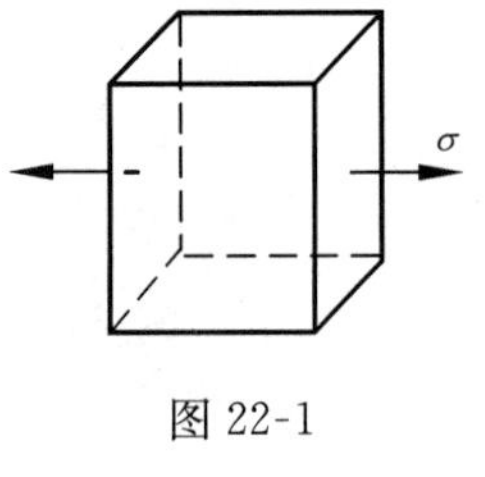

图 22-1

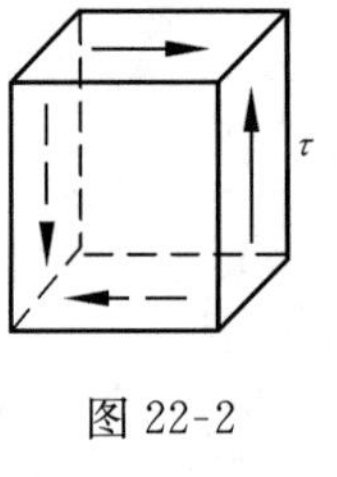

图 22-2

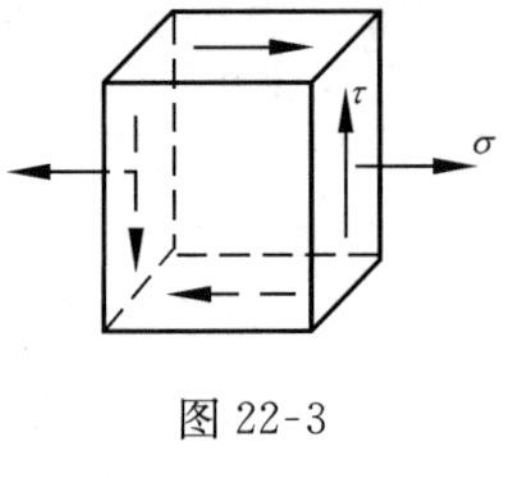

图 22-3

杆拉伸时如图 22-4(a)所示，A 点处以相邻两个横截面和自由面作为单元体的三个截面，截取可得已知单元体的应力状态如图 22-4(b)。

22-4

(a) (b)

图 22-4

同样的方法可以得到如图 22-5(a)所示梁弯曲时，B、C、D 三点的应力状态如图 22-5(b)～(d)。

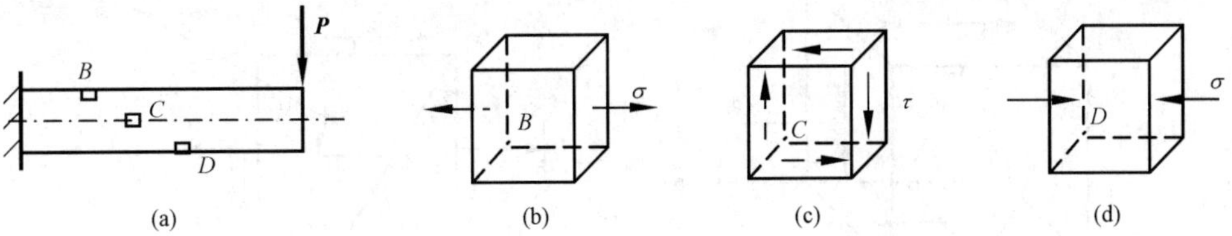

图 22-5

22-5

也可以得到如图 22-6(a)所示圆轴扭转时，E 点的应力状态如图 22-6(b)所示。

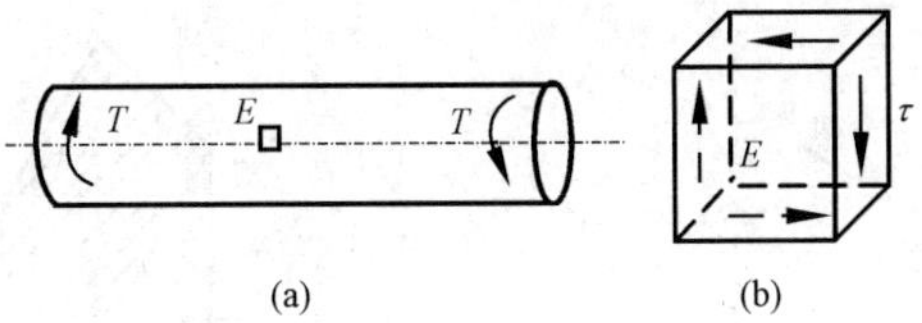

图 22-6

22-6

如图 22-1 中，单元体的三个相互垂直的面上都无切应力，只有正应力，这样的单元体称为该点处的**主单元体**，切应力等于零的面称为**主平面**，主平面上的应力称为**主应力**。一般来说，通过受力构件的任意点皆可找到三个相互垂直的主平面，因而每一点都有三个主应力。在一般情况下，在一点处所取的主单元体的六个面上有三对主应力，两两等值反向，也就是过一点可以找出三个主应力，这三个主应力以其代数值大小顺序排列，记为 σ_1、σ_2、σ_3，即有 $\sigma_1 \geqslant \sigma_2 \geqslant \sigma_3$。

如果某点处的主单元体上只有一个主应力不为零，则该点处的应力状态称为**一向应力状态**或**单向应力状态**；如果有两个主应力不为零，则称为**二向应力状态**或**平面应力状态**；如果三个主应力皆不为零，则称为**三向应力状态**或**空间应力状态**。单向应力状态也称为简单应力状态，二向和三向应力状态也统称为复杂应力状态。单向应力状态已于轴向拉伸与压缩中详细讨论过，本章主要分析二向应力状态，同时简单介绍三向应力状态。

22.2　二向应力状态分析——解析法

在 22.1 节图 22-4(b)中围绕 A 点所取的单元体、图 22-5(b)、(d)中围绕 B、D 点取的单元体，其周围各面皆为主平面、应力皆为主应力。但在图 22-5(c)和图 22-6(b)中围绕 C、E 点所取的单元体，则各面不是主平面，所以已知单元体也不是主单元体。工程上，一般构件的受力都比较复杂，因此，在构件的某一点处所取得已知单元体通常不是主单元体。下面来讨论:二向应力状态下，已知通过一点的某些截面上的应力后，如何确定通过这一点的其他截面上的应力，从而确定主应力和主平面。

从受力构件上截取一单元体 $abcd$。其一对侧面上应力为零，而另两对侧面上分别作用有应力 σ_x、σ_y、τ_{xy}、τ_{yx}，如图 22-7(a)所示，这类单元体是二向应力状态的最一般情况。图 22-7(b)为单元体的正投影。

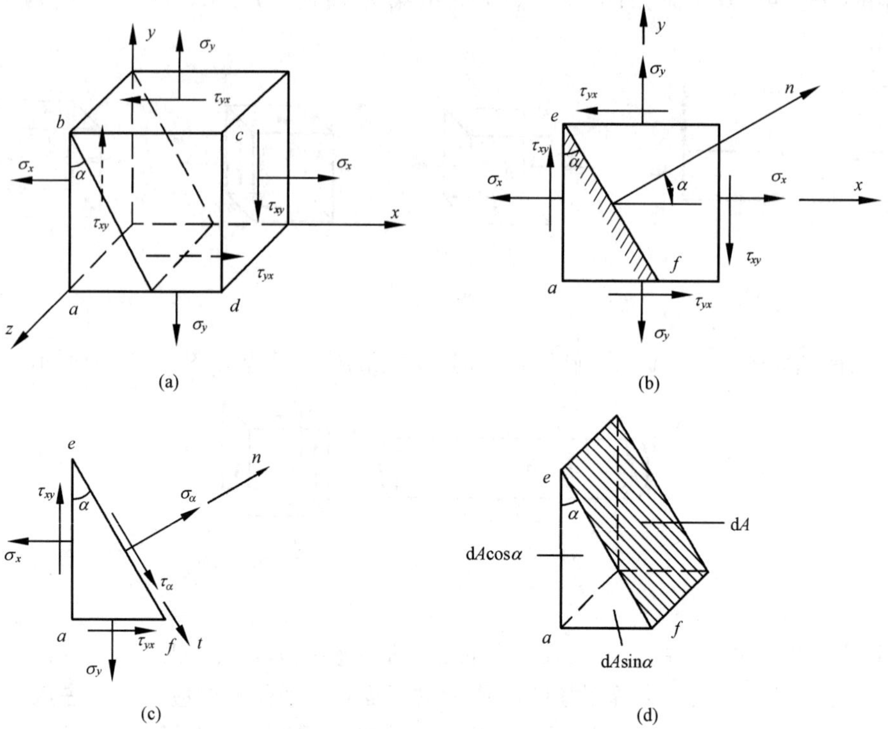

22-7

图 22-7

这里 σ_x 和 τ_{xy} 是法线与 x 轴平行的面上的正应力和切应力；σ_y 和 τ_{yx} 是法线与 y 轴平行的面上的应力。切应力 τ_{xy}（或 τ_{yx}），双下标分别表示切应力作用面的法线方向和应力指向。应力的正负号规定为：正应力以拉应力为正，而压应力为负；切应力对单元体内任意点的矩为顺时针转向时为正，反之为负。按照以上规定，在图 22-7(a)中，σ_x、σ_y 和 τ_{xy} 皆为正，而 τ_{yx} 为负。

假想取任一与 xy 平面垂直的斜截面 ef，如图 22-7(b)，其外法线 n 与 x 轴的夹角为 α。规定：由 x 轴逆时针转向外法线 n 时，α 为正，反之为负。以截面 ef 把单元体截开，取左半部分 aef 为研究对象，如图 22-7(c)。斜截面上的正应力为 σ_α，切应力为 τ_α。设 ef 面的面积为 $\mathrm{d}A$，则 af 面和 ae 面的面积分别是 $\mathrm{d}A\sin\alpha$ 和 $\mathrm{d}A\cos\alpha$，把作用于 aef 部分上的力投影于 ef 面的外法线 n 和切线 t 的方向，列静力平衡方程，得

$$\sigma_\alpha \mathrm{d}A + (\tau_{xy}\mathrm{d}A\cos\alpha)\sin\alpha - (\sigma_x \mathrm{d}A\cos\alpha)\cos\alpha + (\tau_{yx}\mathrm{d}A\sin\alpha)\cos\alpha - (\sigma_y \mathrm{d}A\sin\alpha)\sin\alpha = 0$$

$$\tau_\alpha \mathrm{d}A - (\tau_{xy}\mathrm{d}A\cos\alpha)\cos\alpha - (\sigma_x \mathrm{d}A\cos\alpha)\sin\alpha + (\sigma_y \mathrm{d}A\sin\alpha)\cos\alpha + (\tau_{yx}\mathrm{d}A\sin\alpha)\sin\alpha = 0$$

由切应力互等定理有 $\tau_{xy}=\tau_{yx}$，代入以上平衡方程，整理可得

$$\sigma_\alpha = \sigma_x\cos^2\alpha + \sigma_y\sin^2\alpha - 2\tau_{xy}\sin\alpha\cos\alpha = \frac{\sigma_x+\sigma_y}{2} + \frac{\sigma_x-\sigma_y}{2}\cos 2\alpha - \tau_{xy}\sin 2\alpha \qquad (22\text{-}1)$$

$$\tau_\alpha = (\sigma_x-\sigma_y)\sin\alpha\cos\alpha + \tau_{xy}(\cos^2\alpha - \sin^2\alpha) = \frac{\sigma_x-\sigma_y}{2}\sin 2\alpha + \tau_{xy}\cos 2\alpha \qquad (22\text{-}2)$$

可见，斜截面上的正应力 σ_α 和切应力 τ_α 都是角 α 的函数。这样，在二向应力状态下，只要知道一对互相垂直面上的应力 σ_x，σ_y 和 τ_{xy}，就可以依式(22-1)、式(22-2)求出 α 为任意值时的斜截面上的应力 σ_α 和 τ_α。

下面来推导主应力和确定主平面的角度 α_0 的公式。

将式(22-1)对 α 取导数得

$$\frac{d\sigma_\alpha}{d\alpha}=-2\left(\frac{\sigma_x-\sigma_y}{2}\sin 2\alpha+\tau_{xy}\cos 2\alpha\right) \tag{a}$$

令此导数等于零，可求得 σ_α 达到极值时的 α 值，用 α_0 来表示，有

$$\frac{\sigma_x-\sigma_y}{2}\sin 2\alpha_0+\tau_{xy}\cos 2\alpha_0=0 \tag{b}$$

化简后得

$$\tan 2\alpha_0=-\frac{2\tau_{xy}}{\sigma_x-\sigma_y} \tag{22-3}$$

由式(22-3)可求出 α_0 的相差 90°的两个根，它们确定相互垂直的两个平面，其中一个是最大正应力所在的平面，另一个是最小正应力所在的平面。

由三角关系

$$\cos 2\alpha_0=\pm\frac{1}{\sqrt{1+\tan^2 2\alpha_0}} \tag{c}$$

$$\sin 2\alpha_0=\pm\frac{\tan 2\alpha_0}{\sqrt{1+\tan^2 2\alpha_0}} \tag{d}$$

将式(22-3)代入式(c)、式(d)，再代入式(22-1)，整理后可求得 σ_{max} 和 σ_{min} 的计算表达式

$$\left.\begin{matrix}\sigma_{max}\\ \sigma_{min}\end{matrix}\right\}=\frac{\sigma_x+\sigma_y}{2}\pm\sqrt{\left(\frac{\sigma_x-\sigma_y}{2}\right)^2+\tau_{xy}^2} \tag{22-4}$$

由式(22-4)所求得的两个相差 90°的值中哪一个是 σ_{max} 作用面的方位角，哪一个是 σ_{min} 作用面的方位角？一般约定用 σ_x 表示两个正应力中代数值较大的一个，即 $\sigma_x\geqslant\sigma_y$，则两个角度中绝对值较小的一个确定 σ_{max} 所在的平面。比较式(22-2)和式(b)，可见满足式(b)的 α_0 角恰好使 τ_α 等于零，这表明正应力取得极值的截面上，切应力必为零，即正应力的极值就是单元体的主应力。

用相似的方法，可以确定最大和最小切应力以及它们所在的平面。将式(22-2)对 α 求导数，得

$$\frac{d\tau_\alpha}{d\alpha}=(\sigma_x-\sigma_y)\cos 2\alpha-2\tau_{xy}\sin 2\alpha \tag{e}$$

令此导数等于零，可求得 τ_α 取得极值时的 α 值，用 α_1 来表示，有

$$\tan 2\alpha_1=\frac{\sigma_x-\sigma_y}{2\tau_{xy}} \tag{22-5}$$

由此式也可求出相差 90°的两个 α_1，其中一个对应的作用面是切应力极大值所在的平面，另一个对应的作用面是切应力极小值所在的平面，两个切应力分别以 τ_{max}、τ_{min} 来表示，称为最大切应力和最小切应力。

由式(22-5)解出 $\sin 2\alpha_1$ 和 $\cos 2\alpha_1$，代入式(22-2)，求得切应力的最大值和最小值为

$$\left.\begin{matrix}\tau_{max}\\ \tau_{min}\end{matrix}\right\}=\pm\sqrt{\left(\frac{\sigma_x-\sigma_y}{2}\right)^2+\tau_{xy}^2} \tag{22-6}$$

比较式(22-3)和式(22-5)，有

$$\tan 2\alpha_0\cdot\tan 2\alpha_1=-1$$

所以有

$$2\alpha_1 = 2\alpha_0 + \frac{\pi}{2}$$

$$\alpha_1 = \alpha_0 + \frac{\pi}{4}$$

即最大和最小切应力所在平面与主平面的夹角为 45°。

【例 22-1】 讨论圆周扭转时的应力状态，并分析铸铁试件受扭时的破坏现象。

解 圆轴扭转时，在横截面的边缘处切应力最大，其值为

$$\tau = \frac{T}{W_t} \tag{f}$$

在圆轴的表层，按图 22-8(a)所示方式取出单元体 $ABCD$，单元体各面上的应力如图 22-8(b)所示

$$\sigma_x = \sigma_y = 0 \quad , \quad \tau_{xy} = \tau \tag{g}$$

这就是前面所讨论的纯剪切应力状态。把式(g)代入式(22-4)，得

$$\left.\begin{matrix}\sigma_{max}\\ \sigma_{min}\end{matrix}\right\} = \frac{\sigma_x + \sigma_y}{2} \pm \sqrt{\left(\frac{\sigma_x - \sigma_y}{2}\right)^2 + \tau_{xy}^2} = \pm\tau$$

由式(22-3)可得

$$\tan 2\alpha_0 = -\frac{2\tau_{xy}}{\sigma_x - \sigma_y} = -\infty$$

所以
$$2\alpha_0 = -90° \text{ 或 } -270°$$
$$\alpha_0 = -45° \text{ 或 } -135°$$

以上结果表明，从 x 轴量起，由 $\alpha_0 = -45°$(顺时针方向)所确定的主平面上的主应力为 σ_{max}，而由 $\alpha_0 = -135°$所确定的主平面上的主应力为 σ_{min}。按照主应力的记号规定

$$\sigma_1 = \sigma_{max} = \tau \quad , \quad \sigma_2 = 0 \quad , \quad \sigma_3 = \sigma_{min} = -\tau$$

所以，纯剪切的两个主应力的绝对值相等，都等于切应力 τ，但一为拉应力，一为压应力。

圆截面铸铁试件扭转时，表面各点 σ_{max} 所在的主平面连成倾角为 45°的螺旋面，如图 22-8(a)所示。由于铸铁抗拉强度较低，试件将沿这一螺旋面因拉伸而发生断裂破坏，如图 22-8(c)所示。

22-8

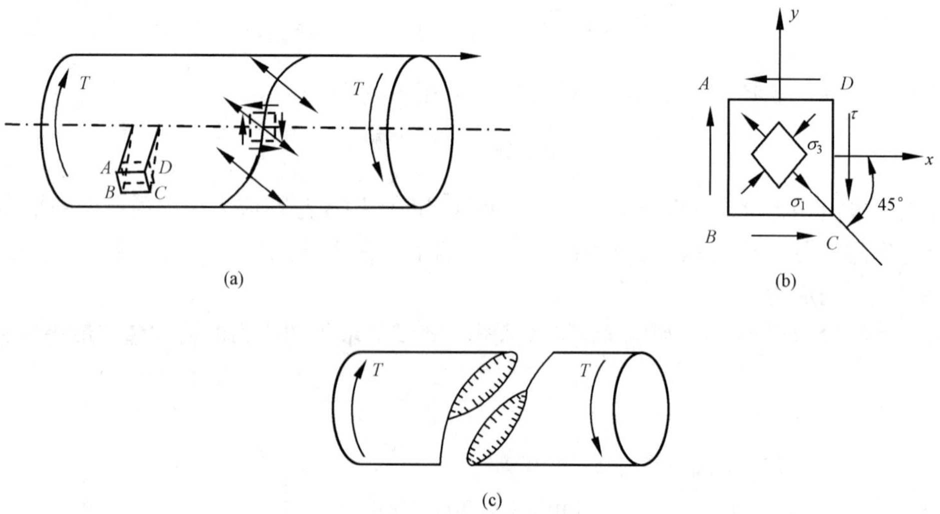

图 22-8

【例 22-2】 求如图 22-9 所示单元体的主应力值及主方向，并确定最大切应力值(单位为 MPa)。

解　按应力符号规则选取

$$\sigma_x = 80\text{MPa}\quad, \quad \sigma_y = -40\text{MPa}\quad, \quad \tau_{xy} = -60\text{MPa}$$

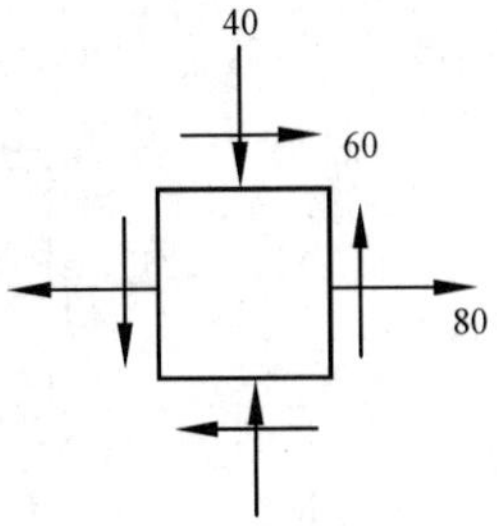

图 22-9

22-9

代入公式求主应力及其方位

$$\left.\begin{matrix}\sigma_{\max}\\ \sigma_{\min}\end{matrix}\right\} = \frac{\sigma_x + \sigma_y}{2} \pm \sqrt{\left(\frac{\sigma_x - \sigma_y}{2}\right)^2 + \tau_{xy}^2} = \begin{cases}105\\ -65\end{cases}\text{MPa}$$

因为　$\sigma_1 = 105\text{MPa}\quad, \quad \sigma_2 = 0\quad, \quad \sigma_3 = -65\text{MPa}$

$$\tan 2\alpha_0 = -\frac{2\tau_{xy}}{\sigma_x - \sigma_y} = 1$$

所以　$\alpha_{01} = 22.5°\quad, \quad \alpha_{02} = 112.5°$

即由 $\alpha_{01} = 22.5°$ 确定的主平面上，作用着主应力 $\sigma_{\max} = 105\text{MPa}$；由 $\alpha_{02} = 112.5°$ 确定的主平面上，作用着主应力 $\sigma_{\min} = -65\text{MPa}$。

求最大切应力

$$\left.\begin{matrix}\tau_{\max}\\ \tau_{\min}\end{matrix}\right\} = \pm\sqrt{\left(\frac{\sigma_x - \sigma_y}{2}\right)^2 + \tau_{xy}^2} = \pm 85\text{MPa}$$

所以，最大切应力为 85MPa。

22.3　二向应力状态分析——图解法

以上所述平面应力状态的应力分析，也可利用图解法进行。

由式(22-1)和式(22-2)可知，正应力 σ_α 与切应力 τ_α 均为 α 的函数，说明在 σ_α 与 τ_α 之间存在函数关系。下面来推导 σ_α 与 τ_α 之间的关系。首先，将式(22-1)和式(22-2)分别改写成如下形式

$$\sigma_\alpha - \frac{\sigma_x + \sigma_y}{2} = \frac{\sigma_x - \sigma_y}{2}\cos 2\alpha - \tau_{xy}\sin 2\alpha$$

$$\tau_\alpha - 0 = \frac{\sigma_x - \sigma_y}{2}\sin 2\alpha + \tau_{xy}\cos 2\alpha$$

然后将以上两式各自平方后相加，于是得

$$\left(\sigma_\alpha - \frac{\sigma_x + \sigma_y}{2}\right)^2 + \tau_\alpha^2 = \left(\frac{\sigma_x - \sigma_y}{2}\right)^2 + \tau_{xy}^2 \tag{22-7}$$

此为以 σ_α、τ_α 为变量的**圆的方程**，以 σ_α 为横坐标轴，τ_α 为纵坐标轴，则此圆圆心 O 的坐标为 $\left(\frac{\sigma_x + \sigma_y}{2}, 0\right)$，半径为 $R = \left[\left(\frac{\sigma_x - \sigma_y}{2}\right)^2 + \tau_{xy}^2\right]^{\frac{1}{2}}$，此圆称**应力圆**或**莫尔**(Mohr)**圆**。圆上任一点的横、纵坐标，则分别代表围绕一点的单元体在各个不同方位截面上的正应力与切应力。这种通过作应力圆求任意斜截面的应力的方法称为应力分析的图解法。

应力圆

下面以图 22-10 所示二向应力状态为例，说明应力圆的做法。①作 $\sigma-\tau$ 坐标系；②选择合适的比例尺，作出和截面 x 和截面 y 上两对应力所对应的点 $D_1(\sigma_x, \tau_{xy})$ 和 $D_2(\sigma_y, \tau_{yx})$；③连接 D_1、D_2 两点，与 σ 轴交于 C 点；④以 C 点为圆心，$\overline{CD_1}$(或$\overline{CD_2}$)为半径画圆，即为所要作的应力圆。

要求图 22-10(a)中 α 斜截面上的应力，在应力圆上将线段 CD_1 沿 α 转向转过 2α 角，得 E 点。E 点的横坐标和纵坐标值即分别为 α 斜截面上的正应力与切应力。图 22-10(b)中 A_1、

22-10

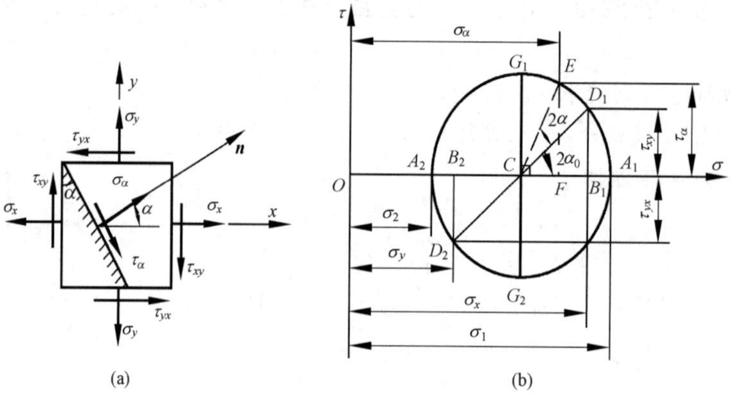

图 22-10

A_2 两点的横坐标分别为

$$\sigma_{\max}=\overline{OA}_1=\overline{OC}+\overline{OA}_1=\overline{OC}+R=\frac{\sigma_x+\sigma_y}{2}+\sqrt{\left(\frac{\sigma_x-\sigma_y}{2}\right)^2+\tau_{xy}^2}$$

$$\sigma_{\min}=\overline{OA}_2=\overline{OC}-\overline{CA}_2=\overline{OC}-R=\frac{\sigma_x+\sigma_y}{2}-\sqrt{\left(\frac{\sigma_x-\sigma_y}{2}\right)^2+\tau_{xy}^2}$$

$$\tan 2\alpha_0=-\frac{\overline{D_1B_1}}{\overline{CB_1}}=-\frac{2\tau_{xy}}{\sigma_x-\sigma_y}$$

即$\angle D_1CA_1$ 为主应力所在面方位角的 2 倍。在应力圆中线段$\overline{CD_1}$ 转向线段$\overline{CA_1}$ 为顺时针，那么在图 22-10(a)的单元体上从 x 轴应顺时针转过 α_0 角，即为主平面。在图上，A_1、A_2 两点相差 180°，则在单元体上两主平面相差 90°。

G_1、G_2 是 $\tau_{\max}$、$\tau_{\min}$的点，其值等于 R。两点相差 180°，则在单元体上最大切应力和最小切应力所在的平面相差 90°。线段$\overline{G_1G_2}$与线段$\overline{A_1A_2}$正交，说明在单元体上主平面与最大切应力和最小切应力所在平面相差 45°。

综上所述，应力圆与单元体有如下对应关系：

(1) 点面对应。应力圆上某一点的坐标值，分别对应着单元体上某一斜截面上的正应力与切应力。

(2) 转向对应。应力圆半径旋转时，单元体上斜截面的外法线绕 x 轴应沿相同转向旋转。

(3) 二倍角对应。应力圆上的角度是相应单元体上角度的 2 倍。

(4) 应力符号对应。单元体上正号正应力，在应力圆上位于纵坐标轴的右方，反之位于左方；使单元体有逆时针旋转趋势的切应力，在应力圆上位于横坐标轴的下方，反之位于上方。

【例 22-3】 已知图 22-11(a)所示单元体的 $\sigma_x=80\text{MPa}$，$\sigma_y=-40\text{MPa}$，$\tau_{xy}=-60\text{MPa}$。试用图解法求主应力，并确定主平面位置。

解 (1) 建立坐标系，以 σ 轴为横坐标轴，τ 轴为纵坐标轴。

(2) 按合适的比例，确定 $D(\sigma_x, \tau_{xy})$、$D'(\sigma_y, \tau_{yx})$点。

(3) 连接 D 与 D'点，交横坐标轴 σ 于 C 点。

(4) 以 C 点为圆心，以$\overline{CD_1}$ 或$\overline{CD_1'}$ 为半径作圆，即为所要作的应力圆。

(5) $\sigma_1=\overline{OA_1}=\overline{OC}+R=\frac{\sigma_x+\sigma_y}{2}+\sqrt{\left(\frac{\sigma_x-\sigma_y}{2}\right)^2+\tau_{xy}^2}=105\text{MPa}$

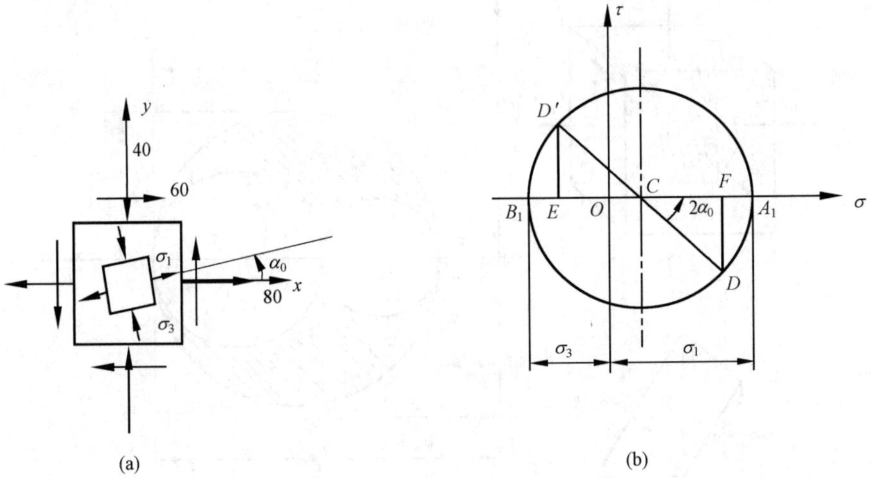

22-11

图 22-11

$$\sigma_3 = \overline{OB}_1 = \overline{OC} - \overline{CB}_1 = \overline{OC} - R = \frac{\sigma_x + \sigma_y}{2} - \sqrt{\left(\frac{\sigma_x - \sigma_y}{2}\right)^2 + \tau_{xy}^2} = -65\text{MPa}$$

$$\sigma_2 = 0$$

$$\tan 2\alpha_0 = -\frac{\overline{DF}}{\overline{CF}} = -\frac{2\tau_{xy}}{\sigma_x - \sigma_y} = 1$$

所以

$$2\alpha_0 = 45^\circ \quad , \quad \alpha_0 = 22.5^\circ$$

即：在单元体中从 x 轴以逆时针方向量取 $\alpha_0 = 22.5^\circ$，确定 σ_1 所在主平面的法线，如图 22-11(a)所示。

22.4　三向应力状态分析

对于受力构件内任意一点处的应力状态，最普遍的情况是单元体的三对面上既有正应力又有切应力，即三向应力状态。三向应力状态的分析比较复杂，这里只讨论当三个主应力 σ_1、σ_2 和 σ_3 已知时单元体各截面的应力。

如图 22-12(a)所示单元体，主应力 σ_1、σ_2 和 σ_3 均为已知。首先，分析与 σ_3 平行的任意斜截面上的应力。如图 22-12(b)所示，不难看出该截面的应力 σ、τ 与 σ_3 无关，只与 σ_1、σ_2 有关。所以该斜截面上的应力可以由 σ_1 和 σ_2 作出的应力圆上的点来表示，而该应力圆上的最大和最小正应力分别为 σ_1 和 σ_2，如图 22-12(c)所示。同理，与主应力 σ_2 或 σ_1 平行的各截面的应力，则可分别由 σ_1、σ_3 与 σ_2、σ_3 所作出的应力圆确定。还可以证明，对于与三个主应力均不平行的任意斜截面(图 22-12(a)中的 abc 截面)，它们在 $\sigma\tau$ 平面的对应点 $D(\sigma_\alpha, \tau_\alpha)$必位于由上述三个应力圆所围成的阴影范围以内。

综上所述，在 σ-τ 平面内，代表任一截面的应力的点，或位于应力圆上或位于由上述三个应力圆所围成的阴影区域内。由此可见，在三向应力状态下，最大与最小正应力分别为最大与最小主应力，即

22-12

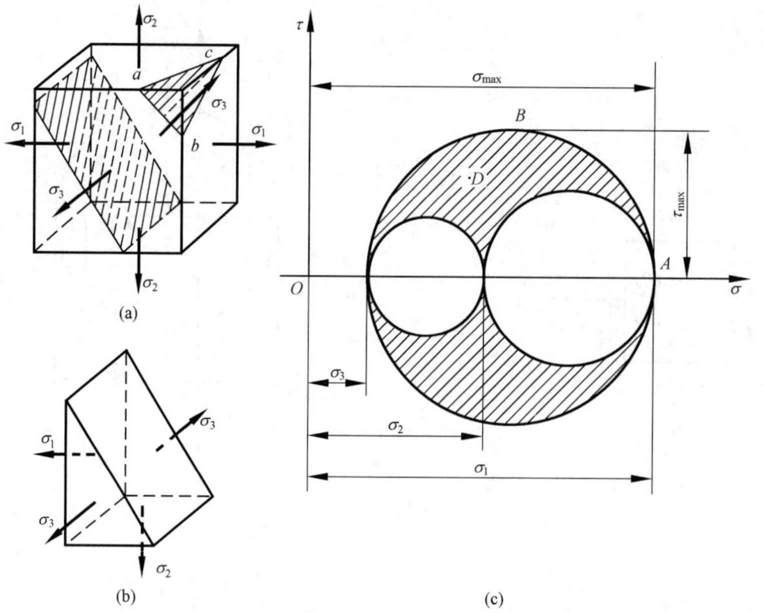

图 22-12

$$\sigma_{\max} = \sigma_1 \tag{22-8a}$$

$$\sigma_{\min} = \sigma_3 \tag{22-8b}$$

而最大切应力为

$$\tau_{\max} = \frac{\sigma_1 - \sigma_3}{2} \tag{22-9}$$

并位于与 σ_1、σ_3 均呈 45°的斜截面内。

上述结论同样适用于单向(其中两个主应力等于零)或二向应力状态(其中一个主应力等于 0)。

22.5 广义胡克定律

前面章节我们学习了单向拉压和扭转时的应力应变在线弹性范围内成正比，本节我们来讨论复杂应力状态下的应力应变关系。

设从受力物体内一点取出一主单元体，其上的主应力分别为 σ_1、σ_2 和 σ_3，如图 22-13(a)所示，沿三个主应力方向的三个线应变称为**主应变**，分别用 ε_1、ε_2 和 ε_3 表示。

22-13

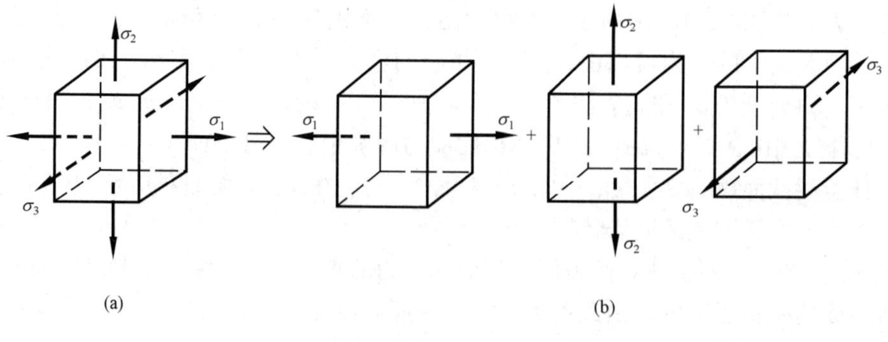

图 22-13

对于各向同性材料，在最大正应力不超过材料的比例极限条件下，可以应用胡克定律及叠加法来求主应变。为此将图 22-13(a)所示的三向应力状态看作是三个单向应力状态的组合(图 22-13(b))，先讨论沿主应力 σ_1 的主应变 ε_1。对于 σ_1 单独作用，利用单向应力状态胡克定律可求得 σ_1 方向与 σ_1 相应的纵向线应变为$\frac{\sigma_1}{E}$；对于 σ_2 单独作用，将引起 σ_2 方向变形，其变形量为$\frac{\sigma_2}{E}$，令横向变形系数为 μ，则 σ_2 方向变形将引起 σ_1 方向相应的线应变为$-\mu\frac{\sigma_2}{E}$；同样道理，σ_3 单独作用将引起 σ_1 方向相应的线应变$-\mu\frac{\sigma_3}{E}$。将这三项叠加，得

$$\varepsilon_1=\frac{\sigma_1}{E}-\mu\frac{\sigma_2}{E}-\mu\frac{\sigma_3}{E}$$

同样可以得到

$$\varepsilon_2=\frac{\sigma_2}{E}-\mu\frac{\sigma_3}{E}-\mu\frac{\sigma_1}{E}$$

$$\varepsilon_3=\frac{\sigma_3}{E}-\mu\frac{\sigma_1}{E}-\mu\frac{\sigma_2}{E}$$

整理得到以主应力表示的**广义胡克定律**

$$\begin{cases}\varepsilon_1=\dfrac{1}{E}[\sigma_1-\mu(\sigma_2+\sigma_3)]\\[2ex]\varepsilon_2=\dfrac{1}{E}[\sigma_2-\mu(\sigma_3+\sigma_1)]\\[2ex]\varepsilon_3=\dfrac{1}{E}[\sigma_3-\mu(\sigma_1+\sigma_2)]\end{cases}\tag{22-10}$$

式(22-10)建立了复杂应力状态下一点处的主应力与主应变之间的关系。注意：只有当材料为各向同性，且处于线弹性范围之内时，上述定律才成立。

22.6　强度理论及其应用

材料在单向应力状态下的强度(塑性材料的屈服极限，脆性材料的强度极限)总可通过拉伸试验和压缩试验加以测定；材料在纯剪切这种特定平面应力状态下的强度(剪切强度)可以通过例如圆筒的扭转试验来测定。

但是对于材料在一般二向应力状态下以及三向应力状态下的强度，则由于不等于零的主应力可以有多种多样的组合，所以不可能总是由试验加以测定。因而需要通过对材料破坏现象的观察和分析寻求材料强度破坏的规律，提出关于材料发生强度破坏的力学因素的假设——强度理论，以便利用单向拉伸、压缩以及圆筒扭转等试验测得的强度来推断复杂应力状态下材料的强度。

材料的强度破坏有两种类型：

(1) 在没有明显塑性变形情况下的脆性断裂。

(2) 产生显著塑性变形而丧失工作能力的塑性屈服。

工程中常用的强度理论按上述两种破坏类型分为：

(1) 研究脆性断裂力学因素的第一类强度理论，其中包括最大拉应力理论和最大伸长线应变理论。

(2) 研究塑性屈服力学因素的第二类强度理论，其中包括最大切应力理论和畸变能密度理论(形状改变比能理论)。

下面分别加以介绍。

1. 最大拉应力理论(第一强度理论)

受铸铁等材料单向拉伸时断口为最大拉应力作用面等现象的启迪，第一强度理论认为，在任何应力状态下，当一点处三个主应力中的拉伸主应力 σ_1 达到该材料在单轴拉伸试验或其他使材料发生脆性断裂的试验中测定的极限应力 σ_b 时就发生断裂。

可见，第一强度理论关于脆性断裂的判据为

$$\sigma_1 = \sigma_b$$

而相应的强度条件则是

$$\sigma_1 \leqslant [\sigma] \tag{22-11}$$

式中，$[\sigma]$为对应于脆性断裂的许用拉应力，$[\sigma]=\sigma_b/n$，而 n 为安全因数。这一理论与均质脆性材料(例如铸铁、玻璃、石膏等)的实验结果相吻合。

2. 最大伸长线应变理论(第二强度理论)

第二强度理论认为，在任何应力状态下，当一点处的最大伸长线应变 ε_1 达到该材料在单轴拉伸试验、单轴压缩试验或其他试验中发生脆性断裂时与断裂面垂直的极限伸长线应变 ε_b 时就会发生断裂。

可见，第二强度理论关于脆性断裂的判据为

$$\varepsilon_1 = \varepsilon_b$$

对于式中材料脆性断裂的极限伸长线应变 ε_b，如果是由单轴拉伸试验测定的(例如，对铸铁等脆性金属材料)，那么 $\varepsilon_b=\sigma_b/E$；故有断裂的判据为

$$\varepsilon_1 = \frac{\sigma_b}{E}$$

由广义胡克定律

$$\varepsilon_1 = \frac{1}{E}[\sigma_1 - \mu(\sigma_2 + \sigma_3)]$$

得断裂判据

$$\sigma_1 - \mu(\sigma_2 + \sigma_3) = \sigma_b$$

则相应的强度条件则为

$$\sigma_1 - \mu(\sigma_2 + \sigma_3) \leqslant [\sigma] \tag{22-12}$$

式中，$[\sigma]$对应于脆性断裂的许用拉应力，$[\sigma]=\sigma_b/n$，而 n 为安全因数。

石料或混凝土等脆性材料受轴向压缩时，往往出现纵向裂缝而断裂破坏，而最大伸长线应变发生于横向，最大伸长线应变理论可以很好的解释这种现象。但是实验结果表明，这一理论仅仅与少数脆性材料在某些情况下的破坏相符，并不能用来解释脆性破坏的一般规律，故工程上应用较少。

3. 最大切应力理论(第三强度理论)

低碳钢在单轴拉伸而屈服时出现滑移等现象，而滑移面又基本上是最大切应力的作用面(45°斜截面)。据此，第三强度理论认为，在任何应力状态下当一点处的最大切应力 τ_{max} 达到该材料在试验中屈服时最大切应力的极限值 τ_s 时就发生屈服。

第三强度理论的屈服判据为

$$\tau_{max} = \tau_s$$

对于由单轴拉伸试验可测定屈服极限 σ_s，从而有 $\tau_s = \frac{\sigma_s}{2}$ 的材料（例如，低碳钢），上列屈服判据可写为

$$\frac{\sigma_1 - \sigma_3}{2} = \frac{\sigma_s}{2}$$

即

$$\sigma_1 - \sigma_3 = \sigma_s$$

把 σ_s 除以安全因数得许用应力[σ]，相应的强度条件则为

$$\sigma_1 - \sigma_3 \leqslant [\sigma] \tag{22-13}$$

从上述屈服判据和强度条件可见，这一强度理论没有考虑复杂应力状态下的中间主应力 σ_2 对材料发生屈服的影响，因此它与试验结果会有一定误差，但结果偏于安全。

4. 畸变能密度理论（第四强度理论）

注意到三向等值压缩时材料不发生或很难发生屈服，第四强度理论认为，在任何应力状态下材料发生屈服是由于一点处的畸变能密度 v_d 达到极限值 v_{ds} 所致，即

$$\sqrt{\frac{1}{2}[(\sigma_1 - \sigma_2)^2 + (\sigma_2 - \sigma_3)^2 + (\sigma_3 - \sigma_1)^2]} = \sigma_s$$

式中，σ_1、σ_2、σ_3 是构成危险点处的三个主应力，把 σ_s 除以安全因数得许用应力[σ]，相应的强度条件则为

$$\sqrt{\frac{1}{2}[(\sigma_1 - \sigma_2)^2 + (\sigma_2 - \sigma_3)^2 + (\sigma_3 - \sigma_1)^2]} \leqslant [\sigma] \tag{22-14}$$

这个理论比第三强度理论更符合已有的一些二向应力状态下的试验结果，但在工程实践中多半采用计算较为简便的第三强度理论。

5. 强度理论的相当应力

上述四个强度理论所建立的强度条件可统一写成如下形式：

$$\sigma_{ri} \leqslant [\sigma]$$

式中，σ_{ri} 是根据不同强度理论以危险点处主应力表达的一个值，它相当于单轴拉伸应力状态下强度条件 $\sigma_{max} \leqslant [\sigma]$ 中的拉应力 σ_{max}，称 σ_{ri} 为相当应力。表 22-1 给出了前述四个强度理论的相当应力表达式。

表 22-1 四个强度理论的相当应力表达式

强度理论名称及类型		相当应力表达式
第一类强度理论 （脆性断裂的理论）	第一强度理论——最大拉应力理论 第二强度理论——最大伸长线应变理论	$\sigma_{r1} = \sigma_1$ $\sigma_{r2} = \sigma_1 - \mu(\sigma_2 + \sigma_3)$
第二类强度理论 （塑性屈服的理论）	第三强度理论——最大切应力理论 第四强度理论——畸变能密度理论	$\sigma_{r3} = \sigma_1 - \sigma_3$ $\sigma_{r4} = \left\{\frac{1}{2}[(\sigma_1 - \sigma_2)^2 + (\sigma_2 - \sigma_3)^2 + (\sigma_3 - \sigma_1)^2]\right\}^{1/2}$

使用强度理论时应注意以下几方面问题：

(1) 强度条件中的[σ]代表单向拉伸时材料的许用应力。

(2) 塑性材料抵抗滑移能力通常低于抵抗断裂能力，所以一般用第三或第四强度理论；

脆性材料抵抗断裂的能力通常低于抵抗滑移的能力，所以一般用第一或第二强度理论。在实际工程中，对塑性材料而言，究竟采用第三或第四强度理论，这与所论构件的工程设计规范有关。例如，钢梁的强度计算常采用第四强度理论，而对承受内压的钢管，在进行强度计算时常采用第三强度理论。

(3) 实验表明：材料的破坏（或失效）不仅取决于材料是塑性材料或脆性材料，而且与其所处的应力状态、温度和加载速度等因素有关。严格地说，在使用强度理论时，应区分为脆性状态和塑性状态。前者使用第一或第二强度理论，后者使用第三或第四强度理论。

【例 22-4】 直径为 $d=0.1\text{m}$ 的铸铁圆杆受力如图 22-14，力偶矩 $T=7\text{kN}\cdot\text{m}$，拉力 $P=50\text{kN}$，许用应力 $[\sigma]=40\text{MPa}$，试用第一强度理论校核杆的强度。

22-14

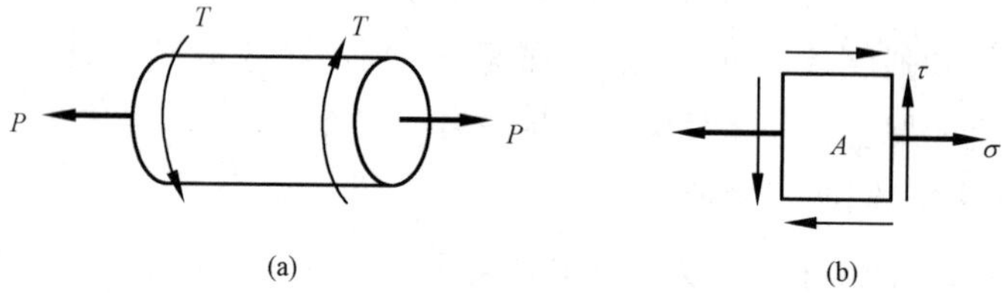

图 22-14

解 圆杆表面各点危险程度相同，取任一点危险点 A，应力状态如图 22-14(b)所示。

$$\sigma=\frac{P}{A}=\frac{4\times 50}{\pi\times 0.1^2}\times 10^3=6.37(\text{MPa})$$

$$\tau=\frac{T}{W_t}=\frac{16\times 7000}{\pi\times 0.1^3}=35.65(\text{MPa})$$

$$\left.\begin{array}{l}\sigma_{\max}\\ \sigma_{\min}\end{array}\right\}=\frac{6.37}{2}\pm\sqrt{\left(\frac{6.37}{2}\right)^2+35.65^2}=\left\{\begin{array}{l}38.98\\ -32.61\end{array}\right.(\text{MPa})$$

得 $\sigma_1=38.98\text{MPa}$ ， $\sigma_2=0$ ， $\sigma_3=-32.61\text{MPa}$

因 $\sigma_1\leqslant[\sigma]$，故安全。

本章小结

1. 应力状态的概念。

(1) 一点的应力状态：是指过一点各个方位面上的应力情况。

(2) 主单元体、主平面、主应力：单元体的三个相互垂直的面上都无切应力，只有正应力，这样的单元体称为该点处的主单元体；切应力等于零的面称为主平面；主平面上的应力称为主应力。

主单元体上的 3 个主应力按代数值大小排列为 $\sigma_1\geqslant\sigma_2\geqslant\sigma_3$。

(3) 应力状态分类：单向应力状态、二向应力状态、三向应力状态。单向应力状态也称为简单应力状态，二向和三向应力状态也统称为复杂应力状态。

2. 二向应力状态分析。

(1) 解析法。

任意斜截面上的应力计算公式

$$\sigma_\alpha=\frac{\sigma_x+\sigma_y}{2}+\frac{\sigma_x-\sigma_y}{2}\cos 2\alpha-\tau_{xy}\sin 2\alpha$$

$$\tau_\alpha=\frac{\sigma_x-\sigma_y}{2}\sin 2\alpha+\tau_{xy}\cos 2\alpha$$

规定正应力以拉应力为正，压应力为负。切应力为对单元体内任意点的矩为顺时针转向为正，反之为负。角 α 以从 x 轴正向逆时针转到斜截面外法线时为正，反之为负。

主应力计算公式为

$$\left.\begin{matrix}\sigma_{max}\\ \sigma_{min}\end{matrix}\right\}=\frac{\sigma_x+\sigma_y}{2}\pm\sqrt{\left(\frac{\sigma_x-\sigma_y}{2}\right)^2+\tau_{xy}^2}$$

主平面的方位角为 α_0，有

$$\tan 2\alpha_0=-\frac{2\tau_{xy}}{\sigma_x-\sigma_y}$$

两个角度中绝对值较小的一个确定 σ_{max} 所在的平面。求出两个主应力之后，还需与另一个为零的主应力比较，按代数值排序得到 σ_1、σ_2 和 σ_3。

最大切应力计算公式为

$$\left.\begin{matrix}\tau_{max}\\ \tau_{min}\end{matrix}\right\}=\pm\sqrt{\left(\frac{\sigma_x-\sigma_y}{2}\right)^2+\tau_{xy}^2}$$

最大切应力所在的平面由 α_1 确定，即

$$\tan 2\alpha_1=\frac{\sigma_x-\sigma_y}{2\tau_{xy}}$$

最大切应力所在平面与主平面呈 45°夹角。

(2) 图解法。

应力圆的做法：①作 σ-τ 坐标系；②选择合适的比例尺，作出和截面 x 和截面 y 上两对应力所对应的点 $D_1(\sigma_x, \tau_{xy})$ 和 $D_2(\sigma_y, \tau_{yx})$；③连接 D_1、D_2 两点，与 σ 轴交于 C 点；④以 C 点为圆心，$\overline{CD_1}$（或$\overline{CD_2}$）为半径画圆，即为所要作的应力圆；⑤由图可知有 $\sigma_1=\overline{OA_1}$，$\sigma_2=\overline{OA_2}$，$\sigma_3=0$(图 22-15)。

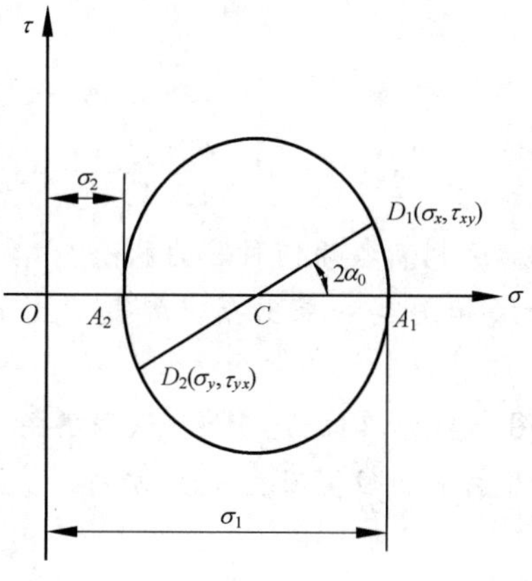

图 22-15

应力圆与单元体有如下对应关系：

① 点面对应。应力圆上某一点的坐标值，分别对应着单元体上某一方位面上的正应力与切应力。

② 转向对应。应力圆半径旋转时，单元体上斜截面的外法线绕 x 轴应沿相同转向旋转。

③ 二倍角对应。应力圆上的角度是相应单元体上角度的 2 倍。

④ 应力符号对应。单元体上正号正应力，在应力圆上位于纵坐标轴的右方，反之位于左方。使单元体有逆时针旋转趋势的切应力，在应力圆上位于横坐标轴的下方，反之位于上方。

3. 三向应力状态分析。

三向应力状态下有 3 个主应力 σ_1、σ_2、σ_3。对于任意两个主应力都可以画出 1 个应力圆。因此可以画出 3 个应力圆，即三向应力状态的应力圆。由图 22-16 可知，单元体的最大切应力为

$$\tau_{max}=\frac{\sigma_1-\sigma_3}{2}$$

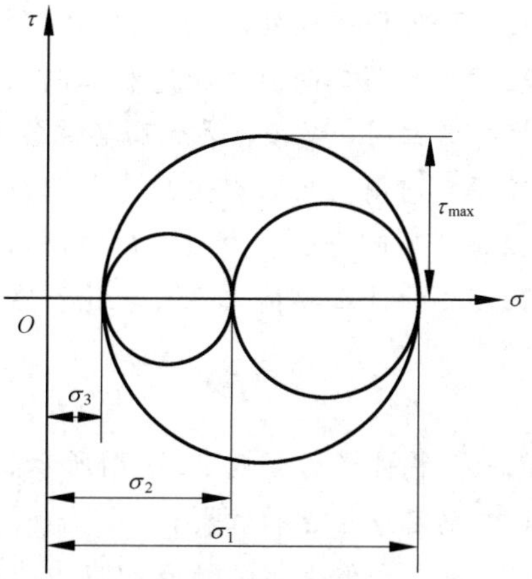

图 22-16

4. 以主应力表示的广义胡克定律。

$$\begin{cases}\varepsilon_1=\dfrac{1}{E}[\sigma_1-\mu(\sigma_2+\sigma_3)]\\ \varepsilon_2=\dfrac{1}{E}[\sigma_2-\mu(\sigma_3+\sigma_1)]\\ \varepsilon_3=\dfrac{1}{E}[\sigma_3-\mu(\sigma_1+\sigma_2)]\end{cases}$$

适用于材料为各向同性，变形在线弹性范围内。

5. 强度理论。

(1) 关于脆性断裂的理论。

① 最大拉应力理论(第一强度理论)。认为材料的破坏原因是由于最大拉应力的作用，其强度条件为

$$\sigma_1 \leqslant [\sigma]$$

② 最大伸长线应变理论(第二强度理论)。认为材料的破坏原因是由于最大伸长线应变的作用，其强度条件为

$$\sigma_1 - \mu(\sigma_2 + \sigma_3) \leqslant [\sigma]$$

(2) 关于塑性屈服的强度理论。

① 最大切应力理论(第三强度理论)。认为材料的破坏原因是由于最大切应力的作用，其强度条件为

$$\sigma_1 - \sigma_3 \leqslant [\sigma]$$

② 畸变能密度理论(第四强度理论)。认为材料的破坏原因是由于畸变能密度的作用，其强度条件为

$$\sqrt{\frac{1}{2}[(\sigma_1-\sigma_2)^2+(\sigma_2-\sigma_3)^2+(\sigma_3-\sigma_1)^2]} \leqslant [\sigma]$$

(3)强度理论的应用。

一般情况下，脆性材料选用第一、第二强度理论，塑性材料选用第三、四强度理论。但事实上材料的破坏(或失效)不仅取决于材料是塑性材料或脆性材料，而且与其所处的应力状态、温度和加载速度等因素有关。严格地说，在使用强度理论时，应区分为脆性状态和塑性状态，前者使用第一或第二强度理论，后者使用第三或第四强度理论。

思考题

22.1 何谓一点处的应力状态？研究它有何意义？

22.2 何谓二向应力状态和三向应力状态？圆轴受扭时，轴表面各点处于何种应力状态？梁受横力弯曲时，梁顶、梁底及其他各点处于何种应力状态？

22.3 何谓主应力？主应力与正应力的区别和联系是什么？

22.4 如何绘出应力圆？应力圆与单元体有何种对应关系？应力圆有哪些用途？

22.5 为什么要提出强度理论？常用的强度理论有哪几种？它们的适用范围是什么？

习题

22-1 构件受力如题 22-1 图所示。

(1) 确定危险点的位置；

(2) 用单元体表示危险点的应力状态。

22-2 三个单元体各面上的应力如题 22-2 图所示。试判断各为何种应力状态？

22-3 在如题 22-3 图所示应力状态中，试用解析法和图解法求出指定斜截面上的应力(应力单位为 MPa)。

22-4 单元体各个面上的应力如题 22-4 图所示，图中应力单位为 MPa。试用解析法和图解法求：①主应力大小，主平面位置；②在单元体上绘出主平面位置及主应力方向；③最大切应力。

22-5 试求如题 22-5 图所示各单元体的主应力及最大切应力。(应力单位为 MPa)

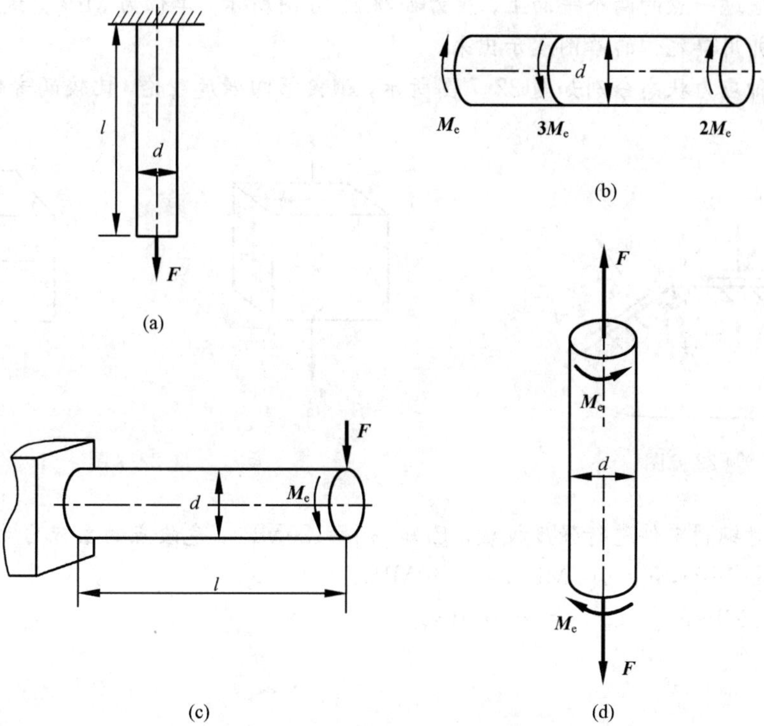

题 22-1 图

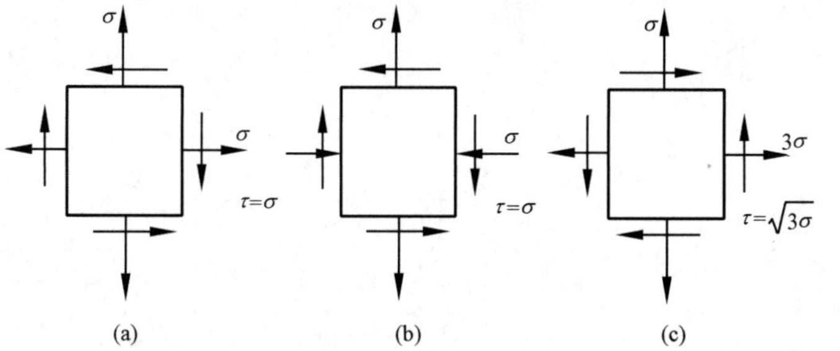

题 22-2 图

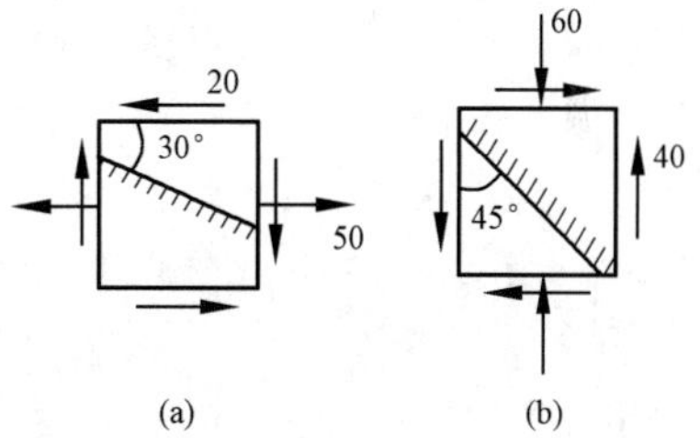

题 22-3 图

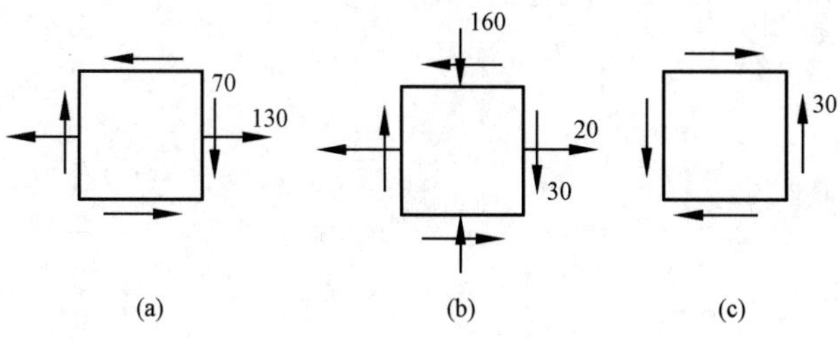

题 22-4 图

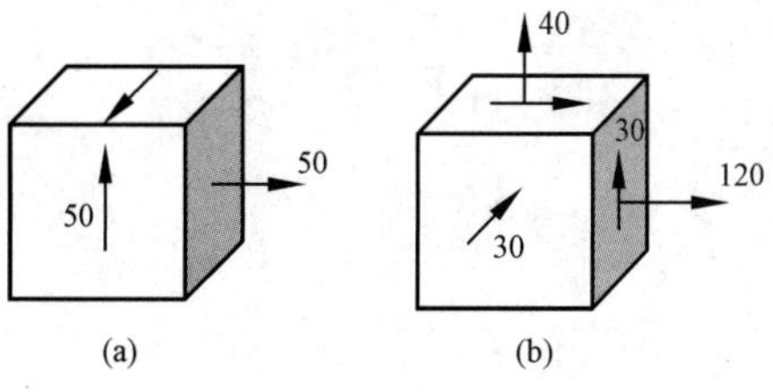

题 22-5 图

22-6 在通过一点的两个平面上，应力如题 22-6 图所示，单位为 MPa。试求主应力及主平面的位置，并用单元体的草图表示出来。

22-7 两种应力状态分别如题 22-7 图所示，试按第四强度理论，比较两者的危险程度。

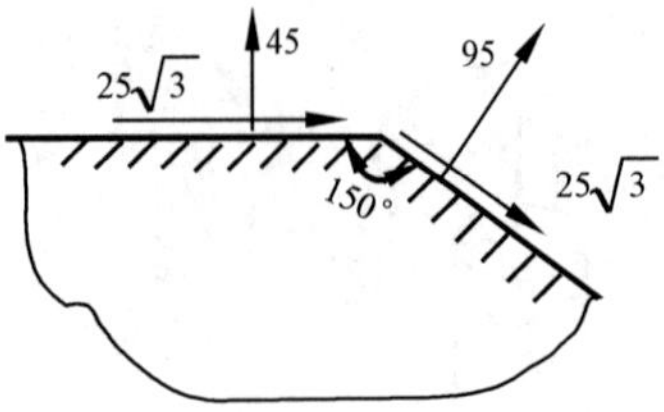

题 22-6 图

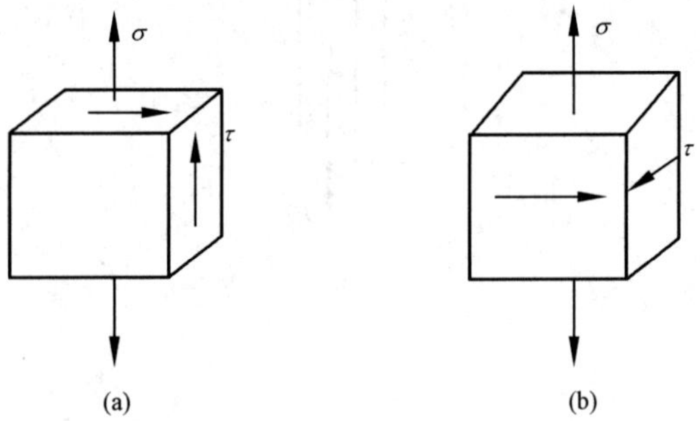

题 22-7 图

22-8 试对钢制零件进行强度校核，已知$[\sigma]=120$MPa，危险点的主应力为：

(1) $\sigma_1=140$MPa，$\sigma_2=100$MPa，$\sigma_3=40$MPa；

(2) $\sigma_1=60$MPa，$\sigma_2=0$，$\sigma_3=-50$MPa。

第 23 章 组合变形

23.1 组合变形的概念

前面各章分别讨论了杆件的拉伸(压缩)、剪切、扭转和弯曲等基本变形，并建立了相应的强度、刚度和稳定性设计准则。但在工程实际中，很多构件往往同时产生两种或两种以上的基本变形。例如，图 23-1(a)所示的化工塔器，除了受到重力作用，还受到水平风压力作用，因此其不仅产生压缩变形，同时还有弯曲变形；如图 23-1(b)所示的钻床立柱，经力系简化可以判断其不仅受轴向拉力作用，同时在纵向对称面内还有力偶作用，因此会产生拉伸变形和弯曲变形；如图 23-1(c)所示的传动轴受到作用面垂直于轴线的力偶和横向力共同作用产生扭转变形和弯曲变形。

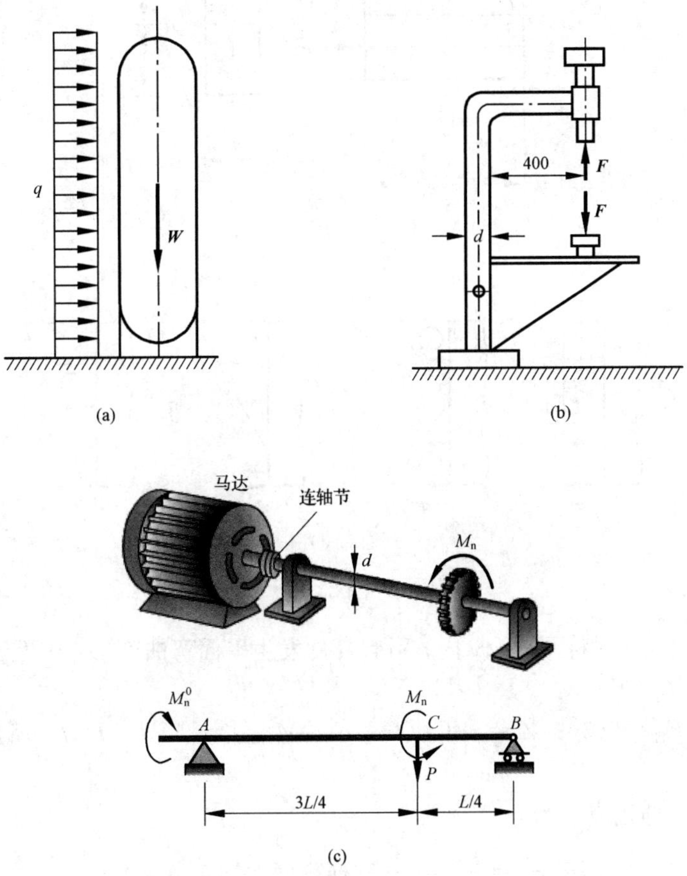

图 23-1

23-1

在外力作用下，构件同时产生两种或两种以上基本变形的情况，称为**组合变形**。

在小变形和线弹性条件下，构件上各种外力的作用彼此独立，互不影响，因此可以根据叠加原理对组合变形进行强度分析。具体步骤为：①将构件上的外载荷进行分组，使每组载荷作用对应一种基本变形；②对于每种基本变形，进行内力分析，判断构件的危险截面；③分别计算出每一种基本变形在危险面上的应力，并将这些应力进行叠加，由此确定危险点的位置以及应力状态；④根据危险点的应力状态，选择适当的强度理论（或强度条件）进行强度计算。

本章讨论工程中常见的两种简单的组合变形：拉伸（压缩）与弯曲的组合变形、扭转与弯曲的组合变形。

23.2 拉伸（压缩）与弯曲的组合

在外力作用下，构件同时产生拉伸（压缩）和弯曲变形时，称为**拉(压)弯组合变形**。

拉（压）弯组合变形是工程中常见的情况，如图 23-1（a）是压弯组合变形的实例，如图 23-1（b）是拉弯组合的实例。下面以图 23-2（a）所示矩形截面杆为例分析拉（压）弯组合变形的强度计算。

23-2

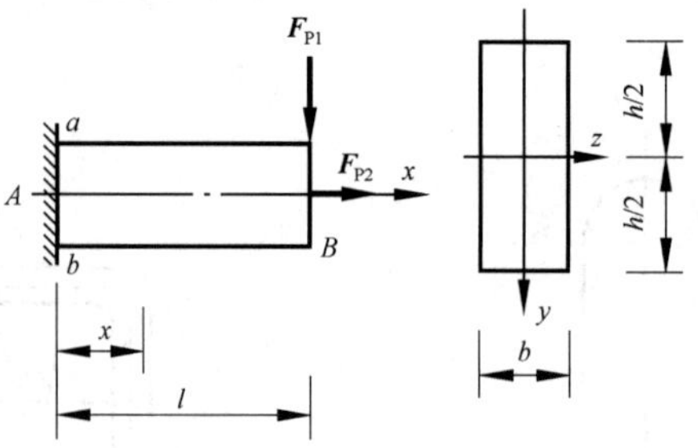

(a)

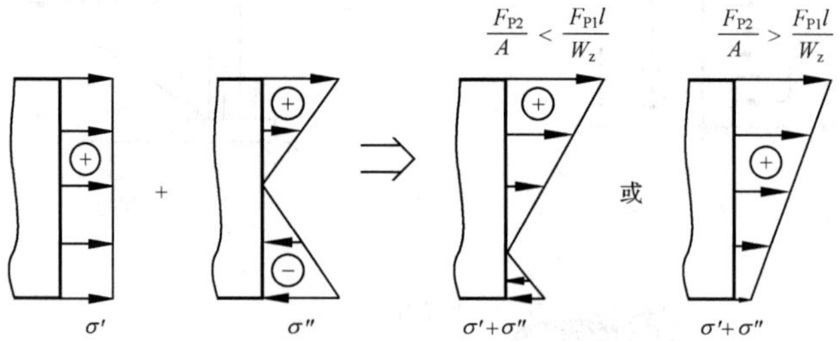

(b)

图 23-2

力 F_{P1} 作用在纵向对称平面 xy 内，引起杆件发生平面弯曲变形，中性轴是 z 轴；F_{P2} 引起杆件发生轴向拉伸变形。

内力：$F_N=F_{P2}=$常数；$M_z=-F_{P1}(l-x)$，$|M_{z\max}|=|M_z^A|=F_{P1}l$。所以此杆的危险截面为固定端截面 A。

应力：轴向拉伸正应力为

$$\sigma'=\frac{F_N}{A}=\frac{F_{P2}}{A}\text{（横截面上均匀分布）}$$

弯曲正应力为

$$\sigma'' = \frac{M_z}{I_z}y = -\frac{F_{P1}(l-x)}{I_z}y \quad \text{（横截面上呈线性分布）}$$

叠加可得任一横截面上任一点的正应力为

$$\sigma = \sigma' + \sigma'' = \frac{F_{P2}}{A} - \frac{F_{P1}(l-x)}{I_z}y \tag{23-1}$$

所以，杆件的最大、最小正应力发生在固定端截面（危险截面）的上、下边缘 a、b 处，其值为

$$\sigma_{max} = \frac{F_{P2}}{A} + \frac{F_{P1}l}{W_z} \text{（}>0\text{，拉应力）}$$

$$\sigma_{min} = \frac{F_{P2}}{A} - \frac{F_{P1}l}{W_z} \text{（可能为拉应力，也可能为压应力）}$$

所以固定端截面上的正应力分布如图 23-2(b)所示。因为危险点处于单向应力状态，故其强度条件为

$$\sigma_{max} \leqslant [\sigma]$$

根据强度条件可以对拉（压）弯构件进行强度计算。

【例 23-1】 小型压力机框架如图 23-3(a)所示，材料为灰铸铁 HT15-33，已知材料的许用拉应力$[\sigma_t]=30$MPa，许用压应力$[\sigma_c]=80$MPa，试校核框架立柱的强度。立柱的截面尺寸如图 23-3(b)所示。

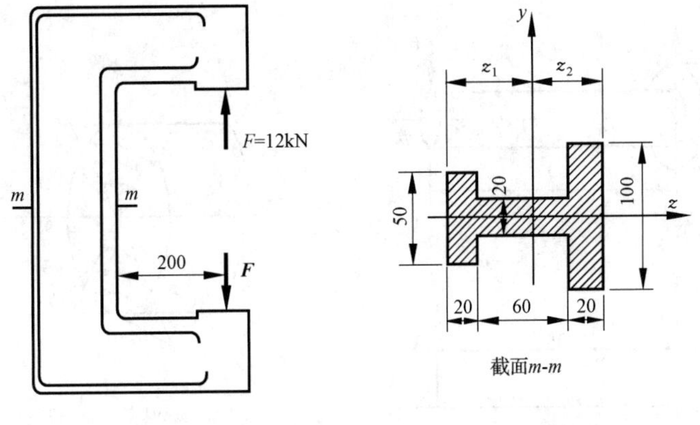

(a)　　(b)

图 23-3

23-3

解　(1) 根据截面尺寸，计算横截面面积，确定截面形心位置，求出主惯性矩。

$$A = 50\times20 + 60\times20 + 100\times20 = 4200(\text{mm}^2)$$

$$z_2 = \frac{100\times20\times10 + 60\times20\times50 + 50\times20\times90}{4200} = 40.5(\text{mm})$$

$$z_1 = 100 - 40.5 = 59.5(\text{mm})$$

$$\begin{aligned} I_y &= \left[\frac{100\times20^3}{12} + (40.5-10)^2\times(100\times20)\right] \\ &\quad + \left[\frac{20\times60^3}{12} + (50-40.5)^2\times(60\times20)\right] \\ &\quad + \left[\frac{50\times20^3}{12} + (90-40.5)^2\times(50\times20)\right] \\ &= 4.88\times10^6(\text{mm}^4) \end{aligned}$$

(2) 计算横截面 m-m 的内力。

$$F_N = F = 12\text{kN}$$

$$M_y = 12 \times (200 + 40.5) \times 10^{-3} = 2.89(\text{kN} \cdot \text{m})$$

(3) 校核强度。

$$\sigma_{\text{tmax}} = \frac{F_N}{A} + \frac{M_y z_2}{I_y} = \frac{12 \times 10^3}{4200} + \frac{2.89 \times 10^6 \times 40.5}{4.88 \times 10^6} = 26.8(\text{MPa}) < [\sigma_t] = 30(\text{MPa})$$

$$\sigma_{\text{cmax}} = \frac{M_y z_1}{I_y} - \frac{F_N}{A} = \frac{2.89 \times 10^6 \times 59.5}{4.88 \times 10^6} - \frac{12 \times 10^3}{4200} = 32.4(\text{MPa}) < [\sigma_c] = 80(\text{MPa})$$

所以，立柱满足强度要求。

23.3 扭转与弯曲的组合

在外力作用下，构件同时产生扭转和弯曲变形时，称为**扭弯组合变形**。扭转与弯曲的组合变形是工程中最常见的情况，多数传动轴都属于扭弯组合变形。下面以图 23-4(a)所示轴为例，说明构件在扭弯组合变形下的强度计算。

图 23-4(a)所示为圆截面轴，左端固定，右端自由，右端面受到集中力 P 和力偶矩 M_e 的作用，使轴发生扭转和弯曲的组合变形。

23-4

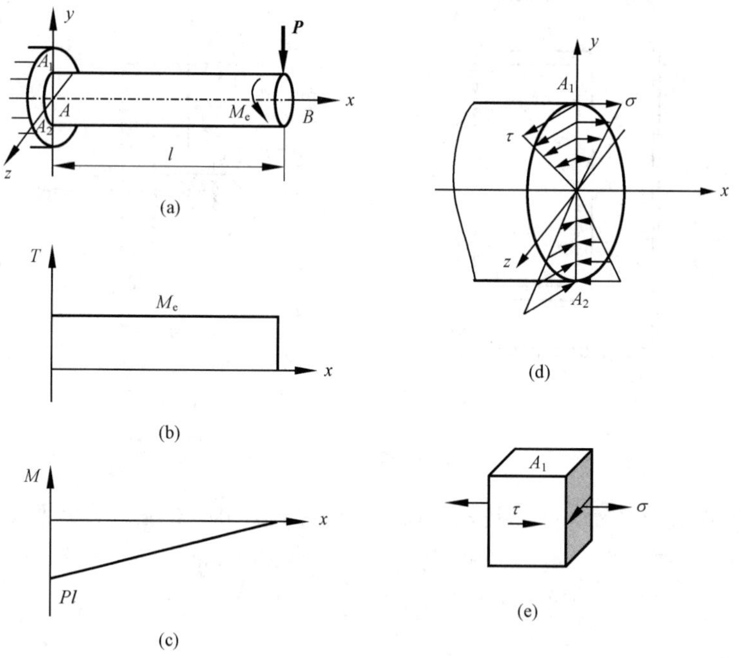

图 23-4

(1) 分别作圆轴的扭矩图和弯矩图，如图 23-4(b)、(c)所示，确定该轴的危险截面，并求其上的内力。显然此轴的危险截面发生在固定端 A 处，由于细长的实心轴可以略去弯曲剪力的影响，故只考虑其上的弯矩和扭矩：$M=Pl$，$T=M_e$。

(2) 由于正应力 σ 和切应力 τ 都按线性分布，因此在危险截面 A 上，铅垂直径上下两端点 A_1 和 A_2 是截面上的危险点，且两者危险程度相同。沿直径 $A_1 A_2$ 作应力分布图，如

图 23-4(d)所示，并计算危险点的应力。其值为

$$\sigma = \frac{M}{W_z}$$

式中，W_z 为轴的抗弯截面系数，圆轴的 $W_z = \frac{\pi d^3}{32}$。

$$\tau = \frac{T}{W_t}$$

式中，W_t 为轴的抗扭截面系数；圆轴的 $W_t = \frac{\pi d^3}{16}$。

(3) 强度条件。如果材料为塑性材料，则两个危险点只需校核一个的强度就可以了。在危险点 A_1(也可以是 A_2)取单元体，作其应力状态如图 23-4(e)所示，为二向应力状态。其主应力为

$$\left.\begin{aligned} \sigma_1 &= \frac{\sigma}{2} + \sqrt{\left(\frac{\sigma}{2}\right)^2 + \tau^2} \\ \sigma_2 &= 0 \\ \sigma_3 &= \frac{\sigma}{2} - \sqrt{\left(\frac{\sigma}{2}\right)^2 + \tau^2} \end{aligned}\right\}$$

代入第三和第四强度理论公式(22-13)和式(22-14)即可得扭弯组合的强度条件。按第三强度理论，强度条件为

$$\sqrt{\sigma^2 + 4\tau^2} \leqslant [\sigma] \tag{23-2}$$

注意到圆截面 $W_t = 2W_z$，弯扭组合的强度条件还可以写为

$$\frac{1}{W_z}\sqrt{M^2 + T^2} \leqslant [\sigma] \tag{23-3}$$

按第四强度理论，强度条件为

$$\sqrt{\sigma^2 + 3\tau^2} \leqslant [\sigma] \tag{23-4}$$

或者

$$\frac{1}{W_z}\sqrt{M^2 + 0.75T^2} \leqslant [\sigma] \tag{23-5}$$

【例 23-2】 如图 23-5(a)所示钢制圆截面的传动轴，由马达带动，已知轴的转速为 $n=300\text{r/min}$，马达功率为 $N_p = 10\text{kW}$，直径 $d=50\text{mm}$，齿轮重 $P=4\text{kN}$，$L=1.2\text{m}$，轴的许用应力$[\sigma]=160\text{MPa}$，试用第三强度理论校核轴的强度。(对实心轴可略去弯曲切应力的影响。)

解 转轴的计算模型如图 23-5(b)所示

(1) 计算马达传递的外力偶矩 M_e，则有

$$M_e = 9550\,\frac{N_p}{n} = 318.3\text{N}\cdot\text{m}$$

所以

$$T = M_e = 318.3\text{N}\cdot\text{m}$$

(2) 绘制内力图，并确定危险截面上的内力，内力图如图 23-5(c)、(d)所示，C 截面为危险截面，危险截面上的内力为 $T=318.3\text{N}\cdot\text{m}$，所以

$$M_{\max} = \frac{3PL}{16} = 900\text{N}\cdot\text{m}$$

(3) 用第三强度理论校核危险点的强度。由式(23-3)得

$$\frac{1}{W_z}\sqrt{M^2+T^2}=\frac{32\times10^6}{\pi\times50^3}\sqrt{(0.9)^2+(0.3183)^2}=77.79\text{MPa}<[\sigma]$$

所以该传动轴满足强度要求。

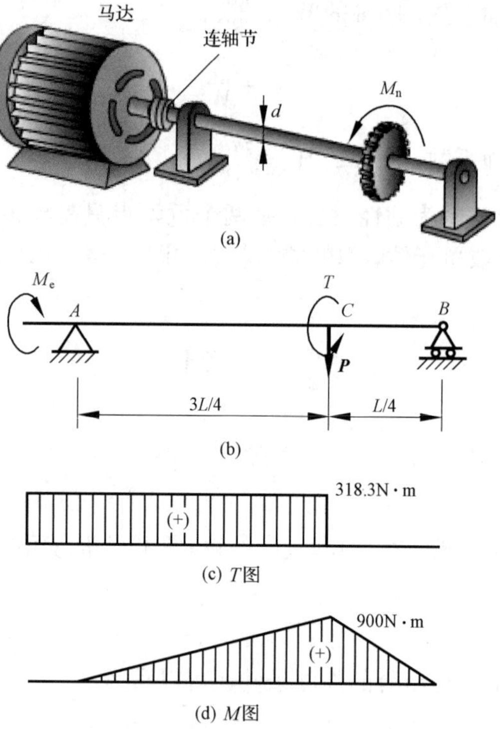

图 23-5

23-5

本章小结

1. 组合变形的概念及强度计算方法。

在外力作用下，构件同时产生两种或两种以上基本变形的情况，称为组合变形。

在小变形和线弹性条件下，构件上各种外力的作用彼此独立，互不影响，因此可以根据叠加原理对组合变形进行强度分析。步骤为:①将构件上的外载荷进行分组，使每组载荷作用对应一种基本变形；②对于每种基本变形，进行内力分析，判断构件的危险截面；③分别计算出每一种基本变形在危险面上的应力，并将这些应力进行叠加，由此确定危险点的位置以及应力状态；④根据危险点的应力状态，选择适当的强度理论(或强度条件)进行强度计算。

2. 拉伸(压缩)和弯曲的组合。

对这类组合变形情况，当危险截面确定以后，危险点的位置由弯曲变形决定，由叠加原理得危险点为单向应力状态，其强度条件为

$$\sigma_{\max}=\frac{|F_N|}{A}+\frac{|M|_{\max}}{W_z}\leqslant[\sigma]$$

对于脆性材料，需分别按最大拉应力和最大压应力进行强度计算。

3. 扭转与弯曲的组合变形。

圆截面杆件扭弯组合变形时，危险点处最大正应力和最大切应力分别为

$$\sigma=\frac{M}{W_z}\quad,\quad\tau=\frac{T}{W_t}$$

危险点处于二向应力状态。对于塑性材料，应用第三和第四强度理论，建立圆轴扭弯组

合变形下的强度条件

$$\frac{1}{W_z}\sqrt{M^2+T^2}\leqslant[\sigma]$$

或 $\sqrt{\sigma^2+4\tau^2}\leqslant[\sigma]$

$$\frac{1}{W_z}\sqrt{M^2+0.75T^2}\leqslant[\sigma]$$

或 $\sqrt{\sigma^2+3\tau^2}\leqslant[\sigma]$

式中，W_z 为抗弯截面系数。

思 考 题

23.1 用叠加原理解决组合变形强度问题的步骤是什么。

23.2 拉(压)弯组合杆件危险点的位置如何确定？建立强度条件时为什么不必利用强度理论？

23.3 弯扭组合的圆截面杆，在建立强度条件时，为什么要用强度理论？

23.4 为什么弯曲与拉伸组合变形时只需校核拉应力强度条件，而弯曲与压缩组合变形时脆性材料要同时校核压应力和拉应力强度条件？

23.5 同时承受拉伸、扭转和弯曲变形的圆截面杆件，按第三强度理论建立的强度条件是否可写成如下形式？为什么？

$$\frac{F_N}{A}+\frac{1}{W_z}\sqrt{M^2+T^2}\leqslant[\sigma]$$

习 题

23-1 求题 23-1 图所示杆在 $P=100$kN 作用下最大拉应力 σ 的数值，并指明其所在位置。尺寸单位为 mm。

23-2 悬臂吊车。如题 23-2 图所示，横梁采用 25a 号工字钢，梁长 $l=4$m，$\alpha=30°$，横梁重 $F_1=20$kN，电动葫芦重 $F_2=4$kN，横梁材料的许用应力$[\sigma]=100$MPa，试校核横梁的强度。

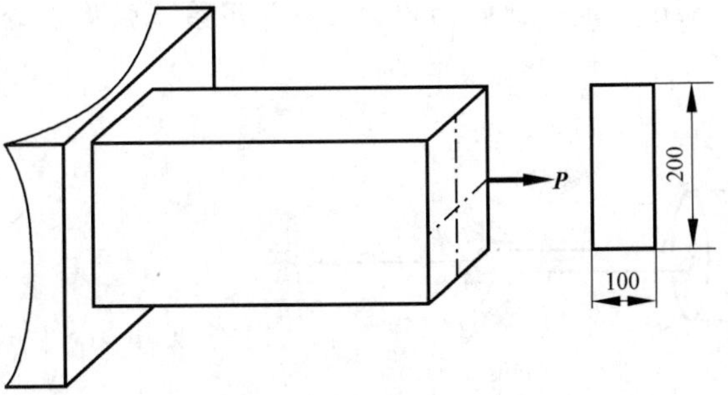

题 23-1 图

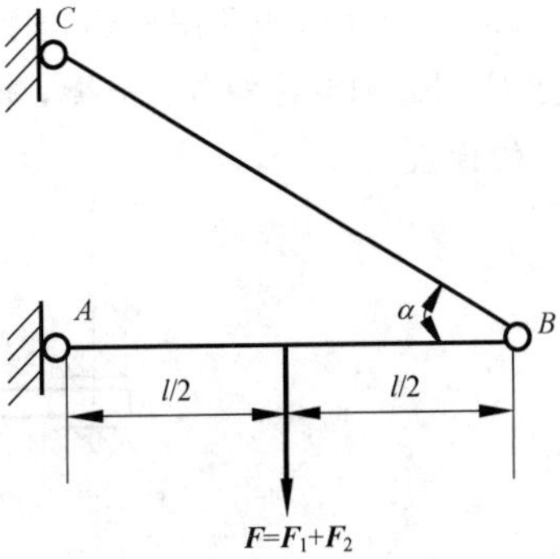

题 23-2 图

23-3 如题 23-3 图所示，圆截面水平直角折杆，直径 $d=60$mm，垂直分布载荷 $q=0.8$kN/m，$[\sigma]=80$MPa。试用第三强度理论校核其强度。

23-4 如题 23-4 图所示，直径为 20mm 的圆截面水平直角折杆，受垂直力 $P=0.2$kN，已知$[\sigma]=170$MPa。试用第三强度理论确定 a 的许可值。

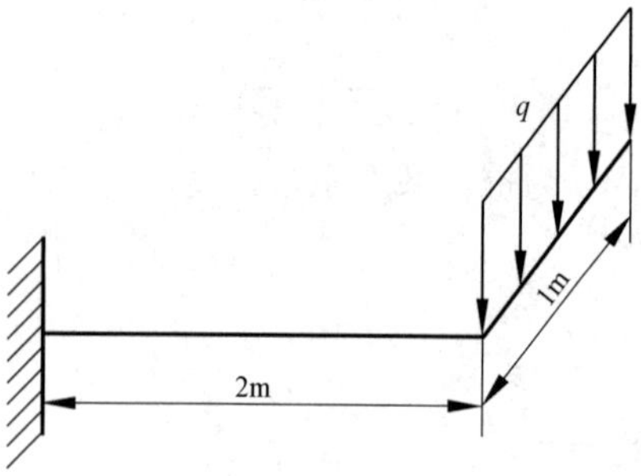

题 23-3 图

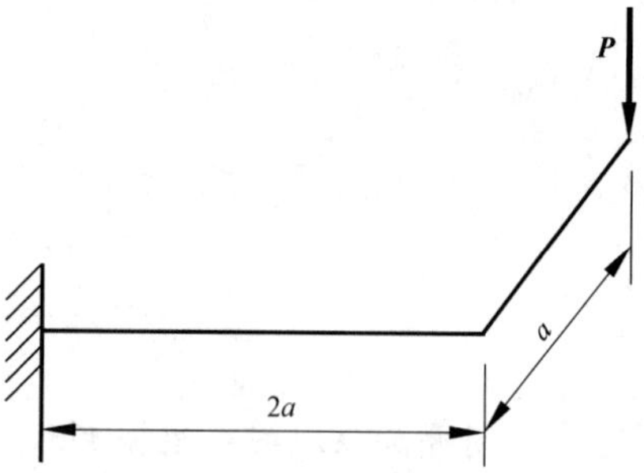

题 23-4 图

23-5 如题 23-5 图所示，铁道路标信号板，装在外径 $D=60\text{mm}$ 的空心圆柱上，空心圆柱的壁厚 $t=3\text{mm}$，信号板所受最大风载 $p=2\text{kN/m}^2$，$[\sigma]=60\text{MPa}$，试按第三强度理论校核空心圆柱的强度。

23-6 如题 23-6 图所示圆截面杆，受载荷 $\boldsymbol{F}_1$、$\boldsymbol{F}_2$ 和 T 作用，试按第三强度理论校核杆的强度。已知：$F_1=500\text{kN}$，$F_2=15\text{kN}$，$T=1.2\text{kN}\cdot\text{m}$，$[\sigma]=160\text{MPa}$。尺寸单位为 mm。

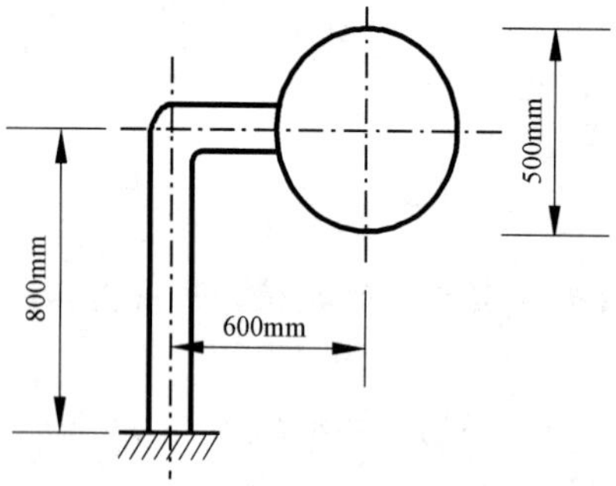

题 23-5 图

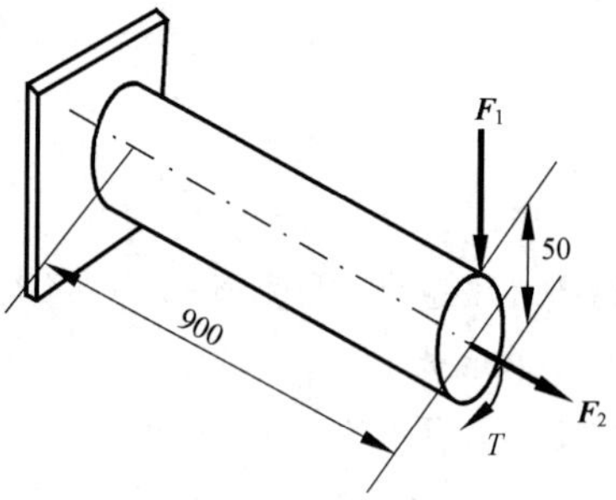

题 23-6 图

23-7 如题 23-7 图所示，传动轴 AB 直径 $d=80\text{mm}$，轴长 $l=2\text{m}$，$[\sigma]=100\text{MPa}$，轮缘挂重 $P=8\text{kN}$ 与转矩 M_e 平衡，轮直径 $D=0.7\text{m}$。试画出轴的内力图，并用第三强度理论校核轴的强度。

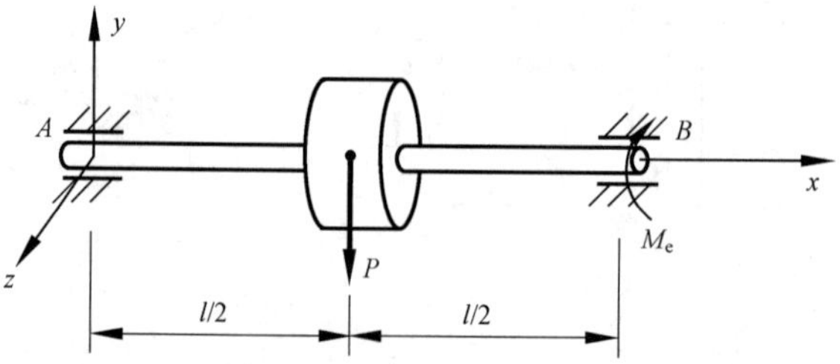

题 23-7 图

第 24 章 压杆稳定

24.1　压杆稳定的概念

在杆件的轴向拉伸与压缩一章中对受压杆件的研究是从强度的观点出发的，即认为只要满足压缩的强度条件就可以保证压杆正常工作。但是，实践与理论证明，这个结论只适用于短粗压杆，对细长压杆，此结论并不适用。

细长压杆受压时表现出与强度失效截然不同的性质。以一个简单的试验来说明。取一枚铁钉与一根直径相同的长铁丝，铁钉能承受手的较大的压力，但长铁丝在较小的压力下就会变弯。细长压杆表现出的这种与强度、刚度问题完全不同的性质，就是稳定性问题。我们把受压直杆丧失原有的直线平衡状态，称为压杆丧失稳定，简称**失稳**。

现以图 24-1 所示压杆来说明压杆的稳定性问题。当杆件受到一逐渐增加的轴向压力 $\boldsymbol{F}$ 作用时，其始终可以保持直线平衡状态。如果作用一侧向干扰力 $\boldsymbol{F}_1$，压杆会产生微小的弯曲变形(如图 24-1(a)中虚线所示)，而当干扰力消失后，会出现以下 3 种情况：

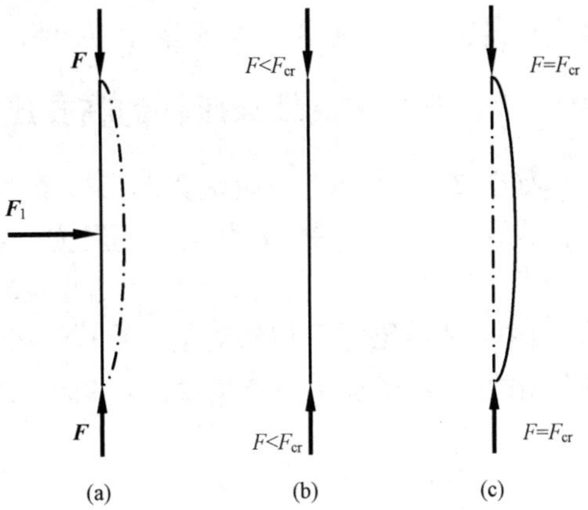

图 24-1　中心受压直杆的稳定性分析

24-1

压杆稳定

(1) 当轴向压力 F 值较小时($F<F_{cr}$)，横向干扰去除后，压杆将恢复为原来的直线平衡位置，如图 24-1(b)所示。这表明，此时压杆的平衡是稳定的。

(2) 当轴向压力 F 值大于 F_{cr}时，撤除横向干扰力后，压杆不仅不能恢复直线形状，而且将继续弯曲，产生显著的弯曲变形。这表明，压杆原有的直线平衡状态是不稳定的。

(3) 当轴向压力等于 F_{cr}时，横向干扰消除后，压杆不能回到原来的直线平衡状态，而是在微弯状态下保持平衡，如图 24-1(c)所示，此时，称压杆介于稳定与不稳定的临界平衡状态。压杆处于临界状态时的轴向压力称为压杆的**临界压力**，用 F_{cr}表示。

由上述可知，压杆的原有直线平衡状态是否稳定，与所受轴向压力大小有关。当轴向压力达到临界压力时，压杆即向失稳过渡。所以，对于压杆稳定性的研究，关键在于确定压杆的临界压力。

除细长压杆外，其他形式的构件同样存在稳定性问题。如图 24-2 所示，承受径向外压的圆筒形薄壁容器，当外压 p 达到或超过一定数值时，截面会突然由圆环形变成椭圆形。

在工程实际中，有许多受压构件是需要考虑稳定性的。例如，千斤顶的丝杠，托架中的压杆(图 24-3)，采矿工程中的钻杆等，如果这些构件过于细长，在轴向压力较大时就有可能失稳而破坏。这种破坏往往是突然发生的，会造成工程结构的损坏。因此，在设计这类构件时，进行稳定性计算是非常必要的。

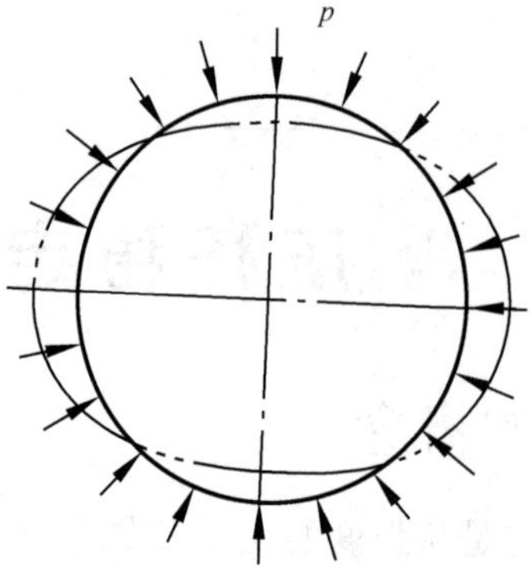

图 24-2

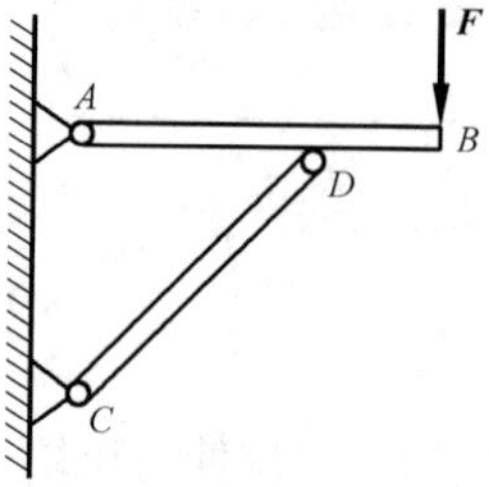

图 24-3

24.2 细长压杆临界压力的欧拉公式

由上节内容分析可知，使压杆在微弯状态保持平衡的最小轴向压力即为压杆的**临界压力**。对确定的压杆来说，判断其是否会丧失稳定，主要取决于轴向压力是否达到了临界值 F_{cr}。因此，根据压杆的不同条件来确定相应的临界载荷 F_{cr}，是解决压杆稳定问题的关键。

24.2.1 两端铰支细长压杆的临界压力

如图 24-4 所示，一两端为球形铰支的细长压杆，在轴向压力 $\boldsymbol{F}$ 作用下处于微弯平衡状态。设距原点为 x 的任意截面的挠度为 w，则该截面的弯矩为

$$M = -Fw \tag{a}$$

式(a)中，轴向压力 F 取绝对值。这样，在图 24-4 所示的坐标系中弯矩 M 与挠度 w 的符号总相反，故式(a)中加了一个负号。对微小的弯曲变形，挠曲线的近似微分方程为

$$\frac{\mathrm{d}^2 w}{\mathrm{d}x^2} = \frac{M(x)}{EI} \tag{b}$$

将式(a)代入式(b)得

$$\frac{\mathrm{d}^2 w}{\mathrm{d}x^2} = -\frac{Fw}{EI} \tag{c}$$

引入记号

$$k^2 = \frac{F}{EI} \tag{d}$$

于是式(c)可写成

$$\frac{\mathrm{d}^2 w}{\mathrm{d}x^2} + k^2 w = 0 \tag{e}$$

式(e)是一个常系数二阶齐次微分方程，其通解为

$$w = A\sin kx + B\cos kx \tag{f}$$

式中，A、B 为积分常数，可由压杆两端的边界条件确定。

两端铰支压杆的位移边界条件为

$$当\ x=0\ 时，w=0；$$
$$当\ x=l\ 时，w=0$$

将以上条件代入式(f)得

$$\left.\begin{aligned}0\cdot A+B=0\\ \sin(kl)\cdot A+\cos(kl)\cdot B=0\end{aligned}\right\}$$

上式是关于 A、B 的齐次线性方程组，其有非零解的条件是

$$\begin{vmatrix}0 & 1\\ \sin(kl) & \cos(kl)\end{vmatrix}=0$$

由此可得 $\sin(kl)=0$。

满足这一条件的 kl 值为 $kl=n\pi$，可得

$$F=\frac{n^2\pi^2EI}{l^2}\quad(n=0,\ 1,\ 2,\ \cdots)$$

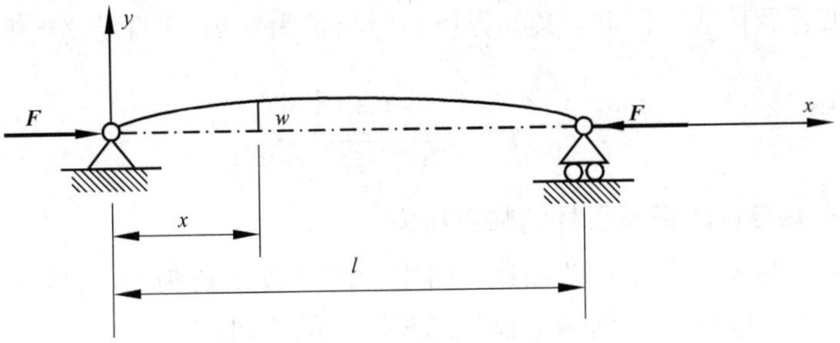

图 24-4

24-4

如前所述，使压杆保持微弯平衡的最小轴向压力即为压杆的临界载荷。因此取 $n=1$，即得两端铰支细长压杆的临界压力的计算公式为

$$F_{cr}=\frac{\pi^2EI}{l^2}\tag{24-1}$$

式(24-1)最早由欧拉(L. Euler)导出，也称为欧拉公式。从公式可以看出，临界载荷 F_{cr} 与杆的抗弯刚度 EI 成正比，而与杆长的平方成反比，即杆越细长，其临界载荷越小，越容易失稳。需要注意的是，如果压杆两端为球形铰支，则上式中的惯性矩 I 应为压杆横截面的最小惯性矩。因为压杆失稳时，总是在抗弯能力最小的纵向平面内弯曲。

综合以上讨论，当取 $n=1$ 时，$k=\frac{\pi}{l}$，得到压杆失稳时的挠曲线方程为

$$w=A\sin\frac{\pi x}{l}\tag{24-2}$$

此曲线为一“半波正弦曲线”，式(24-2)中，A 为杆件中点的挠度，它的数值随干扰的大小而变化。

24.2.2 其他支承条件下细长压杆的临界压力

压杆两端的约束除了同为铰支外，还可能有其他支承的情形。对于其他支承条件下的压杆，其临界压力仍可以仿照前面所述的方法推导出来，这里不再详细讨论。另外，我们可以利用两端铰支压杆的欧拉公式，通过比较失稳时的挠曲线形状，采用类比的方法导出几种常见的约束条件下压杆临界压力的计算公式。

两端铰支细长压杆挠曲线的形状为一个半波正弦曲线(两端弯矩为零，是拐点)。对于杆端为其他约束条件的细长压杆，若在挠曲线上能找到两个拐点(表示弯矩 $M=0$ 的截面)，则可把两截面之间的一段杆看作两端铰支的细长压杆，其临界压力应与相同长度的两端铰支细长压杆相同。

1. 两端固定细长压杆的临界压力

对于两端固定的压杆，其挠曲线在距离两端点$\frac{l}{4}$处各有一个拐点，中间长为$\frac{l}{2}$的一段成一个半波正弦曲线，因此可视为长为$\frac{l}{2}$的两端铰支压杆，其临界压力为

$$F_{cr}=\frac{\pi^2 EI}{(0.5l)^2}$$

2. 一端固定一端铰支细长压杆的临界压力

在此种杆端约束下，此挠曲线上距固定端 $0.3l$ 处有一个拐点。因此，在 $0.7l$ 长度内，挠曲线是一条半波正弦曲线。因此，其临界压力应与长为 $0.7l$ 且两端铰支细长压杆的临界压力公式相同，即

$$F_{cr}=\frac{\pi^2 EI}{(0.7l)^2}$$

3. 一端固定一端自由的细长压杆的临界压力

此压杆的挠曲线为半个半波正弦曲线，相当于两端铰支长为 $2l$ 的压杆挠曲线的上半部分。因此，其临界压力与长为 $2l$ 的两端铰支细长压杆的相同，即

$$F_{cr}=\frac{\pi^2 EI}{(2l)^2}$$

表 24-1 给出了各种支承条件下等截面细长压杆临界压力的计算公式。将不同约束条件下细长压杆的临界压力计算式写成如下统一的形式：

$$F_{cr}=\frac{\pi^2 EI}{(\mu l)^2} \tag{24-3}$$

表 24-1　各种约束条件下等截面细长压杆临界压力的欧拉公式

支承情况	两端铰支	一端固定另端铰支	两端固定	一端固定另端自由
失稳时挠曲线形状	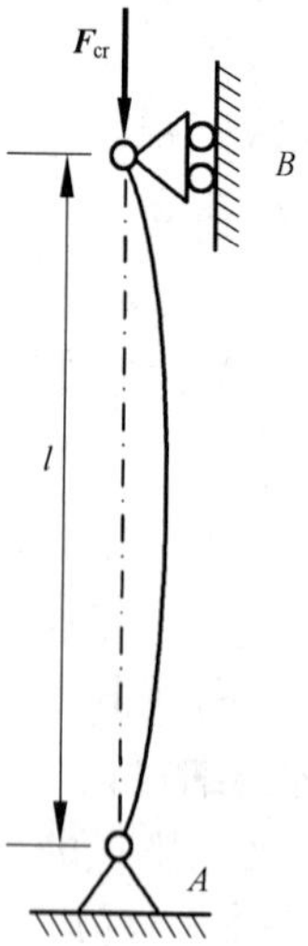	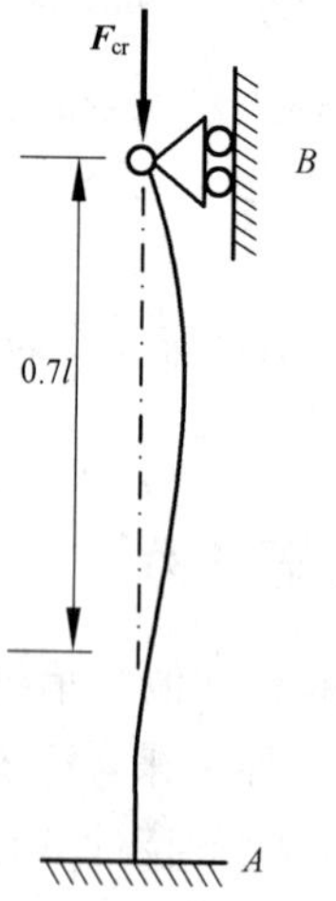	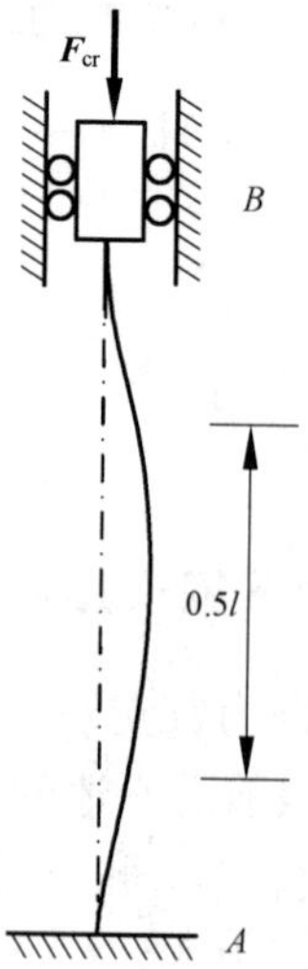	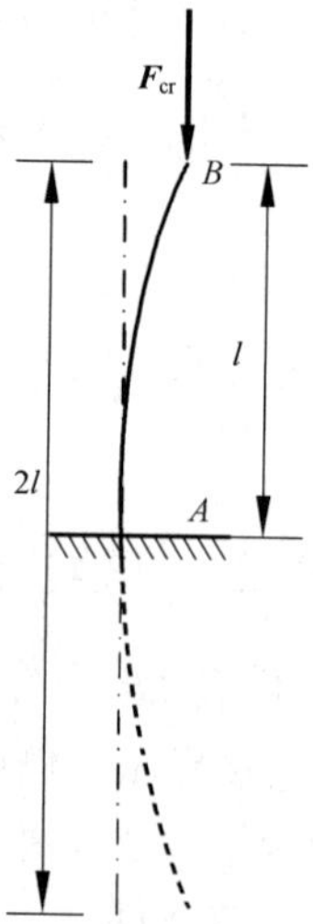
临界压力的欧拉公式	$F_{cr}=\frac{\pi^2 EI}{l^2}$	$F_{cr}=\frac{\pi^2 EI}{(0.7l)^2}$	$F_{cr}=\frac{\pi^2 EI}{(0.5l)^2}$	$F_{cr}=\frac{\pi^2 EI}{(2l)^2}$
长度系数 μ	$\mu=1$	$\mu=0.7$	$\mu=0.5$	$\mu=2$

表 24-1

式(24-3)称为欧拉公式的一般形式。系数 μ 称为长度因数，与压杆的杆端约束情况有关；μl 称为相当长度，表示把长为 l 的压杆折算成两端铰支压杆后的长度。

应当指出，上表中所列的只是几种典型情况，实际问题中的约束情况可能更复杂，计算时需根据实际约束情况进行分析。

24-5

【例 24-1】 如图 24-5 所示，矩形截面压杆，上端自由，下端固定。已知 $b=3\text{cm}$，$h=5\text{cm}$，杆长 1.5m，材料的弹性模量为 200GPa，试计算压杆的临界压力。

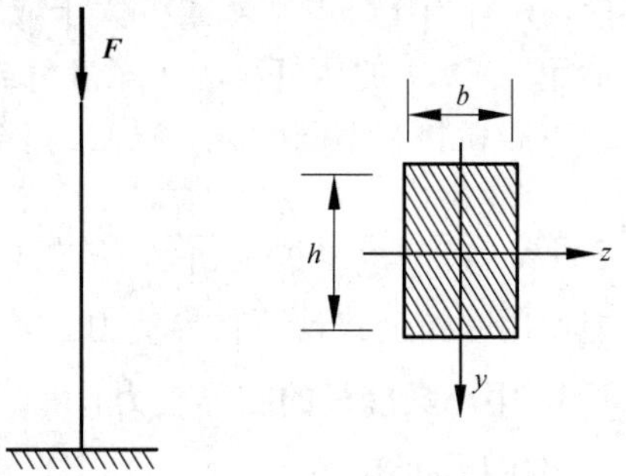

图 24-5

解 根据此压杆两端约束条件，$\mu=2$

$$I_y=\frac{hb^3}{12}<I_z=\frac{bh^3}{12}$$

所以压杆在 xOz 平面内失稳

$$I_y=\frac{hb^3}{12}=\frac{5\times10^{-2}\times(3\times10^{-2})^3}{12}=11.25\times10^{-8}(\text{m}^4)$$

由压杆临界压力的计算公式，得

$$F_{\text{cr}}=\frac{\pi^2EI_y}{(\mu l)^2}=\frac{\pi^2\times200\times10^9\times11.25\times10^{-8}}{(2\times1.5)^2}=24674(\text{N})=24.67(\text{kN})$$

24.3 临界应力与欧拉公式的应用范围

1. 细长压杆的临界应力

压杆处于临界平衡状态时横截面上的平均应力称为**临界应力**，用 σ_{cr} 表示。可由压杆的横截面积除临界压力得到，即

$$\sigma_{\text{cr}}=\frac{F_{\text{cr}}}{A}=\frac{\pi^2EI}{(\mu l)^2A}$$

注意到式中 $I/A=i^2$，即 $i=\sqrt{\dfrac{I}{A}}$ 为压杆横截面的惯性半径。引用记号

$$\lambda=\frac{\mu l}{i} \tag{24-4}$$

可得

$$\sigma_{\text{cr}}=\frac{\pi^2E}{\lambda^2} \tag{24-5}$$

式(24-5)即为细长压杆临界应力的欧拉公式。式中，λ 综合反映了压杆的长度、约束形式及截面几何性质等因素对临界应力的影响，是描述压杆稳定性能的重要参数，称为**柔度或长细比**。

2. 欧拉公式的应用范围

在推导临界应力的欧拉公式时是根据挠曲线的近似微分方程建立的，而该微分方程是在材料服从胡克定律，即在线弹性范围内才成立的。因此，使用欧拉公式的前提条件为：杆内应力不超过材料的比例极限 σ_{p}，即

$$\sigma_{\text{cr}}=\frac{\pi^2E}{\lambda^2}\leqslant\sigma_{\text{p}}$$

可得

$$\lambda\geqslant\sqrt{\frac{\pi^2E}{\sigma_{\text{p}}}}=\lambda_{\text{p}} \tag{24-6}$$

$\lambda_p=\sqrt{\dfrac{\pi^2 E}{\sigma_p}}$为适用欧拉公式的最小柔度，其值仅与材料的弹性模量$E$及比例极限$\sigma_p$有关。显然，只有当压杆的实际柔度大于或等于材料的比例极限σ_p所对应的柔度值λ_p时，欧拉公式才适用。$\lambda \geqslant \lambda_p$的压杆称为**大柔度杆或细长杆**。

不同材料有不同的λ_p，以Q235钢为例，弹性模量$E=206\text{GPa}$，比例极限$\sigma_p=200\text{MPa}$，则$\lambda_p=\sqrt{\dfrac{\pi^2 E}{\sigma_p}}=\pi\sqrt{\dfrac{206\times10^9}{200\times10^6}}\approx100$。因此，由Q235钢制成的压杆，只有当柔度$\lambda\geqslant100$时，才能使用欧拉公式计算临界应力。

3. 中小柔度杆的临界应力

当压杆的柔度值$\lambda<\lambda_p$时，其临界应力超过了材料的比例极限，这时欧拉公式已不适用。这类压杆的临界应力在工程计算中常采用建立在试验基础上的经验公式来计算。常见的经验公式有直线公式和抛物线公式。

1）直线公式

直线公式的一般表达式为

$$\sigma_{cr}=a-b\lambda \tag{24-7}$$

式中，a和b为与材料性能有关的常数，单位为MPa。表24-2列出了几种常见材料的a、b值。

表24-2　几种常见材料的a、b及λ_p、λ_s值

材料	a/MPa	b/MPa	λ_p	λ_s
Q235钢	304	1.12	100	61.4
优质碳钢	461	2.568	100	60
硅钢	578	3.744	100	60
铸铁	332.2	1.454	80	
强铝	373	2.15	50	

由上述公式可知，压杆的临界应力随柔度λ的减小而增大。当λ小于某一数值时，按直线公式求得的临界应力会超过材料的屈服极限σ_s或强度极限σ_b，这是杆件强度条件不允许的。因此，只有在临界应力不超过屈服极限σ_s（或强度极限σ_b）时，直线公式才适用。以塑性材料为例，它的应用条件可表示为

$$\lambda>\frac{a-\sigma_s}{b}=\lambda_s \tag{24-8}$$

式中，λ_s是与材料屈服极限σ_s对应的柔度值。$\lambda_s=\dfrac{a-\sigma_s}{b}$为使用直线公式的最小柔度值。所以直线公式的适用范围是$\lambda_s\leqslant\lambda\leqslant\lambda_p$。柔度在$\lambda_s$和$\lambda_p$之间的压杆称为**中柔度杆或中长杆**。对Q235钢来说，$\sigma_s=235\text{MPa}$，$a=304\text{MPa}$，$b=1.12\text{MPa}$。将这些数值代入式(24-8)，得$\lambda_s=\dfrac{304-235}{1.12}=61.6$。

柔度小于λ_s的压杆称为**小柔度杆或粗短杆**。实验证明，这类压杆的破坏是因为应力达到材料的屈服极限σ_s（或强度极限σ_b），属于强度问题，而不会出现失稳现象。若将这类压杆也

按稳定形式处理，则材料的临界应力 σ_{cr} 表示为

$$\sigma_{cr} = \sigma_s \tag{24-9}$$

综上所述，根据压杆的柔度值可将其分为三类，并按不同的公式计算临界应力。临界应力随柔度变化的关系曲线如图 24-6 所示，简称为压杆的**临界应力总图**。

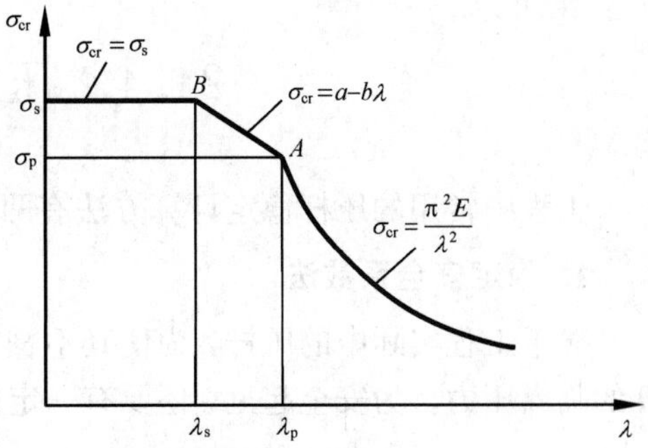

图 24-6　直线型临界应力总图

24-6

2) 抛物线公式

抛物线公式把临界应力与柔度表示为下面的抛物线关系：

$$\sigma_{cr} = a_1 - b_1\lambda^2 \tag{24-10}$$

式中，a_1 和 b_1 也是与材料性质有关的常数。

在我国钢结构中把临界应力 σ_{cr} 与柔度 λ 的关系表示为

$$\sigma_{cr} = \sigma_s\left[1 - a\left(\frac{\lambda}{\lambda_c}\right)^2\right] \quad (\lambda \leqslant \lambda_c) \tag{24-11}$$

式中，σ_s 是材料的屈服强度；a 是与材料性质有关的系数；λ_c 是欧拉公式与抛物线公式适用范围的分界柔度。

【例 24-2】 一两端铰支的空心圆管，其外径 $D=50\text{mm}$，内径 $d=25\text{mm}$，材料的 $\lambda_p=120$，$\lambda_s=70$，其直线经验公式为 $\sigma_{cr}=304-1.12\lambda$。试求：

(1) 可应用欧拉公式计算压杆临界应力的最小长度；

(2) 当压杆长度为 $\frac{2}{3}l_{min}$，其临界应力的值。

解 (1) 由式(24-4)可知，压杆的柔度为 $\lambda=\frac{\mu l}{i}$。

惯性半径

$$i = \sqrt{\frac{I}{A}} = \sqrt{\frac{\frac{\pi(D^4-d^4)}{64}}{\frac{\pi(D^2-d^2)}{4}}} = \frac{1}{4}\sqrt{D^2+d^2} = \frac{1}{4}\sqrt{50^2+25^2} \approx 14(\text{mm})$$

由欧拉公式的应用条件

$$\lambda = \frac{\mu l}{i} \geqslant \lambda_p = 120$$

可得

$$l \geqslant \frac{\lambda_p i}{\mu} = \frac{120\times 14}{1} = 1680(\text{mm}) = 1.68(\text{m})$$

所以压杆的最小长度为

$$l_{min} = 1.68(\text{m})$$

(2) 当压杆长度 $l=\frac{2}{3}l_{min}$ 时，其柔度值为

$$\lambda = \frac{\mu l}{i} = \frac{2}{3}\times\frac{\mu l_{min}}{i} = \frac{2}{3}\lambda_p = 80$$

因为 $\lambda_s<\lambda<\lambda_p$，所以应用直线公式计算临界应力

$$\sigma_{cr} = 304 - 1.12\lambda = 304 - 1.12\times 80 = 214.4(\text{MPa})$$

24.4 压杆的稳定性计算

工程中常用的压杆稳定计算方法有两种，一是稳定安全系数法，二是折减系数法。

1. 稳定安全系数法

对于工程实际中的压杆，为使其不丧失稳定，就必须使压杆所承受的轴向压力 F 小于压杆的临界压力。为安全起见，还要有一定的安全因数。因此，压杆的稳定条件为

$$n=\frac{F_{cr}}{F}\geqslant n_{st} \tag{24-12}$$

式中，n 为压杆的工作安全因数；F_{cr}为压杆的临界压力；n_{st}为规定的稳定安全因数。

在选择稳定安全因数时，考虑到压杆存在初弯曲、加载偏心等不利因素，因此，稳定安全因数一般大于强度安全因数。其值可从有关设计手册中查得。

2. 折减系数法

式(24-12)是用安全系数形式表示的稳定性条件，在钢结构中常采用折减系数法对压杆进行稳定性计算，稳定性条件表示为

$$\sigma=\frac{F_N}{A}\leqslant\varphi[\sigma] \tag{24-13}$$

式中，φ 称为折减系数。φ 是 λ 的函数，且总有 $\varphi<1$。几种常用材料压杆的折减系数列于表 24-3中。

表 24-3 折减系数表

λ	0	1	2	3	4	5	6	7	8	9
0	1.000	1.000	1.000	1.000	0.999	0.999	0.998	0.998	0.997	0.996
10	0.995	0.994	0.993	0.992	0.991	0.989	0.988	0.987	0.985	0.983
20	0.981	0.979	0.977	0.975	0.973	0.971	0.969	0.966	0.963	0.961
30	0.958	0.956	0.953	0.950	0.947	0.944	0.941	0.937	0.934	0.931
40	0.927	0.923	0.920	0.916	0.912	0.908	0.904	0.900	0.896	0.892
50	0.888	0.884	0.879	0.875	0.870	0.816	0.861	0.856	0.851	0.847
60	0.842	0.837	0.832	0.826	0.821	0.866	0.811	0.805	0.800	0.795
70	0.789	0.784	0.778	0.772	0.767	0.761	0.755	0.749	0.743	0.737
80	0.731	0.725	0.719	0.713	0.707	0.701	0.695	0.688	0.682	0.676
90	0.669	0.663	0.657	0.650	0.644	0.637	0.631	0.624	0.617	0.611
100	0.604	0.597	0.591	0.584	0.577	0.570	0.563	0.557	0.550	0.543
110	0.536	0.529	0.522	0.515	0.508	0.501	0.494	0.487	0.480	0.473
120	0.466	0.459	0.452	0.445	0.439	0.432	0.426	0.420	0.413	0.407
130	0.401	0.396	0.390	0.384	0.379	0.374	0.369	0.364	0.359	0.354
140	0.349	0.344	0.340	0.335	0.331	0.327	0.322	0.318	0.314	0.310
150	0.306	0.303	0.299	0.295	0.292	0.288	0.285	0.281	0.278	0.275
160	0.272	0.268	0.265	0.262	0.259	0.256	0.254	0.251	0.248	0.245

续表

λ	0	1	2	3	4	5	6	7	8	9
170	0.243	0.240	0.237	0.235	0.232	0.230	0.227	0.225	0.223	0.220
180	0.218	0.216	0.214	0.212	0.210	0.207	0.205	0.203	0.201	0.199
190	0.197	0.196	0.194	0.192	0.190	0.188	0.187	0.185	0.183	0.181
200	0.180	0.178	0.176	0.175	0.173	0.172	0.170	0.169	0.167	0.166
210	0.164	0.163	0.162	0.160	0.159	0.158	0.156	0.155	0.154	0.152
220	0.151	0.150	0.149	0.147	0.146	0.145	0.144	0.143	0.142	0.141
230	0.139	0.138	0.137	0.136	0.135	0.134	0.133	0.132	0.131	0.130
240	0.129	0.128	0.127	0.126	0.125	0.125	0.124	0.123	0.122	0.121
250	0.120									

需要注意的是，由于压杆的稳定性取决于整个杆的弯曲刚度，局部削弱(如钻孔、开槽等)对杆件整体变形的影响很小。所以计算临界应力或临界压力时可采用削弱前的横截面积和惯性矩。但对于被削弱的横截面还应进行强度校核。

【例 24-3】 一两端固定的压杆长 $l=2000\text{mm}$，直径 $d=60\text{mm}$。材料为 Q235 钢，承受的最大压力 $F=150\text{kN}$，规定的稳定安全因数 $n_{st}=4$，试校核此压杆的稳定性。

解 (1) 计算柔度。

由压杆的约束条件，长度因数 $\mu=0.5$，惯性半径为

$$i=\sqrt{\frac{I}{A}}=\sqrt{\frac{\frac{\pi d^4}{64}}{\frac{\pi d^2}{4}}}=\frac{d}{4}=\frac{60}{4}=15(\text{mm})$$

所以

$$\lambda=\frac{\mu l}{i}=\frac{0.5\times 2000}{15}=66.7$$

(2) 计算临界压力。

因 $\lambda_s=60<\lambda<\lambda_p=100$，故此杆属于中长杆，用经验公式计算临界应力。查表 24-2 得 $a=304\text{MPa}$，$b=1.12\text{MPa}$，则

$$\sigma_{cr}=a-b\lambda=304-1.12\times 66.7=229.3(\text{MPa})$$

$$F_{cr}=A\sigma_{cr}=\frac{\pi}{4}\times(60\times 10^{-3})^2\times 229.3\times 10^6=648\times 10^3(\text{N})$$

(3) 校核压杆的稳定性。

$$n=\frac{F_{cr}}{F}=\frac{648}{150}=4.32>n_{st}=4$$

所以此压杆是稳定的。

【例 24-4】 已知平面磨床液压传动装置示意图如图 24-7 所示。活塞直径 $D=65\text{mm}$，油压 $p=1.2\text{MPa}$。活塞杆长度 $l=1250\text{mm}$，材料为 35 钢，$\sigma_p=220\text{MPa}$，$E=210\text{GPa}$，$n_{st}=6$。试确定活塞杆的直径。

解 (1) 轴向压力为

$$F=\frac{\pi}{4}D^2p=\frac{\pi}{4}\times(65\times 10^{-3})^2\times 1.2\times 10^6=3980(\text{N})$$

24-7

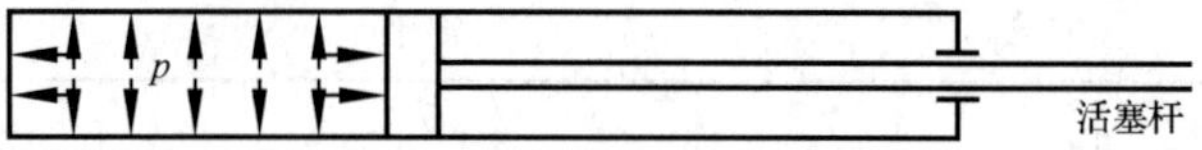

图 24-7

(2) 临界压力为

$$F_{cr}=n_{st}F=6\times 3980=23900(\mathrm{N})$$

(3) 确定活塞杆直径，由

$$F_{cr}=\frac{\pi^2 EI}{(\mu l)^2}=23900\mathrm{N}$$

得
$$d\approx 0.025\mathrm{m}$$

(4) 计算活塞杆柔度

$$\lambda=\frac{\mu l}{i}=\frac{1\times 1.25}{\frac{0.025}{4}}=200$$

对 35 号钢

$$\lambda_1=\sqrt{\frac{\pi^2 E}{\sigma_p}}=\sqrt{\frac{\pi^2\times 210\times 10^9}{220\times 10^6}}=97$$

因为 $\lambda>\lambda_1$，所以满足欧拉公式的条件，用上式计算临界压力是正确的。

【例 24-5】 图 24-8 所示支架，BD 杆为正方形截面的木杆，其长度 $l=2\mathrm{m}$，截面边长 $a=0.1\mathrm{m}$，木材的许用应力 $[\sigma]=10\mathrm{MPa}$，试从满足 BD 杆的稳定条件考虑，计算该支架能承受的最大载荷 F_{max}。

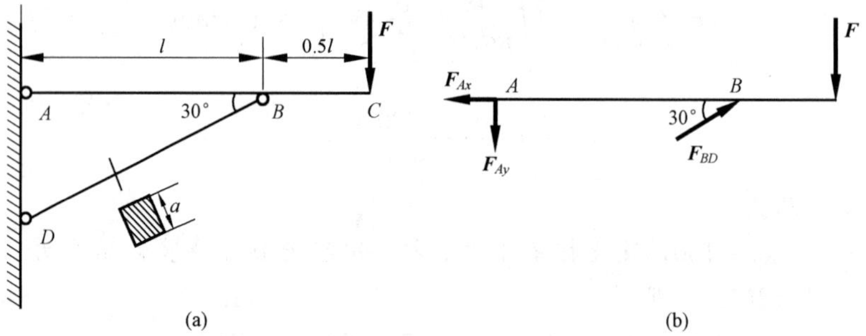

图 24-8

24-8

解 (1) 计算 BD 杆的长细比，即

$$l_{BD}=\frac{l}{\cos 30^\circ}=\frac{2}{\frac{\sqrt{3}}{2}}=2.31(\mathrm{m})$$

$$\lambda_{BD}=\frac{\mu l_{BD}}{i}=\frac{\mu l_{BD}}{\sqrt{\frac{I}{A}}}=\frac{\mu l_{BD}}{a\sqrt{\frac{1}{12}}}=\frac{1\times 2.31}{0.1\times\sqrt{\frac{1}{12}}}=80$$

(2) 求 BD 杆能承受的最大压力。根据长细比 λ_{BD} 查表，得 $\varphi_{BD}=0.470$，则 BD 杆能承受的最大压力为

$$F_{BD\max}=A\varphi[\sigma]=0.1^2\times 0.470\times 10\times 10^6=47\times 10^3(\mathrm{N})$$

(3) 根据外力 F 与 BD 杆所承受压力之间的关系，求出该支架能承受的最大载荷 $F_{\max}$。考虑 AC 的平衡，可得

$$\sum M_A = 0 \quad , \quad F_{BD} \cdot \frac{l}{2} - F \cdot \frac{3}{2} l = 0$$

从而可求得

$$F = \frac{1}{3} F_{BD}$$

因此，该支架能承受的最大载荷 $F_{\max}$ 为

$$F_{\max} = \frac{1}{3} F_{BD\max} = \frac{1}{3} \times 47 \times 10^3 = 15.7 \times 10^3 (\mathrm{N})$$

24.5　提高压杆稳定性的措施

由以上各节的讨论可知，压杆的稳定性取决于临界载荷的大小。因此，欲提高压杆的稳定性，关键在于提高压杆的临界压力或临界应力。而压杆的临界应力又与材料的力学性能和柔度有关，因此，可以根据这些因素，采取适当的措施来提高压杆的稳定性。

1. 合理选择材料

由细长压杆临界应力的计算公式可以看出，细长杆的临界应力与材料的弹性模量 E 有关。因此，选用弹性模量较大的材料可以提高压杆的稳定性。但各种钢材的弹性模量相差不大，所以，如果仅从稳定性考虑，选用高强度钢是不经济的。

对于中柔度压杆，其临界应力与材料的比例极限、压缩极限应力有关。因而选用优质钢材显然有利于稳定性的提高。

对于小柔度的短粗杆，本身就属于强度破坏问题，选用强度高的优质钢材，其优越性是很明显的。

2. 减小压杆的柔度

由临界应力总图可见，柔度越小，临界应力越大。所以，减小柔度是提高压杆稳定性的主要途径。由柔度公式 $\lambda = \frac{\mu l}{i} = \mu l \sqrt{\frac{A}{I}}$ 可知，减小压杆柔度可从以下三方面考虑。

1) 选择合理的截面形状

对于一定长度和支承方式的压杆，在横截面积一定的情况下，应选择惯性矩较大的截面形状。为此，应尽量使材料远离截面形心，如图 24-9(a)、(b)所示。在工程实际中，若压杆的截面是用两根槽钢组成的，则应采用如图 24-9(c)所示的布置方式，可以取得较大的惯性矩或惯性半径。还有如图 24-9(d)所示由四根角钢组成的压杆，其四根角钢分散布置在截面的四角，而不是集中放在截面的形心附近。

对在两个纵向平面内杆端约束相同的压杆，应使截面对任一形心轴的最大和最小惯性矩相等，从而使压杆在各纵向平面内具有相同的稳定性。如圆形、圆环形、正方形等截面都能满足这一要求。如果压杆杆端在各弯曲平面内约束性质不同(如柱形铰)则应使压杆在不同方向的柔度值尽量相等。

24-9

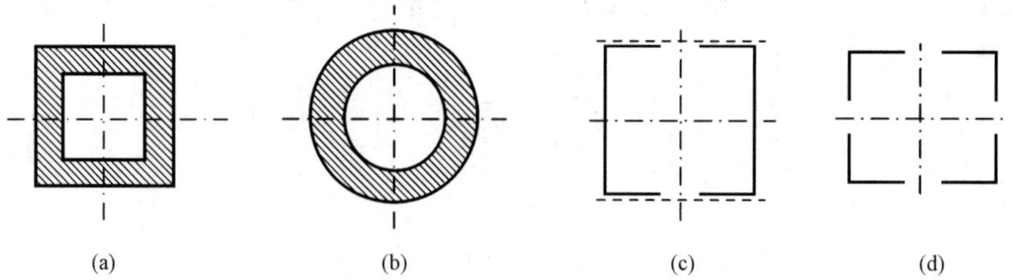

图 24-9

24-10

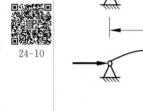

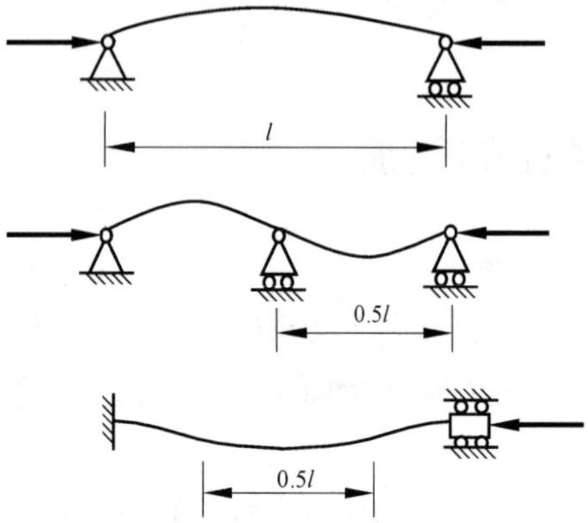

图 24-10

2）减小压杆的长度

在条件允许时，可通过增加中间约束等方法来减小压杆的长度，从而使压杆的柔度值降低，以达到提高压杆稳定性的目的。

例如，长为 l 两端铰支的压杆，其 $\mu=1$，$F_{cr}=\dfrac{\pi^2 EI}{l^2}$。若在这一压杆的中点增加一个中间支座或者把两端改为固定端（图 24-10），可得相当长度变为 $\mu l=\dfrac{l}{2}$，则临界压力变为

$$F_{cr}=\frac{\pi^2 EI}{\left(\frac{l}{2}\right)^2}=\frac{4\pi^2 EI}{l^2}$$

3）改善压杆的约束条件

由压杆柔度公式 $\lambda=\dfrac{\mu l}{i}$ 可知，若杆端约束刚性越强，压杆的长度系数 μ 越小，即柔度越小，临界压力越高。因此，应尽可能加强杆端约束的刚性，提高压杆的稳定性。

本章小结

受压杆件应综合考虑两方面的问题，即强度问题和稳定性问题。本章主要介绍了压杆稳定的基本概念、不同柔度压杆的临界压力、临界应力的计算方法以及稳定性校核。临界压力是判断压杆是否处于稳定平衡的重要依据。确定压杆的临界压力是解决压杆稳定问题的关键。压杆临界压力和临界应力的计算因压杆柔度的不同而采用不同的计算公式。学习本章时应注意以下几方面的问题。

1. 受压杆件的强度和稳定性问题的分界。

在解决受压杆件的承载能力问题时，必须先明确是属于哪方面的问题。应先由柔度计算公式计算出压杆的柔度值，由此可确定压杆的类型，并可明确压杆应为强度问题或是稳定性问题。

(1) 大柔度压杆（即当 $\lambda\geqslant\lambda_p$，其中 $\lambda_p=\sqrt{\dfrac{\pi^2 E}{\sigma_p}}$），用欧拉公式计算临界压力和临界应力：

临界压力

$$F_{cr}=\frac{\pi^2 EI}{l^2}$$

临界应力

$$\sigma_{cr}=\frac{\pi^2 E}{\lambda^2}$$

(2) 中等柔度压杆(即当$\lambda_s \leqslant \lambda \leqslant \lambda_p$，其中$\lambda_s=\frac{a-\sigma_s}{b}$)：

临界压力

$$F_{cr}=(a-b\lambda)A$$

临界应力

$$\sigma_{cr}=a-b\lambda$$

(3) 小柔度压杆(即当$\lambda<\lambda_s$)，用强度计算公式：

$$\sigma_{cr}=\frac{F}{A} \leqslant \sigma_s$$

2. 压杆的稳定校核常用安全系数法，其稳定条件为

$$n=\frac{F_{cr}}{F} \geqslant n_{st}$$

在进行压杆的稳定性计算时，应注意以下几点：

(1) 根据压杆的支承情况进行简化，确定适当的长度系数。

(2) 确定压杆在哪个平面内失稳。

(3) 计算临界压力时，首先计算压杆的柔度，然后根据柔度的数值选择计算临界压力的公式。

3. 提高压杆稳定性的措施：

(1) 合理选择材料；

(2) 减小压杆的柔度。

思考题

24.1　说明压杆的临界压力和临界应力的含义。临界压力是否与压杆所受作用力有关？

24.2　压杆因丧失稳定而产生的弯曲变形与梁在横向力作用下产生的弯曲变形有何不同？

24.3　欧拉公式在什么范围内适用？如果把中长杆误断为细长杆应用欧拉公式计算临界压力会导致什么后果？

24.4　若将受压杆的长度增加一倍，其临界压力和临界应力将如何变化？若将圆截面压杆的直径增加一倍，其临界压力和临界应力的值又有何变化？

24.5　压杆的柔度反映了压杆的哪些因素？

24.6　什么是临界应力总图？塑性材料和脆性材料的临界应力总图有何区别？

24.7　采用Q235钢制成的三根压杆，分别为大、中、小柔度杆。若材料必采用优质碳素钢，是否可提高各杆的承载能力？

24.8　铸铁的抗压性能好，它是否可以制作各种压杆？

习　题

24-1　某细长压杆，两端为铰支，材料用Q235钢，弹性模量$E=200\text{GPa}$，试用欧拉公式分别计算下列两种情况的临界压力：①圆形截面，直径$d=25\text{mm}$，$l=1\text{m}$；②矩形截面，$h=2b=40\text{mm}$，$l=1\text{m}$。

24-2　如题24-2图所示某连杆，材料为Q235钢，弹性模量$E=200\text{GPa}$，横截面面积$A=44\text{cm}^2$，惯性矩$I_y=120\times10^4\text{mm}^4$，$I_z=797\times10^4\text{mm}^4$，在$xy$平面内，长度系数$\mu_z=1$；在$xz$平面内，长度系数$\mu_y=0.5$。试计算其临界压力和临界应力。

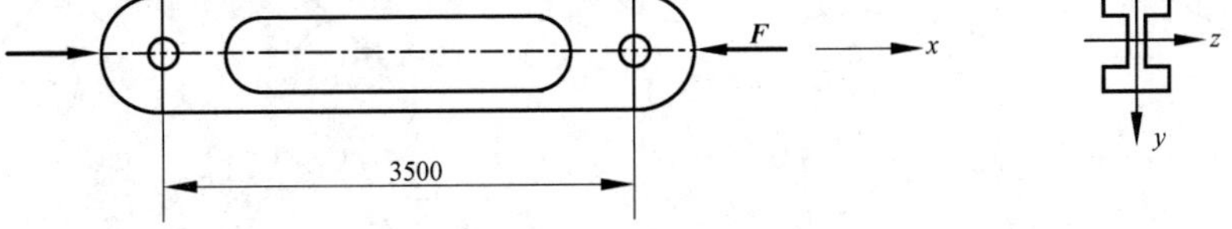

题24-2图

24-3 有一两端为球形铰支的细长压杆，已知：材料的弹性模量 $E=210\text{GPa}$，比例极限 $\sigma_p=200\text{MPa}$，若其横截面为高 $h=60\text{mm}$，宽 $b=30\text{mm}$ 的矩形。试求此压杆能应用欧拉公式计算临界压力的最短长度。

24-4 某千斤顶，已知丝杆长度 $l=375\text{mm}$，内径 $d=40\text{mm}$，材料为 45 号钢($a=589\text{MPa}$，$b=3.82\text{MPa}$，$\lambda_p=100$，$\lambda_s=60$)，最大顶起重量 $F=80\text{kN}$，规定的安全系数 $n_{st}=4$。试校核其稳定性。

24-5 如题 24-5 图所示的三角桁架，两杆均为由 Q235 钢制成的圆截面杆。已知杆直径 $d=20\text{mm}$，$F=15\text{kN}$，材料的 $\sigma_s=240\text{MPa}$，$E=200\text{GPa}$，强度安全因数 $n=2.0$，稳定安全因数 $n_{st}=2.5$。试检查结构能否安全工作。

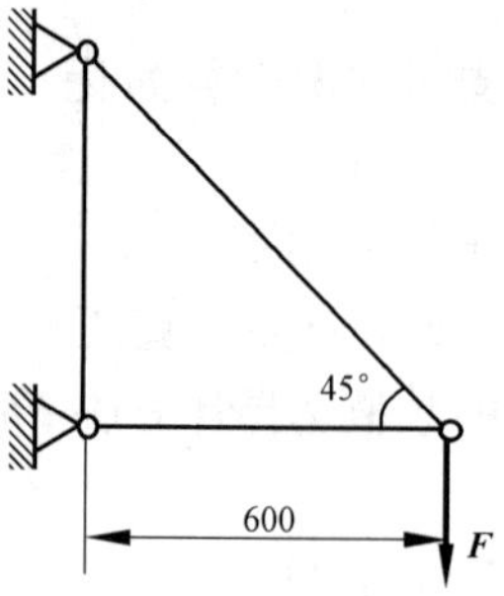

题 24-5 图

24-6 如题 24-6 图所示梁柱结构，横梁 AB 的截面为矩形，$b\times h=40\text{mm}\times60\text{mm}$；竖柱 CD 的截面为圆形，直径 $d=20\text{mm}$。在 C 处用铰链连接。材料为 Q235 钢，$E=200\text{GPa}$，规定安全系数 $n_{st}=3$。若现在 AB 梁上最大弯曲应力 $\sigma=140\text{MPa}$，试校核 CD 杆的稳定性。

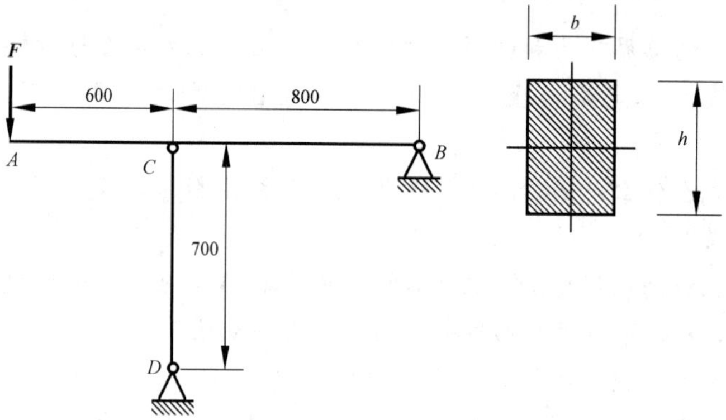

题 24-6 图

24-7 如题 24-7 图所示简单托架，其撑杆 AB 为圆截面木杆，若架上受集度为 $q=24\text{kN/m}$ 的均布载荷作用，AB 两端为铰支，木材的 $E=10\text{GPa}$，$\sigma_p=20\text{MPa}$，规定的稳定安全系数 $n_{st}=3$，试校核 AB 杆的稳定性。

24-8 如题 24-8 图所示铰接杆系 ABC 由两根截面和材料均相同的细长杆组成。若由于杆件在 ABC 平面内失稳而引起毁坏，试确定载荷 F 为最大时的 θ 角(假设 $0<\theta<\pi/2$)。

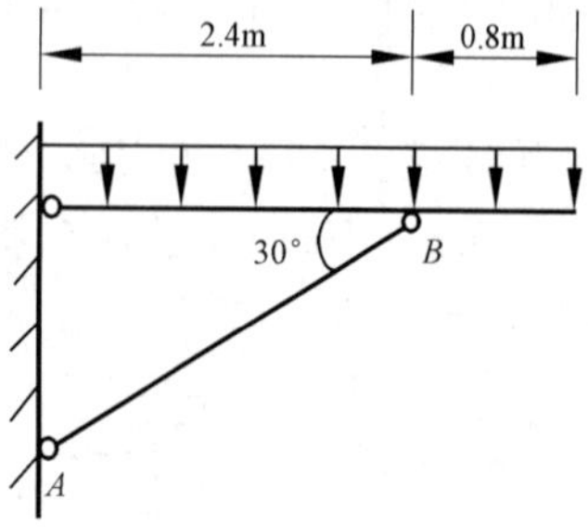

题 24-7 图

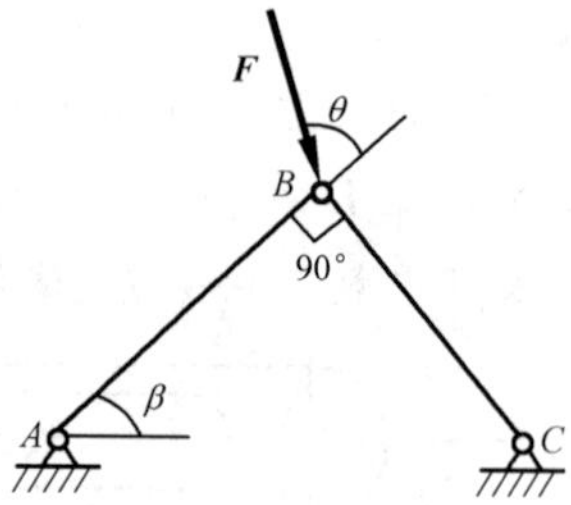

题 24-8 图

24-9 如题 24-9 图所示托架，AB 杆的直径 $d=4\text{cm}$，长度 $l=80\text{cm}$，两端铰支，材料为 Q235 钢。①试根据 AB 杆的稳定条件确定托架的临界力 F_{cr}；②若已知实际载荷 $F=70\text{kN}$，AB 杆规定的稳定安全因数 $n_{st}=2$，试问此托架是否安全？

24-10 如题 24-10 图所示结构，1、2 两杆长度、面积均相同，1 杆为圆截面，$A=900\text{mm}^2$，2 杆为圆环截面。内外径之比为 0.6，材料的 $E=200\text{GPa}$，$\lambda_p=100$，$\lambda_s=61.4$，临界应力经验公式为 $\sigma_{cr}=304-1.12\lambda(\text{MPa})$，求两杆的临界压力及结构失稳时的载荷 F。

24-11 如题 24-11 图所示压杆，型号为 20a 号工字钢，在 xOz 平面内为两端固定，在 xOy 平面内为一端固定，一端自由，材料的弹性模量 $E=200\text{GPa}$，比例极限 $\sigma_p=200\text{MPa}$，试求此压杆的临界压力。

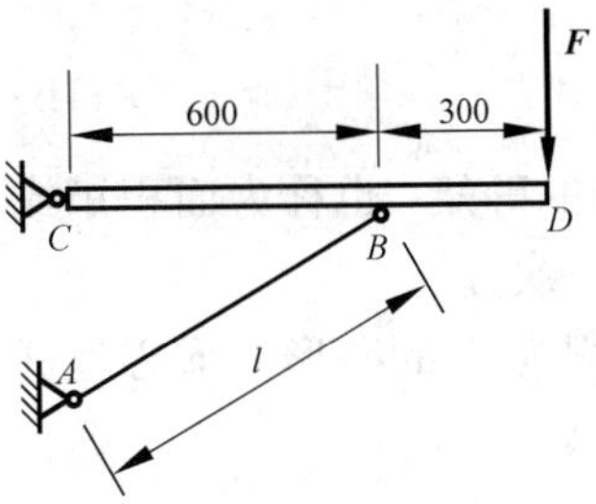

题 24-9 图

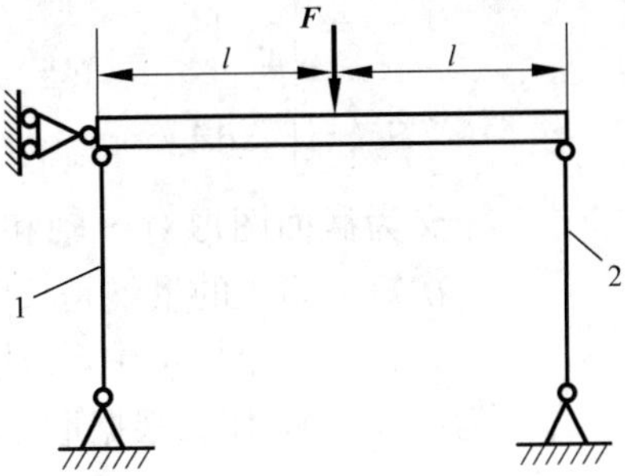

题 24-10 图

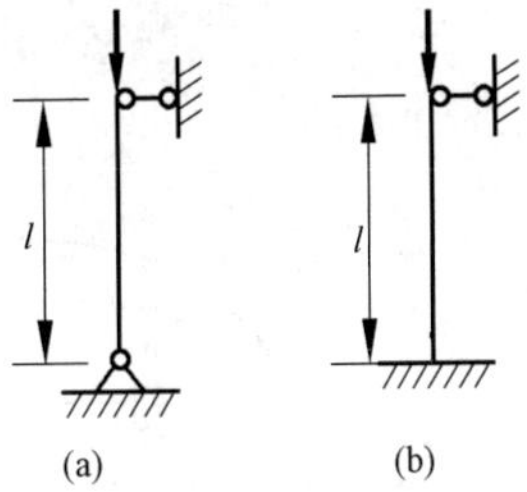

题 24-11 图

24-12 如题 24-12 图中两压杆，一杆为正方形截面，一杆为圆形截面，$a=3\text{cm}$，$d=4\text{cm}$。两压杆的材料相同，材料的弹性模量 $E=200\text{GPa}$，比例极限 $\sigma_p=200\text{MPa}$，屈服极限 $\sigma_s=240\text{MPa}$，直线经验公式 $\sigma_{cr}=304-1.12\lambda(\text{MPa})$，试求结构失稳时的竖直外力 F。

24-13 如题 24-13 图所示钢柱由两根 10 号槽钢组成，材料的弹性模量 $E=200\text{GPa}$，比例极限 $\sigma_p=200\text{MPa}$，试求组合柱的临界压力为最大时的槽钢间距 a 及最大临界压力。

24-14 如题 24-14 图所示的结构中，刚性杆 AB，A 点为固定铰支，C、D 处与两细长杆铰接，已知两细长杆长为 l，抗弯刚度为 EI，试求当结构因细长杆失稳而丧失承载能力时，载荷 F 的临界值。

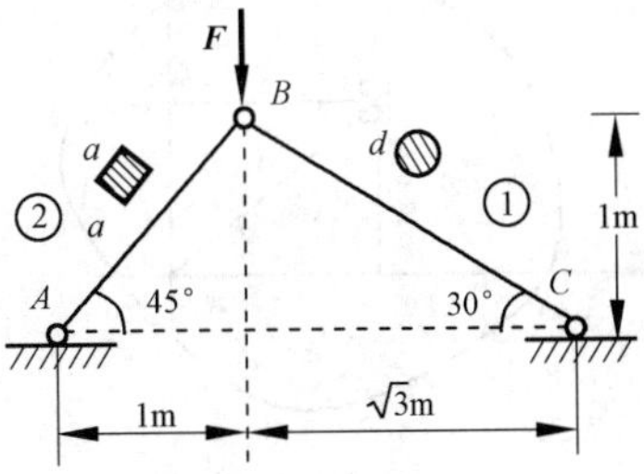

题 24-12 图

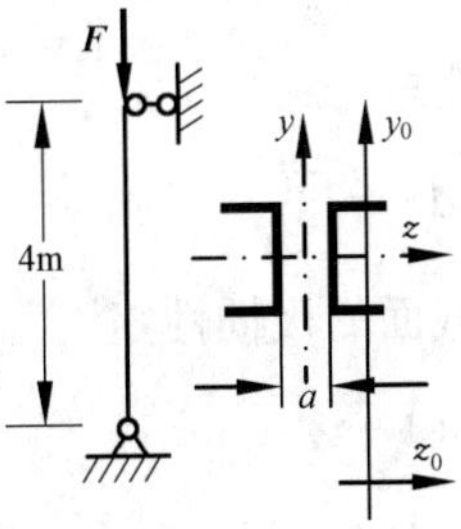

题 24-13 图

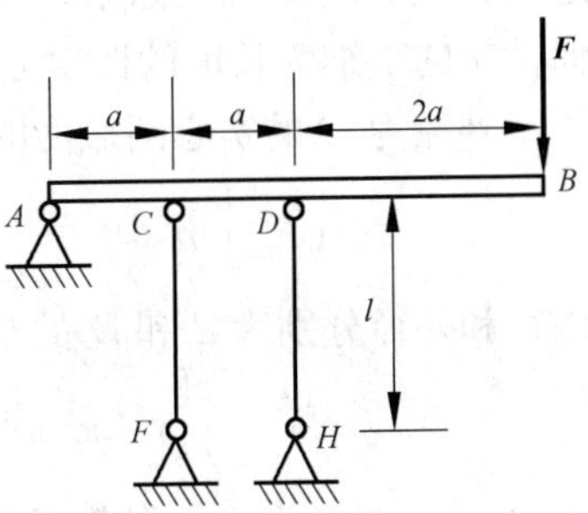

题 24-14 图

24-15 如题 24-15 图所示的结构中，矩形截面杆 AC 与圆形截面杆 CD 均由 Q235 钢制成，C、D 两处均为球铰。已知 $d=20\text{mm}$，$b=100\text{mm}$，$h=180\text{mm}$；$E=200\text{GPa}$，$\sigma_s=235\text{MPa}$，$\sigma_b=400\text{MPa}$；强度安全因数 $n=2.0$，稳定安全因数 $n_{st}=3.0$。试确定该结构的许可载荷。

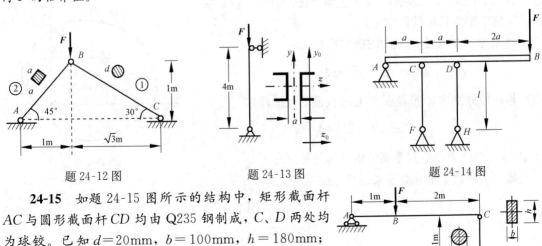

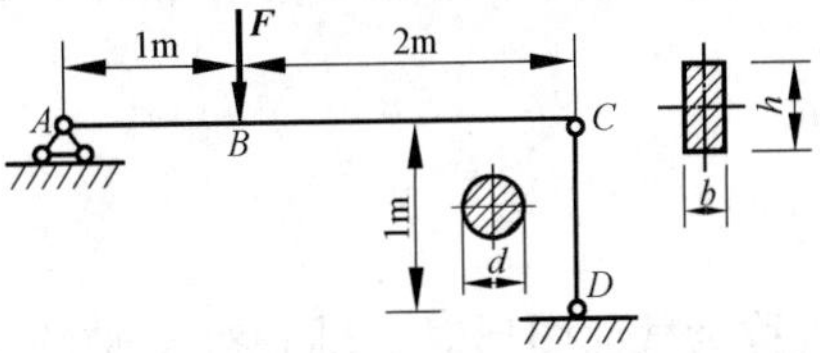

题 24-15 图

附录A 截面图形的几何性质

1. 静矩与形心

如图 A-1 所示，图形的微单元面积与该面积的坐标之乘积的积分

$$S_z = \int_A y\,\mathrm{d}A \tag{A-1a}$$

$$S_y = \int_A z\,\mathrm{d}A \tag{A-1b}$$

定义为截面图形对 z 轴和 y 轴的**静矩**，也称为面积矩或一次矩。静矩的量纲是长度的三次方。

在 y-z 坐标系中，如果面积为 A 的图形的形心坐标为(y_c，z_c)，那么根据形心的定义，

$$y_c = \frac{\int_A y\,\mathrm{d}A}{A},\quad z_c = \frac{\int_A z\,\mathrm{d}A}{A} \tag{A-2}$$

或者

$$y_c = \frac{S_z}{A},\quad z_c = \frac{S_y}{A}$$

A-1

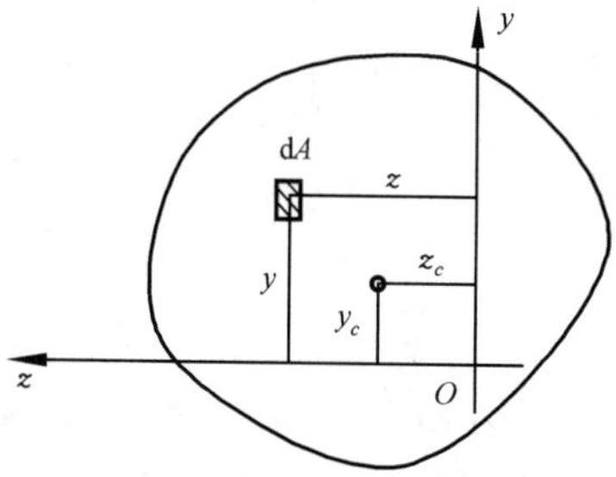

图 A-1

2. 惯性矩、惯性半径与惯性积

如图 A-2 所示，积分

$$I_\mathrm{P} = \int_A \rho^2\,\mathrm{d}A \tag{A-3}$$

定义为截面图形对坐标原点 O 的**极惯性矩**，恒为正值。极惯性矩的量纲为长度的四次方。

A-2

外径为 D 的实心圆截面的极惯性矩

$$I_\mathrm{P} = \int_A \rho^2\,\mathrm{d}A = \int_0^{\frac{D}{2}} \rho^2 2\pi\rho\,\mathrm{d}\rho = \frac{\pi D^4}{32}$$

内径和外径分别为 d 和 D 的空心圆截面的极惯性矩

$$I_\mathrm{P} = \int_{\frac{d}{2}}^{\frac{D}{2}} \rho^2 2\pi\rho\,\mathrm{d}\rho = \frac{\pi D^4}{32}(1-\alpha^4)$$

式中，$\alpha = d/D$ 为空心圆截面的内径与外径之比。

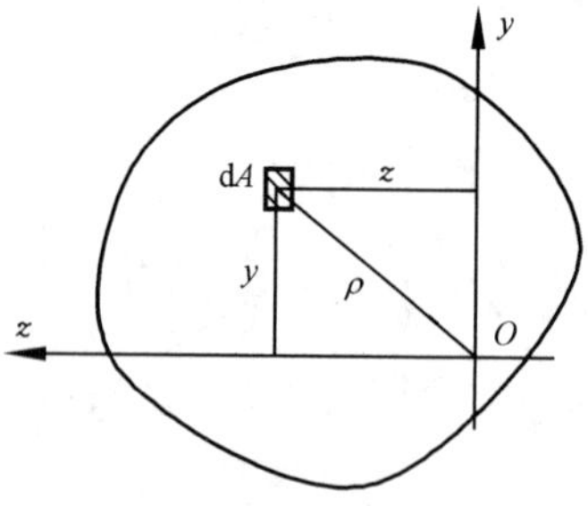

图 A-2

截面图形对 z 轴和对 y 轴的**惯性矩**定义为

$$I_z = \int_A y^2\,\mathrm{d}A \tag{A-4a}$$

$$I_y = \int_A z^2\,\mathrm{d}A \tag{A-4b}$$

也称为截面图形对 z 轴和对 y 轴的二次轴矩。因为 $\rho^2 = y^2 + z^2$，所以极惯性矩与惯性矩之间的关系为

$$I_{\mathrm{P}} = \int_A \rho^2 \mathrm{d}A = \int_A y^2 \mathrm{d}A + \int_A z^2 \mathrm{d}A = I_z + I_y \tag{A-5}$$

相应定义

$$i_y = \sqrt{\frac{I_y}{A}}, \quad i_z = \sqrt{\frac{I_z}{A}} \tag{A-6}$$

分别为截面图形对 y 轴和对 z 轴的**惯性半径**。惯性半径的量纲就是长度。

1) 圆截面的惯性矩

由于圆截面对于通过圆心的任何一根轴的惯性矩都相等，所以 $I_y = I_z$。对于实心圆截面

$$I_y = I_z = \frac{I_{\mathrm{P}}}{2} = \frac{\pi D^4}{64}$$

空心圆截面的惯性矩

$$I_y = I_z = \frac{\pi D^4}{64}(1 - \alpha^4)$$

2) 矩形截面对形心轴的惯性矩(图 A-3)

$$I_z = \int_A y^2 \mathrm{d}A = \int_{-\frac{h}{2}}^{\frac{h}{2}} y^2 b \mathrm{d}y = \frac{bh^3}{12}$$

$$I_y = \int_A z^2 \mathrm{d}A = \int_{-\frac{b}{2}}^{\frac{b}{2}} z^2 h \mathrm{d}z = \frac{hb^3}{12}$$

惯性积定义为

$$I_{yz} = \int_A yz \mathrm{d}A \tag{A-7}$$

由于乘积 yz 可以是正的，也可以为负，因此惯性积可能为正或为负。当截面有一根轴(例如图 A-4 的 y 轴)为对称轴时，坐标 (z, y) 处的微面积的积分项 $zy\mathrm{d}A$，与其关于 y 轴对称的微面积的积分项 $-zy\mathrm{d}A$ 互相抵消。此时惯性积 $I_{zy} = 0$。

A-3

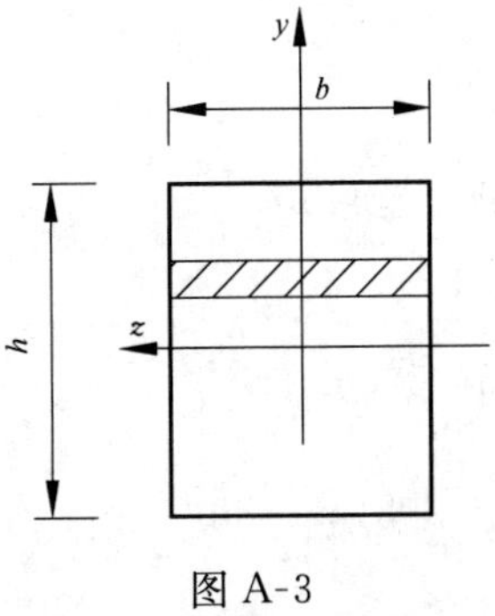

图 A-3

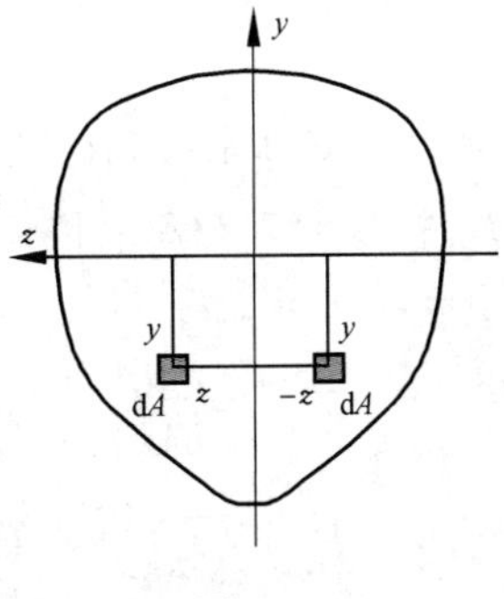

图 A-4

A-4

3. 惯性矩的平行移轴公式

由惯性矩的定义可知，同一截面图形对于不同的坐标轴的惯性矩一般不相同。如图 A-5 所示，设图形的形心为 c，通过形心建立 y'-z' 坐标系。cy' 和 cz' 称为形心轴。通过平面上任一点 O 建立与 y' 和 z' 轴平行的 y-z 坐标系。它们有关系

$$y = a + y'$$

$$z = b + z'$$

式中，a 和 b 为形心 c 在 y-z 坐标系中的坐标。

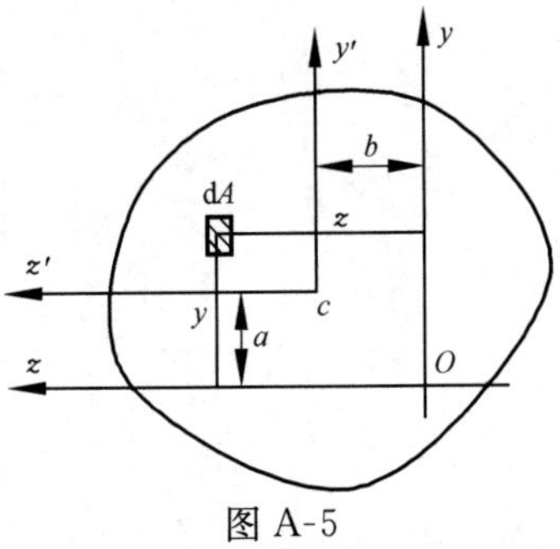

图 A-5

A-5

根据定义，图形对 z 轴之惯性矩

$$I_z=\int_A y^2\mathrm{d}A=\int_A (a+y')^2\mathrm{d}A$$
$$=a^2A+2a\int_A y'\mathrm{d}A+\int_A y'^2\mathrm{d}A$$

上式右边第二项之积分为图形对 z'轴的面积矩，由于 z'轴通过形心，该面积矩为零。所以

$$I_z=a^2A+I_{z'} \tag{A-8a}$$

式中，I_{zc}是图形对于过形心的 z'轴的惯性矩。同理有

$$I_y=b^2A+I_{y'} \tag{A-8b}$$
$$I_{yz}=abA+I_{y'z'} \tag{A-8c}$$

式中，I_{yc}是截面图形对于过形心的 y'轴的惯性矩；$I_{y'z'}$是截面图形对 y'和 z'轴的惯性积。

【例 A-1】 如图 A-6 所示，直径为 40cm 的圆板，挖去一个直径为 20cm 的圆孔。孔的中心距离原圆板中心为 $d=5$cm。试确定开孔圆板形心的位置，并且求开孔圆板对其形心轴之惯性矩。

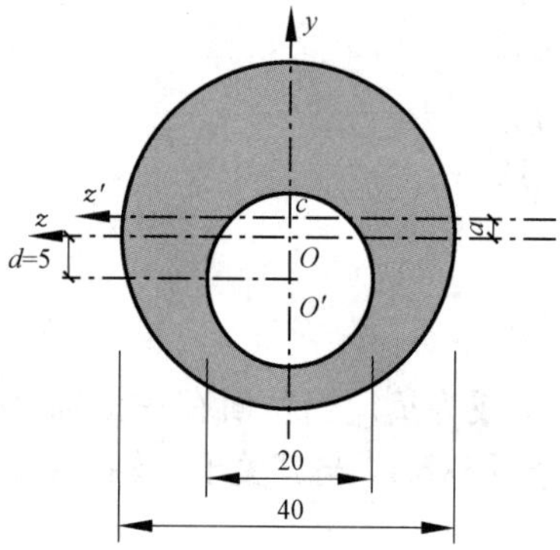

图 A-6

A-6

解 设大圆的圆心为 O，圆孔的圆心为 O'。过大圆的圆心作 z 轴。设开孔板的形心为 c、z' 轴通过开孔板形心。z'轴与 z 轴的间距为 a。

(1) 确定开孔板的形心位置。

设 A、A_1 和 A_2 分别为原大圆板，开孔圆板和孔的面积。对 z 轴取面积矩

$$0\cdot A=a\cdot A_1+(-d)\cdot A_2$$

注意上式中 A_2 的形心坐标为负值。于是

$$a=\frac{A_2}{A_1}d=\frac{\frac{\pi}{4}20^2}{\frac{\pi}{4}(40^2-20^2)}\times 5=1.6667(\mathrm{cm})$$

(2) 求开孔板对其形心轴(z'轴)的惯性矩。

设 I、I_1 和 I_2 分别为原大圆板，开孔板及圆孔对 z'轴的惯性矩，

$$I=I_1+I_2$$

$$I=\frac{\pi\cdot 40^4}{64}+1.6667^2\cdot\frac{\pi}{4}\cdot 40^2=129154.5(\mathrm{cm}^4)$$

$$I_2=\frac{\pi\cdot 20^4}{64}+(5+1.6667)^2\cdot\frac{\pi}{4}\cdot 20^2=21816.8(\mathrm{cm}^4)$$

$$I_1=I-I_2=107337\mathrm{cm}^4$$

附录B 型钢表

(GB/T 706—2016)

表 B-1 工字钢截面尺寸、截面面积、理论重量及截面特性

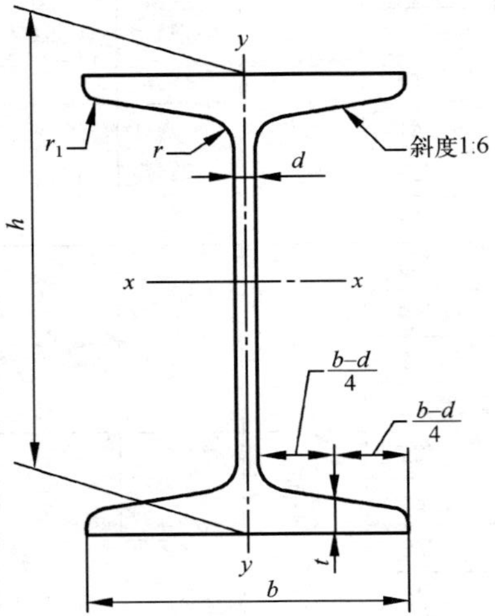

说明：h——高度；
b——腿宽度；
d——腰厚度；
t——腿中间厚度；
r——内圆弧半径；
r_1——腿端圆弧半径。

型号	截面尺寸 /mm						截面面积 / cm^2	理论重量 / (kg/m)	外表面积 / (m^2/m)	惯性矩 /cm^4		惯性半径 /cm		截面模数 /cm^3	
	h	b	d	t	r	r_1				I_x	I_y	i_x	i_y	x	y
10	100	68	4.5	7.6	6.5	3.3	14.33	11.3	0.432	245	33.0	4.14	1.52	49.0	9.72
12	120	74	5.0	8.4	7.0	3.5	17.80	14.0	0.493	436	46.9	4.95	1.62	72.7	12.7
12.6	126	74	5.0	8.4	7.0	3.5	18.10	14.2	0.505	488	46.9	5.20	1.61	77.5	12.7
14	140	80	5.5	9.1	7.5	3.8	21.50	16.9	0.553	712	64.4	5.76	1.73	102	16.1
16	160	88	6.0	9.9	8.0	4.0	26.11	20.5	0.621	1130	93.1	6.58	1.89	141	21.2
18	180	94	6.5	10.7	8.5	4.3	30.74	24.1	0.681	1660	122	7.36	2.00	185	26.0

续表

型号	截面尺寸 /mm						截面面积 / cm^2	理论重量 / (kg/m)	外表面积 / (m^2/m)	惯性矩 /cm^4		惯性半径 /cm		截面模数 /cm^3	
	h	b	d	t	r	r_1				I_x	I_y	i_x	i_y	x	y
20a	200	100	7.0	11.4	9.0	4.5	35.55	27.9	0.742	2370	158	8.15	2.12	237	31.5
20b		102	9.0				39.55	31.1	0.746	2500	169	7.96	2.06	250	33.1
22a	220	110	7.5	12.3	9.5	4.8	42.10	33.1	0.817	3400	225	8.99	2.31	309	40.9
22b		112	9.5				46.50	36.5	0.821	8570	239	8.78	2.27	325	42.7
24a	240	116	8.0	13.0	10.0	5.0	47.71	37.5	0.878	4570	280	9.77	2.42	381	48.4
24b		118	10.0				52.51	41.2	0.882	4800	297	9.57	2.38	400	50.4
25a	250	116	8.0				48.51	38.1	0.898	5020	280	10.2	2.40	402	48.3
25b		118	10.0				53.51	42.0	0.902	5280	309	9.94	2.40	423	52.4
27a	270	122	8.5	13.7	10.5	5.3	54.52	42.8	0.958	6550	345	10.9	2.51	485	56.6
27b		124	10.5				59.92	47.0	0.962	6870	366	10.7	2.47	509	58.9
28a	280	122	8.5				55.37	43.5	0.978	7110	345	11.3	2.50	508	56.6
28b		124	10.5				60.97	47.9	0.982	7480	379	11.1	2.49	534	61.2
30a	300	126	9.0	14.4	11.0	5.5	61.22	48.1	1.031	8950	400	12.1	2.55	597	63.5
30b		128	11.0				67.22	52.8	1.035	9400	422	11.8	2.50	627	65.9
30c		130	13.0				73.22	57.5	1.039	9850	445	11.6	2.46	657	68.5
32a	320	130	9.5	15.0	11.5	5.8	67.12	52.7	1.084	11100	460	12.8	2.62	692	70.8
32b		132	11.5				73.52	57.7	1.088	11600	502	12.6	2.61	726	76.0
32c		134	13.5				79.92	62.7	1.092	12200	544	12.3	2.61	760	81.2
36a	360	136	10.0	15.8	12.0	6.0	76.44	60.0	1.185	15800	552	14.4	2.69	875	81.2
36b		138	12.0				83.64	65.7	1.189	16500	582	14.1	2.64	919	84.3
36c		140	14.0				90.84	71.3	1.193	17300	612	13.8	2.60	962	87.4
40a	400	142	10.5	16.5	12.5	6.3	86.07	67.6	1.285	21700	660	15.9	2.77	1090	93.2
40b		144	12.5				94.07	73.8	1.289	22800	692	15.6	2.71	1140	96.2
40c		146	14.5				102.1	80.1	1.293	23900	727	15.2	2.65	1190	99.6

续表

型号	截面尺寸 /mm						截面面积 / cm^2	理论重量 / (kg/m)	外表面积 / (m^2/m)	惯性矩 /cm^4		惯性半径 /cm		截面模数 /cm^3	
	h	b	d	t	r	r_1				I_x	I_y	i_x	i_y	x	y
45a	450	150	11.5	18.0	13.5	6.8	102.4	80.4	1.411	32200	855	17.7	2.89	1430	114
45b		152	13.5				111.4	87.4	1.415	33800	894	17.4	2.84	1500	118
45c		154	15.5				120.4	94.5	1.419	35300	938	17.1	2.79	1570	122
50a	500	158	12.0	20.0	14.0	7.0	119.2	93.6	1.539	46500	1120	19.7	3.07	1860	142
50b		160	14.0				129.2	101	1.543	48600	1170	19.4	3.01	1940	146
50c		162	16.0				139.2	109	1.547	50600	1220	19.0	2.96	2080	151
55a	550	166	12.5	21.0	14.5	7.3	134.1	105	1.667	62900	1370	21.6	3.19	2290	164
55b		168	14.5				145.1	114	1.671	65600	1420	21.2	3.14	2390	170
55c		170	16.5				156.1	123	1.675	68400	1480	20.9	3.08	2490	175
56a	560	166	12.5				135.4	106	1.687	65600	1370	22.0	3.18	2340	165
56b		168	14.5				146.6	115	1.691	68500	1490	21.6	3.16	2450	174
56c		170	16.5				157.8	124	1.695	71400	1560	21.3	3.16	2550	183
63a	630	176	13.0	22.0	15.0	7.5	154.6	121	1.862	93900	1700	24.5	3.31	2980	193
63b		178	15.0				167.2	131	1.866	98100	1810	24.2	3.29	3160	204
63c		180	17.0				179.8	141	1.870	102000	1920	23.8	3.27	3300	214

注：表中 r、r_1 的数据用于孔型设计，不做交货条件。

表 B-2　槽钢截面尺寸、截面面积、理论重量及截面特性

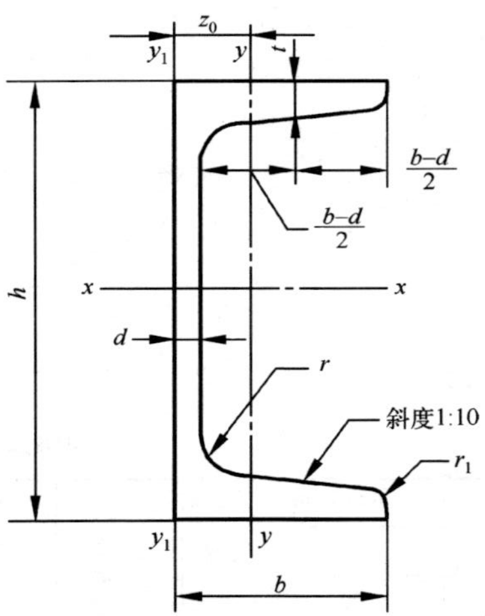

说明：h——高度；
b——腿宽度；
d——腰厚度；
t——腿中间厚度；
r——内圆弧半径；
r_1——腿端圆弧半径；
z_0——重心距离。

型号	截面尺寸/mm						截面面积/cm^2	理论重量/(kg/m)	外表面积/(m^2/m)	惯性矩/cm^4			惯性半径/cm		截面模数/cm^3		重心距离/cm
	h	b	d	t	r	r_1				I_x	I_y	I_{y1}	i_x	i_y	W_x	W_y	z_0
5	50	37	4.5	7.0	7.0	3.5	6.925	5.44	0.226	26.0	8.30	20.9	1.94	1.10	10.4	3.55	1.35
6.3	63	40	4.8	7.5	7.5	3.8	8.446	6.63	0.262	50.8	11.9	28.4	2.45	1.19	16.1	4.50	1.36
6.5	65	40	4.3	7.5	7.5	3.8	8.292	6.51	0.267	55.2	12.0	28.3	2.54	1.19	17.0	4.59	1.38
8	80	43	5.0	8.0	8.0	4.0	10.24	8.04	0.307	101	16.6	37.4	3.15	1.27	25.3	5.79	1.43
10	100	48	5.3	8.5	8.5	4.2	12.74	10.0	0.365	198	25.6	54.9	3.95	1.41	39.7	7.80	1.52
12	120	53	5.5	9.0	9.0	4.5	15.36	12.1	0.423	346	37.4	77.7	4.75	1.56	57.7	10.2	1.62
12.6	126	53	5.5	9.0	9.0	4.5	15.69	12.3	0.435	391	38.0	77.1	4.95	1.57	62.1	10.2	1.59
14a	140	58	6.0	9.5	9.5	4.8	18.51	14.5	0.480	564	53.2	107	5.52	1.70	80.5	13.0	1.71
14b		60	8.0				21.31	16.7	0.484	609	61.1	121	5.35	1.69	87.1	14.1	1.67
16a	160	63	6.5	10.0	10.0	5.0	21.95	17.2	0.538	866	73.3	144	6.28	1.83	108	16.3	1.80
16b		65	8.5				25.15	19.8	0.542	935	83.4	161	6.10	1.82	117	17.6	1.75
18a	180	68	7.0	10.5	10.5	5.2	25.69	20.2	0.596	1270	98.6	190	7.04	1.96	141	20.0	1.88
18b		70	9.0				29.29	23.0	0.600	1370	111	210	6.84	1.95	152	21.5	1.84

注：表中 r、r_1 的数据用于孔型设计，不做交货条件。

表 B-3 等边角钢截面尺寸、截面面积、理论重量及截面特性

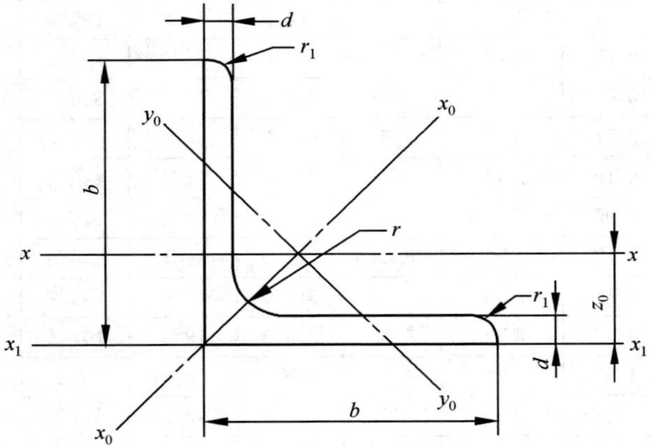

说明：b——边宽度；
d——边厚度；
r——内圆弧半径；
r_1——边端圆弧半径；
z_0——重心距离。

型号	截面尺寸/mm			截面面积/cm²	理论重量/(kg/m)	外表面积/(m²/m)	惯性矩/cm⁴				惯性半径/cm			截面模数/cm³			重心距离/cm
	b	d	r				I_x	I_{x1}	I_{x0}	I_{y0}	i_x	i_{x0}	i_{y0}	W_x	W_{x0}	W_{y0}	z_0
2	20	3	3.5	1.132	0.89	0.078	0.40	0.81	0.63	0.17	0.59	0.75	0.39	0.29	0.45	0.20	0.60
		4		1.459	1.15	0.077	0.50	1.09	0.78	0.22	0.58	0.73	0.38	0.36	0.55	0.24	0.64
2.5	25	3		1.432	1.12	0.098	0.82	1.57	1.29	0.34	0.76	0.95	0.49	0.46	0.73	0.33	0.73
		4		1.859	1.46	0.097	1.03	2.11	1.62	0.43	0.74	0.93	0.48	0.59	0.92	0.40	0.76
3	30	3	4.5	1.749	1.37	0.117	1.46	2.71	2.31	0.61	0.91	1.15	0.59	0.68	1.09	0.51	0.85
		4		2.276	1.79	0.117	1.84	3.63	2.92	0.77	0.90	1.13	0.58	0.87	1.37	0.62	0.89
3.6	36	3		2.109	1.66	0.141	2.58	4.68	4.09	1.07	1.11	1.39	0.71	0.99	1.61	0.76	1.00
		4		2.756	2.16	0.141	3.29	6.25	5.22	1.37	1.09	1.38	0.70	1.28	2.05	0.93	1.04
		5		3.382	2.65	0.141	3.95	7.84	6.24	1.65	1.08	1.36	0.7	1.56	2.45	1.00	1.07

续表

型号	截面尺寸/mm			截面面积/cm²	理论重量/(kg/m)	外表面积/(m²/m)	惯性矩/cm⁴				惯性半径/cm			截面模数/cm³			重心距离/cm
	b	d	r				I_x	I_{x1}	I_{x0}	I_{y0}	i_x	i_{x0}	i_{y0}	W_x	W_{x0}	W_{y0}	z_0
4	40	3	5	2.359	1.85	0.157	3.59	6.41	5.69	1.49	1.23	1.55	0.79	1.23	2.01	0.96	1.09
		4		3.086	2.42	0.157	4.60	8.56	7.29	1.91	1.22	1.54	0.79	1.60	2.58	1.19	1.13
		5		3.792	2.98	0.156	5.53	10.7	8.76	2.30	1.21	1.52	0.78	1.96	3.10	1.39	1.17
4.5	45	3		2.659	2.09	0.177	5.17	9.12	8.20	2.14	1.40	1.76	0.89	1.58	2.58	1.24	1.22
		4		3.486	2.74	0.177	6.65	12.2	10.6	2.75	1.38	1.74	0.89	2.05	3.32	1.54	1.26
		5		4.292	3.37	0.176	8.04	15.2	12.7	3.33	1.37	1.72	0.88	2.51	4.00	1.81	1.30
		6		5.077	3.99	0.176	9.33	18.4	14.8	3.89	1.36	1.70	0.80	2.95	4.64	2.06	1.33
5	50	3	5.5	2.971	2.33	0.197	7.18	12.5	11.4	2.98	1.55	1.96	1.00	1.96	3.22	1.57	1.34
		4		3.897	3.06	0.197	9.26	16.7	14.7	3.82	1.54	1.94	0.99	2.56	4.16	1.96	1.38
		5		4.803	3.77	0.196	11.2	20.9	17.8	4.64	1.53	1.92	0.98	3.13	5.03	2.31	1.42
		6		5.688	4.46	0.196	13.1	25.1	20.7	5.42	1.52	1.91	0.98	3.68	5.85	2.63	1.46
5.6	56	3	6	3.343	2.62	0.221	10.2	17.6	16.1	4.24	1.75	2.20	1.13	2.48	4.08	2.02	1.48
		4		4.39	3.45	0.220	13.2	23.4	20.9	5.46	1.73	2.18	1.11	3.24	5.28	2.52	1.53
		5		5.415	4.25	0.220	16.0	29.3	25.4	6.61	1.72	2.17	1.10	3.97	6.42	2.98	1.57
		6		6.42	5.04	0.220	18.7	35.3	29.7	7.73	1.71	2.15	1.10	4.68	7.49	3.40	1.61
		7		7.404	5.81	0.219	21.2	41.2	33.6	8.82	1.69	2.13	1.09	5.36	8.49	3.80	1.64
		8		8.367	6.57	0.219	23.6	47.2	37.4	9.89	1.68	2.11	1.09	6.03	9.44	4.16	1.68
6	60	5	6.5	5.829	4.58	0.236	19.9	36.1	31.6	8.21	1.85	2.33	1.19	4.59	7.44	3.48	1.67
		6		6.914	5.43	0.235	23.4	43.3	36.9	9.60	1.83	2.31	1.18	5.41	8.70	3.98	1.70
		7		7.977	6.26	0.235	26.4	50.7	41.9	11.0	1.82	2.29	1.17	6.21	9.88	4.45	1.74
		8		9.02	7.08	0.235	29.5	58.0	46.7	12.3	1.81	2.27	1.17	6.98	11.0	4.88	1.78
6.3	63	4	7	4.978	3.91	0.248	19.0	33.4	30.2	7.89	1.96	2.46	1.26	4.13	6.78	3.29	1.70
		5		6.143	4.82	0.248	23.2	41.7	36.8	9.57	1.94	2.45	1.25	5.08	8.25	3.90	1.74
		6		7.288	5.72	0.247	27.1	50.1	43.0	11.2	1.93	2.43	1.24	6.00	9.66	4.46	1.78

续表

型号	截面尺寸/mm			截面面积/	理论重量/	外表面积/	惯性矩/cm⁴				惯性半径/cm			截面模数/cm³			重心距离/cm
	b	d	r	cm^2	(kg/m)	(m^2/m)	I_x	I_{x1}	I_{x0}	I_{y0}	i_x	i_{x0}	i_{y0}	W_x	W_{x0}	W_{y0}	z_0
6.3	63	7	7	8.412	6.60	0.247	30.9	58.6	49.0	12.8	1.92	2.41	1.23	6.88	11.0	4.98	1.82
		8		9.515	7.47	0.247	34.5	67.1	54.6	14.3	1.90	2.40	1.23	7.75	12.3	5.47	1.85
		10		11.66	9.15	0.246	41.1	84.3	64.9	17.3	1.88	2.36	1.22	9.39	14.6	6.36	1.93
7	70	4	8	5.570	4.37	0.275	26.4	45.7	41.8	11.0	2.18	2.74	1.40	5.14	8.44	4.17	1.86
		5		6.876	5.40	0.275	32.2	57.2	51.1	13.3	2.16	2.73	1.39	6.32	10.3	4.95	1.91
		6		8.160	6.41	0.275	37.8	68.7	59.9	15.6	2.15	2.71	1.38	7.48	12.1	5.67	1.95
		7		9.424	7.40	0.275	43.1	80.3	68.4	17.8	2.14	2.69	1.38	8.59	13.8	6.34	1.99
		8		10.67	8.37	0.274	48.2	91.9	76.4	20.0	2.12	2.68	1.37	9.68	15.4	6.98	2.03
7.5	75	5	9	7.412	5.82	0.295	40.0	70.6	63.3	16.6	2.33	2.92	1.50	7.32	11.9	5.77	2.04
		6		8.797	6.91	0.294	47.0	84.6	74.4	19.5	2.31	2.90	1.49	8.64	14.0	6.67	2.07
		7		10.16	7.98	0.294	53.6	98.7	85.0	22.2	2.30	2.89	1.48	9.93	16.0	7.44	2.11
		8		11.50	9.03	0.294	60.0	113	95.1	24.9	2.28	2.88	1.47	11.2	17.9	8.19	2.15
		9		12.83	10.1	0.294	66.1	127	105	27.5	2.27	2.86	1.46	12.4	19.8	8.89	2.18
		10		14.13	11.1	0.293	72.0	142	114	30.1	2.26	2.84	1.46	13.6	21.5	9.56	2.22
8	80	5		7.912	6.21	0.315	48.8	85.4	77.3	20.3	2.48	3.13	1.60	8.34	13.7	6.66	2.15
		6		9.397	7.38	0.314	57.4	103	91.0	23.7	2.47	3.11	1.59	9.87	16.1	7.65	2.19
		7		10.86	8.53	0.314	65.6	120	104	27.1	2.46	3.10	1.58	11.4	18.4	8.58	2.23
		8		12.30	9.66	0.314	73.5	137	117	30.4	2.44	3.08	1.57	12.8	20.6	9.46	2.27
		9		13.73	10.8	0.314	81.1	154	129	33.6	2.43	3.06	1.56	14.3	22.7	10.3	2.31
		10		15.13	11.9	0.313	88.4	172	140	36.8	2.42	3.04	1.56	15.6	24.8	11.1	2.35
9	90	6	10	10.64	8.35	0.354	82.8	146	131	34.3	2.79	3.51	1.80	12.6	20.6	9.95	2.44
		7		12.30	9.66	0.354	94.8	170	150	39.2	2.78	3.50	1.78	14.5	23.6	11.2	2.48
		8		13.94	10.9	0.353	106	195	169	44.0	2.76	3.48	1.78	16.4	26.6	12.4	2.52
		9		15.57	12.2	0.353	118	219	187	48.7	2.75	3.46	1.77	18.3	29.4	13.5	2.56

续表

型号	截面尺寸/mm			截面面积/cm^2	理论重量/(kg/m)	外表面积/(m^2/m)	惯性矩/cm^4				惯性半径/cm			截面模数/cm^3			重心距离/cm
	b	d	r				I_x	I_{x1}	I_{x0}	I_{y0}	i_x	i_{x0}	i_{y0}	W_x	W_{x0}	W_{y0}	z_0
9	90	10	10	17.17	13.5	0.353	129	244	204	53.3	2.74	3.45	1.76	20.1	32.0	14.5	2.59
		12		20.31	15.9	0.352	149	294	236	62.2	2.71	3.41	1.75	23.6	37.1	16.5	2.67
10	100	6	12	11.93	9.37	0.393	115	200	182	47.9	3.10	3.90	2.00	15.7	25.7	12.7	2.67
		7		13.80	10.8	0.393	132	234	209	54.7	3.09	3.89	1.99	18.1	29.6	14.3	2.71
		8		15.64	12.3	0.393	148	267	235	61.4	3.08	3.88	1.98	20.5	33.2	15.8	2.76
		9		17.46	13.7	0.392	164	300	260	68.0	3.07	3.86	1.97	22.8	36.8	17.2	2.80
		10		19.26	15.1	0.392	180	334	285	74.4	3.05	3.84	1.96	25.1	40.3	18.5	2.84
		12		22.80	17.9	0.391	209	402	331	86.8	3.03	3.81	1.95	29.5	46.8	21.1	2.91
		14		26.26	20.6	0.391	237	471	374	99.0	3.00	3.77	1.94	33.7	52.9	23.4	2.99
		16		29.63	23.3	0.390	263	540	414	111	2.98	3.74	1.94	37.8	58.6	25.6	3.06
11	110	7		15.20	11.9	0.433	177	311	281	73.4	3.41	4.30	2.20	22.1	36.1	17.5	2.96
		8		17.24	13.5	0.433	199	355	316	82.4	3.40	4.28	2.19	25.0	40.7	19.4	3.01
		10		21.26	16.7	0.432	242	445	384	100	3.38	4.25	2.17	30.6	49.4	22.9	3.09
		12		25.20	19.8	0.431	283	535	448	117	3.35	4.22	2.15	36.1	57.6	26.2	3.16
		14		29.06	22.8	0.431	321	625	508	133	3.32	4.18	2.14	41.3	65.3	29.1	3.24
12.5	125	8	14	19.75	15.5	0.492	297	521	471	123	3.88	4.88	2.50	32.5	53.3	25.9	3.37
		10		24.37	19.1	0.491	362	652	574	149	3.85	4.85	2.48	40.0	64.9	30.6	3.45
		12		28.91	22.7	0.491	423	783	671	175	3.83	4.82	2.46	41.2	76.0	35.0	3.53
		14		33.37	26.2	0.490	482	916	764	200	3.80	4.78	2.45	54.2	86.4	39.1	3.61
		16		37.74	29.6	0.489	537	1050	851	224	3.77	4.75	2.43	60.9	96.3	43.0	3.68
14	140	10		27.37	21.5	0.551	515	915	817	212	4.34	5.46	2.78	50.6	82.6	39.2	3.82
		12		32.51	25.5	0.551	604	1100	959	249	4.31	5.43	2.76	59.8	96.9	45.0	3.90
		14		37.57	29.5	0.550	689	1280	1090	284	4.28	5.40	2.75	68.8	110	50.5	3.98
		16		42.54	33.4	0.549	770	1470	1220	319	4.26	5.36	2.74	77.5	123	55.6	4.06

续表

型号	截面尺寸/mm			截面面积/cm^2	理论重量/(kg/m)	外表面积/(m^2/m)	惯性矩/cm^4				惯性半径/cm			截面模数/cm^3			重心距离/cm
	b	d	r				I_x	I_{x1}	I_{x0}	I_{y0}	i_x	i_{x0}	i_{y0}	W_x	W_{x0}	W_{y0}	z_0
15	150	8	14	23.75	18.6	0.592	521	900	827	215	4.69	5.90	3.01	47.4	78.0	38.1	3.99
		10		29.37	23.1	0.591	638	1130	1010	262	4.66	5.87	2.99	58.4	95.5	45.5	4.08
		12		34.91	27.4	0.591	749	1350	1190	308	4.63	5.84	2.97	69.0	112	52.4	4.15
		14		40.37	31.7	0.590	856	1580	1360	352	4.60	5.80	2.95	79.5	128	58.8	4.23
		15		43.06	33.8	0.590	907	1690	1440	374	4.59	5.78	2.95	84.6	136	61.9	4.27
		16		45.74	35.9	0.589	958	1810	1520	395	4.58	5.77	2.94	89.6	143	64.9	4.31
16	160	10	16	31.50	24.7	0.630	780	1370	1240	322	4.98	6.27	3.20	66.7	109	52.8	4.31
		12		37.44	29.4	0.630	917	1640	1460	377	4.95	6.24	3.18	79.0	129	60.7	4.39
		14		43.30	34.0	0.629	1050	1910	1670	432	4.92	6.20	3.16	91.0	147	68.2	4.47
		16		49.07	38.5	0.629	1180	2190	1870	485	4.89	6.17	3.14	103	165	75.3	4.55
18	180	12		42.24	33.2	0.710	1320	2330	2100	543	5.59	7.05	3.58	101	165	78.4	4.89
		14		48.90	38.4	0.709	1510	2720	2410	622	5.56	7.02	3.56	116	189	88.4	4.97
		16		55.47	43.5	0.709	1700	3120	2700	699	5.54	6.98	3.55	131	212	97.8	5.05
		18		61.96	48.6	0.708	1880	3500	2990	762	5.50	6.94	3.51	146	235	105	5.13
20	200	14	18	54.64	42.9	0.788	2100	3730	3340	864	6.20	7.82	3.98	145	236	112	5.46
		16		62.01	48.7	0.788	2370	4270	3760	971	6.18	7.79	3.96	164	266	124	5.54
		18		69.30	54.4	0.787	2620	4810	4160	1080	6.15	7.75	3.94	182	294	136	5.62
		20		76.51	60.1	0.787	2870	5350	4550	1180	6.12	7.72	3.93	200	322	147	5.69
		24		90.66	71.2	0.785	3340	6460	5290	1380	6.07	7.64	3.90	236	374	167	5.87
22	220	16	21	68.67	53.9	0.866	3190	5680	5060	1310	6.81	8.59	4.37	200	326	154	6.03
		18		76.75	60.3	0.866	3540	6400	5620	1450	6.79	8.55	4.35	223	361	168	6.11
		20		84.76	66.5	0.865	3870	7110	6150	1590	6.76	8.52	4.34	245	395	182	6.18
		22		92.68	72.8	0.865	4200	7830	6670	1730	6.73	8.48	4.32	267	429	195	6.26
		24		100.5	78.9	0.864	4520	8550	7170	1870	6.71	8.45	4.31	289	461	208	6.33
		26		108.3	85.0	0.864	4830	9280	7690	2000	6.68	8.41	4.30	310	492	221	6.41

续表

型号	截面尺寸/mm			截面面积/cm^2	理论重量/(kg/m)	外表面积/(m^2/m)	惯性矩/cm^4				惯性半径/cm			截面模数/cm^3			重心距离/cm
	b	d	r				I_x	I_{x1}	I_{x0}	I_{y0}	i_x	i_{x0}	i_{y0}	W_x	W_{x0}	W_{y0}	z_0
25	250	18	24	87.84	69.0	0.985	5270	9380	8370	2170	7.75	9.76	4.97	290	473	224	6.84
		20		97.05	76.2	0.984	5780	10400	9180	2380	7.72	9.73	4.95	320	519	243	6.92
		22		106.2	83.3	0.983	6280	11500	9970	2580	7.69	9.69	4.93	349	564	261	7.00
		24		115.2	90.4	0.983	6770	12500	10700	2790	7.67	9.66	4.92	378	608	278	7.07
		26		124.2	97.5	0.982	7240	13600	11500	2980	7.64	9.62	4.90	406	650	295	7.15
		28		133.0	104	0.982	7700	14600	12200	3180	7.61	9.58	4.89	433	691	311	7.22
		30		141.8	111	0.981	8160	15700	12900	3380	7.58	9.55	4.88	461	731	327	7.30
		32		150.5	118	0.981	8600	16800	13600	3570	7.56	9.51	4.87	488	770	342	7.37
		35		163.4	128	0.980	9240	18400	14600	3850	7.52	9.46	4.86	527	827	364	7.48

注：截面图中的 $r_1=1/3d$ 及表中 r 的数据用于孔型设计，不做交货条件。

习题答案

第2章

2-1 (a) $S_{AB}=0.577W$(拉力)； $S_{AC}=1.155W$(压力)

(b) $S_{AB}=1.064W$(拉力)； $S_{AC}=0.364W$(压力)

(c) $S_{AB}=0.5W$(拉力)； $S_{AC}=0.866W$(压力)

(d) $S_{AB}=S_{AC}=0.577W$(拉力)

2-2 $P_{min}=15kN$

2-3 $S_{BC}=5kN$(压力)； $N_A=5kN$(方向沿左上方，与水平线呈30°角)

2-4 (a) $N_A=15.8kN$； $N_B=7.1kN$

(b) $N_A=22.4kN$； $N_B=10kN$

2-5 $S_{AB}=7.32kN$(压力)； $S_{AC}=27.3kN$(压力)

2-6 $\theta=2\arcsin\frac{Q}{P}$

2-7 81.8kN

2-8 11.25kN

2-9 (a) $m_O=Pl$; (b) $m_O=0$; (c) $m_O=Pl\sin\alpha$;

(d) $m_O=-Pa$

(e) $m_O=P(l+r)$; (f) $m_O=P\sqrt{a^2+b^2}\sin\alpha$

2-10 $S=W$； $N_A=N_B=\frac{a}{b}W$； $N_E=0$

2-11 $m_2=3N\cdot m$； $S_{AB}=5N$

2-12 $N_A=N_C=0.471kN$，作用线与DC平行

2-13 $N_A=N_B=\frac{\sqrt{3}(m_2-m_1)}{2l}$

2-14 $N_A=N_B=333.3N$

第3章

3-1 ① 主矢 $R'=466N$， $\alpha=\arccos(\boldsymbol{R}', x)=200°16'$

主矩 $M_O=2144N\cdot cm$

② 合力 $R=466N$， $\alpha=\arccos\alpha=(\boldsymbol{R}, x)=200°16'$

合力$\boldsymbol{R}$与原点O的垂直距离 $d=4.6cm$

3-2 (a) $X_A=-1.41kN$， $Y_A=-1.09kN$，

$N_B=2.50kN$

(b) $N_A=3.75kN$， $N_B=-0.25kN$

3-3 (a) $Y_A=2.5kN$， $M_A=10kN\cdot m$， $Y_B=2.5kN$

$N_C=1.5kN$

(b) $Y_A=-2.5kN$， $N_B=15kN$， $Y_C=2.5kN$

$N_D=2.5kN$

3-4 $G_{min}=2P(1-\frac{r}{R})$

3-5 $T=1.155G$， $N_A=1.155G$

3-6 (a) $X_A=0$， $Y_A=17kN$， $M_A=33kN\cdot m$

(b) $X_A=Y_A=0$， $X_B=-50kN$， $Y_B=100kN$

$X_C=-50kN$， $Y_C=0$

3-7 $N_C=\frac{M}{a}$， $X_A=-\frac{M}{a}$， $Y_A=2P$， $M_A=\frac{3}{2}Pa$

3-8 $N_C=\frac{Q}{2}\cot\alpha$， $X_A=-\frac{Q}{2}\cot\alpha$； $Y_A=Q+P$，

$M_A=(2Q+P)a$

3-9 $X_A=12.7N$； $Y_A=62.5N$； $M_A=625N\cdot m$

$X_B=12.7N$； $Y_B=62.5N$； $N_D=25\sqrt{3}N$

3-10 $X_A=0$； $Y_A=-48.3kN$； $N_B=100kN$；

$N_D=8.33kN$

3-11 $N_A=\frac{b+a}{\sqrt{a^2+b^2}}P$(方向沿$AB$)，

$N_C=\frac{b+a}{\sqrt{a^2+b^2}}P$(方向沿$CB$)

3-12 $X_A=\frac{1}{2H}(2Ga+Ph-2PH)$， $Y_A=\frac{1}{l}(Gl-Ph)$

$X_B=-\frac{1}{2H}(2Ga+Ph)$， $Y_B=\frac{1}{l}(Gl+Ph)$

$X_C=\frac{1}{2H}(2Ga+Ph)$， $Y_C=-\frac{Ph}{l}$

3-13 $S=Pa\cos\alpha/(2h)$

3-14 $X_A=\frac{3}{2}Q+G$， $Y_A=\frac{3P-Q}{2}$，

$M_A=Pa-2aQ-\frac{\sqrt{3}}{2}Ga$

$N_C=Q+\frac{P}{2}$， $X_B=\frac{\sqrt{3}}{2}Q$， $Y_B=\frac{P-Q}{2}$

3-15 $X_D=1.5kN$， $Y_D=0.5kN$， $S_{BC}=0.707kN$

3-16 $P=\frac{Q}{20(3+\sqrt{3})}$

3-17 $N=5\text{kN}$

3-18 $X_A=\frac{5}{2}Q$, $Y_A=2Q$, $X_C=-\frac{5}{2}Q$

$Y_C=-Q$, $X_B=-\frac{3}{2}Q$, $Y_B=-2Q$

3-19 $m=70\text{N}\cdot\text{m}$

3-20 $X_A=0$; $Y_A=qa$; $M_A=2qa^2$

$X_E=-qa$; $Y_E=2qa$; $S_{CD}=-\sqrt{2}qa$

3-21 $X_A=12\text{kN}$, $Y_A=1.5\text{kN}$

$N_B=10.5\text{kN}$, $S_{BC}=-15\text{kN}$

3-22 $W_{\min}=212\text{kN}$

3-23 $S_1=-20\text{kN}$, $S_2=42.4\text{kN}$

$S_3=-40\text{kN}$, $S_5=S_9=14.14\text{kN}$

$S_6=20\text{kN}$, $S_7=S_8=-10\text{kN}$

3-24 $S_1=S_2=S_9=S_{10}=0$, $S_7=-0.71P$, $S_8=4P$

$S_3=-3.53P$, $S_4=2.5P$, $S_5=P$, $S_6=2.5P$

第4章

4-1 A相对B不动，A、B相对地面C也不动

4-2 ① 130N，平衡；② $T=250\text{N}$

4-3 $F_{动}=1\text{N}$，物块运动

4-4 杆将向左滑动

4-5 $x\leqslant L/2$

4-6 $M=r\omega\frac{f+f^2}{1+f^2}$

4-7 $T_1=26.1\text{kN}$，$T_2=20.9\text{kN}$

4-8 $\alpha\leqslant 26°34'$

4-9 ① 平衡；② $F_A=F_B=72\text{N}$

4-10 $\theta_{\max}=2\arctan\frac{1}{4}$

4-11 $a<\frac{b}{2f}$

4-12 ① 不会滑动；② 不会翻倒；

③ $x=0.7\text{m}$(距A点)

4-13 ① $P_{\min}=\frac{\sin\alpha-f\cos\alpha}{\cos\alpha+f\sin\alpha}Q$；② $P_{\max}=\frac{\sin\alpha+f\cos\alpha}{\cos\alpha-f\sin\alpha}Q$

③ $\alpha\leqslant\arctan f$

4-14 5000N

第5章

5-1 $M_x=-\frac{\sqrt{2}}{2}Pa$, $M_y=\frac{\sqrt{2}}{2}Pa$, $M_z=\frac{\sqrt{2}}{2}Pa$

$P_x=0$, $P_y=\frac{\sqrt{2}}{2}P$, $P_z=-\frac{\sqrt{2}}{2}P$

5-2 $M_z(\boldsymbol{P})=\frac{1}{2}PR$

5-3 $m_x(\boldsymbol{P})=-180\text{N}\cdot\text{m}$; $m_y(\boldsymbol{P})=-155.9\text{N}\cdot\text{m}$;

$m_z(\boldsymbol{P})=0$

5-4 $P_x=P\cos\beta\cos\alpha$; $m_x=P\cos\beta\sin\alpha L-PR\sin\beta\cos\alpha$

5-5 $T=20\text{kN}$, $S_{OA}=10.39\text{kN}$, $S_B=13.85\text{kN}$

5-6 $X_A=0$; $Y_A=0$; $Z_A=1.501\text{kN}$

$T_{BC}=0.734\text{kN}$; $T_{BD}=1.095\text{kN}$

5-7 $S_{AD}=S_{BD}=-31.55\text{kN}$, $S_{CD}=-1.55\text{kN}$

5-8 $N_A=8.33\text{kN}$, $N_B=78.33\text{kN}$, $N_C=43.34\text{kN}$

5-9 $a=35\text{cm}$

5-10 $N=2130\text{N}$, $X_A=-500\text{N}$, $Z_A=-919\text{N}$,

$Y_A=0$

$X_B=4130\text{N}$, $Z_B=-1340\text{N}$

5-11 $T_2=2t_2=4000\text{N}$, $X_A=-6375\text{N}$, $Z_A=1299\text{N}$

$X_B=-4125\text{N}$, $Z_B=3897\text{N}$

5-12 $F=800\text{N}$, $X_A=320\text{N}$, $Z_A=-480\text{N}$,

$X_B=-1120\text{N}$, $Z_B=-320\text{N}$

5-13 $S_{DE}=667\text{N}$(压力), $X_H=133.4\text{N}$,

$Z_H=500\text{N}$, $X_K=-667\text{N}$, $Z_K=-100\text{N}$

5-14 (a) $y_C=105\text{mm}$;

(b) $x_C=17.5\text{mm}$

5-15 $b=1.33\text{m}$

第6章

6-1 $v=68\text{cm/s}$，$a=4\text{cm/s}^2$

6-2 $v=4.24\text{cm/s}$，$a=10\text{cm/s}^2$

6-3 ① $x+y=a$；② $v=ak\sqrt{2}$, $a=0$

6-4 $s=l_0-\sqrt{h^2+(vt)^2}$, $v_M=\frac{-v^2}{\sqrt{h^2+v^2}}$

$a_M=\frac{v^4}{(h^2+v^2)^{3/2}}-\frac{v^2}{\sqrt{h^2+v^2}}$

6-5 ① 动点在$s=10\pi$ cm处，$v=10\pi$ cm/s

$a^{\tau}=-20\pi\ \text{cm/s}^2$, $a^n=5\pi^2\ \text{cm/s}^2$

② $s=25\pi$ cm，$v=-10\pi$ cm/s，$a^{\tau}=-20\pi\ \text{cm/s}^2$,

$a^n=5\pi^2\ \text{cm/s}^2$

6-6 直角坐标法 $x_C=\frac{bl}{\sqrt{l^2+(ut)^2}}$, $y_C=\frac{but}{\sqrt{l^2+(ut)^2}}$

自然法 $s=b\varphi$，$\varphi=\arctan\frac{ut}{l}$；

当$\varphi=\frac{\pi}{4}$时，$v_C=\frac{bu}{2l}$

6-7 $a=3.12\text{m/s}$，方向与半径夹角为$22°37'$，偏向鼓轮转动一侧

6-8 $t=0.21\text{s}$, $a_B^{\tau}=23.9\text{m/s}^2$, $a_B^n=25\text{m/s}^2$

6-9 $v=\frac{h\omega}{\cos^2\omega t}$, $v_r=\frac{h\omega}{\cos^2\omega t}\sin\omega t$

6-10 ① $s=13\text{m}$；② $a=2.5\text{m/s}^2$

6-11 $s=10t-0.0167t^3$, $v=9.8\text{m/s}$, $a^{\tau}=0.2\text{m/s}^2$,

$a^n=240\ \text{m/s}^2$

第7章

7-2 $v_M = R\pi n/30$，$a_M = R\pi^2 n^2/900$

7-3 $\varphi = 2\text{rad}$，$v = 89.4\text{cm/s}$，$a_\tau = 89.4\text{cm/s}^2$，$a_n = 357.6\text{cm/s}^2$

7-4 $t = 12\text{s}$，$\varepsilon = 5.2\text{r/s}^2$

7-5 $\theta = \arctan\dfrac{v_0 t}{b}$，$\omega = \dfrac{bv_0}{b^2 + v_0^2 t^2}$

7-6 $v = 168\text{cm/s}$，$a_{CD} = 0$，$a_{DF} = 1320\text{cm/s}^2$

7-7 $\varphi = \arctan\dfrac{r\sin\omega_0 t}{b + r\cos\omega_0 t}$，$\omega = \dfrac{r\omega_0 + br\omega\cos\omega t}{h^2 + r^2 + 2hr\cos\omega t}$

7-8 $v = 1\text{m/s}$，$a^\tau = 0.6\text{m/s}^2$，$a^n = 5\text{m/s}^2$，$\varphi = 6.83\text{rad}$

7-9 $s = R + e\cos\omega t$，$v = -e\omega\sin\omega t$，$a = e\omega^2\cos\omega t$

7-10 $v = \dfrac{400(1 + 2\cos 5t)}{(2 + \cos 5t)^2}$， $v_m = -400\text{cm/s}$

$a = \dfrac{4000\sin 5t(\cos 5t - 1)}{(2 + \cos 5t)^3}$

7-11 $t = 3\text{s}$， $\varphi = 13.5\text{rad}$

第8章

8-1 $v = 10\text{cm/s}$

8-2 $v_r = 0.544\text{m/s}$，与胶带纵轴的夹角 $\beta = 12°52'$

8-3 $l = 200\text{m}$， $u = 20\text{m/min}$， $v = 12\text{m/min}$

8-4 $v_a = 306\text{m/s}$

8-5 $v_r = 3.98\text{m/s}$，当传送带 B 的速度 $v_2 = 1.04\text{m/s}$ 时，$\boldsymbol{v}_r$ 才与带垂直

8-6 $\omega_2 = 3.15\text{rad/s}$

8-7 $v_{CD} = \dfrac{2}{3}l\omega$

8-8 ① $v = 0$；② $v = 100\text{cm/s}$；③ $v = 200\text{cm/s}$

8-9 $v_B = v_0\tan\alpha$

8-10 $v_a = \dfrac{2\sqrt{3}}{3}e\omega$

8-11 $v = 10\text{cm/s}$， $a = 34.6\text{cm/s}^2$

8-12 $x = 10t^2\text{cm}$，$y = h - 5t^2\text{cm}$，$y = h - \dfrac{x}{2}$，

$v = 10\sqrt{5}t\text{cm/s}$，$a = 10\sqrt{5}\text{cm/s}^2$

8-13 $\omega = \sqrt{3}r\omega_0/r_0$

8-14 ① $\omega_{O_1D} = \dfrac{\omega}{2}\cos\alpha$；② $v_{BC} = 2r\omega\cdot\cos\alpha/\sin\beta$

8-15 $v = 0.173\text{m/s}$， $a = 0.05\text{m/s}^2$

8-16 $a_a = 7.07\text{m/s}^2$，$\boldsymbol{a}_a$ 与 $\boldsymbol{a}_e$ 的夹角 $\alpha = 45°$

8-17 $v_A = a\omega_0$， $a_A = -a\omega_0^2$

第9章

9-1 $\omega = \dfrac{v_1 - v_2}{2r}$， $v_O = \dfrac{v_1 + v_2}{2}$

9-2 $\omega_{AB} = 3\text{rad/s}$， $\omega_{O_1B} = 5.2\text{rad/s}$

9-3 $v_B = \dfrac{v_A}{\tan\varphi}$， $\omega_{AB} = \dfrac{v_A}{l\sin\varphi}$

9-4 $\omega_1 = \sqrt{3}\omega_0$

9-5 $v_C = 2.83\text{m/s}$ （方向沿杆 AB）

9-6 A 在 O 之上时，$v_B = 60\text{cm/s}$，水平向左

A 在 O 之下时，$v_B = 60\text{cm/s}$，水平向右

A 在 O 之右时，$v_B = 6.03\text{ cm/s}$，水平向左

A 在 O 之左时，$v_B = 6.03\text{cm/s}$，水平向右

9-7 $\omega_C = 4\omega_0$

9-8 $v_F = 39.94\text{cm/s}$，方向铅垂向上

9-9 $v_B = 104\text{cm/s}$， $\omega_{BC} = 1.73\text{rad/s}$，顺时针方向

9-10 当 $\beta = 0°$ 时， $v_B = v_C = 2v_A$

当 $\beta = 90°$ 时， $v_B = v_C\cos 45° = v_A$

9-11 $v_C = 20\sqrt{10}\text{cm/s}$

9-12 $\omega_{AB} = 1.07\text{rad/s}$，$v_D = 253.5\text{mm/s}$

9-13 $v_A = 50\text{m/s}$， $v_B = 0$， $v_C = v_E = 70.7\text{cm/s}$，$v_D = 100\text{cm/s}$

9-14 $v_{BE} = 3r\omega$

9-15 $a_1 = 2\text{m/s}^2$， $a_2 = 3.16\text{m/s}^2$，$a_3 = 6.32\text{m/s}^2$， $a_4 = 5.83\text{m/s}^2$

9-16 $\omega_B = 3.62\text{rad/s}$， $\varepsilon_B = 2.2\text{rad/s}^2$

第10章

10-1 $T_1 = 5904\text{N}$， $T_2 = 4704\text{N}$， $T_3 = 3504\text{N}$

10-2 $f \geqslant \dfrac{a\cos\alpha}{a\sin\alpha + g}$

10-3 $\varphi = 0°$ 时，$F = 2362\text{N}$（向左）； $\varphi = 90°$ 时，$F = 0$

10-4 $S_{AM} = \dfrac{ml}{2a}(\omega^2 a + g)$， $S_{BM} = \dfrac{ml}{2a}(\omega^2 a - g)$

10-5 $R = P\left(1 - \dfrac{8\delta}{gl^2}v^2\right)$

10-6 $n_{\max} = \dfrac{30}{\pi}\sqrt{\dfrac{fg}{r}}$

10-7 $n = 67\text{r/min}$

10-8 $T_1 = 1.678\text{kN}$， $T_2 = 1.958\text{kN}$

10-9 $x = v_0 t + \dfrac{F_0}{m\omega^2}(1 - \cos\omega t)$

10-10 $v = \sqrt{\dfrac{\mu}{a}}$

10-11 $S = 0.02\left(t - \dfrac{5}{3}\right)^3\text{m}$

第11章

11-2 $K = \dfrac{1}{2}r\omega(m_1 + m_2)$，方向铅直向上

$K = \dfrac{1}{2}r\omega(m_1 + 2m_2 + 2m_3)$，方向水平向左

11-3 $S_x = 200\text{N}\cdot\text{m}$， $S_y = 247\text{N}\cdot\text{m}$

11-4 起动段 $P_1=1980N$，台面匀速运动时 $P_2=980N$

11-5 $v=14m/s$

11-6 $f'=0.17$

11-7 向左移动 13.8m

11-8 $l=\frac{1}{4}(a-b)$

11-9 $\Delta v=0.246m/s$

11-10 $x=\frac{m_1 l\omega^2}{k-(m+m_1)\omega^2}\sin\omega t$

11-11 椭圆 $4x^2+y^2=l^2$

11-12 $N=221.6kN$

11-13 $N_x=30N$

11-14 $x_C=\frac{m_3 l}{m_1+m_2+m_3}+\frac{m_1+2m_2+2m_3}{m_1+m_2+m_3}l\cos\omega t$

$y_C=\frac{m_1+2m_2}{m_1+m_2+m_3}l\sin\omega t$

11-15 ① $R_{max}=\frac{Q}{g}e\omega^2$；② $\omega\geqslant\sqrt{\frac{P+Q}{Q\cdot e}g}$

第 12 章

12-1 ① $G_O=\frac{1}{2}mR^2\omega$；② $G_O=\frac{1}{3}ml^2\omega$；

③ $G_O=m\left(\frac{R^2}{2}+e^2\right)\omega$

12-2 $n=480r/min$

12-3 $\omega=\frac{2Qart}{R^2P+2Q\cdot r^2}$，$\varepsilon=\frac{2Qar}{R^2P+2Q\cdot r^2}$

12-4 $t=\frac{J}{k}\ln 2$，$N=\frac{J\omega_0}{4\pi\alpha}$

12-5 ① $\omega=\frac{J_1\omega_0}{J_1+J_2}$；② $M=\frac{J_1J_2\omega_0}{(J_1+J_2)t}$

12-6 $a=\frac{(M-Pr)R^2rg}{(J_1r^2+J_2R^2)g+PR^2r^2}$

12-7 $a=\frac{M-PR}{PR^2+Q\rho^2}Rg$，$T=P\frac{MR+Q\rho^2}{PR^2+Q\rho^2}$

12-8 $t=\frac{(1+f^2)r\omega_0}{2gf(1+f)}$

12-9 $t=\frac{r_1\omega_1}{2fg(1+\frac{P_1}{P_2})}$

12-10 $\varepsilon=\frac{P_1r_1-P_2r_2}{P_1r_1^2+P_2r_2^2}\cdot g$

12-11 $P=274N$

12-12 $\varepsilon_1=\frac{2(R_2M-R_1M')}{(P_1+P_2)R_2R_1^2}\cdot g$

12-13 $J_O=\frac{P_1}{3g}l^2+\frac{P_2}{2g}R^2+\frac{P_2}{g}(l+R)^2$

12-14 $a=\frac{(M_i-PR)R}{(J_1i^2+J_2)+PR^2}\cdot g$

12-15 $J_O=1080kg\cdot m^2$，$M=6.05N\cdot m$

12-16 $X_O=0$，$Y_O=47N$

第 13 章

13-1 $509N\cdot m$，0，$176.4N\cdot m$，$62.3N\cdot m$

13-2 $-0.171cR^2$，$0.077cR^2$

13-3 $6.2N\cdot m$

13-4 $110N\cdot m$

13-5 $N=993W$，选用的功率为 1kW 的电动机

13-6 $T=\frac{\omega^2}{2}(J_O+ma^2\sin^2\varphi)$；$\varphi=\frac{\pi}{2}$ 或 $\frac{3}{2}\pi$

$T_{max}=\frac{\omega^2}{2}(J_O+ma^2)$；$\varphi=0$ 或 π，$T_{min}=\frac{\omega^2J_O}{2}$

13-7 ① $T=\frac{1}{6}\frac{P}{g}l^2\omega^2$；② $T=\frac{P}{4g}(r^2+2e^2)\omega^2$；

③ $T=\frac{3}{4}\frac{P}{g}v^2$

13-8 $T=\frac{9P+2Q}{3g}r^2\omega^2$

13-9 $f=\frac{h}{l_1+l_2}$

13-10 $v_A=\frac{\sqrt{(\frac{M}{r}+P)4gS}}{9P}$，$a_A=\frac{2g(M/r+P)}{9P}$

13-11 $\omega_0=3rad/s$

13-12 $v=0.4847m/s$

13-13 $\omega=\frac{2}{r}\sqrt{\frac{[M-(P\sin\alpha+f'P\cos\alpha)]rg\varphi}{P_1+2P}}$

13-14 $\omega=3.67rad/s$

13-15 $a=\frac{(M-Pr)R^2rg}{(J_1r^2+J_2R^2)g+PR^2r^2}$

13-16 $v=\sqrt{\frac{2gS(M-Pr\sin\alpha)}{(Q+Pr)r}}$

13-17 $a=\frac{(Mk-PR)Rg}{(J_1k^2+J_2)g+PR^2}$

13-18 $a=\frac{(Mr_2-Gr_1R)r_1R}{J_1r_2^2+J_2r_1^2+\frac{G}{g}r_1^2R^2}$，

$T=G+\frac{G}{g}\cdot\frac{(Mr_2-Gr_1R)r_1R}{J_1r_2^2+J_2r_1^2+\frac{G}{g}r_1^2R^2}$

13-19 $v=6.4m/s$

13-20 $h=\frac{3v_0^2(7Q+10P)}{4g[P(1-2f')+Q]}$

13-21 $a_A=\frac{3Q}{9P+4Q}g$

13-22 $v_C=\sqrt{\frac{4gh}{3}}$，$T=\frac{mg}{3}$

13-23 ① $\varepsilon=\frac{2(M-m_2gR\sin\alpha)}{R^2(m_2+3m_1)}$；

② $X_O=\frac{m_1(3M+m_2gR\sin\alpha)}{R(m_2+3m_1)}\cos\alpha$

13-24 ① $\omega=\sqrt{\frac{(12Ql+3M\pi)}{Ql^2}g}$，$\varepsilon=\frac{3gM}{Ql^2}$

② $N_C=\frac{M}{l}$，$X_O=\frac{M}{l}$，$Y_O=25Q+\frac{6M\pi}{l}$

13-25 $a=\frac{(M-m_1gr\sin\alpha)r}{m_1r^2+J}$，

$X_O=-\frac{m_1(Jg\sin\alpha+Mr)}{M_1r^2+J}\cos\alpha$，

$Y_O=m_2g+\frac{m_1(Jg\sin\alpha+Mr)}{m_1r^2+J}\sin\alpha$

13-26 $S=\frac{M(Q+2P)}{2R(Q+P)}$

13-27 $\omega=\sqrt{\frac{6Q+3P}{P+3Q}\cdot\frac{g}{l}\sin\alpha}$；　$\varepsilon=\frac{6Q+3P}{P+3Q}\cdot\frac{g}{2l}\cos\alpha$

第 14 章

14-1 $\varepsilon=\frac{3g}{2l}\cos\varphi_0$，$N^n=mg\sin\varphi_0$，$N^\tau=-\frac{mg}{4}\cos\varphi_0$

14-2 $h=1.155\text{m}$

14-3 $S_A=\frac{m_B+m_C}{m_A+m_B+m_C}F$，　$S_B=\frac{m_B}{m_A+m_B+m_C}F$

14-4 $f\geqslant\tan\alpha+\frac{a}{g\cos\alpha}$

14-5 ① $T=\frac{1}{3}P$；② $\varepsilon=\frac{2g}{3R}$；③ $X_B=0$，　$Y_B=\frac{4}{3}P$

④ $X_C=0$，$Y_C=\frac{4}{3}P$，$M_C=\frac{4}{3}Pl$

14-6 $\alpha=\arccos\frac{(Q+P)g}{Ql\omega^2}$

14-7 $c\geqslant\frac{\omega(e\omega^2-g)}{(2e+b)g}$

14-8 $a=37.7\text{cm/s}^2$，$T=10.38\text{kN}$

14-9 $N_A=P\frac{bg-ha}{g(c+b)}$，$N_B=P\frac{cg+ha}{g(c+b)}$，$a=\frac{(b-c)g}{2h}$时，

$N_A=N_B$

14-10 $Y_A=Y_B=\frac{1}{2}P(1-\frac{r\omega^2}{g}\sin\theta)$，

$X_A=X_B=\frac{P}{2g}r\omega^2\cos\theta$

14-11 $m_3=50\text{kg}$，$a=2.45\text{m/s}^2$

14-12 $\varepsilon_1=3.28\text{rad/s}^2$；$\varepsilon_2=3.58\text{rad/s}^2$

14-13 ① $T=\frac{1}{3}P$；② $\varepsilon=\frac{2g}{3R}$；③ $X_O=0$，$Y_O=\frac{4}{3}P$

④ $X_A=0$，$Y_A=\frac{2}{3}P$，$Y_B=\frac{2}{3}P$

14-14 $N_A''=165\text{N}$，$N_B''=35\text{N}$

14-15 $\varepsilon=\frac{Qr-PR}{Jg+PR^2+Qr^2}g$

14-16 $a_C=280\text{cm/s}^2$

14-17 $X_A=\frac{1}{3}P\sin2\alpha$，$Y_A=P(1-\frac{2}{3}\sin^2\alpha)$，

$M_A=P\cos\alpha$

14-18 $a=\frac{3}{7}g$，$T=\frac{4}{7}P$

14-19 $a=\frac{TRg(R\cos\alpha-r)}{P(R^2+\rho^2)}$

第 15 章

15-1 (a) $\gamma=0$；(b) $\gamma=2\alpha$

15-2 BD 杆将发生轴向拉伸；AC 杆将发生轴向压缩和弯曲的组合变形。

第 16 章

16-2 (a)$\sigma_{max}=12.5\text{MPa}$；(b)$\sigma_{max}=20\text{MPa}$

16-3 $d_2=49\text{mm}$

16-4 $\sigma_{AB}=41.3\text{MPa}$，$\tau_{AB}=49.2\text{MPa}$，$\sigma_{AC}=58.7\text{MPa}$，$\tau_{AC}=-49.2\text{MPa}$，$\sigma_{max}=100\text{MPa}$，$\tau_{max}=49.2\text{MPa}$

16-5 $\Delta_{By}=0.75\text{mm}(\downarrow)$，$\Delta_{Bx}=1.3\text{mm}(\leftarrow)$

16-6 $\Delta L_{AC}=2.95\text{mm}$，$\Delta L_{CD}=2.34\text{mm}$

16-7 (1)略；

(2)AC 段 $\sigma=-2.5\text{MPa}$，CB 段 $\sigma=-5\text{MPa}$；

(3)AC 段 $\varepsilon=-2.5\times10^{-4}$，$CB$ 段 $\varepsilon=-5\times10^{-4}$

(4)$\Delta l=-1.125\times10^{-3}\text{m}$

16-8 $h=118\text{mm}$，$b=35.4\text{mm}$

16-9 $[F_p]=67.4\text{kN}$

16-10 $d_{AB}=6.70\text{cm}$，$d_{AD}=4.74\text{cm}$

16-11 $d\geqslant0.75\text{cm}$

第 17 章

17-1 $\sigma=10\text{MPa}$

17-2 $d\geqslant14\text{mm}$

17-3 $l\geqslant200\text{mm}$，$a\geqslant20\text{mm}$

17-4 $\tau=44.8\text{MPa}<[\tau]$，$\sigma_{bs}=140.6\text{MPa}<[\sigma_{bs}]$

17-5 $\sigma_{bs}=37.5\text{MPa}<[\sigma_{bs}]$

17-6 拉刀：$\sigma=99.8\text{MPa}<300\text{MPa}$，$\tau=68\text{MPa}<150\text{MPa}$。

销板：$\tau=94.4\text{MPa}<120\text{MPa}$，$\sigma_{bs}=227\text{MPa}<260\text{MPa}$。

第 18 章

18-1 (a) $|T|_{max}=M$

(b) $|T|_{max}=M$

(c) $|T|_{max}=3\text{kN}\cdot\text{m}$

(d) $|T|_{max}=7\text{kN}\cdot\text{m}$

18-2 $|T|_{max}=1.59\text{kN}\cdot\text{m}$

18-3 $\tau=63.7\text{MPa}$；$\tau_{max}=84.9\text{MPa}$；$\tau_{min}=42.4\text{MPa}$

18-4 $[P]=38.6\text{kW}$

18-5 $d\geqslant5.88\text{cm}$

18-6 $D \geqslant 6.01\text{cm}$

18-7 $d_1 \geqslant 45\text{mm}$; $D_2 \geqslant 46\text{mm}$

18-8 $\tau = 5.85\text{MPa}$; $\theta = 0.08°/\text{m}$

18-9 $d \geqslant 63\text{mm}$

18-10 (1) AC 段 $\tau_{max} = 2.41\text{MPa}$; CD 段 $\tau_{max} = 4.83\text{MPa}$; DB 段 $\tau_{max} = 12.1\text{MPa}$

(2) $\varphi_{AB} \geqslant 0.646°$

(3) 减少

18-11 重量比 1.96; 刚度比 0.84

18-12 $s \leqslant 39.5\text{mm}$

18-13 $\varphi_B = \dfrac{ml^2}{2GI_P}$

18-14 $\gamma = 0.001$; $\tau_{max} = 80\text{MPa}$; $M = 125.7\text{N}\cdot\text{m}$

18-15 $l_2 = 212.5\text{mm}$

第 19 章

19-1 (a) $F_S^A = -qa$, $M_A = 0$

$F_S^B = -3qa$, $M_B = -7qa^2$

$F_S^C = -2qa$, $M_C = -\dfrac{3}{2}qa^2$

$F_S^D = -3qa$, $M_D = -4qa^2$

(b) $F_S^A = qa$, $M_A = 0$

$F_S^B = -qa$, $M_B = 0$

$F_S^C = qa$, $M_C = qa^2$

19-2 (a) $F_S^{C左} = \dfrac{3}{4}qa$, $F_S^{C右} = -\dfrac{1}{4}qa$, $M_{C左} = \dfrac{3}{4}qa^2$,

$M_{C右} = -\dfrac{1}{4}qa^2$

$F_S^{D左} = -\dfrac{1}{4}qa$, $F_S^{D右} = qa$, $M_{D左} = -\dfrac{1}{2}qa^2$,

$M_{D右} = -\dfrac{1}{2}qa^2$

$F_S^A = \dfrac{3}{4}qa$, $M_A = 0$

$F_S^B = 0$, $M_B = 0$

(b) $F_S^{C左} = 0$, $F_S^{C右} = qa$, $M_{C左} = -qa^2$, $M_{C右} = -qa^2$

$F_S^{D左} = qa$, $F_S^{D右} = 0$, $M_{D左} = 0$, $M_{D右} = 0$

$F_S^A = 0$, $M_A = -qa^2$

$F_S^B = 0$, $M_B = 0$

19-3 (a) $F_S = 0$, $M = -M_e$

(b) $|F_S|_{max} = \dfrac{M_e}{l}$, $|M|_{max} = M_e$

19-4 (a) $|F_S|_{max} = F$, $|M|_{max} = Fb$

(b) $|F_S|_{max} = \dfrac{M_e}{l}$, $|M|_{max} = \dfrac{M_e}{l}a$

(c) $|F_S|_{max} = \dfrac{5}{3}qa$, $|M|_{max} = \dfrac{25}{18}qa^2$

(d) $|F_S|_{max} = 2qa$, $|M|_{max} = 4qa^2$

(e) $|F_S|_{max} = qa$, $|M|_{max} = \dfrac{1}{2}qa^2$

(f) $|F_S|_{max} = F$, $|M|_{max} = 2Fa$

(g) $|F_S|_{max} = 3qa$, $|M|_{max} = 6qa^2$

(h) $|F_S|_{max} = 2qa$, $|M|_{max} = qa^2$

19-5 $|F_S|_{max} = F$, $|M|_{max} = Fa$

19-6 $x = \dfrac{l}{2}$, $|F_S|_{max} = \dfrac{1}{2}F$, $|M|_{max} = \dfrac{1}{4}Fl$

19-7 (a) $|F_S|_{max} = \dfrac{1}{2}F$, $|M|_{max} = \dfrac{1}{4}Fl$

(b) $|F_S|_{max} = \dfrac{1}{2}F$, $|M|_{max} = \dfrac{1}{6}Fl$

19-8 (a) $|F_S|_{max} = \dfrac{5}{4}qa$, $|M|_{max} = \dfrac{1}{2}qa^2$

(b) $|F_S|_{max} = qa$, $|M|_{max} = \dfrac{1}{4}qa^2$

19-9 (a) $|F_S|_{max} = qa$, $|M|_{max} = qa^2$

(b) $|F_S|_{max} = 2qa$, $|M|_{max} = qa^2$

第 20 章

20-1 Ⅰ-Ⅰ: $\sigma_A = -7.4\text{MPa}$, $\sigma_B = 4.9\text{MPa}$, $\sigma_C = 0$, $\sigma_D = 7.4\text{MPa}$

Ⅱ-Ⅱ: $\sigma_A = 9.25\text{MPa}$, $\sigma_B = -6.0\text{MPa}$, $\sigma_C = 0$, $\sigma_D = -9.25\text{MPa}$

20-2 $\sigma_t^{max} = 24.16\text{MPa}$, $\sigma_c^{max} = 12.08\text{MPa}$

20-3 No. 20a 工字钢

20-4 $b \geqslant 277\text{mm}$, $h \geqslant 416\text{mm}$

20-5 $[q] \geqslant 15.7\text{kN/m}$

20-6 $a = 1.38\text{m}$

20-7 $[F] = 56.8\text{kN}$

20-8 略

第 21 章

21-1 (a) $\theta_A = -\dfrac{7Fa^2}{8EI}$, $w_C = -\dfrac{3Fa^3}{4EI}$

(b) $\theta_A = -\dfrac{17ql^3}{48EI}$, $w_C = -\dfrac{17ql^4}{384EI}$

21-2 (a) $w_A = -\dfrac{41ql^4}{384EI}$, $\theta_C = \dfrac{7ql^3}{48EI}$

(b) $w_A = -\dfrac{5qa^4}{48EI}$, $\theta_C = -\dfrac{3qa^3}{16EI} - \dfrac{M_e a}{12EI}$

21-3 (a) $|\theta|_{max} = \dfrac{ql^3}{6EI}$, $|w|_{max} = \dfrac{ql^4}{8EI}$

(b) $|\theta|_{max} = \dfrac{ql^3}{24EI}$, $|w|_{max} = \dfrac{5ql^4}{384EI}$

21-4 (a) $|\theta|_{max} = \dfrac{1}{EI}\left(qa^2 l + \dfrac{1}{6}ql^3\right)$,

$|w|_{max} = \dfrac{1}{EI}\left(\dfrac{1}{2}qa^2 l^2 + \dfrac{1}{8}ql^4\right)$

(b) $|\theta|_{max}=\frac{qa^2l}{3EI}+\frac{ql^3}{24EI}$,

$|w|_{max}=\frac{qa^2l^2}{9\sqrt{3}EI}+\frac{5ql^4}{384EI}$

21-5 (a) $\theta=\frac{Fb}{2EI}(b-2l)$，$w=\frac{Fb}{2EI}(l^2-ab)-\frac{Fb^3}{3EI}$

(b) $\theta=-\frac{7ql^3}{48EI}$, $w=-\frac{41ql^4}{384EI}$

21-6 $w_{max}=\frac{5M_el^2}{16EI}$

21-7 (a) $w_C=-\frac{ql}{16k}-\frac{5ql^4}{768EI}$

(b) $w_C=\frac{Fa^2(l-a)}{3EI}+\frac{F(l+a)(a-1)}{EIlk}$

21-8 略

21-9 $b\geqslant 89.2\text{mm}$， $h\geqslant 178.4\text{mm}$

21-10 略

第 22 章

22-1 略

22-2 略

22-3 (a) $\sigma_{60°}=-4.82\text{MPa}$，$\tau_{60°}=11.65\text{MPa}$

(b) $\sigma_{45°}=10\text{MPa}$，$\tau_{45°}=30\text{MPa}$

22-4 (a) $\sigma_1=160.52\text{MPa}$，$\sigma_2=0$，$\sigma_3=-30.52\text{MPa}$，$\tau_{max}=95.52\text{MPa}$

(b) $\sigma_1=24.87\text{MPa}$，$\sigma_2=0$，$\sigma_3=-164.87\text{MPa}$，$\tau_{max}=95.52\text{MPa}$

(c) $\sigma_1=30\text{MPa}$，$\sigma_2=0$，$\sigma_3=-30\text{MPa}$，$\tau_{max}=30\text{MPa}$

22-5 (a) $\sigma_1=50\text{MPa}$，$\sigma_2=50\text{MPa}$，$\sigma_3=-50\text{MPa}$，$\tau_{max}=50\text{MPa}$

(b) $\sigma_1=130\text{MPa}$，$\sigma_2=30\text{MPa}$，$\sigma_3=-30\text{MPa}$，$\tau_{max}=80\text{MPa}$

22-6 $\sigma_1=120\text{MPa}$，$\sigma_2=20\text{MPa}$，$\sigma_3=0$，$\alpha_0=30°$

22-7 (a) $\sigma_{r4}=\sqrt{\sigma^2+3\tau^2}$；

(b) $\sigma_{r4}=\sqrt{\sigma^2+3\tau^2}$ 危险程度相同

22-8 (1) $\sigma_{r3}=100\text{MPa}<[\sigma]$，$\sigma_{r4}=87.2\text{MPa}<[\sigma]$，安全

(2) $\sigma_{r3}=110\text{MPa}<[\sigma]$，$\sigma_{r4}=95.4\text{MPa}<[\sigma]$，安全

第 23 章

23-1 $\sigma_{max}=12.5\text{MPa}$

23-2 $\sigma_{max}=63.9\text{MPa}<[\sigma]$，安全

23-3 $\sigma=77.8\text{MPa}<[\sigma]$，安全

23-4 $a\leqslant 0.3\text{m}$

23-5 $\sigma=53.85\text{MPa}<[\sigma]$，安全

23-6 $\sigma=107.4\text{MPa}<[\sigma]$，安全

23-7 $\sigma=97.14\text{MPa}<[\sigma]$，安全

第 24 章

24-1 ①37.85kN；②52.64kN

24-2 175.7MPa，773kN

24-3 1.76m

24-4 $n=4.75$ 安全

24-5 $F_{cr}=45.2\text{kN}$ 压杆安全，拉杆 67.5 MPa 安全

24-6 $n=3.2$ 安全

24-7 $n=3.1$ 稳定

24-8 $\arctan(\cot^2\beta)$

24-9 (1)$F_{cr}=121.3\text{kN}$；(2)$n=1.7$ 不安全

24-10 $F_{cr1}=127.2\text{kN}$，$F_{cr2}=191.9\text{kN}$，$[F]=254.4\text{kN}$

24-11 247.6kN，283.5kN

24-12 84.7kN

24-13 $a\geqslant 43.2\text{mm}$，$F_{cr}=490.5\text{kN}$

24-14 $F_{max}=\frac{3\pi^2EI}{4l^2}$

24-15 $[F]=15.5\text{kN}$

参考文献

白象忠,2007. 材料力学 . 北京:科学出版社

北京科技大学，东北大学,1997. 工程力学 . 北京:高等教育出版社

程靳,2006. 理论力学名师大课堂 . 北京:科学出版社

范钦珊,2000. 理论力学 . 北京:高等教育出版社

范钦珊,2002. 工程力学(工程静力学与材料力学). 北京:机械工业出版社

范钦珊,2005. 工程力学 . 北京:清华大学出版社

冯维明,2003. 工程力学 . 北京:国防工业出版社

哈尔滨工业大学理论力学教研室,2016. 理论力学(Ⅰ). 8 版. 北京:高等教育出版社

郝桐生,1993. 理论力学. 3 版 . 北京:高等教育出版社

和兴锁,2005. 理论力学(Ⅰ). 北京:科学出版社

洪嘉振，杨长俊,2002. 理论力学 . 北京:高等教育出版社

贾启芬，李昀泽，刘习军，等,2003. 工程力学 . 天津:天津大学出版社

贾书惠，李万琼,2002. 理论力学 . 北京:高等教育出版社

金康宁，谢群丹,2006. 材料力学 . 北京:北京大学出版社

李俊峰,2001. 理论力学 . 北京:清华大学出版社

刘鸿文,2004. 材料力学 . 北京:高等教育出版社

刘巧伶,2005. 理论力学 . 北京:科学出版社

刘延柱，杨海兴，朱本华,2001. 理论力学 . 北京:高等教育出版社

梅凤翔,2003. 工程力学 . 北京:高等教育出版社

同济大学航空航天与力学学院基础力学教学研究部,2005. 材料力学 . 上海:同济大学出版社

王铎，程靳,2005. 理论力学解题指导及习题集 . 北京:高等教育出版社

王永岩,2007. 理论力学 . 北京:科学出版社

王永岩,2019. 理论力学 . 2 版. 北京:科学出版社

武清玺，冯奇,2003. 理论力学 . 北京:高等教育出版社

西南交通大学应用力学与工程系,2004. 工程力学教程 . 北京:高等教育出版社

谢传锋,2004a. 静力学 . 北京:高等教育出版社

谢传锋,2004b. 动力学 . 北京:高等教育出版社

薛明德,2001. 力学与工程技术的进步 . 北京:高等教育出版社

杨国义，唐明，柳艳杰,2007. 材料力学 . 北京:中国计量出版社

张定华,2005. 工程力学(少学时). 北京:高等教育出版社

浙江大学理论力学教研室,1999. 理论力学 . 北京:高等教育出版社

周松鹤，徐烈烜，2007. 工程力学 . 北京:机械工业出版社